普通高等学校应急管理系列教材

应急救援装备

主　　编　李雨成
副 主 编　文　虎　张晓青
编写人员　（按姓氏笔画排序）
刘红威　李龙龙　李治刚
张　欢　张　铎　张　静
张红鸽　郭红光

应急管理出版社

·北　京·

内 容 提 要

本教材从城市消防预警与救援、自然灾害应急救援、矿山事故应急救援、水域事故应急救援、森林防灭火应急救援和核生化事故应急救援六个方面，详细介绍了上述灾害救援过程中的常规、特殊与特种装备，对不同灾害类型条件下广泛使用的应急与救援装备进行了系统的介绍，并对最新的技术装备及其应用成果进行了跟踪分析。教材内容紧紧围绕当前国内外应急救援装备展开，覆盖面积广，分类明确，重点突出，针对性和实用性较强。

本教材对高等院校和科研院所学习研究，一线应急与救援人员现场操作，管理人员制定应急与救援决策均具有重要的指导意义。

出版说明

2003年"非典"疫情以后，党和国家高度重视应急管理工作，应急管理事业快速发展，我国部分高校在行政管理、公共管理、公共事业管理等专业中开展应急管理的高等教育。2018年应急管理部组建后，坚持以习近平新时代中国特色社会主义思想为指导，深入贯彻落实习近平总书记关于应急管理重要论述和党中央国务院决策部署，我国应急管理事业取得令人瞩目的成效，全社会对应急管理高度关注。在高等教育领域，全国数十家高校陆续建立应急管理学院或特设应急管理、应急技术与管理等专业，致力于教育和培养适应社会需求的应急管理人才，为推进应急管理体系和能力现代化提供人才保障。

当前，对大多数高校来说，开展应急管理教育仍是一个新课题、新任务、新挑战，暂时还没有权威的教学标准可执行，也没有太多成熟的经验可参考。各高校对应急管理学科建设、专业设置、培养目标、课程体系、教授内容等的认识也存在一些分歧，特别是在课程设置和教材使用上各有侧重、差别较大。为适应新时代应急管理事业发展，服务应急管理部中心工作和高校应急管理教育工作，发挥部属出版社应急科技文化传播作用，满足应急管理教育教学、人才培养对教材的迫切需求，针对市场上应急管理教材比较稀缺、内容相对陈旧的状况，我们同中共中央党校（国家行政学院）、中国矿业大学（北京）、华北科技学院、防灾科技学院、河南理工大学、太原理工大学、西安科技大学、中国人民警察大学等高校充分沟通交流，决定共同编写出版一套适应新形势新要求的普通高等学校应急管理教材，为教学提供支撑。

为保证教材编写质量，力争将教材打造为"适合本科教学、体现时代特色、内容科学共通、兼顾社会需求"的引领性精品教材，我们成立了教材编审工作组，确定了"汇聚众智，取长补短，联编共用"的原则，筛选和确定了教材目录和主编学校，遴选了主编和编写人员，审定了编写提纲，拟定了编写要求、编写出版进度安排等。在教材编审过程中，我们严格贯彻落实教育部相关文件精神，实行主编负责制，由具有副高及以上职称的教师担任教材主编；按照"逢编必审"的要求，邀请业内专家对教材提纲和初稿进行评审；按照出版规范，认真对书稿进行编辑把关。

这套教材正陆续出版发行。总的来说，教材的内容科学严谨、成熟可靠，框架结构完整全面、层次清晰，编排符合认知规律，深度广度适中，理论与实践（案例）相结合，文字精练流畅、通俗易懂，适合普通高等学校应急管理、应急技术与管理等专业的本科教学，亦可供高职高专学校应急管理专业学生、企事业单位从事应急管理等的人员参考使用。

应急管理是一门新兴交叉学科，其内涵十分丰富，当前，在业界对其认识尚未完全达成一致的情况下编写出版一套反映新时代应急管理理论研究和实践成果的教材是一件不容易的事。尽管如此，我们和编者仍然知难而上，以“摸着石头过河”的态度先行先试，积累经验。希望越来越多的高校和教师加入到我们的队伍中来，为编写出版工作献计献策、提出建议。我们也将根据应急管理事业的发展和人们对应急管理认识的深化，与时俱进地对教材进行补充、调整和完善。

应急管理出版社

二〇二一年二月

前　言

人类的发展史可以看作是一部与灾害的斗争史，各种灾害不断发生，威胁着人类的生存，同灾害抗争是人类生存发展的永恒课题。我国幅员辽阔，丰富的地质生态环境造就了多样化的自然灾害。目前我国是世界上自然灾害最为严重的国家之一，不仅灾害种类多、分布地域广，而且发生频率高、造成损失重。同时我国人口基数大，经济发展迅速，人为灾害也频繁发生。特别是近年来，重大灾害频发，天灾人祸不断：特大洪水和泥石流、反常雨雪冰冻灾害、8级以上地震等自然灾害，SARS、新型冠状病毒性肺炎、甲型H1N1流感等疫情，重特大瓦斯爆炸、瓦斯突出、粉尘爆炸等矿山事故，化工厂爆炸、居民楼起火等城市火灾事故，等等。针对我国灾害的基本国情，以习近平同志为核心的党中央在党的十八大以来多次就防灾减灾救灾做出重要指示，要求树牢安全发展理念，建立高效科学的灾害防治体系，全面提升防灾减灾救灾能力，为新时代防灾减灾救灾工作指明了方向。

应急救援是防范灾害、减少灾害损失的关键一环。面对日益严峻的灾害问题，世界各国都高度重视应急救援工作，以减少灾害带来的人员伤亡、财产损失。我国复杂多样的灾害现状加大了应急救援的难度。目前，我国已采取了积极应对措施，投入了大量的财力、物力和人力，组建了国家安全生产应急救援指挥中心，成立了应急管理部。近年来，我国在灾害应急救援方面进行了深入探索并取得了长足进步，其中，在应急救援装备方面成果突出、成效显著。

应急救援装备是应急救援的硬件基础和根本保障，是应急救援人员的作战武器，是构成应急救援队伍战斗力的基本要素，对应急救援的成败起着举足轻重的作用。合理配备和使用先进、高效、专业的应急救援装备能够提高队伍应急救援能力，保障应急救援工作高效开展，迅速化解险情，控制事故，避免事故恶化，在避免、减少人员伤亡的同时，有效地避免财产损失、维护社会稳定。

《应急救援装备》一书总结了应用广泛的成熟救援装备，追踪最新的救援装备研发与应用成果。该书的出版适应社会发展和应急管理快速发展的需求，为灾害应急救援提供指导，有效提高应急救援能力和水平，切实保障人民的生命和财产安全。全书从灾害应急救援角度出发，详细阐述了适应各种灾害的救援装备，涵盖了城市消防应急救援装备、自然灾害应急救援装备、矿山事故应急救援装备、水域事故应急救援装备、森林防灭火应急救援装备、核生化应急救援装备，既是应急救援装备使用规范的普及，也为应急技术与管理提供了专业教材。

本书编写组由太原理工大学李雨成、郭红光、李治刚、李龙龙、张红鸽、张静、张欢、刘红威，西安科技大学文虎、张铎，中国人民警察大学张晓青组成，李雨成担任主编，文虎和张晓青担任副主编。第 1 章由张晓青、刘红威编写；第 2 章由李雨成、李治刚、郭红光编写；第 3 章由文虎、张铎编写；第 4 章由李雨成、李龙龙、张红鸽编写；第 5 章由张欢编写；第 6 章由张静编写；全书由李雨成、刘红威统稿。

本书在编写过程中得到了军事科学院防化研究院李小银、应急管理部安全专家委员会王晋中、清华大学于海峰、山西虹安科技股份有限公司张堃和太原市消防救援支队张军的大力支持，得到了太原理工大学安全工程技术与装备研究院黄玉玺和赵涛的热情帮助，在此表示衷心的感谢。

由于本教材所涉及的知识面较广，加之编者水平所限，难免有不足之处，敬请读者批评指正。

编　者

2021 年 2 月

目　次

1

城市消防预警与救援装备

我国是一个火灾事故多发的国家，火灾的频发造成了严重的生命财产损失。近年来虽然人们防范火灾的意识逐渐增强，但火灾发生后，却因应急处理机制落后和应急救援装备受限等原因导致火灾应急处理速度与效率较差。城市消防预警能够实现火灾、火情的尽早发现和处理，并对现有的火灾监测和管理系统进行评估，是控制城市火灾的有效途径。科学先进的应急救援装备能够大幅度降低火灾造成的财产损失和人员伤亡，为火灾的应急处理提供可靠的保证。本章主要从城市消防预警装备、消防员防护装备、消防现场救援装备、消防医疗救护装备和消防车辆装备方面对城市消防预警与救援装备进行了阐述。

1.1 城市消防预警装备

随着时代的发展与科技的进步，新技术、新设备、新理念的发展与利用为城市消防预警系统的设计与实现提供了可能。城市消防预警系统通过计算机技术、互联网技术、遥感技术等先进技术与装备，实现了火灾的早期预警和消防管理，使得城市消防向火灾隐患少、报警早、损失小的目标进一步迈进。城市消防预警装备为消防预警的建立和运行提供了良好的保障，是消防预警的重要组成。

1.1.1 城市消防预警硬件装备

1.1.1.1 消防自动报警装备

1. 火灾探测器

在火灾自动报警系统中，能够自动发现火情并向报警主机发出信号的装置称为火灾探测器。火灾探测器分为感烟、感温、感光、复合及可燃气体5种类型，如图1－1所示。

1）感烟式火灾探测器

感烟式火灾探测器是一种检测燃烧或热解产生的固体或液体微粒的火灾探测器。感烟式火灾探测器作为前期、早期火灾报警是非常有效的。对于要求火灾损失小的重要地点，火灾初期有阴燃阶段，产生大量的烟和少量的热，很少或没有火焰辐射的火灾都适合选用。

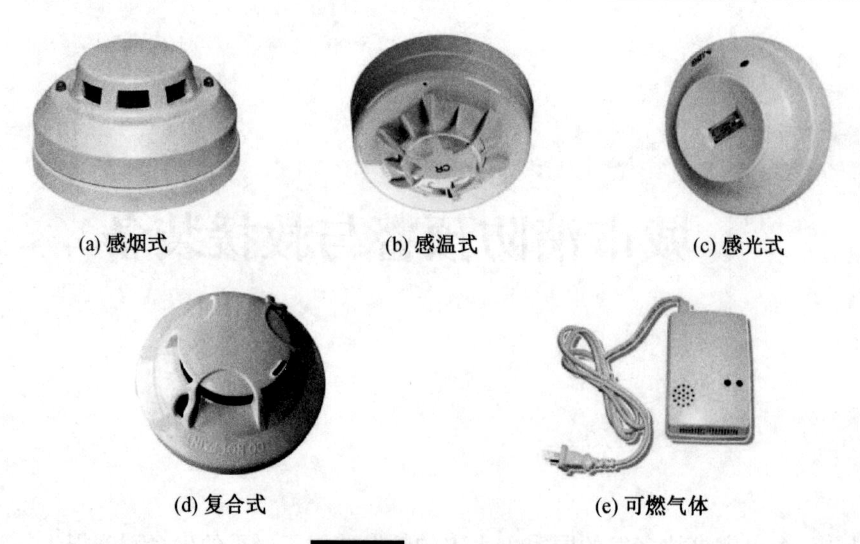

(a) 感烟式　(b) 感温式　(c) 感光式

(d) 复合式　(e) 可燃气体

图1－1　火灾探测器

2）感温式火灾探测器

感温式火灾探测器是响应异常温度、温升速率和温差等火灾信号的火灾探测器。常用的有定温式、差温式和差定温式3种。

（1）定温式探测器：环境温度达到或超过预定值时响应。

（2）差温式探测器：环境温升速率超过预定值时响应。

（3）差定温式探测器：兼有定温、差温2种功能。

3）感光式火灾探测器

感光式火灾探测器又称火焰探测器或光辐射探测器，它对光能够产生敏感反应。按照火灾的规律，发光是在烟生成及高温之后，因而感光式探测器属于火灾晚期报警的探测器，适用于火灾发展迅速，有强烈的火焰和少量的烟、热，基本无阴燃阶段的火灾。

4）复合式火灾探测器

复合式火灾探测器是可以响应2种或2种以上火灾参数的火灾探测器，主要有感温感烟型、感光感烟型和感光感温型等。

5）可燃气体火灾探测器

可燃气体火灾探测器是一种能对空气中可燃气体浓度进行检测并发出报警信号的火灾探测器。可燃气体火灾探测器除具有预报火灾、防火、防爆功能外，还可以起到监测环境污染的作用。目前主要用于宾馆厨房或燃料气储备间、汽车库、压气机站、过滤车间、溶剂库、炼油厂、燃油电厂等存在可燃气体的场所。

2. 手动火灾报警按钮

手动火灾报警按钮（图1－2）是火灾报警系统中的一个设备类型，当人员发现火灾而火灾探测器没有探测到火灾时，人员手动按下手动火灾报警按钮，报告火灾信号。

手动火灾报警按钮（俗称手报）安装在公共场所，当人工确认火灾发生后按下按钮上的有机玻璃片，可向火灾报警控制器发出信号，火灾报警控制器接收到报警信号后，显示出报警按钮的编号或位置并发出报警音响。手动火灾报警按钮可直接接到控制器总线上。正常情况下，当手动火灾报警按钮报警时，火灾发生的概率比火灾探测器要大得多，几乎没有误报的可能。因为手动火灾报警按钮的报警出发条件是必须人工按下按钮启动。按下手动报警按钮时，过 3 ~5 s 手动报警按钮上的火警确认灯会点亮，这个状态灯表示火灾报警控制器已经收到火警信号，并且确认了现场位置。

消防手报的复位一般有 3 种形式：吸盘复位型、钥匙复位型和更换玻璃复位型。吸盘复位型手报是采用塑料制成的按片，可用专用的吸盘进行复位。钥匙复位型手动火灾报警按钮是采用专用钥匙复位的，在手报报警按钮上有一个钥匙孔，用来复位。更换玻璃复位型是通过直接更换玻璃复位，这种手动火灾报警按钮多为国外进口。

在每个防火分区应至少设置一个手动火灾报警按钮。从一个防火分区内的任何位置到最邻近的一个手动火灾报警按钮的距离不应大于 30 m。手动火灾报警按钮宜设置在公共活动场所的出入口处，并应设置在明显的和便于操作的部位；当安装在墙上时，其底边距地高度宜为 1.3 ~1.5 m，且应有明显的标志。

3. 火灾警报装置

火灾警报装置是在火灾自动报警系统中，用以发出区别于环境声、光的火灾警报信号的装置。火灾警报器是一种最基本的火灾警报装置，通常与火灾报警控制器组合在一起，它以声、光音响方式向报警区域发出火灾警报信号，以警示人们采取安全疏散、灭火救灾措施。消防警铃是一种火灾警报装置（图 1 -3），用于将火灾报警信号进行声音中继的一种电气设备，消防警铃大部分安装于建筑物的公共空间，如走廊、大厅等。

图 1 -2 手动火灾报警按钮

图 1 -3 消防警铃

4. 火灾报警控制器（报警主机）

火灾报警控制器（图 1 -4）是火灾自动报警系统的心脏，可向探测器供电，能用来接收火灾信号并启动火灾报警装置，也可用来指示着火部位和记录有关信息。该设备能通过火警发送装置启动火灾报警信号或通过自动消防灭火控制装置启动自动灭火设备和消防联动控制设备。该设备同时还能自动监视系统的正确运行，对特定故障给出声、光报警。

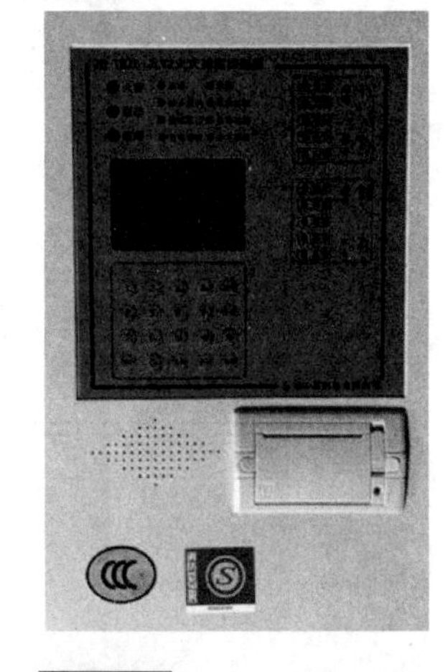

图 1 -4 火灾报警控制器

火灾报警控制器按系统形式的不同，可分为区域报警系统、集中报警系统和通用报警系统；按结构形式的不同，可分为壁挂式、柜式和琴台式 3 种。区域报警控制器是负责对一个报警区域进行火灾监测的自动工作装置，一个报警区域包括很多个探测区域（或称探测部位），一个探测区域可有一个或几个探测器进行火灾监测。同一个探测区域的若干个探测器是互相并联的，共同占用一个部位编号；同一个探测区域允许并联的探测器数量视产品型号不同而有所不同，少则5~6个，多则20~30个。集中型火灾报警控制器能接收区域型火灾报警控制器或火灾探测器发出的信息，并能发出某些控制信号，使区域型火灾报警控制器工作；集中型火灾报警控制器一般容量较大，可独立构成大型火灾自动报警系统，也可与区域型火灾报警控制器构成分散或大型火灾报警系统；集中型火灾报警控制器一般安装在消防控制室。控制中心报警系统由消防控制室的消防控制设备、集中火灾报警控制器、区域火灾报警控制器和火灾探测器等组成；或由消防控制室的消防控制设备、火灾报警控制器、区域显示器和火灾探测器等组成。功能复杂的火灾自动报警系统容量较大，消防设施控制功能较全，适用于大型建筑的保护。

现代火灾自动报警系统有2种基本形式，即编码开关量寻址报警系统和模拟量软件寻址报警系统。我国普遍采用的是编码开关量寻址报警系统。模拟量软件寻址报警系统不需要编码开关设定编码地址号，而是由计算机系统软件来设定探测器、报警按钮等外围部件的地址，因此可方便地根据要求命名或修改外围部件的地址。

1.1.1.2 消防联动控制装备

1. 消防联动控制的内容

消防联动控制系统是火灾自动报警系统中的一个重要组成部分。通常包括消防联动控制器、消防控制室显示装置、传输设备、消防电气控制装置、消防设备应急电源、消防电动装置、消防联动模块、消防栓按钮、消防应急广播设备、消防电话等设备和组件，如图1-5所示。

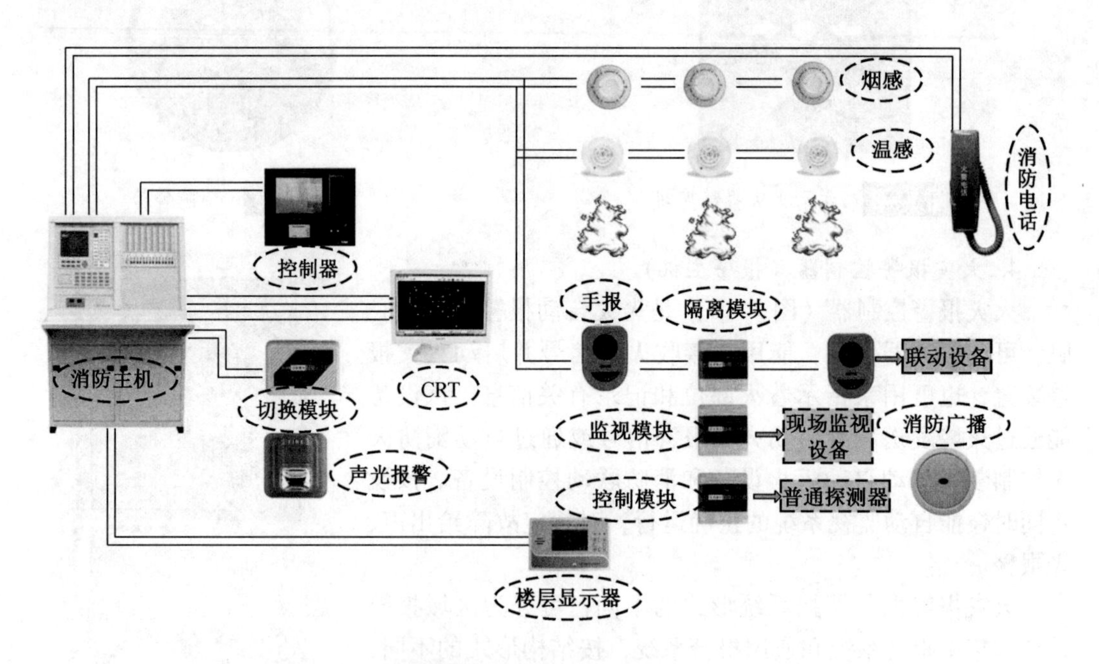

图1-5 消防联动控制系统

《火灾自动报警系统设计规范（GB 50116—2013）》对消防联动控制的内容、功能和方式有明确的规定。消防联动控制系统的组成如下：

（1）火灾报警控制。

（2）自动灭火控制。

（3）室内消火栓控制。

（4）防烟、排烟及空调通风控制。

（5）常开防火门、防火卷帘门控制。

（6）电梯回降控制。

（7）火灾应急广播控制。

（8）火灾警报装置控制。

（9）火灾应急照明与疏散指示标志的控制。

由于每个建筑的使用性质和功能要求不同，选择的控制系统也应根据工程的实际情况而决定。但无论选择哪几种控制系统，其控制装置均应集中于消防控制室内，即使控制设备分散在其他房间，其操作信号也应反馈到消防控制室。

通常，联动的组成形式可分为集中控制、分散控制与集中控制相结合2种形式，其控制方式有联动（自动）控制、非联动（手动）控制和联动与非联动相结合3种方式。集中控制系统是一种将系统中所有的消防设施都通过消防控制室进行集中控制、显示、统一管理的系统。这种系统适用于总线制、实施数字控制、通讯方式的系统，特别适用于采用计算机控制的楼宇自动化管理系统；对控制点数不多且分散时，多线制也常用。当控制点数特别多且很分散时，为使控制系统简单，减少控制信号的显示部位和控制线数目，可采用分散与集中相结合的系统，通常是将消防水泵、送风机、防排烟风机、部分防火卷帘门和自动灭火控制装置等在消防控制室进行集中控制，统一管理；对数量大而分散的控制系统（如防排烟风机、防火门释放器等），可采用现场分散控制。应强调不管哪种控制系统，都应将被控制对象执行机构的动作信号送到消防控制室集中显示。高层建筑中易造成混乱带来严重后果的被控制对象（如电梯、非消防电源等）应由消防控制室集中管理。

2. 固定灭火装置的联动

1）室内消火栓灭火系统

室内消火栓灭火系统由消防给水设备（包括给水管网、加压泵及阀门等）和电控部分（包括启泵按钮、消防中心启泵装置及消防控制柜等）组成，其控制原理如图1-6所示。

在高层建筑中，为了使水压不至过高，常将一栋高层建筑分为高区和低区分区供水，每区设置2台泵，一用一备或3台泵两用一备。2台泵一用一备，可以互为备用，工作泵是常用形式使用。互为备用是指2台泵中任意一台都可以作为工作泵，任何一台也可以作为备用泵，当工作泵发生故障跳闸时，备用泵自动投入使用。

室内消火栓灭火系统中消防泵的启动和控制方式的选择与建筑物的规模和水系统设计有关。为确保安全，控制电路设计以简单合理为原则。根据消防控制室中消防控制设备对室内消火栓灭火系统的控制、显示功能要求，消防泵的联动控制一般都应具备分散(现场)控制、集中(消防指挥中心)管理的功能,并在满足使用要求的前提下,力求简单可靠。

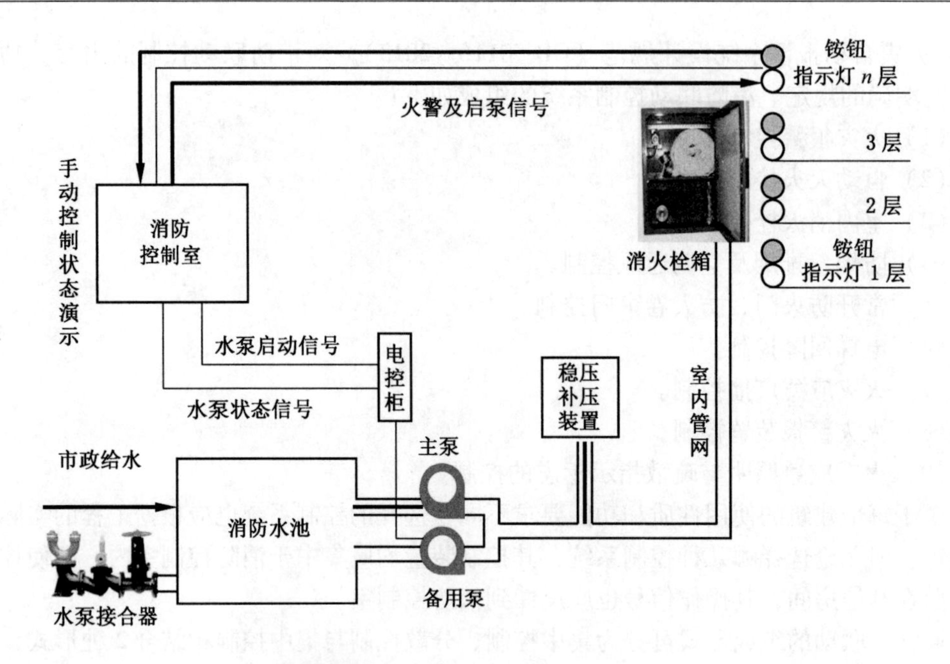

图1-6 室内消火栓控制原理示意图

每个消火栓箱都配有消火栓按钮，当人们发现并确定火灾后，手动按下消火栓按钮开关，向消防控制室发出报警信号，并启动消防泵。此时，所有消火栓按钮的启动确认灯应点亮，并保持至自动状态被复位；水泵启动并给出回答信号后，回答确认灯应点亮，并保持至水泵停止工作。

消防泵通常都是一用一备的形式，但在火灾初期，若利用1、2支消火栓水枪灭火，水压高，相对出水量小，若再加上水袋在铺设过程中出现的卷筒现象，很有可能造成打伤人的事故。因此，有些国家要求消防给水泵的流量扬程特性曲线为平缓型，而我国尚无法满足这种要求。目前，可采用3台泵两用一备接力泵的方法来弥补以上不足。

2）自动喷水灭火系统

自动喷水灭火系统对于突发性的建筑火灾能进行有效的控制，在高层建筑及建筑楼群中得到了广泛的应用，是目前国内外广泛采用的一种固定式消防灭火设备。它主要用来扑灭初期的火灾并防止火灾蔓延。自动喷水灭火系统按喷头的开启形式可分为闭式喷头系统和开式喷头系统；按报警阀的形式可分为湿式系统、干式系统、干湿两用系统、预作用系统和雨淋系统。在自动喷水灭火系统中，湿式系统（充水式自动喷水灭火系统）是应用最广泛的一种。自动喷水灭火系统各部件构成如图1-7所示。

(1) 湿式自动喷水灭火系统采用湿式报警阀，报警阀的前后管道内都充满压力水。该系统包括闭式喷头、水流指示器、湿式报警阀、控制阀和至少一套自动供水系统以及消防水泵结合器等。一般应用于环境温度不低于4 ℃，且不高于70 ℃的场所。自动供水是指自动喷水灭火系统动作时水能自动满足系统设计的需水量，即通常是指满足系统供水压力和水量的城市自来水、高压水塔（水箱）、气压水罐、水力自动控制的消防给水泵等。

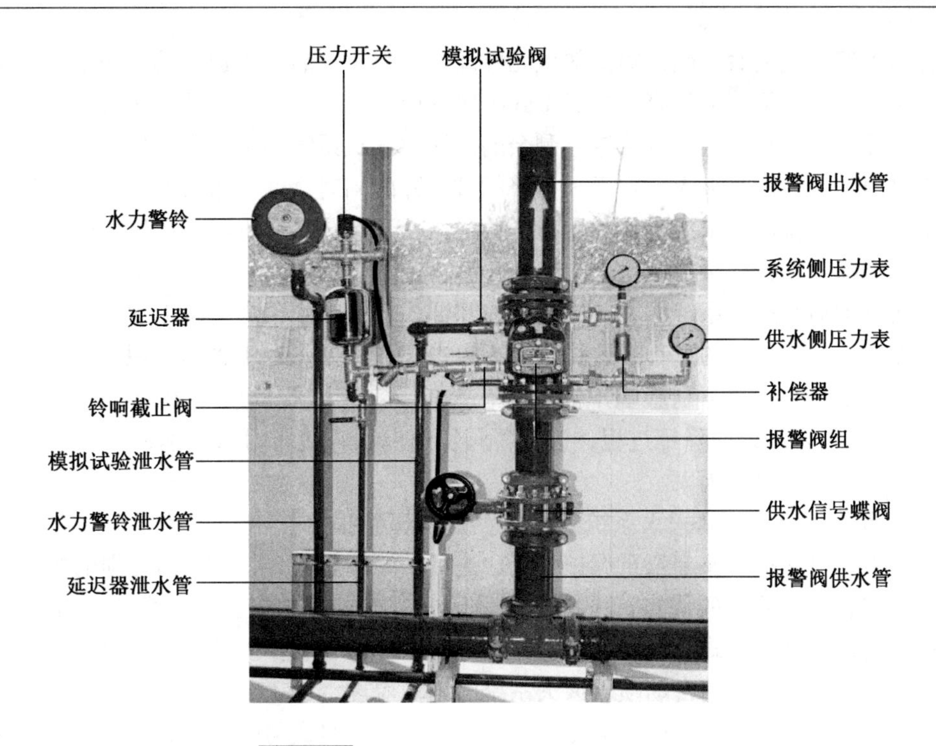

图1-7　自动喷水灭火系统各部件构成

湿式自动喷水灭火系统具有自动监测、报警和喷水功能。这种系统由于其供水管路和喷头始终充满有压水，所以称为自动喷水灭火系统。

湿式自动喷水灭火系统的工作原理：当火灾发生时，随着火灾部位温度的升高，火焰或高温气体使闭式喷头的热敏元件达到预定的动作温度范围，自动喷洒系统喷头上的玻璃球爆裂（或易熔合金喷头上的易熔金属片熔化脱落），喷头开启，喷水灭火。此时管网中的水由静止变为流动，水流推动水流指示器的桨片，使其电触点闭合，接通电路，输出电信号到消防控制室，在火灾报警控制器上指示某一区域已在喷水。由于开启持续喷水泄压造成湿式报警阀上部水压低于下部水压，在压力差的作用下，原来处于关闭状态的湿式报警阀自动开启，压力水流经报警阀进入延迟器，经延迟后，又流入压力开关使压力继电器动作，报警阀压力开关动作（或由系统管网的低压压力开关直接自动启动自动喷水给水泵），向系统加压给水，达到喷水灭火的目的。在压力继电器动作的同时，启动水力警铃，发出报警信号，同时当支管末端放水阀或试验阀动作时，也将有相应的动作信号送入消防控制室。这样既保证了火灾时动作无误，又方便平时维修检查。

（2）干式自动喷水灭火系统是为满足寒冷地区和高温场所安装自动喷水灭火系统的需要，在湿式自动喷水灭火系统上发展起来的。由于其管路和喷头内平时无水，只处于充气状态，所以称之为干式自动喷水灭火系统。该系统适用于室内温度低于4 ℃或高于70 ℃的场所。干式自动喷水灭火系统包括闭式喷头、管道系统、充气设备、干式报警阀、报警装置和供水设备等。干式自动喷水灭火系统的工作原理：平时干式报警阀（与水源相连一侧）的管道内充以有压水，干式报警阀后的管道内充以有压气体，报警阀处于关闭状态。当发生火灾时，闭式喷头热敏元件动作，喷头开启，管道中的压缩空气从喷头喷出，使干式阀出口侧压力下降，造成干式报警阀前部水压力低于后部水压力，干式报警阀被自动打开，压力水进入供水管道，剩余的压缩空气从系统高处的自动排气阀或已经打开的喷头喷出，然后喷水灭火。在干式报警阀被打开的同时，通向水力警铃和压力开关的通道也被打开，水流冲击水力警铃和压力开关，压力开关或系统管网低压压力开关直接自动启动，自动喷水，给水泵加压供水。

干式自动喷水灭火系统的主要工作过程和湿式自动喷水灭火系统无本质区别，只是在喷头动作后有一个排气的过程，这将影响灭火速度和效果。对于管网容积较大的干式自动灭火系统，设计时这种不利影响不能忽视，通常要在干式报警阀上附加一个“排气加速器”，以加快报警阀处的降压过程，让报警阀快速启动，使压力水迅速进入充气管道，缩短排气时间，尽快喷水灭火。

(3) 预作用自动喷水灭火系统是将火灾自动探测报警技术和自动喷水灭火系统有机地结合起来，对保护对象起双重保护作用。这种系统用于不允许有水渍污损的场所。其兼有湿式系统和干式系统的优点，系统平时是干式；火灾时火灾自动报警系统开启预作用阀，使管道内呈临时湿式系统。系统的转变过程包含预备动作的功能，所以称为预作用自动喷水灭火系统。预作用自动喷水灭火系统的工作原理（图1-8）：该系统在预作用阀后的管道内平时无水，充以有压或无压气体。当发生火灾时，与喷头一起安装在同一保护区的火灾探测器首先发出火灾报警信号，火灾报警控制器在接收到报警信号后，通常延迟30 s，证实无误后，做出声光显示的同时（自动启动预作用报警阀的电磁阀），将预作用阀打开，使有压水迅速充满管道，把原来呈干式的系统迅速自动转变成湿式系统，完成预作用过程，闭式喷头开启，立即喷水灭火。

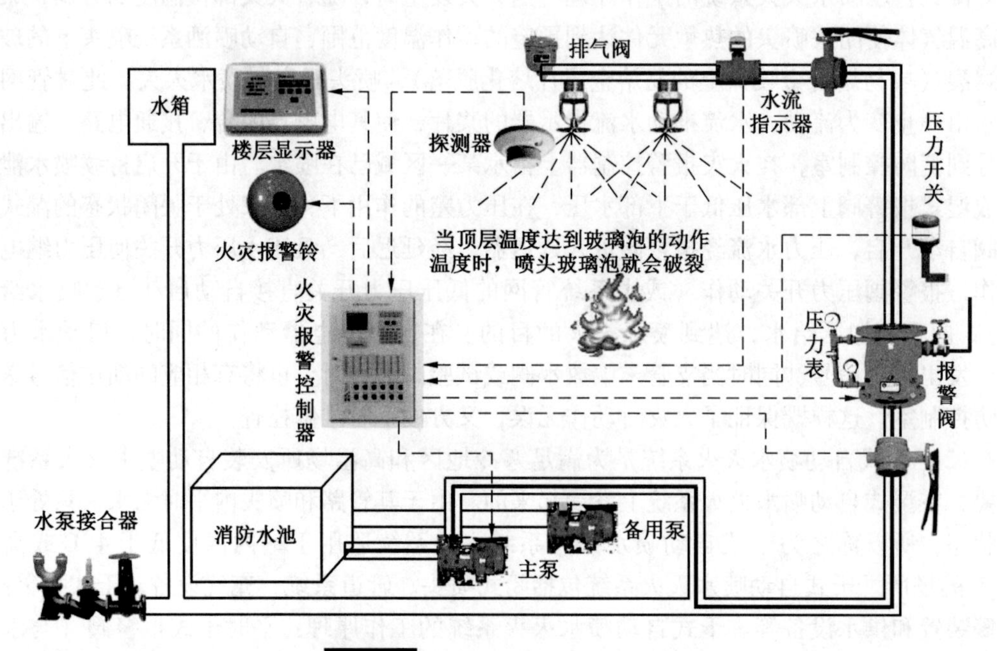

图1-8 预作用喷淋原理示意图

3）气体灭火系统的联动控制

在高层建筑中，对于一些特殊场所，不允许用常规的喷水灭火方式去扑灭火灾。因这些场所不允许遭水淹，一旦发生火灾，只能采用既不导电又防止水渍的气体灭火系统。三氟甲烷灭火系统是一种综合性能比较好的灭火系统，它兼顾了七氟丙烷（HFC－227）和惰性气体（IG－541）系统的优点。该系统贮存压力较低，价格比七氟丙烷便宜，系统整体成本较低，可以用于有人场所。气动启动工作原理如下：

（1）在气体灭火控制器处于自动状态控制时，当被保护区域发生火灾，产生的高温、烟雾或辐射光线等使探测器接收并发出火灾信号，气体灭火控制器接收到启动控制信号后，发出声、光信号，启动声光警报器，进入延时状态（延时时间在 0～30 s 内可调），关闭被保护区域的防火门、窗和防火阀等，停止通风空调系统；延时结束后，发出启动喷洒控制信号，启动被保护区域的喷洒光警报器；启动灭火剂瓶组，灭火剂通过阀门、管道和喷嘴喷入被保护区域，实施灭火。

（2）在气体灭火控制器处于手动状态控制时，当接收到火灾信号后，只发出火警信号，而不发出灭火指令；当人员确认报警信号后，确认需要启动灭火系统时，人员启动气体灭火控制器上的启动按钮，发出灭火指令。由于气体灭火控制器的手动功能优先于自动控制，在延时期间，发现不需要启动灭火系统时，按下手动停止按钮，即可停止灭火。

（3）当气体灭火控制器处于机械应急手动启动状态时，当火情发生气体灭火控制器不能发出灭火指令时，人员在设备现场打开相应的阀门释放灭火剂灭火。

3. 消防设备的联动

1）防、排烟设备的联动

防、排烟设备包括正压送风机、排烟风机、送风阀及排烟阀，以及防火卷帘门、防火门等。防、排烟方式有自然排烟、机械排烟、自然与机械排烟并用或机械加压送风等。

2）防火门及防火卷帘的控制

防火门及防火卷帘都是防火分隔物，有隔火、阻火、防止火势蔓延的作用。防火门平时处于开启状态，防火门一侧的火灾探测器报警后，防火门应自动关闭，并将关闭信号送至消防控制室，有自动和手动 2 种控制方式；用作防火分隔的防火卷帘，火灾探测器动作后，卷帘门应直接下降到底，并将关闭信号送至消防控制室，有自动和手动 2 种控制方式。

3）防烟垂壁

防烟垂壁用于高层建筑防火分区的走道（包括地下建筑）和净高不超过 6 m 的公共活动用房等，起隔烟作用，有自动和手动 2 种控制方式。

4）消防应急广播设备

消防应急广播设备作为消防指挥系统，在整个消防控制管理系统中起着极其重要的作用。通常消防应急广播扬声器设置在走道、楼梯间、电梯前室、大厅等公共场所。广播系统通常由音源（录放机卡座、CD 机等）、播音传声器、前置放大器、功率放大器和现场放音设备（吸顶音箱、壁挂音箱等）构成，其设备外形如图 1－9 所示。

5）消防电话

在消防水泵房、防排烟机房、变配电室、电梯机房、自备发电机房等与消防联动有关的且经常有人值班的房间，灭火系统操作装置处或控制室、消防值班室都应设置消防电话分机，消防专用电话系统如图1-10所示。

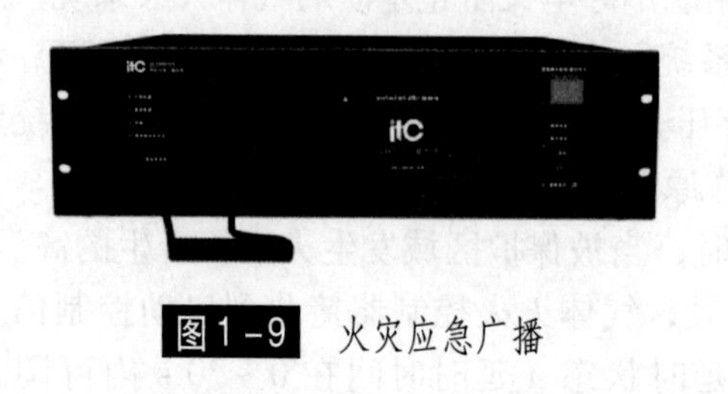

图1-9 火灾应急广播

图1-10 消防专用电话系统

6）消防电梯

电梯是高层建筑纵向交通工具，消防电梯是在发生火灾时供消防人员扑救火灾和营救人员的工具。火灾时，无特殊情况下不用一般电梯作疏散，因为这时电源并不稳定，因此对电梯控制一定要保证安全。消防控制室在确认火灾后，应能控制电梯全部停在首层，并能接收其反馈信号。电梯控制有2种：一是所有电梯控制显示和直接控制装置都在消防控制室，消防值班人员随时可以操作；二是消防控制室设有电梯间接控制装置，火灾时，消防值班人员通过控制装置向电梯机房发出火灾信号和强制电梯全部停在首层的命令。

1.1.1.3 消防预警通讯设备

1. Web GIS技术

随着Internet的发展，基于Web的GIS技术通过有限网络带宽向多用户传送包含多媒体信息在内的地理信息，克服了传统Internet信息服务的缺点。其内置的空间数据组织、管理、分析和表示功能，以直观、方便、互动的可视化信息查询和检索方式，向用户发布实时数据信息，如视频、音频和文本。

GIS技术（Geographic Information Systems，地理信息系统）是多种学科交叉的产物，它以地理空间为基础，采用地理模型分析方法，实时提供多种空间和动态的地理信息，是一种为地理研究和地理决策服务的计算机技术系统。其基本功能是将表格型数据（无论自数据库、电子表格文件或直接在程序中输入）转换为地理图形显示，然后对显示结果浏览、操作和分析。其显示范围可以从洲际地图到非常详细的街区地图，现实对象包括人口、销售情况、运输线路以及其他内容。

GIS是一种特定的十分重要的空间信息系统。它是在计算机硬件、软件系统支持下，对整个或部分地球表层（包括大气层）空间中的有关地理分布数据进行采集、储存、管理、处理、分析、显示和描述的技术。

从国内外发展状况看，地理信息系统技术在重大自然灾害和灾情评估中有广泛的应用领域。从灾害的类型看，它既可用于火灾、洪灾、泥石流、雪灾和地震等突发性自然灾害，又可应用于干旱灾害、土地沙漠化、森林虫灾和环境危害等非突发性事故。就其作用而言，从灾害预警预报、灾害监测调查到灾情评估分析各个方面，综合起来有以下几点：

（1）进行灾情预警预报。

（2）对灾情进行动态监测。

（3）分析探讨灾情发生的成因与规律。

（4）进行灾害调查。

（5）灾害监测。

（6）灾害评估等。

2. GPS 技术

GPS（Global Positioning System，全球卫星定位系统）是一个卫星导航系统，它真正实现了全球、全天候、连续、实时、以空中卫星为基础的高精度无线电导航系统。GPS 具备在海、陆、空全方位实时三维导航与定位的能力。全球定位系统具有性能好、精度高、应用广的特点，是覆盖最广的导航定位系统。随着全球定位系统的不断改进，硬、软件的不断完善，应用领域正在不断地拓展，目前已遍及国民经济各种部门，并开始逐步深入人们的日常生活。

GPS 由三部分构成：空间部分（由 24 颗卫星组成，分布在 6 个轨道面上）、地面控制部分（由主控站、地面天线、监测站和通讯辅助系统组成）、用户设备部分（主要由 GPS 接收机和卫星天线组成），如图 1－11 所示。

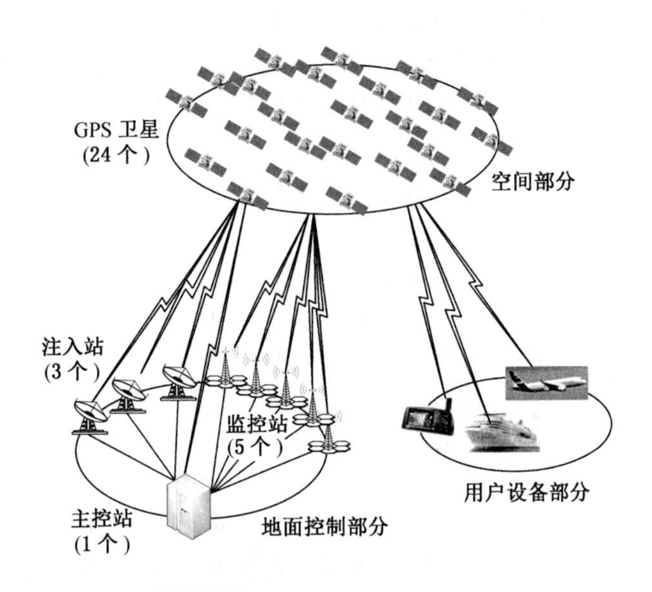

图 1－11 GPS 系统相关组成设备

1）空间部分

GPS 空间部分是由 24 颗工作卫星组成，它位于距地表 20200 km 的上空，均匀分布在 6 个轨道面上（每个轨道面 4 颗），轨道倾角为 55°。此外，还有 4 颗有源备份卫星在轨运行。卫星的分布使得在全球任何地方、任何时间都可观测到 4 颗以上的卫星，并能保持良好定位解算精度的几何图像。这就提供了在时间上连续的全球导航能力。GPS 卫星产生两组电码，一组称为 C/A 码（Coarse/Acquisition Code，11023 MHz）；一组称为 P 码（Procise Code，10123 MHz），P 码因频率较高，不易受干扰，定位精度高，因此受美国军方管制，并设有密码，一般民间无法解读，主要为美国军方服务。C/A 码人为采取措施而刻意降低精度后，卫星定位系统主要开放给民间使用。

2）地面控制部分

地面控制部分由一个主控站、5 个全球监测站和 3 个地面控制站组成。监测站均配装有精密的铯钟和能够连续测量所有可见卫星的接收机，其将取得的卫星观测数据（包括电离层和气象数据），经过初步处理后，传送到主控站；主控站从各监测站收集跟踪数据，计算出卫星的轨道和时钟参数，然后将结果送到 3 个地面控制站；地面控制站在每颗卫星运行至上空时，把导航数据及主控站指令注入卫星。这种注入对每颗 GPS 卫星每天一次，并在卫星离开注入站作用范围之前进行最后的注入。如果某地面站发生故障，那么在卫星中预存的导航信息还可用一段时间，但导航精度会逐渐降低。

3）用户设备部分

用户设备部分即 GPS 信号接收机。其主要功能是能够捕获到按一定卫星截止角所选择的待测卫星，并跟踪这些卫星的运行。当接收机捕获到跟踪的卫星信号后，即可测量出接收天线至卫星的伪距离和距离的变化率，解调出卫星轨道参数等数据。根据这些数据，接收机中的微处理计算机可按定位解算方法进行定位计算，计算出用户所在地理位置的经纬度、高度、速度、时间等信息。接收机硬件和机内软件以及 GPS 数据的处理软件包构成完整的 GPS 用户设备。GPS 接收机的结构分为天线单元和接收单元两部分。接收机一般采用机内和机外 2 种直流电源。设置机内电源的目的是更换外电源时不中断连续观测。在用机外电源时，机内电池自动充电。关机后，机内电池为 RAM 存储器供电，以防止数据丢失。各种类型的接收机体积越来越小，重量越来越轻，便于野外观测使用。

3. RS 技术

RS 技术（Remote Sensing，遥感技术），遥感技术是指从高空或外层空间接收来自地球表层各类地理的电磁波信息，并通过对这些信息进行扫描、摄影、传输和处理，从而对地表各类地物和现象进行远距离探测和识别的现代综合技术。遥感技术包括传感器技术，信息传输技术，信息处理、提取和应用技术，目标信息特征的分析与测量技术等。

遥感技术按遥感仪器所选用的波谱性质可分为电磁波遥感技术、声呐遥感技术和物理场（如重力和磁力场）遥感技术。电磁波遥感技术是利用各种物体、物质反射或发射出不同特性的电磁波进行遥感的，其可分为可见光、红外、微波等遥感技术。遥感技术按感测目标的能源作用可分为主动式遥感技术和被动式遥感技术；按记录信息的表现形式可分为图像方式遥感技术和非图像方式遥感技术；按遥感器使用的平台可分为航天遥感技术、航空遥感技术、地面遥感技术；按遥感的应用领域可分为地球资源遥感技术、环境遥感技术、气象遥感技术、海洋遥感技术等。

遥感技术常用的传感器有：航空摄影机（航摄仪）、全景摄影机、多光谱摄影机、多光谱扫描仪（Multi Spectral Scanner，MSS）、专题制图仪（Thematic Mapper，TM）、反束光导摄像管（Return Beam Vidicon，RBV）、HRV（High Resolution Visible Range Instruments）扫描仪、合成孔径侧视雷达（Side - Looking Airborne Radar，SLAR）。

遥感技术常用的遥感数据有：美国陆地卫星（Landsat）TM 和 MSS 遥感数据，法国 SPOT 卫星遥感数据，加拿大 Radarsat 雷达遥感数据。遥感技术系统包括：空间信息采集系统（包括遥感平台和传感器）、地面接收和预处理系统（包括辐射校正和几何校正）、地面实况调查系统（如收集环境和气象数据）、信息分析应用系统。

4. GSM无线通信技术

全球移动通信系统（Global System for Mobile Communications，缩写为GSM），由欧洲电信标准组织ETSI制订的一个数字移动通信标准。

GSM系统主要由移动台（MS）、移动网子系统（NSS）、基站子系统（BSS）和操作维护中心（OMC）四部分组成。移动台是公用GSM移动通信网中用户使用的设备，也是用户能够直接接触的整个GSM系统中的设备。

1）移动台（MS）

移动台的类型不仅包括手持台，还包括车载台和便携式台。随着GSM标准的数字式手持台进一步小型、轻巧和增加功能的发展趋势，手持台的用户将占整个用户的极大部分。

2）基站子系统（BSS）

基站子系统（BSS）是GSM系统中与无线蜂窝方面关系最直接的基本组成部分。它通过无线接口直接与移动台相接，负责无线发送接收和无线资源管理；另一方面，基站子系统与网络子系统（NSS）中的移动业务交换中心（MSC）相连，实现移动用户之间或移动用户与固定网络用户之间的通信连接，传送系统信号和用户信息等。当然，要对BSS部分进行操作维护管理，还要建立BSS与操作支持子系统（OSS）之间的通信连接。

3）移动网子系统（NSS）

NSS由移动业务交换中心（MSC）、归属位置寄存器（HLR）、拜访位置寄存器（VLR）、鉴权中心（AUC）、设备识别寄存器（EIR）、操作维护中心（OMC－S）和短消息业务中心（SC）构成。MSC是对位于它覆盖区域中的MS进行控制和交换话务的功能实体，也是移动通信网与其他通信网之间的接口实体。它负责整个MSC区内的呼叫控制、移动性管理和无线资源的管理。VLR是存储进入其覆盖区用户与呼叫处理有关信息的动态数据库。MSC为处理位于本覆盖区中MS的来话和去话呼叫需到VLR检索信息，通常VLR与MSC合设于同一物理实体中。HLR是用于移动用户管理的数据库，每个移动用户都应在其归属的位置寄存器注册登记。HLR主要储存两类信息：一类是有关用户的业务信息，另一类是用户的位置信息。

4）操作维护中心（OMC）

操作维护中心（OMC）又称OSS或M2000，需完成移动用户管理、移动设备管理以及网路操作和维护等任务。

1.1.2　城市消防预警系统

城市消防预警系统以原有的城市消防机构为管理平台，以先进的信息技术为技术支撑，通过对城市消防系统的监控和分析，随时模拟和评估出城市消防的危险程度，即时提供决策信息，从而有效维护城市消防安全，保护社会和公民的财产、生命和安全，避免不必要的损失。

1.1.2.1　功能与特点

1. 功能

城市消防预警系统的功能主要表现为两个方面：一是通过系统的评估，对国家安全是否受到威胁、危害或所呈现的运行状态预警；二是通过对城市消防各警源要素的评估，获知各因素综合发挥作用的状况及各要素系统自身运行的状况等，从而制定较强的针对性措施。

2. 特点

（1）高效性。借助信息网络技术，迅速、高效捕捉与传递信息，对城市消防状态预警。

（2）准确性。城市消防预警系统是建立在信息化的基础上的，可及时有效地采集、筛选、加工处理信息，并借助智能化和专家化的方式，实现定性与定量的统一。

（3）开放性。城市消防预警系统是一个开放性的系统，它建构于开放的信息网络上，使系统更具普适性。

（4）多层次。城市消防预警系统依据用户的层次化来设置不同的层级业务，从而形成一个低层到高层、从小范围到大范围的系统圈。

1.1.2.2 体系结构和关键技术

1. 体系结构

城市消防预警系统以 GIS 技术、GPS 技术、RS 技术、GSM 无线通信作支撑，整合城市多部门、多行业、多层次的已有系统和数据资源，基于 Internet 和 Web GIS 的分布式数据库和统一的空间信息基础设施平台，实现对城市消防的预警研究和处理。该预警系统在总体上包括城市空间信息基础设施平台、通信网络设施平台和城市消防预警平台，如图 1－12 所示。

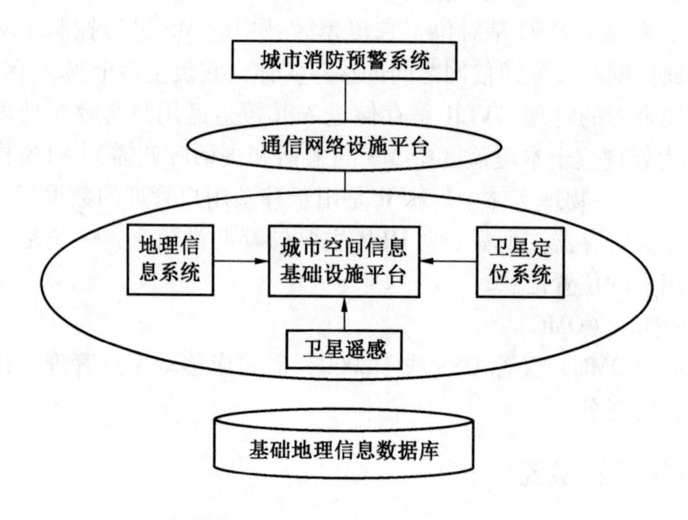

图 1－12 城市消防预警系统体系结构

2. 关键技术

1）Web GIS

随着 Internet 的发展，基于 Web 的 GIS 技术通过有限网络带宽向多用户传送包含多媒体信息在内的地理信息，克服了传统 Internet 信息服务的缺点。其内置的空间数据组织、管理、分析和表示功能，以直观、方便、互动的可视化信息查询和检索方式，向用户发布实时数据信息，如视频、音频和文本。

2）GPS 技术

GPS 提供的高精度、全天候的导航定位信息已成为现代信息社会重要的信息源和国家基础设施之一。GPS 已经开始应用于城市信息化管理，为城市提供公益性、基础性服务。利用全球卫星定位系统并通过无线通信把信息网络延伸到了移动的车辆和警员上，实现对现场终端的实时监控，与 GIS 系统匹配，使指挥中心准确地掌握现场情况，及时进行调度指挥，提高了监控水平及快速反应能力。

3）RS 技术

卫星遥感技术为资源、环境研究和城市经济建设提供了宝贵的空间图像数据，高空间分辨率图像数据和地理信息系统紧密结合，为城市规划、地籍管理、工程评估等提供了重要的基础性服务。由 RS、GIS、GPS 集成的 3S 技术应用于城市空间信息基础设施平台建设，可以为城市消防预警系统提供基础地理信息数据。

4）分布式、异构数据库技术

预警系统的建设将充分利用城市各个行业和部门的数据资源，要求实现数据存储物理位置分散而又能进行统一管理的分布式数据库的建立。

5）网络与（移动）通信技术

随着无线通信宽带化技术的突破，移动通信将逐步从单一的语音业务向多种类的综合业务方向发展。未来的移动通信系统将建立全球移动数字网络，综合蜂窝、集群、寻呼、卫星通信、图像传输等多种通信系统的功能，形成以全 IP 核心网络技术为基础，能够提供多种综合业务的宽带多媒体通信网络平台，为城市信息基础设施的建立和完善提供技术支持和保障。

6）计算机仿真技术

仿真技术能够建立虚拟仿真环境，实现研究区域的真实环境再现以及规划环境的预见。把模拟仿真引入预警系统，其模型构建、建模分析与模型技术的科学性、实用性和正确性，能对提高预警系统动态性、可靠性和科学性产生积极影响。

7）数据挖掘技术

数据挖掘技术能在海量数据中挖掘出有用的知识，将它应用于专家系统，并结合启发式思维以及判断、专家经验和专业知识，对预警系统中不同数据、模型和问题提供有见地的建议和可选方案。

1.1.2.3 预警系统的业务建模

1. 预警系统业务机构模型

首先对预警系统的用户结构、操作方式和目的进行分析，可将系统用户分为系统维护用户、系统专业用户、Internet 用户和报警用户 4 类。通过对这 4 类用户的功能需求分析、角色分析，形成预警系统业务机构模型，如图 1－13 所示。

1）城市综合预警中心

城市综合预警中心设在市委与市政府。从宏观和战略层面上掌握城市安全总体情况，对各种类型、层次的警情做出指导性建议，并提出相应的解决对策，消防预警系统是其中一个分支。

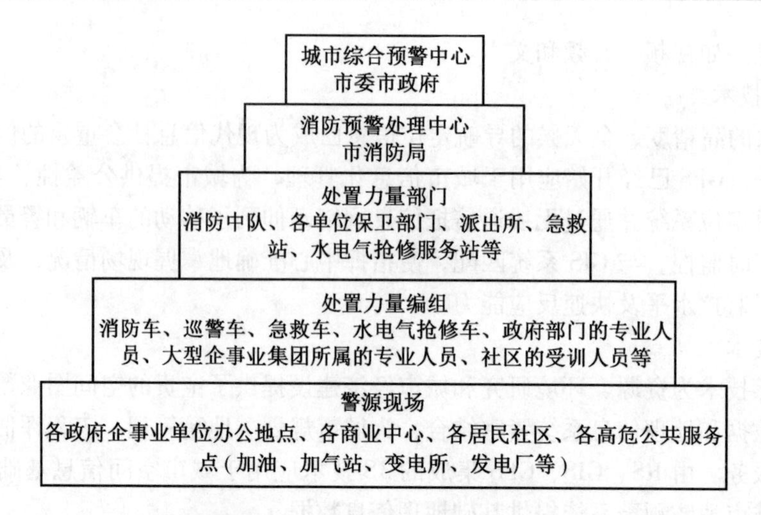

图1－13 城市消防预警系统业务机构模型

2）消防预警处理中心

消防预警处理中心一般设在市消防局。职责是统一接收和发布警情，对城市消防的总体态势进行监测和监控，对各地区的警情规模、强度、等级、诱发因素进行分析和识别，并做出应对方案，同时将分析结果上报市委市政府，汇入城市综合预警系统。

3）处置力量部门

处置力量部门是实际处置消防灾情的部门。接受任务处理中心的任务调遣，安排具体防范化解任务。

4）处置力量编组

处置力量编组是实际处置消防灾情的编组。接受处置力量部门的任务安排，实际执行消防安全防范工作。

5）警源现场

负责警源信息的采集、更新和上报。

2. 预警系统业务流程模型

预警系统业务流程模型如图1－14所示。

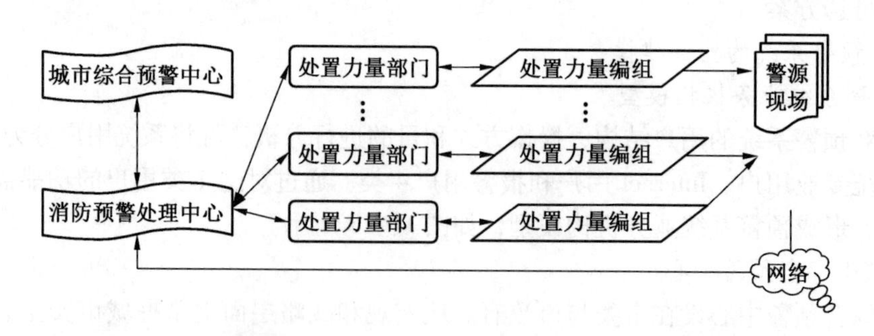

图1－14 城市消防预警系统业务流程模型

1）警源现场信息采集

处于警源现场的工作人员或公众通过警源采集系统采集各类消防警源，并通过网络传送到消防预警处理中心。

2）警情分析研究

消防预警处理中心定期对各类数据库中的数据进行综合分析、挖掘、评估，并作警度定级，然后将结果报送上级，汇入城市综合预警系统。对接近警戒阈值的高危警兆给予应对处理方案并传达给各处置力量部门。

3）警情处置

处置力量部门接受消防预警处理中心的警情处置指令，调度处置力量编组对警情现场进行排警，然后向处置力量部门反馈排警情况，再由处置力量部门向消防预警处理中心反馈信息并记入数据库。

1.1.2.4 指标体系设计

预警指标的选择与指标体系的设计是研究城市消防预警系统的一项核心工作。城市消防安全预警指标体系是由一系列相互关联的、能够表达城市消防稳定与安全信息的、反映城市消防敏感和热点问题的大量单项指标所构成的指标集合，即“指标体系”。理论上要求每一个单项指标能够清晰地标识城市消防系统运行某一方面的状况是否正常，是否达到或超过了可能威胁城市消防安全的临界阈值，而指标体系则能够从整体上对消防系统运行是否稳定和安全做出把握和判断。

预警指标可分为警源、警情、警兆3类指标。

1. 警源

警源是产生警情的根源。城市消防预警系统的警源，就是城市消防安全发生危险的根源，像引起火灾的火种、导致人体生病的病源一样，是城市消防产生警情的源头。它可能是系统自身引起的内生警源，也可能是系统外因素诱引的外生警源，寻找警源是预警过程的起点。

2. 警情

警情指标衡量的是社会状态，是与警情同时发生的。城市消防力量、理念、设施、政策或资源等受阻或遭受破坏等现象均为警情，它一般由预警指标的实测值加以描述，明确警情是预警的前提。

3. 警兆

警兆是警情爆发前的先兆，其作为一种先导现象，表现了警源演变成警情的外部形态。从警源到警情的演变过程，既是警源的量变到质变的过程，也是警情的孕育进程，又是警兆的表现过程。

警兆指标与警情指标的区分并不是绝对的，也不是单值对应的。有些指标本身既是警情指标，同时又是其他警情指标的警兆指标；一个警情指标可以对应有多个警兆指标，一个警兆指标也可能对多个警情指标产生作用。

单项指标在表达整个城市消防安全指标体系时，还应考虑综合性、独立性、逻辑性、定量性和阈值识别原则。

1.1.2.5 系统的内部结构及运作流程

消防预警系统的入口是基础警源采集系统，出口是城市综合预警系统，如图1-15所示。消防预警系统的模拟中心、预警中心和专家系统共同构成消防预警系统的中央指挥枢，即消防险情管理中心。通过基础警源采集系统采集威胁城市消防的各类警源，通过信息安全通道，由一条路径把基础警源数据传输到警源数据库，由另一条路径把警情数据传输到警情库。警源数据库对数据进行挖掘、加工、处理和存储，再把经过处理的、标准化的数据传输到预警模型库，在预警模型库中，对影响城市消防的各类因子进行模拟，并对城市消防运作的各类模型进行检验与修正；然后，在模拟中心对影响城市消防的各类因子的模拟结果进行综合分析与处理，对城市消防的总体态势进行预测、预报和预警；最后，把结果传送到消防险情管理中心。警情库对威胁城市消防的各类警情进行识别和分类，把结果传输到警戒阈值库，在警戒阈值库中，对警情进行综合比较、分级；然后，在预警中心对城市消防的总体态势进行监测和监控，对各警情现场的警情规模、强度、等级、引发因子进行分析和识别；最后，把结果传送到消防险情管理中心。在处理过程中，模拟中心和预警中心需要得到专家系统的技术支持，联合工作。消防险情管理中心对模拟中心、专家系统和警情中心传送的结果进行综合分析、判断、评估，针对威胁城市消防的各类警源及引发因子，做出快速、准确、科学的调控、防范和化解的对策与方案，并发布警情预报，同时将结果汇入城市综合预警中心。

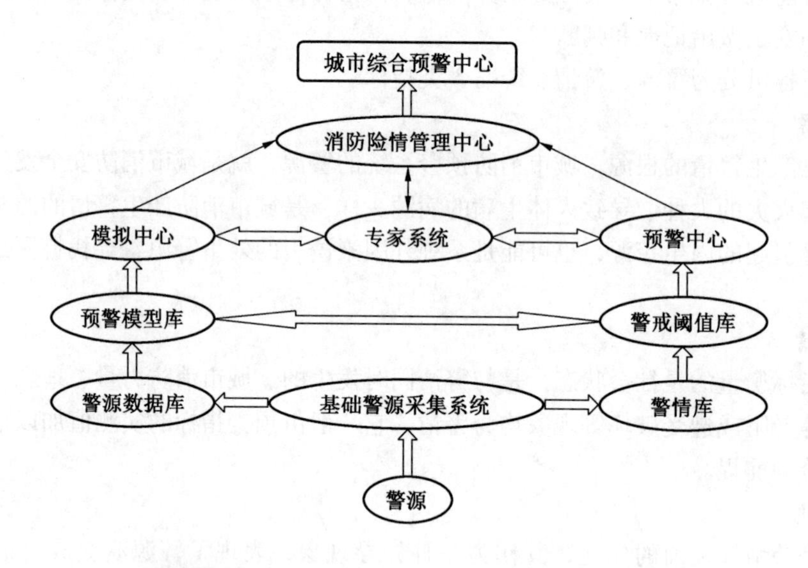

图1-15 城市消防预警系统内部结构及运作流程图

1.2 城市消防员防护装备

消防员防护装备是指消防员在灭火救援行动或训练中用于保护消防员自身安全的装备。根据配备属性不同，可分为基本防护装备和特种防护装备。根据用途不同，可分为消防员防护服装、消防员呼吸防护器具和消防用防坠落装备。

1.2.1 消防员防护服装

消防员防护服装是指消防员在进行火灾扑救和参加以抢救人员生命为主的抢险救援任务时穿着的专用防护服装。主要包括消防员灭火防护服装、消防员抢险救援服装、消防员化学防护服装、消防员隔热防护服、消防员避火防护服及其他消防防护服等。

1.2.1.1 消防员灭火防护服装

消防员灭火防护服装是消防员在进行灭火救援时穿着的专用防护服装，一般由消防员灭火防护服、消防头盔、消防员灭火防护头套、消防手套和消防员灭火防护靴等组成。

1. 消防员灭火防护服

1）适用范围

消防员灭火防护服可对消防员上下躯干、脖颈、手臂、腿进行热防护，适用于消防员在火灾事故现场进行灭火救援作业时穿着。

2）结构组成

消防员灭火防护服为分体式结构，由防护上衣、防护裤子组成。消防员灭火防护服的面料由外到里一般由外层、防水透气层、隔热层和舒适层等四层组成。

外层具有阻燃、耐高温、表面抗湿、防缩水、抗断裂、抗撕裂、耐洗涤、耐磨等性能；防水透气层主要具有防水、透气功能，此外还应具有耐高温、防缩水等性能；隔热层具有保暖、隔热和阻燃功能，舒适层具有阻燃、耐高温等性能。

此外，消防员灭火防护服还包括救生拖拉带及一些辅料，如反光标志带、标签、强检标志、阻燃芳纶缝纫线、阻燃魔术贴、PU 密封胶条和拉链等。

救生拖拉带主要用于营救被困的消防员，应满足展开时间小于或等于 10 s，拖动假人测试距离大于或等于 2.5 m 的性能要求。

3）穿戴使用

（1）灭火救援作业时须与消防头盔、消防员灭火防护头套、灭火防护靴、消防手套等配套穿着，以达到防护全身的效果。

（2）穿着前应进行检查，若发现有局部破损、掉色、撕裂、严重污渍等问题，应及时修复，不得在执勤中穿着使用。

（3）灭火救援时，应扣紧灭火防护服的全部部件，如尼龙搭扣、纽扣、拉链、吊钩、衣领、护颈等，并避免与火焰、高温炽热物体直接接触。

（4）袖口应与消防手套重合，手套口应收在衣服袖口内。袖口带有拇指搭扣的，进入火场时应将拇指穿过搭扣环。

（5）裤脚应放置在消防靴外，并与靴体形成部分重叠，有效防止危险化学物质沿衣物流入靴子内。

（6）保持灭火防护服的整体防护能力，在火场中因浸湿、高温灼烧、撕裂等导致防护性能下降时应及时撤出。

4）维护保养

（1）使用后应对灭火防护服进行清洗，应选择专用的清洁剂，洗衣机洗涤时应选择轻柔模式，将拉链、搭扣等金属件扣紧，将防护服翻面放入洗衣袋后洗涤，以免损坏、磨损衣物。洗涤温度最高不超过 40 ℃。

（2）清洗后在阴凉通风处晾干，避免暴晒或进行烘烤。

（3）灭火防护服损坏应及时修补、更换。

（4）每季度应进行一次检查，查看是否有潮湿、霉变、褪色、虫蛀等现象。

2. 消防头盔

1）适用范围

消防头盔可对消防员头部、颈部进行安全防护，具有防止坠落物的冲击和穿透性能，同时也具有防热辐射、燃烧火焰、电击、侧面挤压等性能，适用于消防员在火灾现场佩戴。

2）结构组成

帽壳按外形可分为无帽檐式头盔和有帽檐式头盔 2 种。

消防头盔主要由帽壳、泡沫缓冲层、十字减震带、帽网、佩戴装置（包括帽箍、帽托和下颏带）、面罩、披肩、防雾装置等部件组成。消防头盔具有四级减震功能，帽壳具有较强的抗穿刺性能，为第一级减震；泡沫缓冲层吸收冲击力，为第二级减震；十字减震带为第三级减震；帽网为第四级减震。帽网与十字减震带、十字减震带与泡沫缓冲层都有缓冲距离，为减震空间。

3）佩戴使用

（1）佩戴前检查。使用前应对消防头盔的各部件进行检查，确保各部件完整，性能良好。

（2）佩戴使用。根据消防员自身情况调节佩戴装置，披肩应呈自然垂挂状态，扣紧下颏带搭扣，系紧帽箍。在灭火战斗中，不要随意推上面罩或卸下披肩，以防面部、颈部烧伤或损伤。

（3）使用后清洗。佩戴后，应将各部件清洗、擦净、晾干。清洗帽壳和面罩可用适宜的塑料清洗剂或清洗液，不要使用溶剂、汽油、酒精等有机溶液或酸性物质清洗。

4）维护保养

（1）消防头盔各部件不应随意拆卸，以免影响结构的完整性和各部件的配合精度，降低防护性能。

（2）消防头盔应避免跌落或者与坚硬物质相互摩擦、碰撞，以免划伤或损坏帽壳和面罩。

（3）在消防头盔存放之前，必须先进行清洁并使其干燥，并置于保护袋内，储存环境应避光防潮。

3. 消防员灭火防护头套

1）适用范围

消防员用可保护消防员头部、侧面部以及颈部免受火焰烧伤或高温烫伤，适用于在灭火救援现场佩戴，不适用于在处置危险化学品事故时佩戴。

2）结构组成

消防员灭火防护头套主要由阻燃针织布缝制而成。头套的防护功能基本上由针织面料的性能决定。头套前部和后部与防护服领口内重叠部分的长度不应小于 200 mm，头套侧部与防护服领口内重叠部分长度不应小于 130 mm。头套应具有面部开口。面部开口不应妨碍呼吸防护器具面罩的佩戴，面部开口边缘与呼吸防护器具面罩边缘之间重叠部分的长度不应小于 10 mm。

3）佩戴使用

（1）使用时，佩戴在头部，与灭火防护服、消防头盔和呼吸防护器具配合使用。

（2）灭火防护头套应套在呼吸防护器具的外侧，与呼吸防护器具面罩边缘要有重叠。

（3）一定要用灭火防护服的衣领压住头套的后部，否则容易造成颈部暴露。

4）维护保养

（1）使用前要检查头套是否完好，若发现有孔洞、撕裂、磨损等问题，应及时更换。

（2）使用后要及时进行清洗，宜选用中性洗涤剂，水温不宜超过 40 ℃。

4. 消防手套

1）适用范围

消防手套可对消防员的手和腕部进行防护，适用于消防员在一般火灾现场穿戴，不适用于化学、生物、电气以及电磁、核辐射等危险场所。

2）结构组成

消防手套一般为五指立体式结构，从外到内依次由外层、防水层、隔热层和舒适层等四层材料组合制成。手背缝合宽度不小于 50 mm 的 360 度反光标示带。

外层具有阻燃、耐磨、耐撕破、抗切割和抗刺穿等功能。防水层具有防水性能，可阻止水向隔热层渗透。隔热层主要用于提供隔热保护，防止高温热量对手部皮肤的烧伤。舒适层能够吸汗，提高穿戴者的舒适度。

3）佩戴使用

（1）消防手套佩戴时，应将手套口和灭火防护服袖口形成部分重合。

（2）佩戴消防手套进入火场前应将手套紧固装置拉好。

（3）灭火救援时，应避免与坚硬、锋利的物体接触，避免与火焰或高温炽热物体直接接触，以防刮伤损坏手套。

（4）消防手套不得用于处置放射性物质、生物毒剂及危险化学品。

4）维护保养

（1）使用前要检查手套是否完好，若发现有破损、磨损、撕破、烧毁或化学侵蚀等问题，应及时更换。

（2）使用后要及时对手套进行清洗，宜采用专用的清洁剂，用手轻揉，并用清水冲洗，但不得用洗衣机进行洗涤。洗涤后选择阴凉通风处晾干。

5. 消防员灭火防护靴

1）适用范围

消防员灭火防护靴可保护消防员脚部和小腿部免受水浸、外力损伤和热辐射等因素伤害，适用于一般火灾事故现场进行灭火救援作业时穿着，不适用于处置危险化学品、生物毒剂、放射性物质及带电设备等事故。

2）结构组成

消防员灭火防护胶靴一般由靴头、靴底、靴后跟、靴上腰、靴口等部分组成。

靴头内部设置有钢包头层，表面采用摩擦压纹，增强靴头耐冲击及靴头耐磨性能。靴底包括靴外底、靴中底和防穿刺层，靴底具有防刺穿性、绝缘性以及隔热性等性能。靴底采用防滑设计可以分散身体重量。靴后跟脚踝处有缓冲保护。靴后跟或靴面会设置反光条纹，以警示同伴。

3）穿着使用

（1）使用中应尽量避免避免与坚硬、锋利的物体接触，避免与火焰、熔融物以及尖锐物等直接接触，以防刮伤损坏。

（2）严禁用于电压大于4000 V或有浓酸、浓碱等强烈腐蚀性化学品等的场所。

4）维护保养

（1）穿着前应检查消防员灭火防护靴是否完好，若发现有破损、靴底有被刺穿的痕迹等问题，应及时更换。

（2）每次穿着后应用清水冲洗，洗净后放在阴凉、通风处晾干，严禁暴晒、烘干。

1.2.1.2 消防员抢险救援防护服装

消防员抢险救援服装由消防员抢险救援服、消防员抢险救援防护头盔、消防员抢险救援防护手套和消防员抢险救援防护靴等部分组成。适用于消防员在抢险救援作业时穿戴，不适用于在灭火救援作业或处置危险化学品、放射性物质、生化毒剂等作业时穿戴。

1. 消防员抢险救援防护服

1）适用范围

消防员抢险救援服可对消防员的躯干、颈部、手臂、手腕和腿部提供防护，适用于消防员在进行抢险救援作业时穿着。

2）结构组成

根据服装式样，消防员抢险救援防护服可分为连体式和分体式；根据使用季节，可分为夏季抢险救援防护服和冬季抢险救援防护服。

夏季抢险救援防护服为单层结构，冬季抢险救援防护服由外层、防水透气层和舒适层等多层织物复合而成。

3）穿戴使用

（1）消防员抢险救援防护服应与抢险救援防护头盔、抢险救援防护手套、抢险救援防护靴等防护服装配合使用。

（2）穿着前，应检查其表面是否有损伤，接缝部位是否有脱线、开缝等损伤。如有损伤，应停止使用。

4）维护保养

每次使用后，应及时清洗、擦净、晾干。

2. 消防员抢险救援防护头盔

1）适用范围

消防员抢险救援防护头盔（简称救援头盔）可对消防员头部提供保护，适于是消防员执行抢险救援作业时佩戴，具有吸收头部冲击、耐穿透和电绝缘等功能。

2）结构组成

救援头盔一般由帽壳、佩戴装置和护目镜等主要部件组成。帽壳具有较强的抗穿刺性能，顶部有加强筋，可设计安装通信、照明等配件。帽壳顶部和前部有反光条。佩戴装置主要包括帽托、帽箍和下颏带，用于调节大小，确保佩戴舒适。护目镜具有高透光率和良好的防雾性能。

抢险救援头盔的佩戴使用和维护保养要求参见本章消防头盔部分。

3. 消防员抢险救援防护手套

消防员抢险救援防护手套（简称救援手套）可对消防员手部和腕部提供保护，适用于消防员在执行抢险救援作业时佩戴。

救援手套为五指立体式结构。一般由外层、防水层、舒适层和耐磨层组成，手掌、手指面层贴有耐磨止滑皮，手背内层有防撞防挤压泡棉，手背缝合荧光布条。五指各关节外层贴有防撞防挤压塑胶条，分别对手掌、手指内部、手背及手指各关节进行保护。

抢险救援手套的佩戴使用和维护保养要求参见本章消防手套部分。

4. 消防员抢险救援防护靴

消防员抢险救援防护靴（简称救援靴）可对消防员脚部、踝部和小腿部进行防护，适用于在抢险救援作业时穿着。

救援靴可分为冬夏两款。主要由靴头、靴底、靴后跟、靴上腰、靴口等部分组成。救援靴具有快脱、快系装置，靴口采用舒适柔软面料，保证靴口舒适度。靴底采用质量轻、弹性佳、防震材料，具有柔软、舒适、透气和防滑等功能。

1.2.1.3 消防员化学防护服装

消防员化学防护服装是指消防员在处置化学品事件中，穿着的保护其头部、躯干、手臂和腿等部位免受化学品侵害的个人防护服装。适用于消防员在处置化学品事故时穿着，但不适用于灭火以及处置涉及放射性物品、生物制剂、液化气体、低温液体危险物品、爆炸性气体等紧急事件处置时穿着。

根据防护服装的防护等级不同，化学防护服装可分为一级化学防护服装和二级化学防护服装两个等级。

1. 一级化学防护服装

1）适用范围

消防员一级化学防护服装为全密封连体式结构，适用于消防员在处置化学灾害现场处置有高浓度、强渗透性气体（蒸汽）时穿着。一级化学防护服装具有气密性，对强酸强碱、常见有毒气体（如氨气、氯气）和挥发性液体（如氰氯化物、苯等）的防护时间不低于1 h。

2）结构组成

一级化学防护服装为全密封连体式结构。由带大视窗的连体头罩、化学防护服、正压式空气呼吸器背囊、防护靴（盖）、防护手套、通气系统（含外置接口）和排气阀等组成。一级化学防护服装内部呈微正压，大视窗头罩具有视野范围大和良好防雾性能，内置的防护靴可防止液体倒灌，防护手套有内层和外层两副手套，外置接口可由外界气源进行长距离供气。

3）穿戴使用

穿戴一级化学防护服装时应在另一名消防员协助下，按照说明书要求顺序穿戴。穿戴完成后，适当活动手臂和腿部，检验服装是否合体，以不影响正常操作为宜。

使用过程中应注意：穿戴前摘下随身携带的钢笔、手表等物品，以免戳坏防化服；高温环境穿着时宜配备冷却背心等进行降温。执勤用一级化学防护服装不得用于日常训练。

4）维护保养

（1）穿着化学防护服装的人员在脱卸服装之前，必须按照洗消程序进行洗消。

（2）脱卸的化学防护服装须经过全面消毒处理，若表面及内层没有受到污染，表面也没有破损，应进行气密性检测，经专业人员认可，可以再次安全使用。

（3）一级化学防护服装宜倒置悬挂，必要时可涂滑石粉或放置干燥剂。

2. 二级化学防护服装

1）适用范围

二级化学防护服装是指消防员在处置挥发性固态、液态化学品事件中穿着的用于全身防护的化学防护服装。二级化学防护服能防止液体渗透，但不能防止蒸汽或气体渗透。

2）结构组成

二级化学防护服装为非全密封连体式结构，主要由化学防护头罩、二级化学防护服、化学防护靴、化学防护手套等构成。二级防化服颜色为红色，应与消防过滤式综合防毒面具或空气呼吸器配合使用。

3）穿戴使用

穿戴使用时应严格按照使用说明进行穿脱，注意穿脱次序。穿戴前应摘下随身携带的钢笔、手表等物品，以免戳坏防护服。脱卸时注意避免接触到防护服外表面或者受污染的装备。脱卸后的防护装备注意洗消处理。

4）维护保养

（1）每次使用后，应根据污染情况进行洗消。

（2）存放时宜倒置悬挂，必要时可涂滑石粉或放置干燥剂。

3. 化学防护手套

化学防护手套可对消防员手和手腕提供化学防护，适用于消防员在处置化学品事故时穿戴，不适用于在高温环境、电磁以及核辐射等危险场所。

化学防护手套可以是分指式也可以是连指式，结构有单层、双层和多层复合等。

4. 化学防护靴

化学防护靴可对消防员脚、踝及小腿提供化学防护，适用于消防员在处置化学事件时，不需穿戴一级、二级化学防护服装的场合时穿着。不适用于在高温环境、电磁以及核辐射等危险场所。

化学防护靴主要由靴头、靴帮、靴底三部分组成。靴头、靴底结构与消防员灭火防护胶靴相似，其中靴头内设有钢包头层，靴底设置有钢中底层。

1.2.1.4 消防员隔热防护服

1. 适用范围

消防员隔热防护服可保护消防员在灭火救援靠近火焰区时免受强辐射热侵害，适用于消防员在高温作业时穿着，不适用于在灭火救援时进入火焰区与火焰直接接触或处置危险化学品、放射性物质、生物毒剂等事故时穿着。

2. 结构组成

消防员隔热防护服的款式分为分体式和连体式2种。隔热服面料主要由外层、隔热层、舒适层等多层织物复合制成。分体式消防员隔热防护服主要由隔热头罩、隔热上衣、隔热裤、隔热手套以及隔热脚盖等部分组成。隔热头罩上面配有视野宽、透光率好的视窗；隔热上衣背部设有背囊，用于存放空气呼吸器的储气瓶；隔热裤裤腿和隔热脚盖覆盖到灭火防护靴靴筒外部和整个靴面，分别对腿部和脚部提供防护；隔热手套应穿戴在消防手套外部使用。

3. 穿戴使用

穿戴前，应检查消防员隔热防护服表面是否完好，如发现接缝部位开线、表面有裂痕、炭化等损伤，应立即更换。

穿戴时应按照说明书要求顺序穿戴，确保隔热头罩、隔热手套和隔热脚盖分别穿戴在消防头盔、消防手套和灭火防护靴的外部，空呼气瓶放在背囊中。扣紧所有密封部位的部件。

4. 维护保养

（1）使用后应及时进行清洁处理。清洁处理包括擦洗和冲洗2个步骤，擦洗时要用软布蘸中性洗涤液，擦洗表面残留污物，然后用清水冲洗干净。悬挂于通风干燥处晾干，严禁暴晒、烘烤。

（2）可按原包装方式放入包内置于货架上存放，有条件的可采用挂放形式保存。

1.2.1.5 消防员避火防护服

1. 适用范围

消防员避火防护服适用于消防员进入火场，短时间穿越火区或短时间在火焰区进行灭火战斗和救援时穿着，可保护消防员免遭火焰和强辐射热的伤害。不适用于在有化学和放射性伤害的环境中使用。

2. 结构组成

消防员避火防护服采用分体式结构，主要由头罩、带呼吸器背囊的防护上衣、防护裤子、防护手套和靴子5部分组成。头罩上配有宽大明亮且反射辐射热效果好的镀金视窗，内置防护头盔，用于防砸；还设有护胸布和腋下固定带。防护上衣后背上设有背囊，用于内置空气呼吸器。防护裤子采用背带式，穿着方便，不易脱落。防护手套为大拇指和四指合并的二指式。上衣袖口和裤子的裤脚处设有收紧带，阻止热量侵入。靴子底部具有耐高温和防刺穿功能。

3. 穿戴使用

（1）穿戴前，应检查消防员避火防护服表面是否完好，如发现表面有撕裂、磨损、烧毁痕迹等问题，应立即更换。穿戴时应在另一名消防员的协助下，按照说明书要求顺序穿戴。

（2）穿着该服装进行消防作业时，宜采用水枪保护。

4. 维护保养

（1）使用后应及时进行清洁。可用干棉纱将消防员避火防护服表面烟垢和熏迹擦干净，其他污垢可用软毛刷蘸中性洗涤剂刷洗，并用清水冲洗净，不能用水浸泡或捶击，冲洗净后悬挂在通风处晾干。镀金视窗应用软布擦拭干净。

（2）可按原包装方式放入包内置于货架上存放。

1.2.1.6 其他消防防护服

1. 消防员防蜂服

防蜂服是消防员在摘除蜂巢时为保护自身安全时穿着的防护服装。防蜂服有连体式和分体式2种，一般由头盔、面罩、上衣、裤子、防穿刺手套和消防胶靴等组成，防蜂服采用聚氯乙烯材料研制而成，具有防割、防穿刺等多种防护功能。防蜂服面罩为聚碳酸酯，耐磨性和抗冲击性能良好。

2. 防静电服

防静电服是消防员在有可能引发电击、火灾及危险爆炸场所进行作业时穿着的防止静电积聚的防护服装。防静电服选用的面料为防静电织物，即在纺织时，采用混入导电纤维纺成的纱或嵌入导电丝织成的织物，也可是经处理具有防静电性能的织物。防静电服通常采用单层连体式，上衣为“三紧式”（紧领口、紧下摆和紧袖口）结构，下裤为直筒裤。

3. 电绝缘装具

电绝缘装具是消防员在高压电现场进行带电作业时穿着的用于保护自身安全的屏蔽服装。电绝缘装具包括含电绝缘服、电绝缘靴、电绝缘钳、电绝缘手套、电绝缘拉杆等。电绝缘装具具有耐高电压、阻燃性、抗断裂、耐磨损、耐洗涤等性能。

4. 消防阻燃毛衣

消防阻燃毛衣是消防员在冬季或低温场所作业时在内层穿着的专用毛衣。阻燃毛衣采用永久性阻燃材料针织制成，具有阻燃、保暖、轻便、舒适等特点。毛衣的肩部和肘部有厚实牢固的阻燃衬布，以增强阻燃毛衣的耐磨性能和强度。

1.2.2 消防员呼吸防护器具

在有浓烟、毒气、刺激性气体或严重缺氧的火灾现场，为保护消防人员的健康与安全，应采取呼吸保护措施。佩戴呼吸防护器具是灭火救援现场最有效的呼吸保护措施。常用的消防员呼吸防护器具主要包括正压式消防空气呼吸器、正压式消防氧气呼吸器和过滤式综合防毒面具。

1.2.2.1 正压式消防空气呼吸器

1. 适用范围

正压式消防空气呼吸器（简称空气呼吸器）是消防员使用自携贮气瓶内的压缩空气，不依赖外界环境气体，呼出的气体直接排入大气中，任一呼吸循环过程，面罩内压力均大于环境压力的一种呼吸防护器具。适用于消防员在火灾事故现场及各种救援现场进行灭火救援作业时佩戴。

2. 结构组成

空气呼吸器主要由气瓶总成、减压器总成、供气阀总成、面罩总成和背架总成5部分组成，如图1-16所示。

1）气瓶总成

气瓶总成由气瓶和瓶阀等组成。气瓶用于贮存压缩空气，目前普遍使用的碳纤维复合气瓶由铝合金内胆、碳纤维、玻璃纤维、环氧树脂4层结构组成，如图1－17所示。碳纤维气瓶具有重量轻、不会发生脆性爆炸等特点。气瓶额定工作压力通常为30 MPa。瓶阀起开关作用，瓶阀上装有安全膜片，当气瓶内压力达到额定工作压力的110%～170%时自动卸压。

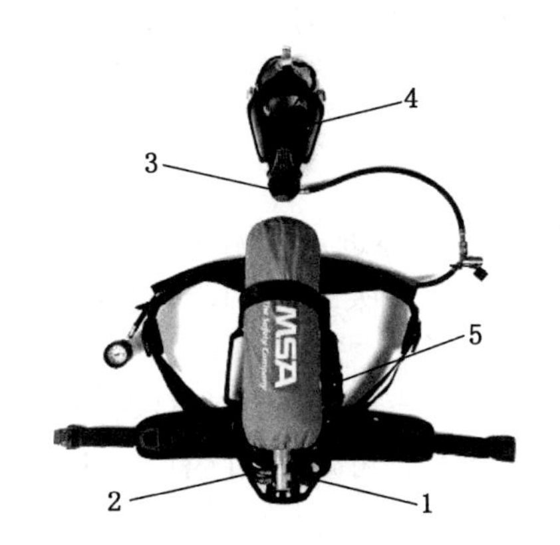

1—气瓶总成；2—减压器总成；3—供气阀总成；
4—面罩总成；5—背架总成

图1－16 空气呼吸器结构

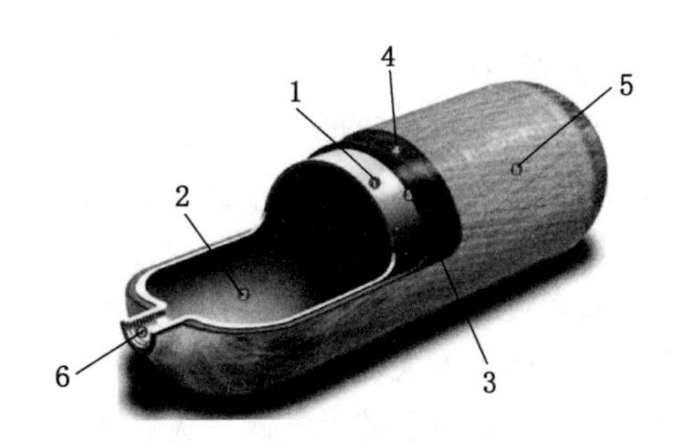

1—铝合金内胆；2—内涂层；3—隔离层；4—碳纤维；
5—玻璃纤维/环氧树脂复合层；6—精密螺纹

图1－17 碳纤维气瓶结构

2）减压器总成

减压器总成主要由减压器、中压安全阀、余气报警器、压力显示装置、中压导气管（带胸前他救和互救接口）和高压导气管等组成，如图1－18所示。

减压器可将来自高压气瓶的气体压力减至0.7 MPa左右；中压安全阀主要起过压保护作用；当气瓶内压力降至（5.5±0.5）MPa时，余气报警器发出连续声响警报或间歇声响警报；压力显示装置的作用是实时显示气瓶内空气压力；高压导气管用于将气瓶内压力输送给压力显示装置；中压导气管用于将降压器输出的中压气体输送给供气阀。

3）供气阀总成

供气阀总成主要由供气插口、手动强制供气按钮、手动关闭按钮、进气软管等组成，如图1－19所示。

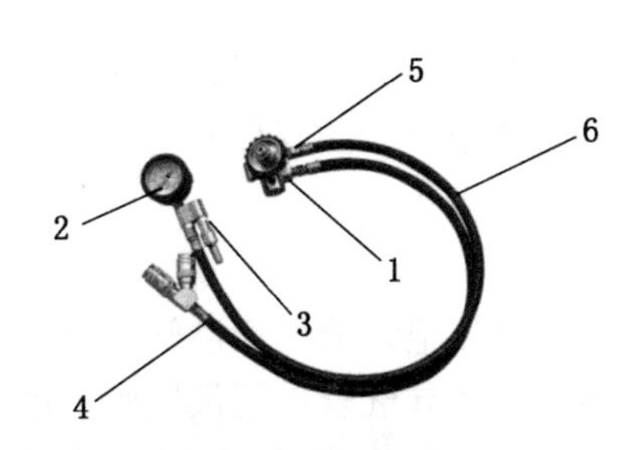

1—减压器；2—压力显示装置；3—余气报警器；
4—中压导气管；5—中压安全阀；6—高压导气管

图1－18 减压器总成

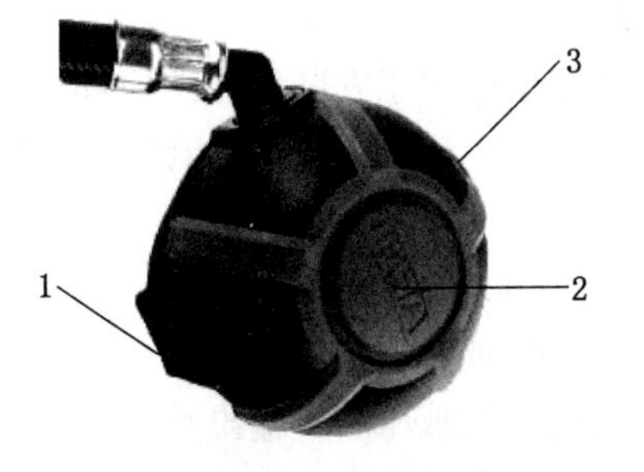

1—开启按钮；2—手动强制供气按钮；
3—手动关闭按钮

图1－19 供气阀总成

供气阀直接插接于面罩上，将减压器输出的中压气体再次减压输送至面罩内，使面罩内的压力始终处于正压状态，可实现按需供气。

当佩戴好面罩后，可手动打开开启按钮或吸气时自动启动；当佩戴者感觉供气不足时，按下手动强制供气按钮，可获得大流量供气；当视窗上雾时，按下手动强制供气按钮，可去除雾气；当佩戴者完成任务，摘下面罩后，按下手动关闭按钮开关，即可停止供气，避免浪费气瓶内的空气；关闭气瓶阀后，按下手动强制供气按钮可泄放系统管路中的余气。

4）面罩总成

面罩是用来罩住脸部，形成有效密封，防止有毒有害气体进入人体呼吸系统的装置。面罩总成主要由呼气阀、面罩接口、视窗镜片、面框、挂带、吸气阀和口鼻罩等组成，如图1－20所示。

佩戴者吸气时，吸气阀打开，呼气阀关闭；呼气时，吸气阀关闭，呼气阀打开，将人体呼出的气体排入大气。口鼻罩应与佩戴者的口鼻良好吻合，可减小实际有害空间，防止视窗上雾。口鼻罩上的吸气阀丢失，易导致面罩结雾。

压力平视显示装置（HUD）通常设置在面罩内，采用有线或无线显示方式，如图1－21所示。如果是无线显示，背板上通常安装有发射装置，通过无线蓝牙短距离传输信号，将电信号发送到HUD上。当采用无线连接时，发射装置与显示装置的配对应具有唯一性。

图1－20 面罩总成

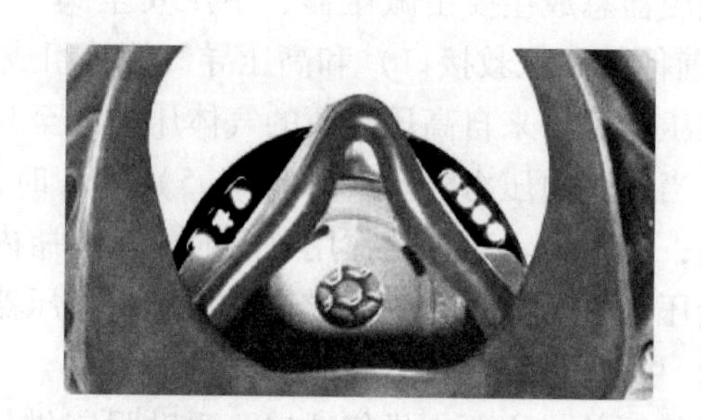

图1－21 压力平视显示装置

5）背架总成

背架总成用于安装气瓶总成和减压器总成。背架和织带均为阻燃材料，形状设计符合人体工程学，最大程度满足背戴舒适度。织带搭扣均为自锁设计，防意外脱落。腰带搭扣采用内开设计，防无意识打开。

3. 工作原理

空气呼吸器工作原理如图1－22所示。打开气瓶阀，高压空气依次经过气瓶阀、减压器，经过一级减压后，输出约0.7 MPa的中压气体，再经中压导气管送至供气阀，供气阀将中压气体进行二级减压，减压后的气体进入面罩，供佩戴者呼吸使用，人体呼出的气体经面罩上的呼气阀排至大气，形成气体的单向流动。当气瓶压力降低至5～6 MPa时，报警器发出警报，消防员应立即撤离。

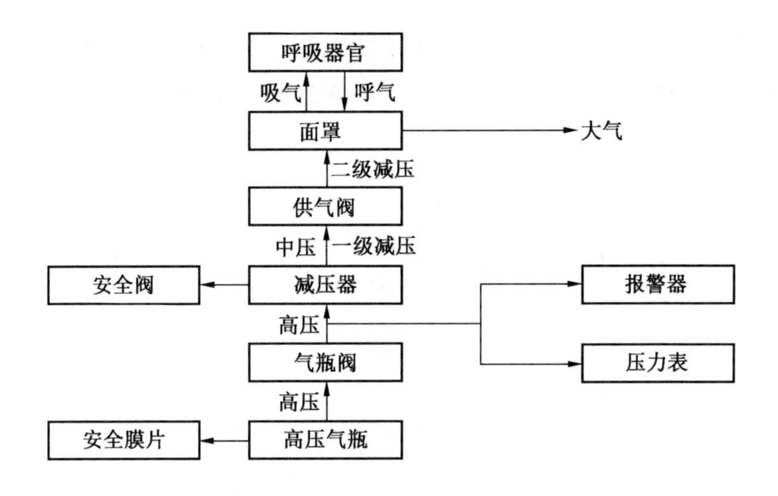

图1-22 空气呼吸器工作原理示意图

4. 使用注意事项

（1）使用过程中必须确保气瓶阀处于完全打开状态。

（2）必须经常检查气瓶压力表或压力平视显示装置，一旦发现压力下降过快或发现不能排除的漏气时，应立即撤离现场。

（3）使用中感觉呼吸阻力增大、呼吸困难、出现头晕等不适现象，以及其他不明原因时应及时撤离现场。

（4）使用中听到余气报警器哨声后，应尽快撤离现场。

1.2.2.2 正压式消防氧气呼吸器

1. 适用范围

正压式消防氧气呼吸器（简称氧气呼吸器），是以高压氧气瓶充填的压缩氧气为气源，呼吸时使用氧气瓶内氧气，不依赖外界环境气体，以呼吸舱（或气囊）为低压储气装置，面罩内气压大于外界大气压的呼吸器。常用在地下建筑、隧道及高层建筑等场所长时间作业时的呼吸保护。

2. 分类

氧气呼吸器按低压储气结构不同，可分为气囊式和呼吸舱式两类；按额定防护时间划分，可分为60型、120型、180型和240型4种。

3. 结构组成

氧气呼吸器主要由供氧系统、正压呼吸循环系统、安全及报警系统和背具系统4部分组成，如图1-23所示。

1）供氧系统

供氧系统包括氧气瓶、减压阀、安全阀、定量供氧阀、自动补给阀和手动补给阀等部件，通过高、中压管路连接组成。供氧系统通过3种方式供氧：第1种是定量供氧，通过定量供氧阀以1.4~1.8 L/min的流量恒定供给氧气；第2种是自动补给氧气，当佩戴者运动剧烈，定量供氧量不能满足吸气需求量时，自动补给阀自动打开，补充不足的供氧量；第3种是手动补给氧气，当使用者呼吸不畅或自动补给出现故障时，可按动手动补给阀补充供氧量。手动补给阀为应急装置，在正常情况下一般不需要使用。

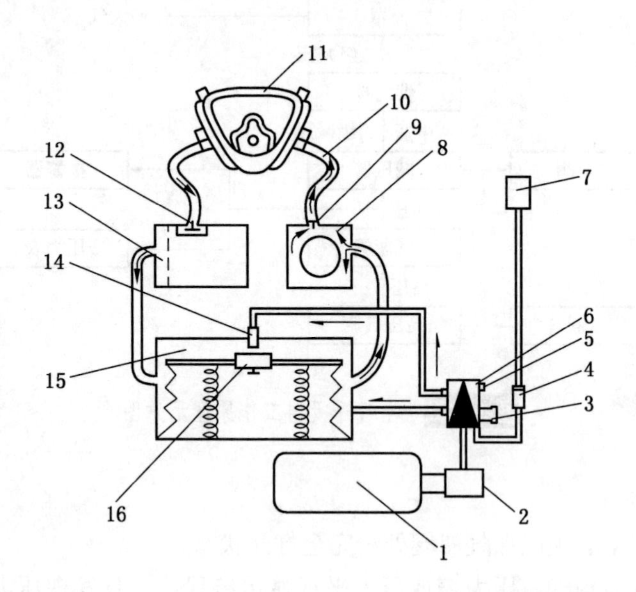

1—氧气瓶；2—气瓶开关；3—手动补给阀；4—压力表关闭阀；5—安全阀；6—减压器；7—压力显示器；8—冷却器；9—吸气阀；10—呼吸软管；11—全面罩；12—呼气阀；13—清净罐；14—自动补给阀；15—气囊；16—排气阀

图1-23 正压式氧气呼吸器结构原理

2）正压呼吸循环系统

根据气体的流向，呼吸循环系统主要包括面罩、呼气阀、呼气软管、清净罐、气囊（呼吸舱）、排气阀、冷却罐、吸气阀和吸气软管等部件。清净罐里面盛装的是二氧化碳吸收剂，用于吸收人体呼出气体中的二氧化碳；气囊用于储存氧气及清净罐过滤后的气体，并使之混合成可供人体呼吸的富氧气体；冷却罐内安装有冰块（或蓝冰），对清净罐出来的气体进行冷却。

3）安全及报警系统

安全及报警系统由氧气瓶压力表、气瓶阀、安全阀、胸前压力表、高压单向限流阀和警报器等组成。

4）背具系统

背具系统由上下壳体、背带、胸带、腰带及锁扣销等组成。下壳体起定位作用，呼吸器的各个零部件都是固定在下壳体上。上下壳体合起来以后，对呼吸器内部各零部件起到保护和防尘作用。

4. 工作原理

氧气呼吸器的工作过程如图1-23所示。氧气经减压阀减压后通过供氧系统进入气囊（或呼吸舱）。当使用者吸气时，气体从气囊（或呼吸舱）流入冷却罐，被冷却后的气体通过吸气软管打开吸气阀进入面罩供人使用；当使用者呼气时，气体由面罩打开呼气阀进入呼气软管，再通过清净罐与氢氧化钙反应吸收呼气中的二氧化碳，同时通过定量供氧阀补给新鲜氧气，在气囊（或呼吸舱）中混合成含有富氧的气体，供吸气使用，完成了一次循环。此过程中，由于呼气阀和吸气阀都是单向阀，保证了呼吸气流始终单向循环流动。

5. 使用注意事项

（1）使用前要装二氧化碳吸收剂和冷却剂。

（2）严禁非专业维修人员调试减压阀、报警器、安全阀的压力值。

（3）充气过程中严禁接触油、油脂或类似物质。

1.2.2.3 消防过滤式综合防毒面具

1. 适用范围

消防过滤式综合防毒面具适用于在开放空间有毒环境中作业时的呼吸保护，不适用于在缺氧、毒气浓度过高以及毒气种类不明的环境下使用。

2. 结构组成

消防过滤式综合防毒面具由全面罩和组合式过滤罐等组成。全面罩用于保护眼睛、口、鼻、脸部皮肤免受各种刺激性毒气伤害，如图 1－24 所示。组合式过滤罐由防尘过滤罐和气体过滤罐组成，如图 1－25 所示。气体过滤罐中间充填物均为特制的活性炭，每种过滤罐能过滤的毒气种类不同。

图 1－24 消防过滤式综合防毒面具

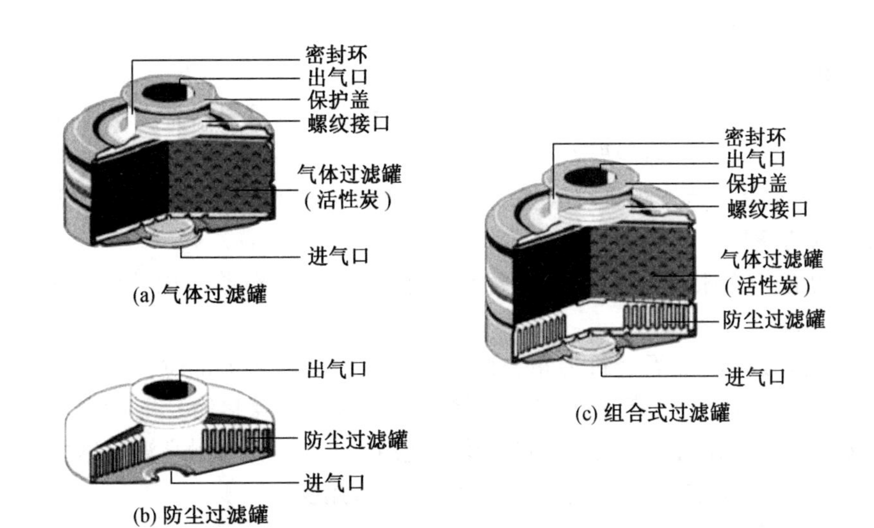

图 1－25 组合式过滤罐结构

3. 工作原理

消防过滤式综合防毒面具借助过滤罐，使用者吸入气体中的有害物质及烟雾等颗粒状杂质，被过滤罐中的过滤材料吸收或过滤，形成对人体无害的气体。

4. 使用注意事项

（1）使用时间要严格执行说明书规定的过滤罐有效防护时间。

（2）每种过滤罐能够过滤的毒气种类不同，因此应根据毒气或环境状况选择相应的过滤罐。

（3）不应在环境中氧气含量低于18%、温度超出说明书规定的使用环境温度时使用。

（4）当使用环境的氧气浓度及有毒有害气体种类不明或不稳定时，应选用自给式呼吸器（如正压式消防空气呼吸器）。

（5）宜与消防头盔、消防员灭火防护服、消防员化学防护服装等防护装备配套使用。

1.2.3 消防用防坠落装备

消防用防坠落装备是指消防救援队伍在灭火救援或日常训练中用于登高作业、防止人员坠落伤亡的装置和设备，包括消防安全绳、消防安全带和防坠落辅助装备等。消防用防坠落装备主要具有攀援辅助功能和坠落保护功能。

1.2.3.1 消防安全绳

1. 适用范围

消防安全绳指消防救援队伍在灭火救援、抢险救灾或日常训练中仅用于承载人的绳子。消防安全绳在攀援或空中作业时起导向和承载作用，并能在承载者坠落时吸收一部分冲击能量。

2. 分类

消防安全绳（以下简称安全绳）按设计负载分为轻型和通用型两类。轻型负载为1.33 kN，通用型负载为2.67 kN。

3. 结构组成

安全绳为绳芯外紧裹绳皮的包芯绳结构。安全绳的长度可根据需要裁制，但不宜小于10 m。绳索的端部宜采用绳环结构，用缝线扎缝不少于50 mm，在扎缝处热封，并包以裹紧的橡胶或塑料套管。为了保证缝合强度，绳环缝制和端部处理应由厂家完成。

4. 使用注意事项

（1）使用前应仔细检查整根绳索，若发现有明显破损、灼伤、内芯变形明显等问题，应立即停止使用。

（2）安全绳使用时如需经过墙角、窗框、建筑外沿等凸出部位，应使用绳索护套、便携式固定装置、墙角护轮等设备以避免绳体与建筑构件直接接触。

（3）安全绳不得在明火或强辐射热环境下使用，不得直接接触高温灼热物体。

（4）安全绳使用时应注意固定位置，满足高挂低用要求。

1.2.3.2 消防安全带

1. 消防安全腰带

消防安全腰带是一种紧扣于腰部的带有必要金属零件的织带。消防员登梯作业或逃生自救时，使用腰带可减少坠落冲击对消防员的伤害。消防安全腰带主要由织带、内带扣、外带扣、环扣和拉环等零部件组成。

2. 消防安全吊带

消防安全吊带是一种围于躯干、带有金属零件的织带。其作用是承受人体重量以使消防员在空中吊挂时身体平衡并能用双手进行作业，一旦发生坠落，消防安全吊带能把冲击力合理分散至身体多个部位，减少冲击力对消防员的损害。

消防安全吊带分为坐式半身安全吊带和全身式安全吊带两类。

坐式半身安全吊带是指设计负荷为2.67 kN，固定于腰部、大腿或臀部以下部位，适用于救援的安全吊带；全身式安全吊带是指设计负荷为2.67 kN，固定于腰部、大腿或臀部以下部位和上身肩部、胸部等部位，适用于救援的安全吊带。

3. 防坠落辅助装备

防坠落辅助装备是与安全绳和安全吊带、安全腰带配套使用的承载部件的统称，包括安全钩、上升器、下降器、抓绳器、便携式固定装置和滑轮装置等。防坠落辅助装备主要具有攀援辅助功能（协助消防员向高处攀登或从高处下降）和坠落保护功能（防止消防员从高处坠落至地面以及坠落时减少冲击伤害）。防坠落装备宜为成套系统形式，将绳索、安全带及辅助装备组合配置后放入一个或多个专用救援包中。

1.3 城市消防现场救援装备

消防现场救援装备是指消防员在灭火救援过程中使用的灭火器材和抢险救援器材的总称。其中，灭火器材主要包括灭火剂、消防枪炮、移动式细水雾灭火装置和移动蓄水装置等常用类型，抢险救援器材主要包括侦检、救生、破拆、堵漏、输转、洗消、警戒、照明和排烟等类型。

1.3.1 灭火器材装备

1.3.1.1 灭火剂

1. 水

1）定义

水是应用最广泛的天然灭火剂，无色、无味，具有不燃、热容量大等特点。水在自然界中的存在形式不同，可以分为固、液、气3种状态。其中，液态形式的水在消防中应用最为广泛。

2）灭火机理

水的灭火作用主要体现在以下几个方面：

（1）冷却作用。水具有较大的比热容和汽化潜热。1 kg水由20 ℃变为100 ℃的蒸汽可以吸收2591.4 kJ的热量。当水与炽热的燃烧物接触时，在被加热和汽化的过程中，会大量吸收燃烧物的热量，迫使燃烧物的温度降低而最终停止燃烧。

（2）窒息作用。水遇到炽热的燃烧物汽化时，会产生大量水蒸气。水蒸气能够稀释燃烧物周围大气的氧含量，阻碍新鲜空气进入燃烧区。一般情况下，当空气中的水蒸气体积含量达35%时，大多数燃烧都会停止，因而水有良好的窒息灭火作用。

（3）稀释作用。当水溶性可燃液体物质发生火灾时，可用水予以稀释，以降低它的浓度和燃烧区内可燃蒸气的浓度，直到可燃蒸气的浓度不足以支持燃烧，燃烧即告终止。水的稀释作用仅适用于容器中可燃液体的量较少，或为浅层水溶性可燃液体的溢流火灾。

（4）冲击作用。直流水枪喷射出的密集水流具有较大的冲击力，可以冲散燃烧物，改变燃烧物持续燃烧所需的状态，能显著减弱燃烧强度；也可以冲断火焰，使之熄灭。

灭火时往往不是单独一种作用的结果，而是几种作用综合的结果。在大多数情况下，起主要作用的是水的冷却灭火作用。

3）水流形态及适用范围

水灭火剂主要有直流水、开花水、雾状水和水蒸气等水流形态。

具有充实水柱的水射流称为直流水，又称柱状水。水流为柱状，具有射程远、流量大、冲击力强等特点。直流水可用于扑救一般固体物质火灾、固体物质的阴燃火灾；可以扑救闪点在 120 ℃以上、常温下呈半凝固状态的重油火灾；利用直流水的冲击力量切断或赶走火焰，可用来扑救石油和天然气井喷火灾。

水滴平均粒径大于 100 μm、用来降低热辐射的伞形水射流称为开花水。水流为伞形，其射程和流量介于直流水和雾状水之间。除直流水适用范围外，主要用于稀释可燃有毒气体、隔绝辐射热等场合。

水滴平均粒径不大于 100 μm、射流边缘夹角大于 0°，且不具有充实核心段的水射流称为雾状水，又称喷雾水。雾状水具有降温速度快、灭火效率高和水渍损失小的优点，但与直流水和开花水相比，雾状水射程较小，不能远距离使用。雾状水可用于扑救重油或沸点高于 80 ℃的非水溶性液体火灾；可以扑救粉尘、纤维物质、谷物堆囤等固体可燃物质火灾和带电的电气设备火灾。此外，雾状水还具有洗消、降尘、消烟等作用。

4）水的灭火限制

（1）不能用水扑救遇水反应物质火灾。

（2）不能用直流水扑救可燃固体粉尘火灾。

（3）不能用直流水直接扑救储存有大量浓硫酸、浓硝酸场所的火灾。

（4）不能用水扑救容易发生沸溢、喷溅的重质油品火灾。

2. 泡沫灭火剂

1）定义

凡能够与水混溶，并可通过机械方法产生泡沫的灭火剂，称为泡沫灭火剂，又称泡沫液或泡沫浓缩液。

2）分类

按发泡倍数不同，泡沫灭火剂可分为低倍泡沫灭火剂、中倍泡沫灭火剂和高倍泡沫灭火剂；按基质不同，泡沫灭火剂可分为蛋白型和合成型两大类；按灭火用途不同，低倍数泡沫灭火剂可分为普通泡沫灭火剂和 A 类泡沫灭火剂。

3）基本组成

泡沫灭火剂一般由水、发泡剂、泡沫稳定剂、助溶剂、抗蚀剂和其他添加剂等组成。

发泡剂是泡沫灭火剂的基本组成部分，通过降低水的表面张力，使泡沫灭火剂的水溶液容易发泡。泡沫稳定剂能使产生的泡沫能够稳定存在，在较长时间内不会消失。助溶剂可以使表面活性剂及其他有机添加剂在较宽的温度范围内都能溶解。泡沫灭火剂有一定腐蚀性，在泡沫液中加入一些抗蚀剂可以缓解泡沫液对容器的腐蚀。为了防止蛋白泡沫液中水解蛋白在储存过程中发生腐败变质，需要添加防腐剂。为了增加泡沫液的抗冻性能，还会添加抗冻剂。

4）灭火机理

泡沫灭火剂的灭火机理可以归纳为以下几方面：

（1）隔离作用。由于泡沫中充填大量气体，相对水的密度较小，可漂浮于液体的表面，或附着于一般可燃固体表面，形成一个泡沫覆盖层，使燃烧物表面与空气隔绝。

（2）封闭作用。泡沫覆盖在燃料表面，既可阻止燃烧物的蒸发或热解挥发，又可遮断火焰对燃料物的热辐射，使可燃气体难以进入燃烧区。

（3）冷却作用。泡沫析出的水和其他液体对燃烧表面有冷却作用。

（4）稀释作用。泡沫受热蒸发产生的水蒸气有稀释燃烧区氧气浓度的作用。

5）常用泡沫灭火剂类型及适用范围

目前，灭火救援中常用的泡沫灭火剂类型主要有普通蛋白泡沫灭火剂、氟蛋白泡沫灭火剂、水成膜泡沫灭火剂、抗溶性泡沫灭火剂、A 类泡沫灭火剂和高倍数泡沫灭火剂。

（1）普通蛋白泡沫灭火剂主要用于扑救 B 类火灾中的非水溶性可燃、易燃液体火灾，也适用于扑救木材、纸、棉、麻、合成纤维等一般固体可燃物火灾。

（2）氟蛋白泡沫灭火剂和水成膜泡沫灭火剂除了包括普通蛋白泡沫灭火剂适用范围外，还可用于液下喷射，可与干粉灭火剂联用。

（3）抗溶性泡沫灭火剂主要用于扑救极性可燃液体火灾，也可用来扑救非极性烃类、油品火灾。此外，它还可通过喷射雾状泡沫射流来扑救 A 类火灾。可以与干粉灭火剂联用，也可通过液下喷射的方式扑救非极性液体燃料储罐火灾。

（4）A 类泡沫灭火剂主要适用于扑救固体物质初起火灾，如建筑物、灌木丛和草场、垃圾填埋场、轮胎、谷仓、地铁、隧道等场所的火灾。

（5）高倍数泡沫灭火剂主要适用于扑救 A 类火灾和 B 类火灾中的烃类液体火灾，特别适用于扑救有限空间内的火灾，如地下室、矿井坑道及地下洞库等有限空间里的 A 类火灾。

泡沫灭火剂不能用于扑救 C 类火灾、D 类火灾、遇水反应物质的火灾以及带电设备的火灾。

3. 干粉灭火剂

1）定义

干粉灭火剂是指用于灭火的颗粒直径小于 0.25 mm 的无机固体粉末。

2）分类

干粉灭火剂按灭火性能不同可分为 BC 干粉灭火剂（又称普通干粉灭火剂）和 ABC 干粉灭火剂（又称多用干粉灭火剂），其中颗粒直径小于 20 μm 时称为超细干粉灭火剂。

3）特点

干粉灭火剂具有灭火效率高，灭火速度快；电绝缘性能优良；耐低温性好；抗复燃能力差；易吸湿结块；残存干粉难以清理等特点。

4）灭火机理

（1）BC 干粉灭火剂的灭火作用如下：

①对有焰燃烧的抑制作用。当把干粉射向燃烧物时，干粉中的无机盐挥发性分解物，与燃烧过程中燃料所产生的自由基或活性基团发生化学抑制作用，使燃烧的链反应中断而灭火，干粉的这种灭火作用称为抑制作用。

②其他灭火作用。干粉粉末受高温作用将会放出结晶水或发生分解，这样不仅可吸收部分热量，而且分解生成的不活泼气体又可稀释燃烧区内氧的浓度。干粉进入火焰区后，浓烟般的粉雾将火焰包围，可以减少火焰对燃料的热辐射。

（2）ABC 干粉灭火剂的灭火作用。ABC 干粉灭火剂除具有对燃烧的抑制作用和一定的吸热降温机理外，还具有对一般固体物质表面燃烧的灭火作用。ABC 干粉粉粒喷射到灼热的燃烧物表面时，发生一系列的化学反应，并在高温作用下形成一层玻璃状覆盖层，从而隔绝氧气，窒息灭火。

5）适用范围

BC 干粉灭火剂适用于扑救 B 类火灾、C 类火灾和带电设备火灾。

ABC 干粉灭火剂既可用于扑救 B 类火灾、C 类火灾和带电设备火灾，又可用于扑救 A 类（一般固体物质）火灾。

干粉灭火剂不能用于扑救钠、钾、镁、钛、锌等金属火灾、自身能够释放氧或提供氧源的化合物的火灾，也不适宜扑救精密仪器设备火灾。

1.3.1.2 消防枪

1. 消防水枪

消防水枪是由单人或多人携带和操作的以水作为灭火剂的喷射管枪，简称为水枪。

消防水枪按射流形式不同可分为直流水枪、喷雾水枪、直流喷雾水枪和多用水枪，消防救援队伍最常用的是直流水枪和直流喷雾水枪；按工作压力范围不同可分为低压水枪（0.2～1.6 MPa）、中压水枪（大于 1.6～2.5 MPa）、高压水枪（大于 2.5～4.0 MPa）和超高压水枪（大于 4.0 MPa）。

1）直流水枪

直流水枪是用以喷射密集射流的消防水枪。主要包括无开关直流水枪、直流开关水枪和直流开花水枪等。直流水枪主要由枪体、喷嘴和接口组成。枪体一般用锥形管制作，作用是整流和增速。直流水枪喷嘴一般采用具有向出口断面方向收敛的圆锥形喷嘴，可增加水流的出口速度以形成动能较大的射流，并使射流不分散。直流水枪具有喷射冲击力大、有效射程远的特点。

图 1－26 直流喷雾水枪

2）直流喷雾水枪

直流喷雾水枪是指既能喷射充实水流，又能喷射雾状水流，并具有开启、关闭功能的水枪，又称两用水枪。

直流喷雾水枪（图 1－26）可以实现从直流到喷雾的切换，形成不同喷雾角的雾状射流，且在额定流量调定后，当喷雾角改变时喷射流量保持不变。水枪具有功能多、使用灵活方便、适应性强、射程远、喷雾效果好和喷射反作用力小等特点。

2. 泡沫枪

泡沫枪是一种由单人或多人携带和操作、产生和喷射泡沫的喷射管枪。

泡沫枪按发泡倍数和结构型式不同可分为低倍数泡沫枪、中倍数泡沫枪和低倍数-中倍数联用泡沫枪，消防救援队伍常用的是低倍数泡沫枪；按其是否自带吸液功能，分为自吸式泡沫枪（图1-27a）和非自吸式泡沫枪（图1-27b）。

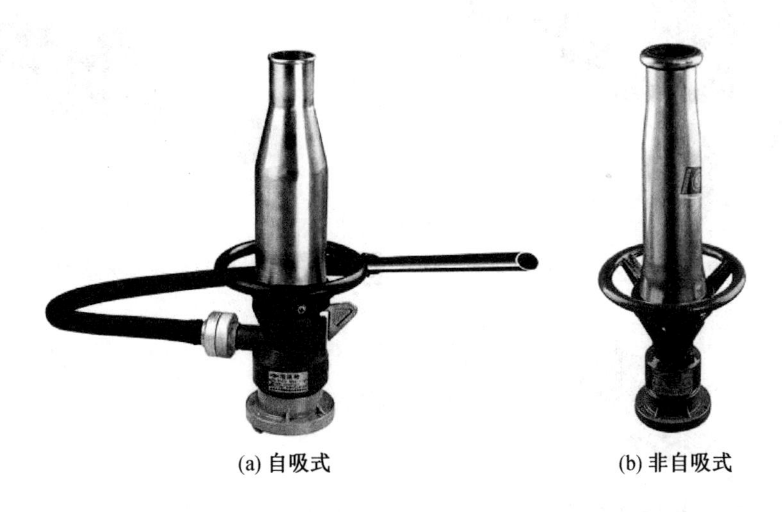

(a) 自吸式　　(b) 非自吸式

图1-27 泡沫枪

自吸式泡沫枪可以供给泡沫液，也可以供给泡沫混合液。非自吸式泡沫枪的结构与自吸式泡沫枪大致相似，不同之处在于非自吸式泡沫枪的枪筒内只有一个喷嘴，且没有自吸管，需要供给泡沫混合液。低倍数泡沫枪喷射的泡沫发泡倍数一般小于10，具有较远的射程。

3. 干粉枪

干粉枪是指一种由单人或多人携带和操作的以干粉作灭火剂的喷射管枪。

按操作结构不同可分为杆式手柄开关干粉枪、弓形手柄开关干粉枪和扳机式开关干粉枪。

干粉枪不仅能连续喷射，而且还可以点射。它一般与干粉消防车、推车式干粉灭火器或半固定式干粉灭火装置配套使用。

1.3.1.3 消防炮

1. 消防水炮

消防水炮是以水为主要喷射介质的消防炮。消防水炮按安装方式可分为固定式和移动式2类，其中移动式水炮按移动方式可分为便携移动式水炮（图1-28）、手抬移动式水炮（图1-29）和拖车移动式水炮（图1-30）；按控制方式不同可分为远控式移动水炮（图1-31）和非远控式水炮；按水的射流形式分为直流水炮和直流喷雾水炮。移动式水炮在扑救大型油罐、大空间大跨度建筑等类型火灾时应用越来越广泛。

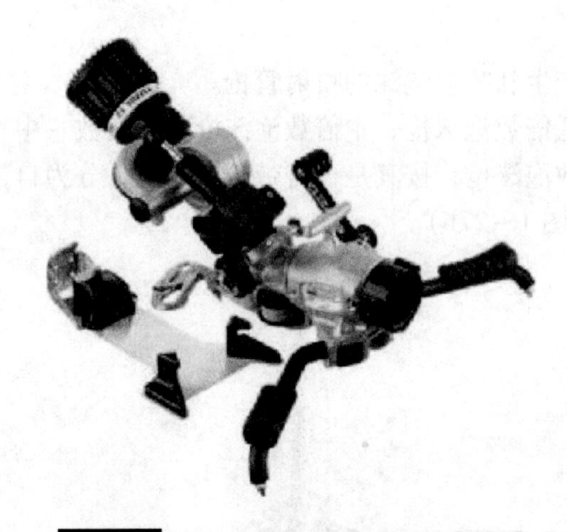

图1-28 总重9.5 kg的便携移动式水炮

图1-29 炮体和炮座可分离的手抬移动式水炮

图1-30 流量可达600 L/s的拖车移动式水炮

图1-31 远控式移动水炮

2. 消防泡沫炮

消防泡沫炮是指产生和喷射泡沫的消防炮。消防泡沫炮按移动安装形式，可分为固定式和移动式；按喷射介质可分为普通泡沫炮、泡沫-水两用炮、泡沫-水组合炮、泡沫-干粉组合炮。

泡沫-水组合炮与泡沫-水两用炮如图1-32所示，组合炮有独立的水炮和泡沫炮，可以同时喷射水和泡沫；两用炮则由于共用一个炮体，只能喷射水或泡沫，不能同时喷射2种灭火剂。泡沫-干粉组合炮是在普通泡沫炮的基础上，在泡沫炮管内同轴设置干粉炮管，可以同时喷射泡沫和干粉。

3. 消防干粉炮

消防干粉炮是指以压缩氮气为驱动气体，喷射干粉灭火剂的消防炮。

消防干粉炮按控制形式不同，可分为手动消防干粉炮、电控消防干粉炮和液控消防干粉炮；按喷射介质可分为水-干粉组合炮、泡沫-干粉组合炮。

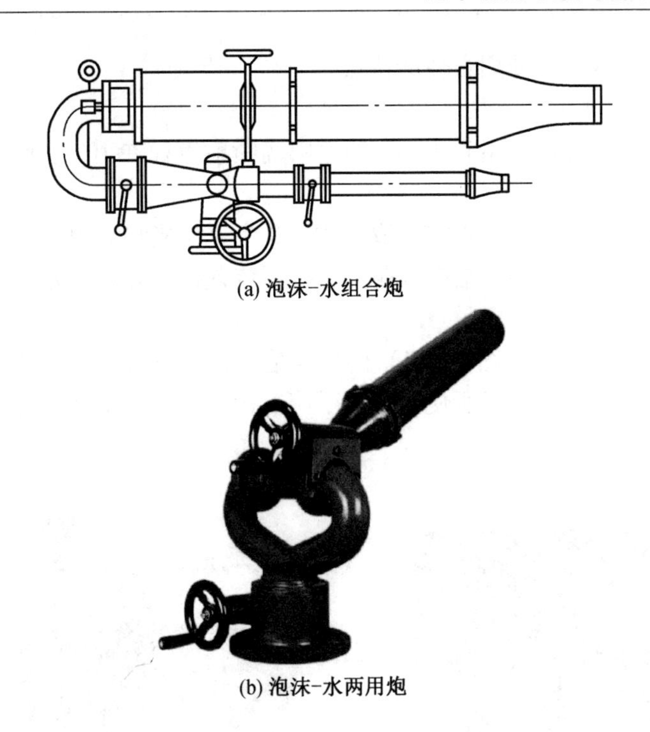

(a) 泡沫-水组合炮

(b) 泡沫-水两用炮

图 1-32 消防泡沫炮

消防干粉炮一般由炮座、干粉炮管、回转机构、操纵机构、流量控制阀等组成。干粉炮是一种可变量炮，一般有 2~3 个不同的喷射强度。

1.3.1.4 消防水带

消防水带是指两端带有接口，用于输送水或其他液态灭火药剂的软管。

消防水带按衬里材料可分为橡胶衬里、乳胶衬里、聚氨酯衬里消防水带，消防救援队伍使用的主要为聚氨酯衬里水带；按耐压等级可分为 13 型、16 型、20 型、25 型、40 型等消防水带；按口径可分为 40 mm、50 mm、65 mm、80 mm、100 mm、125 mm、150 mm、200 mm、250 mm 和 300 mm 消防水带；按编织层编织方式分为平纹消防水带和斜纹消防水带。

有衬里消防水带由编织层和衬里组成。编织层大多以高强度涤纶长丝和（或）涤纶纱编织而成，衬里有橡胶（合成橡胶）、乳胶、聚氨酯等材料。

1.3.1.5 消防软管卷盘

消防软管卷盘是由阀门、输入管路、卷盘、软管和喷枪等组成，并能在迅速展开软管的过程中喷射灭火剂的灭火器具。

消防软管卷盘按所使用灭火剂不同，可分为水软管卷盘、泡沫软管卷盘和干粉软管卷盘等；按压力不同可分为低压、中压和高压软管卷盘；按使用场合可分为车用软管卷盘（图 1-33）和非车用软管卷盘。

消防软管卷盘主要由输入阀门、卷盘、输入管路、支承架、摇臂、软管及喷枪等部件组成。低压软管卷盘是室内固定式用水消防设备；中高压水软管卷盘主要与消防车配套使用，具有耐压高、出水快、使用方便的特点。

1.3.1.6　移动式细水雾灭火装置

移动式细水雾灭火装置是指利用高压通过喷嘴喷射直径在 10 ~ 190 μm 细水雾的可移动装置。

移动式细水雾灭火装置按细水雾制取方式可分为单相流和双相流；按动力驱动方式可分为发动机驱动；电机驱动和压缩空气驱动；按照装置移动方式可分为背负式、推车式和车载式。

移动式细水雾灭火装置（图 1 - 34）的优点是灭火效率高，水渍损失小，有一定的消烟效果；但射程较近，在露天场所使用效果下降。因此，这种装置用于扑救建筑内火灾、初起火灾较为合适。

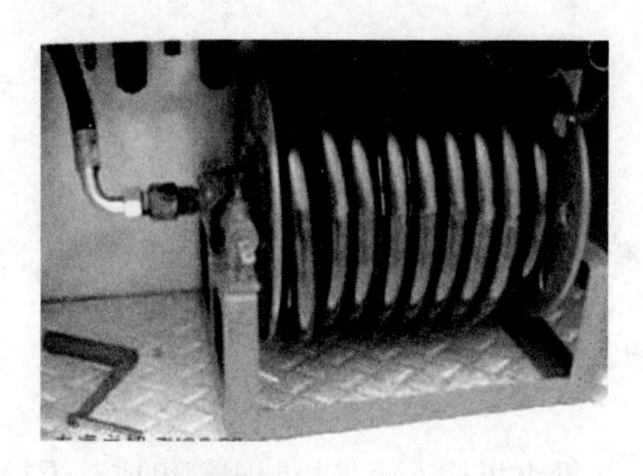

图 1 - 33　车用软管卷盘

图 1 - 34　推车式高压细水雾灭火装置

1.3.1.7　移动蓄水装置

移动式蓄水装置是指在灭火救援现场临时组装使用的敞开式或封闭式蓄水装置。敞开式蓄水装置称为水槽，分为框架式水槽和充气自立式水槽；封闭式蓄水装置称为水囊。移动式蓄水器材主要用于水源缺乏的灭火救援现场中转供水。

框架式水槽如图 1 - 35a 所示，主要由框架和衬里 2 部分组成，框架材料有钢管与铝材 2 种；充气自立式水槽如图 1 - 35b 所示，不需要展开，铺设以后，将水直接注入槽内，水槽随着水平面的上升直立，节约人力。

(a) 框架式

(b) 充气自立式

图 1 - 35　水槽

水囊如图 1 - 36 所示，由采用先进工艺生产的 TPU 胶布热合而成。

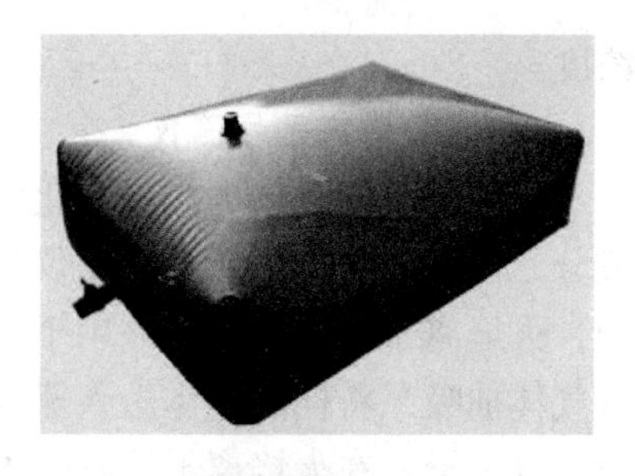

图 1 - 36 水囊

1.3.2 侦检仪器

在发生化学事故的灾害现场，应当不断监测化学灾害物质的性质和浓度，以保护应急救援人员和灾区群众不受伤害。只有掌握灾害物质的性质和浓度，才能确定救援人员的防护水平以及需要疏散周围群众的范围。救援人员只有采用合理的侦检技术和有效的侦检仪器，才能确定化学灾害物质的性质和浓度，进而确定防护措施是否正确，评估洗消效果。

1.3.2.1 可燃气体检测仪（CGIS）

可燃气体检测仪用于监测可燃气体或蒸气。消防救援队伍主要用可燃气体检测仪探测和记录灾害现场可燃气体浓度是否达到爆炸下限。大部分可燃气体检测仪都利用热线圈原理，当细丝线圈与可燃气体或蒸气接触时，线圈会被加热，这种加热方式又称为接触燃烧式。

1.3.2.2 氧气检测仪器

氧气检测仪有时与其他气体检测仪器制作在一体上。检测氧气主要目的是：检测火场内部（特别是封闭场所内）氧气浓度是否能够满足呼吸要求；采用封洞窒息灭火时，封闭空间内氧气浓度是否达到窒息条件；在富氧火灾时，确定氧气浓度。氧气检测仪的检测范围一般在 0 ~ 25%，氧气浓度报警点设置在 19% 和 23%。

检测氧气的传感器按原理可以分为三类：第一类是电化学式（伽伐尼电池）；第二类是利用金属氧化物半导体的电子导电性的半导体式检测仪；第三类是极限电流式。

1.3.2.3 毒气检测仪器

毒气检测仪传感器按原理可分为定电位电解式、半导体式等多种形式。

1.3.2.4 红外探测仪器

利用红外技术可以制作多种消防侦检仪器，如红外测温仪、火焰探测器及红外热成像仪等。其工作原理是所有温度超过绝对零度的物体都辐射红外能，这种能量向四面八方传播，当对准一个目标时，红外仪器的透镜就把能量积聚在红外探测器上，探测器产生一个相应的电压信号，这个信号与接受的能量成正比，也与目标温度成正比，这个信号可以转化为数字信号，也可转化为视像信号。

1.3.2.5 光化电离检测仪

光化电离检测仪用于灾害现场测量有机、无机气体或蒸气浓度。其原理是灾害物质在紫外线作用下发生电离，产生的电流与电离的分子浓度成正比。由于测量机理不同，光化电离检测仪的灵敏度远远高于气体检测仪。光化电离检测仪通常能够记录百万分之一有毒化学物质的浓度，在化学灾害现场检测高毒性有机物质非常有用。

1.3.2.6 红外分光光度计

红外分光光度计的工作原理是基于不同的化合物在不同的浓度条件下所放射的红外线频率和强度是一定的，通过测量仪器所吸收的红外线频率和强度，确定样品的有毒物质浓度。

1.3.2.7 火焰离子检测仪

火焰离子检测仪类似于光化电离检测仪，它是利用污染物分子的火焰离子来分析物质成分，不同的是火焰离子检测仪是用氢气火焰而不用紫外线来激发化学离子。在灾害事故中，火焰离子可以很便利地用于检测有机毒气，并且精度高。这种仪器有气体抽吸泵，通过气体抽吸泵将样品气体送入氢气燃烧室。大部分有机化合物都容易燃烧，产生携带正电荷的碳离子。在火焰离子检测仪中，这些离子被收集，产生一个与其浓度成正比的电流。

1.3.2.8 气体检测管

气体检测管式侦检仪由检测管（或检气管）和采样器2部分组成，它是一种简便、快速、直读式的定量检测仪。在已知有害气体或液体蒸气种类的条件下，利用该侦检仪可在1~2 min内，根据检测管颜色变化的长度或程度测出气体浓度。

检测管按测定对象分类可分为气体和蒸气检测管、气溶胶检测管和液体离子检测管；按测定方法分类可分为比长型检测管和比色型检测管；按测定时间分类可分为短时间检测管和长时间检测管。其中，应用最多的是测定气体或蒸气瞬间浓度的比长型检测管和比色型检测管。

1.3.2.9 其他侦检仪器

1. 智能水质分析仪

智能水质分析仪可用于对地表水、地下水及各种饮用水处理过的固体小颗粒的化学物质进行定性分析。

2. 综合电子气象仪

综合电子气象仪可用于检测风向、温度、湿度、气压、风速等气象参数。这种仪器能自动显示在固定日期和时间内气温、气压的最高值。

3. 军事毒剂侦检仪

用于侦检及控制存在于空气、地面、装备上的气态及液态的GB、GD、HD、VX等化学战剂，可广泛用于侦检设备是否受污染，进出避难所、警戒区是否安全，污染及毒剂袭击事件，洗消作业管制等方面。

4. 快速生物物质检测装置

每种试片专门检测一种生物物质，快速准确。经美国国防部评估，实地使用的“假阳性”次数为零。当前提供可检测炭疽、蓖麻毒素和肉毒毒素的3种试片，可以快速有效地检测出物体表面或液体中是否存在炭疽、蓖麻毒素、瘟疫病毒、土拉（伦斯）菌病、SEB等杆状炭疽孢子物质，广泛应用于卫生及公共安全等领域。

5. 核放射性侦检仪

核放射性侦检仪通常由探测器、测量部件、显示部件和电源组成，用于核辐射探测，评估人体遭受的辐射损伤或潜在的急性辐射损伤，以便采取防护措施。现代装备的核放射性侦检仪有γ射线指示仪、γ射线报警仪、γ剂量率仪（照射量率仪）、β与γ放射性沾染测量仪、辐射仪、剂量仪等，在实际应用时，可根据仪器的功能和需要加以选定。例如，γ射线指示仪可用于发现放射性烟云到达或沾染边界；剂量仪可随身携带，用于测量人员所受的γ辐射与中子辐射的吸收剂量。

1.3.3 照明器材

照明器材用于在夜晚、室内、井下等黑暗场所灭火抢险使用。照明器材包括普通照明器材和防爆照明器材两大类。其中，防爆照明器材因不同的使用场所有很多的特殊的要求。石油化工、煤炭等生产场所，从生产原料、中间产品到成品以及作业环境，一般都有易燃易爆物，这一特性决定了在石油化工、煤炭等生产事故应急救援工作中，必须使用防爆照明器材。

1.3.4 堵漏器材

消防抢险救援过程中，面对一些危险物质泄漏的情形都要用到紧急堵漏器材。这些堵漏器材有些是通用型的，如捆绑带、磁压铁、密封枪等，有些是专用型的，如针对某个阀门、某条管线所做的密封模具，一般而言，许多消防队伍只能配备一些通用性的堵漏器材，一些特殊性消防器材只能在相应的车间、分厂、工段等基层生产单位作为工程抢险装备备用。

1.3.5 洗消器材

洗消器材主要用于化学事故的应急救援。对化学事故现场进行洗消处理是降低受害人员和装备的受害程度，为救援人员提供防毒保护的重要手段，也是化学事故救援工作的重要一环。

化学洗消早已在军事领域得到了广泛的应用，对染有毒剂、放射性物质的人员、装备等进行消毒和消除，是军队作战中防化专业保障的重要内容之一。随着近年来化学事故的频繁发生，化学洗消作业已开始“军为民用”，成为消防救援队伍完成化学事故抢险救援任务的重要组成部分。

1.3.6 排烟器材

1.3.6.1 水驱动排烟机

1. 水驱动排烟机的功能

水驱动排烟机是利用高压水作动力，驱动水动机运转，带动风扇排烟，具有防爆功能，其重量轻，移动方便，每小时排烟量可达数万立方米。

2. 水驱动排烟机的使用与维护

水驱动排烟机适用于有进风和出风的火场建筑物，利用排烟机的正压把新鲜空气通过建筑物进风口吹进建筑物内，把烟雾从建筑物内吹出，清除火场烟雾，使消防员能够进入建筑物内的火场进行灭火。根据需要可以调节风扇的出风口的角度和风扇的转速。水驱动排烟机使用后，要清除进水口及护罩上的污垢，开启轮机底部的排水阀排水，关闭控制阀。经常检查叶片、护罩、螺栓、风扇覆环有无破裂，若有破损，及时更换。

1.3.6.2 机动排烟机

机动排烟机适用于密封式建筑，如仓库、地下商场、卡拉 OK 厅、桑拿室等或火场内部浓烟区。机动排烟机应保持机体清洁，对紧固件经常进行检查，确保安全好用。

1.3.7 输转器材

输转装备多用于化学事故应急救援中，主要有污水袋、有毒物质密封桶、吸附袋、液体吸附垫、有害液体抽吸泵、手动隔膜抽吸泵、水力驱动输转泵、多功能毒液抽吸泵、围油栏等。

1.3.7.1 污水袋

收集污水等有害液体，送入专门处理场所进行净化处理，避免造成外排污染。适用于野外或缺乏水源的地方，是进行洗消的辅助设备，采用特殊材料，可折叠，轻便坚固。污水袋可清洗再次使用。

1.3.7.2 有毒物质密封桶

主要用于收集并转运有毒物体和污染严重的土壤。密封桶由金属内桶、金属内桶盖子、聚乙烯外桶及聚乙烯外桶盖子组成，并在上端预留了观察和取样窗，便于及时对转运物体进行观察和取样。金属内桶采用不锈钢制造，底部加强；金属内桶盖子的材质与金属内桶相同，带密封胶边及夹子；聚乙烯外桶及盖子采用环保聚乙烯制造，防酸、防碱、防油，桶及盖子带螺丝式密封环。

1.3.7.3 吸附袋

吸附袋用于小范围内吸附酸、碱和其他腐蚀性液体。包括吸附块、吸附纸、塑料收集袋等。最大吸附能力可达75 L/套。

1.3.7.4 液体吸附垫

液体吸附垫可快速有效地吸附酸、碱和其他腐蚀性液体。吸附能力为自重的25倍，吸附后不外渗。也可围成圆形进行吸附，吸附时，不要将吸附垫直接置于泄漏物表面，应将吸附垫围于泄漏物周围。使用后的吸附垫不得乱丢，要回收做技术处理。

1.3.7.5 有害液体抽吸泵

有害液体抽吸泵用于迅速抽取有毒有害及黏稠液体，电动机驱动，220～380 V电压，配有接地线，安全防爆型。能吸走地上的化学液体或污水，有效地防止污染扩散。

1.3.7.6 手动隔膜抽吸泵（防爆）

用于输转有毒、有害液体。手动驱动手动隔膜抽吸泵由泵体、传动杆、隔膜（氯丁橡胶膜或弹性塑料膜）、活门、接口等组成。

1.3.7.7 水轮驱动输转泵

水轮驱动输转泵安全防爆，其动力源为消防高压水流。高压水流注入泵体内，带动泵内水轮机工作，从而抽吸各种液体，特别是易燃易爆液体，如燃油、机油、废水、泥浆、易燃化工危险液体、放射性废料等。

1.3.7.8 多功能毒液抽吸泵

轻便、易于操作，可自动吸干；可输送黏性极大或极小的液体、粉状物，也可输送固体粒状物（直径可达8 mm）；有利于清洗。

1.3.8 破拆器材

破拆器材是消防人员在灭火或救人时强行开启门窗、切割结构物或拆毁建筑物、开辟灭火救援通道、清除阴燃余火及清理火场时的常用装备。根据驱动方式的不同，现有的破拆器材可分为手动、机动、液压、气动、化学动力等不同种类，且每一种破拆器具都有其相应的适用对象和范围。

1.3.8.1 机动破拆器材

机动破拆器具由发动机和切割刀具组成，其主要包括无齿锯、机动链锯、双轮异向切割锯等器具。

1.3.8.2 液压破拆器材

液压破拆器具根据用途不同可分为扩张器、剪切器、顶杆、开门器等，其动力源有机动泵和手动泵，附件有液压油管卷盘等。液压破拆器具是使用频率较高的破拆器具，可广泛应用于火灾及交通事故现场的营救工作。

1.3.8.3 气动破拆器具

1. 气动切割刀（空气锯）

气动切割刀（空气锯）由切割刀具和供气装置构成，以压缩空气为动力，以条形刀具往复运动的形式可用于切割金属、非金属薄壁和玻璃等，多用于交通事故救援中。割刀每次使用后要涂润滑油，刀具每使用3次须仔细检查，做好维护保养。

2. 气动破门枪

消防专用气动破门枪是与专业厂家合作，将成熟的气动工具技术应用消防救援领域的一次成功的尝试，与无齿锯配合，破拆防盗门的速度显著提高，最快可在90 s内打开防盗门，同时又可以用于汽车事故救援中快速切割金属薄板，配多种刀头，可用于拆墙、破拆水泥结构等。

1.3.8.4 化学破拆器材

1. 丙烷切割器

丙烷切割器主要由丙烷气瓶、氧气瓶、减压器、丙烷气管、氧气管、割锯等组成。用于切割低碳钢、低合金钢构件等。点燃丙烷对切割物预热，然后按下快风门，高压高速氧单独喷出，使金属氧化并吹走。

2. 氧气切割器

氧气切割器由氧气瓶、气压表、电池、焊条、切割枪、防护眼镜和手套等组成，具有体积小、质量轻、快捷安全和低噪声的特点。焊条在纯氧中燃烧使切割温度高达5500 ℃。能熔化大部分物质，对生铁、不锈钢、混凝土、花岗石、铝等均有效。

3. 便携式无燃气快速切割器

便携式无燃气快速切割器主要用于消防、公安、特种部队、石油和天然气输送管道等部门。在火灾现场、野外作业、水下切割或其他紧急而又无电源、无可燃气体（如乙炔等）情况下，采用便携式无燃气快速切割器，小巧轻便（总重12 kg左右），便于携带。可快速切割、拆卸钢结构障碍物。如拆卸钢窗、铁门、钢栅栏、钢丝网；切割锁销、飞机和舰船舱壁、火车和汽车车厢、石油和天然气输送管道等。

1.4 城市消防医疗救护体系装备

2019年4月修改颁布的《中华人民共和国消防法》第三十七条规定：“国家综合性消

防救援队、专职消防队按照国家规定承担重大灾害事故和其他以抢救人员生命为主的应急救援工作”，使应急救援、拯救生命成为消防队伍的法定职责。随着此项工作的不断深入和发展，现已初步建立了政府负责，消防救援队伍为主力军、突击队，其他各有关部门联动的抢险救援体系和机制，及时有效地紧急救治和早期治疗，可为后续治疗奠定良好的基础，所以第一时间的现场医疗急救对生命存续与否具有至关重要的意义。消防队员具有第一出动时间，拥有比较先进的器材装备。消防救援队伍参加医疗救护是其他任何医疗机构所不能代替的，它可以在最大程度上让伤员获得快速、有效的救助。

1.4.1 个体消防救护装备

1.4.1.1 急救箱（包）

（1）听诊器。听诊器是内外妇儿医师最常用的诊断用具，是医师的标志，现代医学即始于听诊器的发明。听诊器自从1817年3月8日应用于临床以来，外形及传音方式有不断的改进，但其基本结构变化不大，主要由拾音部分（胸件）、传导部分（胶管）及听音部分（耳件）组成。

（2）血压计。血压计是测量血压的仪器，又称血压仪。血压计主要有听诊法血压计和示波法血压计。

（3）异物钳。异物钳是一种医疗耗资。该产品与内窥镜联合使用，用于人体消化道钳取和清除异物用。

（4）开口器，又称张口器。它是用于呼吸困难或者神志不清需洗胃等时用的撑开口腔的器械。开口器本体呈“U”形，开口器本体的两个端部分别固接有一个手柄。开口器本体具有弹性，两侧臂在受到外界压力的压迫时可以向开口器本体的内部或外部弯曲，当外部压力消失时，开口器本体的两侧臂再恢复到原来的位置。为了防止医生在把持手柄时手部打滑，手柄的外侧面上设有麻纹。采用这种结构的一次性口腔开口器，结构简单、操作简便，且成本低廉，适用于各种口腔医疗院所使用，特别适合在口腔医疗手术中使用。

（5）压舌板。医生使用的两端圆形薄木片，主要作咽部视诊用，是医生必备的检查器具。压舌板是用来下压舌头以方便检查周围器官及组织的器材，有竹制、塑料、木制等品种。

（6）手术剪。手术剪是用于剪断皮肤或肌肉等软组织的一种临床手术常用医疗器械。也可用来分离组织，即利用剪刀的尖端插入组织间隙，分离无大血管的结缔组织等。

（7）止血钳。止血钳是一种通过夹住血管实现血液阻断的外科手术器械。抢救病人在出血的情况下，服入止血药后，用止血钳夹住血管大动脉，不让血流出的手术器械。止血钳的使用原理与夹子一样夹住血管或是皮毛等，不过是消毒过的。止血钳有大、小、有齿、无齿、直形、弯形之分，根据不同操作部位选用不同类型的止血钳。止血钳手柄旁边的齿有助于使止血钳在夹持物体时固定，防止脱落。

（8）镊子。医用镊子属于外科医疗器械，是用于夹取块状药品、金属颗粒、毛发、细刺及其他细小物品的一种工具。

（9）体温计。体温计是一种最高温度计，又称“医用温度计”，广东及港台地区称为探热针。它可以记录该温度计所曾测定的最高温度。

（10）环甲膜穿刺针。环甲膜穿刺针是一种能够快速、准确地实施环甲膜穿刺术的急救产品，具有体积小、重量轻、携带方便、应急性强、操作简便、时间短和安全性高等优点。适合院前和院内的现场急救，特别适用于急性喉阻塞时的快速建立通气气道。

（11）一次性无菌手套。适用于医疗检查和卫生防护，主要用于医院泌尿科、外科检查时使用。

（12）无菌敷料。供临床手术切口、创口作外敷包扎及吸附创伤组织渗出液用。覆盖烧伤、普外、心脏外、泌尿、妇产、肿瘤、美容整形等外科各科室。

（13）各种型号一次性注射器。与一次性使用注射针配套用于皮下、肌肉、静脉注射药液、抽血或溶药。

（14）各种型号一次性头皮针。

（15）一次性输液器。一次性输液器是一种常见的医疗耗材，经过无菌处理，建立静脉与药液之间通道，用于静脉输液。一般由静脉针或注射针、针头护帽、输液软管、药液过滤器、流速调节器、滴壶、瓶塞穿刺器、空气过滤器8部分连接组成，部分输液器还有注射件、加药口等。

（16）棉签，又称为擦拭棒。是裹有少许消毒棉花的较火柴棍儿稍大的小木棍或塑料棒，主要用于医疗中涂抹药水、吸附脓血等。

（17）冰袋。医用冰袋是一种新颖冷冻介质，其解冻融化时没有水质污染，可反复使用，用于医疗高烧降温退热、消炎止痛、冷敷美容、扭伤、止血、化脓、护肤等辅助理疗，以及易腐产品、生物制剂及所有需要冷藏运输的产品。

（18）创可贴。创可贴是一种长形胶布，中间附以浸过药物的纱布，用来贴在创口处起保护伤口，暂时止血，抵抗细菌再生，防止创口再次损伤的作用。

（19）动静脉留置针。留置针能有效减少患者因反复穿刺而造成的痛苦及恐惧感，减轻患者家属情绪，便于临床用药，利于急危患者的抢救用药，减轻护士工作量。

（20）安尔碘。安尔碘的全称为安尔碘皮肤消毒剂，其成分包括有效碘、醋酸氯己啶和酒精，属强力、高效、广谱的皮肤、黏膜消毒剂。常用于口腔炎症消毒杀菌，伤口与疖肿消毒，肌肉注射前皮肤消毒，还适用于伤口换药及瓶盖、体温表消毒。

（21）砂轮。供使用者切割安瓿瓶用。安瓿瓶开启前先用砂轮在瓶颈处切出划痕，消毒瓶颈，将乳头向上，使药液全部流入瓶体内，然后将瓶颈折断即可。

（22）胶布。辅助用于体表急性浅表性皮肤伤口的闭合。

（23）纱布绷带。医用纱布和医用绷带都是常用的医疗物品，主要被应用于处理伤口、防止伤口感染等。

（24）弹力绷带。弹力绷带是用自然纤维编织而成，质料柔软，弹性极高。主要用于外科包扎护理。

（25）手电筒。

（26）橡胶止血带。止血带采用医用高分子材料天然橡胶或特种橡胶精制而成，长条扁平型，伸缩性强。适用于常规治疗及救治中输液、抽血、输血，止血时一次性使用，或肢体出血、野外蛇虫咬伤出血时的应急止血。

（27）一次性鼻氧管。与输氧系统连接供人体吸氧用。

（28）弹力网帽。弹力网帽的弹性好，压力均匀，透气性好，包扎后感觉舒适，关节活动自如。

（29）三角巾。三角巾是一种便捷好用的包扎材料，同时还可作为固定夹板、敷料和代替止血带使用，而且适合对肩部、胸部、腹股沟部和臀部等不易包扎的部位进行固定。使用三角巾的目的是保护伤口，减少感染，压迫止血，固定骨折，减少疼痛。

（30）伤情识别卡。

1.4.1.2 气管插管包

气管插管是将一特制的气管内导管通过口腔或鼻腔，经声门置入气管或支气管内的方法，为呼吸道通畅、通气供氧、呼吸道吸引等提供最佳条件，是抢救呼吸功能障碍患者的重要措施。

气管插管包包含牙垫、口咽通气道、喉镜片、孔巾、纱布块、吸痰管、气管插管、导丝、吸引连接管、医用手套和推注器，如图1－37所示。

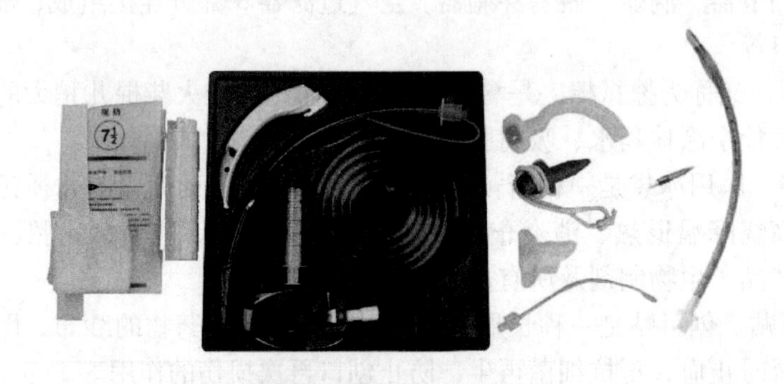

图1－37 气管插管包

1.4.1.3 给氧装置

目前救护车一般装备2个10 L氧气瓶，通过预设在夹层中的氧气管路和出氧口相连，两个氧气瓶交替供养，以满足急救用氧需求（图1－38）。10 L氧气瓶充气压力达到13～14.5 MPa，实际大约储存1300～1450 L的氧气，从氧气总量上看，在短时间是满足需求的，当野外长期作业或者长途转运遇到交通堵塞等道路故障时，就会造成缺氧危机，进而威胁病人生命安全。

1.4.1.4 导尿包

医学上，经由尿道插入导尿管到膀胱，引流出尿液。导尿分为导管留置性导尿及间歇性导尿2种。前者导尿管一直留置在病人体内，在病情允许下应尽早拔掉管子，同时须定期更换；后者则每隔4～6 h导尿一次，在膀胱排空后即将导尿管拔出。

导尿包由导尿管、碘伏棉球、浸有医用碘油的棉球、试管、注射器、镊子、医用乳胶手套、纱布块、导管夹、无纱布垫布、孔巾、治疗单、方托盘和腰盘组成，如图1－39所示。

1.4.1.5 产包

消防救援工作中，当遇到待产孕妇伤员时，有时会用到产包。

图1-38 救护车给氧装置

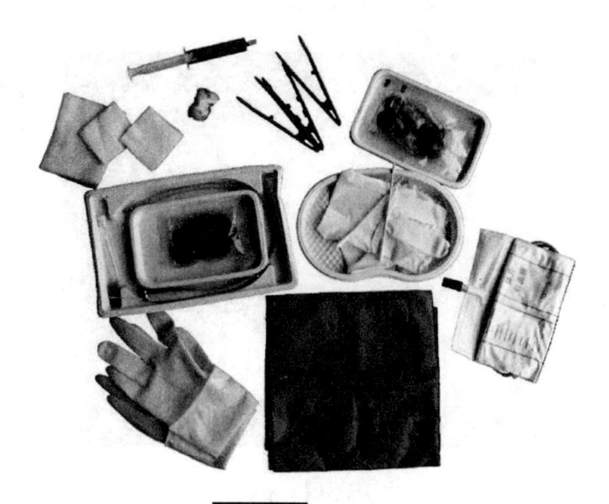

图1-39 导尿包

产包一般包含灭菌橡胶外科手套、医用垫、裤腿、手术衣、包布、口罩、帽、医用橡胶检查手套、治疗巾、手术洞巾、医用棉签、医用棉纱垫、纱布绷带、脐带扎、脐带夹、医用脱脂纱布块、医用碘伏棉球、呼吸道用吸引导管、检查手套、物品盒等，如图1-40所示。

1.4.1.6 胸穿包

胸膜腔穿刺术，简称胸穿，是指对有胸腔积液（或气胸）的患者，为诊断和治疗疾病的需要而通过胸腔穿刺抽取积液或气体的一种技术。

胸穿包主要包括一次性使用胸穿针、流量调节器（或限流卡）、无菌注射器、无菌注射针和橡胶医用手套等，如图1-41所示。

图1-40 产包

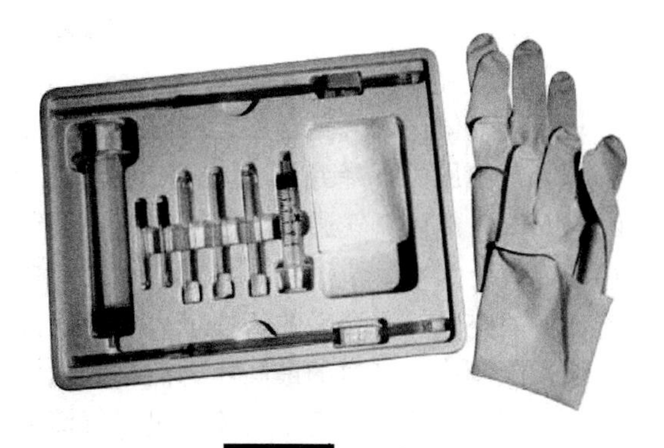

图1-41 胸穿包

1.4.1.7 清创包

清创包能够除去伤口或创面失去生机的组织、血块、异物等有害物质，对防止或减轻局部感染、改善局部血液循环和促进损伤组织修复具有重要意义。

清创包包含有非吸收性外科缝线、医用缝合针、纱布叠片、塑料镊子、选配橡胶检查

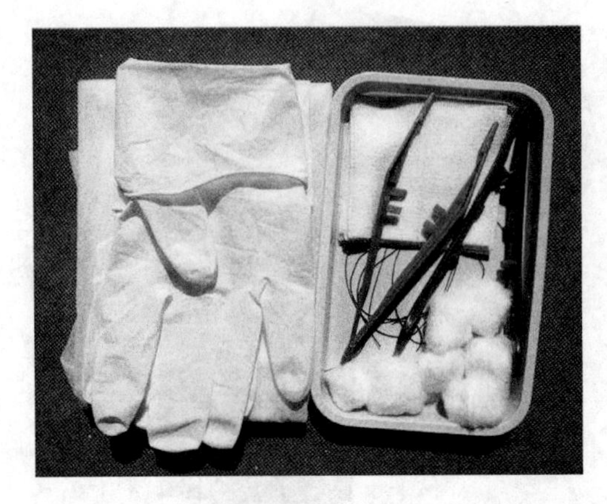

图1-42 清创包

手套或薄膜手套、治疗巾、洞巾、棉球、碘伏棉球、拆线剪刀、手术刀片和器械盘等，如图1-42所示。

1.4.1.8 便携式呼吸机

便携式呼吸机是呼吸机中的一种，用于对呼吸衰竭的患者进行紧急通气抢救，以及运转时对病人的机械通气。一体化气路设计，使用简单快捷，常用于急救场所和转运过程中（如救护车上）。主机通常由通气控制模块、报警模块以及用户界面组成，一般配有医用气瓶、医用气体低压软管组件、监测模块、内部电源、无重复呼吸排气阀、机架等附件或辅助功能模块，外观通常为橙色，是一种具有自动机械通气功能的便携式设备，如图1-43所示。

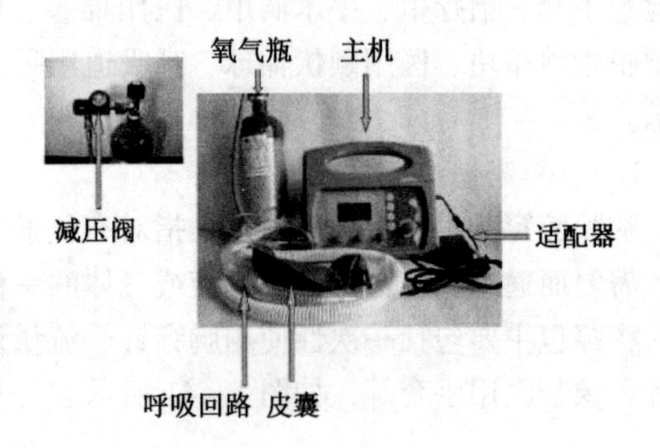

图1-43 便携式呼吸机

氧气气体进入气路箱中，经过过滤器后，通过一个电接点压力表对气源压力进行监测，当气源压力下降到调定报警压力时，电路报警。氧气经过减压阀，将压力限制在0.28 MPa；然后氧气通过电磁阀，到达潮气量调节阀，通过调节潮气量调节阀可控制通向患者的气流大小。流过潮气量调节阀的高速气体在空氧混合器的入口端产生负压，带进一定比例的空气，混合后的气体进入气道。为了安全起见，在气道中设计了安全阀，安全阀是用来限制患者气道的最高压力的，一般调定为6 kPa，当气道压力超过气路系统安全压力时，安全阀开放泄气。气流经过吸气流量传感器，转换成系统用的监测信号，可监测吸气潮气量和分钟通气量，然后进入湿化器。在湿化器里气体被湿化并加热到人体所需温度，然后经呼吸管路送至患者。患者呼出的气体通过呼气阀排出机外。

1.4.1.9 心电图机

心电图机能将心脏活动时心肌激动产生的生物电信号（心电信号）自动记录下来（图1-44），是临床诊断和科研常用的医疗电子仪器。

心脏在搏动之前，心肌首先发生兴奋，在兴奋过程中产生微弱电流，该电流经人体组织向各部分传导。由于身体各部分的组织不同，各部分与心脏间的距离不同，因此在人体体表各部位，表现出不同的电位变化，这种人体心脏内电活动所产生的表面电位与时间的关系称为心电图。心电图机则是记录这些生理电信号的仪器。

国内一般按照记录器同步输出道数分为单道、三道、六道和十二道心电图机等。

1.4.1.10　除颤仪

除颤仪是利用较强的脉冲电流通过心脏来消除心律失常，使之恢复窦性心律的一种医疗器械，是手术室必备的急救设备。在进行心肺复苏时，除颤是其中一个很重要的步骤。

除颤仪主要由监护部分、电复律机、电极板、电池等部分构成，如图1－45所示。电复律机也称除颤器，是实施电复律术的主体设备。配有电极板，大多有大小两对，大的适用于成人，小的适用儿童。

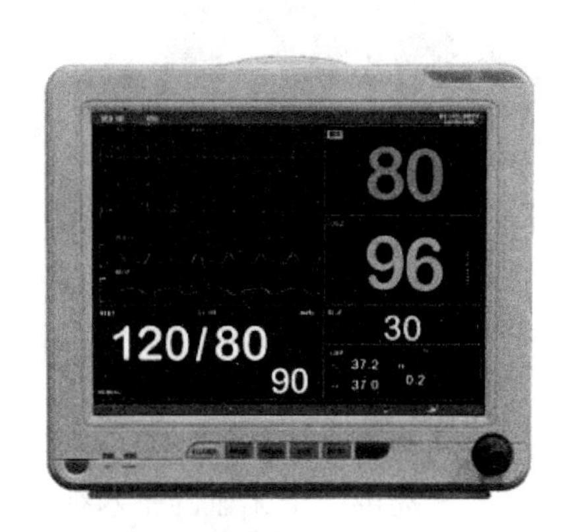

图1－44　心电图机

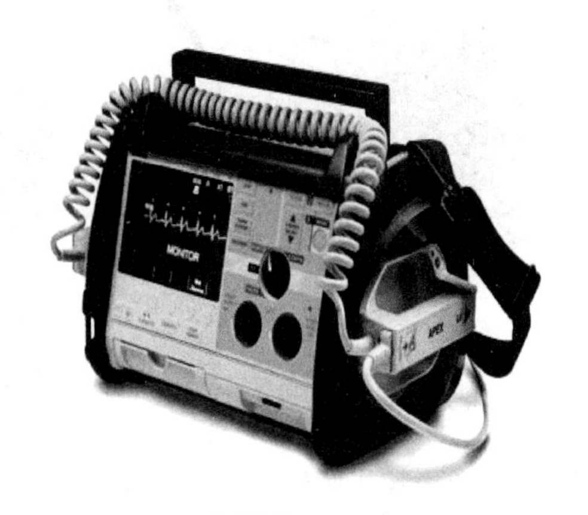

图1－45　除颤仪

心脏除颤复律时作用于心脏的是一次瞬时高能脉冲，一般持续时间4～10 ms，电能在40～400 J（焦耳）。用于心脏电击除颤的设备称为除颤器，它能完成电击复律，即除颤。当患者发生严重快速心律失常时（如心房扑动、心房纤颤、室上性或室性心动过速等），往往造成不同程度的血液动力障碍。尤其当患者出现心室颤动时，心室无整体收缩能力，心脏射血和血液循环终止，如不及时抢救，常造成患者因脑部缺氧时间过长而死亡。采用除颤器，可以控制一定能量的电流通过心脏，消除某些心律失常，使得心律恢复正常，从而使上述心脏疾病患者得到抢救和治疗。

1.4.1.11　电动吸引器

吸引器（图1－46）是用于吸除手术中出血、渗出物、脓液、胸腔脏器中的内容物，使手术清楚，减少污染机会。吸引器的原理非常简单，通过一定方法制造其吸引头的负压状态，这样大气压就会将吸引头外的物质向吸引头挤压，从而完成“吸引”的效果。

外科手术中的清除积血或积液、把持破裂血管的断端、临床急救中的吸痰、妇科手术的人工流产等，都离不开吸引器。

吸引器按动力源的不同分为独立电动吸引器和集中控制吸引器。

1.4.1.12　颈托

颈托是颈椎病辅助治疗器具（图1－47），能起到制动和保护颈椎，减少神经磨损，减轻椎间关节创伤性反应，并有利于组织水肿的消退和巩固疗效、防止复发的作用。颈托可用于各型颈椎病，对急性发作期患者尤其是对于颈椎间盘突出症、交感神经型及椎动脉型颈椎病患者更为适合。

1.4.1.13 气压止血带

气压止血带是四肢创伤外科手术中常用的设备（图 1－48），可明显减少术中创口出血，从而使手术视野清晰，易于辨认各种组织，便于手术操作。

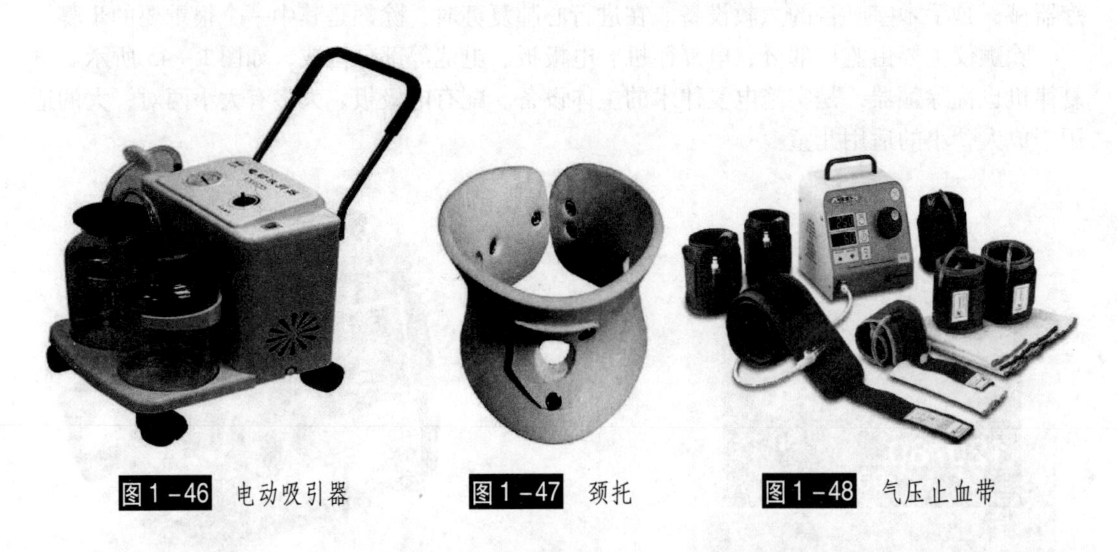

图 1－46 电动吸引器　图 1－47 颈托　图 1－48 气压止血带

止血带用于肢体手术，可暂时阻断该肢体的血供，为手术提供一个无血的手术视野，同时减少出血量。临床使用的止血带有手动充气止血带和电动气压止血带。电动气压止血带因具有压力达到设定值自动停止泵气、保持恒定压力、漏气时自动补气到设定压力、术中可随时增减压力、自动计时、达到设定时间自动脉动式放气等优点，成为临床使用止血带时的首选。电动气压止血带采用电脑数字化控制，通过高效气泵快速泵气，充气于止血带，从而压迫肢体阻断血流，达到止血效果。

1.4.1.14 担架

医用担架（图 1－49）主要分为简易担架、通用担架和特种用途担架。

简易担架都是就地取材型担架，可能只是竹竿配合毛毯或者衣物等进行捆绑制成临时担架，只要可以应付紧急状况即可。

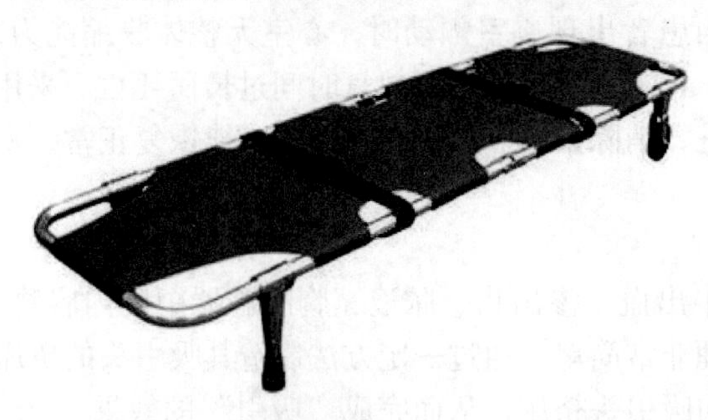

图 1－49 担架

通用担架主要分为直杆式、两折式以及四折式。这类担架主要采用帆布作为面料，而担架的杆子基本使用木质材料作为支持，其中会有钢质横撑，还有伤员固定带，可以防止伤员在转送过程中滑动，以免引起二次损伤。

特种用途担架主要有托马斯担架、罗宾逊担架、斯托克斯担架、SKED 担架等，如果是按照实际用途分类，还有海上或孔中营救医疗后送担架、多部分骨折固定担架等，从外形来看有铲形担架、篮球担架等。

1.4.2 消防救护特种装备

消防救护中的特种装备主要包括救护车、医用高压氧气瓶、医用高压灭菌器和医用高压氧舱等。

1.4.2.1 救护车

1. 运送型救护车

装备有基本医疗救护设施，主要用于运送伤病员的救护车。

2. 监护型救护车

除装备有基本医疗设施外，还装备有急救、监护等设备设施，主要用于对伤病员进行救治、监护转运的救护车，如图 1－50 所示。

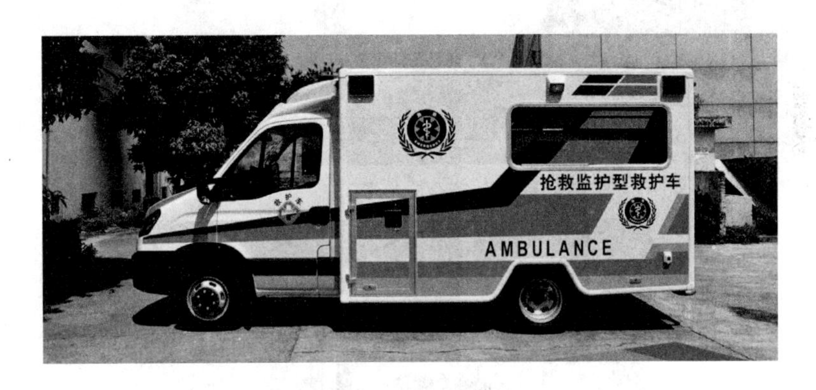

图 1－50 监护型救护车

3. 智能救护车

具有接入公共或专用通信网络，实现实时移动交互通信，以及对车载医疗仪器、设备进行数据采集、记录、实时转发的功能，并装备急救智能辅助系统和急救调度计算机辅助管理系统的救护车。

4. 特殊型救护车

主要用于公共卫生、突发灾害事故现场，实施应急医疗救援工作及具有特殊医疗用途的救护车。特殊型救护车按用途可分为传染病防护救护车、救援指挥救护车、救援保障救护车、婴儿救护车、诊疗救护车。

1）传染病防治救护车

主要用于救治、监护和转运传染病人的救护车。2019 年以来，一场突发新型冠状病毒感染肺炎的疫情迅速蔓延全球。时间就是生命，救护车作为病人快速救护转运的重要工具，肩负着不可替代的使命。面对具有极强传染性的新型冠状病毒感染肺炎疫情就需要带有负压装置的“负压救护车”。负压救护车与普通的救护车最大的不同是提供“负压隔离”功能，在车内设有一个独立的隔离医疗舱，这个隔离舱具有防腐、隔离、通风、耐菌的特点，它可以对车内外空气的交换进行消毒过滤，并可杀灭 99.97% 的细菌。负压救护车如图 1－51 所示。

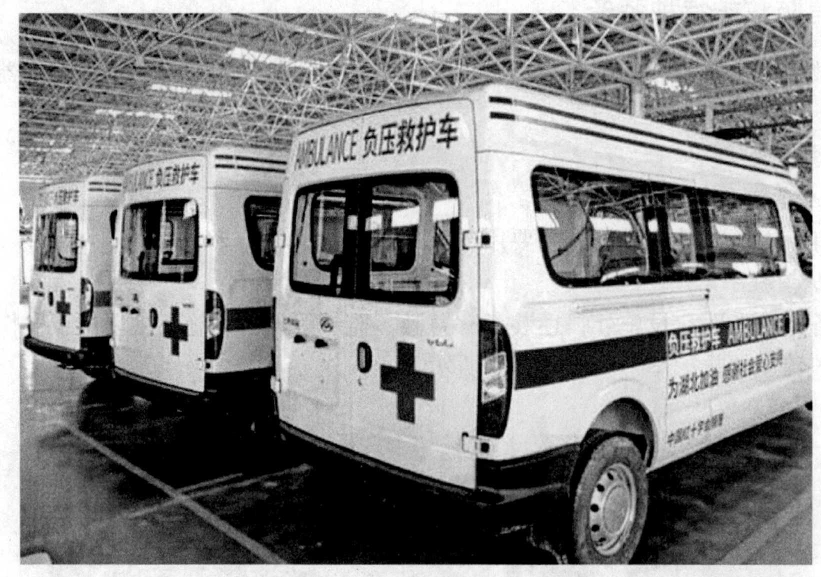

(a) 外形

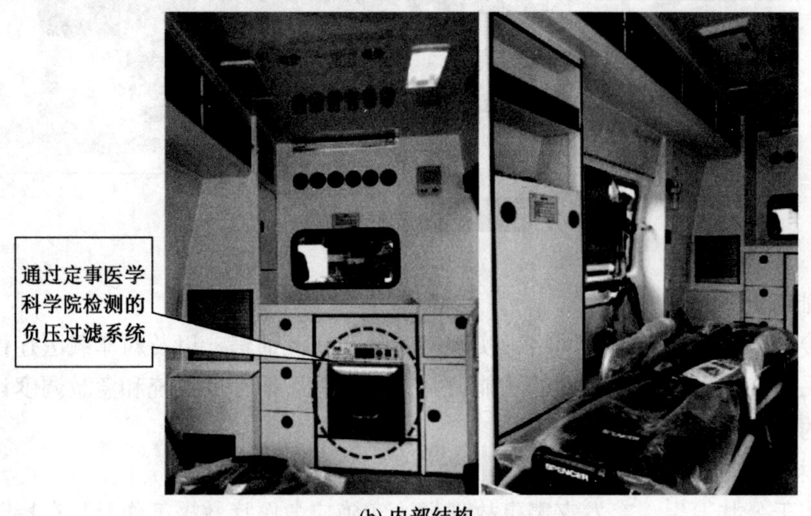

(b) 内部结构

图 1－51 负压救护车

负压就是利用技术手段，使车内气压低于外界大气压，空气在自由流动时只能有车外流向车内；负压还能将车内的空气进行无害化处理后排出，避免更多的人感染，在救治和转运传染病等特殊疾病时可以最大限度地减少医务人员交叉感染的概率。还可以在救护车上进行清创缝合手术和心肺复苏等。主要用于危重病人和传染病等特殊疾病的抢救。

2）救援救护车

主要用于公共卫生重大事件、突发灾害事故现场，进行医疗救援和通讯指挥的救护车。以视频、音频和文字为采集手段，以卫星、微波、超短波通信为传输手段，集话音、图像、数据资料实时传送于一体，为指挥人员在现场研究问题、进行现场指挥提供全天候可移动的指挥中心。

3）救援保障救护车

主要用于突发公共卫生重大事件、突发灾害事故现场医疗救援补给、电能供给、现场照明、应急手术等保障任务的救护车。

4）婴幼儿救护车

主要用于救治、监护和转运重症新生儿的救护车。

5）诊疗救护车

主要用于公共卫生、突发灾害事故现场，对多名伤病员实施应急诊断、救治的救护车。平时可在农村、社区、大型企业等基层单位进行巡回医疗，并可对病人进行运转。

1.4.2.2 医用高压氧气瓶

医用氧气指氧气浓度达到99.5%品质要求的氧气。适用于因缺氧引起的呼吸系统疾病（哮喘、支气管炎、肺心病等）、心脏及脑血管系统疾病（冠心病、心肌梗塞、脑溢血、脑梗塞）的辅助治疗，以缓解其缺氧症状；也可用于保健吸氧或紧张脑力劳动及体力劳动后疲劳的快速解除。

1. 氧气瓶的附件

氧气瓶是贮存和运输氧气的专用高压容器，其瓶体外部有两个防震胶圈，瓶体为天蓝色，并用黑漆标明“氧气”两字，用以区别其他气瓶，如图1－52所示。氧气瓶的附件有瓶阀、手轮、瓶帽和防震胶圈。瓶帽是为了防止气瓶瓶阀在搬运过程中被撞击而损坏，甚至被撞断使气体高速喷出，推动瓶阀和手轮向前高速飞动造成伤亡事故。防震圈是为了防止气瓶受撞击的一种保护装置，要求具有一定的厚度和弹性。《气瓶安全监察规程》明确规定，运输和装卸气瓶时，必须配戴好防护帽。但在实际使用中氧气瓶附件齐全的很少，大多数没有瓶帽、手轮，瓶阀伤痕累累，阀杆被撞弯，甚至严重变形，给安全使用带来严重威胁。

图1－52 不同容积医用高压氧气瓶

2. 医用氧气瓶使用时注意事项

（1）充装氧气必须到法定的医用氧气充装站。

（2）加湿器严禁倾斜，禁止将氧气瓶和其他可燃气体放在一起，氧气瓶、可燃性气瓶与明火距离不小于 10 m，有困难时，应有可靠的隔热防护措施，但不得小于 5 m。

（3）使用环境温度不得超过 40 ℃，供氧瓶体为天蓝色，并用黑漆标明“氧气”两个字，用于区别其他气瓶。

（4）在开启瓶阀和减压器时，人要站在侧面；开启的速度要缓慢，不要用力过猛。防止有机材料零件温度过高或气流过快产生静电火花，造成燃烧。

（5）供氧器应严禁沾染油污，严禁碰撞、扔摔，远离热源火种及易燃易爆物品，避免强日光直接照射，不得粘贴橡皮膏。

（6）非使用期间，气瓶开关必须处于关闭状态。

（7）氧气瓶里的氧气不能全部用完，必须留有剩余压力。尚有剩余压力的氧气瓶应将阀门拧紧，注上“空瓶”标记。气瓶内氧气压力不得低于 0.05 MPa。目的是使气瓶保持正压，预防可燃气倒流入瓶，而且在充气时便于化验瓶内气体成分。

（8）产品出现故障，不能继续使用，也不得随意拆卸，及时与经销商或厂家联系。

（9）按瓶肩部钢印时间，每 3 年送到具备法定资格的检验位进行检验。

（10）缺氧性疾病患者，应在医生指导下选择氧流量大小。

（11）开关高压气瓶时，应用手或专门扳手，不得使用凿子、钳子等工具硬扳，以防损坏瓶阀。

（12）氧气瓶、氧气表、氧气瓶口及其专用工具严禁与油类接触，氧气瓶附近也不得有油类存在（油类或油污一旦在大于 3 MPa 的压力作用下，会产生自燃、喷火）。操作者必须将手洗干净，绝对不能穿戴沾有油脂或油污的工作服、手套及油手操作，以防万一氧气冲出后发生燃烧甚至爆炸的危险。

1.4.2.3 医用高压灭菌器

高压灭菌器是用比常压高的压力、把水的沸点升至 100 ℃以上的高温进行液体或器具灭菌的一种高压容器。图 1－53 所示为医用高压灭菌器，按照样式分为手提式高压灭菌器、立式压力蒸汽灭菌器和卧式高压蒸汽灭菌器等。

图 1－53 医用高压灭菌器

高压蒸汽灭菌具有灭菌速度快、效果可靠、温度高、穿透力强等优点，使用不当，可导致灭菌的失败。在灭菌中应注意以下几点：

（1）消毒物品的初步处理。凡接触过病原微生物的医疗器械、被单、衣物等均应先用化学消毒剂进行消毒，然后按照常规清洗。特别是传染病房用后的各类物品，要严格把关，先严密消毒后，再清洗、消毒。常规清洗时，先用洗涤剂溶液浸泡擦洗，去除物品上的油污、血垢等污物，然后用流水冲净。有轴节、齿槽和缝隙等器械和其他物品，应尽可能张开或拆卸进行彻底洗刷。洗涤后的物品应擦干，按各临床需要分类包装，以免再污染。清除污染前、后物品的盛器和运送工具应严格区分，并有明显标志，以防交叉感染。

（2）消毒物品的包装和容器要合适。包装采用双层包布白色棉布，新包布应先洗涤去浆后再使用。物品包装用线绳捆扎，以不松动散开为宜，不宜过紧。使用容器盛装时，选用既可阻挡外界微生物侵入，又有较好的蒸汽穿透性。如特制的注射器灭菌盒、装敷料的贮槽等。民用铝盒因蒸汽难以进入，盒内的空气又不易排出，按常规灭菌常不能达到灭菌效果。试验对比表明它的污染率大大高于医用铝盒。因此，不能使用民用铝盒装注射器或器械灭菌。

（3）消毒物品装放应合理。消毒物品过多或放置不当都可影响灭菌效果。消毒锅内物品不能过挤，不超过锅内容量，尽量将同类物品装一锅内灭菌。若有不同类物品装放一起，应以难达到灭菌物品所需的温度和时间为准。物品装放时，上下左右均应交叉错开，留出缝隙，使蒸汽容易穿透。大消毒包应立着放上层，小包放下层，大搪瓷盒和贮槽也应立着放，布类和金属类物品同时灭菌，应将金属类物品包放在下层，使两者受热基本一致，并防金属物品灭菌中产生的冷凝水弄湿包布。

（4）排尽空气。使用高压蒸汽消毒锅时，最关键的是将锅内空气排尽。如锅内有空气，则气压针所指的压强不是饱和蒸汽产生的压强。相同的压强，混有空气的蒸汽其温度低于饱和蒸汽所产生的温度。

（5）合理计算灭菌时间。灭菌时间包括：①穿透时间，从锅内达到灭菌温度开始计算时间，到锅内最难达到的部位也达到此温度的时间；②维持时间，即杀灭微生物所需时间，一般以杀灭嗜热脂肪杆菌芽孢所需时间来表示；③安全时间，为使灭菌得到确切保证所需增加的时间，一般为热死亡时间的一半，其长短视消毒物品而定，对易导热的金属器材的灭菌，不需要安全时间。

在灭菌时间内要注意压力表，及时调节进气量，以保持压力，维持到灭菌时间为止。在灭菌过程中，如有压力、温度下降，应重新升温升压，重新计时。

（6）灭菌后。要求消毒的物品干燥后，检查指示剂达到灭菌要求即可出锅。取无菌物品时，要严格无菌操作，开盖物品先将盖盖好，贮槽关闭好通气孔；同时应分类放置，顺序发放取用。不超过有效期，炎热潮湿季节一般不超过 7 天。

（7）防止超热蒸汽。超热蒸汽温度虽高，但像空气一样，遇到消毒物品时不能凝成水，不能释放潜热，所以对灭菌不利。防止超热的办法是使用外源蒸汽灭菌器时，不要使夹层的温度高于消毒室的温度；两者应相近，不要使压力过高的蒸汽进入消毒室内；灭菌时不要用压力高的蒸汽加热到要求温度，然后再降压力。

（8）注意安全。每次灭菌前应检查灭菌器是否处于良好的工作状态，尤其是安全阀是否良好。消毒后减压不可过猛过快，应等压力表回归安全位置时，才可打开锅门。如果消毒锅内是瓶装溶液，且突然开锅，则玻璃骤然遇到冷空气易发生爆裂，必须注意；如果突然把锅门开得太大，冷空气大量进入，易使包布周围蒸汽凝成水点而堵塞包布孔眼，阻碍包布内蒸汽排出，而使物品潮湿。

（9）其他。不能使用高压蒸汽灭菌器消毒任何有破坏性材料和含碱金属成分的物质。

消毒这些物品将会导致爆炸或腐蚀内胆和内部管道，以及破坏垫圈。

1.4.2.4 医用高压氧舱

在高压（超过常压）的环境下，呼吸纯氧或高浓度氧以治疗缺氧性疾病和相关疾患的方法，即高压氧治疗。国际水下及高气压医学会高压氧治疗专业委员会 1999 年年会汇编中这样描述：“病人在高于一个大气压的环境里吸入 100% 的氧治疗疾病的过程叫高压氧治疗。临床工作中，病人经常吸不到 100% 的氧，我们也把他叫作高压氧治疗。高压氧治疗应在专科医生指导下进行，根据病人的情况选择不同的氧浓度和吸氧方式。”

1. 高压氧舱分类

高压氧治疗需要一个提供压力环境的设备——高压氧舱（图 1－54）。医用高压氧舱按介质可分为纯氧舱和空气加压舱 2 种。

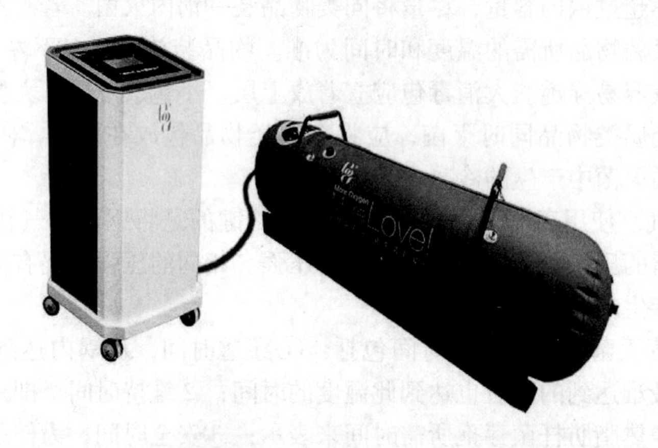

图 1－54 便携式医用高压氧舱

1）纯氧舱

用纯氧加压，稳压后病人直接呼吸舱内的氧。优点：体积小，价格低，易于运输，很受中小医院的欢迎。缺点：加压介质为氧气，极易引起火灾，化纤织物绝对不能进舱，进舱人员必须着全棉衣物，国内、外氧舱燃烧事故多发生在该种舱型；一次治疗多只允许一个病人进舱治疗，部分病人可能出现幽闭恐惧症；医务人员一般不能进舱，一旦舱内有情况，难以及时处理，不利于危重和病情不稳定病人的救治。

2）空气加压舱

用空气加压，稳压后根据病情，病人通过面罩、氧帐，直至人工呼吸吸氧。优点：安全；体积较大，一次可容纳多个病人进舱治疗，治疗环境比较轻松；允许医务人员进舱，利于危重病人和病情不稳定病人的救治；如有必要可在舱内实施手术。缺点：体积较大，运输不便，价格昂贵。

3）其他设备

高压氧治疗设备除了高压氧舱以外，还有空气压缩机以产生压缩空气，储气罐以储备压缩空气，空调系统、监视设备、对讲设备、控制台等。

2. 注意事项

一般来说，凡是缺氧、缺血性疾病，或由于缺氧、缺血引起的一系列疾病，高压氧治疗均可取得良好的疗效；某些感染性疾病和自身免疫性疾病，高压氧治疗也能取得较好的疗效。但是高压氧治疗必须注意以下问题：

（1）高压氧不是一个固定的模式。由于压力的不同，吸氧浓度的不同，治疗效果也不同；不同的疾病可能选择不同的治疗压力和吸氧方式。

（2）高压氧单独治疗疾病的情况是少见的。从供氧角度来说，高压氧是最经济、最确实、最安全的供氧方式，是任何其他方法无法替代的。尽管这样，高压氧也要根据不同的疾病，结合不同的药物，才能取得较好的疗效。

（3）每种疾病都有其最佳治疗时机。每种疾病何时开始治疗是十分关键的，在最佳治疗时机期间，疗效较好，远离最佳治疗时机，疗效就打折扣。如高压氧结合其他药物对急诊和早期突聋和面瘫的治疗极其有效，但如果病人在数月或数年之后才来治疗，其疗效可想而知。

（4）根据不同的疾病选择不同的治疗时程。每种疾病治疗多长时间，是根据该种疾病的性质和病人的个体差异而定的。对于普通的肢体外伤，缺氧、缺血组织的成活多在2周左右见分晓；对于冠心病这样的心血管疾病，1个月左右病人会发现心前区不适减少、减轻，用药少了；但对于神经系统的疾病，如脑损伤，轻的病人要数星期，重的病人可能要数月；对于植物状态的治疗有时可达半年以上。

（5）每次吸氧的时间不宜过长，一般控制在60～90 min，要采取间接吸氧，避免氧中毒。另外，患者不得将火柴、打火机、易燃、易爆物品带入舱内，不能穿化纤衣物进舱，以免发生火灾。患者进舱前不吃产气多的食物（如豆制品、薯类等），进舱前还应排空大小便。患者要服从医务人员的安排，掌握吸氧的方法。治疗中发现异常，应通过舱内电话与医护人员联系。

1.4.3 消防救护转运装备

为保证伤员的转运安全有序，在抗震救灾指挥部统一领导下，救灾运输领导小组和震灾医学救援领导小组要共同协商，成立灾区伤员转运后送指挥组。下设汽车后送调度站、铁路后送组、空运后送组、海运后送组。每个后送组都有指挥组、交通运输、医疗救护、搬运、生活保障人员组成，相互协作，各负其责做到快速、安全转运伤员。

1.4.3.1 消防救护转运车辆

1. 汽车转送伤员

汽车是短途换乘或向灾区附近医疗体系转送伤员的基本工具。其简便、迅速，适用于各种情况。汽车转送伤员，转运型救护车效果最好，但数量少，还需充分利用其他车辆，如公共汽车、普通卡车等。用普通卡车运送伤员时，车厢内要垫沙土，车厢上要带棚，以减少伤员受颠簸及日晒雨淋之苦，并备有伤员上下车的梯子。转运型救护车配置见表1－1。

2. 铁路转送伤员

列车运载伤员数量多，运行平稳，车厢内可进行各项检查和治疗，是大批伤员远距离后送的理想工具（图1－55）。铁路转运伤员的列车有卫生列车和普通列车两大类。

表1-1 转运型救护车配置

	九龙 A4 转运救护车		九龙 A5 转运救护车			
	车型					
	HKL5031XJHQE		HKL5032XJHQE		HKL5041XJHQAB	
	HKL5040XJHQA		HKL5040XJHA		HKL5041XJHCE	
基本参数						
尺寸（长×宽×高）/（mm×mm×mm）	4840/4960×1880×2440		5380/5530×1880×2440			
轴距/mm	2570		3110			
乘员数	3~7		3~7			
油箱容量/L	70		70			
发动机型号	4GA1-2	4GA1-2	4GA1-2	4GA1-2	3TZ	SC28R
排放标准	轻型国Ⅴ	重型国Ⅳ	轻型国Ⅴ	重型国Ⅳ	重型国Ⅳ	重型国Ⅴ
排量/L	1.997	1.997	1.997	1.997	2.693	2.776
进气方式	涡轮增压	涡轮增压	涡轮增压	涡轮增压	自然吸气	涡轮增压
额定功率/[kW/(r·min^{-1})]	105/5000	140/5000	105/5000	140/5000	120/4600~5000	105/3200
最大扭矩/[N·m/(r·min^{-1})]	220/1400~4000	290/1800~4000	220/1400~4000	290/1800~4000	260/2600~3600	350/1600~2400
燃油类型	汽油	汽油	汽油	汽油	汽油	柴油
变速箱	5挡手动变速		5挡手动变速			
轮胎	195R15C，195R15LT		195R15C，215/75R16C，195R15LT，215/75R16LT			
制动系统	前盘后鼓、ABS+EBD、智能型制动助力系统		前盘后鼓、ABS+EBD、智能型制动助力系统			
悬挂	前双横臂式独立悬架、后变截面钢板弹簧		前双横臂式独立悬架、后变截面钢板弹簧			
消声器	三元催化、双级消声		三元催化、双级消声			SCR
转运型救护车专用配置						
警灯报警器、顶置强排风扇、消毒灯、带推拉窗中隔断、药品柜、普通轮式上车担架、氧气瓶（10 L）、移动输液挂钩、800 W220 V/12 V逆变电源1个、不锈钢污物桶等						

（1）卫生列车转运。卫生列车是专门为运输伤员而设计的铁路运输车辆。车体编组合理，设备齐全，是运送伤员最理想列车。

按我国现行规定，卫生列车的专用技术车厢、治疗车厢等预制成套备用，伤员车厢则按当时任务临时编组。卫生列车一般是13节，除去工作人员的卧铺、手术室、餐车外，有8节是收治伤员的，载运伤员可达330名左右。

（2）普通列车转运。普通列车是卫生列车后送伤员的补充力量。普通列车每列一般12节，每次可运载伤员350～400人。普通列车因无专用设备，给治疗、护理工作带来诸多不便。需要承担普通列车转运伤员的单位，应想办法自己配备必要设备。

1.4.3.2 消防救护转运船艇

船艇是灾害救援中不可或缺的交通工具，特别是对于洪涝灾害。按照尺寸和排水量，可分为大型船艇和小型船艇。在救援中主要用到的多是小型船艇，如冲锋舟（又称挂机艇）、高速船艇和摩托艇等，此外还有气垫船等。

1. 冲锋舟

冲锋舟作为防汛抢险救援时的主要交通工具，具有安全、快捷、灵活、便于运输等特点，在历次的防汛抢险工作中都发挥了重要作用。例如，在1998年抗洪抢险中部队投入舟艇1170余艘。2020年入汛以来，我国南方地区发生多轮强降雨过程，造成多地发生较重洪涝灾害。据水利部，截至2020年6月22日，全国16个省区198条河流发生超警以上洪水，多于常年同期；重庆綦江上游干流及四川大渡河支流小金川更是发生了超历史洪水。在此次抢险救灾人员运送中，冲锋舟更是发挥了重要的作用。图1－56所示为冲锋舟转运现场。

图1－55 列车运转

图1－56 冲锋舟转运现场

冲锋舟主要有玻璃钢冲锋舟、充气橡皮艇冲锋舟以及海帕伦材质冲锋舟，现代充气冲锋舟主要用于政府机构执行海事任务，方便运输，安装容易，海帕伦式的冲锋舟主要用于武警、部队等执行重要的任务时使用。

2. 高速船艇

高速船艇使用硬质材料，如6101环氧树脂等做成的龙骨架，主船体及上层建筑均采用玻璃纤维增强塑料制作，以柴油机驱动，螺旋桨推进，尺寸较大，排水量较大，载员较多，续航力较强，配备雷达、罗盘等设备，主要航行于江河湖泊，用于巡逻、警戒、救生和防汛救灾任务。图1－57所示为高速救援转运船艇。

图1－57 高速救援转运船艇

3. 气垫船

气垫船是指一种利用表面效应原理，依靠高于大气压的空气在船体与支撑面（水面或地面）间形成气垫，使船体全部或部分脱离支撑面航行的高速船舶。按产生气垫的方式，可分为全垫升气垫船和侧壁式气垫船2种。气垫船多用轻合金材料制成，船上装有鼓风机和轻型柴油机或燃气轮机等产生气垫和驱动船舶前进的动力装置，并有空气螺旋桨或水螺旋桨、喷水推进器等。由鼓风机产生的高压空气，通过管道送入船底空腔的气室内形成气垫托起船体，并由发动机驱动推进器使船贴近支撑面航行。气垫船的航行阻力很小，可使航速高达60～80 km/h。目前，多用作高速客船、交通艇、货船和渡船，尤其适合在内河急流、险滩和沼泽地使用。

我国部分城市（如沈阳）的消防支队也进口了气垫船作为救灾工具（图1－58）。该气垫船长度4.42 m，宽2 m；2冲程双缸自动加油引擎，最大功率100 kW，同时具备220 V调节电压；可以爬15°～20°的斜坡，有效负载341 kg，可承受最大波浪60 cm；可抵抗24 km/h的风速；船底表皮采用耐磨损、耐碰撞进口材料，特别为专业救援人员配备了救援滑板工具组套，该组套为瑞典进口，适用于各种冰面、水面的特殊救援现场，能更迅速、更安全地实施救援；船体由环保泡沫填充、环铸聚乙烯制造，长335 cm，宽63 cm，重达30 kg，浮力约为300 kg。此外，随船配置的工具还包括把手、抛投包、观察孔、皮带拉手、安全带、附件包、双头桨、联合套叠式冰锥救援钩、冰救援浮力安全绳、保温袋、冰锥、发光棒、冰救援服、冰救援头盔、救援防水头灯等。

1.4.3.3 消防救护转运直升机

救援直升机是把直升机应用于应急救援（空中120），能更快速到达水、陆路不可通达的作业现场，实施搜索救援、物资运送、空中指挥等工作，是世界上许多国家普遍采用的最有效的应急救援。但中国用于应急救援的直升机数量缺口大、结构问题突出。国外的救护直升机一般分专用型和临时改装型2种。专用型救护直升机是客（货）运输机经过专门卫生改装的，机上医疗设备完善，性能先进，设备与直升机合为一体，专机专用，只用于伤病员的搜索、救护、医疗后送及途中急救、卫勤增援等用途；临时改装型救护直升机主要是在通用直升机或运输直升机机舱内装上担架支架、吊挂带及担架固定装置，将制式的成套便携式机上卫生装备装上飞机，但不在飞机上固定安装。从功能上又可以分为后送型和治送结合型2种，前者以大批伤病员的后送为主，后者则兼顾伤病员后送及途中的救护。图1－59所示为伤员转运直升机。

图1－58 气垫船

图1－59 伤员转运直升机

1. 专用型救护直升机

专用救护直升机救护能力强，配备搜索、打捞及医疗救护装备，机上配有医护人员，对伤病员可进行紧急抢救、监护、医疗护理，并对各种条件下遇险人员实施营救、紧急医疗救护和后送。UH－60Q“黑鹰”救护直升机、UH－72A救护直升机、“超黄蜂”救护直升机、MedUAV救护直升机等是其中的典型代表，其数据见表1－2。

表1－2 部分专用型救护直升机数据

装备名称	国别	性能指标
UH－60Q“黑鹰”救护直升机	美国	大量装备现代高新技术装备，如计算机控制系统、分子筛氧气生成系统、自动测距和导航系统、激光预警系统、精确定位系统等，并具有良好的医疗系统，如氧气、吸引、战斗担架系统、营救吊车、卫生装备的电源和卫生储备等，一次可运载6名卧位伤病员
UH－72A救护直升机	美国	美军最新装备，未来将逐步取代现役“黑鹰”救护直升机，原型机为EC－145，具有优异的高海拔/高温适应性，可在1220 m高度和35 ℃高温环境下执行任务，续航时间为2.8 h，一次性可运载2名卧位伤病员和2名医务人员
“超黄蜂”救护直升机	中国	以法国制造的“超黄蜂”海军反潜直升机为载体，配备搜索救捞、垂吊、医疗等装备，并经舱内布局、设备固定及运载方案设计改装而成，该救护直升机集搜索、营救、救治、后送及卫勤支援等多种功能于一体，主要用于海上伤病员医疗后运及搜索、营救海上遇难人员，是我国海军专用救护直升机。货舱面积：13.86 m^2，货舱容积：22 m^3，空机质量：6642 kg，最大载重量：3000 kg，最大起飞质量：13000 kg，巡航速度：220 km/h，续航时间：3 h，最大航程700 km，最低悬停高度：40 m，悬停持续时间：20 min，一次性载伤病员为15名
MedUAV救护直升机	以色列	一次搭载4名伤病员，可以全速飞行3 h，机上可携载3名工作人员，有常规飞行和遥控飞行2种工作模式
CH－46E“海上骑士”救护直升机	美国	主要用于执行直升机遂行垂直补给、医疗后送及搜索救援任务；CH－46E直升机长13.7 m，旋翼直径15.31 m，起飞重量11032.2 kg，最大时速268.25 km，单程航程176 km；该机的缺点是航速和燃料有限，在沙漠环境下，涡轮叶片易被腐蚀，降低了发动机寿命，自身缺乏导航系统。一次可后送15名卧位伤病员和25名坐位伤病员

2. 临时改装型救护直升机

1）后送型

该类型直升机以大批量伤病员后送为主，机上除担架外，仅配备少量医疗设备，一般不进行较复杂的途中救护，典型装备如 CH－47 直升机、AS332“超美洲豹”多用途运输直升机、AS350 六座轻型多用途直升机、SA361H/HCL“海豚”直升机、“托纳尔”军用直升机、A109 军民两用轻型直升机、卡－26 轻型多用途直升机、米－8 多用途直升机，其数据见表 1－3。

表 1－3 部分后送型临时改装救护直升机数据

装备名称	国别	性 能 指 标
CH－47（支奴干）直升机	美国	能运载 33 名坐位伤病员和 24 名卧位伤病员
AS332“超美洲豹”多用途运输直升机	法国	可运载 6 名卧位伤病员、6 名坐位伤病员和 3 名医务人员
AS350 六座轻型多用途直升机	法国	可运载 2 名卧位伤病员或 1 名卧位伤病员加 1 名坐位伤病员或 4 名卧位伤病员或 2 名卧位伤病员加 4 名坐位伤病员
SA361H/HCL“海豚”直升机	法国	可运载 4 名卧位伤病员
“拖纳尔”军用直升机	意、荷、英、西	可运载 6 名伤病员
A109 军民两用轻型直升机	意大利	可运载 2 名坐位伤病员加 2 名卧位伤病员
卡－26 轻型多用途直升机	苏联	可运载 2 名坐位伤病员加 2 名卧位伤病员
米－8 多用途直升机	俄罗斯	可运载 12 名卧位伤病员
“海王”先进反潜直升机	英国	可运载 6 名卧位伤病员或 2 名卧位伤病员和 11 名坐位伤病员

2）治送结合型

治送结合型救护直升机在兼顾伤病员后送的同时，也注重伤病员的途中救治，各国通过对直升机的临时改装达到上述目的。虽然称呼各异，采取的技术手段也不一，但核心都是通过研发各种集监护、救护等功能于一体的“直升机综合急救单元”来实现治送结合。直升机综合急救医疗单元可以在野战条件下，对现场急救和直升机后送途中重症伤员提供院内 ICU 病房一样全面的医疗救护，维持重症伤员的生命体征。

1.5 城市消防车辆装备

消防车是指在普通商用底盘或消防车专用底盘的基础上，根据消防车的不同类别、用途，设计制造成具有灭火、专项作业、举高和火场保障等功能的车辆。根据用途和功能不同，可分为灭火类消防车、举高类消防车、专勤类消防车、保障类消防车四大类。

1.5.1 灭火类消防车

灭火消防车是指主要装备灭火装置，用于扑灭各类火灾的消防车。这类消防车主要包括水罐消防车、泡沫消防车、压缩空气泡沫消防车、干粉消防车、干粉泡沫联用消防车等。

1.5.1.1 水罐消防车

1. 适用范围

水罐消防车主要以水作为灭火剂，用来扑救一般固体物质（A类）火灾。如与泡沫枪、泡沫炮、泡沫比例混合器、泡沫液桶等泡沫灭火设备联用，可扑灭油类火灾；当采用高压喷雾射水时，还可扑救电气设备火灾。此外，还可用于火场供水等。

2. 结构组成

水罐消防车主要由驾乘室、器材厢、水罐、水泵及其管路系统、水炮、引水装置、取力器、附加装置等组成，如图1－60所示。

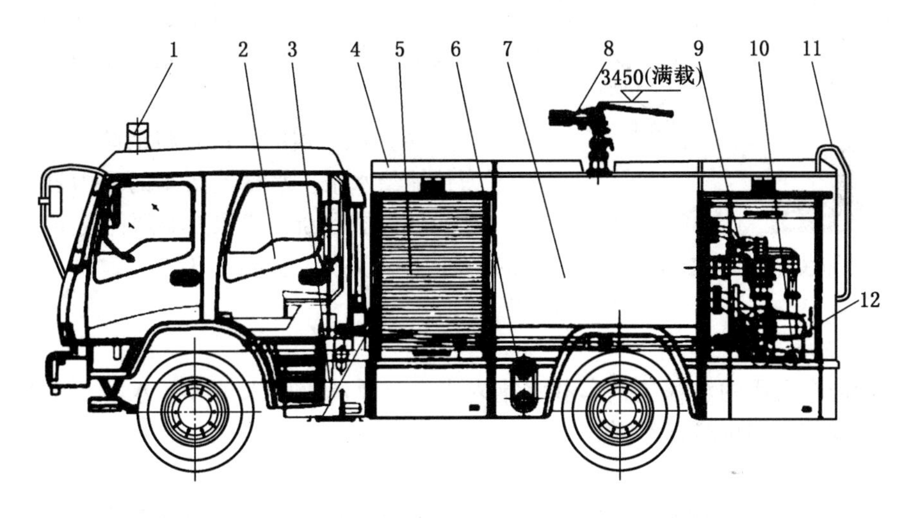

1—警灯及信号系统；2—乘员室；3—取力器；4—梯架；5—前器材厢；
6—注水口；7—水罐；8—水炮；9—离心泵及泵房；10—出水口；11—后梯；12—进水口

图1－60 水罐消防车

（1）驾乘室由驾驶室和乘员室组成，一般可乘坐2～8名消防队员，乘员室多在座椅靠背上设正压式消防空气呼吸器背架。

（2）器材厢通常设置于车厢前后两侧，用于存放射水、输水器材和抢险救援器材等。每一件器材都设有专门的固定装置，防止行驶途中器材因颠簸脱离而受到损坏或引起事故。器材厢的门普遍采用卷帘门，有利于战斗展开。

（3）水罐顶部开有入孔，装有扶手和吊装用圆环，内部设溢水管、防荡板等；水罐底部有排除污物积存口，与阀门相连；在积存口前方的前水罐壁上，有进水管、出水管和补水管，进水管与水泵注水管路连接，水泵由此向水罐注水；出水管与水泵进水管路连接，水罐由此向水泵供水。补水管用于外供水源向水罐注水，一般采用高于罐顶的弯管。在水罐内，还装有浮球式液位指示器或电子液位传感器，水位的升降引起电信号的变化，经过信号处理后再把液面高度在仪表上显示出来。

（4）水泵管路系统包括进水管路和出水管路2部分，水泵通过支撑架固定在底盘的

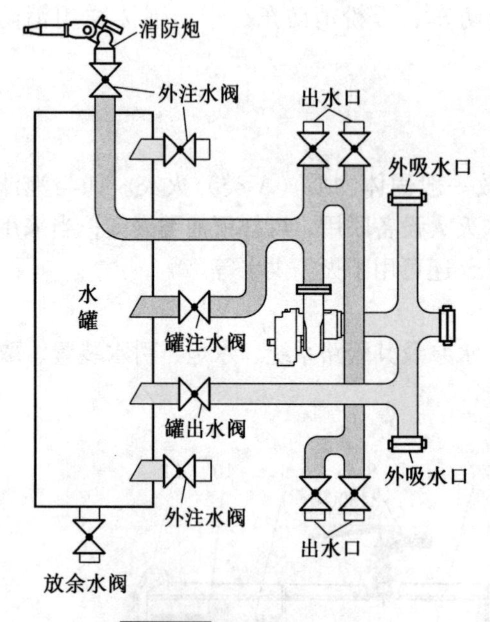

图1-61 水泵管路系统

大梁上，其进水口连接进水管路，出水口与出水管路连接。水罐消防车的水泵管路系统如图1-61所示。

水罐消防车的进水管路包括水罐向水泵供水的管路和外接水源向水泵进水的管路，水罐消防车的出水管路包括水泵向外出水口及水炮的供水管路和水泵向水罐内注水管路。

（5）引水装置是必须配备的，因离心泵本身不具备吸取低水位水源（泵吸水口以下7～8 m）的功能。消防车引水装置的功能是抽吸泵及管道内的空气，使其达到一定的真空度，与大气压形成压差，在压差的作用下将低水位水引入泵内。

（6）取力器的作用是将消防车发动机的动力传输给水泵。水罐消防车的取力器有采用夹心式取力器和断轴式取力器两种类型。

（7）附加装置是水罐消防车上设有的各种监控仪表，主要有压力表、真空表、液位表、转速表等。

3. 操作使用

水罐消防车可用的水源包括车载水罐内水、市政消火栓水及天然水源。水源类型不同，具体的操作步骤也略有不同。

4. 使用注意事项

（1）水罐消防车用过海水、污水或含其他杂质的水源后，应将水泵系统、管路及水罐进行清洗，以防腐蚀。

（2）水泵不能长时间无水工作，或有水工作而长时间不出水，否则会导致水泵过热，加速水泵磨损及密封垫圈损坏。

1.5.1.2 泡沫消防车

1. 适用范围

泡沫消防车指主要装备车用消防泵、水罐、泡沫液罐和水-泡沫液混合设备的消防车。泡沫消防车特别适用于扑救石油及其产品等易燃液体火灾，既可独立扑救火灾，也可向火场供水和供泡沫混合液。

2. 结构组成

泡沫消防车是在水罐消防车的基础上加装了泡沫液罐、水-泡沫液混合设备及泡沫喷射器具。

（1）泡沫液罐的构造与水罐基本相同，容积小于水罐。由于泡沫液的腐蚀性很强，泡沫液罐需要做防腐处理。罐顶设有人孔，便于人员出入维修。有些泡沫消防车在水罐与泡沫液罐之间有可拆卸的连通孔盖，根据需要可全部装水，变成一般的水罐车。两罐均装有液位指示器。

(2) 泡沫比例混合装置的作用是使水和泡沫液按一定的比例混合，并由水泵将混合液送至泡沫发生装置。

(3) 空气泡沫－水两用炮只有一个炮筒，既可喷射水，又可喷射泡沫灭火。

3. 操作使用

泡沫消防车可用的水源包括车载水罐内水、市政消火栓水及天然水源。可用的泡沫液包括车载泡沫液罐内泡沫液及外供泡沫液。不同的水源和泡沫液可以组合使用，但具体的操作步骤略有不同。

4. 使用注意事项

泡沫消防车喷射泡沫灭火后，应清洗泵、空气泡沫比例混合装置、空气泡沫枪及管路。其余参见水罐消防车。

1.5.1.3 压缩空气泡沫消防车

1. 适用范围

压缩空气泡沫消防车指主要装备水罐和泡沫液罐，通过压缩空气泡沫系统喷射泡沫的消防车。适用于扑救建筑物等固体物质火灾及对火场进行隔热保护，也可扑救小型 B 类火灾。

2. 结构组成

压缩空气泡沫消防车是在水罐消防车的基础上加装泡沫液罐和压缩空气泡沫灭火系统。

压缩空气泡沫系统主要由水泵、空气压缩机、泡沫液泵、泡沫比例混合系统、控制系统和各种附件等组成，如图 1－62 所示。

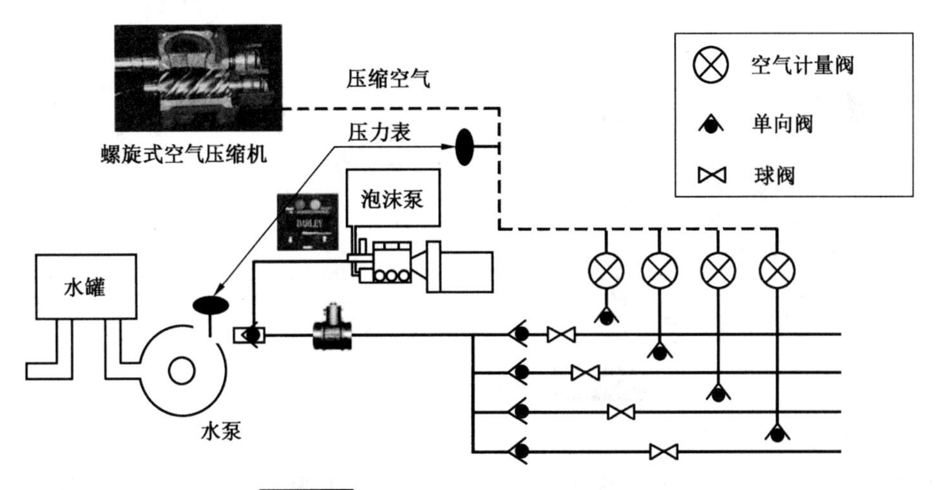

图 1－62 压缩空气泡沫系统组成示意图

压缩空气泡沫系统是将空气压缩机提供的压缩空气、水泵提供的压力水及泡沫液泵提供的泡沫液三者在管路中进行混合，形成泡沫通过外供口向外输出。控制系统通过收集的泡沫混合液流量、泡沫液流量及空气流量等参数，根据系统设定的混合比例、泡沫干湿比例，实时调节泡沫液和水的流量，使输出的泡沫能达到预设值。

3. 操作使用

可通过压缩空气泡沫消防车的操作面板进行泡沫混合比例设定、泡沫干湿程度调整、输出介质选择等操作。

4. 使用注意事项

(1) 操作时应先开启水泵和泡沫液泵，形成泡沫混合液后，再开启空气压缩机。

(2) 使用完压缩空气泡沫灭火系统后，应及时清洗泡沫液泵及泡沫管路。

(3) 使用与之前不同型号的泡沫液时，应先清空泡沫液罐并清洗相应管路。

1.5.1.4 干粉消防车

1. 适用范围

干粉消防车指主要装配干粉灭火剂罐和成套干粉喷射装置及吹扫装置的消防车。适用于扑救可燃及易燃液体、气体及电气设备等火灾，也可扑救一般物质火灾。

2. 结构组成

干粉消防车主要由驾乘室、器材厢、干粉氮气系统及水泵系统等组成。干粉氮气系统（图1－63）主要由动力氮气瓶组、干粉罐、干粉炮、干粉枪、输气系统、出粉管路、吹扫管路、放余气管路及各控制阀门和仪表等组成。

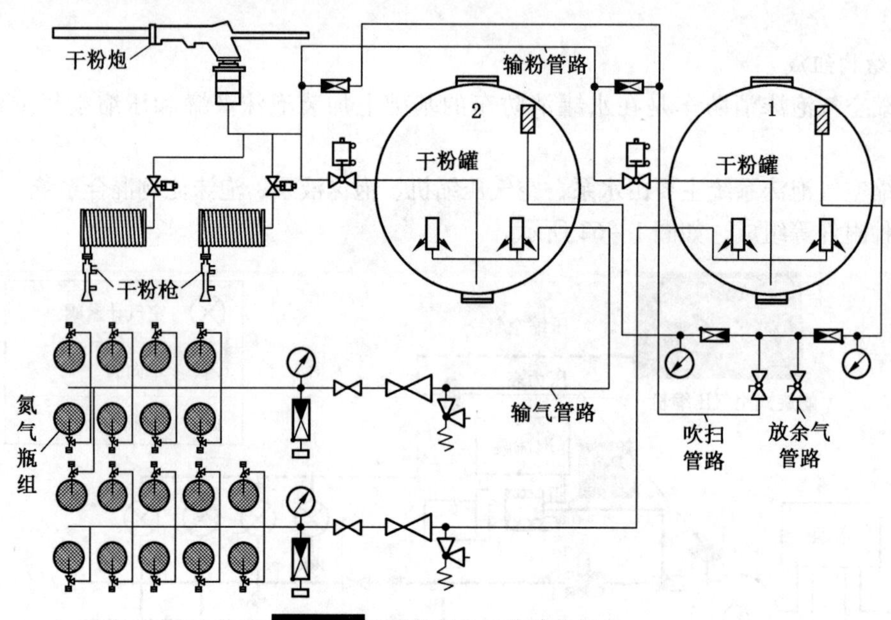

图1－63 干粉氮气系统结构原理

3. 工作原理

如图1－63所示，打开氮气瓶阀，氮气瓶组输出压力为15 MPa的高压氮气经过减压阀，压力降至1.4 MPa时，打开干粉罐进气球阀，氮气通过管道从罐的底部进入干粉罐，强烈搅动干粉，使罐内充满气、粉两相混合流。打开炮出粉球阀或枪出粉球阀，干粉与气体的混合流通过干粉炮或枪喷出。

4. 操作使用

喷射干粉时，需要打开氮气瓶瓶阀、干粉罐进气球阀、干粉枪出粉阀或干粉炮出口球阀；喷射结束后，打开干粉枪、炮系统吹扫球阀，对出粉管路进行吹扫。吹扫结束后，打开放余气阀门，放掉管路内气体。

5. 使用注意事项

（1）干粉充装前，必须将干粉灭火剂储罐及所有管道、附件清理干净。

（2）对使用过的干粉罐需确认罐内压力完全释放后，方可重新进行干粉灌装，以确保安全。

（3）干粉系统的阀门、操作手柄不得随意乱动，以防发生意外事故。

1.5.2 举高类消防车

举高类消防车是指主要装备臂架（梯架）、回转机构等部件，用于高空灭火救援、输送物资及消防员的消防车。主要有云梯消防车、登高平台消防车和举高喷射消防车。

1.5.2.1 登高平台消防车

1. 定义

登高平台消防车指主要装备曲臂、直曲臂和工作斗，可向高空输送消防人员、灭火物资、救援被困人员或喷射灭火剂的消防车。

2. 结构组成

登高平台消防车主要由底盘、取力装置、副车架、支腿系统、转台、臂架、工作斗、消防系统、液压系统、安全系统和应急系统等组成，如图1－64所示。

（1）底盘的主要功用是为上装所用液压油泵、水泵、电气系统等装置提供动力，并支撑全车重量。

（2）取力器的作用是将发动机的动力分别传递给水泵和液压泵。目前登高平台消防车上广泛采用的取力装置主要为夹心式或断轴式与侧盖式同时取力的方式，即夹心式或断轴式取力用于驱动水泵，变速箱上侧盖式取力器用于驱动液压泵。

（3）副车架是安装在消防车底盘大梁上的附加车架。

（4）支腿一般使用H型支腿，如图1－65所示。支腿系统包括水平支腿、垂直支腿和支腿操作台。

图1－64 登高平台消防车

图1－65 H型支腿

（5）转台是承上启下的重要部件，向上通过销轴与臂架、变幅油缸连接，向下通过回转支承与副车架连接。转台处设有操作台，可对整车进行操控。

（6）臂架一般由伸缩臂、折叠臂及附梯等构成。

（7）工作斗铰接于臂架最前端，额定载荷一般为270～500 kg。工作斗内设有操作台，可对整车进行操控。

（8）消防系统主要是向安装在工作斗前端或侧面的消防炮供灭火剂。

（9）液压系统主要包括下车液压系统和上车液压系统2部分。下车液压系统主要包括4个水平支腿的伸缩和4个垂直支腿的升降。上车液压系统主要实现转台回转、臂架变幅、臂架伸缩和工作斗调平等动作。

（10）安全系统是为确保登高平台消防车的安全可靠运行在车上设置的多种安全装置，主要包括上下车互锁、驾驶室及车体保护自动停止、缓启动缓停止、软腿报警及停止控制、工作斗超载报警、安全工作范围超限报警、工作斗防碰撞功能等装置。

（11）应急操作装置是应急状态下用于控制举高消防车支腿、臂架（梯架）和工作斗动作的装置。

3. 操作使用及注意事项

（1）应选择在坚硬、平坦的地面上展开作业，场地上方应没有妨碍臂架的升、降或回转的障碍物。

（2）车辆的安全作业范围内不得有电源线，支腿下面及周围应避开化粪池、暖气、水管、煤气、电缆等暗沟和不坚固的地下建筑物。

（3）登高平台消防车作业时，必须将4个水平支腿全部伸开，4个垂直支腿全部支实于地面并调平；若条件限制，仅能伸展单侧支腿时，臂架的工作范围只能在伸展支腿这一侧。

（4）当工作斗内有人员实施登高作业时，操作人员必须在主操作台上观察和监护，保持上、下车人员间的联系，不允许随意操作臂架动作。

（5）消防员在平台内射水灭火时，应事先系好安全带；臂架回转时不得同时射水，以确保臂架的稳定性和安全性；射水开始和停止操作应缓慢操作。

（6）伸缩臂附梯每节梯子只能有2人同时使用。

1.5.2.2 云梯消防车

1. 定义及适用范围

云梯消防车是指主要装备伸缩云梯，可向高空输送消防人员、灭火物质、救援被困人员或喷射灭火剂的消防车。适用于扑救高层建筑火灾或建（构）筑物及塔架等高处的人员救助。

2. 结构组成

云梯消防车主要包括底盘、取力装置、支腿系统、转台、臂架、工作斗、滑车、消防系统、液压系统、安全系统和应急系统等，如图1－66所示。结构与登高平台消防车有很多共同点，下面将重点介绍与登高平台消防车的不同之处。

（1）支腿。与登高平台消防车相比，云梯消防车支腿通常有H型和X型（图1－67）2种。

图1-66 60 m云梯消防车

图1-67 X型支腿

（2）臂架。云梯消防车一般采用直臂臂架结构，最大作业高度一般为20～60 m，梯架节数为2～6节。

（3）工作斗。云梯消防车的工作斗额定载荷质量一般为180～400 kg，较登高平台消防车略小。

（4）滑车如图1－68所示，是指安装在云梯消防车梯架上的移动式升降平台，用于梯架顶端和地面之间的快速运输。滑车一般载荷为2人，在车辆行驶状态下可折叠回收。

（5）消防系统。云梯消防车的管路系统通常采用伸缩式管路，设置在梯架中间，随梯架的伸缩而伸缩，并受到梯架的保护。部分未采用伸缩式管路的云梯消防车，则在梯架顶部设置一段较短的固定管路，梯架伸出前，将水带一端与固定管路的接口连接，利用梯架的伸出自动完成水带的铺设。

（6）安全系统。云梯消防车安全系统包括梯架振动自动停止和梯蹬倾斜自动停止等安全系统。其余的安全系统可参见登高平台消防车。

3. 操作使用及注意事项

云梯车在实战登高作业状态时，梯架尾部不准站人。其余操作使用及注意事项可参见登高平台消防车。

1.5.2.3 举高喷射消防车

1. 定义及适用范围

举高喷射消防车指主要装备直臂、曲臂、直曲臂及供液管路，顶端安装消防炮或破拆装置，可高空喷射灭火剂或实施破拆的消防车。适用于扑救石油化工、大型油罐、高架、仓库以及高层建筑等火灾。

2. 结构组成

举高喷射消防车主要由底盘、取力装置、副车架、支腿系统、臂架、转台、回转机构、消防系统、液压系统等组成，如图1－69所示。有的举高喷射消防车还配有水罐、泡沫液罐。结构上与登高平台消防车有很多共同点，下面将重点介绍与登高平台消防车的不同之处。

图1-69 举高喷射消防车

（1）臂架。举高喷射消防车臂架通常由一组或两组伸缩臂、折叠臂构成。

（2）消防系统。部分举高喷射消防车装备了可同时喷射泡沫及干粉的消防炮，即设置有干粉系统，利用管路输送到消防炮，从位于消防炮中心的同轴干粉炮口中喷射，利用泡沫带动干粉，实现远射程泡沫、干粉联用。

（3）液压系统。与登高平台消防车液压系统相比，举高喷射消防车主要减少了工作斗的液压部分。当举高喷射消防车装备有高空破拆装置时，还须增加破拆装置的液压回路，包括破拆装置控制阀、伸缩缸等。

3. 操作使用及注意事项

举高喷射消防车主要包括外部消防车供水、用自身水罐内水和喷射泡沫的操作。其操作使用注意事项参见登高平台消防车。

1.5.3 专勤类消防车

专勤类消防车是指主要装备专用消防装置，用于某专项消防技术作业的消防车。如抢险救援消防车、通信指挥消防车、排烟消防车、照明消防车、洗消消防车、侦检消防车等。

1.5.3.1 抢险救援消防车

1. 适用范围

抢险救援消防车是指主要装备抢险救援器材、随车吊或具有起重功能的随车叉车、绞盘和照明系统，用于在灾害现场实施抢险救援的消防车。根据所配器材和设备，抢险救援消防车可在现场实施发电、照明、排烟、破拆、救生、牵引、起重等多种抢险救援作业。

2. 结构组成

抢险救援消防车一般由底盘、驾乘室、发电装置、照明系统、器材厢、随车吊（叉车）和绞盘等组成，某型抢险救援消防车结构如图1-70所示。

（1）发电装置可提供220 V和380 V电源，可为现场用电设备供电。

（2）照明系统通常配有升降照明灯组和移动照明灯组，可满足现场不同区域的照明需要。

（3）器材厢根据所配装的各种器材和工具的外形，可被分隔成大小不同的空间，并在其内设置固定装置，器材和工具按取用方便、上轻下重、左右平衡的原则放置。

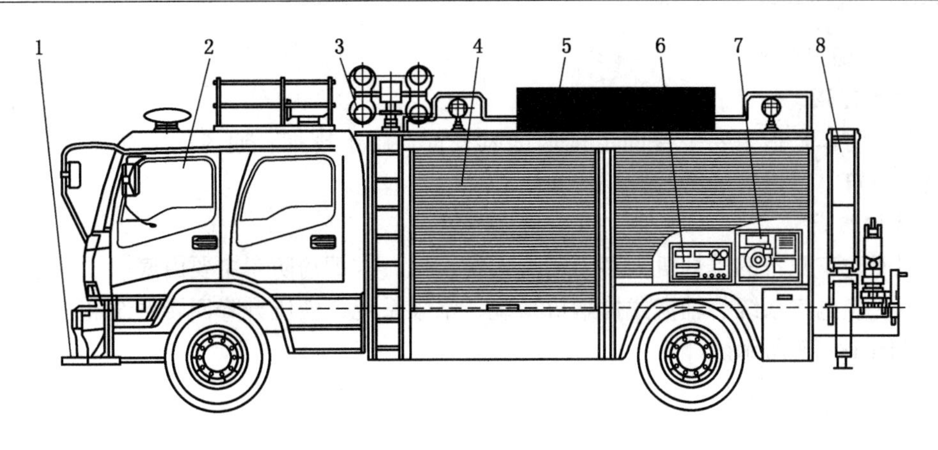

1—牵引绞盘；2—驾乘室；3—升降照明灯组；4—器材厢；
5—顶箱；6—电控柜；7—发电机组；8—随车吊

图1-70 抢险救援消防车结构

(4) 随车吊通常固定安装在车辆的后部车架上，设有液压支腿，由底盘发动机通过变速箱侧取力器驱动液压油泵，实现起吊功能。

(5) 绞盘驱动方式一般有液压驱动和电动驱动2种，安装位置一般为前保险杠和车体大梁中部2种。绞盘前部应安装导向和排线装置，便于钢丝绳的牵引导向以及回收整理。

3. 操作使用

在夜间作业时，可操作抢险救援消防车的照明系统为救援现场提供照明；需要起吊重物时，可操作随车吊实施起吊；需要进行牵引作业时，可利用车辆前面的绞盘实施牵引。

1.5.3.2 通信指挥消防车

1. 适用范围

通信指挥消防车是指主要装备无线通信、发电、照明、火场录像、扩音等设备，用于灾害现场通信联络和指挥的消防车。主要用于灾害事故现场的音频、视频和其他数字信息传输，以及信息分析、处理和指挥。

2. 结构组成

通信指挥消防车一般分为具有动中通或静中通等卫星通信功能的通信指挥消防车和普通通信指挥消防车。

动中通通信指挥消防车主要由卫星通信分系统、超短波通信分系统、短波电台分系统、通信组网管理分系统、计算机网络及办公分系统、视音频分系统、单兵无线图传分系统、集中控制分系统、车体改装分系统等组成，如图1-71所示。

3. 操作使用

动中通通信指挥消防车可以一边行驶一边进行通信指挥；静中通通信指挥消防车必须在车辆停稳后，开启电源、卫星通信系统及其他通信电子设备，展开通信指挥。

消防卫星通信指挥车可以单独与其他卫星站进行通信，也可以与其他消防卫星通信指挥车进行通信，传输现场信息和指挥决策指令。

1.5.3.3 排烟消防车

1. 适用范围

排烟消防车是指主要装备固定排烟送风装置，用于排烟、通风的消防车。适用于地铁、地下建筑、隧道等场所的排烟作业。

2. 结构组成

排烟消防车配备的排烟机大多为轴流式排烟机。排烟消防车主要由底盘、驾驶室、动力传动系统、电气系统、轴流式排烟机系统、水泵系统、液压升降回转系统和接管机构等组成，如图1－72所示。

图1－71 通信指挥消防车

图1－72 排烟消防车

3. 操作使用

(1) 当需要正压送风时，应将排烟机的输气口对向灾害现场的合适送风口，进气口应避免吸入有毒烟气。

(2) 当需要负压排烟时，应将排烟机的进气口对向灾害现场的合适排烟口，排烟口不应对向疏散通道或其他人员作业场所。

1.5.3.4 照明消防车

1. 适用范围

照明消防车是指主要装备固定照明灯、移动照明灯和发电机，用于灾害现场照明的消防车。照明消防车主要用于火场或抢险救援现场照明，也可外供电力。

2. 结构组成

照明消防车一般由底盘、驾乘室、发电系统、照明系统、功率输出装置、控制系统和升降系统等组成，如图1－73所示。

图1－73 照明消防车

3. 操作使用及注意事项

(1) 启动发电机前，应确保发电机无负载启动，同时必须确保良好接地。

（2）升降灯杆作业区上空应无障碍物，特别注意避开高架电线等高压危险物。

（3）避免照明灯近距离照射人员，防止皮肤被灼伤。

（4）应根据气候环境使用照明消防车的照明灯，避免在大风大雨环境中使用。

1.5.4 保障类消防车

保障类消防车是指装备各类保障器材设备，为执行任务的消防车辆或消防员提供保障的消防车，如供气消防车、供液消防车、饮食保障车、宿营车等。

1.5.4.1 供气消防车

供气消防车是指装备高压空气压缩机、高压储气瓶组、防爆充气箱等装置，给空气呼吸器瓶充气或给气动工具提供气源的消防车。适用于向大型灾害现场的供气保障。供气消防车主要由底盘、展翼式车厢、供气系统、发电照明系统等组成，其可以向灾害事故现场提供已充气瓶，也可为现场的气瓶应急充气，还可为现场的其他气动工具提供气源。

1.5.4.2 供液消防车

供液消防车是指装备供液泵和液体灭火剂罐，用于输送除水以外的各类液体灭火剂的消防车。适用于向大型灾害现场补给泡沫液。

供液消防车主要由底盘、泡沫液罐、泡沫液泵及管路、供液器材及附加电气等组成。供液消防车上的泡沫液泵动力来源于底盘发动机，通过取力器驱动液压泵，从而带动泡沫液泵工作。泡沫液泵可将泡沫液桶等其他容器内的泡沫液吸入供液消防车的泡沫液罐内，也可将自身罐的泡沫液输送到其他消防车的泡沫液罐内。

1.5.4.3 器材消防车

器材消防车是指主要装备各种消防器材并放置和固定在器材厢内，用于向灾害现场运送器材的消防车。用于为灾害事故现场提供各类器材保障。

器材消防车主要由底盘、驾乘室、器材厢、器材固定装置等组成，可为灭火救援现场提供个人防护、灭火器材、救生器材、破拆器材等各类器材。

按器材厢装载方式不同，器材消防车可分为固定式和自装卸式。

1.5.4.4 饮食保障车

饮食保障车是在灭火救援现场制作、加工饮食的战勤保障车辆。它可在行驶中及恶劣气候环境下进行炊事作业，同时满足150人以上热食、热饮供应。根据工作环境的不同，饮食保障车主要分为平原型和高原型2种配置，根据车辆结构可分为整车式和自装卸式。

1.5.4.5 宿营车

宿营车是在灭火救援现场，为消防员提供休息、宿营的战勤保障车辆。它集人员运送、休息和宿营功能为一体，额定载员应不少于15人。

【本章重点】

1. 城市消防预警系统通过计算机技术、互联网技术、遥感技术等先进技术与装备，实现了火灾的早期预警和消防管理，使得城市消防向火灾隐患少、报警早、损失小的目标进一步迈进。城市消防预警装备为消防预警的建立和运行提供了良好的保障，是消防预警的重要组成。

2. 城市消防预警系统体系结构，以GIS技术、GPS技术、RS技术、GSM无线通讯作支撑，整合城市多部门、多行业、多层次的已有系统和数据资源，基于Internet和Web GIS的分布式数据库和统一的空间信息基础设施平台，实现对城市消防的预警研究和处理，总体上包括城市空间信息基础设施平台、通信网络设施平台和城市消防预警平台。

3. 消防员防护装备，根据配备属性不同，可分为基本防护装备和特种防护装备。根据用途不同，可分为消防员防护服装、消防员呼吸防护器具和消防用防坠落装备。

4. 消防现场救援装备，是指消防员在灭火救援过程中使用的灭火器材和抢险救援器材的总称。其中灭火器材主要包括灭火剂、消防枪炮、移动式细水雾灭火装置和移动蓄水装置等常用类型，抢险救援器材主要包括侦检、救生、破拆、堵漏、输转、洗消、警戒、照明和排烟等类型。

5. 消防车，根据用途和功能不同，可分为灭火类消防车、举高类消防车、专勤类消防车、保障类消防车四大类。

【本章习题】

1. 谈谈如何才能最大限度发挥消防预警技术在火灾防治中的作用。
2. 简述消防员选择穿戴防护装备时应考虑哪些因素。
3. 简述侦检器材在灭火救援中的意义。
4. 总结分析我国消防医疗救援工作中存在的不足。
5. 总结城市消防车辆的特点并分析未来的发展趋势。

2 自然灾害应急救援装备

自然灾害是人类依赖自然界中所发生的异常现象，且对人类社会造成了危害的现象和事件，已成为国际社会的一个共同主题。我国是世界上自然灾害最为严重的国家之一。自然灾害分为八大类：气象灾害、海洋灾害、洪水灾害、地质灾害、地震灾害、农作物生物灾害、森林生物灾害和森林火灾。近年来，汶川地震、舟曲泥石流、凉山火灾、新型冠状病毒性肺炎疫情、洪涝等大规模自然灾害接连发生，造成了严重的灾害后果。据应急管理部统计，仅 2020 年上半年，全国各种自然灾害共造成 4960.9 万人次受灾，271 人死亡失踪，91.3 万人次紧急转移安置；1.9 万间房屋倒塌，78.5 万间房屋不同程度损坏；农作物受灾面积 6170.2 千公顷；直接经济损失 812.4 亿元。

自然灾害具有“灾害种类多、分布地域广、发生频率高、造成损失重”的特点，其发生往往是人类不可抗拒和不可避免的。但是保护人民的生命财产安全、最大程度降低自然灾害带来的影响是各个国家都在积极努力做的事情。国家、社会都在投入大量人力、物力积极开展灾后应急救援工作。目前，自然灾害应急救援装备可分为监测预警体系装备、侦检与搜索装备、现场营救装备、救护装备及后勤保障装备。

2.1 自然灾害监测预警体系装备

安全以预防为主，应急以预测预警为先导。自然灾害的发生往往具有一些前兆特征，如地震前兆现象有：地震波速度变化、地下水异常变化、重力异常、动物异常等，说明自然灾害具有可预测性及可预警性。自然灾害的监测及早期预警对灾害发生后的应急处置和应急救援至关重要，构建自然灾害监测预警体系可以有效减小灾害风险及灾害后果。自然灾害监测预警体系包括监测监控装备、预警装备、建构筑物评估装备、灾害信息收集与处理装备。

2.1.1 自然灾害监测监控装备

自然灾害发生后，如果存在特殊的区域，很可能发生次生灾害影响救援人员和被困人员的生命健康安全。例如，在石油化工企业，突发的自然灾害很可能引发有毒有害气体的泄漏，因此在应急救援时需要用到有毒有害气体监测仪、红外烟雾探测仪、环境监测仪、红外测温仪等，如果自然灾害区域存在核电站，还需要核放射探测仪、侦检机器人和影像仪等装备。

2.1.1.1 有毒有害气体监测仪

1. 自然灾害中常见有毒有害气体

在自然灾害发生后，可能会造成石油化工企业有毒有害气体的泄漏，对财产、人的健康和生命造成巨大危害。有毒有害气体分为可燃气体与有毒气体2大类。可燃性气体的危害主要是气体燃烧引起爆炸，从而对财产与人的生命造成危害；有毒气体根据其对人体不同的作用机理分为刺激性气体、窒息性气体和急性中毒的有机气体3类。

刺激性气体包括氯气、光气、双光气、二氧化硫、氮氧化物、甲醛、氨气、臭氧等气体，刺激性气体对皮肤、黏膜有强烈的刺激作用，有些具有强烈的腐蚀作用，其对机体的损伤程度和其在水中的溶解度与作用部位有关；窒息性气体包括一氧化碳、硫化氢、氯氢酸、二氧化碳等气体，这些化合物进入机体后导致的组织细胞缺氧各不相同；急性中毒的有机溶剂有正己烷、二氯甲烷等，这些有机挥发性化合物同以上无机有毒气体一样，也会对人体的呼吸系统与神经系统造成危害，有的致癌。

2. 有毒有害气体的检测原理与分类

气体检测器的关键部件为传感器。气体传感器按原理可以分为3大类：

（1）利用物理化学性质的气体传感器：如半导体、催化燃烧、固体导热、光离子化等。

（2）利用物理性质的气体传感器：如热导、光干涉、红外吸收等。

（3）利用电化学性质的气体传感器：如电流型、电势型等。

下面介绍常用的几种有毒有害气体检测器的工作原理。

对于常见的可燃气体LEL（爆炸下限）的检测，一般用催化燃烧检测器。通过该方法检测可燃气分辨率较低，分辨率一般为1% LEL，大约为100×10^{-6}，所以对于有机气体毒性的检测不能采用该检测方法。

对于常见有毒气体的检测，特别是无机毒气，一般采用专用的传感器进行检测，既定性又定量。该类传感器大多为电化学传感器，一般为三电极的形式，采用三电极传感器的输出更稳定，寿命更长。

对于有机挥发性有毒气体的检测，以前一般采用检测管的方法，但检测管的种类有限，且准确度不高，操作麻烦。目前，世界上比较先进的检测方法为光离子化检测方法，通过紫外灯将目标气体电离，离子通过传感器收集形成电流，该电流与目标气体的浓度成正比，从而实现对有机挥发性气体的定量检测。由于是离子级别的检测，该方法的分辨率高、响应时间快。

3. 有毒有害气体监测仪分类

（1）按检测对象分类，可分为可燃性气体（含甲烷）检测报警仪、有毒气体检测报警仪、氧气检测报警仪。

（2）按检测原理分类，可燃性气体检测可分为催化燃烧型、半导体型、热导型和红外线吸收型等；有毒气体检测可分为电化学型、半导体型等；氧气检测有电化学型等。

（3）按使用方式分类，可分为便携式和固定式。

（4）按使用场所分类，可分为常规型和防爆型。

（5）按使用功能分类，可分为气体检测仪、气体报警仪和气体检测报警仪。

（6）按采样方式分类，可分为扩散式和泵吸式。

（7）按检测气体种分类，可分为单一式和复合式。

在自然灾害发生后，为保障应急救援工作的开展，在有可能出现有毒有害气体的救援区域，使用最多的是可燃气体监测仪，一般一台仪器可以监测出甲烷、乙炔、氢气等几种甚至30多种易燃易爆气体浓度。

现在国内外的此类产品非常多，市场需求量大，可供选择的产品也多。

4. 气体检测仪的选择原则

对于各类不同的自然灾害造成的救援区域和检测要求，选择合适的气体检测仪很重要，要根据具体情况进行选择。

1）确认所要检测气体的种类和浓度范围

在选择气体检测仪时要考虑所有可能发生的情况。如果甲烷和其他毒性较小的烷烃类居多，选择可燃气体检测仪最为合适。这不仅是因为可燃气体LEL检测仪原理简单，应用较广，而且是它具有维修、校准方便的特点。

如果存在一氧化碳、硫化氢等有毒气体，就要优先选择一个特定气体检测仪才能保证工人的安全。

如果更多的是有机有毒有害气体，考虑其可能引起人员中毒的浓度较低，比如芳香烃、卤代烃、氨（胺）、醚、醇、脂等，就应当选择光离子化检测仪，而绝对不要使用可燃气体LEL检测器，因为这可能会导致人员伤亡。

如果气体种类覆盖以上几类气体，选择复合式气体检测仪可达到事半功倍的效果。

2）根据使用场合进行选择

救援环境的不同，选择气体检测仪种类也不同。

（1）固定式气体检测仪是在自然灾害发生后在未完全倒塌的工业车间中使用较多的检测仪。它可以安装在特定的检测点上对特定的气体泄漏进行检测。固定式检测器一般为两体式，有传感器和变送组成的检测头为一体安装在检测现场，有电路、电源和显示报警装置组成的二次仪表为一体安装在安全场所，便于监视。它的检测原理同之前所述，只是在工艺和技术上更适合于固定检测所要求的连续、长时间稳定等特点。同样要根据现场气体的种类和浓度加以选择，同时还要注意将其安装在特定气体最可能泄漏的部位，比如根据气体的比重选择传感器安装的最有效的高度等。

（2）便携式气体检测仪操作方便，体积小巧，可以携带至不同的救援区域。电化学检测仪采用碱性电池供电，可连续使用1000 h；新型LEL检测仪、PID和复合式仪器采用可充电电池（采用无记忆的镍氢或锂离子电池），一般可以连续工作近12 h。因此，便携式仪器在各类救援工作中的应用越来越广。如果是在开放的场合，比如敞开的救援区域使用这类仪器作为安全报警，可以使用随身佩戴的扩散式气体检测仪，因为它可以连续、实时、准确地显示现场的有毒有害气体的浓度。这类新型仪器有的还配有振动警报附件，以避免在嘈杂环境中听不到声音报警，并安装计算机芯片记录峰、STEL（15 min 短期暴露水平）和TWA（8 h统计权重平均值），为救援人员健康和安全提供具体的指导。

如果是进入密闭空间，比如反应罐、储料罐或容器、下水道或其他地下管道、地下设施、农业密闭粮仓、铁路罐车、船运货舱、隧道等救援场合，在人员进入之前，就必须进行检测，而且要在密闭空间外进行检测。此时，就必须选择带有内置采样泵的多气体检测仪。因为密闭空间中不同部位（上、中、下）的气体分布和气体种类有很大的不同。例如，一般可燃气体的相对密度较轻，大部分分布于密闭空间的上部；一氧化碳和空气的相对密度差不多，一般分布于密闭空间的中部；像硫化氢、二氧化碳等较重气体则存在于密闭空间的下部。

同时，氧气浓度也是必须要检测的种类之一。另外，如果考虑到罐内可能的有机物质的挥发和泄漏，一个可以检测有机气体的检测仪也是需要的。因此，一个完整的密闭空间气体检测仪，应当是一个含有内置泵吸功能的检测仪，以便可以非接触、分部位检测；具有多气体检测功能，以检测不同空间分布的危险气体，包括无机气体和有机气体；具有氧检测功能，防止缺氧或富氧；体积小巧，不影响救援的便携式仪器。只有这样才能保证进入密闭空间的救援人员的绝对安全。

另外，进入密闭空间后，还要对其中的气体成分进行连续不断的检测，以避免由于人员进入突发泄漏、温度等变化引起挥发性有机物或其他有毒有害气体的浓度变化。

如果用于应急事故、检漏和巡视，应当使用泵吸式、响应时间短、灵敏度和分辨率较高的仪器，这样可以很容易判断泄漏点的方位。在进行工业卫生检测和健康调查的情况时，具有数据记录和统计计算以及可以连接计算机等功能的仪器应用起来就非常方便。

目前，随着制造技术的发展，便携式多气体（复合式）检测仪也是一个新选择。由于这种检测仪可以在一台主机上配备所需的多个气体（无机/有机）检测传感器，所以它具有体积小、质量轻、相应快、同时多气体浓度显示的特点。更重要的是，泵吸式复合式气体检测仪的价格要比多个单一扩散式气体检测仪便宜，使用起来也更加方便。需要注意的是在选择这类检测仪时，最好选择具有单独开关各个传感器功能的仪器，以防止由于一个传感器损害影响其他传感器使用。同时，为避免因进水等堵塞吸气泵情况发生，选择具有停泵警报智能泵设计的仪器要安全些。

5. 使用气体检测仪需注意的问题

1）经常校准和检测

目前很多气体检测仪都是可以更换检测传感器的，但不意味着一个检测仪可以随时配用不同的检测仪探头。不论何时，在更换探头时除了需要一定的传感器活化时间外，还必须对仪器进行重新校准。另外，建议在各类仪器使用之前，要用标气对仪器进行响应检测。

2）各种不同传感器间的检测干扰

一般而言，每种传感器都对应一个特定的检测气体，但任何一种气体检测仪也不可能是绝对有效的。因此，在选择一种气体传感器时，都应尽可能了解其他气体对该传感器的检测干扰，以保证它对于特定气体的准确检测。

3）各类传感器的寿命

电化学传感器的寿命取决于其中电解液的干涸，如果长时间不用，将其密封放在较低温度的环境中可以延长一定的使用寿命。固定式仪器由于体积相对较大，传感器的寿命也较长。因此，要随时对传感器进行检测，尽可能在传感器的有效期内使用，一旦失效，及时更换。

4）检测仪器的浓度测量范围

各类有毒有害气体检测器都有其固定的检测范围。只有在其测定范围内完成测量，才能保证仪器准确地进行测定。而长时间超出测定范围进行测量，就可能对传感器造成永久性的破坏。

综上可见，有毒有害气体检测仪是自然灾害发生后应急救援人员健康的保障工具。要根据具体的使用环境以及需要的功能，选择合适的气体检测仪。

2.1.1.2 烟雾探测器

20 世纪 70 年代，美国航天局和美国霍尼韦尔公司联合研究发明了首个烟雾探测器，用于火灾报警。烟雾探测器适用安装在少烟、禁烟场所探测烟雾离子，烟雾浓度超过限量时，传感器发出声光报警，并向采集器输出报警信号。对于各类不同的自然灾害造成的救援区域和检测要求，选择合适的感烟探测器非常重要。

1. 烟雾探测器的检测原理与种类

烟雾探测器使用一种叫作镅 - 241 的放射性元素探测烟雾或有害气体。当正常空气中的氧和氮粒子穿过烟雾探测器时，镅 - 241 会将它们电离，产生电流；如果烟雾粒子进入探测器，就会破坏这种化学反应，从而触发警报。目前较为人知的烟雾探测器有以下几种：

1）离子感烟式

离子感烟式探测器是点型探测器，它是在电离室内含有少量放射性物质，使电离室内空气成为导体，允许一定电流在两个电极之间的空气中通过，射线使局部空气成电离状态，经电压作用形成离子流，这就给电离室一个有效的导电性。当烟粒子进入电离化区域时，它们与离子相结合而降低了空气的导电性，形成离子移动的减弱的现象；当导电性低于预定值时，探测器发出警报。

2）光电感烟式

光电感烟探测器也是点型探测器，它是根据烟粒子对光线的吸收和散射作用，利用起火时产生的烟雾能够改变光的传播这一基本性质而研制的。光电感烟探测器又分为遮光型和散光型 2 种。

3）红外光束感烟式

红外光束感烟探测器是线型探测器，它是对警戒范围内某一线状窄条周围烟气参数响应的火灾探测器。它与前面 2 种点型感烟探测器的主要区别在于线型感烟探测器将光束发射器和光电接收器分为 2 个独立的部分，使用时分装相对的两处，中间用光束连接起来。红外光束感烟探测器又分为对射型和反射型 2 种。感烟式火灾探测器适宜安装在发生火灾后产生烟雾较大或容易产生阻燃的场所，不宜安装在平时烟雾较大或通风速度较快的场所。

2. 烟雾探测器的应用与维护

烟雾是早期火灾的重要特征之一，感烟式火灾探测器就是利用这种特征开发的，是能够对可见的或不可见的烟雾粒子响应的火灾探测器。它是将探测部位烟雾浓度的变化转换为电信号实现报警目的一种器件。利用红外线进行火灾烟雾探测的仪器应用普遍，安装简单，价格低廉。

一般红外烟雾探测仪使用12 V、24 V电压，可用锂电、镍电及交流转换电压等。安装采用吸顶固定式，用几个螺栓就可固定好。不可安装于高温度、高风速的地方，否则会影响灵敏度。

报警器通电后，就处于工作状态，在工作状态发光二极管每分钟闪烁一次。当探测到烟雾时，本探测器发出清楚的脉动声光警讯，并同时输出信号供采集器识别，直到烟雾散去为止。按下测试器按钮并保持3 s以上，烟雾传感器会发出清脆响亮的脉动报警信号，同时发光二极管快速闪烁；把烟雾吹入探测器中，烟雾传感器同时会发出警报信号。

为保持传感器工作效率良好，每隔一段时间（一般为半年）需清洁传感器，先把电源关掉，用软毛刷轻扫灰尘，再启动电源。

2.1.1.3　环境监测仪

自然灾害影响到石油化工企业车间时，一般都会对周围的大气、水源造成或轻或重的污染。如果监测和处理不及时，就会引发次生伤害，如饮用水源污染，会导致人群的集体中毒，造成不可估量的后果。

大气、水质分析仪器有固定式、便携式、系统式、单机式等多个种类。对突发性环境污染事故监测，一般使用便携式现场应急监测仪器，其主要特点为小型、便于携带及快速监测。

1）便携式分光光度计

用于现场监测的便携式分光光度计，测试组件一般包括氰化物、氨氮、酚类、苯胺类、砷、氰化钡等毒性强的项目。

2）小型有毒有害气体监测仪

用于现场有毒有害气体监测的小型便携式仪器，主要监测项目有CO、Cl_2、H_2S、SO_2及可燃气体监测等。

3）简易快速检测管

用于快速定量或半定量检测水中或空气中有害成分的现场用简易装置，主要监测项目有CO、Cl_2、H_2S、SO_2、可燃气、氨氮、酚、六价铬、氰、硫化物及COD等。

水质监测项目一般分为水质常规5参数和其他项目，水质常规5参数包括温度、pH、溶解氧（DO）、电导率和浊度，其他项目包括高锰酸盐指数、总有机碳（TOC）、总氮（TN）、总磷（TP）及氨氮（NH－N）等。

对于大范围的环境污染状况与生态环境状况的监测，可采用环境遥感监测系统。如监测河上、海上溢油；监测各排污口排污状况；远距离监测污染源烟尘、烟气排放情况以及发生赤潮的面积、程度等，实现环境预报监测。

目前，环境监测仪器将向高质量、多功能、集成化、自动化、系统化和智能化，以及物理、化学、生物、电子、光学等技术综合应用的高技术领域发展。

2.1.1.4　红外测温仪

在野外或是火灾等现场，红外线测温仪的应用能够很好地进行搜救工作，观察到人们肉眼无法探测到的东西，及时将遇险人员救出来，不会造成太大的影响和损害。此外，红外线测温仪的使用能够很好地对火灾情况进行监控，在未达到着火点之前，就能发出警报，做好安全措施，让救援环境能够更加安全稳定。红外测温仪现在常用于地震救灾和人员搜救方面，也可用于测量火场上建筑物、受辐射的液化石油气储罐、油罐及其他化工装置等的温度，消防救援将红外热像仪用于黑暗、浓烟环境中人员搜救或火源寻找。此外，搜救机器人借助红外测温仪有效反馈给出的运动能力和感知能力代替营救者来搜救被困人群。

比起接触式测温方法，红外测温有着响应时间快、非接触、使用安全及使用寿命长等优点。非接触红外测温仪包括便携式、在线式和扫描式三大系列，并备有各种选件和计算机软件，每一系列中又有各种型号及规格。在不同规格的各种型号测温仪中，正确选择红外测温仪型号对使用者是十分重要的。

1. 红外测温仪工作原理

红外测温仪由光学系统、光电探测器、信号放大器及信号处理、显示输出等部分组成。光学系统汇聚其视场内的目标红外辐射能量，视场的大小由测温仪的光学零件及其位置确定。红外能量聚焦在光电探测器上并转变为相应的电信号。该信号经过放大器和信号处理电路，并按照仪器内置的算法和目标发射率校正、环境温度补偿后转变为被测目标的温度值。

在自然界中，一切温度高于零度的物体都在不停地向周围空间发出红外辐射能量。物体的红外辐射能量的大小及其按波长的分布与它的表面温度有着十分密切的关系。因此，通过对物体自身辐射的红外能量的测量，便能准确地测定它的表面温度，这就是红外辐射测温所依据的客观基础。

2. 红外测温仪分类

1）人用红外线测温仪

红外线人体体温监测仪是快速监测人体体表温度的专业仪器。具有非接触式测温、准确度高、测量速度快、超温语音报警等优点。特别适合于出入境口岸、港口、机场、码头、车站、机关、学校、影剧院等场合使用。

2）工业红外测温仪

工业红外测温仪测量物体的表面温度，其光传感器辐射、反射并传输能量，然后能量由探头进行收集、聚焦，再由其他电路将信息转化为读数显示在机器上，其配备的激光灯更有效地对准被测物及提高测量精度。

3）兽用红外测温仪

兽用红外线非接触体温计根据普朗克原理，通过准确测定动物体表特定部位的体表温度，修正体表温度与实际温度的温差，便能准确显示出动物的个体体温。

3. 红外测温仪选择原则

（1）首先要弄清测量要求和所要解决的问题，如被测目标大小、测量距离、被测目标材料、目标所处环境、响应速度要求、精度要求等。

（2）测温范围是测温仪最重要的性能指标，被测温度范围一定要考虑准确、周全，既不要过窄，也不要过宽。

（3）如果测温仪由于环境条件限制必须安装在远离目标之处，而又要测量小的目标，就应选择高光学分辨率的测温仪。

4. 红外测温仪使用应注意的问题

（1）红外测温仪只测量表面温度，不能测量内部温度。

（2）波长在 5 μm 以上不能透过石英玻璃进行测温，玻璃有很特殊的反射和透过特性，不允许精确红外温度读数，但可通过红外窗口测温。红外测温仪最好不用于光亮的或抛光的金属表面的测温（不锈钢、铝等）。

（3）定位热点，要发现热点，仪器瞄准目标，然后在目标上做上下扫描运动，直至确定热点。

（4）环境条件：蒸汽、尘土、烟雾等。它阻挡仪器的光学系统而影响精确测温。

（5）环境温度：如果测温仪突然暴露在环境温差为 20 ℃或更高的情况下，允许仪器在 20 min 内调节到新的环境温度。

2.1.1.5 核放射探测仪

核放射探测仪是检测环境中的 α、β、γ 和 X 射线的安全检测仪器。现今的核放射探测仪可直接将探测结果显示在 LCD 上，用户可根据需要，选择合适的计量单位。核放射探测仪使用注意事项如下：

（1）不要接触放射性物质或其表面，以免污染核放射探测仪。

（2）不要将核放射探测仪置于 38 ℃高温下或直接暴露在阳光下过长时间。

（3）避免将核放射探测仪弄潮弄湿，进水会导致短路或损坏盖革记数管的云母（一种硅酸铝化合物）表面的涂层。

（4）避免将传感探测口在阳光直接照射下直接测量。

（5）严禁将核放射探测仪放入微波炉内，它不能用来测量微波，这样做可能会损坏仪器或微波炉。

（6）避免在高频无线电、微波、静电、电磁场环境下使用核放射探测仪，仪器在此类环境中会极其敏感，导致工作失常。

（7）如果估计在 1 个月内都不会用到核放射探测仪，应将电池取出，以防止电池腐烂，损坏仪器。

（8）当显示屏上电池电量读数过低时，要迅速更换电池。

（9）在使用、储存过程中，应轻拿轻放。

2.1.1.6 侦检机器人

当发生自然灾害影响到石油化工企业车间后，一旦发生有毒有害气体、液体泄漏，如果人进入泄漏区监测，即便佩戴了一定的防护装备，也容易因监测时间过长、设备密闭性减弱、在监测过程中突发爆炸等意外因素，对人员造成伤害。如果运用具备侦察灭火、搜索救援等功能的侦检机器人，就可以代替消防官兵进入救援区域进行搜索救援，既可以长时间连续监测，进行简单的处理操作，又可以从根本上保障了救援人员的安全，防止事故的扩大化。智能侦检灭火机器人如图 2－1 所示。

侦检机器人适用于易燃易爆、有毒有害、易坍塌建筑物、大型仓库堆垛、缺氧、浓烟等室内外危险灾害现场，执行现场探测、侦察，并将采集到的信息进行实时处理和无线传输。有效地解决了消防人员在上述场所面临的人身安全、持续侦察时间短、数据采集量不足和不能实时反馈信息等问题。相对于消防官兵进入危险区域进行救援，侦检机器人主要的优势如下：

（1）可代替消防救援人员进入易燃易爆、有毒、缺氧和浓烟等危险场所进行探测、搜救和灭火，有效地保障消防人员人身安全。

（2）执行灭火任务时，机器人水炮可自主记忆摆动角度和轨迹，根据记忆数据持续对准着火点实施高压灭火。

（3）机器人搭载双向语音通话模块，使用者可以通过机器人与后台进行实时语音交流，实现远程双向对讲功能，便于面临突发事件时的应急指挥。

图2－1　智能侦检灭火机器人（隔爆型）

（4）火场环境能见度低时，消防水炮可通过热像仪的分析，自动追踪温度最高着火点进行优先灭火。还可及时发现消灭暗火，减少安全隐患，把握救援最佳时机。

2.1.1.7　地下管线、电缆影像仪

地下管线、电缆影像仪是具有多组全方位天线阵组合特点的具有绘图功能的管线探测仪器。其抗干扰能力更强，探测精度更高，是一款全自动、高智能但操作却异常简单的机器。

（1）地下管线、电缆影像仪的主要特点：

①全方位天线阵组合，抗干扰能力更强，探测精度更高。

②管线影像实时显示和左右箭头指示功能，方便判断管线的方向和位置。

③连续显示管线深度和当前电流，便于区别复杂区域的目标管线。

④强大的区间频率，使得该仪器具有强大的无源探测能力。

⑤对有支管或构成网状的管线也能进行有效的检测，对地埋管线的定位和破损点检测由同一仪器同时进行，提供管线状况的全面资料，能迅速准确地检测出电缆所发生的故障。

⑥操作简单、携带方便，人可完成操作。

（2）地下管线、电缆影像仪的主要功能：

①带电与不带电电缆的路径查找。

②金属管线的路径查找。

③地埋电缆的故障定位。

④在不开挖的条件下检测，对直埋电缆的外皮破损点进行定位。

2.1.2　自然灾害预警装备

报警器的种类很多，主要包括与易燃易爆气体浓度、液位温度、压力等监测仪表相连接的监测报警器、手摇式报警器、报警电话、防爆喇叭、脉冲呼救器等。根据报警器的设置方式，报警器可分为移动式（也叫便携式）、固定式。随着电子信息技术的发展，又开发出遥控式报警器。

2.1.2.1　监测报警器

监测报警器是与监测仪器联动的报警装置。即事先为报警器设定一个参数，监测报警器接收来自监测仪表的信号，当监测数值达到设定值时，报警器随之启动，发出警报信号。老式报警器一般采用闪光式或蜂鸣式。现代报警器一般都是同时采取声光2种报警方式。这种报警器，主要用来监测易燃易爆气体浓度、氧气浓度、烟雾浓度、液位、压力、温度、漏电量等是否超标。在应急救援工作中，便携式报警器最为常用。

监测报警器一般只是向应急救援人员、随机监测人员提供报警，以便及时采取相应的措施进行处置。当前，监测报警器在应急救援工作中的应用越来越普遍。

2.1.2.2　手摇式报警器

手摇式报警器无须电源，可以在无电源支持的场所如公路、山间、水上等提供一种有效的警报。通过摇动手柄提供动力，警报声音大小取决于摇动手柄的速度，一般警报距离可达数公里。该警报器在偏僻的加油站、公路运输、施工作业场所等具有良好的报警功能。这种报警器主要用来向周边的居民人员提供事故状态、紧急撤离等事故示警，避免人员伤亡。在断电情况下，手摇报警器具有不可替代的重要作用。

手摇报警器也可用来表示方位，以顺利获得外界救助。

2.1.2.3　呼救器

现在开发应用的较为成熟的是脉冲呼救器报警，主要用在消防专业人员装备上。这种呼救器呈方块状，大如香烟盒，类似传呼机，可别在腰间皮带上，设有脉冲开关，具有报警和联络的主要功能。

当进入火场后，消防员因烟熏、窒息、中毒、建筑物砸撞等情况受伤昏迷时，从人体基本静止起10 s，该呼吸器即发出报警音响信号，以便搜救人员获悉准确位置进行救援；当消防员进入火场，因抢救受难人员迷失方向，或遇其他紧急情况需要召唤同伴时，可开启手动开关进行必要联络。

2.1.2.4　手表式近电报警器

近电报警器又称手表近电报警器、近电报警表、验电表、验电手表。近电报警器具有时间计数和非接触式感应电场就产生音响报警的功能。它可以在非接触到导线的情况下，用来临时检测交流100 V以上的火线有没有电，并可以在一段通电导线上，检测到使整个线路的断电点。当佩戴手表式近电报警器而误入带电区和误攀带电杆时，近电报警器能及时发出连续的音响报警信号，提醒作业人员注意危险，防止由于错觉和失误造成的触电伤亡事故。经过电力、铁路、油田、化工、煤矿等部门多年使用，证明具有保证人身安全的作用，产生了良好的经济效应。

近电报警器使用时要注意以下几点问题：

（1）佩带近电报警器上岗前必须在220 V交流电上进行使用前的试验（确认该报警器处于正常工作状态）。

（2）严禁将报警器用于低一个电压等级的电压报警上，以防实际报警距离小于安全距离。

（3）作业时作业人员应严格遵守《电业安全工作规程》中的有关规定。

2.1.2.5 信号枪

信号枪早期作为军事上的辅助装备，主要用于夜间战场小范围的信号、照明与观察，指示军事行动或显示战场情况以帮助指战员做出正确判断，因而是一种必不可少的装备。现在，信号枪也应用在应急救援工作中，如海上或沙漠中搜索、营救以及夜间管理等。

信号枪与照明器材通常有 2 大类：一类是由信号枪和信号弹或照明弹共同组成的系统；另一类是发射装置与弹合二为一的系统。前者信号枪能重复使用，后者只能一次使用。在能重复使用的信号枪或发射装置中，有信号手枪、钢笔式信号枪、防暴枪、榴弹发射器以及其他各种信号弹或照明弹专用发射器。发射装置与弹合一的一次性使用的信号或照明系统中，通常都是采用手持发射的信号火箭或照明火箭。

2.1.2.6 手持发射火箭

手持发射火箭采用旋转稳定式工作原理，精度较高。星光体的颜色有红、绿、黄 3 种，可单独或组合成各种不同的信号。

该信号火箭的管状壳体内装有发射机构、固体燃料发动机和信号弹。发射后抛出一个单色、无伞的星光体，当它飞行到弹道最高点后，发光的星光体自由下落以显示信号。该信号火箭既可垂直发射，也可以成一定角度发射。

2.1.2.7 手持发射伞式信号弹

手持发射伞式信号弹，即可作为军事通信联络信号，也可作为民用遇险求救信号。信号弹由塑料发射管、伞式红色星光体、抛射药及摩擦点火装置组成。其特点是结构简单，发光持续时间长，亮度大，且最小射高度可达 300 m。发射时，利用隐藏在塑料发射管底部的摩擦点火装置发射。点火装置约有 2 s 的延迟时间，足以保证发射者在拉出点火绳、并用双手紧握发射管后，信号弹才被发射出去。

2.1.2.8 安全标识

安全标识主要包括安全标志牌和安全标志带 2 大类。

1. 安全标志牌

安全标志是用以表达特定安全信息的标志，由图形符号、安全色、几何形状（边框）或文字构成。安全标志是指救援人员容易产生错误而造成事故的场所，为了确保安全，提醒救援人员注意所采用的一种特殊标志。目的是引起人们对不安全因素的注意，预防事故的发生，安全标志不能代替安全操作规程和保护措施。在事故应急处置中，也要用到许多安全标志，以规范相关人员的行为，提高应急救援的效率，防范事故的恶化。

1）安全色及其含义

国家规定的安全色有红、蓝、黄、绿 4 种颜色，其含义：红色表示禁止，停止（也表示防火）；蓝色表示指令或必须遵守的规定；黄色表示警告、注意；绿色表示提示、安全状态、通行。

2）安全标志分类

（1）安全标志按其含义分类可分为禁止标志、警告标志、指令标志和提示标志 4 大类型。

禁止标志的含义是禁止人们不安全行为的图形标志，其基本形式是带斜杠的圆边框；警告标志的含义是提醒人们对周围环境引起注意，以避免可能发生危险的图形标志，其基本形式是正三角形边框；指令标志的含义是强制人们必须做出某种动作或采用防范措施的图形标志，其基本形式是圆形边框；提示标志的含义是向人们提供某种信息（如标明安全设施或场所等）的图形标志，其基本形式是正方形边框。

在上述 4 种基本类型中，常要用到文字辅助标志，以使表达的含义更明确，更清晰。文字辅助标志的基本形式是矩形边框。

文字辅助标志有横写和竖写 2 种形式。横写时，文字辅助标志写在标志的下方，可以和标志连在一起，也可以分开。禁止标志、指令标志为白色字，警告标志为黑色字；禁止标志、指令标志衬底色为标志的颜色，警告标志衬底色为白色。竖写时，文字辅助标志写在标志杆的上部，禁止标志、警告标志、指令标志、提示标志均为白色衬底，黑色字；标志杆下部色带的颜色应和标志的颜色相一致。

（2）安全标志按照使用目的分类可以分为 9 种：

①防火标志（有发生火灾危险的场所，有易燃易爆危险的物质及位置，防火灭火设备位置）；

②禁止标志（所禁止的危险行动）；

③危险标志（有直接危险性的物体和场所并对危险状态作警告）；

④注意标志（由于不安全行为或不注意就有危险的场所）；

⑤救护标志；

⑥小心标志；

⑦放射性标志；

⑧方向标志；

⑨指导标志。

3）安全标志牌的结构及材质

（1）安全标志牌要有衬边，除警告标志边框用黄色勾边外，其余用白色将边框勾一窄边，即为安全标志的衬边，衬边宽度为标志边长或直径的 0.025 倍。

（2）标志牌的材质应采用坚固耐用的材料制作，一般不宜使用遇水变形、变质或易燃的材料。有触电危险的作业场所应使用绝缘材料。

（3）标志牌应图形清楚，无毛刺、孔洞和影响使用的任何疵病。

4）安全标志牌的设置高度

标志牌设置的高度应尽量与人眼的视线高度相一致。悬挂式和柱式的环境信息标志牌的下缘距地面的高度不宜小于 2 m；局部信息标志的设置高度应视具体情况确定。

5）使用安全标志牌的要求

（1）标志牌应设在与安全有关的醒目地方，并使大家看见后，有足够的时间来注意它所表示的内容。环境信息标志宜设在有关场所的入口处和醒目处；局部信息标志应设在所涉及的相应危险地点或设备（部件）附近的醒目处。

（2）标志牌不应设在门、窗、架等可移动的物体上，以免这些物体位置移动后，看不见安全标志。标志牌前不得放置妨碍认读的障碍物。

（3）标志牌的平面与视线夹角应接近90°，观察者位于最大观察距离时，最小夹角不低于75°。

（4）标志牌应设置在明亮的环境中。

（5）多个标志牌在一起设置时，应按警告、禁止、指令、提示类型的顺序，先左后右、先上后下地排列。

（6）标志牌的固定方式分附着式、悬挂式和柱式3种。悬挂式和附着式的固定应稳固不倾斜，柱式的标志牌和支架应牢固地连接在一起。

（7）定期检查，定期清洗，发现有变形、损坏、变色、图形符号脱落、亮度老化等现象存在时，应立即更换或修理，从而使之保持良好状况。

（8）安全标识不应设置于移动物体上，例如门。因为物体位置的任何变化都会造成对标志的观察变得模糊不清。

2. 安全标志带

安全标志带主要用于划定警戒区域及引导逃生路线。安全标志带有普通彩带及夜光膜安全标志指示带等种类。

普通彩带一般只起简单的区域警戒，对于夜色下仍须限定警戒区域的操作，应采用夜光膜安全标志指示带。

夜光膜安全标志指示带是由受光、蓄光、发光型的长余辉夜光材料制作而成的，发光系数高，适用于隧道、地铁、煤井、山洞及大型建筑物的应急逃生指示标志。

2.1.3 建（构）筑物评估装备

我国是一个多自然灾害的国家，地震、风灾、水灾、火灾均造成过严重损失，尤其对建筑物造成过严重损坏。在灾害过后，开展对建筑物的评估有着重要的意义，做好建构筑物评估，可以保护人民的生命财产安全。

2.1.3.1 建筑倒塌事故的分类

根据不同的建筑类型，可以将自然灾害后建筑倒塌事故进行分类，以便规范消防救援队伍的救援行动。建筑可分为建筑物和构筑物。建筑物一般是指供人们进行生产、生活或其他活动的房屋或场所，如工业建筑、民用建筑、农业建筑和园林建筑等；构筑物一般是指人们不直接在内进行生产和生活的场所，如水塔、烟囱、栈桥、堤坝、蓄水池、交通隧道等。桥梁则是处于建筑物和构筑物之间的特殊建筑。

我国消防救援队伍作为应急救援的中坚力量，担负着国内重大灾害事故的救援和抢险任务。在长期的应急救援实践中，自然灾害造成的建筑倒塌事故通常分为民用建筑倒塌事故、工业设施倒塌事故、桥梁倒塌事故、农业建筑倒塌事故和园林建筑倒塌事故等。

2.1.3.2 建筑物的沉降监测

在工业与民用建筑中，为了掌握自然灾害后建筑物的安全性，需及时发现对建筑物不利的下沉现象及可能导致的坍塌情况，以便采取措施，保证建筑物安全使用，因此必须进行沉降观测。

1. 沉降监测设备

静力水准仪（国内先进技术）型号：SG－HR171（图2－2）。

2. 功能

监测建筑物的沉降情况，判断建筑物的塌陷可能性。

3. 安装方法

仪器的安装尺寸如图2－3所示，按要求在测点预埋3根均布的M8×40（伸出长度）螺杆。具体安装方法如下：

图2－2 静力水准仪

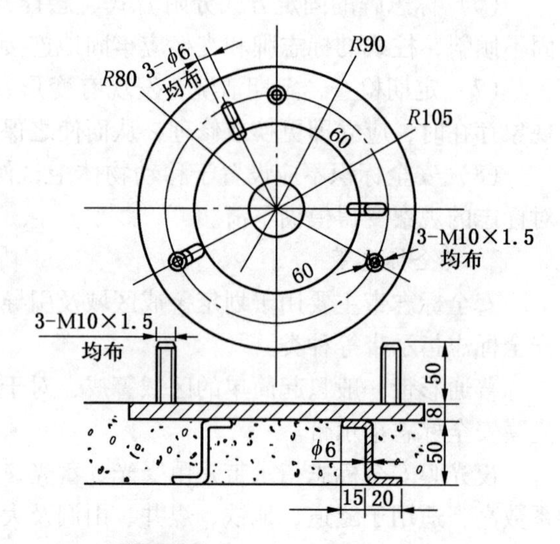

图2－3 HC静力水准仪安装图

①检查各测墩顶面水平及高程是否符合设计要求。

②检查测墩预埋钢板及3根安装仪器螺杆是否符合设计要求。

③预先用水和蒸馏水冲洗仪器主体容器及塑料连通管。

④将仪器主体安装在测墩钢板上，用水准器在主体顶盖表面垂直交替放置，调节螺杆螺丝使仪器表面水平及高程满足要求。

⑤将仪器及连通管系统连接好，从末端仪器徐徐注入SG溶液，排除管中所有气泡。连通管需有槽架保护。

⑥将浮子放于主体容器内。

⑦将装有静力水准仪传感器的顶盖板装在主体容器上。

仪器及静力水准管路安装完毕后，用专用的4芯屏蔽电缆与静力水准仪传感器焊接，并进行绝缘处理（方法同垂线，引张线）。4芯屏蔽电缆的红芯接测量模块的信号接线端口，白、黄芯接激励（桥压）接线端口。当容器液位上升时，静力水准仪比测值应变小；否则，将白、黄芯接线位置互换。

由于监测范围不长，需将观测仪器分组分段进行电气连接和水管连接，同一标高位置的仪器连接同一段水管。

2.1.4 灾害信息收集与处理装备

快速、有效的通信，是事故应急救援的重要保障，许多工业生产如石油化工、矿山开采往往是气候条件恶劣、地理条件复杂的大漠、戈壁、山区、河湖等野外场所，涉及偏远无人的救援区域。无论是在城区，还是在野外，出现险情，甚或发生事故之后，及时的采集灾害信息并与救援指挥报告，对于应急救援的及时性、准确性、高效性，都具有重要的保障作用。

2.1.4.1 应急通信信息装备种类

应急救援通信信息装备包括通信装备与信息处理装备2大类。

1. 通信装备

通信装备包括有线、无线通信2大类。有线通信装备主要包括普通固定电话机、专用防爆电话机、有线视频对讲机、专用保密通信装备；无线通信装备主要包括普通对讲机、专用防爆对讲机，普通移动电话机、专用移动电话机，固定卫星站、移动卫星小站等。

2. 信息处理装备

信息处理装备是指进行信息传输与处理的装备。主要包括多路传真和数字录音系统，摄影、摄像装备，计算机、无线上网卡，等等。

2.1.4.2 专用通信信息装备的功能与使用

有些通信信息装备是普通生活中经常用到的，如电话机、传真机、计算机等。下面着重介绍生活中不常用的专用通信信息装备。

1. 防爆电话机

在石油化工企业的易燃易爆场所，存在易燃易爆气体、液体泄漏的可能性，如果电话不防爆，就可能成为火灾爆炸事故的促发剂。因此，在这种场所，必须使用防爆电话。

现在，防爆电话机的生产厂商已经很多，技术上也比较成熟。一般都是防隔爆兼本质安全型防爆电话机，在使用上，直接连到电话交换机即可，很方便。

2. 无线防爆对讲机

无线防爆对讲机与普通对讲机的外形没有区别，但在使用的材料和物理特性上与普通机型有很大的不同，无线防爆对讲机选用原装进口机型，经安全技术处理加工成本质安全型防爆无线通讯产品。无线防爆对讲机通过了美国防爆检测机构——美国防爆研究委员会（FMRC）的检测认证，可以在危险场合中使用。主要适用于燃料或化学品的生产、运输和仓储地，化工厂，油轮货仓，空气中含有大量细微砂粒、粉尘的场所，面粉加工厂，亚麻加工厂，机械加工车间和煤炭加工场所等。

危险环境使用无线防爆对讲机的注意事项：

（1）切勿在任何危险大气中使用未经防爆检测机构认证的对讲机，否则极易引起爆炸或火灾。即使是经过防爆检测机构认证的产品，如果遭到物理损坏（例如外壳摔坏），也不可以在危险大气中使用，否则易引起爆炸或火灾。

（2）不要在危险环境中更换电池和其他附件。拆装时产生的接触电火花会引起爆炸或火灾。即使是经过防爆检测机构认证的产品，在危险大气中使用时，也不可将附件连接器暴露在外。不需要使用附件连接器时，应当用防尘罩严密遮蔽。

（3）不要以任何方式自行拆卸经过防爆检测机构认证的产品。改装对讲机会改变对讲机硬件的原有设计结构。只有产品的原制造商才可以在经过防爆检测机构认证的生产场地内进行改装。未经授权的改装将导致该产品防爆认证失效。

3. 影像采集装备

影像采集对应急救援信息的现场指挥、事后评价等提供重要的支持。传统上一般采用胶卷照相机、卡带摄像机，现在应用最广泛、处理速度最快、效果最好的是数码摄像机（DV）、数码照相机（DC）。

1）数码摄像机（DV）

DV 是一种应用数字视频格式记录音频、视频数据的数码摄像机。

DV 提供了一次拍摄工具的重大革新，记录视频不再采用模拟信号，而是以压缩的数字信号为记录、制作和传递视频素材的方式，DV 轻便灵巧，便于携带，操作方便、易学易懂。DV 的最大优势：一是大大提高了视频制作的速度；二是大幅度降低了视频制作的成本。

2）数码照相机（DC）

DC 是一种应用数字视频格式记录画面的数码照相机。随着数码相机内存的增大，许多数码相机也具有 DV 的摄像功能，但摄像的时间短暂，镜头取景也大受限制。

3）数码摄像机、数码照相机的数据传送

数码照相机的数据传送只能在相机、电视、计算机进行观看，也可以洗成纸质相片，但不能进行实时数据传送。

数码摄像机可以通过数码摄像机、电视、电脑进行观看。其数据传送方式有 2 种：一种是有线传送，另一种是无线传送。

有线传送是用专用数据传送线将数码摄像机与指挥部的电视、电脑等视频工具连接，前方摄取的画面可以随时传送到接收系统；无线传送是通过专用无线传送设备与摄像机连接，摄像机通过该专用传送设备实时传送到接收系统上，这样大大增加了摄像机的机动性和应急救援的效率与效果。这种技术，由于成本较高，应用的还很不广泛。

4）数码摄像机、数码照相机在应急救援中的应用

DV、DC 对应急救援工作具有十分广泛的应用价值，如在火灾、泄漏等事故现场可采集到真实动态的画面，并可实现有线、无线远程传输，这种对事故现场、抢险救援现场的实时监测对辅助指挥决策具有非常直观、高效的作用。

在危机四伏的现场，必须严格控制人员的进入，避免不必要的伤亡，但现场指挥员往往只有靠侦察人员的描述作出判断，指挥员做出抉择的依据是经过侦察员大脑过滤后的信息，而且语言的描述不具备直观、形象的特点。前方侦察员如果有 DV 的协助，就可以使指挥部更加全面直观地掌握事故中心的实际情况。DV 小巧便携、操作简单，非专业摄像人员只需要通过简单的学习就可以掌握使用方法，这就使 DV 在事故处置中有了极大的用武之地。

如某化工厂发生爆炸，现场残存 200 多吨乳化炸药和硝酸铵等原材料。由于在处置过程中仍然存在爆炸危险，只有少量必需的工作人员留在爆炸中心区，其余人员全部撤离到安全区域。救援人员将 DV 架设在爆炸中心的开阔处，通过有线传输的方式将信号传送到位于安全区域的移动通讯指挥车。现场指挥部只需要在指挥车里观看实时视频，就可与前方抢险人员取得联系，指挥搜救排险工作，使得应急救援过程中次生伤害的概率与严重程

度大大降低。

随着我国经济实力的进一步提高，DV 成本降低，DV 必将在应急救援工作中发挥越来越大的作用。

2.1.4.3 无线微波摄像监控系统

众所周知，在厂区、山区、江河、湖泊、沙漠等场所，对生产现场、事故现场实现全方位的远程安全视频监控，如果采用传统方式埋设光缆、架空线路来用于传输远程视频监控信号，造价极高、工程量大、不利于维护管理，另一方面也会带来某些隐患，如火灾。如果采用远程无线数字微波技术，就会大大减少工程量，提高信息采集速度。

远程数字微波无线监控系统，要在各个监控要点架设远程数字微波高速监控摄像镜头，通过无线微波将模拟视频、音频信号转换为数字信号，传输到远程监控中心，采用高倍、高速一体化彩转黑超低照度球机，可观察方圆 10 km 内的人员、车辆活动情况。

通过远程无线数字微波将各个景点的监控视频、音频信号传至中央控制室，中央控制室可以通过远程遥控各观察点的高速摄像机，监控观测各监控点的实时动态图像，从而做出实时的判断决策，防止监控区内突发事件的发生或对已发生的突发事件进行及时的处理，做到及时准确，减少损失。

该系统具有以下优点：

（1）中央监控控制预警系统会发出报警指令，实时录制现场实况，实时将现场实况传输到接收电视，并自动报警。

（2）数字微波无线远程监控系统可以使用控制键盘对每台远程图像集中监控主机进行完全控制，包括参数设置、录像回放录像查询、云台镜头控制等。远程监控点可以使用 PC 机上的键盘或后端译码矩阵控制键盘进行画面监控、云台镜头控制、录像查询、文件下载等。

（3）网络监视和回放。远程图像集中监控系列产品的网络传输是将不同画面分别打包进行传输的，因此无论网络监视还是网络录像回放，每个信道都可以获得优良画质。

（4）远程图像集中监控系统可显示操作的历史记录，包括系统设置、录像、回放、备份、远程访问及控制等详细数据，对开机关机、进入设置菜单、回放录像、停止录像、网络访问等操作都有密码限定，有助于安全保卫工作。

数字微波传输比模拟微波传输方式具有很大的优越性。在微波信道，无线微波摄像机的信号传输分为模拟与数字 2 种传输方式。模拟微波由于对多路反射信号的影响非常敏感，一般无法在室内（如音乐厅及演播室等）使用；在室外转播使用模拟微波，当运动拍摄时，为了得到较好的信号接收效果，通常采用定向跟踪，这样就得配备有经验的天线操作员。此外，模拟微波受环境影响信号衰落较大，摄像机很难在人群等场合拍摄，信号质量会时好时坏，甚至会出现信号中断的现象。

近年来，人们将数字电视地面传输（DVB - T）技术引入无线摄像，采用 COFDM 调制技术很好地解决了移动传输中的多径干扰问题。数字微波可以使用全向发射天线，在接收端则利用多个天线进行分集接收，在其有效的覆盖范围内信号质量保持不变，这种利用数字传输技术的无线微波摄像系统，既可以在室外，又可以在室内应用，在运动拍摄时也免去了烦琐的天线跟踪。

2.2 自然灾害侦检与搜索装备

自然灾害侦检与搜索装备是主要用于自然灾害发生后侦察和检测生命信息，气象环境，漏电和距离等的一种应急救援装备。自然灾害事故发生后，指挥员只有全面准确掌握灾害事故的相关信息才能科学决策，并采取有针对性的行动，把灾害事故的危害降低到最低程度。因此，侦查检测是应急救援行动成功的前提和基础，同时快速有效地搜寻幸存者，是救援行动中处置各种灾害现场的首要任务。在侦查检测过程中除了通过询问知情人、内部侦查和外部观测等手段外，还必须借助必要的仪器设备进行进一步定性定量检测，救援人员只有正确使用各种侦检仪器，才能准确确定灾害事故现场有害物质的性质和浓度，进而确定防护水平和处置措施。本章主要介绍常用的侦检器材与搜索装备，如有毒气体探测仪、可燃气体检测仪、军事毒剂检测仪以及生命探测仪等。

2.2.1 危险气体侦检装备

为避免危险气体引发灾难性事故的发生，首先要对现场进行化学侦检，这就需要先进可靠的侦检技术和器材，危险气体的侦检装备包括可燃气体检测仪、有毒气体检测仪等。

2.2.1.1 危险气体的认识

对危险化学品泄漏事故的现场实施侦检时，首先要进行必要的主观判断，这有利于克服侦检的盲目性，便于选用正确的侦检方法和器材。根据盛装危险化学品容器的漆色和标识进行危险气体的判断，盛装危险化学品的容器或气瓶一般要求涂有专门的漆色，并写有物质名称字样及其字样颜色标识，常见有毒气体气瓶的漆色和字样颜色见表2-1。不同的危险化学品的物理性质包括气味、颜色、沸点等，在事故现场的表现是不同的。例如，危险化学品中的有毒气体多具有特殊气味，在其泄漏扩散区域内都有可能嗅到其气味，如二氧化硫具有特殊的刺鼻味，氯气为黄绿色异臭味的强烈刺激性气体。许多化学物质的形态、颜色相同，无法区别，所以单靠感官检测是不够的，对剧毒物质也不能用感官方法检测，因此只能根据危险化学品的物理性质对事故现场进行初步的判断。常见的某些危险化学品的可嗅浓度见表2-2。

表2-1 常见有毒气体气瓶的漆色和字样颜色

气瓶名称	气瓶漆色	字样（颜色）	化学式
氨	黄	液氨（黑）	NH_3
氯	草绿	液氯（白）	Cl_2
硫化氢	白	液化硫化氢（红）	H_2S
碳酰氯（光气）	白	液化光气（黑）	$COCl_2$
氯化氢	灰	液化氯化氢（黑）	HCl
氟化氢	灰	液化氟化氢（黑）	HF
三氟化硼	灰	三氟化硼（黑）	BF_3
溴甲烷	灰	液化溴甲烷（黑）	CH_3Br

表2-2 常见危险气体的可嗅浓度

种类	气味	可嗅浓度/($mg \cdot m^{-3}$)
氨气	刺激性恶臭	0.7
氯气	刺激味	0.06
硫化氢	臭鸡蛋味	1.5~3000
芥子气	大蒜味	1.3
路易式剂	天竺葵味	1.0
氢氰酸	苦杏仁味	1.0
光气	烧干草味	4.4
氯化氢	刺激味	2.5
沙林或梭曼	微弱水果香味或樟脑味	5.0

2.2.1.2 化学侦检

利用化学品与化学试剂反应后，生成不同颜色、沉淀、荧光或产生电位变化进行侦检的方法称为化学侦检法。用于侦检的化学反应有亲核反应、亲电反应、氧化还原反应、催化反应、分解反应和配位反应等。利用化学侦检法的原理，可以制成各种侦检器材，如侦检管和侦检纸。

1. 侦检管

侦检管是一种检测化学品事故现场中可燃气体和毒性气体浓度的检测仪，由检测管（或检气管）和采样器2部分组成。侦检管按测定方法可分为比长型侦检管和比色型侦检管。在已知危险化学品种类的条件下，利用侦检管可在1~2 min内根据检测管颜色的变化确定是否存在被测物质，根据检测管色变的长度或程度测出被测物质的浓度。常用危险化学品的侦检管见表2-3。

表2-3 常见危险化学品的侦检管

检气管	颜色变化	所用试剂	类型
一氧化碳	黄→绿→蓝	硫酸钯，硫酸铵，硫酸，硅胶	比色型
二氧化碳	蓝→白	百里酚蓝，氢氧化钠，氧化铬	比长型
二氧化硫	棕黄→红	亚硝基铁氰化钠，氯化锌，乌洛托品，素陶瓷	比长型
硫化氢	白→褐	醋酸铅，氯化钡，素陶瓷	比长型
氯	黄→红	荧光素，溴化钾，碳酸钾，硅胶，氢氧化钠	比长型
氨	红→黄	百里酚蓝，硫酸，硅胶	比长型
氧化氮	白→绿	联邻甲苯胺，硫酸铜，硅胶	比长型
磷化氢	白→黑	硝酸银，硅胶	比长型
氰化氢	白→蓝绿	联邻甲苯胺，硫酸铜，硅胶	比长型
丙烯腈	白→蓝	联邻甲苯胺，硫酸铜，硅胶	比长型
苯	白→紫褐	发烟硫酸，多聚甲醛，硅胶	比长型

我国已有一氧化碳、二氧化碳、二氧化硫、硫化氢、氮氧化物、磷化氢、锑化氢、氯、氨、氧、氯化氢、汞蒸气、汽油光气等几十种侦检管，见表2-4。目前美国、日本、德国、俄罗斯等国生产的气体侦检管多达200多种，而且还在继续改进。由于侦检管主要用于工业卫生监测，检测工业生产中常见有害气体，因此其与化学事故应急救援检测对象一致。

表2-4 常用系列侦检管各项技术参数

品名	型号	量程/($mg \cdot m^{-3}$)	采样工具	采样体积/mL	进样时间/s	使用温度/℃	有效期/年	生产厂	备注
H_2S	1030	100~2000	注射器/气筒式采样器	100	60	0~40	2	宁达厂	
Cl_2Cl_2	1420	20~1000	注射器/气筒式采样器	100	60	0~40	2	宁达厂	
SO_2	1230	100~2000	注射器/气筒式采样器	100	60	0~40	2	宁达厂	
NH_3	1120	50~1000	注射器/气筒式采样器	100	60	0~40	2	宁达厂	
HCl	1710	2~50	注射器/气筒式采样器	100	60	0~40	2	宁达厂	
Cl_2	1206	1~300	QC-100型采样器	100	60	10~35	1	6901厂	
CO	1217	20~700	QC-100型采样器	50	60	15~35	2	6901厂	
NO_x	1207	0~300	QC-100型采样器	100	60	10~35	2	6901厂	
苯	1203	10~200	QC-100型采样器	100	60	10~35	2	6901厂	取样2次
甲苯	1202	20~250	QC-100型采样器	100	60	10~35	2	6901厂	取样2次
混合汽油	1224	0~800	QC-100型采样器	100	60	15~35	2	6901厂	取样2次

2. 侦检纸

侦检纸是用化学试剂处理过的滤纸、合成纤维或其他合成材料压成的纸样薄片，是一种化学试纸。目前，已有的侦检纸可对多种有害化学物质进行定性和半定量测定，其侦检原理是利用危险化学品与显色试剂的特征化学反应使侦检纸发生颜色变化，或危险化学品对染料的特征溶解作用使侦检纸出现色斑来确定危险化学品的种类。常见的化学毒害气体侦检纸见表2-5。

表2-5 侦检纸主要品种

类型	可检测气体
酚酞试纸	NH_3
奈式试剂试纸	NH_3
碘酸钾-淀粉试纸	SO_2
酶底物试纸	有机磷农药
醋酸铅试纸或硝酸银试纸	H_2S
二苯胺、对二甲氨基苯甲醛试纸	$COCl_3$
氯化钯试纸	CO
醋酸铜联苯胺试纸	HCN

表2-5（续）

类　型	可检测气体
息夫试纸	HCHO，CH_3CHO
邻甲苯胺试纸或碘化钾-淀粉试纸	NO_2，O_3，HClO，H_2O_2
溴化钾-荧光黄试纸或碘化钾-淀粉试纸	卤素
蓝色石蕊	酸性气体
红色石蕊	碱性气体

2.2.1.3　便携式检测仪

根据危险化学品泄漏事故现场侦检的准确、快速、灵敏和简便的要求，现场使用的侦检仪器也应具备便携性、可靠性、选择性和灵敏性、测量范围宽和安全性等特点。其中，便携性，即轻便、防震、防冲击、耐候性；可靠性，即响应时间短、能迅速读出测量数据、测量数据稳定；选择性和灵敏性，即抗干扰能力强，能识别所测物质；测量范围宽和安全性，即仪器内部能防止各种不安全因素，如外在电压、火焰、热源所引起的电火花等。目前比较常用的便携式检测仪有可燃气体检测仪、有毒气体检测仪等。

1. 可燃气体检测仪

可燃气体检测仪是一种可对单一或多种可燃气体爆炸下限浓度的百分含量进行检测的便携式检测仪。当空气中可燃性气体浓度达到或超过报警设定值时，检测仪能自动发出声光报警信号，提醒有关人员及时采取预防措施，避免事故的发生，给救援人员提供安全的救援环境。可燃气体检测仪有催化式和热导式2种类型，如图2-4所示。

(a) 催化燃烧式

(b) 热导式

图2-4　可燃气体检测仪

1）催化燃烧式可燃气体检测仪

检测可燃气体的仪器一般使用催化燃烧式传感器，其关键部件是一个涂有燃烧催化剂的惠斯通电桥结构。催化燃烧式传感器是用纯度为99.999%的铂丝（直径0.05 mm）绕成线圈，在氧化铝载体上均匀涂上催化剂，将载体均匀涂在线圈上，高温（约1000圈，烧结），然后与烧结的温度补偿组件构成检测组件。这种仪器用于检测空气中的氢、甲烷、汽油、液化石油气和乙炔等可燃气体。精度高、重现性好，几乎不受温度、湿度的影响。

（1）检测原理。可燃气体或蒸汽在检测组件表面受到催化剂的作用被氧化而发热，使铂丝线圈温度上升。温度上升的幅度和气体的浓度成比例，而线圈温度上升又和铂丝电阻值成比例变化。通过测定检测电路中电桥的电压差可测定出气体的浓度。电压输出与气体浓度成比例，直到爆炸下限，两者大约成直线关系。

（2）使用方法及注意事项：

① 使用环境中的氧气浓度不低于10%，使用催化燃烧式传感器测量可燃性气体时，必须注意同时存在的氧气浓度问题。从原理上讲，催化式传感器要求至少10% VOL以上浓度的氧气才能进行准确测量。如果氧气浓度过低，仪器的读数会大大低于实际的浓度。例如，在100%可燃气浓度，也就是在纯的可燃气环境中，因为没有氧气参与燃烧，这种使用催化燃烧式传感器的仪器读数将是0；如果氧气浓度过高，则测量结果也会完全错误。因此，在进入密闭空间之前，如果使用催化燃烧式传感器检测可燃气体，其规程要求必须同时测量内部环境中的氧气浓度。

② 催化燃烧式可燃气体检测仪不适合检测分子量大或者长链的烷烃。较大的分子不容易通过烧结防火栅进入传感器内部，如汽油、柴油、芳烃等。

③ 必须定期对仪器进行检验和校正。校正是用一支已知标准浓度的可燃气气瓶对检测仪器的准确度进行修正的方法，一般可燃气体检测仪采用的是两点校正法，即“新鲜空气校正”和“标准气体校正”。首先在确认干净的环境中，即在认定不存在任何可燃气体的环境中或者使用零浓度可燃气体的压缩空气气瓶，对仪器的零点进行标定，然后向传感器通入已知浓度的可燃气体，将仪器的读数调整到显示出标准气体的浓度值。

④ 测量标定物以外的可燃气体需要进行相对校正。催化燃烧式传感器可以对大部分的可燃气体产生响应，也就是可以用催化燃烧式传感器测量任何可燃性气体，因此没有专门的甲烷检测仪这个概念。只有认定环境中仅有甲烷存在时，它所检测出来的才是甲烷的浓度。特定气体在测量桥上燃烧产生的热量反映了该种气体在催化燃烧桥上的反应活性，因此各种气体在其上的表现也会有所不同。相对校正就是选择使用一种标准浓度的气体校正仪器，但检测另一种气体的比较校正方法，或者直接适用“校正系数”进行计算得到待测气体浓度的方法。需要注意：由于不同厂家制造的传感器技术不同，各种物质间的相对校正系数也会有所不同。

⑤ 检测组件中的催化剂易受硅化物、硫化物和氯化物气体的影响而中毒。

（3）HL－202袖珍式可燃性气体检测报警仪性能特点如下：

① 超小型设计，整机质量轻；

② 配有电源开关，大大延长了电池寿命；

③ 数字显示，声光及欠压报警功能；

④ 通过防爆认定，具有最高级防爆性能；

⑤采用镍氢电池，可连续工作8 h以上，配有专用充电器。

HL－202袖珍式可燃性气体检测报警仪如图2－5所示，其技术参数见表2－6。

2）热导式可燃气体检测仪

使用热导式传感器可以测量0～100% VOL的可燃气体浓度。热导式传感器是一个双臂热导平衡检测器,不同浓度的可燃气体的热导性不同,通过与恒定的标准气体参比,从而检测出可燃气体的体积浓度,如图2－6所示。

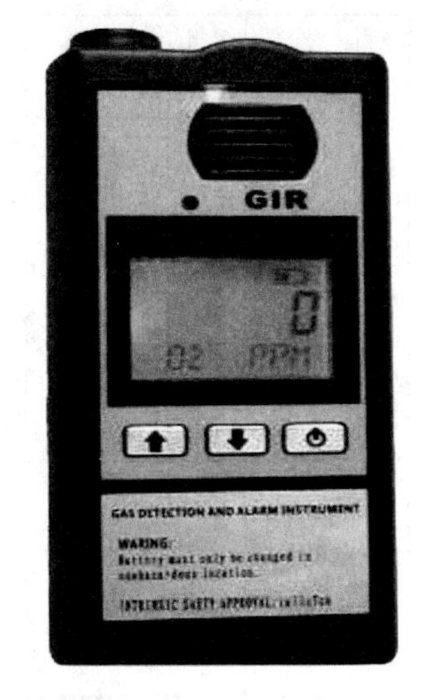

图2－5 HL－202袖珍式可燃性气体检测报警仪

在热导式气体分析仪的检测器内部有两个测量元件：一个参比室和一个测量室，2个元件的内部分别张紧着细铂丝，在参比室内密封着参比（基准）气体，而测量室可以进入待测的可燃性气体。2个铂丝与外部定值电阻组合形成电桥回路，恒定电流分别流过各铂丝，使之发热，同催化燃烧式传感器一样，在不存在可燃气体时，这个回路是平衡的，产生"零"数值，一旦测量室中的待测组分中发生浓度变化，则测量室中的热导率会随之变动，使测量室铂丝的温度发生变化。将这种温度变化以电阻值变化的形式提取出来，从而计算出被测气体的浓度。

表2－6 HL－202袖珍式可燃性气体检测报警仪技术参数

项目	技术参数
检测气体	空气中可燃性气体（EX）
检测原理	催化燃烧式
检测范围	0～100% LEL
最小示值	1%
检测方式	扩散式
显示方式	液晶数显
报警设定值	出厂设定25%（15%～40% LEL任意设定）
报警误差	≤±5%（F·S）
报警方式	声光报警
响应时间/s	小于30
电源	镍氢电池
电源欠压报警	蜂鸣器连续发出声响
传感器寿命/a	3
使用环境	温度－15～45 ℃；相对湿度≤90% RH
防爆标志	Exiad Ⅱ CT6
外形尺寸(长×宽×高)/(mm×mm×mm)	125×62×26
重量/g	190

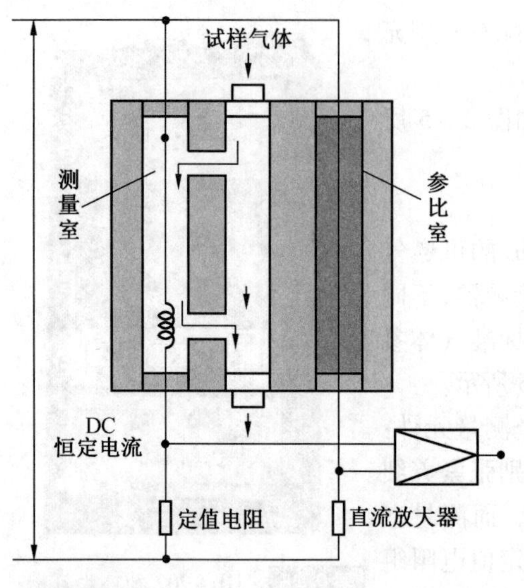

图2-6 热导式可燃气体检测仪工作原理

2. 有毒气体探测仪

有毒气体探测仪是一种便携式智能型检测仪，通过配备的气体传感器可以检测一类或多类气体，如可燃气（甲烷、煤气、丙烷、丁烷等），毒气（CO、H_2S、HCl 等），氧气和有机挥发性气体（图2-7）。

毒气检测仪传感器按原理可分为定电位电解式、半导体式等多种形式。定电位电解式传感器由工作电极、参比电极和对极三个电极及电解液组成。该种传感器的工作原理：在工作电极和参比电极之间保持一个恒电位，被测气体扩散到传感器内后，在工作电极和对极发生电解反应，产生电解电流，其输出与气体浓度成比例，即可通过测量电解电流获得气体的浓度。参比电极的作用是恒定工作电极和参比电极本身之间的恒电位，两者之间并无电流通过。这种仪器灵敏度很高，可检测 1×10^{-6} 的一氧化碳，改变反应极的电位即可检测选择的被测对象，测定低浓度的气体具有良好的精度，干扰气体少。可用于测定一氧化碳、硫化氢、一氧化氮、二氧化氮、砷化氢、磷化氢等气体。

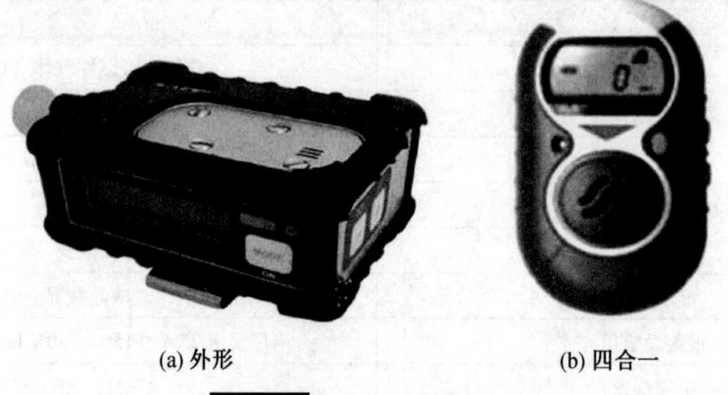

(a) 外形　　(b) 四合一

图2-7 有毒气体探测仪

MX21 便携式多功能毒气检测仪是一种定量检测仪，如图2-8所示。通过随机提供的4种专门探测元件可同时检测4类气体，如可燃气性（甲烷、煤气、丙烷、丁烷等）、毒气（CO、H_2S、HCl 等）、氧气和有机挥发性气体。

图2-8 MX21 便携式多功能毒气检测仪

1）器材组成

MX21 型智能有毒气体侦检仪由主机、取样气泵、取样器等组成。主机内有集成电路板、警报器、气体传感器、液晶显示窗、带压压敏开关的前控制面板、可卸电池盒与充电端子。

2）性能参数

（1）同时能对上述4类气体进行检测，在达到危险值时报警。

（2）安装气泵和注气盖后，能测量难以接近区域的气体。

（3）无报警时，每30 s可以听见蜂鸣声、报警指示灯闪烁，表示仪器运行正常。

（4）防爆、防水喷溅。

（5）液晶显示，带背景光照明。

（6）可燃气体能从“0～100% LEL”（爆炸下限）的范围测量自动转换到“0～100%气体”（体积百分比浓度）的范围测量。

（7）具有卓越的报警功能，即可燃气和毒气各有一个即时报警点，氧气有两个报警点（氧含量低于17%或高于23.5%），STEL和TWA报警（仪器自动计算毒气的含量及其变化，根据不同的毒气和人体在短时间内和长时间内所能承受的积累量及时地报警）。

（8）时限：N－Cd电池盒10 h；锂电池3～5 a。

（9）充电时间：Ni－Cd电池盒7～9 h，LED显示。

（10）重量：约1 kg。

（11）尺寸：194 mm×119 mm×58 mm。

3）检测方法

将敏感元件面向外部（这样在操作中能看到气体含量的变化和显示的读数），启动按钮，使其进入工作状态。此时可检测4种不同类型的气体（可燃气、毒气、氧气、有机挥发性气体），其中可燃气有31种可选的参考气体，开机时同时按下ON/OFF键、LED键，然后当显示“选择参考气体”时，每次按下菜单选择键就显示一种气体。当环境气体浓度达到危险值时，机器会自动报警。如果不知道可燃气的名称，MX21按照内置的最低危险值报警。

4）维护保养

轻拿轻放，避免潮湿、高温环境，保持清洁、定期标定，氧气探头每2年更换1次，其余探头每年更换1次。

5）注意事项

（1）防止仪器与水接触，操作中要防止摔、碰。

（2）长期不使用时，应将电池取出。

（3）检测人员应做好个人防护。

3. 军事毒剂侦检仪

军事毒剂侦检仪主要用于检测存在于空气、地面、装备上的气态及液态的沙林、梭曼及芥子气等化学战剂，鉴别装备是否遭受污染，进出避难所、警戒区是否安全，洗消作业是否彻底等，现以GT－AP2C型军事毒剂侦检仪为例介绍，GT－AP2C型军事毒剂侦检仪是一种携带式装备，用以侦检存在于空气、地面、装备上的气态及液态的GB（沙林）、CD（索曼）、HD（芥子气）、VX（维埃克斯）等化学战剂，广泛应用于鉴别装备是否遭受污染，进出避难所、警戒区、洗消作业区是否安全。采用焰色反应原理，主要由侦检

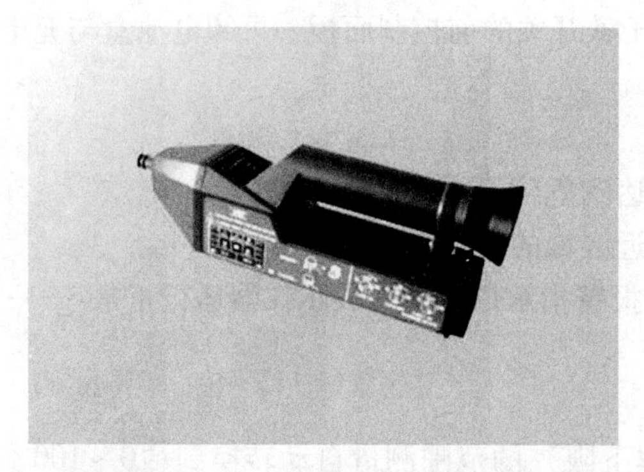

图2-9 GT-AP2C型军事毒剂侦检仪

器、氢气罐、电池、报警器及取样器等组件构成，如图2-9所示。

1）性能参数

（1）质量：2 kg（含电池及氢气储存罐）。

（2）操作温度：-32～50 ℃。

（3）外接电源：18～32 V直流电。

（4）蒸气形态毒剂（如GA、GB、GD、VX等神经性战剂）灵敏度为10 μg/m^3；HD糜烂性毒剂灵敏度为420 μg/m^3；液体形态毒剂（如对WX神经性战剂取样浓度），最初侦检浓度可达到20 μg/m^3。

（5）对GA、GB、GD、VX、HD战剂而言，浓度10 μg/m^{3}的感应时间仅需1 s。

2）使用方法

先将电池装入电池盒内并插入仪器尾部，然后将氢气罐插入主机内，顺时针旋转至“ON”处开机，“WAT”指示灯亮表示自检，待“READY”指示灯亮表示进入检测状态，若现场含有军事毒剂，则相应类型的报警灯会闪烁并伴有急促的音频报警；根据取样形态（液态或气态）的不同采用不同的探头，气体样本通过管状探头直接吸入主机进行检测，固体和液体样本须用刮片刮取后经加热器加热产生蒸气，通过烟斗式探头吸入主机进行检测。

3）维护保养

（1）保持清洁、避免存放于高温、潮湿环境。

（2）氢气备量保持充足。

（3）定时进行开机自检。

（4）使用后要用酒精进行消毒。

4）注意事项

（1）在探测气体时，仪器要左右摆动。

（2）当探测有污染物存在时，要保持距离，避免造成仪器的饱和。

（3）检测液体或固体时，加热取样器从烟斗式探头中取出刮片后才可松下加热按钮，取样刮片严禁用手或手套触摸。

（4）仪器严禁使用充电电源。

2.2.2 漏电源侦检装备

灾害发生后不仅会伴随着危险气体的泄漏，还会带来漏电等次生灾害，漏电源侦检装备就是用于救援现场的环境条件检测，以免发生触电事故。

2.2.2.1 交流电压探测仪

交流电压探测仪是一款非接触式的电子仪器（图2-10），能检测40～70 Hz的交流电压，并由可视报警和声音报

图2-10 交流电压探测仪

警2种方式检测是否有电压存在。声音和可视报警信号会随与电压源的距离缩短而增强。检测能力具有较强的方向性，操作者可准确快速地探测出交流电压的来源。探测仪在启动时有一个自检过程，伴随有快速的哔哔声，并且红灯闪烁，当声音停止红灯不闪，探测仪就可随时准备工作。拿住仪器，并使仪器与地面保持平行，传感器天线朝上，印刷侧朝向使用者，以便可以清楚地看到红色指示灯。

1. 规格参数

外壳材质：ABS塑料；颜色：黑色；阻燃：符合RoHS标准。

外壳尺寸：13.9 cm×8.2 cm×2.6 cm；保护套：硅胶，红色。

电池：1节9 V碱性电池；更换电池：移除仪器的后盖。

自测：开启后内置自测功能持续5 s，测试包括电池电量状态，内置低电报警。

电子设计：数字装置；频率范围：探测交流电压40～70 Hz。

报警显示：声音报警和可视报警，报警信号强度的增减取决于与交流电的距离。

质量：272 g，含电池；装运质量：540 g，含仪器、包装箱等。

外箱尺寸：26 cm×21 cm×78 cm。

装箱尺寸：25.4 cm×21.6 cm×9 cm。

开关：单键开关。

防水：防溅式。

温度范围：工作温度：－30～50 ℃；储存和运输温度：－40～70 ℃携带方便，可装在衣兜里。

2. 应用范围

（1）室内检测：确定交流插口或电线是否有电；检测无电线缆（如电视线缆）；检测墙体内线缆。

（2）机动车事故：检测事故现场和车辆是否暴露于潜在的交流电压；确认是否断路。

（3）建筑物坍塌或城市搜救：检测未知的裸露电压源或潜在的危险交流电压；确认是否断路。

（4）建筑物火灾：确定电线附近的高压和潜在的危险。

（5）风暴和灾难现场的恢复：在坍塌的建筑物内或洪水现场，确定公路上或结构部分是有带电的线缆，确定断电的范围。

（6）游泳池或其他潮湿环境：确定水中或潮湿地面是否带电。

3. 警示与注意事项

当接近可能存在带电区域时，应该高度保持警惕。无论是使用探测仪探测带电电压还是探测之后采取行动都要极其小心。使用时如未能提高警惕或没有严格按照操作手册使用可能导致严重的受伤或死亡。

警示：当主电网跌落时就会存在很大的危险性，断开电路，主电网还会有电流存在；自动化电力设备会再次重新连接交流电（主网），而这些自动连接都是由电力公司的电脑控制的，关于自动连接的间隔和频率也没有确切的规定，一般情况会在第1 min内尝试3～4次然后停止连接。

注意：不管跌落电线位于什么位置，都要确保电力公司已经断开主电路部分，总是要及时处理跌落的电线。当地的电力设备公司专业人员才能恰当地断开地面带电主网电路，确保安全处理电线。警示：漏电检测仪不能用于探测直流电（比如汽车中或铁轨上发现的电池），也不能探测隐蔽的交流电压（金属导线管）。当多处存在带电交流导体时，使用漏电检测仪时要极其小心。

4. 仪器的使用

1）启动时自检

滑动仪器开关键打开检测仪，开关键位于仪器的右侧面。仪器本身会进行约 5 s 的自检过程，并伴有快速的哔哔声和红灯闪烁。一旦哔哔声停止、红灯不闪，便可以使用仪器。

2）测仪具有方向性

漏电检测仪可以确定泄漏点，将检测仪指向已知的电源处，并慢慢向电源处靠近，注意如何确定交流电的所在位置。

3）如何持握探测仪

以一臂之远握住检测仪，并保持与地面平行，传感器天线朝前，印刷字体面朝上，这样便可清晰地看到红色指示灯。探测时，在不同的方向探测交流电压，身体与仪器之间保持距离。

4）室内使用

交流电压探测范围和灵敏度取决于交流电泄漏点所处的状态，如隐蔽、绝缘、已安装、损坏或暴露。灵敏度和探测距离也是根据建筑设计、结构材料和周围环境而有所改变。

5）户外使用

在远离电线 30 m 的位置打开探测仪，将仪器指向电线，然后朝电线靠近，注意声响增加的频率。当把探测仪远离电线时，声响就会减弱；再返回指向电线时，声响频率则会增加。这就显示了探测仪具有方向性的特点。在熟悉的环境下多次使用探测仪进行测试，以便更好地在紧急情况下使用探测仪。

6）假阳性信号

在某些区域内，随着操作者的移动，仪器会发出偶然的哔哔声，这时探测到的可能是假阳性信号。如果发生这种情况，握住探测仪探测时间需持续几秒钟，如果哔哔声停止，表明是假阳性信号，当操作者处于任意的电磁感应区内就会发生这种情况；如果哔哔声持续，附近可能存在交流电压泄漏点。

5. 维护

漏电检测仪具有防水性，但千万不要将检测仪浸入水中，储存时应保持干燥。如果仪器潮湿，请按以下步骤操作：

（1）轻轻晃动检测仪，使扬声器中的水分变干。

（2）取下保护套，用柔软的干布擦拭保护套和仪器。

（3）取出电池，保持电池仓通风干燥。

（4）不要使用吹风机或压缩空气使探测仪干燥。

2.2.2.2 漏电探测仪

漏电探测仪是一种便携式泄漏电源的探测工具（图 2 - 11）。适用于火场或其他抢险救援现场，确定是否漏电或确定漏电的具体位置。漏电探测仪内含一个高灵敏度的交流放大器，可将接收到的信号转换成声光报警信号。高压场合应选用低灵敏度或目标前置式。探测时无须接触电源，并随着与漏电电源距离的接近，报警频率增加，但对直流电不起作用。漏电探测仪由放大器、传感器、蜂鸣器、指示灯、开关和手柄组成。使用时先打开高灵敏度挡进行测量，在确认电源的方位后，听到报警的高频过高时，应把高灵敏挡切换到低灵敏挡，确认电源的具体位置。

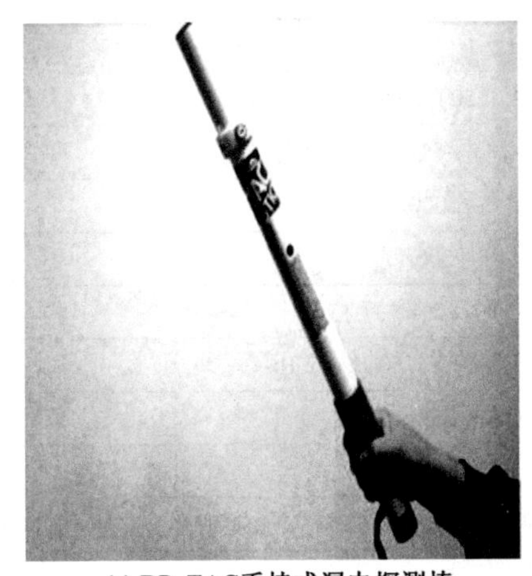
(a) DP-TAC手持式漏电探测棒

(b) MS2621EN泄漏电流测试仪

图 2 - 11　漏电探测仪

1. DP - TAC 手持式漏电探测棒技术性能参数

探测范围：探测范围或敏感度由 TAC 手杖和电线导体之间的距离定义。TAC 手杖会置于不同位置以确定大范围值。信号“探测”表示为每 2 s“哔哔”的警报声至少响起一次。

频率范围：交流电压 20 ~ 100 Hz。

防水能力：可承受飞溅的水滴（但不能浸没在水里）。

温度范围：操作时，－22 ~ 122 ℉（－40 ~ 70 ℃）；保存/运输时，－40 ~ 158 ℉（－40 ~ 70 ℃）。

尺寸：直径 1.75 in（45 mm）× 长20.5 in（521 mm）。

重量：带电池共重（570 g）。

附带件：便携袋，4 A 电池（已装入）和用户手册。

测试模式：高敏度、低敏度、微调外壳材料：绝缘 PVC，可防水溅。

频率范围：20 ~ 100 Hz。

电源：4 节 5 号碱性电池。

2. 泄漏电流测试仪维护保养及注意事项

（1）随时保持仪器的清洁和干燥；不使用时，请放回保护套内。

(2) 不能让该仪器与电源或导电液体接触。

(3) 因导电体导电率、高度及外形不同，探测距离也有所不同。

(4) 当电源或导电体被屏蔽时，该仪器无法探测到。

(5) 在使用前，必须认真阅读产品说明书，并充分理解。

(6) 在接近电源时，应格外小心，并穿必备的绝缘服装。

(7) 泄漏电流测试仪技术参数见表2-7。

表2-7　泄漏电流测试仪技术参数

产品型号	MS2621EN
输出电流/mA	AC：(100~250) ±5%，连续可调
泄漏电流/mA	(0.2~20) ±5%，任意设定
测量输入电阻/Ω	2000
输出功率/(V·A)	300
时间控制/s	(1~99) ±5%，手控∞
电源	AC200 V ±22 V，50 Hz ±2 Hz
尺寸/(mm×mm×mm)	350×330×140
重量/kg	12
主要功能	测试电压、时间、泄漏电流同时显示，合格/不合格声光报警，击穿保护等功能

2.2.3　个体搜索装备

快速有效地搜寻幸存者，是消防救援队伍处置火灾和各种灾害现场的首要任务。生命探测仪包括红外热像仪、音频生命探测仪、视频生命探测仪和雷达生命探测仪等。

2.2.3.1　红外热像仪

红外热像仪利用红外成像原理，在黑暗、浓烟条件下能用来观测火场中的火源及火势蔓延方向，寻找被困人员，监测异常高温及余火，观测消防员进入现场情况（图2-12）。

1. 工作原理

红外热像仪是利用周围的物体会不停地发出热红外线的原理，探测人类肉眼不能直接看到的可见光范围以外的物体。利用探测仪测定目标本身和背景之间的红外线差可以得到不同的红外图像，热红外线形成的图像称为热图像。目标的热图像和目标的可见光图像不同，它不是人眼所看到的目标可见光图像，而是目标表面温度分布图像。换句话说，红外热像仪将人眼不能直接看到目标的表面温度分布，变成人眼可以看到的代表目标表面温度分布的热图像。

2. 结构

红外热像仪由镜头组件、机芯组件、显示设备和电源组成，有效监测距离80 m，可视角55°；精度0.5 ℃；波长8~14 μm。

3. 维护保养与注意事项

(1) 操作中严禁将热像仪与其他物品碰撞。

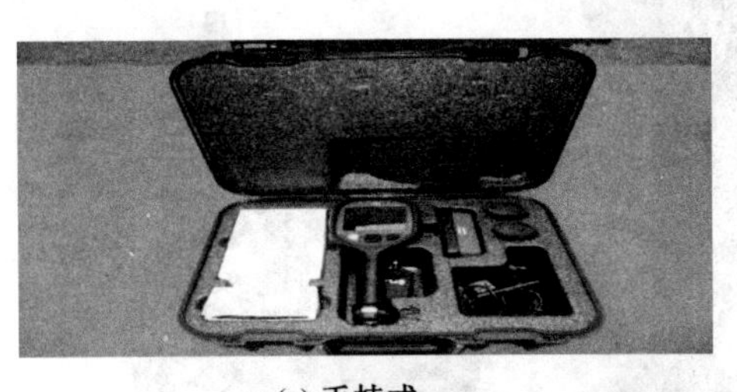
(a) 手持式

(b) Ti9式

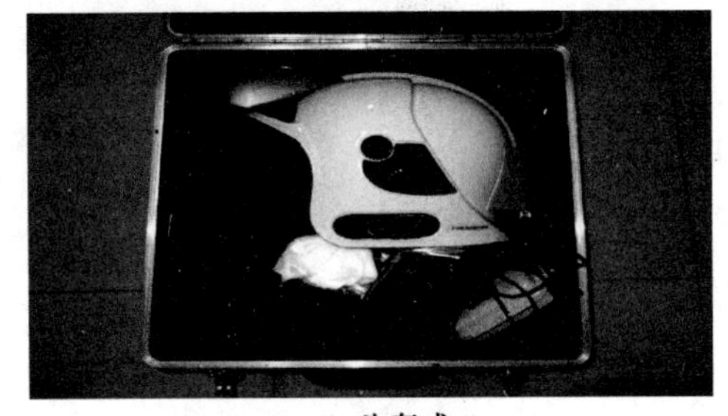
(c) 头盔式

图2-12 红外热像仪

(2) 仪器较长时间停止使用时，应将电池从仪器中取出，以免电池泄漏。

(3) 仪器应轻拿轻放，储存在干燥通风的空间，避免潮湿、高温环境存放。

(4) 尽量避免长时间直接观测燃烧或熔化的金属、熔化的玻璃、高压电弧和太阳等目标。

(5) 禁止使用易磨损的布料或任何有机溶剂对设备进行清洗。

(6) 禁止使用高压水蒸气对仪器进行清洗，电池外壳或电池接触面上的任何受侵蚀或难以清除的污渍可以使用橡皮擦进行擦除。

(7) 红外热像仪是一种精密仪器，非专业技术人员和维修人员不得擅自拆卸。

2.2.3.2 音频生命探测仪

音频生命探测仪是一种声波探测仪（图2-13）。它采用特殊的微电子处理器，能够识别在空气或固体中传播的微小振动，适合搜寻被困在混凝土、瓦砾或其他固体下的幸存者，能准确识别来自幸存者的声音，如呼喊、拍打、划刻或敲击等，还可以将周围的背景噪声做过滤处理。音频生命探测仪应用声波及振动波原理，采用先进的微电子处理器和声音/振动传感器，进行全方位的振动信息收集，可探测以空气为载体的各种声波和以其他媒体为载体的振动，并将非目标的噪声波和其他背景干扰过滤，进而确定被困者的位置。

一个音频生命探测仪可以连接多个音频传感器，可同时接收2个、4个或6个传感器信息，可同时用波谱显示任意2个传感器信息，并配备有小型对讲机，能同幸存者对话。音频生命探测仪的主要技术性能指标如下：

(1) 探测频率：50~15000 Hz。

(2) 工作时间：可工作30 h。

(3) 外接直流输入：10.8~28.8 V。

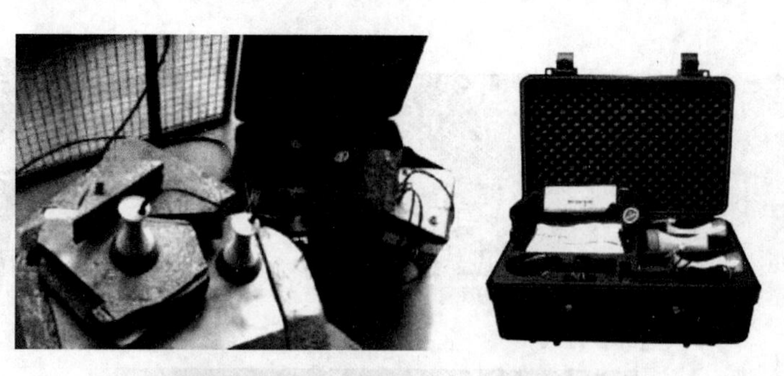

图2－13　音频生命探测仪（法国）

（4）储存温度：－40～70 ℃。

（5）工作温度：－30～60 ℃。

（6）尺寸：200 mm×150 mm×120 mm。

（7）质量：2 kg。

2.2.3.3　视频生命探测仪

视频生命探测仪主要用来查看地震、炸弹及建筑物爆炸（如天然气或恐怖袭击等）后埋在废墟里的受困人员状况并与其通话。它可通过高清晰视频和音频信号，向搜救人员提供废墟下的受害者信息。

视频生命探测仪一般由探测镜头、探测杆、插拔式微型液晶显示器、耳机、话筒和连接电缆等组成（图2－14）。探测杆可自由伸缩，尤其适合多层废墟探测；顶部的探测镜头可通过手柄进行180°旋转，探测镜头周围有16个冷光发光二极管，在全黑暗背景下，其可视距离最大可达3 m。视频生命探测仪的原理是把物体发射或反射的光辐射转换成电信号，经信号处理，显示物体的图像，从而使救援队员确定被埋人所处的位置和被困地形，达到有效搜救的目的。

如图2－15和图2－16所示，蛇眼视频生命探测仪是一款应用灵活、小巧方便的生命探测仪器，柔软的探杆可以弯曲深入到狭小的缝隙，准确发现被困人员，其深度可达几十米以上，特别适用于对难以到达的地方进行快速的定性检查，广泛应用于矿山、地震、塌方救援中，也可以在水下使用，深度可达45 m。

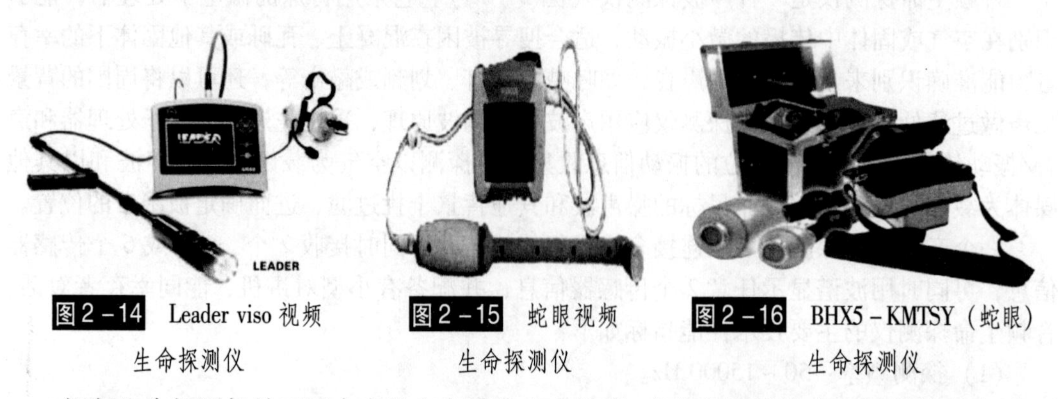

图2－14　Leader viso视频生命探测仪

图2－15　蛇眼视频生命探测仪

图2－16　BHX5－KMTSY（蛇眼）生命探测仪

视频生命探测仪并不适合自然灾害后的生命搜索，在生命探测搜索中局限性很大，但对营救过程中了解遇险人员所处的建筑物废墟结构、进行科学营救具有一定的作用和意义。

1. 主要技术参数

以我国消防队伍配备的视频生命探测仪为例，其技术性能参数如下：

（1）镜头可拆卸，带有灯光控制，具备防水功能。

（2）角度在水平和垂直方向均可旋转。

（3）清晰度大于 2 cm。

（4）工作时间大于 2 h。

（5）储存温度为 -25 ~ 60 ℃。

（6）工作温度为 -10 ~ 50 ℃。

（7）彩色操作屏能抗强光显示。

2. 使用方法

救援人员将整套装备穿上身，头戴耳机，左手握住摇杆，右手按着控制柄，摇杆上的显示器便能清晰地显示前方图像；探测仪探头处安装的摄像头可自动旋转，一旦救援地光线暗淡，还可以打开照明灯。作为一种专业生命搜寻工具，非常适合倒塌建筑物或狭窄空间的救援搜寻作业。

3. 维护与保养

（1）探测仪不用时应将电池取出，否则探测仪将处于待机状态，影响电池的持续供电时间。

（2）电池每次充电前应将电池充分放电。长期不用应定时充放电，以延长电池使用寿命。

（3）摄像头表面应用专用镜头纸或干软布进行擦拭。

（4）话筒和显示器不能在雨天使用，若需使用，要做好防潮措施。

（5）使用前应认真阅读使用说明书，掌握操作方法和仪器功能。

2.2.3.4 雷达生命探测仪

雷达生命探测仪融合超宽频谱雷达技术、生物医学工程技术于一体，穿透能力强，能探测到被埋生命体的呼吸、体动等生命体征，并能精确测量被埋生命体的距离深度，具有较强的抗干扰能力。与光学、红外和音频探测技术相比，不受环境温度、热物体和声音干扰的影响，具有广泛的应用前景。雷达生命探测仪应用了超宽频技术，在搜索被困于废墟中的幸存者时，可以穿透 4 ~ 6 m 的混凝土，探测到 20 m 距离、约 216 m^3。具体穿透深度取决于现场表面材料，理想情况下可达 10 m 以上甚至更深，但它的探测信号不能穿透金属障碍物。雷达生命探测仪不受其他无线设备的影响，也不影响其他无线设备，它是本身通过无线传输把探测结果传至救援人员手中的控制器。雷达生命探测仪的信号功率不到手机的 1%，非常安全。在使用时不需要导线和探头，无须钻孔和防水，而且不受天气影响。雷达生命探测仪可多个系统同时使用，它是目前世界上最先进的生命探测仪（如图 2 - 17 所示）。

雷达生命探测仪是基于电磁波调制原理进行工作的，探测仪的发射器（TX）连续不断地朝可能埋有幸存者的方向发出射频信号，当被埋幸存者的动作得到调制后，该信号被反射回来，呼吸和心跳引起的胸腔运动已足够使设备进行探测信号的调制。经调制的信号由接收器（PX）接收后再解调，并被传输到计算机上进行进一步分析。经预处理的信号调制内容被转换成光谱，显示在计算机上。主要技术参数见表2－8。

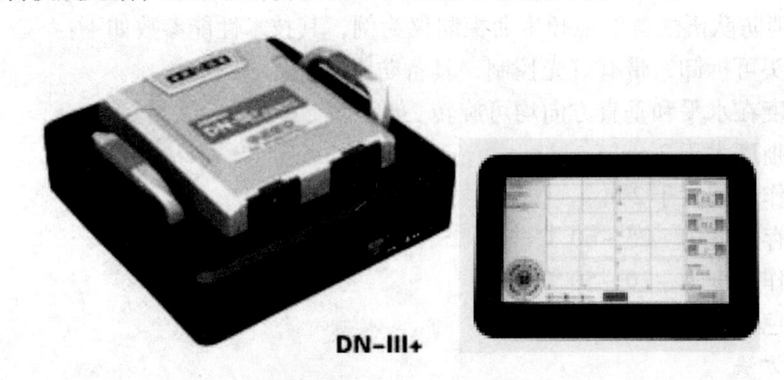

图2－17 雷达生命探测仪

表2－8 雷达生命探测仪技术参数

雷达体制			超宽带雷达
天线类型			增强型介质耦合超宽带天线
中心频率/MHz			400
隔墙探测距离	墙体厚度/cm		50
	探测距离/m		静止生命体≥25 运动生命体≥30
穿透材质	混凝土，土壤，岩石，木材等非金属，低含水量物体		
探测张角及范围	探测张角/(°)		≥±60
	探测水平面积/m^2		≥8400
	探测锥形体积/m^3		≥8400
遥控距离/m	空旷环境下遥控距离≥100		
探测精度/cm	±10		
探测模式	一维测距		
介质补偿模式	空气/雪地/瓦砾/泥土		
远程专家服务功能	支持		
GPS定位功能	支持		
外观尺寸及重量	部件	雷达主机	手持终端
	尺寸/(mm×mm×mm)	430×430×180	200×130×20
	重量/kg	6.5	0.5
	工作时间/h	10	10
	电池类型		可充电式氢氧化锂电池
操作系统	Windows系统		
专业软件	雷达生命探测仪目标识别系统软件DN－111＋		
工作温度/℃	－20～＋60		

2.2.3.5 电磁感应探测仪器

人体心脏跳动会产生低频电磁波，并在周围形成感应电磁场，电磁感应探测仪器就是通过探测这个微弱的磁场确定人体位置的。人体发出的超低频电磁场可轻易穿过钢筋混凝土墙，因而可以针对隐蔽物内人员目标实施探测。配备特殊过滤器的器材可将不同于人类的其他动物加以过滤去除，使探测器只感应人类所发出的电磁信号。美国 DKL 公司的 Life Guard 电磁感应探测器（图 2－18）是目前较为先进的感应式探测器。

图 2－18 Life Guard 电磁探测

主要技术参数如下：

感应方式：侦测人体心脏发出的超低频率。

非感应目标：除人体以外任何动物不被侦测。

探测频率：30 Hz 或 30 Hz 以下的超低频率。

垂直探测：±60°开放空间 120°（上下各 60°）；建筑物内 80°（上下各 40°）。

水平探测：±2°（左右各 2°）。

操作方式：手握式。

侦测距离：短天线 0～20 m；长天线 0～500 m，配备美国标准三 A 级雷射光点，帮助操作者寻找侦测杆方向。

目标锁定：当侦测到人体心脏所发出的低频电波产生的电场后，侦测杆会自动锁定，人体移动时侦测杆也会随之移动。

工作时间：连续工作 12 h。

尺寸：33 cm×19 cm×8.9 cm。

重量：0.91 kg。

2.2.4 协助搜索装备

在自然灾害救援中除使用生命探测仪进行搜索救援，还有辅助的搜索装备也发挥不可忽视的作用，如搜救犬、无人机和 GPS 定位设备等可以快速定位搜索目标位置，加速救援行动的展开。

2.2.4.1 搜救犬

灾害现场环境往往比较嘈杂，救援人员、被困人员、无关人员交织掺杂，各种生命探测仪器难以发挥作用，利用搜救犬则不受这些情况影响。狗的嗅觉灵敏度超过人类 1000 倍以上，对气味的辨别能力比人高出百万倍，听力是人的 18 倍，视野广阔，有在光线微弱条件下视物的能力。经过精心训练的搜救犬，嗅觉能穿透地下十多米，是国际上普遍认为搜救效果最好的“卖家”。搜救犬有3个品种：德国牧羊犬、拉布拉多犬和史宾格犬。

沈阳市消防支队2002年5月组建起我国第一支消防搜救犬队,34条经过严格训练的搜救犬嗅觉灵敏,比生命探测仪器灵敏许多倍,而且能够克服生命探测仪器只能感知生命体却不能感知探测尸体的缺陷。这些搜救犬多次在火灾和各类事故救援中发挥作用,救出多名被困人员,并在破获重大刑事案件中有出色表现。2003年11月18日,沈阳市道义开发区一建设工地发生大面积塌方,多名民工被埋在里面。10名训导员带领10只搜救犬立即赶到事故现场进行搜寻,消防官兵按着搜救犬确定的位置迅速挖掘,成功营救出6名民工。

2008年汶川大地震，公安部调派1060名消防官兵和30只搜救犬赶赴四川地震灾区，在搜救犬发现幸存者后，救援队通过先进仪器进行准确定位，然后实施营救。同时，搜救犬灵活的身手可以钻进废墟中，为受困者送去必要的食物和水，延续其生命。图2－19为救援人员指挥搜救犬抢救绵竹市东方汽轮机有限公司的被困人员。

图2－19 四川地震搜救犬搜索被困人员

2.2.4.2 无人机

无人机是无人驾驶飞机的简称（UAV），是利用无线电遥控设备和自备的程序控制装置操纵的不载人飞行器（图2－20）。无人机主要分为无人固定翼机、无人多旋翼飞行器、无人直升机、无人飞艇、无人伞翼机等。无人机关键技术包括无人机遥感技术、无人机的航程和续航时间、无人机对恶劣环境的适应性，其他关键技术还包括多任务载荷一体化、平台/任务载荷一体化技术、无人机的监控半径、网络化通信技术等。

1. 无人机在救援行动中的应用

由于小型无人机的航空特性和大面积巡查的特点，在洪水、旱情、地震、森林大火等自然灾害中实时监测和评估方面具备特别优势。国外无人机在救援方面的应用较早，常被用于突发灾害事件中。2011年3月11日日本福岛第一核电站在地震引发的海啸中发生严重的核泄漏事故，美国军方派出全球鹰无人机侦察核反应堆，并派出搭载测辐射传感器的微型无人机监测检查核电站附近的辐射水平。我国第一次将无人机应用在救助工作是在2008年的冰冻灾害中，同年的汶川大地震中，无人机作为航拍应用在地震救援工作。近年来的各种灾害的现场都有无人机的应用，为灾难的救援工作提供了非常可靠的相关资料。

2. 无人机救援

1）搜索定位

(a) XH-M1型八旋翼飞行器

(b) XH-2型无人直升机

(c) MD4-1000型四旋翼飞行器

图2-20 无人机

无人机搜索技术巧妙地将射频技术和人身定位搜索相结合，实现了远距离搜救。无人机搜索技术主要由无人机、高清相机、定位搜救器、信标、探测器和地面站6部分构成。无人机装载的相关设备可以在15 km范围内激活信标，发送事故船员信息，并且可以快速进行卫星定位。搜索系统中所用的信标体积只有火柴盒大，小巧轻便，只需做好防水工作就可以大量应用于船员的救生设备。

2）远距离的视频传输

世界上最为先进的无人机“全球鹰”RQ-4A，这款无人机搭载的电子设备能够在全球的各个地点进行7.4×10^4 km^2的红外图像拍摄，其装载的定位系统误差在20 m内可控，并且搭载的相关设备穿透云层和雷雨障碍进行连续的监视搜寻工作，实时向地面传播相关图像信息。

3）投放食物及医疗设备

主要针对海上救援，搜救巡逻舰很难准确地找到救生配置简要的船只，会大大降低搜救率。同时，海上环境复杂，遇险人员可能随时会有生命危险，面临饥饿过度和受伤问题，这时无人机搜救的应用就非常重要。此时，无人机可根据自身搭载的搜索系统进行遇险人员的搜索，并且可搭载必要的食物、淡水和医疗设备，从而使无人机搜救效率大大提升。

4）无人机消防

无人机可以在空中对复杂地形和复杂结构建筑进行火灾隐患巡查，在发生火灾时能够为现场救援指挥、火情侦测及防控提供快捷、具体的信息参考，为执行空中火场监控任务、抗灾救援提供了有力帮助。

2.2.4.3 GPS全球定位搜索系统

GPS（Global Position System）全球定位系统是目前最成熟的卫星定位导航系统。它由空间系统、地面控制系统和用户系统3大部分组成。用户系统为各种用途的GPS接收机，通过接收卫星广播信号获取位置信息，该系统用户数量可以是无限的。近10年来，全球定位系统已在自然灾害应急救援中得到广泛应用。如利用GPS定位技术对不同程度受灾地区进行定位，获得具有位置的灾情信息，从而使救援人员和决策者能及时掌握灾害的程度及其空间分布，决定开展有效的救援和灾后恢复。GPS定位导航技术在自然灾害应急救援中得到广泛应用。

1）现场灾情快速获取与灾区区域确定

现场灾情信息是指灾害发生后现场的各种灾害损失信息，包括描述灾区破坏情况的图片、视频和文档等。目前现场灾情信息主要通过人员对现场灾情调查、灾情上报以及高分辨率卫星影像、航拍等空间技术获得。

2）现场幸存者搜救行动

在救援行动中，救援队到达现场后首先要制定搜索策略，即根据外部环境影响确定各区域或建筑物的搜索优先级，部署搜索兵力，指派搜索任务，形成生命搜索网。利用卫星定位导航技术，给出各搜索目标的位置，制定搜索策略和计划，实现搜索行进路线导航，对各分队实施动态调配，以达到资源的合理配置、搜索兵力的优化分布，提高整体搜索效率。

卫星定位导航技术不仅可以用于搜索计划的制定和实施，在具体的搜索和救援任务中也能发挥辅助定位的作用。目前，我国需发展具有自主定位导航功能的各种幸存者搜索和营救设备，并利用卫星定位技术，对搜索地点进行辅助定位；由能够进入有限空间的搜救犬或搜救机器人等携带定位设备，或利用幸存者灾前配备的卫星定位终端，以实现对幸存者的快速和准确定位，并记录接近路线，从而节省营救时间。

Etrex便携式GPS是一款多功能定位仪（图2－21），可接受双星卫星信号，内置地图、电子罗盘、行程数据和多种坐标系统格式，具有面积测量、高度测量、气象信息、无线传输等功能。

美国Trimble最新推出的厘米级移动GIS数据采集器（图2－22），有220通道，高达50 cm处理后精度，完全兼容GPS、GLONASS、Galileo、北斗和QZSS五大卫星系统。500万像素自动对焦且带地理标记功能，可连续工作10 h。

图2－21 Etrex便携式GPS（美国）

图2－22 移动GIS数据采集器

2.3 自然灾害现场营救装备

每当发生地震、海啸、风灾、洪水等自然灾害时，往往会造成建构筑物或者基础设施的损坏或倒塌，引起人员被困。很多坍塌的救援现场救援人员无法简单通过徒手展开营救，此时通过破拆装备切割结构物、顶撑装备支撑建筑物可以快速高效的帮助救援人员实施营救。

2.3.1 破拆装备

破拆器材是指用于强行开启门窗、拆毁建筑物、切割结构物、分开紧密接触物件、支撑重物以开辟消防救援通道和空间进行消防救援作业的系列器材，主要包括手动破拆器具、液压破拆器具、机动破拆器具、气动破拆器具、化学破拆器具等。

2.3.1.1 手动破拆器具

手动破拆器具主要有铁蜓、消防钩、消防斧、消防腰斧、绝缘剪等，用于破拆门窗、地板、天花板、木板屋面、板条抹灰墙以及在火场上剪断电线等。其最大特点是无须额外动力，噪声小、效率高、操作灵活等。

2.3.1.2 液压破拆器具

液压破拆器具具有撬开、支撑重物，以及分离、剪切金属和非金属材料及构件的功能。液压破拆器具主要有扩张器、剪扩器、剪断器、救援顶杆、开门器、便携式多功能钳、手动泵、机动泵等。特点在于液压系统中的油泵将原动机的机械能转换成液体的压力能，向整个液压系统提供动力。

1. 液压扩张器

液压扩张器是一种集扩张、牵拉和夹持功能为一体的专用抢险救援工具。在事故发生时，用于撬开、支起重物、分离金属和非金属结构，以解救被困者。液压扩张器的主要结构如图 2 - 23 所示。

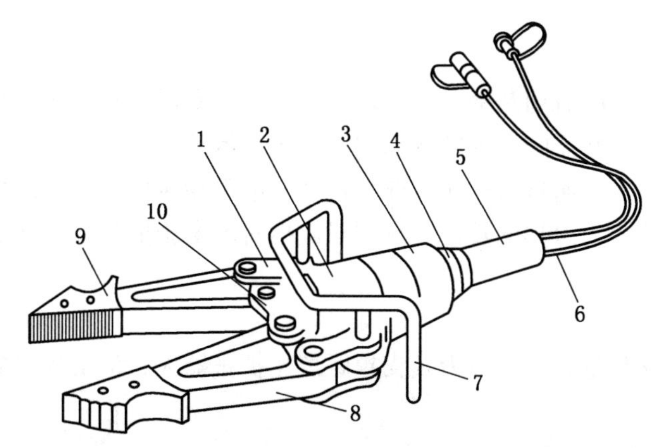

1—连接板；2—工作油缸；3—双向液压锁；4—换向手轮；5—手柄Ⅰ；6—高压软管；7—手柄Ⅱ；8—扩张臂；9—扩张头；10—联轴节

图 2 - 23 液压扩张器

用途：液压扩张器由高压机动泵或手动泵供油，工作油缸内高压油推动油缸活塞移动，再由移动的活塞推动扩张臂转动，从而使扩张臂前部实现扩和夹的动作。在应急救援中用于对破拆对象实施扩、夹及拉（装上牵拉链后）的救援作业。

2. 液压多功能钳（剪扩器）

液压多功能钳是一种以剪切板材和圆钢为主，兼具扩张、牵拉和夹持功能的专用抢险救援工具，用于破拆金属或非金属结构，解救被困者。液压多功能钳的主要结构如图 2－24 所示。

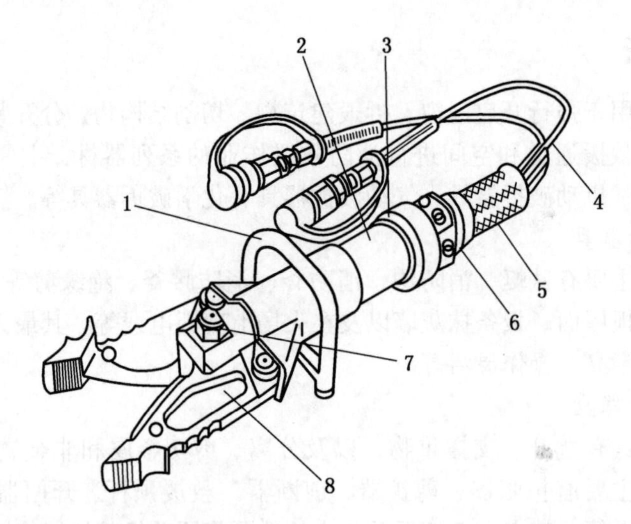

1—手柄；2—工作油缸；3—油箱盖；4—高压软管；5—手柄；
6—手控换向阀及手轮；7—中心销轴锁母；8—多功能切刀

图 2－24 液压多功能钳

用途：液压多功能钳是通过快速连接机动泵或手动泵供油，液压力推动活塞，通过连杆将活塞的动力转换成刀具的转动运动，从而对破拆对象实施剪、扩、拉、夹的救援作业。

3. 液压剪断器

液压剪断器是一种以剪切圆钢、型材及线缆为主的专用抢险救援工具，用于破拆金属或非金属结构。液压剪断器的主要结构如图 2－25 所示。

用途：液压剪断器是通过快速接口连接机动泵或手动泵供油，液压力推动活塞，通过连杆将活塞的推力转换为刀具的转动，从而对破拆对象实施剪切救援作业。

4. 液压顶杆

1）用途

液压顶杆用于支起重物，支撑力及支撑距离比扩张器大，但支撑对象空间应大于顶杆的闭合距离。

2）主要结构

液压顶杆主要由固定支撑、移动支撑、双向液压锁、手控双向阀、工作油缸、油缸盖、高压软管及操作手柄等部件构成。

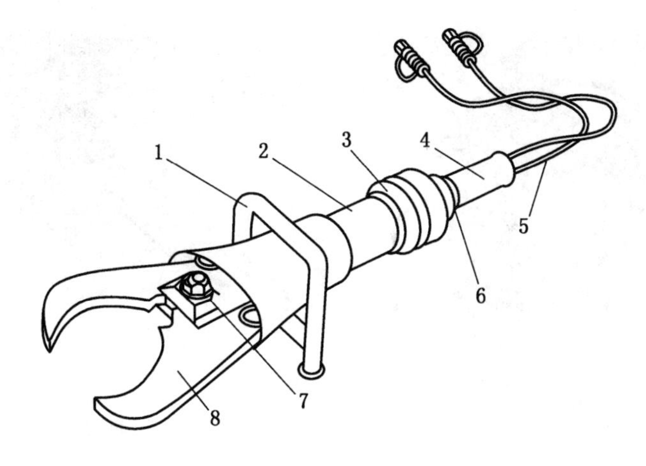

1—手柄Ⅰ；2—工作油缸；3—油缸盖；4—手柄Ⅱ；5—高压软管；
6—手控换向阀及手轮；7—中心销轴锁母；8—剪刀

图2-25 液压剪断器

5. 开门器

1）用途

开门器用于开启金属、非金属门窗等结构，从而解救被困者。

2）结构原理

开门器的结构原理是将并拢的底脚尖端插入被开启对象的缝隙中，然后用液压手动泵供油，在液压力的作用下，两个底脚逐渐分离，从而将被开启对象开启（撬开），如图2－26所示。

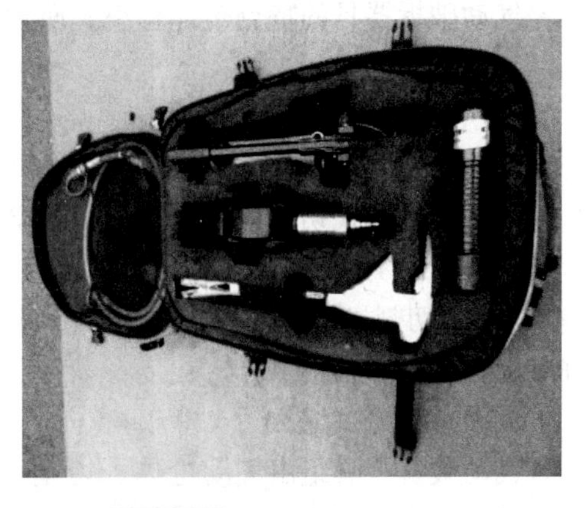

图2-26 防盗门破拆工具组

2.3.1.3 机动破拆器具

机动破拆器具以汽油为燃料，动力强劲，操作便捷，切割深，特别适合于应急救援工作。

1. 无齿锯

无齿锯以轻型汽油发动机为动力源，通过锯片的高速旋转，切割钢材和其他硬质材料及混凝土结构。无齿锯如图2－27a所示。

2. 双轮异向切割锯

双轮异向切割锯是一种新型的动力切割工具，采用了双锯片异向转动切割的工作模式，与单锯片的无齿锯相比，既提高了切割速度，又降低了切割作业时的反冲力及振动，并能多角度工作。

3. 机动链锯

机动链锯的锯链由特殊碳钢制成，链锯前端有滚珠设计，并设有保护装置，常用于木门、木楼板、木屋顶和树木等木质结构件的破拆。机动链锯如图2－27b所示。

(a) 无齿锯

(b) 机动链锯

图2-27 机动破拆器具

2.3.1.4 气动破拆器具

气动破拆器具的特点是体积小、质量轻、操作轻便；使用压缩空气，需与空气呼吸器钢瓶配合使用。

1. 气动切割刀（空气锯）

气动切割刀（空气锯）由切割刀具和供气装置构成，以压缩空气为动力，以条形刀具往复运动的形式切割金属和非金属薄壁、玻璃等，多用于交通事故救援中。

BX-700.10气动切割刀的工作压力为0.8~1.0 MPa，切割金属时，刀具与金属构件呈45°角，切割机的冲程为12.7 mm。切割刀每次使用后要涂润滑油，刀具每使用3次须仔细检查，做好维护保养。

2. 气动破拆工具组

气动破拆工具组由气动枪体、切割刀头（11种）、压缩空气瓶、输气管等组成。其中，若使用空心刀头，在破拆的同时可以喷洒灭火剂。

气动破拆工具组可用于凿门，汽车、飞机的薄铁皮切割，船舱甲板的破拆，混凝土开凿等，能随操作者用力的大小自动调整气动冲击的力度。平时应保持刀头清洁完整，防止气动管路破损。

2.3.1.5 化学破拆器具

1. 氧气切割器

氧气切割器由氧气瓶、气压表、电池、焊条、切割枪、防护眼镜和手套等组成。氧气切割器单用氧气，具有体积小、重量轻、快捷安全和低噪声的特点；切割温度达5500 ℃，能熔化大部分物质，对生铁、不锈钢、混凝土、花岗石、锦、铝都有良好的切割作用，同时还能完成穿刺、开凿等作业。平时，氧气切割器应保持电池电量充足，氧气瓶氧气足够，整个器材应保持清洁。

2. 丙烷切割器

1）用途

丙烷切割器用于切割低碳钢、低合金钢构件。

2）组成

丙烷切割器主要由丙烷气瓶、氧气瓶、减压器、丙烷与氧气混合气管、氧气管、割具等组成。

3）工作原理

首先打开预热阀，点燃丙烷与氧气混合气，对切割物局部预热；接着按下快风门，高压高速氧单独喷出，使金属氧化；氧化的金属被火焰熔化并被高压氧吹走，完成局部切割。这一过程循环进行，则可切割整块金属板材。

4）切割条件

（1）切割部分局部达到氧化温度；

（2）氧化物熔点要比金属母材熔点低；

（3）氧化物流动性好。

2.3.2 顶撑装备

顶撑技术是指在救援过程中为创建营救通道，对遇到的可移动（或部分可移动）的、强度高且质量大（或上覆物较多）的构件所采取的垂直、水平或其他方向的顶撑与扩张的方法。

2.3.2.1 顶撑器材

顶撑器材可分为液压顶撑设备和气动顶撑设备两类。

1. 液压顶撑设备

液压顶撑设备一般由机动液压泵、液压管和液压顶撑工具组成。常用的液压顶撑工具有双向单级顶杆、单向双级顶杆和液压千斤顶等。此外，液压扩张器、足趾千斤顶、开缝器也是顶撑操作中必要的辅助工具。

液压顶撑设备的主要特点是顶撑头小，顶撑力与顶撑距离较大，可以任意角度进行顶撑操作，但需要足够的顶撑附件放置空间。液压顶撑设备的常用附件包括顶撑底座、牵拉链条、各种用途的顶撑头、延长杆等。

2. 气动顶撑设备

气动顶撑设备一般由充气机、高压储气瓶、输气管、气动顶撑工具和空气压力控制附件等组成。常用的气动顶撑工具有高压气垫、气球和低压顶撑气袋3种。一般高压气动顶撑工具的工作压力为（8～10）$\times 10^5$ Pa，低压气动顶撑工具的工作压力为（0.5～1.5）$\times 10^5$ Pa。气动顶撑设备的主要特点是易于携带，操作简便，拆解迅速，顶撑面积大，顶撑力大（与气压和接触面积成正比），顶撑距离范围广，可以任意角度进行顶撑操作，所需的设备安置空间小。

2.3.2.2 顶撑技术

1. 垂直顶撑

垂直顶撑是根据堆叠构件大小、重量、稳定条件和彼此间隙，选择合适的液压或气动顶撑设备和顶撑点、支点位置，使部分堆叠构件在垂直方向上发生位移，从而形成水平通道入口。

垂直顶撑在操作过程中除应关注被顶撑构件的上下位置变化外，还应注意左右两侧是否会因垂直方向的位移而发生倒塌，如图 2－28 所示。

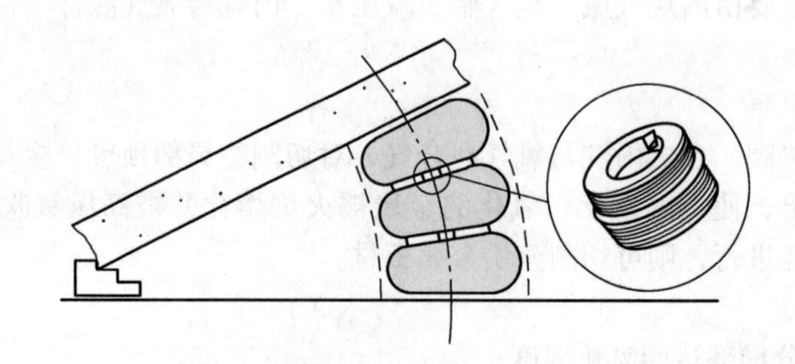

图2－28 利用椭圆气垫进行顶升

垂直顶撑操作后，应采取支撑（垫块）的方法使被顶撑构件处于稳定状态。

2. 水平顶撑

水平顶撑应用于被顶撑构件彼此呈左右挤靠的情况。为了从挤靠的被顶撑构件缝隙处创建营救通道口，可采用水平顶撑方法使被挤靠的倒塌构件向一侧或两侧移动。根据被挤靠构件的大小、重量、稳定条件和有效的外侧移动空间，选择合适的液压或气动顶撑设备和顶撑点、支点位置。

水平顶撑在操作过程中应注意挤靠构件移动中的倾斜状态变化和可能造成的破坏及倒塌情况。水平顶撑操作后，应采取支撑（垫块）的方法使废墟构件处于稳定状态。

3. 顶撑操作分析与顶撑支点选择

顶撑操作之前，应先了解废墟的结构组成，分析废墟构件静力学关系，然后再选择可靠的顶撑支点和适当的顶撑设备。

顶撑计算是根据倒塌废墟的建筑结构类型、建筑材料与现存状况，估算被顶撑体的重量及静力参数数据，预估其在顶撑操作后形成的新的稳定状态；同时，分析可选的顶撑位置、顶撑支点数量及顶撑距离，估算各点顶撑力的大小，从而选用适当的顶撑设备、方法和程序。顶撑支点的选择受被顶撑物的形状、质心位置、支点表面强度及所需支持力大小等因素的限制，多数情况下需采取其他准备措施，如垫块、钻凿等，使顶撑支点能满足顶撑操作的需求。

2.3.2.3 顶撑程序

顶撑操作的步骤如下：

（1）评估被顶撑物的组成结构及稳定性，进行顶撑计算分析。

（2）根据任务需求，确定顶撑类型、顶撑方法和顶撑设备。

（3）选定顶撑支点位置，确定顶撑操作的步骤。

（4）准备顶撑设备。

（5）将顶撑工具放入顶撑支点，如空间太小，应利用开缝器进行扩展。

（6）按设计的操作步骤实施顶撑操作，并监控安全状况。

（7）达到顶撑目标位置后，利用木材或垫块等在顶撑支点处对被顶撑物进行支撑。

（8）缓慢取出顶撑设备。

2.3.2.4 顶撑操作的注意事项

顶撑操作时应注意以下几点：

（1）液压撑杆的延长杆不能连接在柱塞延伸一侧的端部。

（2）使用撑杆和千斤顶时，其底部和顶部一般应加防滑垫块，接触部位应足够坚硬。

（3）只要有可能，就应使用2个千斤顶，并放置在2个不同的顶撑点上。

（4）高压顶撑气垫在使用中应保证气垫整体都承受负荷，否则会减少顶撑力并可能引起气垫侧翻或被挤出。

（5）气垫与被顶撑物和支撑物的距离要足够小。

（6）气垫在使用后应检验是否有损坏或化学腐蚀、轻度割伤。

（7）为防止被顶撑构件发生意外滑动，在顶撑前应确定支点并采取必要的支固措施。

2.3.3 牵拉装备

牵拉器（图2-29）适用于各种救援时的平向牵引。

图2-29 抢险救援车（牵引装置）

（1）在破拆、结构调整时，对受困人员的解救。

（2）用于牵拉方向柱等结构，对人员施救。如设备、物体、车辆的平向移动，货物的捆扎，游船的停泊，树木的扶正等。尤其适用于局部空间受到限制的场所。其特点：① 重量轻，体积小，结构紧凑，耐磨损，耐腐蚀；② 不易打滑、不损伤被捆货物表面，适合多次频繁装卸；③ 采用合理的连动系统，手扳力小，大大减小对钢丝的磨损，提高了整机性能；④ 操作简单、方便。

2.3.3.1 安全操作规程

（1）吊装或牵拉前应仔细检查牵拉器两个挂钩固定是否稳定牢固、牵引绳索是否完好，一切准备工作正常，方可吊装及牵拉。

（2）吊装及牵拉时应注意不要磨损牵引绳索，避免断裂发生危险。

（3）如果被吊装及牵拉的是受伤生命体，必须做好安全防护，以免造成二次伤害。

2.3.3.2 使用及操作

牵拉器操作步骤如下：

（1）打开棘轮。按下牵拉器手柄处的红色按钮，手柄控制另一端的限位棘爪与棘轮可以完全脱开。

（2）拉出钢索。牵拉器底部有弹簧控制扳机（图2－30），向后拉动底部的弹簧控制扳机（图2－31），钢索可以自由拉出（图2－32）。

图2－30 弹簧控制扳机示意图

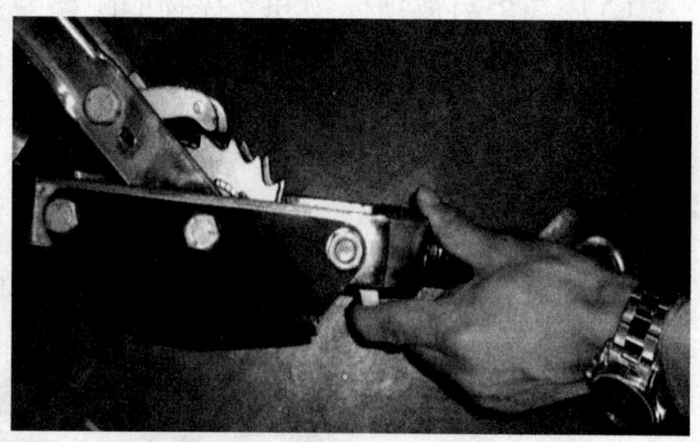

图2－31 拉动弹簧控制扳机示意图

图2－32 钢索拉出示意图

（3）锁紧棘轮，弹簧机关复位。拉出钢索到达适合长度后，放开弹簧扳机，检查是否锁紧；抬起手柄处的红色按钮，使手柄控制的限位棘爪与棘轮咬合锁紧。仔细检查上述两处确认锁紧后才可进行下述牵拉作业。

（4）固定牵拉器。将手动牵拉器头部挂钩固定或悬挂于固定物体上，如果需要可连接能够承受同样吨位的钢丝绳或者索链，如图2－33所示；将另一端的挂钩挂在需要吊运或牵拉的物体上，如图2－34所示。

图2－33 牵拉器固定示意图

图2-34 固定牵拉物体示意图

（5）实施牵拉作业。手柄向前推压，向上提拉，向后按压，此动作反复进行，即可达到收紧绳索、拉动或提升起被牵拉物体的目的。

（6）松开连接。完成牵拉后，重复（1）、（2）中的按压红色手柄按钮及扳动弹簧扳机，导致钢丝绳完全松动，此时在摘钩后解开所有连接。

（7）收回牵拉器。首先，重复（3）的操作，将棘轮锁紧、弹簧机关复位。带钢丝绳的挂钩端要施加一定的力，另一人实施（5）中的来回拉动作业，将牵拉器钢丝绳完全收紧（图2-35）。设备每次使用后应将表面擦拭干净（清洁表面时可用柔软质地的湿布），待表面完全干燥后再放入箱组指定位置中保存。

图2-35 牵拉器回收示意图

2.3.3.3 维护保养

设备每次使用后应将表面擦拭干净（清洁表面时可用柔软质地的湿布），待表面完全干燥后再放入固定架中保存。

2.3.4 绳索装备

绳索营救装备的用途多种多样，并且具有很高的实用性，是救援必备装备。在山岳救援、高空救援、深井救援、水上救援中采用绳索救援技术非常有效，可用来穿越（或到达）一般情况下无法通过（或抵达）的地方。

2.3.4.1 救援绳索

救援绳索主要采用2种：一是夹芯绳，这种绳索伸缩性小，不会因承受大的拉力而过度伸展，救援中作为主绳使用（图2－36a）；二是三股搓制尼龙绳（螺旋救助绳），这种绳索强度高，用于消防员自身的身体结索、支点的制作和救生固定（图2－36b）。2种绳索配合使用，可以更好地确保救援行动安全、高效。

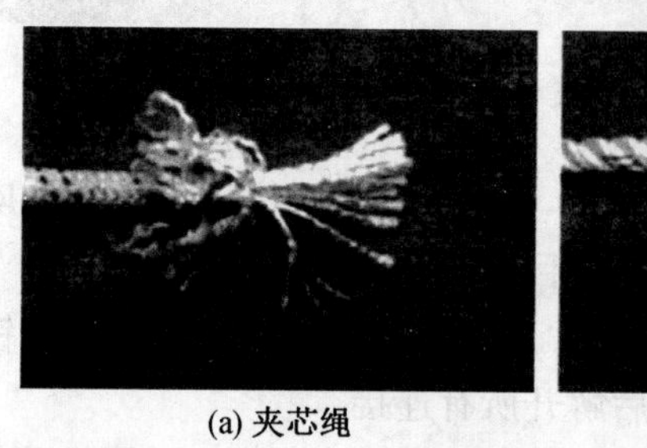

(a) 夹芯绳　　(b) 尼龙绳

图2－36 救援绳索

2.3.4.2 个人吊带

个人吊带（图2－37）是绳索救援人员的空中工作平台，是根据多年绳索救援经验设计的。使用时要求个人吊带穿着应舒适并且不影响营救操作，强度应满足承载2个人（营救人员和被救者）的重量。吊带的腿、腰部位通常宽且厚，可使该部位人体受力小，以保证长时间营救操作的舒适性。另外，吊带上还设有可悬挂安全挂钩、滑轮、小型工具的塑料挂圈。

图2－37 个人吊带

根据救援中的不同功能，个人吊带可分为半身吊带（轻型）、全身吊带（坐式）、可倒置吊带（多功能）、救助吊带等类型。吊带的吊点主要在身的前部、后部和肩部。通常，前胸腹部称作主吊点，其余为辅助吊点；后部吊点为背部吊点，可倒置吊带在肩部有两个吊点。

2.3.4.3 绳用滑轮

绳用滑轮的主要功能为转向和省力，其制造材料有钢和铝2种，钢制滑轮比铝制的强度要高，但重量稍大。根据用途的不同，绳用滑轮的种类包括单轮滑轮（图2－38）、双轮滑轮、自锁滑轮、可使带绳结的绳索通过的绳结滑轮以及可沿主绳自由滑动的平底滑轮等。

图2－38 单轮滑轮

2.3.4.4 缓降与上升器

1. 缓降器（8字环，强度值为35 kN）

缓降器是缓降人员与主绳索的连接器，用于从高处下降时的速度与制动控制，有带耳和不带耳2种。也有为支持人员使用的能控制人员和物体下降速度的专用缓降器，如图2－39a所示。

2. 手动式上升器（强度值为15 kN）

手动式上升器用于救援人员沿主绳攀升，供单人使用，带有较锋利的抓绳锯齿，使用时对绳索有破坏性，但不发生滑移，也有带脚套的上升器和胸式上升器，如图2－39b所示。

3. 止锁器（强度值为22 kN）

止锁器是指攀升或下降时的绳索止锁装置，有抓紧绳索用的锯齿，但不太锋利，一般对绳子无损坏作用，如图2－39c所示。

(a) 缓降器

(b) 手动式上升器

(c) 止锁器

图2－39 缓降与上升器

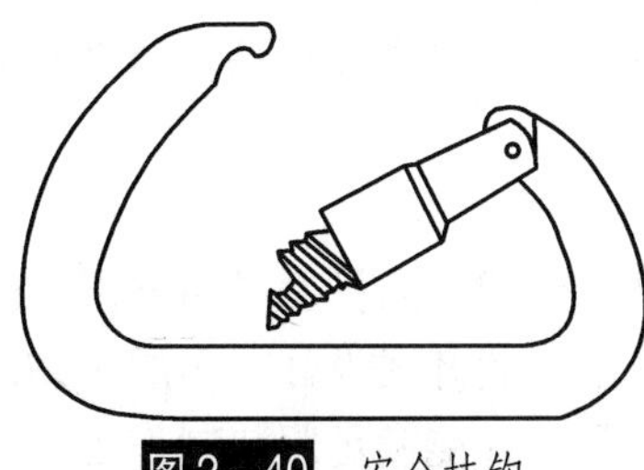
图2－40 安全挂钩

2.3.4.5 安全挂钩（锁环）

目前的安全挂钩大多为D形（图2－40），开口在弧形一侧，其受力部位在长直边一侧，承载强度稳定。早期的安全挂钩产品为椭圆形，因开口部位的影响使其受力不均匀，局部承载强度小，且在开口处设有止锁装置，常见的有快锁式和螺扣式2种。

2.3.4.6 辅助器具

1. 护绳用品

绳索是绳索救援中最重要的用具，因为救援人员和被救者的生命都系于其上，故护绳用品在绳索救援中得到大量使用。常用的护绳用品有护套、护垫、护板及墙角护轮等，可用于绑扎岩石、有锋利的边角等锚固物（图 2－41）。有些专业的绳索护套还带有固绳槽，具有减少摩擦产生的热量的作用。

图 2－41 护绳用品

2. 锚分配器

锚分配器用于锚固点与安全挂钩、滑轮等器具的连接，操作简便、锚固作用力分配均匀。

3. 绳包（袋）

绳包（袋）用于存储救援绳。

4. 其他

辅助器具还包括手腕提升带、释放止动带（强度值为 35 kN）、量绳器、切绳器等。

2.3.5 安全装备

个人防护装备是指在灭火和抢险救援作业中用于保护消防指战员免受高温、毒气、核辐射、热辐射、高空坠落物、地面尖锐物等伤害的装备种类。个人防护装备主要包括消防战斗服、消防头盔、消防靴、特种防护服、呼吸保护器具等。

2.3.5.1 防护服

1. 灭火防护服

消防员灭火防护服（图 2－42）适用于消防员在灭火救援时穿着，对消防员的上下躯体、头颈、手臂和腿等部位进行热防护，阻止水向隔热层渗透，同时在大运动量活动时能够顺利排出汗气。

1）组成与结构

消防员灭火防护服为分体式结构，由防护上衣、防护裤子组成。防护服是由外层、防水透气层、隔热层、舒适层等多层织物复合而成，采用内外层可脱卸式设计。多层织物的复合物可允许制成单衣或夹衣，还设有黄白相间的反光标志带，并能满足服装制作工艺的基本要求和辅料相对应标准的性能要求。

2）穿着要求

（1）穿着前应进行检查，发现有损坏，不得使用。

图2-42 灭火防护服（自救绳包、灭火战斗靴）

（2）穿着中不宜接触明火以及有锐角的坚硬物体。

（3）穿着后应及时检查，发现破损应报废，及时更换。

3）维护保养

（1）沾污的防护服可放入温水中用肥皂水擦洗，再用清水漂净晾干，不允许用沸水浸泡或火烘烤。

（2）应储存在通风、干燥、清洁的库房内，避免雨淋、受潮、曝晒，且不得与油、酸、碱及易燃易爆物品或化学腐蚀性气体接触。

（3）在正常储存条件下，每1年检查1次，检查合格后方可投入使用，防护服使用后应用水冲洗净，晾干储存。

（4）在正常保管条件下，储存期为2年。

2. 隔热服

消防员隔热防护服是消防员在灭火救援靠近火焰区受到强辐射热侵害时穿着的防护服，也适用于工矿企业工作人员在高温作业时穿着。但不适用于消防员在灭火救援时进入火焰区与火焰有接触时，或处置放射性物质、生物物质及危险化学品的区域时穿着。

1）组成与结构

消防员隔热防护服面料由外层、隔热层、舒适层等多层织物复合制成。外层采用具有反射辐射热的金属铝箔复合阻燃织物材料，隔热层用于提供隔热保护，多采用阻燃粘胶或阻燃纤维毡制成。采用多层织物复合的结构，防辐射渗透性能以及隔热性能得到提高。

消防员隔热防护服的款式分为分体式和连体式2种。分体式消防员隔热防护服由隔热上衣、隔热裤、隔热头罩、隔热手套以及隔热脚盖等单体部分组成；连体式消防员隔热防护服由连体隔热衣裤、隔热头罩、隔热手套以及隔热脚盖等单体部分组成。

2）穿着要求

（1）穿着前，应检查消防员隔热防护服表面和面罩有否裂痕、炭化等损伤，接缝部位是否有脱线、开缝等损伤，衣扣、背带是否牢固齐全如有损伤，应停止使用。

（2）穿着时，首先应佩戴好防护头盔、防护手套、防护靴和空气呼吸器；然后穿着消防员隔热防护服，并将隔热头罩、隔热手套、隔热脚盖分别穿戴在防护头盔、防护手套和防护靴的外部，将空气呼吸器储气瓶放在背囊中。

（3）穿着者应选择合适规格的消防员隔热防护服，并应与防护头盔、防护手套、防护靴和空气呼吸器等防护装具配合使用。在灭火战斗中，穿着消防员隔热防护服不得进入火焰区或与火焰直接接触。

3）维护保养

（1）灭火或训练后，应及时清洗、擦净、晾干隔热服。隔热层和外层应分开清洗。清洗时不能使用硬刷或用强碱，以免影响防水性能。晾干时不能在加热设备上烘烤。若使用中受到灼烧，应检查各部位是否损坏，如无损坏，可继续使用。

（2）在运输中应避免与油、酸、碱及易燃、易爆物品或化学药品混装。

（3）应储存在干燥、通风的仓库中，储存和使用期不宜超过1年。

3. 避火服

消防员避火防护服是消防员进入火场,短时间穿越火区或短时间在火焰区进行灭火战斗和抢险救援时,为保护自身免遭火焰和强辐射热的伤害而穿的防护服装,也适用于玻璃、水泥、陶瓷等行业中的高温抢修时穿着。但不适用于在有化学和放射性伤害的环境中使用。

1）组成与结构

消防员避火防护服采用分体式结构，由头罩、戴呼吸器背囊的防护上衣、防护裤子、防护手套和靴子5个部分组成。头罩上配有镀金视窗，宽大明亮且反辐射热效果好，内置防护头盔，用于防砸，还设有护胸布和腋下固定带；防护上衣后背上设有背囊，用于内置正压式空气呼吸器，保护其不被火焰烧烤；防护裤子采用背带式，穿着方便，不易脱落；防护手套为大拇指和四指合并的二指式；靴子底部具有耐高温和防刺穿功能。

消防员避火防护服的主要材料包括耐高温防火面料、碳纤维毡、阻燃黏胶毡、阻燃纯棉复合铝销布、阻燃纯棉布等。辅料包括挂扣、二连钩、棱、拉链、魔术贴（粘扣）、头罩视窗、内置头盔、背带等。

消防员避火防护服由8层材料经分层缝纫、组合套制而成。

2）穿着要求

（1）穿着前应认真检查有无破损，如服装破损严禁使用。消防员避火防护服较其他衣服稍重，穿时需要他人协助，而且必须佩戴空气呼吸器和通信器材，保证在高温状态下的正常呼吸，以及与指挥人员的联系。

（2）穿着步骤：先穿上裤子和靴子，系好背带，扎好裤口；背好空气呼吸器；穿上衣，粘牢搭扣，将重叠部分盖严，将钩扣扣牢；戴空气呼吸器面罩，打开开关；戴上头罩，头盔戴好后，把腋下固定带固定好；戴手套，将手套套在袖子里面，扎紧袖口。

（3）脱卸步骤：先脱去手套，卸下头罩，然后脱去上衣，卸下空气呼吸器面罩及气瓶，脱去防火靴，最后脱去裤子。

（4）消防员穿着该服装在进行长时间消防作业时，必须用水枪、水炮进行保护。穿着消防员避火防护服进行实战的消防员应是穿着消防员避火防护进行模拟场战训演练的合格者。在抢险过程中，消防员始终处于高度紧张和高体力消耗状态，因此消防员必须具备良好的身体素质。

3）维护保养

（1）使用后可用干棉纱将防护服表面烟垢和熏迹擦净，其他污垢可用软毛刷蘸中性洗涤剂刷洗，并用清水冲洗干净，不能用水浸泡或捶击，洗净后悬挂在通风处，自然干燥。镀金视窗应用软布擦拭干净，并覆盖一层PVC保护，以备再用。

（2）应保存在干燥通风处，防止受潮和污染。

4. 全密闭防化服

消防员化学防护服装（图2－43）是消防员在处置化学事故时穿着的防护服装。可保护穿着者的头部、躯干、手臂和腿等部位免受化学品的侵害。不适用于灭火以及处置涉及放射性物品、液化气体、低温液体危险物品和爆炸性气体的事故。

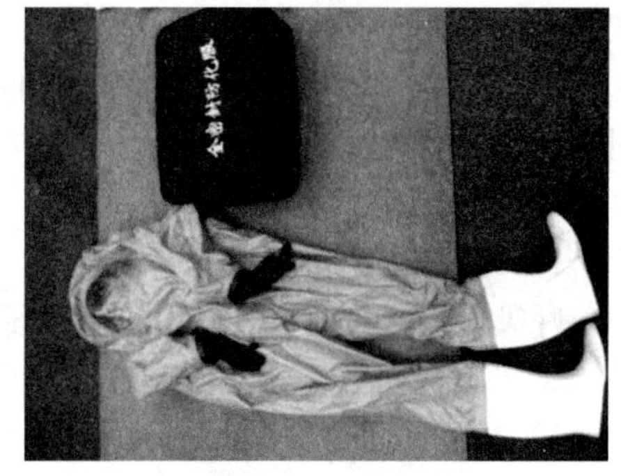

图2－43 全密封防化服

1）组成与结构

全密闭防化服为连体式全密封结构，由带大视窗的连体头罩、化学防护服、内置式正压式消防空气呼吸器背囊、化学防护靴、化学防护手套、密封拉链、超压排气阀和通风系统组成，与正压式消防空气呼吸器、消防员呼救器及通信器材等设备配合使用。化学防护靴和化学防护手套通过气密紧固连接装置与化学防护服连接。其主要材料和零部件包括高强锦丝绸涂覆阻燃耐化学介质面料、宽视野大视窗、化学防护靴、化学防护手套、密封拉链，以及单向超压排气阀、通风系统分配阀、通气胶管、塑料连接圈、不锈钢箍条等。

2）穿着要求

（1）背上正压式消防空气呼吸器压缩气瓶，系好腰带并调整好压力表连接管位置，不开气源，把消防空气呼吸器面罩吊挂在脖子上。

（2）挎带自动收发声控转换器，脖子上系上喉头发音器，将对讲机和消防呼救器系在腰带上，然后将发音器接上自动收发转换器和对讲机。

（3）将化学防护服密封拉链拉开，先伸入右脚，再伸入左脚，将防护服拉至半腰，然后将压缩空气钢瓶供气管接上分配阀，空气呼吸器面罩供气管也接上分配阀，打开压缩空气瓶瓶头阀门，向分配阀供气。

（4）戴上空气呼吸器面罩，系好面罩带子，调整松紧至舒适。

（5）戴上消防头盔，系好下颌带。

（6）辅助人员提起服装，着装者穿上双袖，然后戴好头罩。由辅助人员拉上密封拉链，并把密封拉链保护层的尼龙搭扣搭好。

3）维护保养

（1）每次使用后用清水冲洗，并根据污染情况，可用棉布蘸肥皂水或0.5%～1%碳酸钠水溶液轻轻擦洗，再用清水冲净。不允许用漂白剂、腐蚀性洗涤剂、有机溶剂擦洗服装。洗净后，服装应放在阴凉通风处晾干，不允许日晒。

（2）一级消防员化学防护服装应储存在温度－10～＋40 ℃、相对湿度小于75%、通风良好的库房中；距热源不小于1 m，避免日光直接照射，不能受压及接触腐蚀性化学物质和各种油类。

（3）可以放入包装箱或倒悬挂储存。放入包装箱折叠时，先将密封拉链拉上，铺于地面，折回双袖（手套钢性塑料环处可错开），将服装纵折，靴套错开，再横折，面罩朝上，放入包装箱内，避免受压。倒悬挂存储时，应拉开密封拉链，将服装胶靴在上倒挂在架子上，外面套上布罩或黑色塑料罩。

（4）消防员化学防护服装储存期间，每3个月进行1次全面检查，并摊平停放一段时间，同时密封拉链要打上蜡，完全拉开，再重新折叠，放入包装箱。

2.3.5.2 呼吸保护器具

1. 呼吸保护器具种类

呼吸保护器具通常有过滤式防毒面具、氧气呼吸器、空气呼吸器3种类型。

2. 几种常用呼吸保护器具的使用特点

1）过滤式防毒面具

防毒面具属开放式呼吸保护器具，结构简单、重量轻、携带使用方便，对佩戴者有一定的呼吸保护作用；现开发的系列滤毒盒可对付所有现存的有毒有害气体，使其适应性很广。

防毒面具使用对环境条件有一定限制，如氧气浓度不能低于17%，毒气浓度不得超过规定的滤毒范围，呼吸阻力较大；一种滤毒盒只能过滤规定的一种或几种毒气，其选择性强。因此，当火场或救援现场大气环境中毒气浓度大、严重缺氧或无法准确判断毒害气体成分时，使用防毒面具的安全性则无法保障。

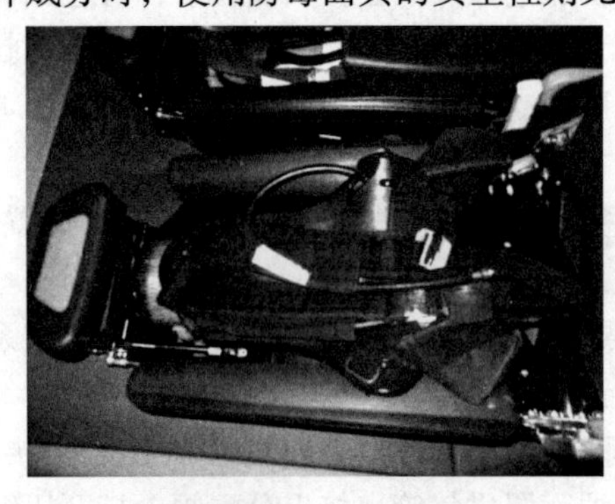

图2－44 氧气呼吸器

2）氧气呼吸器

氧气呼吸器（图2－44）属于密闭式呼吸保护器具，气瓶体积小、重量轻，便于携带，且有效使用时间长。在需要长时间作业的救援场所（如地铁救援、矿井救援）中使用的优势很明显。氧气呼吸器结构复杂，维修保养技术要求高；部分人员对高浓度氧（含氧大于21%）呼吸适应性差，泄漏氧气有助燃作用，安全性差；再生后的氧气温度高，使用受到环境温度限制，一般不超过60 ℃；氧气来源不易，成本高。

3）空气呼吸器

空气呼吸器属于密闭式呼吸保护器具，适用范围广，结构简单，空气气源经济方便，呼吸阻力小，空气新鲜，流量充足，呼吸舒畅，佩戴舒适，大多数人都能适应；操作使用和维护保养简便；视野开阔，传声较好，不易发生事故，安全性好；尤其是正压式空气呼吸器，面罩内始终保持正压，毒气不易进入面罩，使用更加安全。因此，在毒气种类未知、毒气浓度大或在化学事故严重污染区，其使用优势明显。

空气呼吸器气瓶重量较大，给消防附加的额外荷载较大；使用时间较短，不能满足长时间佩戴进行灭火救援的需要。从实际配备情况来看，因空气呼吸器具有许多独特优点，特别是正压式空气呼吸器，更适合在灭火战斗中使用，所以配备最多。氧气呼吸器使用时间长，在一些火灾和抢险救援作业中有不可替代的作用，我国消防救援队伍已认识到这一点，新器材配备标准中规定这种呼吸器的配备数。过滤式防毒面具在我国消防救援队伍中现配备较少。

2.3.6 工程机械装备

近年来，自然灾害（地震、洪捞、火灾、台风、暴雪、山体崩塌、滑坡、泥石流等）频繁发生，工程机械在抢险救灾领域崭露头角，工程机械装备在抢险救灾过程中所显示的优势也愈发得到人们的重视。抢险救灾的绝大部分任务必须依靠机械化作业来完成，没有工程机械的投入和使用，抢险救灾是难以高效开展的。

2.3.6.1 挖掘机

在地震中，挖掘机是清理道路废墟、迅速打通道路阻塞的有力武器，可以让更多的工程机械救援设备能够快速进入搜救现场开展搜救工作，为受灾群众打开生命之路。在泥石流灾害中，挖掘机是排险的首要工具。它能够快速打捞淤泥、开辟河道，有效帮助泄洪。此外，挖掘机还可排除受灾现场的淤泥、淤水，开辟出一个操作面，让更多的大型机械设备能够进入搜救现场，开展搜救工作。甘肃舟曲的泥石流救援中就大批使用挖掘机，使救援工作能够快速展开，如图 2－45 所示。

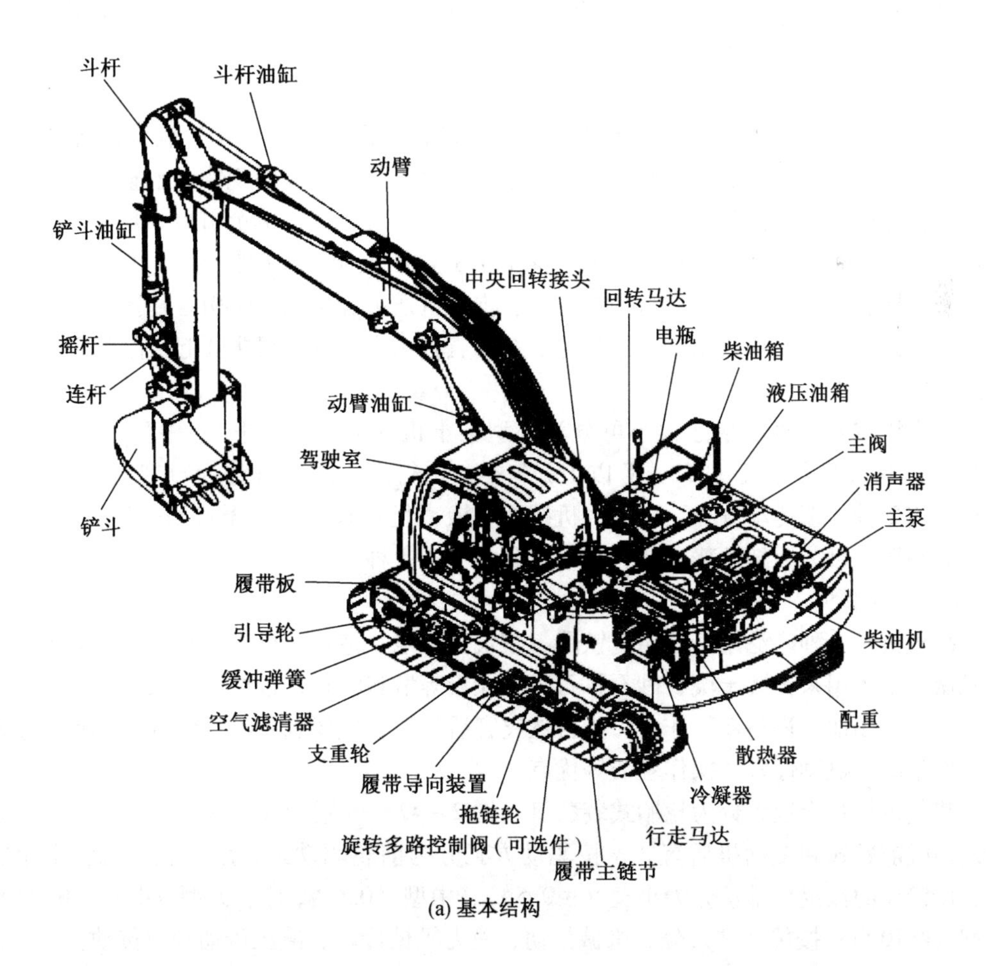

(a) 基本结构

(b) 救援现场

图2-45 挖掘机在泥石流灾区实施救援

挖掘机除清理废墟和淤泥、淤水外，还能救助被困群众脱离险境，甚至还是救援专家的“伙伴”——专家可“搭乘”挖掘机挖斗查看救援现场。挖掘机还是拆除破损房屋的有力工具，并且在灾后重建中起着重要作用。

2.3.6.2 推土机

推土机主要由发动机、传动系统、行走系统、工作装置、操作控制系统等几部分组成。主要用来开挖路堑、构筑路堤、回填基坑、铲除障碍、清除积物、平整场地等，也可用来完成短距离内松散物料的铲运和堆积作业。当自行式铲运机牵引力不足时，推土机还可做助铲机，用推土板进行顶推作业。推土机配备松土器，可翻松3、4级以上硬土、软石或凿裂层岩，配合铲运机进行预松作业。推土机还可利用挂钩牵引各种拖式机具进行作业，如拖式铲运机、拖式振动压路机等。在抗震救灾中，推土机主要起清除障碍物、打通道路、平整地面的作用。

推土机按发动机功率的大小可分为小型推土机（37 kW以下）、中型推土机（37～250 kW）和大型推土机（250 kW以上）3类；按行走方式，可分为履带式（图2-46）和轮胎式2种；按传动方式，可分为机械式、液力机械式、全液压式和电气传动式4种；按作业环境，可分为地面普通式、两栖式和水下式3种。

2.3.6.3 装载机

装载机是一种广泛用于公路、铁路、建筑、水电、港口、矿山等建设工程的土石方施工机械，主要用来铲装土壤、砂石、石灰、煤炭等散状物料，也可以用来进行自然灾害后整理、刮平场地及进行牵引作业，为自然灾害后救援提供便利条件。装载机具有作业速度快、效率高、机动性好、操作轻便等优点。

装载机按行走装置分为轮胎式装载机（图2-47）和履带式装载机；按发动机位置分为发动机前置式和发动机后置式；按驱动方式分为前轮驱动式、后轮驱动式和全轮驱动式；按铲斗的额定载重量分为小型（<0.5 t）、中型（0.6～2 t）、大型（4.1～10 t）和特大型（>10 t）；按传动方式分为机械传动、液力机械传动、液压传动和电传动。

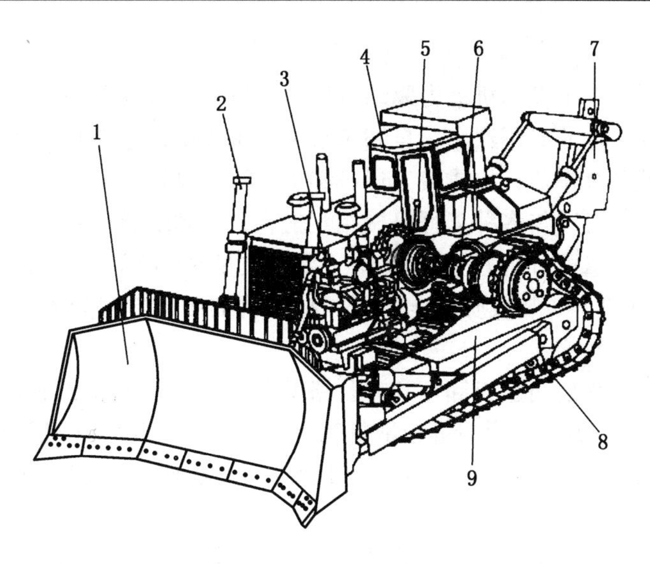

1—铲刀；2—液压系统；3—发动机；4—驾驶室；5—操作系统；
6—传动系统；7—松土器；8—行走装置；9—机架

图2－46　履带式推土机基本结构

2.3.6.4　起重机

起重机属于起重机械，是一种做循环、间歇运动的机械，按结构形式，可分为桥架型起重机和臂架型起重机两类。臂架型起重机又可分为门座式起重机、塔式起重机和移动式起重机。

如图2－48所示，起重机在自然灾害救援现场，多用于起吊大型废墟，也用于抢通道路，大大提高了救援速度。

图2－47　轮胎式装载机

图2－48　起重机在救援现场

2.3.6.5 自卸车

自卸汽车是利用本车发动机动力驱动液压举升机构，将其车厢倾斜一定角度卸货，并依靠车厢自重使其复位的专用汽车。自卸车在土木工程中，经常与挖掘机、装载机、带式输送机等工程机械联合作业，构成装、运、卸生产线，进行土方、砂石、散料的装卸运输工作，在抗震救灾中可以与多种工程机械相互配合，起到疏通道路的作用。

自卸车按装载质量可分为轻型自卸车（装载质量≤6 t）、中型自卸车（6 t <装载质量<13 t）和重型自卸车（装载质量≥13 t）；按货物的倾卸方向分为后翻式、侧翻式、三开式、五开式和底板翻式。

自卸车按用途分为公路型自卸车和非公路型自卸车。公路型自卸车（装载质量在2～20 t）主要承担砂石、泥土、煤炭等松散货物运输，通常是与装载机配套使用。某些自卸汽车是针对专门用途设计的，故又称专用自卸车，如摆臂式自装卸汽车、自装卸垃圾汽车等。

非公路自卸车（装载质量在20 t以上）是指在露天场合为完成岩石土方运输与矿石运输等任务而使用的一种非公路用重型自卸车，主要应用在露天矿山、港口码头、水利水电工程和钢厂等大型施工现场。非公路自卸车通常分为刚性自卸车和铰接式自卸车两大类。

自卸车主要由倾卸机构、液压驱动系统和附件系统组成。倾卸机构由货厢、副车架、铰链轴及倾卸杠杆机构等组成；液压驱动系统由取力器、传动轴、油泵、管路系统、举升液压缸及分配阀等组成；附件系统由安全撑杆、举升限位装置、后厢板自动启闭装置、货厢下落导向板及副车架连接装置等组成。根据油缸与车厢底板的链接方式，自卸车常用的举升机构可以分为直接推动式和连杆组合式两大类。

图2－49 液压剪参与救援

2.3.6.6 排障车

多功能排障车是指装备有起重、托举、排障、拖曳设备，具有推除路障、牵引车辆、吊装重物、攻击自卫等功能的特种车辆。多功能排障车的车头配备大铲，用铲刀可以在发生自然灾害或骚乱时，及时推开树枝干、杂物及故意布置的其他沉重的路障。对某些障碍物，单用铲刀难以移动，排障车上还配备了20 t级吊车，这足以避开绝大多数障碍，扶正翻倒的车辆。这种排障车还配备了前后绞盘，可以拖拉障碍物，保证道路畅通，是抢险救援的必要装备。因此，在地震、泥石流等自然灾害中，排障车起着疏通道路和保障救援部队进入灾后现场实施救援的重要作用。

2.3.6.7 液压剪

液压剪可进行剪切，扩张。当发生地震等灾害发生时，它可发挥扩张和拽拉功能，用于将门撬开，支起移动重物，分离开金属或非金属结构等；其剪切和夹持功能，可用于剪断钢筋护栏、门框、电缆、汽车框结构以及其他金属或非金属结构，救护被困于受限环境中的受害人或抢救处于危险环境中的受害物，如图2-49所示。

2.4 自然灾害救护装备

在大规模自然灾害突发事件发生后，病人就医数量呈“井喷式”增长，大量病人需要及时救护；然而常规医疗资源紧张，床位不能满足应收尽收的要求，面临着延误治疗时机、造成人员伤害的双重压力。面对应急救援任务呈现的复杂性、综合性和多态性态势，应急救援人员需在短时间内，建立、改装战地医院，并完成战地医院装备的综合建设；需实现快速、高效、准确、持续的综合医疗救治装备保障，全面提升专业救援力量承担多样化应急救援任务的能力；同时做好灾后的防疫工作，借助消毒和防疫防护装备预防、控制并消除传染病的传播，最大程度减少人民群众的生命和财产损失，维护灾区社会稳定。

2.4.1 战地医院装备

2.4.1.1 战地医院概述

战地医院最早应用于战时战场的应急救治，当今已拓展到各种自然灾害的应急救治中。战地医院的建造方式多种多样，可在适当地点通过模块化建造而成，或改造大型场馆为战地医院，或改造现有大型飞机和轮船为战地医院，如空中医院和医院船。这些战地医院能够有效解决应急状态下常规医院床铺不足的现状。除空中医院和医院船等部队管理的战地医院配有专职医护人员和团队以外，其他战地医院的医护人员一般由各地医疗救援队伍组成。例如，新型冠状病毒性肺炎疫情期间，武汉火神山医院从2020年1月23日下午开始建造，2月3日投入使用，不到10天时间建成。医院总建筑面积3.39×10^4 m^2，设置床位共有1000张。从2月4日开始接收新型冠状病毒性肺炎患者，到4月15日正式关闭封存，共收治病人1800多人。

战地医院功能齐全，设备先进，信息化程度高，机动性能好，自身保障能力强，可在各种气候条件下投入使用并能适应大范围的温差变化。同时配备独立的发电机，以满足各种医疗设备巨大的能源消耗，预防突发停电导致的医疗事故。医院还配备完善的水净化系统，在野外完全可以保证饮用水的安全。战地医院可分为方舱医院、帐篷医院、车载医院、空中医院、医院船。

2.4.1.2 方舱医院

方舱医院是装配有各种医疗设备、设施、仪器及药材，能独立展开医疗救治或技术保障的专用方舱，是一种可移动的医疗单元（图 2－50）。方舱医院主要包括扩展式或非扩展式诊疗方舱、医疗保障方舱、卫勤作业方舱等，可抽组单个方舱执行任务，也可按照不同的使用要求将几种方舱组合在一起，配备相应的辅助单元（如帐篷及炊事车、运水车、运油加油车、宿营车、厕所车等后勤保障车辆），形成相互配套、类型不同、规模各异的机动野战医院或救援诊疗所。方舱医院具有组织精干、救治能力强、机动性强等特点，可以随时与救援部队同步行动，便于陆、海、空运输，实现各种运输方式的联运（综合运输），效率高，费用低，装卸转运快，节省运输时间，既适于战时使用，又利于平时抢险救灾，支援边远地区，能有效地提高整套器材设备的机动性和利用率，改善医疗救治条件和工作环境。

图 2－50 方舱医院

1. 武警救援方舱医院

1）方舱医院组成

武警救援方舱医院主要承担重大灾害救援、应急支援保障、区域卫勤力量基地化训练等任务。武警救援方舱医院主体由医疗方舱单元（6 台双扩方舱）、病房帐篷单元（8 顶充气帐篷和 2 台固定方舱）和通道帐篷（3 顶网架帐篷）组成，配套 12 辆保障车组。方舱配备人员 100 名，展开面积 1800 m^2，开设床位 50 张，日手术量 40 人次，伤病员通过量 300 人次，救治能力相当于二级甲等医院水平，整体布局如图 2－51 所示。按照救治流程依次为：门急诊救治单元→通道帐篷→CT 方舱→特诊检验方舱→X 线方舱→外科手术方舱→重症救治方舱→消毒灭菌/药房方舱→留观救治单元。

（1）医疗方舱单元包括 CT 方舱、特诊/检验方舱、X 线方舱、外科手术方舱、重症救治方舱、消毒灭菌/药房方舱，均为双扩展自装卸方舱，采用双侧手动翻板式扩展方舱结构形式。该扩展方式根据平行连杆运动设计原理，通过人员一次操作推拉方舱的侧板，使侧顶板带动侧底板进行联动性的展开或收拢，打开端板即可进行使用，极大地扩展了舱体使用空间。2 个连接病房帐篷的舱体为非扩展式方舱，分别是门急诊方舱和留观救治方舱，如图 2－52 所示。

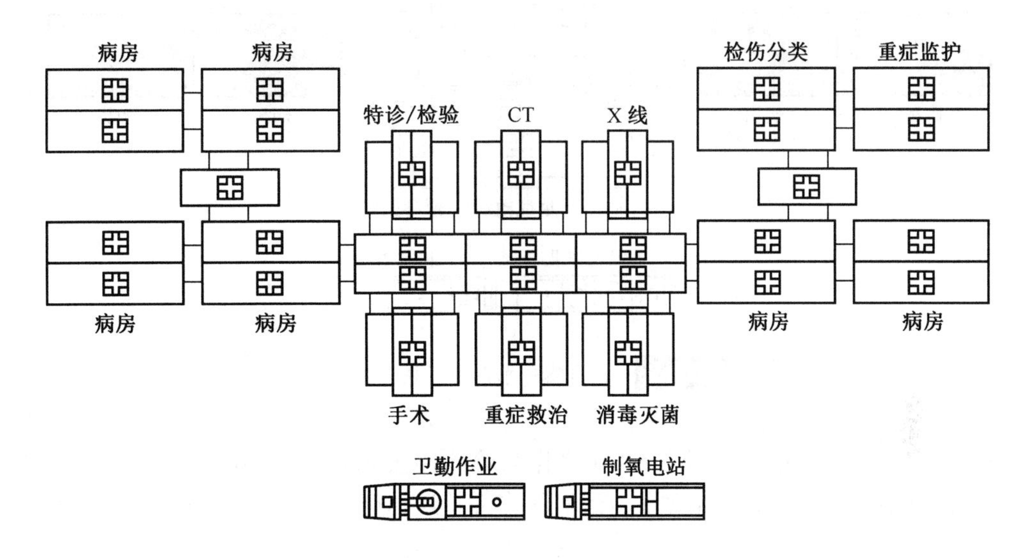

图 2－51　武警救援方舱医院展开图

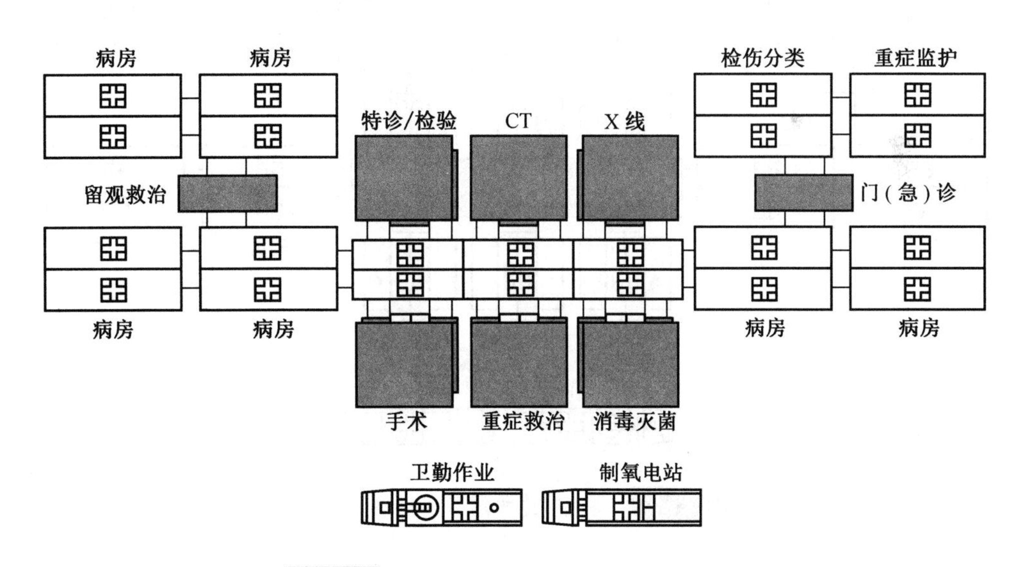

图 2－52　医疗单元方舱示意图（阴影部分）

（2）病房帐篷单元分为门（急）诊单元和留观救治单元，由 2 台固定可自卸式方舱和 8 顶充气帐篷组成。2 台方舱分别是门（急）诊方舱和留观救治方舱；8 顶充气帐篷分别为门诊帐篷、急诊帐篷、急诊处置帐篷、门诊药房帐篷、2 个外科病房帐篷、2 个内科病房帐篷，如图 2－53 所示。

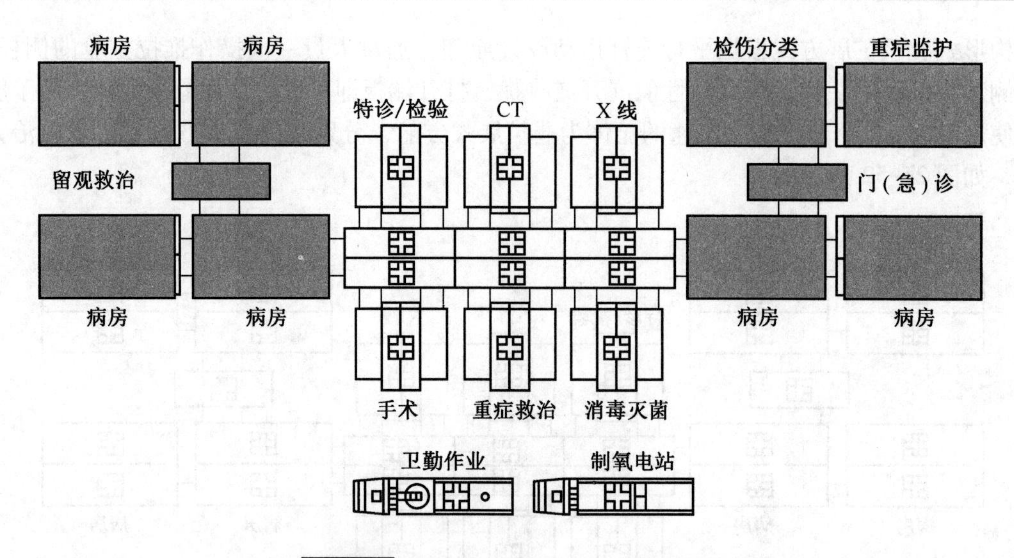

图2-53 病房帐篷示意图（阴影部分）

（3）通道帐篷使用了3顶网架式帐篷作为舱体连接通道,不但节约了建设成本,更提高了方舱医院机动性能,极大增强了方舱医院内部转运伤病员的能力,如图2-54所示。

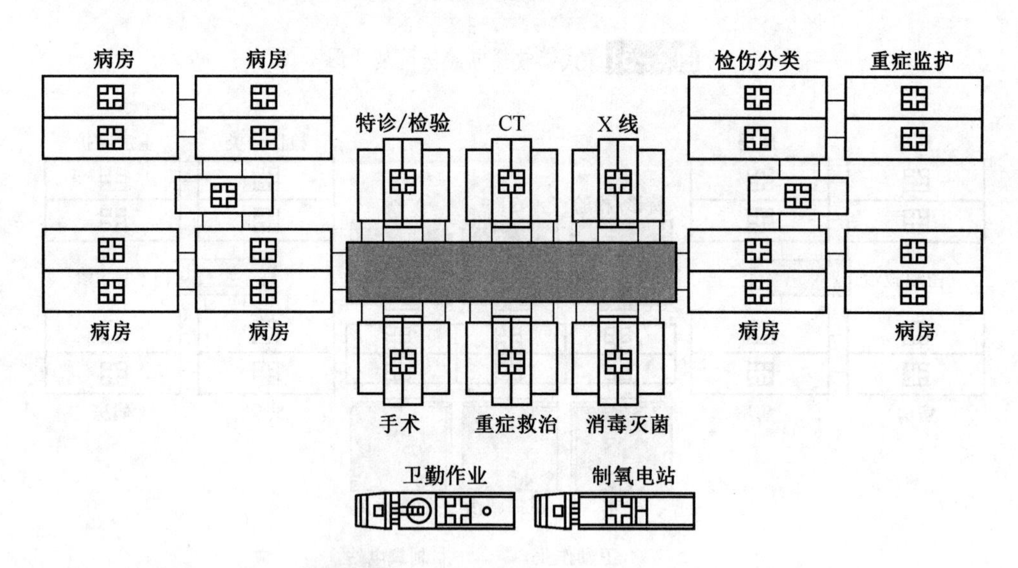

图2-54 通道帐篷示意图（阴影部分）

（4）保障车组中的核心为卫勤指挥车和制氧/发电车。此外，武警救援方舱医院还配备有独立保障单元，由自行式炊事车、运水净水车、野营淋浴车、被服洗涤车、野战厕所车、运油加油车等组成，可完成自身独立保障6个月，如图2-55所示。

2）医用方舱设备特点

（1）设备种类多。据清点，武警救援方舱医院配备手术方舱设备239件，重症方舱设备209件，消毒灭菌方舱设备52件，特诊检验方舱设备254件，X线方舱设备55件。

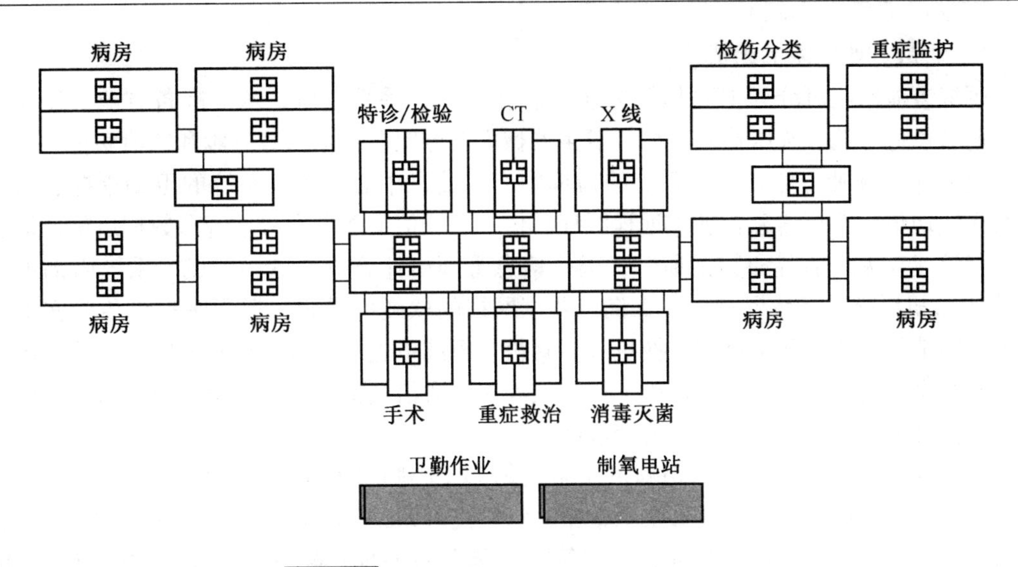

图2-55 核心保障车组示意图（阴影部分）

（2）设备精密程度高。现行配置设备先进，且均为精密度较高的电子设备，设备内置精密。

（3）设备维修难度大。方舱医院所配置的仪器涉及多领域、多学科，因此设备的维修、维护难度较大。

（4）设备机动性强。方舱医院的开展时间及地点具有不确定性。医疗设备在配套方舱医院执行任务时，要进行长途转运、随时转运，因此设备的机动性强。

（5）设备需适应各种环境。方舱医院需要在各种复杂环境下进行医疗救治，需适应多种环境，以防影响患者的救治，减弱方舱医院的救治效率。

2. 野战方舱医院

野战方舱医院是解放军野战机动医疗系统的一种，也广泛应用于各种自然灾害的应急救治中（图2-56）。野战方舱医院由医疗功能单元、病房单元、技术保障单元三部分构成的模块化野战卫生装备组成，具有伤员分类后送、紧急救命手术、早期外科处置、早期专科治疗、危重急救护理、X线诊断、临床检验、卫生器材灭菌、战救药材供应、卫勤作业指挥、远程会诊等功能。

图2-56 野战方舱医院

1）野战方舱医院的组成

野战方舱医院可分为卫勤作业方舱、急救方舱、手术方舱、术前准备方舱、X线方舱、药械供应方舱、临床检验方舱、卫生器械灭菌方舱、技术保障方舱和留治病房。

（1）卫勤作业方舱是整个系统的指挥中心和信息中心，承担系统的卫勤指挥、内外有线无线通信、医疗信息管理和远程医疗。依靠有线信道建立有线话音和数据通信，依靠无线信道建立无线话音和数据通信；医疗信息管理由计算机局域网完成，系统内部可设20余个微机终端进行数据录入、查询，共享网络的软硬件设施；远程医疗可传输文本图像及视频信号。舱内配备程控交换机、传真机、短波单边带电台、超短波电台、网络服务器、网络交换机、工作站、打印机、扫描仪等主要通信设备和网络设备。该舱为4 m指挥方舱，内部分为设备操作区和办公会议区。

（2）急救方舱具有对危重伤病员实施抗休克、心肺复苏、通气等紧急救命处置的功能。系统编配2台急救方舱共4张急救床，每昼夜可完成30名危重伤病员的输液、输血、给氧、监护、除颤起博、气管插管、气管切开等急救处理；配有急救床、呼吸机、监护仪、除颤器、输液泵等主要急救设备。该舱为4 m单面扩展方舱，展开时舱内面积达13 m^2，运输时将扩展部分收拢，即可用普通运输车装载运输。

（3）手术方舱内部分预留医务人员专用通道，并配备空气净化系统。方舱运作时，方舱内部为正压环境，有效防止外部被污染空气进入舱内，确保手术区的洁净度。手术方舱具有对危重伤病员实施胸腔引流、腹部探查、开颅减压等紧急救命手术和早期外科处置的功能。系统编配2台手术方舱，每台方舱可同时展开2张手术台、昼夜可完成75例大、中、小手术。舱内配有手术床、手术灯、麻醉机、麻醉监护仪、吸引器、高频电刀等手术设备。该舱为双面扩展方舱，展开时舱内面积达19 m^2，收拢时外形尺寸与固定方舱相同，有较好的机动性，4人30 min即可将舱体和设备安装完毕。

（4）术前准备方舱主要用于完成手术伤病员的术前准备，并可实施伤病员主要紧急救命手术和早期外科处置。满足75例一昼夜手术的术前准备工作要求。该舱为4 m双面扩展方舱，展开后舱内使用面积达19 m^2，配有手术灯、麻醉机、监护仪、吸引器等设备。

（5）X线方舱承担伤员的X线诊断任务。可对担架伤员的头、胸、腹、腰椎、四肢进行曲立、卧位透视和摄影诊断；每昼夜可完成210名伤病员的X线诊断。舱内配有移动式C臂X线机、X线影像系统、明室洗片机等主要设备。该舱为4 m单面扩展方舱，展开时舱内面积达13 m^2，运输时将扩展部分收拢，即可用普通运输车运输。

（6）药械供应方舱承担系统的战救材、战常材、血液及输注液体的储存、供应及调剂处置。舱内配备有2台血库冰箱、4个药柜、6个器材吊柜和2个调剂台。该舱为4 m固定方舱。

（7）临床检验方舱承担的医学检验项目包括三大常规检验、血液/尿液的生化分析、PCR基因扩增、血型鉴定和交叉配血试验等。舱内配有自动生化分析仪、血气分析仪、电子血球计数仪、尿十项分析仪、基因扩增仪等检验设备，生化分析每小时可检验标本20份以上，血常规、尿常规每小时可检验标本40份以上。该舱的主要特点是采用干生化试剂及方法，不需要液体试剂，使用方便、测量精度高、检测速度快，但成本高。该舱为4 m固定方舱。

（8）卫生器械灭菌方舱承担系统的外科器械和衣、巾、单的洗涤、烘干、灭菌、贮存任务。采用刷洗和超声清洗相结合的方法，每小时可洗涤4次手术所用的器械，每小时可洗涤、烘干5 kg衣、巾、单，每小时灭菌10 kg手术用品（平均4个手术包）；可贮存200个一次性应用手术包。舱内配有洗衣机、干衣机、超声波清洗器、蒸气灭菌器等主要设备。

该舱为4 m固定方舱，舱内分设洗涤间和灭菌间两部分，物品由侧窗或侧门送入，在洗净、烘干并打包后由间壁门上窗户送入灭菌间，灭菌后由主通道门送出，或暂存于无菌柜。

（9）技术保障方舱承担整个系统各医疗功能方舱医用氧气、负压吸引、水、电、冷暖空调的供应保障任务。每台技术保障方舱可同时供应2台医疗功能方舱，系统共编配5台技术保障方舱，无论冬季还是夏季，医疗功能方舱的舱室温度能控制在23～28 ℃。

（10）留治病房主要承担留治不宜后送回和一周内能治愈归队的伤病员。病房帐篷是留治病房的一种，全称为矩五拱一折叠式网架帐篷，主要供快速反应部队使用，其结构为网架式，主要特点是重量轻，稳固性强，能抗8级风压，展开撤收迅速，能在1 min内把帐篷主体撑起。该帐篷具有冬暖夏凉的优点，其展开使用面积为37.8 m^2，有自动呼吸机、508监护仪、输液泵、心电图机等设备。

2）野战方舱医院的作业能力

（1）一般伤员伤情、治疗的检伤分类。

（2）急救处置、紧急手术、早期治疗、影像诊断。

（3）临床生化、血液学、细菌学检验。

（4）手术器械、衣巾单等洗涤和消毒灭菌。

（5）药材供应、处方调剂、供血配血。

（6）伤病员收容留治。

（7）水、电、医用气体、空调技术保障及必要的生活保障。

2.4.1.3 帐篷医院

主要由支杆式帐篷、框架式帐篷、充气式帐篷及配套设备组成的医疗救治单元和医技保障单元，可单独在野外环境下展开临时救护所，也可与车载医院、方舱医院对接联合使用。在医疗救援中，主要应用的支杆式帐篷有军卫一号卫生帐篷、95通用框架式卫生帐篷、矩五拱Ⅵ型网架卫生帐篷等。

2.4.1.4 车载医院

主要由救护车、急救车、诊疗车、卫生防疫车和宿营车、炊事车、设备装载车等卫生技术和保障车辆及其配套的设备组成，是一座移动的“战地医院”，可对遭受地震、泥石流等自然灾害中受到伤害的人员进行X光检验、手术等救治。

2.4.1.5 医院船

医院船是专门用于对伤病员及海上遇险者进行海上救护、治疗和运送的辅助舰船。医院船的主要使命是充当“一个机动、灵活、快速反应的海上医疗救护力量”。非战争状态时，医院船为自然灾害（舰船火灾、触礁、海啸等）所造成的伤员提供医疗服务。

1. 现代医院船主要特点

（1）船上设有以战场外科为主的医疗科室和多种专科救治设备。

（2）船上备有足够的床位和良好的生活设施。

（3）船上配有运送伤病员的小型救护艇和直升机。

（4）船体尾部设有传染病隔离室及太平间，并设有独立的通风和污染处理系统。

（5）船的两舷和甲板标有深红十字（或红新月或红狮与日）标志，并挂有本国国旗，在桅杆高处还需悬挂白底红十字旗。

（6）医院船需要平战兼顾，军民结合。现代医院船除保证战时使用外，平时作为流动医院、训练医务人员、支援海难救助及沿海地区巡回医疗等。

2. 几种主要医院船

目前，世界上有美国、英国、加拿大、日本、中国等少数国家拥有具有远海医疗救护能力的医院船。以下介绍几种主要的医院船。

1）“仁慈”号医院船

“仁慈”号和“舒适”号医院船是美国海军于20世纪80年代投入使用的两艘同型医院船。“仁慈”号医院船于1987年服役，母港是美国圣地亚哥港。该舰长272.6 m、宽32.2 m、吃水10 m，满载排水量69360 t，航速16.5节，续航力13420 nmile。动力装置为2台蒸汽轮机，功率18019.7 kW。舰上搭载了12艘救生艇。

“仁慈”号医院船上的医疗设施先进而齐全，设有接收分类区、手术区、观察室、病房、放射科、化验室、药房、医务保障等区域，并有血库、牙医室、理疗中心等。配有4台蒸馏水机，每日制淡水670 t。安装有9台升降机用于上下运送伤病员，装备有2套液氧生产装置。船上的生活设施齐全，设有洗衣房、健身房、理发室、图书馆和酒吧等。船上配备有10艘救生艇，其中2艘能装载105人、8艘能装载112人，每艘艇能载16名担架伤员；还有84个救生筏，每个能载25人。船体上涂有9个红十字，每个臂长8.2 m。按日内瓦公约规定，舰上没有装备任何进攻性武器。

总共有病床1000张，具有每昼夜300人的收治能力。船上配备医务人员1207名，其中高级医官9名；此外还有船务人员68名。平时，船上只留少数人员值勤，一旦接到命令，5天内就可完成医疗设备的配置和检修，并装载所需物资和15天的给养，同时配齐各级医护人员。

2）920型医院船

中国人民解放军海军于21世纪初自行设计建造的920型制式医院船，是世界上第一艘超万吨级大型专业医院船。战时能为作战部队伤病员提供海上早期治疗及部分专科治疗，平时可执行海上医疗救护训练任务，也可为舰艇编队和边远地区驻岛守礁部队提供医疗服务。医院船的各项硬件设施相当于三级甲等医院的水平，其采用的减振降噪措施能有效缓解海上航行的振动和噪声问题，堪称一座“安静型”的现代化海上流动医院，被官兵们誉为驶向大洋的“生命之舟”。

该型号的医院船舰名“岱山岛”号，舷号866（图2－57）。船上医疗设施完备，装备先进，有电脑断层扫描室、数字X线摄影室、特诊室、特检室、口腔诊疗室、眼耳鼻喉诊室、药房、血库、制氧站、中心负荷吸引真空系统和压缩空气系统等医疗系统，共有

217种、2406（台）套；配备设有多个手术室和护士站；设有重症监护病房20张床、重伤病房109张床、烧伤病房67张床、普通病房94张床、隔离病房10张床等各类型的床约300张；船上设有远程医疗会诊系统；配有特殊规格的电梯3部，供伤员转运使用。此外，设有日常生活的设施，包括洗衣房、健身房、理发室、图书馆和餐厅等，相当于陆上三甲医院。船上飞行甲板面积近千平方米，可以供多种型号的直升机起降，配备一台直-8舰载直升机。

图2-57 "岱山岛"号方舟医院船

2.4.1.6 空中医院

空中医院又称飞机医院，是以大型客机或军用运输机为运载工具，在机舱内展开若干医疗单元的固定医疗机构（图2-58）。它具有较大的空中战略机动性，并可在空中对伤病员实施优良的医疗救护和连续的医学监护，从而将快速后送与优良救护有机地结合在一起，克服了空运后送飞机以后送为主、机上救护能力不足的弱点，达到了空运与救护的完

(a) 内部　(b) 外部

图2-58 空中医院

美统一。空中医院使优良的专科救治由地面扩展到空中，伤员在后送途中即可接受优良的专科救治，大大缩短了伤员从负伤到得到专科救治的时间，极大地提高了伤病员救护的效果。“空中医院”具有高度的战略机动性，极其灵活方便，展开工作快，便于应付紧急情况。它在平时空中紧急医疗救护和战时空军机场应急支援卫勤保障中具有举足轻重的作用。

2.4.2 医疗救治装备

医疗救治装备是指对事故现场伤员进行现场急救、转移、救治的专业工具，如止血、包扎、搬运、复苏等医疗救治过程中使用的工具。当前医疗救治装备分为现场急救装备、救援医疗装备、抢救设备和急救药箱。

2.4.2.1 现场急救装备

现场救援的原则是先救命后治伤，先重伤后轻伤，先抢后救，抢中有救，尽快脱离事故现场，先分类再后送。现场急救装备是指用于平时传统院前急救和应急突发事件中，对伤病员进行止血、包扎、固定、搬运、通气、抗休克等所需的器材、药材和装备，包括止血器材与装备、包扎材料与装备、固定器材与装备、搬运器材与装备、复苏器材与装备。

1. 止血器材与装备

止血器材与装备是各种止血带的总称。止血带种类较多，按材料的不同可分为织物类止血带、橡胶类止血带；按结构形式分为弹性止血带、充气式止血带等；按工作原理可分为通过在出血部位上段扎紧制止出血的加压止血带和利用微波、激光等技术进行烧灼止血的止血带。依据多年来止血带研制和军队卫生装备的实践，在综合上述3种分类方法的基础上，通常将常用的止血带分为弹性止血带、充气式止血带和利用微波、激光等烧灼止血

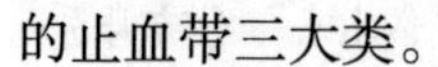

的止血带三大类。

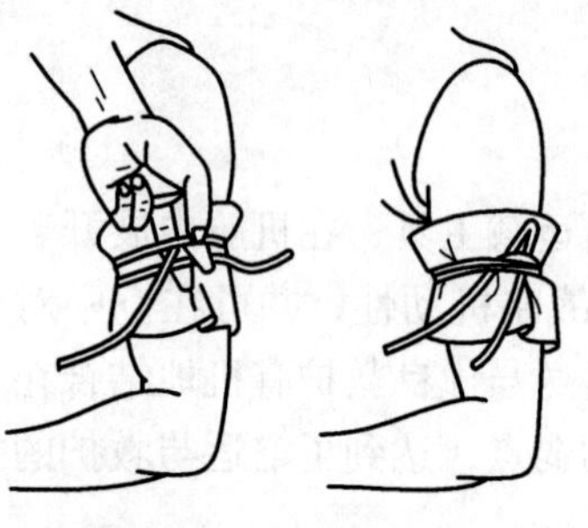

图2-59 弹性止血带止血法

1）弹性止血带

主要由一条弹性织物带或橡胶带构成，一般带上还配有起固定和解脱作用的锁扣和卡扣（图2-59）。其材料可以是织物和橡胶，如帆布止血带、卡式止血带、ET-1型止血带和橡胶管止血带等。

2）充气式止血带

一般由充气囊、尼龙搭扣以及充气、检压和报警等自动控制装置构成。主要包括手动充气和自动充气2种类型，如PT-1型止血带、气囊止血带、自动型加压充气止血仪和德国VBM电动止血带机系列等。

3）利用微波、激光等技术进行烧灼止血的止血带

该类止血器是利用高频电凝、激光、超声波和微波等技术对人体组织进行最低限度的烧灼，使伤口处形成极薄的干膜，从而达到使肌肉或内脏器官伤口停止出血的目的。如俄罗斯专家开发的一种等离子氩凝结器止血杀菌装置，等离子氩凝结器重约3.2 kg，由氩气瓶、总控制器和等离子体发生器3个主要部件组成。容积约3 L的氩气瓶中装有50个大气压的氩气，氩气可顺着导管进入总控制器。与电源相连、体积约7500 cm^3 的总控制器

负责调节电流放电频率、氩气气压和凝结器的总输出功率。从总控制器中输出的电流和氩气会在直径 3 cm、长 20 cm 的圆柱形等离子体发生器中汇聚。电流中的电荷在通过氩气时会发生放电，使部分氩气升温并电离成等离子体。

从发生器喷口喷出的等离子体可对人体组织进行最低限度灼烧，从而使肌肉、肝和脾等无内腔器官的伤口停止流血。与此同时，氩的等离子体还能使伤口处形成极薄的干膜，隔离伤口和微生物，为伤口镇痛。临床实验结果显示，经氩的等离子体处理后，伤口处的微生物总数仅相当于未处理前的万分之一。由于止血杀菌及时，伤口的愈合期会相应地缩短。

2. 包扎材料与装备

包扎材料与装备是指包裹、固定、保护伤口或患处用的卫生材料与器具，是军队和地方有效开展院前急救活动的必要物质条件。包扎材料及装备种类繁多，其中按照包扎作用、功能和结构形式的不同可分为以下几种。

1）按包扎作用分类

可分为绷带类、固定胶贴类、功能纱布和敷料 3 种。

（1）绷带类：主要有普通包扎绷带和塑性绷带 2 种。普通包扎绷带由不含弹性丝的织物制作，通过缠裹肢体达到包扎固定作用；塑性绷带由纯棉线和特殊膜组成的乳胶制品经过加工制成，如弹性绷带、特殊部位网状包扎绷带等，适合全身各处包扎。

（2）固定胶贴类：有自粘性绷带、矫形绷带等。自粘性绷带或纱布是在织物、非织造布或塑料膜上涂满一层或微粒分散的胶粘剂（橡胶、聚丙烯酸、天然胶乳），从而达到贴合或自行粘合。矫形高分子绷带由多层经聚氨酯、聚酯浸透的高分子纤维构成（图 2－60），具有硬化快、强度高、不怕水等特点，是传统石膏绷带的升级产品。其使用卫生、简单、轻便、常温水可硬化、不怕水、透气、透 X 线、无毒、无副作用，是新型骨科外固定材料。适用于骨科或矫形外科的固定，模具、假肢的辅助用具、烧伤局部的防护性支架等的制作。

图 2－60 矫形高分子绷带

（3）功能性纱布和敷料类：有 X 线摄影纱布、止血敷料、药物敷布等。X 线摄影纱布使用的材料为聚丙烯、聚酯、聚氯乙烯纤维，纤维中加入硫酸钡。止血敷料原材料有改性纤维素、胶原、壳聚糖、藻酸钙、交联葡聚糖等。药物敷布有手术用消毒敷料、药物软膏类敷料、中药油液敷料等。

2）按功能和结构形式分类

可以分为三角巾和绷带卷、炸伤急救包、烧伤急救包。

（1）三角巾：适用于全身各部位包扎。

（2）绷带卷：多与纱布块配合使用，主要用于小面积冷兵器伤和小面积火器伤，起一般性包扎止血隔离作用。

（3）炸伤急救包：主要用于大面积的火器伤，如炸弹、炮弹、贯通伤的包扎。

（4）烧伤急救包：适用于烧伤的紧急救治。新研制的烧伤包扎材料使用壳聚糖纤维复合非织造布吸附层和隔菌纤维层。

3. 固定器材与装备

固定器材与装备是指用于骨折固定，以减轻疼痛、减少休克，避免因骨折端移动引起的血管、神经损伤的一系列器材与装备的总称。通常分为骨折外固定器材和骨折内固定器材。灾难救援时主要采用折叠夹板、卷式夹板、脊柱固定夹板等外固定器材与装备。

1）折叠夹板

折叠夹板是一种适合对多部位骨折伤病员实施现场急救的可折叠的塑料夹板，由一个中间肢板和两个可调节的枢轴与绞链肢板构成，并可通过沿水平和垂直方向旋转肢板来调整固定角度。采用 ABS 工程塑料制成，质量轻，体积小，救治范围广，附体性好，具有良好的 X 线通透性，可折叠，便于携带，操作简单，可重复使用。

2）卷式夹板

卷式夹板是一种由高分子材料与金属材料复合而成的软式夹板，由两层泡沫塑料和一层软铝板粘合而成，应用时可直接塑形，附着性好，感觉舒适，并可用剪刀剪裁成任意尺寸尤其适宜四肢、颈项等部位骨折伤的外固定。

3）脊柱固定夹板

脊柱固定夹板是一种多功能固定板，由担架板、头部固定器（或头垫）、固定系带和弹性吊带组成，适用于对颈椎和脊柱骨折伤病员的固定及快速后送，并适合于直升机吊运，配备漂浮附件后，还可以进行海上救生使用。

4）多部位骨折真空固定器材

多部位骨折真空固定器材是一种用于严重骨折和多发伤固定、搬运后送伤病员的急救器材，由 3 种不同规格的真空垫、固定带、人工抽气装置和背囊共同组成，具有环境适应性强、附体固定可靠、可透 X 线、操作简单、救治范围广等特点。

4. 搬运器材与装备

搬运器材与装备是灾难和战争现场抢救伤病员、搭乘或换乘各种后送卫生运输工具的轻便器材，主要用于灾难救援时因地形或作战时因敌人炮火等相关因素影响下，救护车辆、卫生飞机等不能到达、接近或通行的地域，以及各医疗机构间短距离搬运伤病员。伤病员搬运器材与装备品种繁多，系列性强，担架是最基本的搬运工具。

在急救时，专业急救人员除在现场采取相应的急救措施外，还应尽快把病人从发病现场搬至救护车，送到医院内。这个搬运过程中必须使用担架，选择合适的担架对于提高院前抢救质量和水平至关重要。搬运不当可以使危重病人在现场的抢救前功尽弃。不少已被初步救治处理较好的病人，往往在运送途中病情加重恶化了，有些病人因搬运困难现场耗时过多而延误最佳抢救时间。病人从发病现场的“点”到现代化的救护车、艇、飞机，乃至安全到达医院的运载过程中，都存在着现场“第一目击者”或急救人员运用适合的担架方便快捷地搬运病人的问题，万万不可轻视搬运、护送中的每一个细节。目前人们已逐步认识到救护搬运是现场急救的重要内容，是连接病人能否获得全面有效救治过程的一个“链”。

担架是运送病人最常用的工具，担架的种类很多，目前常见的有帆布（软）担架、铲式担架、折叠担架椅、吊装担架、充气式担架、带轮式担架、救护车担架及自动上车担架等。

1）帆布（软）担架

帆布（软）担架较灵活，但仅适用于神志清楚的轻症患者，而相当大比例的重症、外伤骨折尤其脊柱伤病人不适用。病人窝在担架中间，对昏迷或呼吸困难病人不利于保持气道通畅，而且承重性差，适用范围较小。

2）折叠担架椅

最大优点是便于狭窄的走廊、电梯间和旋转楼梯搬运病人，储藏空间小，但对危重病人、外伤病人不适宜，操作也较复杂，且主要是国外进口产品，价格较昂贵，图 2－61 为 SF－D111 铝合金折叠担架椅。

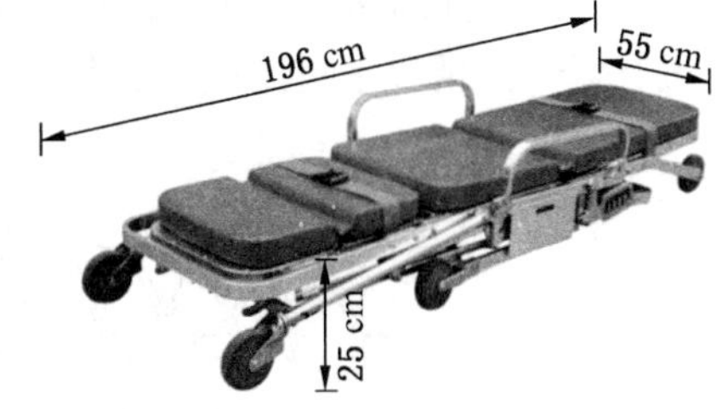

图 2－61　SF－D111 铝合金折叠担架椅

3）充气式担架

充气式担架主要技术特点是在气囊垫上面设有横或竖气囊脊，气囊垫一面和两侧设有吊带环，并与抬扛相连接。体积小，质量轻，携带方便，可以折叠使用，减震效果非常明显，可使伤病员以坐姿、躺姿被转移，可变手抬式担架为肩扛担架，有利于远距离转运伤病员。

4）楼梯担架

楼梯担架采用设置抬担架人员扶手的高度差，达到顺利上下楼梯的目的。但只适合受伤人员呈坐姿态，不能在人员平躺状态下使用。

5）铲式担架

铲式担架是一种可分离型抢救担架，制作材料主要有高强度工程塑料、铝合金两种，属硬质担架。其特点是：铲式担架是由左右两片铝合金板组成，担架两端设有铰链式离合装置，可使担架分离成两部分。在不移动病人的情况下可以分别将两块板插入到病人身体下面，扣合后抬起，最大限度地减少在搬运过程中对病人造成的二次伤害。

铲式担架具有体积小、质量轻、承重强等特点，操作非常简单、便捷、省力，有利于骨折外伤员保持肢体的固定，减轻疼痛和防止病情加重，对昏迷病人保持呼吸道通畅体位；另外担架的长度可据病人身长随意调节，适用于不同身高体重的患者；在普通居民房屋的楼道、走廊等狭小地方基本都能使用，应用范围广。铲式担架在国内就能生产，价格较低廉，但其结构中间有空隙，不便用于脊柱伤病员搬运。例如，YXZ－D－El 铝合金铲式担架参数指标如下：

最大展开尺寸（长×宽×高）：190 cm×44 cm×6 cm；

最小展开尺寸（长×宽×高）：120 cm×44 cm×9 cm；

纸箱包装(长×宽×高)：170 cm×47 cm×9 cm；

净重：8. 5 kg；

毛重：10. 2 kg；

承重：≤159 kg。

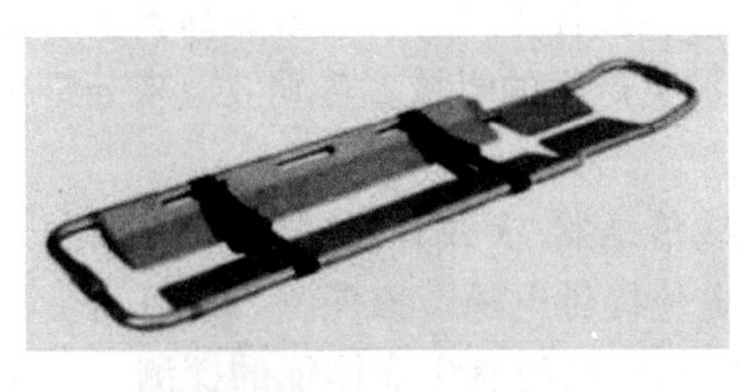
图 2－62　铝合金铲式担架

担架可适合救护车、医院、体育场地、部队战地运送伤病员之用。运送病员时，务必把离合装置锁紧，保险带扣好以保安全，如图 2－62 所示。

6）临时自制担架

（1）用木棍制担架：将2根长约2.5 m的木棍或竹竿，用绳索来回将其绑成梯子形即可。

（2）用上衣制担架：用长约2.5 m的木棍或竹竿2根，穿入2件上衣的袖筒中即成，在没有绳索的情况下可用此法，如图2－63所示。

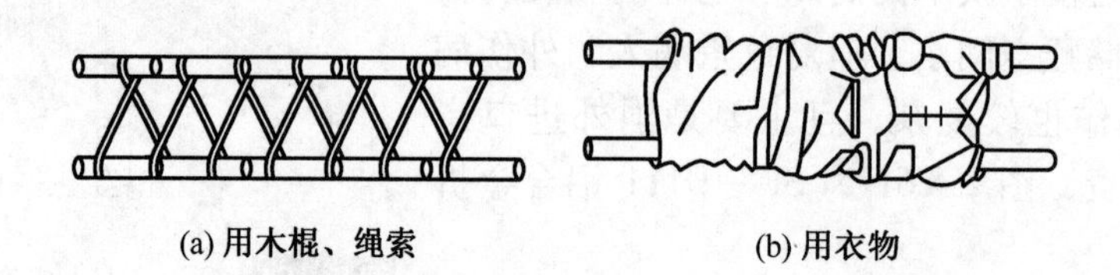

(a) 用木棍、绳索　(b) 用衣物

图2－63　用木棍、绳索、衣物制作担架

5. 复苏器材与装备

复苏器材与装备是指用于循环、呼吸功能障碍乃至循环或呼吸骤停时的救援器材与装备的总称。复苏器材与装备可分为以下几种：

1）按功能分类

（1）循环复苏器材：是指用于循环功能恢复与维持的器材与装备，如输血输液器、心电监护除颤仪、起搏器、心外按摩器、头部降温器、抗休克裤等。

（2）呼吸复苏器材：是指用于呼吸功能恢复与维持的器材与装备，如口咽通气管、环甲膜切开器、呼吸器、呼吸机、供氧器、吸引器等。

2）按使用对象分类

（1）通用复苏器材：是指用于一般环境地域的复苏器材，对周围环境和使用条件无特殊要求。

（2）专用复苏器材：是指用于特殊环境条件的复苏器材，对周围环境和使用条件有特殊要求，否则无法正常展开工作。主要包括海军专用复苏器材、空军专用复苏器材、核生化污染专用复苏器材和高原、高温、高湿等特殊环境下的专用复苏器材。

2.4.2.2　救援医疗装备

常见的救援医疗装备有以下几种：

1. 雷达生命探测仪

雷达生命探测仪是一款综合了微功率超宽带雷达技术与生物医学工程技术研制而成的高科技救生设备，专门用于地震灾害、塌方事故等紧急救援任务中，可有效提高救援质量和工作效率。它的工作原理是基于人体运动在雷达回波上产生的时域多普勒效应来分析判断废墟内有无生命体存在以及生命体的具体位置信息。

TRx雷达生命探测系统（图2－64）包括一个无线传感器/天线和控制器。传感器/天线发射的功率只有普通手机的1%，由两节可充电锥电池提供电源。该探测系统可对常见结构墙体材料和建筑废墟进行一个范围可达12 m（39 in）的尚有生命体征的探测。该系统能够在1～2 min内搜索完1810 m^3 区域，提供受害者的定位信息。在确定搜索不含死亡人数的情况下，该系统的置信水平达 80% 。

2. 心电监测仪

心电监测是临床上应用最广泛的一个监测项目，用品准备包括监护系统、监测导线、随弃式电极、酒精棉球或随弃式清洁纸等。应急救援中主要采用便携式心电检测仪。

3. 自动心脏除颤器

自动心脏除颤器（Automated External Defibrillator，AED）就是自动体外除颤仪，适合院前院内病患的抢救、转运使用（图 2 - 65）。原理是将电极贴到心搏骤停的危重病人的适当位置，并由仪器本身对操作者发出操作指令。当操作者按下分析键后，仪器将在计算机模式的控制下通过电极采集病人的电信号，并分析判断是否需要除颤。如果需要除颤，仪器将自动充电至所需的能量，充电后仪器将为除颤者发出指令，除颤者按下放电键，对病人进行除颤。AED 产品体积小、重量轻、操作简单，是近年来发达国家大力推荐用于非专业急救部门的重要急救装备，是“生存链”中四个“早期”中的第三环——早期心脏除颤在装备上的重要保障。任何一个没有识别心电能力的现场救护人员都可以使用除颤仪对病人进行早期除颤，大大提高了急救的成活率。

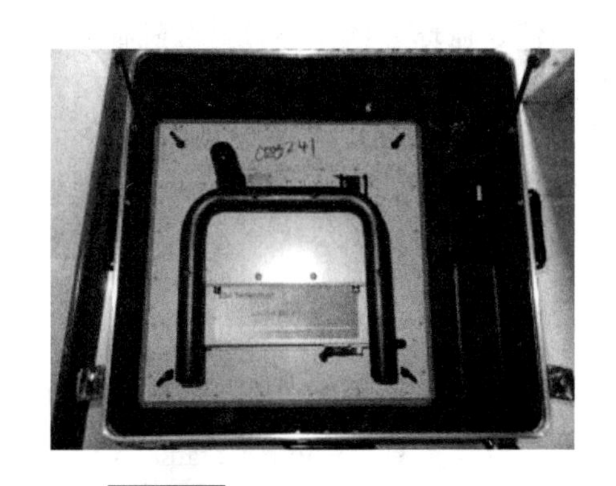

图 2 - 64 TRx 雷达生命探测仪

图 2 - 65 自动心脏除颤器

4. 呼吸机

呼吸机旧名铁肺、人工肺，其结构框图如图 2 - 66 所示。在现代临床医学中，呼吸机作为一项能人工替代自主通气功能的有效手段，已普遍用于各种原因所致的呼吸衰竭、大手术期间的麻醉呼吸管理、呼吸支持治疗和急救复苏中，在现代医学领域内占有十分重要的位置。便携式急救呼吸机在危重症的治疗中起到至关重要的作用，是应急救援中的必需装备。呼吸机是一种能够起到预防和治疗呼吸衰竭，减少并发症，挽救及延长病人生命的至关重要的医疗设备。为了尽量减少它对呼吸和循环的不良影响，要谨慎使用。

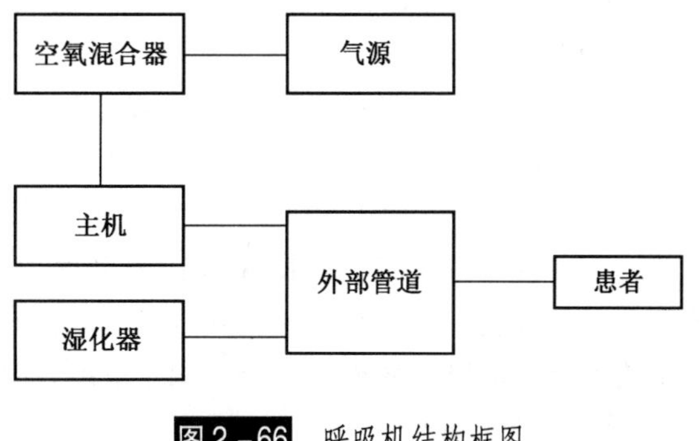

图 2 - 66 呼吸机结构框图

临床应根据不同情况所致呼吸动力学改变以及病理生理变化合理选择各项参数。

5. 便携式超声仪

超声是一种压力波，由物体振动产生超过 20 kHz 的声波。超声诊断是利用高频正负压周期性变化的压力波在体内波动传递过程中获得的信息，进行收集、组图、组曲线以供分析与诊断的技术。由于超声仪的便携性，超声检查的无创性、实时性等特点，其在日常影像检查中发挥越来越不可替代的作用。一般超声仪包括主机、显示器、操作键盘、探头等部件。

在灾害医疗救援中，超声检查适应证广泛。伤病员常需保持原体位不动，要求便携式超声仪易放置，检查者的站位取就近原则。灾害医疗救援超声检查适应证广泛，近年来随着超声介入治疗的发展及完善，超声引导下向实质性出血脏器注射止血剂等技术逐渐应用于临床，在灾害现场应用这种方法，不仅能及时发现内脏出血、快速止血、快速挽救更多生命，而且提高了治疗的速度和准确性。综上所述，便携式超声仪在灾害医疗救援中易于掌握，便携、操作简易、灵活，能快速提供伤病员重要病情信息，并能开展无创性介入治疗，对挽救伤病员生命发挥了重要作用。

6. 血常规仪器

血常规检测仪又叫血液细胞分析仪、血球仪、血球计数仪等，是医院临床检验应用非常广泛的仪器之一。Sysmex pocH－80i 多项目自动血细胞计数仪器可在全血模式和稀释模式状态下进行，只需要较少的样品量（最小要求量为 20 μL 稀释模式中分析），能进行 19 个参数的可靠分析，分析结果显示在彩色图像液晶显示屏上。除此之外，直方图被显示及打印超过上限和下限的数值将被标记，可进行进一步可能的分析检查。分析结果和直方图可在内置热敏打印机上输出，也能与计算机连接。

7. 便携式尿常规仪器

尿常规仪器一般由试带、机械系统、光学系统、电路系统、输入输出系统等部分组成（图 2－67），它是医学实验室尿液自动化检查的重要工具。Clinitek Status 拜施达分析仪是一台便携式仪器，用于读取拜耳尿液分析试条和 Clinitest 免疫测试卡。通过触摸式显示屏的指导和提示操作该分析仪，无须对该仪器的操作运用进行特殊的培训。将一根浸湿的尿液试条或一片 Clinitest 卡插入分析仪，即可以得到结果报告。

8. 便携式数字 X 线机

常规 X 线检查包括透视、普通 X 线照片（平片）及特殊 X 线检查（常规断层摄影、胆道或泌尿系造影检查等）。按照急救原则，X 线检查必须在伤员生命体征平稳及急救医生严密监护下进行。对大出血、休克、呼吸及循环衰竭等危重病员应先行急救处理，待其稳定后，方行 X 线检查。如在 X 线检查过程中，出现病情恶化者，应立即停止检查施行急救。切忌因进行 X 线检查加重或延误伤情。在 X 线检查前，开放伤口应初步包扎处理。在急救现场，常规 X 线检查主要应用于头颅、骨关节、胸部及腹部创伤。

2.4.2.3 急救药箱

急救药箱是指一个专门用来存放药品、医疗工具的箱子，携带方便、抢救设备齐全、轻便小巧。合理的分格设计可以把药片或胶囊、装有急救或常用药品及消过毒的纱布、绷带等分开。急救药箱分家用药箱和医用药箱 2 种。家用药箱是指将急救或常用药品及各种

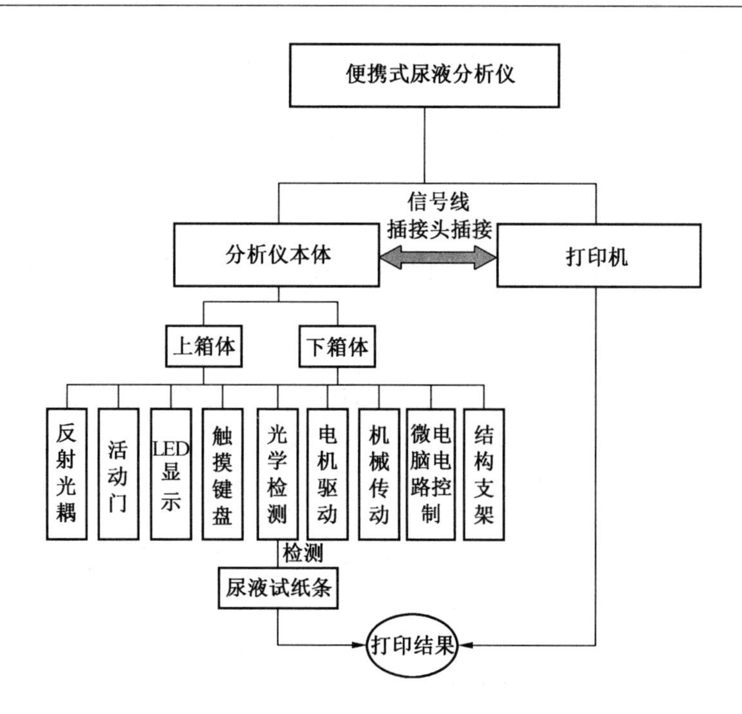

图2-67 便携式尿液分析仪工作系统示意图

常用的医疗器具集中存放的箱子，一般是用于家庭，也可用于单位、工厂、野外作业等地方；急救药箱应该配上锁扣，以免小孩碰触而误吞。图2-68是家用的小型医疗箱，共有两层，当中的隔层用于区分内服药品、外用药品、各种医疗工具；有效的区分可以使抢救员快速拿取到相应的药品对伤员进行抢救。医用药箱是指医生专门使用的承载量在3 kg左右的便携式应急药箱，内装比较专用的器具、药品，可对伤者进行初步治理，以便在送至医院后得到及时的抢救，使伤者存活率大大增加。

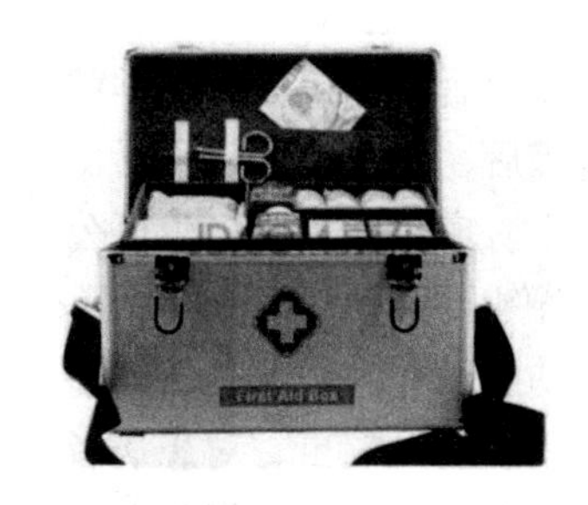

图2-68 急救小型医疗箱

1. 急救箱内配置的其他装备

急救箱内配置的其他装备有手电筒、水、火柴、压缩饼干、计时用具（如手表）、止血带，若条件允许应有通信工具。

2. 小型急救药箱规格

（1）酒精棉：急救前用来给双手或钳子等工具消毒。

（2）手套、口罩：可以防止施救者被感染。

（3）0.9%的生理盐水：用来清洗伤口。基于卫生要求，最好选择独立的小包装或中型瓶装的。需要注意的是，开封后用剩的应该扔掉，不应再放进急救箱。如果没有，可用未开封的蒸馏水或矿泉水代替。

（4）消毒纱布：用来覆盖伤口。它既不像棉花球有可能将棉丝留在伤口上，移开时，也不会牵动伤口。

（5）绷带：绷带具有弹性，用来包扎伤口，不妨碍血液循环，2 寸的适合手部，3 寸的适合脚部。

（6）三角巾：又叫角绷带，具有多种用途，可承托受伤的上肢、固定敷料或骨折处等。

（7）安全扣针：固定角巾或绷带。

（8）胶布：纸胶布可以固定纱布，因不刺激皮肤，适合人使用；氧化锌胶布可以固定绷带。

（9）创可贴：覆盖小伤口时用。

（10）保鲜纸：利用保鲜纸不会紧贴伤口的特性，在送医院前包裹烧伤、烫伤部位。

（11）袋装面罩或人工呼吸面膜：施以人工呼吸时，防止感染。

（12）圆头剪刀、钳子：圆头剪刀比较安全，可用来剪开胶布或绷带；必要时，也可用来剪开衣物。钳子可代替双手持敷料，或者钳去伤口上的污物等。

（13）手电筒：在漆黑环境下施救时，可用它照明；也可为被施救者做瞳孔反应。

（14）棉花棒：用来清洗面积小的出血伤口。

（15）冰袋：置于瘀伤、肌肉拉伤或关节扭伤的部位，令微血管收缩，可帮助减少肿胀流鼻血时，置于伤者额部，能帮助止血。

2.4.3 消毒与疫情防护装备

“大灾之后，必有大疫”，这是劳动人民根据历史事实总结出来的规律。重大自然灾害发生后，卫生流行病学状况极度恶化。大灾之后必须加强疫情预防工作。2008 年汶川地震后，为了防止地震后出现疫情，在抢救安置工作告一段落后，地震救灾的重点转向了卫生防疫。四川省卫生厅公布了灾区传染病发生情况，灾区累计报告与灾害相关的传染病 205 例，发病病种包括甲肝、戊肝、麻疹、狂犬病、痢疾、疟疾、流行性腮腺炎等。在政府的组织和救援者的帮助下，当地灾民采取了一系列防疫措施，如保护水源、食物煮熟后食用、消灭蚊虫、对患病者及时隔离治疗等。

重大自然灾害发生后，加强卫生监督，定期检测消毒，做好疫情控制和预防工作，通过消毒和疫情防护装备，以预防相应传染病发生和流行，可消除“大灾之后、必有大疫”的现象。为了防止各种传染病的爆发和扩散，救援队员和医护人员应配备防护装备，做好消毒防疫工作。

2.4.3.1 个体防护装备

1. 头部防护装备

头部防护装备是为防御头部不受外来物体打击和其他因素危害而配备的个人防护装备。

头部受到撞击，受伤和死亡的危险性最大。头部受到冲击，很容易引起脑震荡、颅内出血、脑膜挫伤、颅骨伤害、颅内出血脑膜挫伤等伤害，轻则致伤，重则致死。因此，在自然灾害救援中必须严格佩戴安全帽，以免头部受到意外伤害引起危及生命安全与健康。安全帽由帽壳、帽衬、下颊带和锁紧卡构成。

（1）帽壳：安全帽的帽壳，包括帽舌、帽檐、顶筋、透气孔、插座、拴衬带孔及下颏带挂座等。

（2）帽衬：帽壳内部部件的总称，包括帽箍顶带、护带、托带、吸汗带、衬垫及拴绳等。

（3）下颏带：系在颏上的带子。

（4）锁紧卡：调节下颏带长短的卡具。

2. 面部防护装备

防护面罩是防止有害物质伤害眼面部（包括颈部）的护具，分为手持式、头戴式、全面罩、半面罩等多种形式。面罩分类、代号及样式见表 2－9。

表 2－9 面罩分类、代号及样式

分类	手持式	头戴式		安全帽与面罩连接式		头盔式
代号	HM－1	HM－2		HM－3		HM－4
		HM－2－A	HM－2－B	HM－3－A	HM－3－B	
	全面罩	全面罩	半面罩	全面罩	半面罩	
样式						

防尘口罩的主要防阻对象是颗粒物，包括粉尘（机械破碎产生）、雾（液态的）、烟（燃烧等产生）和微生物，也称气溶胶。能够进入人体肺脏深部的颗粒非常微小，粒径通常在 7 尘口以下，称作呼吸性粉尘，对健康危害大。这些粉尘进入呼吸系统，能逃避人体自身的呼吸防御（如咳嗽、鼻毛、黏液等）直接进入肺泡，并且积聚于肺泡内，日久破坏了换气功能，这是导致各类尘肺病的元凶。防尘口罩通过覆盖人的口、鼻及下巴部分，形成一个和脸密封的空间，靠人吸气迫使污染空气经过过滤。粉尘颗粒越小，其在空气中停留的时间就越长，被吸入的可能性就越大。

防尘口罩的种类很多，按其结构与工作原理，可分为空气过滤式口罩与供气式口罩两大类。空气过滤式口罩或简称过滤式的口罩是使含有害物的空气通过口罩的滤料过滤进化后再被人吸入；供气式口罩是指将与有害物隔离的干净气源，通过动力作用（如空压机、压缩气瓶装置等）经管及面罩送到人的面部供人呼吸。

一个过滤式口罩的结构应分为两大部分：一是面罩的主体，它是一个口罩的架子；另一个是滤材部分，包括用于防尘的过滤棉以及防毒用的化学过滤盒等。

3. 手部防护装备

手是人体器官中最为精细致密的器官之一，由 27 块骨骼组成，占人体骨骼总数的 1/4，而肌肉、血管和神经的分布与组织都极其惊人地复杂，仅指尖上每平方厘米的毛细血管长度就可达数米，神经末梢达数千个。这些精细的神经网络可使人在几微秒内觉察到冷、热、疼痛等，甚至可以感受到振幅只有头发丝那么微小的震动。因此疏忽了对手的适当保护，以致在各类丧失劳动能力的工伤事故中，手部伤害事故占到了20%。

劳动防护手套有带电作业用绝缘手套、耐酸（碱）手套、焊工手套、橡胶耐油手套、防X线手套、防水手套、防毒手套、防机械伤手套、防震手套、防静电手套、防寒手套、防热辐射手套、耐火阻燃手套、电热手套、防微波手套、防切割手套等。

4. 脚部防护装备

防护鞋（靴）是指防御劳动中物理、化学和生物等外界因素伤害劳动者的脚及小腿的护品。防护鞋（靴）的种类如下：

（1）防酸碱鞋（靴）：具有防酸碱性能，适合脚部接触酸碱等腐蚀液体的人员穿用的鞋（靴）防酸碱鞋（靴）也叫耐酸碱鞋（靴）。

（2）防油鞋（靴）：具有防油性能，适合脚部接触油类的人员穿用的鞋（靴）防油鞋（靴）也叫耐油鞋（靴）。

（3）防水胶靴：具有防水、防滑和耐磨性能，适合在抗洪救灾中穿用的胶靴。

（4）防砸鞋（靴）：能防御冲击挤压损伤脚骨的防护鞋。有皮安全鞋和胶面防砸鞋等品种。

（5）防刺穿鞋：防御尖锐物刺穿的防护鞋。

（6）防振鞋：具有衰减振动性能的防护鞋。

（7）电绝缘鞋（靴）：能使人的脚部与带电物体绝缘，防止电击的防护鞋。

（8）防静电鞋：能及时消除人体静电积聚又能防止250 V以下电源电击的防护鞋。

（9）导电鞋：具有良好的导电性能，能在短时间内消除人体静电积聚，只能用于没有电击危险场所的防护鞋。

（10）防热阻燃鞋（靴）：防御高温、熔融金属火花和明火等伤害的防护鞋。

（11）电热靴：利用电能取暖的鞋。

2.4.3.2 卫生防疫装备

卫生防疫装备是防止各种有害因素对人体的不利影响，预防、控制和消除传染病流行而使用的器材、仪器和设备的统称，是卫生装备总体构成的一部分。它主要用于卫生学、流行病学侦察、检验，室内外环境的消毒杀虫灭菌（消杀灭）处理以及饮用水、食品的检验等。卫生防疫装备的功能与卫生防疫保障措施密切相连。卫生防疫装备按其功能可分为侦察采样装备、检验装备和消杀灭装备。

1. 侦察采样装备

侦察采样设备是指用于救援工作展开前或展开过程中对救援展开区域的疫情进行侦察、采样的一系列装备。主要用于早期发出警报、采集样品。此类装备由各种侦检报警器、采样器、侦察车等构成。如JWL－Ⅱ型空气微生物采样器、XM19侦检报警器、XM2生物采样器、M93A1狐式侦察车等。

JWL－车型空气微生物采样器可广泛用于疾病预防控制、环境保护、制药、发酵工业、食品工业、生物洁净等环境的空气微生物数量及其大小分布的采样监测。捕获率达98%。捕获粒子范围为第一级大于7.0 μm，孔径1.18 mm；第二级从0.65～1.1 μm，孔径0.25 mm；采样流量为28.3 L/min，采样流量可随采样需求进行调节；电源为AV 220，功率为35 W；撞击器的规格为ϕ108 mm×82 mm重量为380 g；主机的体积为200 mm×

150 mm × 125 mm（长 × 宽 × 高），重量为 3 kg。

JWL – m 型空气微生物采样器的仪器配置：主机一套（含真空泵、流量剂、定时器各 1 个）；2 级撞击器 1 台；三脚架 1 台；操作手册 1 份；连接管等专用附件 1 套；铝合金手提箱 1 个。

JWL – 提空气微生物采样器培养计数菌落：将采样后的平皿倒置于 37 样恒温箱中培养 48 h，对有特殊要求的微生物则放相应条件下培养；计数各级平皿上的菌落数，一个菌落即是一个菌落形成单位（cuf）。

2. 检验装备

检验装备是指用于水质、食品的污染物、自然疫源地及传染病流行区的病原微生物、生物战剂进行检验和鉴定的一系列装备。主要用于快速检验、鉴定。此类装备由各种检验箱、检验车等构成。如美国的 ATEL 型车载流动实验室、俄罗斯的移动式医学检验室、我军的 85 型检水检毒箱、水质细菌检验箱、食品细菌检验箱、细菌检验车、WJ – 85 型微生物检验车等。

3. 消杀灭装备

消杀灭装备是指用于疫源区、传染区、生物战剂污染区消毒、杀虫及洗消的一系列装备，主要用于迅速切断传播途径和消灭传染源。此类装备由各种喷雾器、消杀车等构成。如美国的 2P 型超低容量喷雾机、日本的 EP – 251T 型手推车式喷雾机、捷克的 TZ74 型消毒车、我军的 221XCH 型消毒杀虫车以及 WCD2000 卫生防疫车等。

消、杀、灭工作队需要每天用 1% ~2% 含氯石灰澄清液或 3% ~5% 甲酚皂溶液，对居住区内外环境进行一次喷洒，净化环境，减少疾病发生。另外，也要使用杀虫药物对居住区内外环境的蚊蝇滋生地进行处理，这样可降低蚊蝇密度。灾区消灭杀主要有以下几种方法：

1）飞机喷药灭杀

用飞机进行超低容量喷洒杀虫剂灭虫，具有高效、迅速、面广、费用低等优点，是大面积杀蚊、灭蝇的理想方法。当飞机高为 20 m，速度为 44 m/s，在无风或微风的气象条件下喷药，每小时喷雾面积为 1.4 万 ~1.9 万亩（1 亩 = 666.6 m^2）。用马拉硫磷、杀螟松、辛硫磷、害虫乱乳剂或原油，每亩喷药 50 ~ 100 mL，蚊子密度可下降 90% ~98%，苍蝇密度平均下降 50%，处理得当也能下降 90%。但飞机喷洒杀虫剂受气象、地面建筑及植被条件限制，而且只能喷到地物表面，对室内、倒塌建筑物的空隙以及地下道内蚊蝇则喷洒不到，同时有大量药物在到达地面前就随风飘逸，起不到杀虫作用。因此，对飞机喷洒不到的地方和气象条件不适时，必须依靠地面喷洒。

2）地面喷药灭杀

（1）室内滞留喷洒：将 5% 奋斗呐可湿性粉剂，配成 0.06% 奋斗呐水悬液，按每平方米 50 mL（每平方米 30 mg 有效成分）的量，用压缩喷雾器对四壁或棚顶等蚊蝇经常栖息的地方均匀喷洒；亦可用 2.5% 凯素灵水悬液，用压缩喷雾器均匀喷洒四壁及棚顶等。

（2）室内速效喷洒：可用各种商品喷射剂、气雾剂。喷射剂用量一般为 0.3 ~0.5 mg/m^2 或 1.0 mg/m^2，气雾剂用量一般是 40 m^3 房间喷洒 10 min。

（3）室外速效喷洒：将敌敌畏乳油（80%）加水稀释成 1% 浓度乳剂，用量 1 mL/

m^2，用压缩喷雾器喷雾。还可用80%马拉硫磷乳油8份，加80%敌敌畏乳油2份，混匀后使用WS－1型手提式超低容量喷雾机喷洒，一亩地用药量为混合药液50 ml。

（4）厕所、垃圾场及尸体挖掘掩埋等场所喷洒：用东方红－18型喷雾机装入药液喷洒。药物可用0.1%美曲磷脂水溶液、25%敌敌畏乳剂、0.2%马拉硫磷乳剂、0.1%倍硫磷乳剂，每平方米喷洒以上药液500 mL。

3）用烟熏杀

对室内、地窖、地下道等空气流通较慢的地方和喷雾器喷洒不到的地方，可用敌敌畏、美曲膦酯、西维因、速灭威等烟剂熏杀蚊蝇，也可用野生植物熏杀。

震后房屋倒塌，除少数家鼠被压死外，大部分鼠类可通过各类缝隙逃逸。另外，啮齿动物比较敏感，在地震发生前，有些鼠类感觉到所在环境有异，它们可以成群迁移远离震区或逃到地震边缘地带。震后正常环境遭到破坏，鼠类仍会随着人群迁移到人口密集、卫生条件差的临时住处，增加了和人群接触机会，极易导致鼠源性和虫媒性疾病的发生，所以地震后卫生防疫部门也应组织灭鼠。常用的灭鼠药物有磷化锌、杀鼠迷、华法林、氯敌鼠、溴敌隆、敌鼠钠等。如果震后鼠密度高，可使用0.3%～0.5%磷化锌稻谷（或小麦）毒饵，晚放晨收，投放3晚。也可使用0.025%敌鼠钠毒饵连续布5～7天即可。灭鼠后发现死鼠用火烧掉或深埋。

灾害发生后，各级卫生防疫机构要在有关行政部门的支持下，组织专业人员和群众相结合的消毒、杀虫、灭鼠（下简称消、杀、灭）工作队，根据分区划片，实施消、杀、灭工作。

2.5 后勤保障装备

后勤保障装备是保障应急队员作战不可缺少的物质条件，是指实施应急救援的后勤保障的装备。在自然灾害造成的各种事故时，需要各种类型的后勤保障装备支持应急救援体系的运转。如果各种资源配置不到位，没有相应的保障，应急救援的能力将受到限制，且难以有效地开展事故的预防、准备、响应、善后和改进等管理工作。因此，配备不同类型的后勤保障装备是开展应急救援的必要前提，对提升应对突发事故或紧急情况的应急救援能力具有非常重要的意义。

2.5.1 救援调度体系装备

重大自然灾害发生后，参与救援的各方力量积极响应，但多为外地支援人员且人数较大、救援途径也不尽相同。例如，2008年汶川地震发生后，参与救援的队伍包括以军队、武警和消防救援队伍为主体的紧急救援队伍；以科研人员为主体的地震现场科考队伍；以灾区和城乡社区为中心的自救互救队伍；以医疗防疫、通信、电力、交通运输、工程、消防、治安交通、特种等专业抢救队伍；还有各种民间志愿者队伍。解放军和武警部队共出动11万余人，志愿者人数达1000万以上。救援人数多、人员结构复杂，亟须统一调度指挥，进行很好的配合和协调，以迅速高效实施救援工作。

救援调度体系装备是调度指挥中的硬件条件，尤为重要。本节介绍的救援调度体系装备主要有 IDM 多媒体指挥调度台、IDM - M9000 便携式多媒体调度机、调度大屏和应急救援大数据云平台等。

2.5.1.1 IDM 多媒体指挥调度台

IDM 多媒体调度台集录音、传真、会议、留言、短信息、监控、调度等业务于一体，实现多手段、多通道条件下的“一键直通”调度指挥功能，解决了不同网络之间、多通信系统之间存在的兼容性差、共享性差、操作复杂等诸多缺陷（图 2 - 69）。

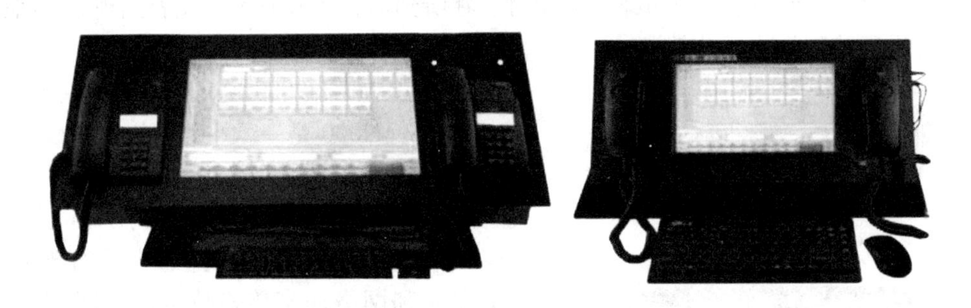

图 2 - 69 IDM 多媒体指挥调度台

该多媒体指挥调度台采用双屏操作的调度台，集音视频综合调度、视频交互以及视频监控等功能于一体，运用触摸屏技术，使操作更加简单。通过图形化调度，能够十分清晰地显示所有调度终端的通信状态，可根据调度台的等级设置不同权限管理，高级别调度台可以对低级别的终端进行各种调度操作，对固定分组及临时分组可以进行广播、点播或召开会议。

该调度系统的调度功能包括：群呼、组呼、直呼、点呼、轮呼、强插、强拆、监听、重拨、多方会议、呼叫保持、保持恢复、呼叫等待、呼叫转移、呼叫代接、临时分组、权限控制、调度录音、通话记录等。

该平台软件实现多系统集成应用、车载应用、固定调度终端应用，使办公通信指挥真正实现融合，并且支持警示语音通报功能，如可设置应急警示语音通报（包括灾情警示信息、广播指令、警情通报信息等），遇到紧急事件自动触发，给各音视频终端广播相应的警示语音信息；与其他系统兼容性强（含调度、视频、会议、大屏、GIS 地理信息、应急预案等），接入端口开放，适用于各专网调度指挥的联网使用。IDM 多媒体指挥调度台功能特点有：

（1）传统电话功能升级：可以与其他现用系统普通电话终端实现无缝整合升级，实现可视化调度通信指挥功能；

（2）“一触键直通”功能：运用触摸技术，使用操作人员无须记忆电话号码，可视化一键触摸呼叫拨打接通电话；

（3）电话与网络自动捆绑功能：无须人工干预，根据领导拨打接听电话，系统能自动实现网络切换与网页自动选择弹出功能；

（4）领导专用智能电话簿功能：无须用户事先做编辑操作，全部号码可以在拨打和接听来电中，自动生成，逐步由少到多，根据拨打接听电话的频率，自动生成常用电话号码区；

（5）接听来电遇忙功能：屏幕自动来电号码排队滚动显示提醒功能，其中有上级领导排队电话滚动时，还将有语音提醒，便于领导立即接听；

（6）桌面式麦克、喇叭一体机功能：提供办公会议一体机，它备有 USB 接口，小巧玲珑置于办公桌面，将喇叭音响与麦克功能混合一体；

（7）可视化多媒体会议与监控功能：提供高清与标清 2 种摄像头，提供外接 HDMI 高清屏幕接口，以能应急指挥处理突发事件，在听到语音的同时，还能看到现场实时的图像，实现远程“现场指挥功效”。

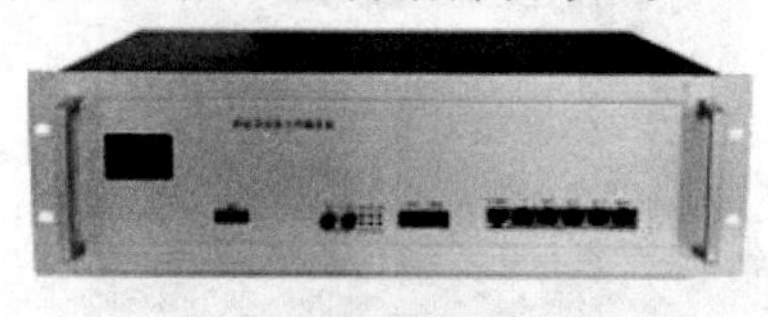

(a) 设备前面板图示

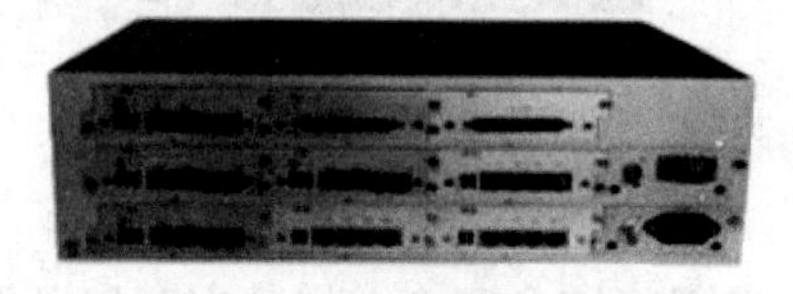

(b) 设备后面板图示

图 2-70 IDM-M9000 便携式多媒体调度机

2.5.1.2 IDM-M9000 便携式多媒体调度机

IDM-M9000 是一款小型便携式多媒体调度机（图 2-70），可融合 SDH 通信、手机通信、电台通信、用户电话（FXS）、环路中继（FXO）等多种通信手段。通过先进的数字语音处理技术和网络加密传输技术使不同频段的对讲机、超短波电台、短波电台、传统 PSTN 电话（公共交换电话网络）、IP 软电话和传统 IP 话机等设备无缝接入到调度系统网络中。可直接单独使用，也可以配调度台使用，还可以作为大调度系统的远端集群接入网关使用。既可实现远距离的无线对讲通信，也可实现无线设备与有线终端间的语音双向互通，方便地解决了无线通信网的互通、调度、管理及大范围组网调度中存在的难题，可适用于边防哨所、车辆、舰船等环境的多种通信手段融合，也可以方便地接入现有调度系统，实现远距离大规模的无线组网通信。

IDM-M9000 采用全数字信息处理技术，既支持传统 PSTN 电话接口，也支持 SIP 标准协议、H.323 协议的 IP 电话。采用 19 英寸 3U 台式结构设计。

功能特点说明：

（1）所有有线对讲终端之间可以实现对讲；

（2）所有有线对讲终端和电话可以选择任意一个或多个无线集群进行收听和讲话；

（3）分机可通过普通电话接口、GSM/CDMA、IP 中继等方式拨打外部电话；

（4）任意两个或多个无线电台或集群之间可以桥接；

（5）支持组呼功能，当外线拨入时同一个组呼群里的电话分机同时振铃，任何一个分机摘机后其他停止振铃。若有 2 个以上外线同时呼入，任意电话摘机，先接入优先级高的外线，同时其他分机继续振铃；

（6）对于同时呼入的外线电话始终按照优先级接听，同等优先级的按振铃先后顺序接听；

（7）通常有线对讲终端的优先级要高于内线电话，优先级高的用户可以中断低优先级用户的集群发话权。

2.5.1.3 调度大屏

调度大屏是调度指挥系统的显示系统，目前国内较为先进的大屏显示系统采用 DLP 技术。这种技术是先把影像信号经过数字处理，然后再把光投射出来。其原理是 UHP 灯泡发射出的冷光源通过冷凝透镜、ROD（光棒）将光均匀化；经过处理后的光通过一个色轮，将光分成 RGB 三色；利用 BSV 液晶拼接技术镜片过滤光线传导，再将色彩由透镜投射在 DMD 芯片上；最后，反射经过投影镜头在投影屏幕上成像。

DLP 大屏幕显示系统能够对各视频监控信号、网络资源、计算机应用系统等各种相关资讯进行实时的发布、监控、分析和智能化管理，确保整个系统的决策、命令能够稳妥迅速地传达执行并反馈。

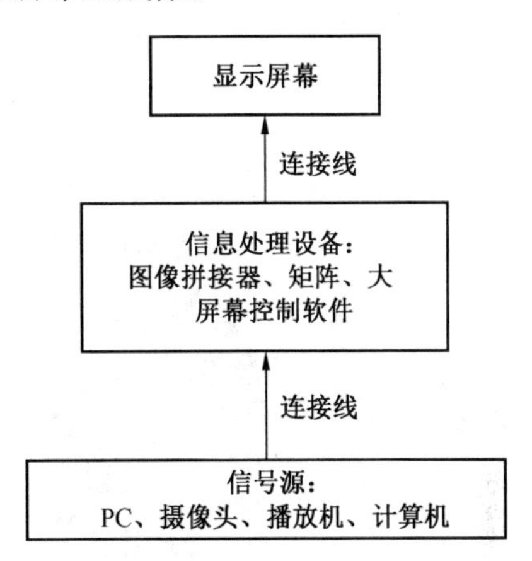

图 2-71 DLP 大屏幕显示系统组成

大屏幕显示系统主要有 4 个组成部分（图 2-71）：显示屏幕、信息处理设备、信号源、连接线。其中信息处理设备包括图像拼接器、矩阵、大屏幕控制软件等，信号源用来提供监控、视频、音频等信号，包括 PC、摄像头、播放机等。

2.5.1.4 应急救援大数据云平台

应急救援大数据云平台是基于现代安全理论和技术，运用大数据、物联网、云计算、移动互联网等 IT 技术的安全管理和应急指挥平台。面对突发事件，指挥调度平台快速汇总事件信息和了解现场情况，快速启动预案协调指挥相关部门和相关资源，有效解决了处置过程中指挥人员难以实时掌握现场情况，现场人员持有不同通信终端统一调度难，以及以语音调度为主、传递信息量少等导致指挥调度效率低的弊端，实现应急高效处置。基于大数据的智慧消防系统如图 2-72 所示。

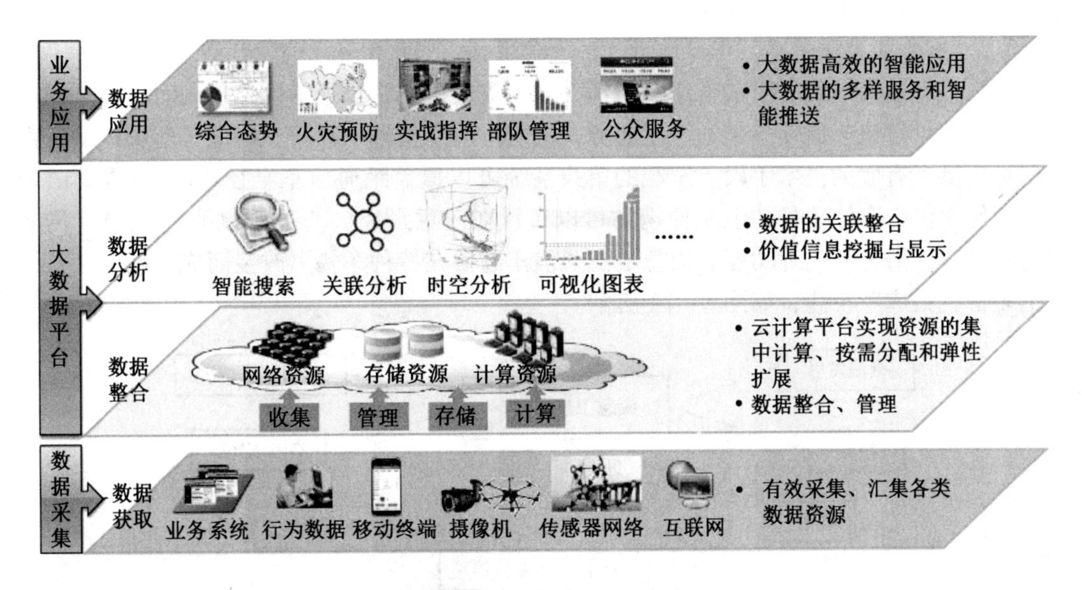

图 2-72 消防大数据云平台

2.5.2 现场联络与远程通信装备

快速、有效的通信是事故应急救援的重要保障。及时的通信报告，对于应急救援的及时性、准确性、高效性都具有重要的保障作用。当发生地震、洪水等自然灾害时，通信网络更容易出现问题，对应急救援产生不利影响。例如，在汶川大地震中，由于地震烈度高、房屋倒塌多、山体滑坡和泥石流多，余震不断，频次比以往任何一次都高，客观上对通信设施造成严重损毁。四川、甘肃、陕西三省累计受灾电信局所3897个，移动通信、小灵通基站累计损毁28714个，光电缆损毁28765皮长千米（光缆长度的一种计量方式），累计通信电杆倒断142078根，四川重灾区8个县与外界的通信联系一度完全中断。

现场联络装备与远程通信装备主要有应急指挥车、应急卫星通信车、对讲机、卫星电话、车载电台和救援无人机。

图2－73 应急指挥车内部

2.5.2.1 应急指挥车

应急指挥车集成卫星通信系统、图像传播系统、视频会议系统、单兵侦察系统、有毒有害气体检测系统、辅助决策系统等于一体（图2－73）。

应急指挥车采用卫星落地，实现卫星通信功能，在指挥中心加装无线网桥设备，实现与各级指挥中心的远程互联互通；通过卫星单跳，实现数据和语音传输。车内配备高清云台摄像机，通过卫星和无线网桥连接，实现召开视频会议的要求；车内配备一套单兵侦察装备，可在复杂的、危险的、车载摄像头无法监控到的环境下，派出单兵，穿戴单兵侦察系统前往事故现场，将第一手图像资料传输到应急通讯指挥车，并向总部同步传输视频资料，辅助决策。

2.5.2.2 应急卫星通信车

应急卫星通信车部署于前方应急指挥部，当灾害现场常规通信网络瘫痪时，该车的应急卫星系统可以快速启动，架通卫星业务，为后方应急指挥中心第一时间了解灾区的音视频信息提供了有效的技术手段。车载的单兵系统可以覆盖距通信车半径2 km范围的语音视频图像回传。车体装备的卫星便携站可以布置在任意距离（不受限制）与抢修现场实现视频会商、语音呼叫等功能。应急卫星通信车通常在特种车辆上改装而成，携带必要的通信装备，集成度较高，如图2－74所示。

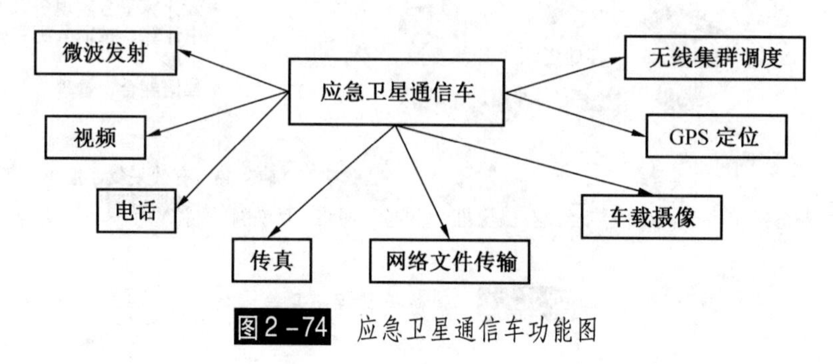

图2－74 应急卫星通信车功能图

2.5.2.3 对讲机

无线电对讲机是一种只需轻按一键，便可与一个或一组人通话的设备（图 2－75）。对讲机是应急救援指挥中一个人与一组人联络所必备的工具，仅需一个呼叫，便可以和组内的所有人通话，也可与市话相连。无线电对讲机具有以下优点：

图 2－75 GP328/338 摩托罗拉对讲机

（1）对讲机不受网络限制。在网络未覆盖到的地方，对讲机可以让使用者轻松沟通。对讲机提供一对一、一对多的通话方式，操作简单，令沟通更自由。尤其是紧急调度和集体协作工作的情况下，这些特点非常重要。

（2）通话距离远。常规对讲机的通话距离一般为 3～5 km，但在有高大建筑物或高山阻挡的情况下，通话距离会相对短些。当有网络支持时，对讲机的通话范围可达几十公里。

2.5.2.4 卫星电话

卫星电话是基于卫星通信系统传输信息的通话器，也就是卫星中继通话器。卫星电话信号可以完全覆盖，无盲区，可随时随地通话，同时具有极高的保密性。主要有海事卫星电话和铱星卫星电话（图 2－76）。在所有通信网络瘫痪的情况下，海事卫星电话可以由应急队员携带深入灾区与外界进行点对点通信。通信距离不受地域限制，具有体积小、重量轻、方便携带、使用方便的特点。

(a) 西班牙IsatPhone Pro海事卫星电话

(b) 美国Iridium9555铱星卫星电话

图 2－76 卫星电话

2.5.2.5 车载电台

车载电台是安装在移动交通工具上，直接用交通工具上的电源供电，并用车载天线进行发射的无线通信设备，在开阔地通信距离较远，一般可达 20～30 km。

2.5.2.6 救援无人机

无人驾驶飞机简称“无人机”，英文缩写为“UAV”，是利用无线电遥控设备和自备的程序控制装置操纵的不载人飞机，或者由车载计算机完全地或间歇地自主操作，具有体积小、造价低、使用方便、对使用环境要求低等优点。

搭载高清拍摄装置的无人机在灾后可迅速进入灾区航拍，进行实时监视，实时传回清晰的图像，实现远程实时指挥。甚至还可挂载多种载荷模块，“变身”移动的通信基站，进行远距离的视频传输，为指挥救灾人员提供一手的最新影像，指导救灾。

无人机动作迅速，起飞至降落仅 7 min，可完成 100000 km^2 的航拍，对争分夺秒的灾后救援工作意义非凡。此外，无人机保障了救援工作的安全，通过航拍的形式，避免可能存在塌方的危险地带，为合理分配救援力量、确定救灾重点区域、选择安全救援路线等提供有价值的参考。

图2－77 无人机在汶川地震中运用

我国第一次将无人机应用于救援工作是在2008 年的冰冻灾害中，同年的汶川大地震中，无人机作为航拍应用在了地震救援工作（图2－77）。随后在玉树地震、雅安地震等灾后应急救援中，遥感无人机也发挥了重要的作用。

2.5.3 办公装备

自然灾害发生后，各个救援部门会第一时间组织人员和力量深入前线，成立临时应急指挥部进行灾情的收集和分析等，这些工作离不开办公装备的支持。办公装备一般包括办公设施（桌子、椅子）、电脑、打印机、大屏幕、通信设备等。

2.5.3.1 便携折叠式救援用办公桌椅

材料采用优质冷轧钢板和钢管，表面静电烤漆，具有轻便、可折叠、体积小、牢固性强、撤收方便等优点，适用于各级救援队的临时指挥部办公使用，便于携运。

2.5.3.2 救援用传真机

这种传真机操作简单，无须上网、不用账号，可以像发送传真一样发送电子文件，只需拖一下文件即刻到达对方。与 E－mail 相比，它采用点对点方式发送，保密性好，还提供了接收方身份认证和密码提取功能。发送传真速度是普通传真机的 4 倍。

2.5.3.3 救援用专业计算机

应急指挥部一般搭设在救灾前方，环境恶劣，办公用的计算机要求能适应这种恶劣环境。

加固计算机是为适应各种恶劣环境，在计算机设计时，对影响计算机性能的各种因素，如系统结构、电气特性和机械物理结构等，采取相应保证措施的计算机，又称抗恶劣环境计算机。其特点是具有较强的环境适应性、高可靠性和高可维修性；较强的实时处理能力；系列化、标准化和模块化；专用软件的开发是其应用的关键。

常按应用环境的不同分为军用普通型、初级加固型、加固型和全加固型 4 种。

1. 军用普通型计算机

军用普通型计算机对高低温、温度冲击及湿热有较低的要求，目前的大多品牌商用计算机都能达到。主要适应两类环境：地面固定有空调机房环境及地面固定无空调机房环境。

2. 初级加固型计算机

初级加固型计算机又称通用加固计算机，它对计算机高低温、温度冲击、湿热、振动冲击、跌落及运输都有要求，目前市场上有部分工控机可以达到要求，或是对工控机结构稍做加固处理即可。主要适应两类环境：车载有空调环境及舰载有空调舱室环境。

3. 加固型计算机

加固型计算机多用于室外环境，除了初级加固型的要求外，还增加了外壳防护要求，有的还有压力、噪声等要求。其应用环境相当严酷，多为专用型加固计算机。主要适应车载无空调、舰载无空调舱室、舰载有掩蔽舱外、潜艇及机载可控环境五类环境。

4. 全加固型计算机

全加固型计算机是从计算机的体系结构和满足各种抗恶劣环境要求出发，严格按照一系列军用标准要求设计制造，并且要得到指定机构的检验与认可（图 2－78）。可适用于各种最恶劣的野战环境，可在野外、车载、舰载、机载、水下和空中发射等环境中使用。

图 2－78 加固手持计算机

2.5.4 生活与个人装备

后勤生活保障装备是指为保障救援人员正常生活所需的装备的总称。个人装备是保护应急救援队员安全与健康所采取的必不可少的辅助措施，是应急救援队员能够在恶劣的气候条件和复杂的地理环境顺利完成应急救援任务的根本保证。在某种意义上，它是应急救援队员防止伤害的最后一项有效措施，必须引起应急救援队伍领导和队员的高度重视和妥善管理。

2.5.4.1 生活保障装备

1. 餐车

自行式餐车主要用于在野外条件下提供饮食保障的专用车辆（图 2－79）。一般车内配备蒸饭车、双眼或单眼灶台、洗菜池、冰柜、净水箱、污水箱等餐厨必备设备，采用液化气、燃油、柴火、太阳能、电能作燃料，非常适合野外作业人员的集中就餐。并与野战主食加工车、野战面包加工车、食品冷藏车和保温车、野战给养器材、热食前送器具、班用小炊具和单兵炊具等，构成加工、储存、分发、前送相配套的饮食保障装备体系，大大提高了机动饮食保障能力，满足野外救援与指挥人员在各种情况下的饮食保障需求。

2. 营地帐篷

自然灾害应急救援过程中常用的营地帐篷有军用充气帐篷、救灾帐篷和洗消帐篷等。

1）军用充气帐篷

军用充气帐篷属于帐篷的一种，主要用于防潮、防水、抗风、防尘、防晒、抢险救灾、野外短期训练、野外短期作战等（图 2－80）。军用充气帐篷采用结构力学的原理设计框架，利用气体压强特性将气囊膨胀形成具有一定刚性的柱体，经过有机组合撑起帐篷的骨架。随着采用的骨架材料的强力大小，可以设定帐篷的承重大小。具有结构简洁、耐折、稳定性好、抗风、抗紫外线、防雨、成型快等优点，且具有多种可选规格，满足不同需要。

图2－79 餐车整体及其部分内部结构

图2－80 充气帐篷

图2－81 救灾帐篷

2）救灾帐篷

救灾帐篷是中央救灾物资的主要品种，其中 12 m^2 单帐篷和棉帐篷的使用量最大。分体单帐篷顶部由涂塑帆布组成、围布由加厚帆布组成；分体棉帐篷整体由有机硅布、厚毛毡、无纺布三层组成；整体帐篷顶部由加密防水帆布制成如图2－81所示。该帐篷刚度大、稳定性好、可承受厚积雪和强风力荷载、运输方便。

3）洗消帐篷

洗消帐篷主要用于接触污染水、环境、物品的现场的消防人员及公众人员的洗消，通过洗消系统加入相关的药液经高压喷淋装置洗消、消除毒物并集中处理，如图2－82所示。

洗消帐篷主要材料为高强PVC复合气密布热合成型，可耐高温（＋50℃），在低温环境（－20℃）也可正常使用，携带运输方便，而且洗消池积水后可用自动排污泵将废水抽至废水回收袋，不会造成污染。

2.5.4.2 应急供电装备

(a) 单人洗消帐篷　(b) 公众洗消帐篷　(c) 洗消帐篷配件

图2－82 洗消帐篷

电能是现代社会最主要的能源之一。突发事件发生之后，电力中断不仅会影响到方方面面救援工作的开展，还会给灾民生活带来极大不便。往往会引起局部地区的社会恐慌，甚至引发社会动荡。应急救援人员可以利用先进的应急供电装备快速恢复当地供电，保障应急照明、应急通信以及基本生活用电，不仅能够大大稳定灾害现场的“人心”，还可以大大提高现场整体应急救援工作开展效率。现阶段应急供电装备主要有各种类型应急发电车和应急发电机。

1. 应急发电车

应急发电车一般采用柴油发电机组，主要由柴油发动机、发电机、控制系统组成，车辆选用载货汽车二类底盘为基础平台，加装专用厢体设计而成。应急发电车发电机区，如图2－83所示。根据使用功能的要求，一般厢体共分4个区域，依次为值班区、发电机区、排气降噪区、电缆卷盘收放区。厢体的前部及后部一般加装有前、后示廓灯；车厢侧面加装有侧标志灯及侧回复反射器、反光标识；侧面壁板前部，左右侧分别设有铝合金手动百叶窗，便于发电机组的散热。

图2－83 应急发电车发电机区

应急发电车除了具有固定式发电机组的优点外，还具有长途、复杂路况行驶，性能良好，可在野外露天工作等特点。车厢采用先进的进、排气消声装置和隔声厢体，使机组周围的噪声能得到有效的控制。具备良好的通风条件，解决了车厢内的温升问题，能够完全满足设备各元器件对工作环境温度的要求。机组的辅助设备、电气及控制系统全部放置在车厢内，实现了设备、控制设备的高度集成，便于操作和检修。

2. 应急发电机

应急发电机是应急供电的主要工作电源之一。发电机通常由定子、转子、端盖及轴承等部件构成。应急发电机按电源分类可分为直流发电机和交流发电机；按其供电电压可分为三相发电机和单相发电机；按其使用的燃料可分为柴油发电机和汽油发电机。

（1）直流发电机主要由发电机壳、磁极铁芯、磁场线阁、电枢和碳刷等组成。当柴油机带动发电机电枢旋转时，由于发电机的磁极铁芯存在剩磁，电枢线圈可在磁场中切割磁力线，根据电磁感应原理，由磁感应产生电流并经碳刷输出电流。

(2) 交流发电机主要由磁性材料制造多个南北极交替排列的永磁体（称为转子）和硅铸铁制造，并绕有多组串联电枢线圈（称为定子）组成。柴油机带动转子轴向切割磁力线，定子中交替排列的磁极在线圈铁芯中形成交替的磁场，转子旋转一圈，磁通的方向和大小变换多次。由于磁场的变换作用，在线圈中将产生大小和方向都变化的感应电流并由定子线圈输送出电流。

图 2-84 柴油发电机

(3) 柴油发电机的基本结构是由柴油机和发电机组成，柴油机带动电机发电。柴油机的基本结构包括气缸、活塞、气缸盖、进气门、排气门、活塞销、连杆、曲轴、轴承和飞轮等构件（图 2-84）。

(4) 汽油发电机主要由汽油发动机、发电机和框架 3 部分组成。汽油发电机主要由气缸、活塞、化油器、空气滤清器、反冲启动器、飞轮、燃油箱、消声器等组成。

根据 2 种内燃机的不同特点，电容量在 30 kW 以上且用电量较大的情况下宜使用柴油发电机，而容量在 30 kW 以下且要求噪声较小的宜使用汽油发电机。因此，对用电容量小而散在的应急供电一般都以汽油发电机为主。汽油发电机、小型柴油发电机和三相汽油发电机如图 2-85 所示。

(a) 汽油发电机

(b) 小型柴油发电机

(c) 三相汽油发电机

图 2-85 应急发电机

2.5.4.3 应急照明装备

应急照明装备主要指各种应急照明灯，适用于各种大中型施工作业、矿山作业、维护抢修、事故处理和抢险救灾等对大面积、高亮度照明有需要的工作现场。应急照明灯又分为带发电机应急灯和直流电应急灯。

1. 带发电机应急灯

带发电机应急灯按灯头数量、功率、泛光或聚光类型、灯杆的升降高、使用时间、发电机配置等需求可分为大型、中型、小型几种类型。

1) 大型应急照明灯

大型应急照明灯主要用于大面积抢修和应急救援作业的照明（图 2－86a）。其主要技术参数：灯头宜采用金卤灯光源，灯头数可根据现场需要以及兼顾发电机的功率而配置，一般配置 4 个及以上。发电机功率为 5～10 kW，灯杆最高可升到 6～10 m，灌满油可连续工作 15～40 h，接市电可长时间使用，可向外供出 220 V 电源供大功率的电气设备使用。

2）中型应急照明灯

中型应急照明灯可用于大面积抢修、应急救援、户外施工作业的照明（图 2－86b）。其灯头一般采用 4×500 W 卤素灯光源，2～5 kW 汽油发电机，最高可升到 3.5～4.5 m，灌满油可连续工作 13 h。

3）小型应急照明灯

小型应急照明灯用于维护抢修、应急救援、事故处理等。其灯头一般采用 2×48W－LED 光源，700 W 汽油发电机，最高可升到 1.5～2.5 m，灌满油可连续工作 3～5.5 h，防水防尘，如图 2－86c 所示。

4）便携式应急月球灯

便携式应急月球灯由高达 200 W 的电力支持（图 2－86d），其技术性能介绍如下：

（1）可提供 2 种光源照明，一机两用。

（2）灯头部分为球形外罩，光源在球体内部，实现全方位照明。

（3）投射金卤灯可单独做上下左右调节和 360 度水平旋转，实现相对集中的投光照明，保障施工人员及过往车辆的安全。

（4）采用手动伸缩立杆，起升高度随伸缩杆的节数而增加，最大起升高度为 6 m。

（5）原装进口发电机作为动力源，也可直接接市电长时间使用。发电机配有脚轮，可以自由移动。

（6）操作简单，折叠收藏后可轻松搬运，适合在各种恶劣环境和气候条件下使用。

(a) 大型应急照明灯

(b) 中型应急照明灯

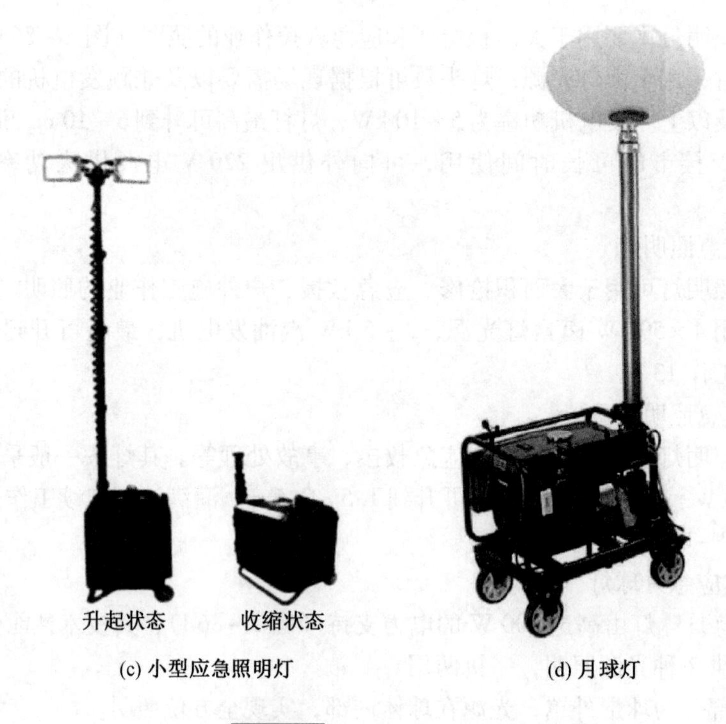

(c) 小型应急照明灯 (d) 月球灯

图2－86 带发电机应急灯

（7）防眩光，亮度高，360 度大范围照明，灯具功率有 1000～3000 W 3 种可以选择。

（8）支架可以快速折叠操作，使用收藏非常快捷，配木箱和塑料箱包装。

（9）立杆可以采用机械和气动升降 2 种方式。

2. 直流电源应急灯

直流电源应急灯具有轻巧便携、使用方便、维护简单等特点，可在各种恶劣条件下正常工作，是应急救援小而散的一种不可缺少的现场应急移动照明。

1）便携式强光灯

主要介绍以下几种强光灯：

（1）RS－500 型强光灯（图2－87a）是可充电的便携式搜索灯，主要作为单兵照明具和强光干扰具使用；还可用于夜间抢险、救灾、地下、坍塌建筑中的搜索等。具有携带方便、使用简单灵敏、光强度高、穿透力强等特点。

（2）QG－101 型强光灯（图2－87b）具有高强光、远射程、可充电、多用途、理想光源等特点，夜间强光可穿透烟雾和雨层，适用于侦察、交通勘查、海上巡逻、路桥巡查、抗洪抢险等任务。

2）超远距离强光手电筒

超远距离强光手电筒包括强光手电筒、强光探索灯、强光探照灯及应急音视频传输探照灯等。

（1）强光手电筒的照明度可达到 300 m 以上，还可选择全光、半光、SOS 等不同模式，满足不同救援环境使用，如图2－88a 所示。

（2）强光探索灯具有防水、防爆等性能，密封性好，可在水下、易爆等场所进行搜救照明，安全可靠。还分为强光和工作灯，工作灯更节能，使用时间更长，如图 2-88b 所示。

(a) RS-500型强光灯

(b) QG-101型强光灯

图 2-87 便携式强光灯

（3）强光探照灯具有远达 1000 m 的射程，可强光连续工作 2 h，高效节能。具有极高的抗强力碰撞、防震和抗冲击能力，可在地震等灾后救援中使用，如图 2-88c 所示。

（4）应急音视频传输探照灯集照明、摄像、拍照、录音等多功能于一体，在搜救中既可以用作光源，还可做记录用。材质坚固耐用，防水、防震、耐腐蚀性好。并且灯头还可做攻击用，具有防卫功能，如图 2-88d 所示。

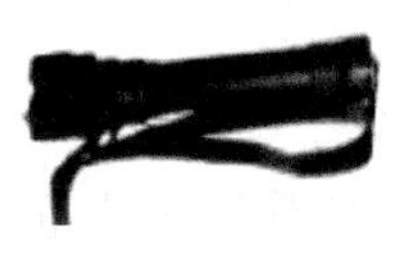

(a) 强光手电筒

(b) 强光探索灯

(c) 强光探照灯

(d) 应急音视频传输探照灯

图 2-88 超远距离强光手电筒

2.5.4.4 个人防护装备

1. 防护服

防护服是指能够防御物理、化学和生物等外界因素伤害人体的工作服。防护服的结构一般都有高覆盖、高闭锁和便于工作的特点。防护服的材料，除满足高强度、高耐磨等穿用要求之外，常因防护目的、防护原理不同而有差异，从棉、毛、丝、铅等天然材料和橡胶、塑料、树脂、合纤等合成材料，到当代新功能材料及复合材料等，如抗冲击的对位芳香族聚酰胺、高强度高模显的聚乙烯纤维制品、拒油的含氪化合物、抗辐射的聚酰亚胺纤维、抗静电集聚的腊纶络合铜纤维、抗菌纤维及经相关防臭整理的织物。

自然灾害应急救援防护服主要有消防员灭火防护服、抢险救援服（冬款、夏款）、降温背心/保暖马甲、防雨雪救援冲锋衣等。

1）消防员灭火防护服

消防员灭火防护服适用于消防员在灭火救援时穿着，对消防员的上下躯头颈、手臂和腿等部位进行热防护，阻止水向隔热层渗透，同时在大运动量活动时能够顺利排出汗气。

消防员灭火防护服为分体式结构，包括防护上衣、防护裤子。防护服是由外层、防水透气层、隔热层、舒适层等多层织物复合而成，采用内外层可脱卸式设计，多层织物的复合物可允许制成单衣或夹衣，还设有黄白相间的反光标志带，并能满足服装制作工艺的基本要求和辅料相对应标准的性能要求。

2）抢险救援服

抢险救援服用于建筑倒塌、狭窄空间及攀登等救援现场的身体防护，具备隐燃、耐磨、轻便、抗拉力强、颜色及标识醒目、方便携带抢险救援工具等性能，且前胸、后背、膝盖、两肘部缝制加强层，耐穿。

3）降温背心/保暖马甲

在高温酷热的作业环境中，闷热使救援人员难以忍受，降低救援效率，甚至容易中暑生病，从而损害健康。尤其穿着特种防护服时，服装内部通常会产生大量的热气，且无法从防化服内部排出。降温背心可达到降温的效果，且降温剂材料无毒无味，不燃烧，可重复使用。背心的肩部及腰部可调节大小，使穿着更合适。该背心同时轻便、可洗。

保暖马甲可根据环境需要加发热模块，一些独特的专利发热装置更可在寒冷环境中维持人体舒适温度。使救援人员身体更舒适，在提高救援效率的同时更好地保护自己。

4）防雨雪救援冲锋衣

防雨雪救援冲锋衣具有防风、防水、高透气性、化学惰性、防紫外线等功能，同时具有醒目、轻便、舒适、持久如新等优点。

图2-89 自救呼吸器

2. 正压式空气呼吸器

正压式空气呼吸器使消防员或抢险救护人员能够在充满浓烟、毒气、蒸汽或缺氧的恶劣环境下安全地进行灭火、抢险救灾和救护工作。

正压式空气呼吸器主要由高压空气瓶与气瓶开关、减压器、快速接头、正压型空气供给阀、正压型全面罩、气源压力表、气瓶余气报警器、中压安全阀、正压呼气阀、背托、肩带、腰带等部件组成，如图2-89所示。

3. 其他防护用品

防护眼镜是一种滤光镜，可以改变透过光强和光谱。避免辐射光对眼睛造成伤害，同时也可以防化学物飞溅，也可防撞击用。可佩戴在校正眼镜外使用，也可作为参观眼镜使用。

防割手套是一种不会轻易被割破的手套，有着超乎寻常的防割性能和耐磨性能，能对手起保护作用。一双防割手套的使用寿命相当于500副普通线手套，称得上是“以一当百”。佩戴防割手套后，可手抓匕首、刺刀等利器刃部，即使刀具从手中拔出也不会割破手套，更不会伤及手部。其他防护手套还有消防救援手套、防滑手套等。

2.5.4.5 个人生活装备

1. 便携式移动厕所

便携式移动厕所广泛使用于各种场合的紧急救灾及野外活动，并已成为环境保护策略中不可或缺的常备物资（图2-90）。在地震、洪水后等野外使用时，配套的可分解性屎尿凝固剂会将污物凝固成凝放状，然后作为可燃性垃圾处理或者埋进土壤中使之自然分解，不会造成环境污染。

2. 便携式快速净水装备壶

便携式快速净水装备包括个人更易于携带的单兵净水器和适于多人使用的净水桶（图2-91）。救生瓶和救生桶就像是一个随身携带的迷你净水厂，它们利用亲水中空纤维管作为微生物超级滤器，该滤芯可去除细菌、病菌、胞囊、寄生虫、真菌及其他所有可经饮水传播的微生物病原体。且滤芯简单易换，还有更高规格的活性炭过滤器可以选择。

图2-90 便携式移动厕所

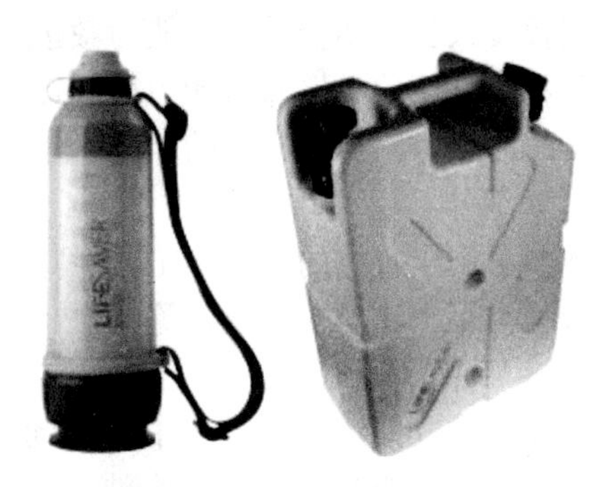

图2-91 便携式快速净水装备（单兵净水器和排级净水桶）

2.5.5 救援与保障车辆装备

自然灾害发生后，周围环境遭到破坏，阻碍了救援力量的到达和救援工作的开展。救援与保障车辆就是开辟救援道路与维持救援战斗力必不可少的装备。例如，汶川特大地震发生之后，以装载机、挖掘机、轮式起重机、推土机等机型为主的车辆装备，在进行因山体滑坡而阻塞的道路疏通、对倒塌废墟中大块建筑物的破拆和起吊以及堰塞湖泄流槽的开挖等抢险作业中均发挥了不可替代的作用。抢险救灾的绝大部分任务必须依靠机械化作业来完成，没有这些抢险救援类车辆的投入和使用，抢险救灾是难以高效开展的。抢险救灾工作开展后保障救援人员的正常生活所需和救援车辆的正常工作也是非常必要的。保障车辆就是指为救援人员和装备提供保障条件、恢复其战斗力的车辆。

2.5.5.1 救援类车辆

在抢险救灾中，工程机械是生命赖以生存的有力保障。例如，偏远山区发生地震灾害后，频繁发生的余震会造成山体滑坡和泥石流，公路、桥梁遭到不断掩埋和毁坏。只有依靠大批的工程机械设备疏通道路，才能保证将救援物资送达灾民手中，如排障车、抢险救援消防车、推土机、挖掘机等。

多功能排障车是指装备有起重、托举、排障、拖曳设备，具有推除路障、牵引车辆、吊装重物、攻击自卫等功能的特种车辆。多功能排障车的车头配备大铲，用铲刀可以在发生自然灾害或骚乱时，及时推开树枝干、杂物及其他沉重路障。但是对某些障碍物，单用铲刀难以移动，所以排障车上还配备了20 t级吊车，这足以避开绝大多数障碍，扶正翻倒的车辆。这种排障车还配备了前后绞盘，可以拖拉障碍物，保证道路畅通，是抢险救援的必要装备。因此，在地震、泥石流等自然灾害中，排障车起着疏通道路、保障救援部队进入灾后现场实施救援的重要作用。

2.5.5.2 保障类车辆

保障车辆是指为救援力量（人员和装备）提供保障条件、恢复其战斗力的车辆，主要有宿营车、炊事车、油罐车、淋浴车、救援装备支援车、救护车等。

1. 宿营车

宿营车设置了装备存放区，可随车运送救援物资及个人随身用品等装备。宿营车除了能运载救援人员、物资外，还能为救援人员提供防风、防雨、防晒、防潮、防蛇的宿营条件，使救援队伍的救援保障能力得到提高。有的车厢内部还设有排风扇、照明灯等，使救援人员的休息可以得到充分的保障。

2. 炊事车

炊事车用于野外的餐食加工，保障救援人员的生活与能量所需。一般配备有发电机、操作台、水箱水池、排烟设备等。

3. 油罐车

油罐车可以保证救援过程中各种动力设备的正常油耗及运转。油罐车又称流动加油车，主要用做石油的衍生品（汽油、柴油、原油、润滑油及煤焦油等油品）的运输和储藏。根据不同的用途和使用环境有多种加油或运油功能，具有吸油、泵油，多种油分装、分放等功能。运油车专用部分由罐体、取力器、传动轴、齿轮油泵、管网系统等部件组成，其中管网系统由油泵、通四位球阀、双向球阀、滤网、管道组成。

4. 洗消淋浴车

洗消车是用于对武器、技术准备、地面和工事等实施消除放射性沾染和消毒的车辆，也可用于运输和分装各种液体。可以完成地面喷洒洗消、喷枪洗消、喷刷洗消、吃尘洗消等任务，也可用配备喷管、喷枪、喷刷的喷洒车代替。洗消淋浴车在救援中有独特作用，主要用于防疫救护工作。

5. 救援装备支援车

救援装备支援车是根据执行救援任务的需求，针对救援任务快速反应和救援装备快速到位的实际需要研制而成的。该车装载救援所需装备，能够充分保障救援等任务的完成。

6. 救护车

救护车（包括救护方舱）是灾害救援中必不可少的装备，对于快速施救、抢救人员具有重要意义。

2.5.6 维修装备

应急救援装备维护管理是对救援装备进行保养、维修等的一项系统科学，是救援装备设计与使用保障的桥梁，是保障救援装备发挥效能的关键。救援设备能否正常使用直接关系到救援的效率、现场伤病员的安危，设备高效运行也能给人以心理上的宽慰。维修装备就是为装备提供高效的维修保障，确保救援装备的有效使用。

应急救援装备涉及预测预警装备、生命探测仪、破拆机械等搜救装备、指挥与通讯装备、医疗救援装备、运输装备及水电宿营等后勤保障装备，因此维修保养也涉及通讯、机械、生物医学工程、电力等的多个专业和学科。

常见维修装备有仪表、测试设备、千斤顶、手拉葫芦、扳手类、起子类、钳子类、敲击类、电动工具、专用工具、万用表、车载式消防栓运动器、便携式消防栓运动器等，如图 2－92 所示。

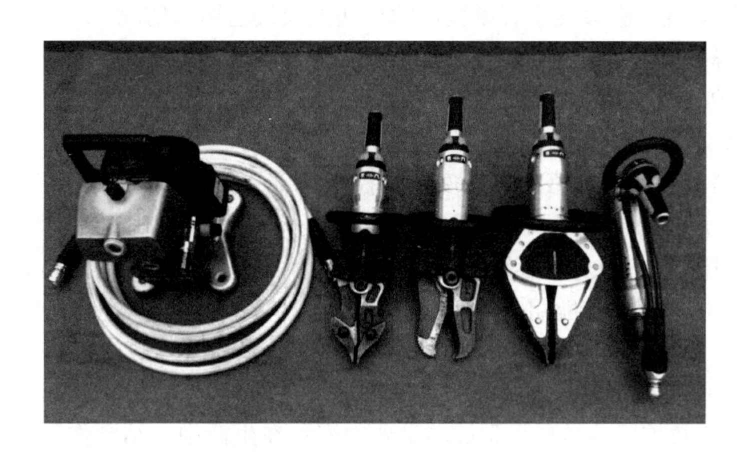

图 2－92 车辆事故维修类工具
（机动泵、液压剪扩器、剪切钳、扩张器、液压顶杆）

【本章重点】

1. 自然灾害监测预警体系包括监控装备、预警装备、建构筑物评估装备、灾害信息收集与处理装备。

2. 自然灾害侦检与搜索装备是主要用于自然灾害发生后侦察和检测生命信息、气象环境、漏电和距离等的一种应急救援装备。常用的侦检器材与搜索装备，如有毒气体探测仪、可燃气体检测仪、军事毒剂检测仪以及生命探测仪等。

3. 漏电源侦检装备是用来检测救援现场的电流环境。自然灾害发生后不仅会伴随着危险气体的泄漏，还会带来漏电等次生灾害的隐患，漏电源侦检装备的应用就是为避免发生触电事故，重点掌握交流电压探测仪和漏电探测仪。

4. 战地医院可分为方舱医院、帐篷医院、车载医院、空中医院、医院船。方舱医院是装配有各种医疗设备、设施、仪器及药材，能独立展开医疗救治或技术保障的专用方舱，是一种可移动的医疗单元。

5. 现场急救装备包括止血器材与装备、包扎材料与装备、固定器材与装备、搬运器材与装备、复苏器材与装备。各急救装备的使用条件、使用方式不同。

6. 应急指挥车集卫星通信系统、图像传播系统、视频会议系统、单兵侦察系统、有毒有害气体检测系统、辅助决策系统等于一体。

【本章习题】

1. 使用气体检测仪时需要注意的问题有哪些?

2. 安全标志牌中安全色及其含义是什么?使用安全标志牌的要求有哪些?

3. 灾害事故发生后进行侦检的目的是什么?危险气体侦检装备分为哪几类?主要包括哪些仪器设备?分别简述其应用的特点。

4. 对比分析红外热像仪、视频生命探测仪、音频生命探测仪、雷达生命探测仪、电磁感应探测仪器等五种救援搜索装备应用的优缺点及其适用的情况。

5. 使用顶撑装备时,顶撑操作的步骤什么?

6. 个人防护装备主要包括什么?

7. 何谓战地医院,请给出战地医院的几种形式。

8. 武汉市新型冠状病毒感染肺炎疫情防控指挥部召开调度会,决定除武汉蔡甸火神山医院之外半个月之内再建一所“小汤山医院”——武汉雷神山医院。雷神山医院总建筑面积约 $7.5\times10^4\ m^2$,最多可容纳约1600张病床,雷神山医院可谓托起了“中国速度”,请简要说明雷神山医院的方舱组成和现代化装备。

9. 请结合一个救援医疗实例说明在救援中出现了哪些医疗救治装备、抢救设备和救援医疗装备。这些装备是如何配合的?

10. 为什么说救护搬运是现场救援的重要内容?在生活中,结合你常见的担架或在学习过程中印象最深刻的一种担架进行描述,并简要说明担架在救援中的作用。

11. 为什么说医用药箱在现代救援中越来越普及,并令伤者的存活率大大增加?简要说明小型药箱的规格。你家里有家用药箱吗?将家用药箱的规格和急救药箱进行对比,说明两种药箱的不同之处。

12. 为什么说“大灾之后,必有大疫”?除了教材中提及的汶川地震,能否举例说明这句话的深刻内涵?以新型冠状肺炎为例,说明消毒与疫情防护装备在疫情中的作用。

13. 医疗队员可以从哪几个方面进行救护队的自身防护工作?请具体说明。

14. 什么是卫生防疫装备?卫生防疫装备按其功能分为哪三类,请简要说明。

15. 对飞机喷洒不到的地方和气象条件不适时,我们应该选择哪种灭杀方法?请简述。注意数据的说明。

16. 应急发电机的分类及其适用场合如何选择?

17. 简述防护服的主要类型及其各自特点。

3

矿山事故应急救援装备

矿山事故应急救援作为矿山安全的重要保障，在处理突发性事故、解救遇险人员、减少人民财产损失、维护社会稳定方面发挥着至关重要的作用。由于灾后救援的特殊性，除了需要高素质的救援人才外，救援装备也是救援成功的重要保障。近年来随着科学技术的进步，矿山应急救援装备发展迅速，本章主要根据矿山应急救援装备用途，依次对矿山事故预警监控装备、救援个体防护体系装备、矿山事故地面指挥与通信装备、矿山事故救援装备、煤矿救护车辆与地面辅助装备进行系统的介绍。

3.1 矿山事故预警监控装备

随着国家对矿山安全生产的日益重视和监管力度的不断加强，国有矿山已大量装备了安全预警系统与装备，这大大改善了我国矿山安全生产状况。本节介绍了煤矿矿井5大灾害的不同特点以及预警体系，并分析列举了常用的预警装备及其结构特点、工作原理、适用条件等。

3.1.1 矿山事故预警体系硬件装备

3.1.1.1 矿井火灾事故预警体系硬件装备

1. 基于气体测试的矿井火灾预警体系硬件装备

目前，在矿井生产过程中，基于气体测试使用较多并且预警准确率较高的矿井火灾预警技术主要有煤矿安全监控系统和束管监测系统。

1）煤矿安全监控系统及装备

煤矿安全监控系统主要由地面主站、井上下分站、传感器、电缆等组成。

目前我国应用于煤矿井下的安全监测系统主要有：镇江中煤电子KJ101系统、重庆煤科KJ90、北京长城瑞赛KJ4－2000、常州自动化所KJ95、常州三恒KJ70、森透里昂KJ31。KJ90的各型分站本安电源全部采用关断式保护，主要技术难关是浪涌冲击和瞬变脉冲群。KJ31系统的优势在于它的传感器采用分布式组网结构，没有中间分站这一级信息中转，信息直接传递到地面主机，其具有抗瞬变脉冲群干扰的性能。此外，比较著名的煤矿安全监控系统还有江西煤研 KJ65、北京仙岛 KJ66、上海嘉利 KJ92、长春东高 KJ19、抚顺安仪 KJ80 和抚顺分院 KJ2000 等系统。

2）束管监测系统及装备

束管监测系统是为确保矿井安全生产，在井下设立的监测系统。主要利用色谱分析技术对抽取的井下气体成分进行分析，实现 CO、CO_2、CH_4、O_2、N_2（计算值）等气体含量的 24 h 连续监测，对其含量变化情况进行预测。束管监测系统现阶段主要分为色谱类束管监测系统和红外类束管监测系统 2 大类。

（1）色谱类束管监测系统及装备。基于气相色谱技术的煤矿气体分析方法突破了原有单一 CO 指标及其派生指标的缺陷，创新性地提出了以 CO、C_2H_4、C_2H_6、链烷比、烯烷比等为主指标的综合指标体系。在众多矿井火灾早期监测中得到实际应用，收到了良好的效果。目前常用的地面型束管监测系统主要有 ZS32F 型、SG－2003 型、JSG8 型、KSS－200 型。图 3－1 所示为 JSG－8 型矿井火灾多参数色谱监测系统示意图。

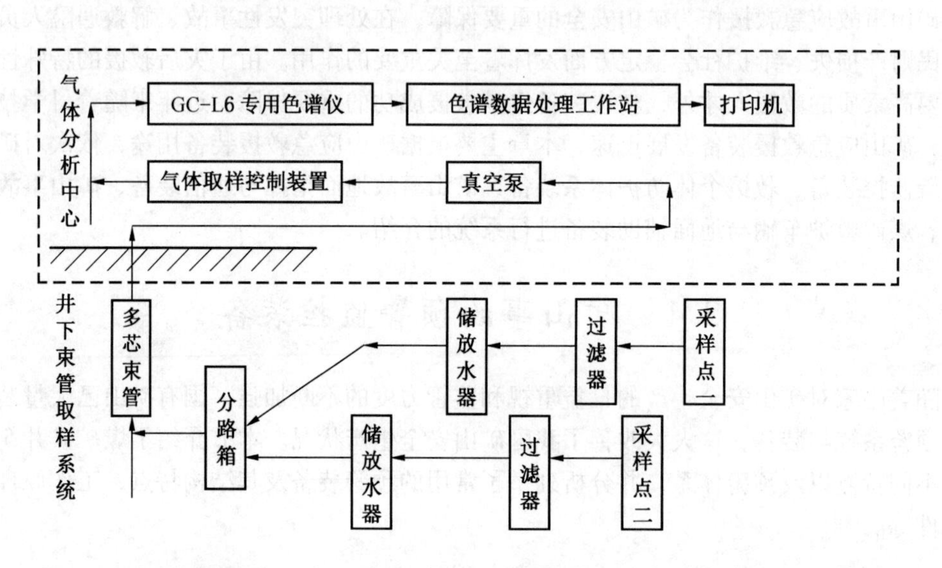

图3－1 JSG－8 型矿井火灾多参数色谱监测系统示意图

目前使用普遍的气相色谱仪主要有东西分析 GC－4085、北分瑞利 SP－3420、鲁南分析 GC－6890 等。气相色谱仪采用 TCD 检测器分析 O_2、N_2，采用 FID 检测器分析 CH_4、CO、CO_2、C_2H_4、C_2H_6、C_2H_2 等。其主要技术特点：对微量组分气体的分析可以达到 5×10^{-7}，具有较高的分析灵敏度；1 次进样可以分析 O_2、N_2、CH_4、CO、CO_2、C_2H_4、C_2H_6、C_2H_2 共 8 种气体；经过对分析结果的二次开发，可以计算煤层自然发火防治工作需要的各种指标参数以及建立各种煤层自燃火灾的防治模型；分析时间 7～15 min，分析路数最大 32 路。

色谱类束管监测系统技术存在的问题主要有：①国产气相色谱仪的操作比较复杂，尤其是各种压力的设置、调整，对使用人员的要求较高；②由于技术及价格原因，国产仪器使用的配件故障率高，零配件更换周期短，在日常使用中常常因色谱仪的问题造成整套系统无法使用；③由于色谱仪本身原因，色谱仪的开机稳定时间需要 2 h，关机降温时间需要 1 h，工作效率不高。

（2）红外类束管监测系统及装备。红外类束管监测系统主要是基于红外气体分析技术 + 气相色谱分析技术的束管监测系统。该类型的束管监测系统型号一般是 JSG7，主要采用红外气体分析仪分析 O_2、CH_4、CO、CO_2 这 4 种气体，如德国西门子 ULTRAMAT23（图 3 – 2），其技术指标：

图 3 – 2　德国西门子 ULTRAMAT23 分析仪

①CO 量程：$(0 \sim 1000 \sim 10000) \times 10^{-6}$；

②CO_2 量程：0 ~ 25%；

③CH_4 量程：0 ~ 25%；

④O_2 量程：0 ~ 25%。

利用气相色谱分析技术分析 C_2H_4、C_2H_6、C_2H_2，采用余氮法计算得出 N_2。在平时使用中主要采用红外气体分析设备进行监测，当井下出现异常情况时，再采用色谱仪分析 C_2H_4、C_2H_6、C_2H_2 等自然发火的标志气体。其优点：方法灵活，在日常监测中使用红外气体分析仪，井下出现异常情况后，再开启气相色谱仪，同时监测；红外气体分析仪分析速度优于气相色谱仪；在操作方面，红外气体分析仪无须人员进行烦琐操作，开机即可应用，校准周期优于色谱仪。其存在问题：无法准确地分析 N_2，采用余氮法计算得出，实际使用中存在较大误差；由于红外气体分析仪分析参数有量程范围，无法体现自然发火区内的气体实际浓度；红外气体分析仪与色谱仪为 2 种不同的分析设备，虽然在软件上使用技术手段实现了分析数据的融合，但在使用上并不方便。

2. *基于温度测试的矿井火灾预警体系硬件装备*

目前，在矿井生产过程中，基于温度测试的预警技术及装备主要有激光气体分析预警、红外测温预警、温度传感器预警等。

1）激光气体分析预警技术

基于半导体激光吸收光谱（DLAS）技术的激光气体分析仪主要是利用激光能量被气体分子“选频”吸收形成具有高分辨率吸收光谱的原理制成的一种先进高效的在线分析仪器，如图 3 – 3 所示。DLAS 技术对于背景气体交叉干扰以及粉尘等对视窗的污染等问题都能较好的解决。在矿井的复杂环境中，系统结构仍然简单可靠，能够实现长期的在线监测。在实质上，DLAS 技术是一种吸收光谱技术，通过分析光被气体的选择吸收获取气体浓度。这种技术具有高精度、宽量程、抗干扰、低误差等优势。

2）红外测温预警技术

红外线测定法的实质是自然界的任何物体只要处于绝对零度之上，都会自行向外发射红外线。物质温度越高，辐射能量就越大，则红外测温仪或红外热成像仪接受辐射量或辐射温度就越高。根据这个原理就可利用红外监测仪器温度的高低确定井下巷道煤炭自燃的燃烧程度及范围。矿用红外测温器如图 3 – 4 所示，这种红外测温的方法比较简单，可以快速地判断出自燃程度及范围。在测定时要求中间无遮挡物，主要用于浮煤堆、煤壁、煤柱等自燃隐患与自然发火火源的探测，但对于采空区发火点或离巷壁较远的火源点的有效探测具有一定的难度。

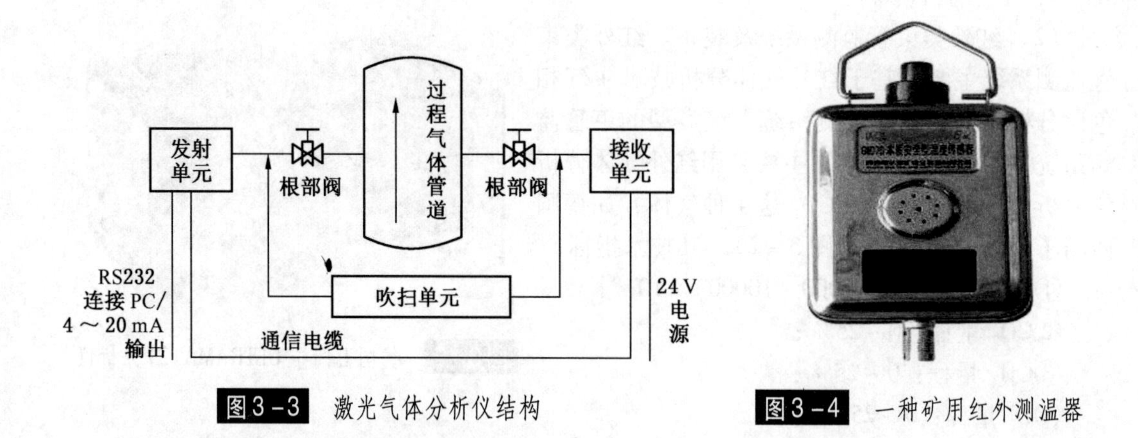

图3-3 激光气体分析仪结构

图3-4 一种矿用红外测温器

3）温度传感器预警技术

温度传感器探测法在自燃高温探测方法中应用最为广泛。主要应用场景和方法：采用温度传感器监测井下空气温度变化情况；采用温度计、热电阻、热电偶和传导式温度传感器等，对采空区内煤体进行接触式温度检测，或通过施工测温钻孔，利用温度传感器探测钻孔孔底和孔壁的温度情况。

无线温度传感器、分布式测温光栅和分布式测温光纤均采用接触式温度检测技术，都可归类为传导式温度传感器，如图3-5所示。无线温度传感器可预埋在采空区内，通过定期发送无线信号传送检测结果到专用的信号接收装置，实现对测点温度的检测。分布式测温光栅可同时进行一定数量测点温度的连续检测，分布式测温光纤可实现对埋设测温光纤的线状分布测点的温度进行连续在线监测。

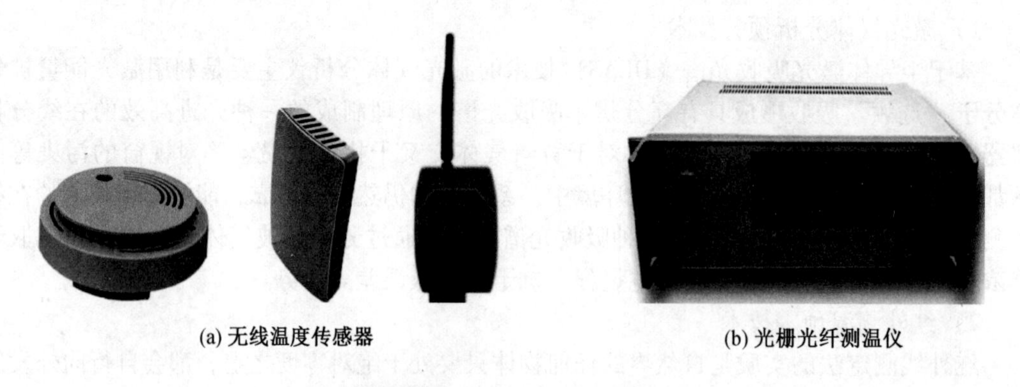

(a) 无线温度传感器　　(b) 光栅光纤测温仪

图3-5 传导式温度传感器

3.1.1.2 矿井水灾事故预警体系硬件装备

矿井在建设和生产过程中，由于防治水措施不到位而导致地表水和地下水通过裂隙、断层、塌陷区等各种通道无控制地涌入矿井工作面，造成作业人员伤亡或矿井财产损失的水灾事故，通常也称为透水。矿井水灾是煤矿常见的5大主要灾害之一。矿井一旦发生透水，不仅影响矿井正常生产，而且可能造成人员伤亡，淹没矿井和采区，危害十分严重。

国内的矿井水源监测探测方法和技术比较多。由于水灾相对于其他灾害的发生概率小，所以无论是装备还是技术在现场的使用较少。因此，其使用情况也都不是很理想，但总体监测预警方法都是通过软件与硬件相结合来实现预警目的，如图3－6所示。其中，水源探测技术主要分为地质雷达探测技术和超高密度电法探测技术。

1．地质雷达探测技术

据实地调研显示，一般的救护大队配备的是简单的水泵等设备，而且大多为久型号产品，没有得到及时的更新。目前国内的矿井水源探测设备是矿井地质雷达，代表性的矿井地质雷达系统为KDL－3，其技术已达到国际先进水平。具有微机控制、数据采集、存储及信息处理、自动成图等功能，分辨率较高，探测距离可达60～70 m。

KDL－3型矿井地质雷达系统是由收发两个天线、发射机、接收机、采样器和笔记本微机及相应复充应用的供电电源等组成，其雷达工作系统示意图如图3－7所示。特点是全套设备轻便、操作简单，可全方位探测，具有较好的分辨率，且有防爆功能，特别适用于具有瓦斯的场所。通过大量实践，在不同的地质条件下该系统探测的深度有所差别，石灰岩层是比较理想的雷达波传播介质。

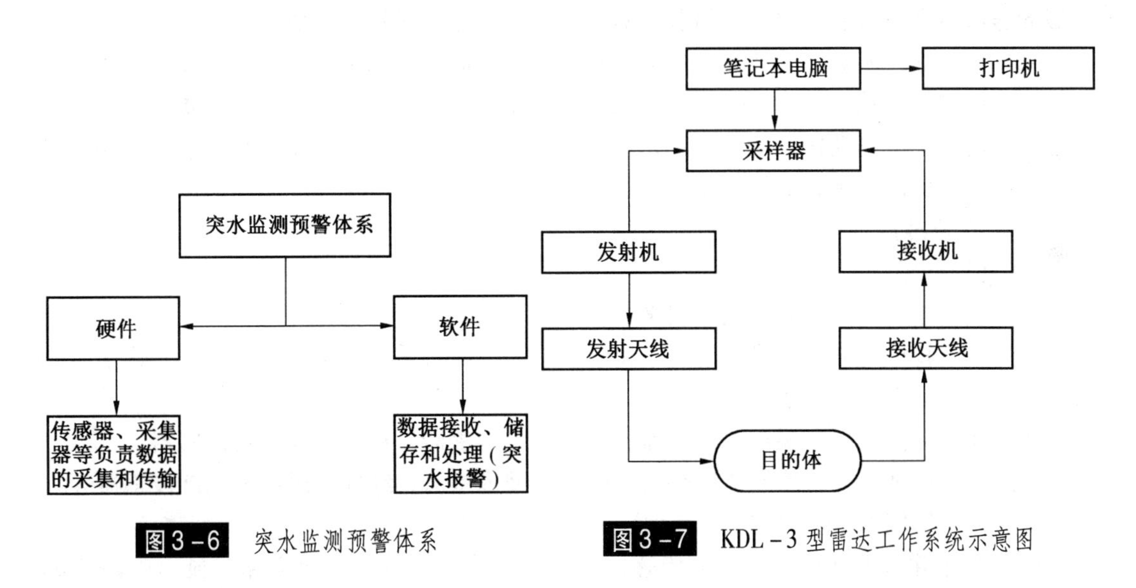

图3－6 突水监测预警体系

图3－7 KDL－3型雷达工作系统示意图

2．超高密度电法探测技术

超高密度电法探测技术是依据巷道围岩与含水地质构造的差异，通过使用专门的探测仪器观测巷道围岩中电参数传导的不同规律，判定巷道岩层的不同地质构造情况。通过该性质区分岩层的含水特性，从而根据探测的结果制定相应的开采计划与防治措施，避免发生矿井突水事故。

井下超高密度电法探测技术是在矿井掘进工作面布置一定数量的电极，连通直流电后用仪器测定两个电极之间的电势差来推出对视电阻率剖面，并通过反演计算得出掘进工作面岩层的电阻率剖面，并依据不同类型的岩层性质（当岩层为含水岩层时，其电阻率为低阻；当岩层为一般岩层时，其电阻率为高阻）来判定掘进工作面是否出现含水层，从而实现超高密度电法探测技术在超前探测水中的作用。

3.1.1.3 *矿井瓦斯事故预警体系硬件装备*

瓦斯事故是煤矿最大的安全事故，煤矿井下瓦斯是煤矿最大隐患。对煤矿井下瓦斯浓度超限及时预警是预防煤矿瓦斯爆炸的关键性技术，预警装备是确保煤矿职工人身安全和安全生产必须具备的安全保障装备。

瓦斯传感器对煤矿井下采煤工作面和上隅角环境中瓦斯浓度超限的及时监控预警有重要的应用价值。新型快速检测瓦斯的监控系统能够根据采煤工作面的瓦斯涌出及采空区上隅角瓦斯浓度的变化，对风流进行随时控制，及时排放和稀释瓦斯气体，对确保煤矿井下的安全生产有非常重大的现实意义。

1. *矿井瓦斯监测监控系统*

传统的煤矿瓦斯监控系统大体可以分为井下部分和井上部分2大部分。井下部分主要通过各种检测设备（各种传感器，如风量传感器、负压传感器、一氧化碳传感器和矿用设备开停传感器等）采集井下气体的浓度与含量、井下空气状况、设备的运转情况等信息，然后通过现场总线将数据传输到井上。在井上，将数据通过专线与煤矿安全管理办公室服务器和更高一级安全主管部门服务器连接。服务器上运行的是监控软件，有井下每一个传感器的标签，所显示的数据通过上传数据的改变而不断刷新。同时，监控软件还可以对这些数据进行汇总、处理、分析和存档，可以作为相关负责人员决策的重要依据。并且监控软件具有超标自动报警功能，用来提示工作人员设备的故障或现场瓦斯浓度情况，以及时采取措施，避免重大事件的发生。

2. *瓦斯传感器*

1）瓦斯传感器的主要分类

按照使用途径可分为固定式和便携式。

按照气敏特性可分为半导体型、电化学型、固体电解质型、接触燃烧型、光化学型等气体传感器，前2种最为普遍。

按用途可分为瓦斯泄漏检验传感器、浓度测定传感器、瓦斯取样分析传感器。

按照工作原理可分为热导式传感器、热催化型传感器、红外传感器和光纤传感器等。

2）常见的几种瓦斯传感器

（1）热催化式瓦斯传感器是由传感器、电源、放大电路、报警电路、显示电路等部分构成，如图3-8所示。

工作原理：传感器产生一个与甲烷的含量成比例的微弱信号，经过多级放大电路放大后产生一个输出信号，送入单片机内A/D转换输入口，将此模拟量信号转换为数字信号，然后单片机对此信号进行处理，并实现显示和报警等功能。

热催化元件是用铂丝按一定的几何参数绕制的螺旋圈、外部涂以氧化铝浆并经煅烧而成的一定形状的耐温多孔载体。其表面上浸渍有一种铂、钯催化剂。由于这种检测元件表面呈黑色，被称为黑元件；除黑元件外，在仪器的甲烷检测室中，还有一个与检测元件构造相同，但表面没有涂催化剂的补偿元件，称白元件。黑白两个元件分别接在一个电桥的两个相邻的桥臂上，而电桥的另外两个桥臂分别接入适当的电阻，它们共同组成的测量电桥如图 3－8 所示。

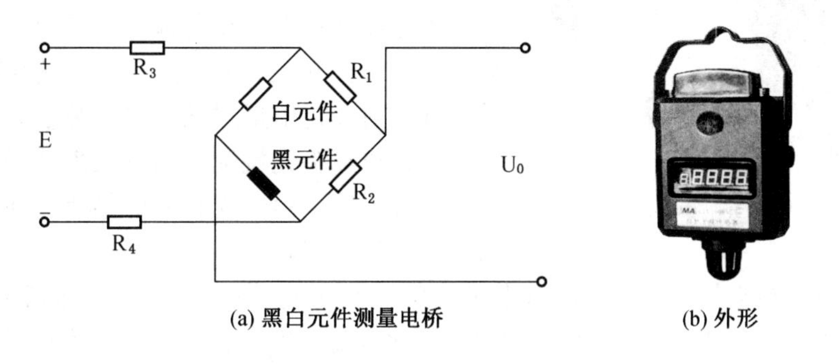

图 3－8 热催化式瓦斯传感器

当一定的工作电流通过检测元件（黑元件）时，其表面即被加热到一定的温度；当含有瓦斯的空气接触到检测元件表面时，便被催化燃烧，燃烧释放的热量又进一步使元件的温度升高，使铂丝的电阻值明显增加。由此电桥失去平衡，输出一定的电压。电桥输出的电压与瓦斯的浓度基本上呈正比关系，一般用于低浓度甲烷检测。

（2）热导式瓦斯传感器与热催化式瓦斯传感器的构造基本相同，也是由传感器、电源、放大电路、显示及报警电路组成，如图 3－9 所示。区别在于它们的原理不同。

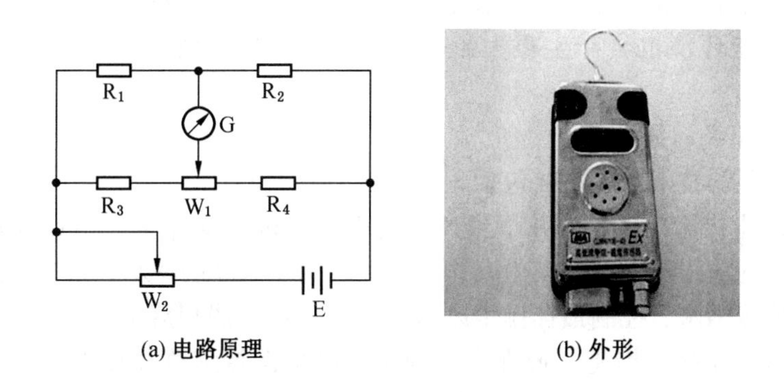

图 3－9 热导式瓦斯传感器

热导式传感器是根据矿井空气的热导系数随瓦斯浓度变化的特性测量瓦斯浓度。当瓦斯浓度低时两臂的差异不明显，利用这种原理制成的检测仪器常用于高浓度瓦斯的检测。

（3）光学瓦斯检测仪是用来测定瓦斯浓度，也可测定其他气体浓度的一种仪器。按其测量瓦斯浓度的范围分为 0～10%（精度 0.01%）和 0～100%（精度 0.1%）2 种。这种仪器的特点是携带方便，操作简单，安全可靠，但构造复杂，维修不便。

光学瓦斯检测仪有很多种类，我国生产的主要有 AQG－1 型和 AWJ 型，其外形和内

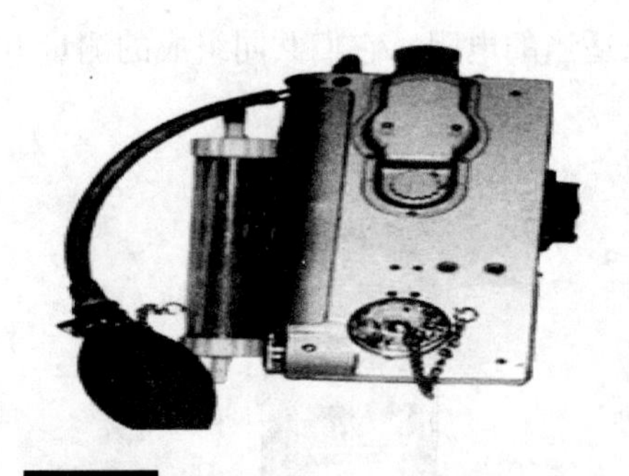

图3－10 AQG－1型光干涉瓦斯检测仪

部构造基本相同。AQG－1型瓦斯检测仪外形是个矩形盒子，由气路、光路和电路三大系统组成，如图3－10所示。

工作原理：光学瓦斯检测仪是根据光干涉原理制成的。由光源发出的光，经聚光镜到达平面镜，并经其反射和折射形成两束光，分别通过空气室和瓦斯室，再经折光棱镜折射到反射棱镜，最后反射给望远镜系统。由于光程差的结果，在物镜的焦平面上将产生干涉条纹。

光的折射率与空气介质的密度有直接关系，如果以空气室和瓦斯室都充入新鲜空气产生的条纹为基准（对零），当含有瓦斯的空气冲入瓦斯室时，由于空气室中的新鲜空气与瓦斯室中的含有瓦斯的空气的密度不同，它们的折射率不同，因而光程也就不同，于是干涉条纹产生位移，从目镜中可以看到干涉条纹移动的距离。干涉条纹的位移大小与瓦斯浓度的高低成正比关系，根据干涉条纹的移动距离就可以测知瓦斯的浓度，在分划板上读出位移的大小，其数值就是测定的瓦斯浓度。

3.1.1.4 矿井煤尘事故预警体系硬件装备

矿尘是指在矿山生产和建设过程中所产生的各种煤、岩微粒的总称。在矿山生产过程中，如钻眼作业、炸药爆破、掘进机及采煤机作业、顶板控制、矿物的装载及运输等各个环节都会产生大量的矿尘。煤尘具有很大的危害性，它污染工作场所，危害人体健康；某些矿尘（如煤尘、硫化尘）在一定条件下可以爆炸；矿尘可加速机械磨损，缩短精密仪器使用寿命；降低工作场所能见度，增加工伤事故的发生。此外，煤矿向大气排放的粉尘对矿区周围的生态环境也会产生很大影响，对生活环境、植物生长环境可能造成严重破坏。

1. 煤尘事故预警的技术措施

煤尘事故预警的技术措施主要包括3个方面。

（1）减、降尘措施。在煤矿井下生产过程中，通过减少煤尘产生量或降低空气中悬浮煤尘含量以达到从根本上杜绝煤尘爆炸可能性。例如，煤层注水、采空区灌水、水封爆破和水炮泥、喷雾洒水、控制最佳排尘风速1.5～2 m/s、清扫落尘。

（2）防止煤尘引燃的措施。遵守有关规定，严禁携带烟草和点火工具下井；井下禁止使用电炉，禁止拆开矿灯；井口房、抽放瓦斯泵房以及通风机房周围20 m内禁止使用明火；井下需要进行电焊、气焊和喷灯焊接时，应严格遵守有关规定采用防爆设备；在有瓦斯或煤尘爆炸危险的煤层中，采掘工作面只准使用煤矿安全炸药和瞬发雷管；防止机械摩擦产生火花；采用抗静电难燃的聚合材料制品。

（3）隔绝煤尘爆炸的措施。主动隔爆措施，如清除落尘、撒布岩粉；被动隔爆措施，如设置岩粉棚、水棚，设置自动隔爆棚。

2. 自动式隔（抑）爆技术与装备

1）自动式隔（抑）爆技术简介

自动隔（抑）爆装置克服了被动隔（抑）爆措施的致命缺点，要求爆炸压力必须达到一定值，作为动力触发被动隔爆装置而发挥其作用。这大大提高了其适用性能。广义地说，自动隔（抑）爆装置能够抑制各种爆炸强度的瓦斯煤尘爆炸。

矿井瓦斯煤尘爆炸灾害绝大多数是由于局部瓦斯燃烧或爆炸引起沉积煤尘飞扬参与爆炸传播造成的。因此，在爆炸初期的抑制相当重要。自动隔（抑）爆装置的反应快，能在瓦斯、煤尘爆炸（燃烧）初期抑制爆炸火焰的蔓延，从而将爆炸限制在很小的范围内，防止重大瓦斯煤尘爆炸事故的发生。

2）自动式隔（抑）爆技术原理

自动式隔（抑）爆技术一般由探测器、控制器、喷洒装置组成。常用的探测传感器主要有3类：接受瓦斯煤尘爆炸动力效应的压力传感器、利用爆炸热效应的热电传感器和利用爆炸火焰发出的光效应的光电传感器。控制器是向喷洒抑制剂的执行机构发出动作指令的仪器。喷洒装置一般由执行机构、喷洒器和抑制剂贮存容器组成。喷洒装置的作用是将抑制剂（岩粉、干粉或水）扩散于巷道空间形成粉尘云或水雾带。喷洒装置的动作应迅速、可靠，并能适应爆炸的快速发展。

3）自动式隔（抑）爆装备

（1）实时产气式自动隔（抑）爆装置其隔（抑）爆原理是将探测器布置在潜在爆源处。当发生瓦斯（煤尘）点燃时，探测器将燃烧与爆炸火焰转变成电信号传送到控制器；控制器便发出指令，控制隔（抑）爆器内的气体发生剂迅速进行化学反应，释放出大量气体，驱动抑爆器内的消焰剂，从喷撒机构喷出，快速形成高浓度的消焰剂云雾，与火焰面充分接触，吸收火焰的能量、终止燃烧链，使火焰熄灭，从而终止火焰面在瓦斯、煤尘云中的继续传播。

（2）无电源自动隔（抑）爆装置安装在距掘进或采煤工作面25～45 m处的巷道上部，由火焰传感器、联结器和隔（抑）爆器组成。当掘进或采煤引燃引爆瓦斯时，火焰信号触发传感器接收燃烧与爆炸火焰的辐射能量，将其转变为相应电信号；电信号触发电雷管，通过导爆管触发抑爆器中的导爆索，导爆索驱动水，使水在火焰传播到达前形成抑爆水雾带，将爆炸火焰扑灭，抑制爆炸。

无电源自动隔（抑）爆装置具有以下优点：无须外接电源，使用安全可靠，抗干扰能力强；一次可触发数台（最多8只）隔（抑）爆器；配有检查通断设备，可保证装置工作正常；抑爆器为整体爆破喷洒，形成水雾体积大，状态好；用水作为抑爆剂，使用方便，抑爆效果好；采用单轨吊安装方式，现场移动方便；安装在距掘进或采煤工作面25～45 m处，抑制瓦斯、煤尘爆炸传播。

（3）ZGB制瓦型自动隔（抑）爆装置由火焰探测器、控制器、贮粉罐组成。安设于距掘进工作面或采煤工作面出口25～45 m处的巷道两帮，抑制瓦斯煤尘爆炸（图3－11）。当发生瓦斯煤尘爆炸时，火焰探测器将爆炸信号传送到控制器，控制器触发贮粉罐高压氮气出口的爆炸切割阀，释放出的高压氮气引射贮粉罐中的干粉灭火剂，快速形成高浓度的消焰剂云雾，与火焰面充分接触，吸收火焰的能量、终止燃烧链，使火焰熄灭，从而终止火焰面在瓦斯、煤尘云中的继续传播。

技术特点：采用高压氮气引射、爆炸切割阀切割方式，喷粉滞后时间短、成雾时间快；抑爆器出粉口为扇形，有效覆盖面大；控制仪不用外接电源，便于安装使用，设计有传感器通断检查功能；使用的 ABC 干粉灭火剂，可用于扑灭各种油气和固体火灾与爆炸。

图3-11 ZGB-Y型自动隔（抑）爆装置巷道内的安装

3.1.1.5 矿井顶板事故预警体系硬件装备

冲击地压及顶板灾害防治是煤炭行业和煤炭企业一直关注和着力解决的重大安全问题。近几年应急管理部、国家煤矿安全监察局相继出台了一系列政策规章，用于预防冲击地压事故的发生。本节围绕矿压监测体系搭建方式，对矿压监测的内容及监测装备进行论述。

1. 矿井顶板事故监测预警前提需求

要对顶板事故进行充分的监测预警，必须做到以下 5 个方面：

（1）监测液压支架初撑力水平、安全阀开启、支架保压情况、立柱受力平衡情况、支架工作阻力分布等数据。

（2）监测顶板岩层离层情况，显示锚（索）杆长度范围内和锚（索）杆同范围外的顶板岩层的离层情况。

（3）监测围岩（钻孔）应力水平，显示煤岩体支撑应力变化，分析应力场作用的范围、强度和运动方向，为冲击地压的卸压措施实施提供依据。

（4）监测锚杆（索）应力水平，显示应力变化，为锚杆（索）的参数选择和布置数量提供依据。

（5）监测微震及电磁辐射数据，对矿井冲击地压进行监测，同时利用该数据可反映井下应力集中区，对该区域进行顶板岩层离层、围岩（钻孔）应力、锚杆（索）应力进行重点监测。

2. 矿井压力监测预警技术装备

1）矿井压力监测预警技术装备分类

矿山压力监测仪器按其工作原理，可分为机械式矿山压力监测仪器、液压式矿山压力监测仪器、电磁式矿山压力监测仪器、声学式矿山压力监测仪器。

（1）机械式矿山压力监测仪器的设计是基于机械传动学原理。利用金属构件受力后产生弹性变形的特性，并通过传动系统放大，由计数装置将数值显示出来。这种仪器是以杠杆、弹簧、齿轮、量具（游标卡尺、百分尺、千分表）等为基本元件制造的。

（2）液压式矿山压力监测仪器是利用液体不可压缩和各向均匀传递压力的原理制造的。

（3）电磁式矿山压力监测仪器是根据电磁学的原理设计的。这些仪器将被测参数，如应力、应变、位移、流量等转换成电量，以便用电磁的方法测量电量。

（4）声学式矿山压力监测仪器测试技术的实质是在被测物体中（岩体、混凝土等），利用声波或超声波的传播速度、相位、振幅、频率等的变化规律取得数据或图像，再通过计算或按事先标定的曲线求得所需的物理参数，通称声波探测法。它属于非破损监测技术的一种。

2）矿山压力监测仪器的用途与性能指标

（1）金属支柱载荷监测仪器主要有机械式（AD5－45型）测力计、液压式（HC型）测力计等。现场应用较广泛的是钢弦（GH型）测力计，如图3－12所示。下面主要介绍钢弦式测力计。

图3－12 液压式（GH型）测力计

用途：钢弦式测力计主要是GH系列双线圈自激型钢弦压力盒与GSJ－1型频率计（或DK－1、DK－2型遥测仪）配套使用的安全火花型传感器，其原理及结构如图3－13所示。当支柱压力p通过导向球面覆盖1作用于工作膜3时，工作膜受力挠曲，两钢弦柱4张紧钢弦5，使弦的振动频率f升高，p越大则f越高。由频率计显示振弦的频率f，再从$p-f$标定曲线中查得p值。

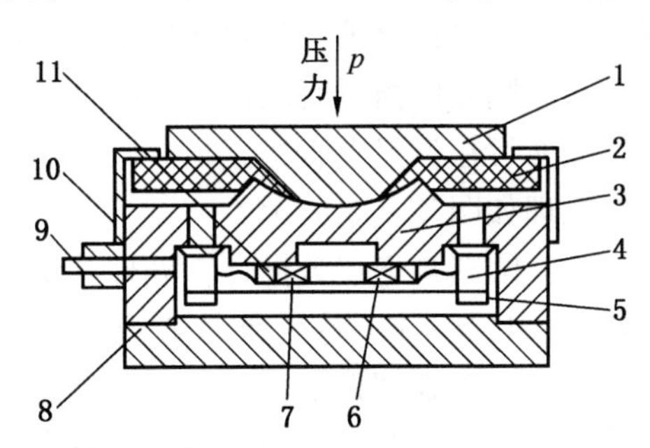

1—球面盖；2—橡胶垫；3—工作膜；4—钢弦柱；5—钢弦；6—激发磁头；7—感应磁头；8—后盖；9—电缆插头；10—护罩；11—磁头板

图3－13 钢弦测力计结构

GSJ－1型数字频率计是钢弦式压力盒的数字转换器，借此可以算出压力盒的压力。随着压力监测要求的提高，可用DK－1、DK－2型矿压遥测仪进行多点有效巡测，并通过矿井电话电缆送至地面接收机，由地面微机处理测得支柱压力数据。现在已经研制成功并应用于红外传输等便携式仪表。

（2）液压支架（柱）载荷监测仪器有以下两种：

① SY－40B微表式单体液压支柱工作阻力检测仪。

用途：该仪器用于检测单体液压支柱初撑力及工作阻力，是单体液压支护工作面支护质量监测的主要仪器，如图3－14所示。具有体积小、便于操作（压杆式）、精度高等特点。

原理与结构：该检测仪由阀体、锁紧装置、压力表及增压装置等组成。测压时，压下压杆打开三用阀的单向阀，高压液体流入测压仪，压力表即显示压力值；测压后，将压杆复位，支柱单向阀重新关闭，取下测力计，完成测试过程。

② 圆图自记仪及其数据处理系统。

用途：圆图自记仪主要用于测量和记录液压支架及各种设备的液体压力，如图3－15所示。圆图自记仪数据计算机处理系统主要将记录仪记录的数据信息通过计算机绘出直观的受力分析图。这是综采液压支架支护质量监测的主要仪器。

图3-14 SY-40B微表式单体液压支柱工作阻力检测仪

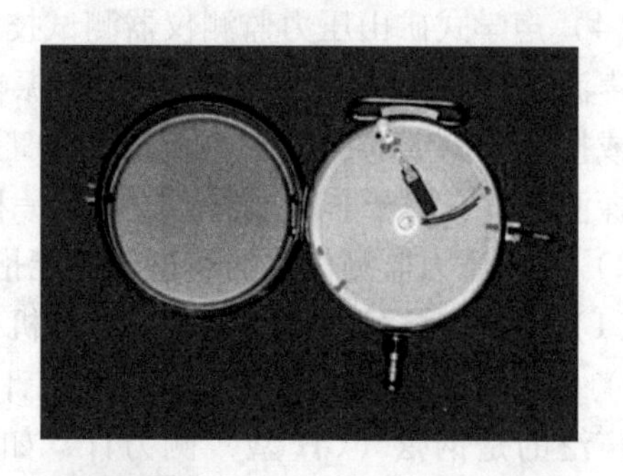

图3-15 YHL-130圆图自记仪

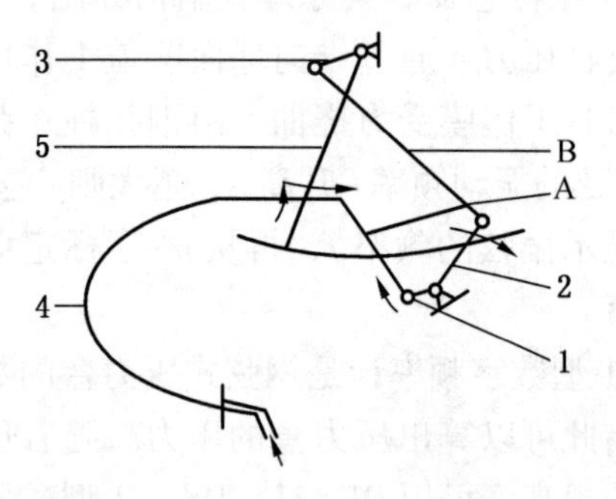

1、2、3—杠杆；4—弹簧管；5—记录笔；A、B—拉杆

图3-16 圆图自记仪原理与结构示意图

原理与结构：当记录笔在记录所指示压力值时，记录纸在圆图方向指示时间值；同时，任一时刻的压力值亦可在标尺上直接读出。圆图压力记录仪工作原理如图3-16所示。

数据处理：圆图自记仪数据计算处理系统主要由数字化仪、IBM-PC系列机及兼容机等组成。利用计算机图形处理设备，先将综采圆图自记仪记录的压力-时间曲线圆图纸平放在数字化仪上；再通过扫描笔将圆图纸上的压力-时间曲线上的特征点，扫描进入计算机处理系统；处理系统对扫描信息进行数学、力学统计分析，最终输出直角坐标系下的支柱受力状态图。

（3）底板比压监测仪器。底板比压测试是利用底板比压仪，对煤层的底板进行压强破坏性测试，通过数据搜集、分析，计算出底板压强的工作过程。底板在承受支架载荷时会产生弹性变形，支架工作阻力增大时，底板弹性变形也随之增大，达到极限后就会发生脆性变形，即底板脆断。图3-17所示为DZD40-A型底板比压监测仪器。

（4）锚杆（锚索）工作阻力监测仪器。锚杆测力计通过对锚网巷道锚杆或锚索的支护应力监测，可以反映出锚杆的初始锚固力、锚杆受力的变化状态和变化规律，有助于分析掘进巷道支护稳定过程、评价巷道施工工程质量、分析回采巷道工作面推进过程外应力场作用对锚网巷道的影响以及评价锚网支护的效果。锚杆支护应力监测可与顶板离层监测形成对比关联分析，确定针对顶板条件支护参数设计的合理性，对锚网支护潜在的顶板危险因素进行预测。

它具有体积小、操作方便、显示直观、数据处理功能强等特点，输出的报表格式通用性强。它采用了红外无线数据通信和改进的电池供电系统，大大提高了仪器的使用可靠性和电源的使用寿命，可长期在井下使用，无须维护，是传统的机械式锚杆测力计的理想替代产品。图3－18为一种锚杆（锚索）测力计。

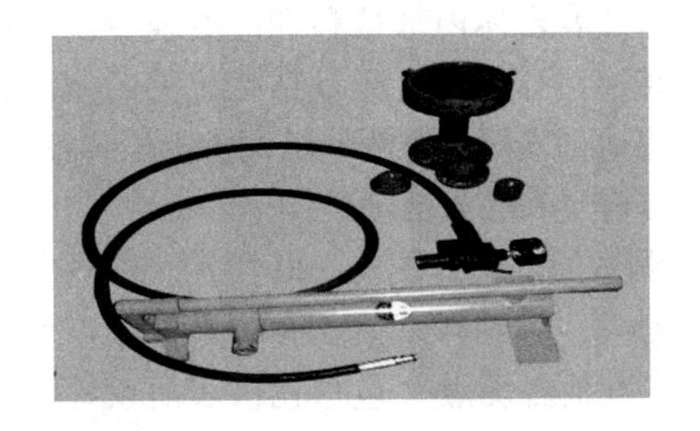

图3－17 DZD40－A型底板比压监测仪器

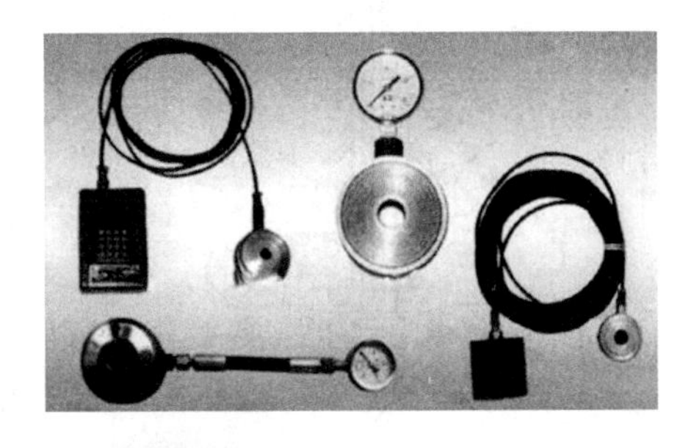

图3－18 锚杆（锚索）测力计

3）位移监测仪器的用途与性能指标

（1）围岩相对移近量监测仪器有测杆DDS－2.5、测枪BHS－10、顶板下沉速度报警仪DSB－1、顶板动态仪等。下面重点介绍在煤矿现场广泛应用的KY－82型顶板动态仪（图3－19）。

①作用及用途：KY－82型顶板动态仪是一种普及型机械式高灵敏度、大量程位移计，主要用来监测采场顶底板相对移近量、移近速度，是监测巷道和硐室稳定性、研究顶板活动规律、支承压力分布规律以及进行采场来压预测预报的常用仪器。

②仪器使用：使用时动态仪安装在顶底板之间，依靠压力弹簧5固定。粗读数或大数由游标13指示，从刻度套管10上读出，每小格2 mm。微读数或小数由指针9指示，从刻线盘8上读出，刻度盘上每小格为0.01 mm，共200小格，对应2 mm。

由于KY－82型顶板动态仪需要观测人员在现场测读，工作量较大，研究单位又相继开发了RD1501数显式动态仪、DD－1A型电脑动态仪及DCC－2型顶板动态遥测仪。这些仪器读数误差得到有效清除，并可自动储存和分析测读数据。

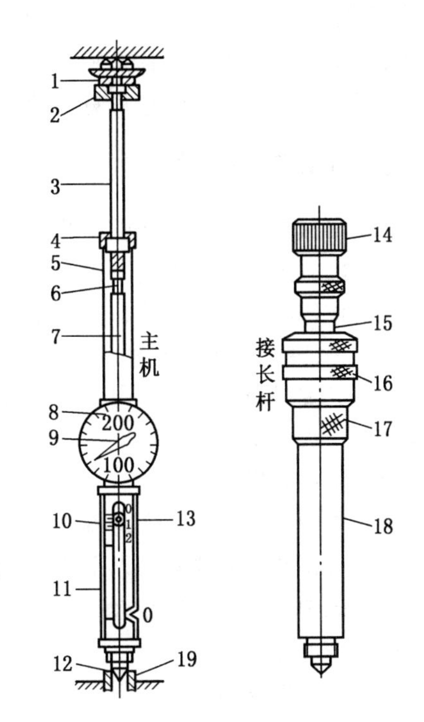

1—顶盖；2—万向接头；3—压杆；4—密封盖；5—压力弹簧；6—万向接头；7—齿条；8—微读数刻线盘；9—指针；10—刻度套管；11—有机玻璃罩管；12—底链；13—读数游标；14—连接螺母；15—内管；16—卡夹套；17—卡夹；18—外管；19—带孔铁钎

图3－19 KY－82型顶板动态仪

（2）岩体内钻孔位移监测仪器。

① 作用及用途：为深入研究支架与围岩的相互作用，合理选择维护措施，不仅要了

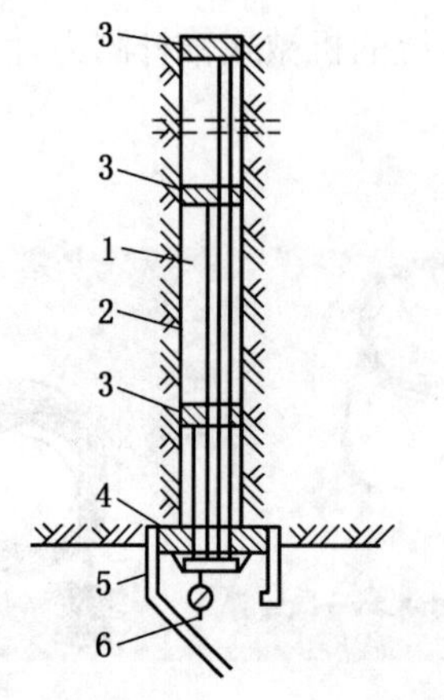

1—钻孔；2—连接件；3—测点锚固器；
4—测量头；5—保护盖；6—测量计

图3-20 岩体内钻孔位移监测仪器结构

解巷道表面位移和变形规律，而且还必须在较大范围内了解围岩内部的活动情况，测定围岩深部各个位置上的径向位移和应变及其随时间的变化过程，即开展岩体内部位移和应变监测。岩体内部位移亦称钻孔位移，测量钻孔位移的仪表称为多点位移计，常用于监测巷道深部围岩移动状况、采场上覆岩层和底板活动规律等。

② 测试原理：如图3-20所示，在进行钻孔位移监测时，一般都以钻孔底的最深测点为基准点，测定其他各测点（包括孔口表面点）与孔底点的相对位移。如果钻孔有相当的深度，使孔底基准点处于采动圈以外，则可认为它是不动点，相对于此不动点所测得位移就是绝对位移；若钻孔深度不够，所测得的位移是相对位移。测量时，通常量测各测点对应于钻孔口附近固定点间的径向相对位移，经过计算，获得各测点的位移。

3.1.2 矿山事故预警系统

矿山事故预警系统是能够监测、诊断、预控矿山安全事故的管理系统。预警机制是指由灵敏、准确地昭示风险前兆，并及时提供警示的机构、制度、网络、举措等构成的预警系统，其作用在于超前反馈、及时布置、防风险于未然。

3.1.2.1 矿井火灾事故预警系统

矿井火灾是最常见的矿山灾害事故之一，其可分为内因火灾和外因火灾。在综合考虑安全监测、火灾报警、信息反馈、消防联动等功能的基础上，建立矿井火灾事故预警系统可有效预防矿井煤自燃灾害。

应用指标气体分析、光纤温度传感和红外图像等技术实现矿井内外因火灾的预测预报，同时可将井下灌浆防灭火系统、惰性气体防灭火系统、均压防灭火系统等连入矿井火灾预警系统中，以实现矿井火灾自动防灭火功能。

1. 火灾预警

矿井火灾事故预警系统图如图3-21所示，系统功能如下：

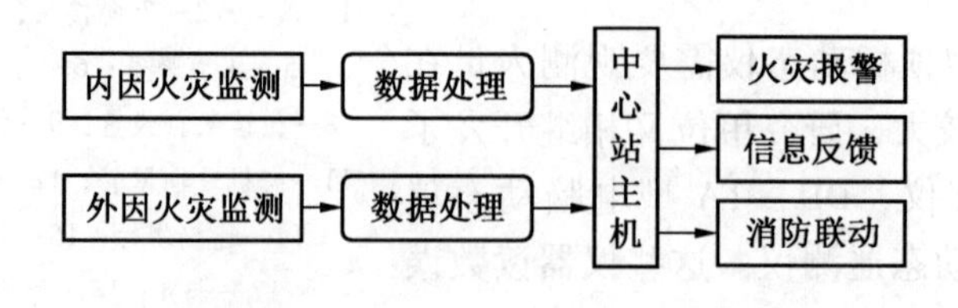

图3-21 矿井火灾事故预警系统模型

（1）报警：当中心站主机显示存在井下火灾隐患时，预警系统能及时发出报警信号；

（2）信息反馈：当监测到井下存在火灾隐患时，预警系统应及时将火灾信息传递给井下作业人员；

(3) 消防联动：与建筑火灾预警措施相比较，现有矿井火灾预警系统缺少消防联动控制这一环节，根据矿井火灾预警实际需要，当井下出现火灾隐患时，中心站主机应启动系统附带的消防管路系统、均压灭火系统等消防联动功能，实现火区自动灭火。

内因火灾和外因火灾的引火方式不同，预测预报技术各不同相同。因此，需要分别针对不同的火灾类型使用不同的监测监控技术。对于选取的监测监控设备，必须具备监测功能强、稳定好、准确度高、抗干扰能力强的优点。

2. 火灾监测

火灾的监测监控是系统设计的重点。对于不同的火灾类型，应按照不同的监测原理进行预测。针对内外因火灾的特点，结合不同监测方法的优缺点，建立的火灾监测流程如图 3－22 所示。

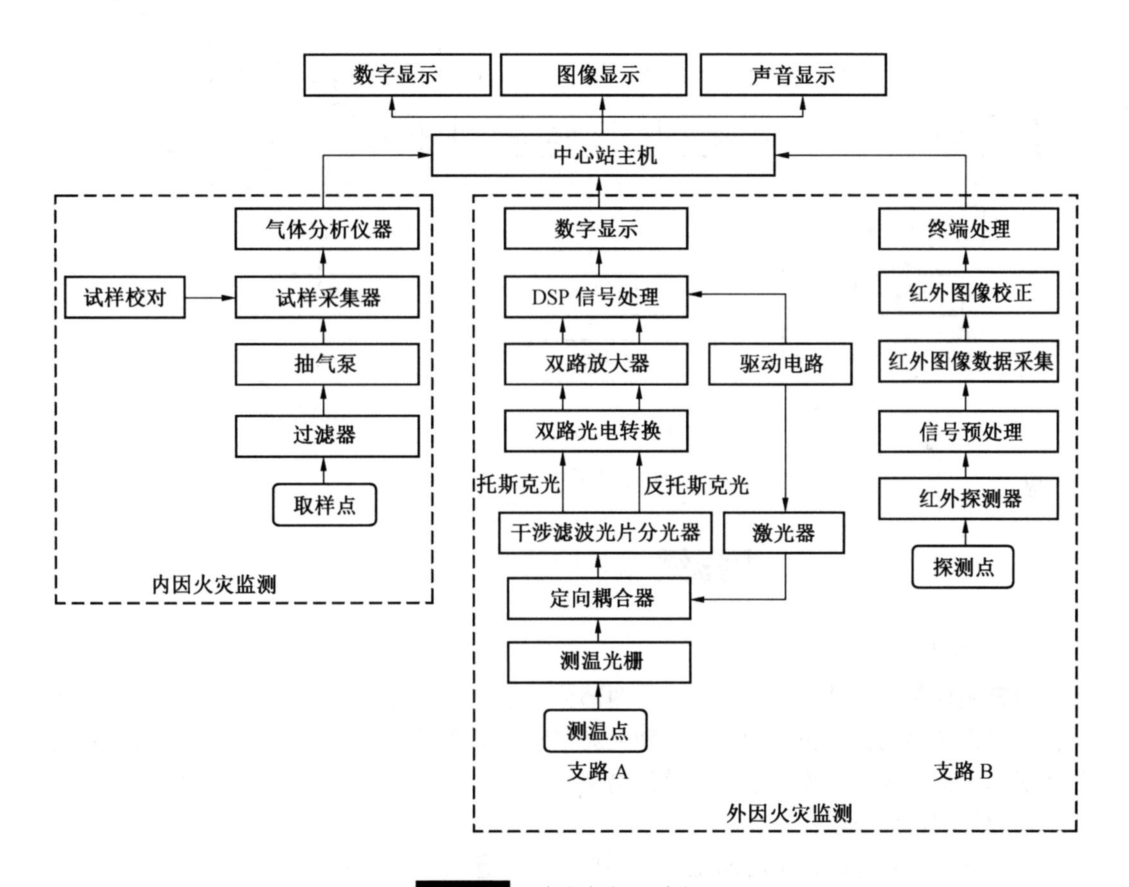

图 3－22 矿井火灾监测流程

图 3－22 左侧部分为利用指标气体分析法原理建立的内因火灾监测路线，系统在取样点进行气体取样，经过滤器、抽气泵、试样采集器后气体进入气体分析仪器，通过对气体的分析判定火灾发生的可能性。监测系统与中心站主机直接相连接，指标气体的选取参照邓军在《矿井火灾多源信息融合预警方法的研究》中提出的“表征煤自燃程度的指标体

系”作为煤自燃的判断依据，并采用束管控制计算机为中心站主机。

图 3－22 右侧部分为外因火灾监测系统，支路 A 利用光纤温度传感器对外因火灾进行预报预测，支路 B 利用红外图像技术原理对外因火灾进行预报预测。光纤温度传感器具有检测距离远、抗电磁干扰、灵敏度高、连续测量、寿命长等优点。红外图像技术利用红外成像原理，采集实时火灾图像，可在矿井火灾初期探测到火灾的发生。利用光纤温度传感器与红外图像相结合的方法，可以相互取长补短，进行外因火灾的早期预报预测。

3. 应急处置

应急处置是系统设计的另外一项重要功能。以往火灾预警系统仅能起到预报火灾的作用，缺少应急灭火的能力。在考虑矿井实际情况的基础上，建立预警系统应急处置功能流程可有效增强应急灭火的能力。煤矿火灾应急处置流程如图 3－23 所示。

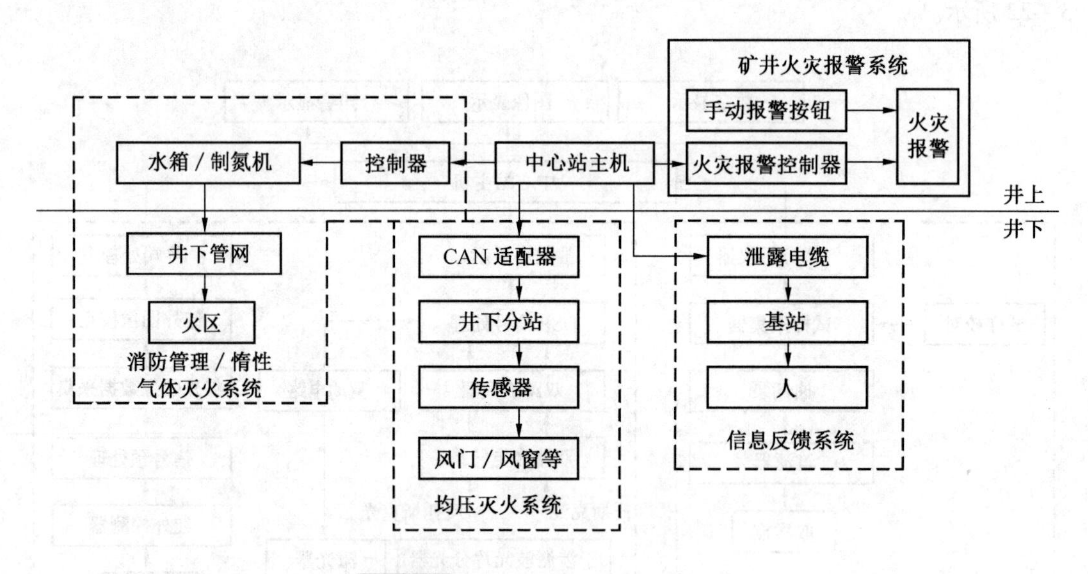

图 3－23 煤矿火灾应急处置示意图

1）火灾报警功能

报警主要包括自动报警和手动报警两部分，系统对检测量进行数据分析后，若存在火灾隐患，系统启动自动报警功能，实现火灾报警。出现网络故障不能自动报警时，系统应发出提示，工作人员应采取手动报警的措施。

2）信息反馈功能

当存在火灾隐患时，中心站主机需要将火灾信息及时传递给井下工作人员，完成信息反馈功能。

常见的矿井通信技术有现场总线 CAN－bus、TD－SCDMA 等。可选用 MSLYFVZ 系列矿用泄露电缆作为传输线，将信息传递到井下基站，基站通过井下通信手机、井下 WIFI 等将信息传递给井下作业人员。

3）消防联动功能

现阶段，针对内因火灾灭火有灌浆防灭火、均压防灭火、泡沫防灭火等技术手段；针对外因火灾有直接灭火、隔绝灭火和综合灭火3种措施实现消防联动灭火功能。对于矿井均压灭火系统，当检测到火灾隐患时，计算机发出信号通过CAN适配器到达井下分站，分站通过传感器控制火灾区域风门、风窗等启闭，实现均压灭火。惰性气体灭火在矿井灭火中应用效果较好，发生火灾后，计算机给控制器发出指令，制氮机开始工作，产生的氮气通过井下管网送至火区，实现灭火。消防管路灭火应用较广，同惰性灭火类似，控制器接到指令后，启动消防水箱或消防水池，水沿管路进入火区。

4. 系统开发

矿井火灾预警系统主要由中心站主机、火灾监测模块和应急处置模块组成。采用C/S结构能够保证数据实时采集和处理速度，能够更好地展现监测的情况，系统可运行于微软Windows系列操作系统。中心站主机需满足：数据分析、数据存储与显示、数据查询及打印、应急处置的功能。同时为了方便使用和后续开发，系统还需要具有网络功能和用户接口。

3.1.2.2 矿井水灾事故预警系统

我国是世界上煤矿灾害最为严重的国家，而水害是矿井灾害的重要类型。现如今，矿井突水预警的研究有了明显的进展，并提出了四项重点技术：条件探查、监测预报、带压开采、注架堵水。这些技术在矿井突水预警方面被大量应用，切实提高了预警水平和准确度。

1. 预警系统

自20世纪80年代以来我国科研人员一直致力于煤矿水害预测预警的研究工作，研究较多的是煤层底板突水预测。90年代中期，煤炭科学研究总院研究了煤矿水害预警系统结构及运行过程（图3－24）。

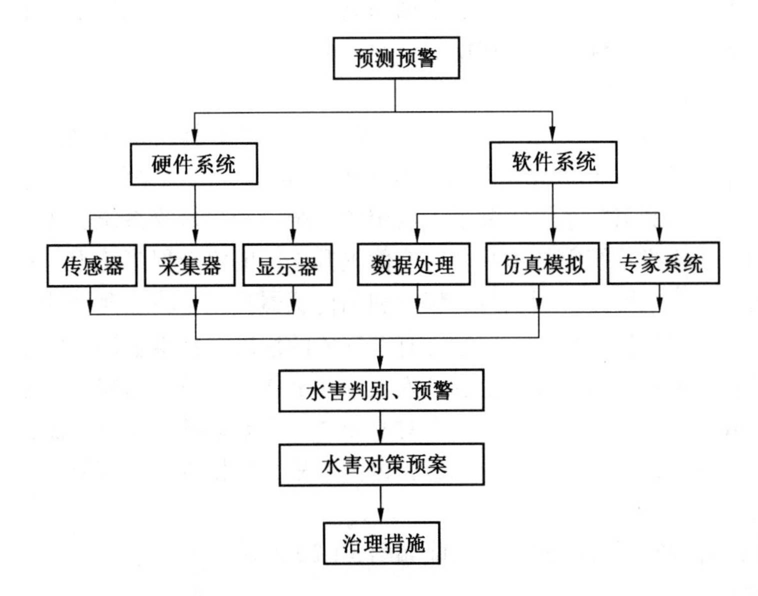

图3－24 煤矿水害预警系统的结构及运行过程

2. 工作流程

水害预警系统的基本工作流程是：

（1）在工作面煤层薄弱的部位施工若干个钻孔；

（2）在预定的位置按照特定的工艺埋设传感器；

（3）将传感器与数据采集发射器连接；

（4）连接瓦斯监测信号电缆；

（5）连接地面测控中心；

（6）实时监测、数据处理、水情预警；

（7）远程监控。

3. 预警方法

预警是将监测到的指标分级别进行，分级的方法有4种：

（1）特征指标量值，即根据监测到的特征指标的量值确定预警级别，指标的量值越接近灾害标准，预警级别越高，如监测到的水温值越接近奥灰水的温度，突水的预警级别越高。

（2）突水指标的组合有多种突水的判别指标，有的指标达到突水阈值，有的则没有，达到阈值指标越多，预警的级别就越高。

（3）概率，预报突水的概率越高，水害预警的级别也越高。

（4）突水区或突水时间的接近程度，对预测的突水地点或突水发生的时间越接近，预警的级别也就越高。

预警级别由突水判别的专家系统或神经网络系统给出，随预警信号同时发出。在预警的同时，还要预备防灾预案。根据可能的灾害程度和煤矿的防灾和抗灾能力制定多种方案，然后将防灾预案、神经网络系统、数值仿真系统集成于GIS系统平台上，自动识别防灾方案并根据方案的有效性依次形成防灾方案队列。

3.1.2.3 矿井瓦斯突出事故预警系统

矿井瓦斯突出是煤矿的主要灾害之一，进行瓦斯突出监测预警极为重要。2010年，国家煤炭安全监察局发布了建设完善煤矿井下安全避险“六大系统”的通知，要求煤矿及非煤矿山要安装监测监控系统、井下人员定位系统、紧急避险系统、压风自救系统、供水施救系统和通信联络系统等技术装备，全面提升矿山的安全保障能力。瓦斯监控预警系统能够及时监测瓦斯浓度并进行及时预警。利用传感器技术，将监测到的井下瓦斯、一氧化碳、二氧化硫、硫化氢、粉尘、风量等有害气体的浓度与标准值进行对比，当超过一定的浓度时将进行报警，及时通知井上管理人员与井下作业人员，组织人员撤离或进行矿井通风，避免事故发生。此外，系统还可实时监测井下重要设备的工况，监控人员能够更直观掌握井下工作情况，及时发现安全隐患，也为事故分析提供一手资料。

1. 预警系统

瓦斯突出综合预警系统结构及其功能如图3－25所示。

2. 系统构成

系统划分为6个子系统：地质测量管理系统、瓦斯地质动态分析系统、防突动态管理及分析系统、采掘进度管理系统、瓦斯涌出动态分析系统、突出预警信息管理平台。地质测量管理系统对矿井基础信息进行数字化，为整个预警功能的实现提供数字化平台，为突出预警功能的实现提供地质构造、工作面空间位置信息，同时为地测部门的日常管理工作提供先进的工具。瓦斯地质动态分析系统可对矿井瓦斯地质进行分析与管理，为突出预警提供工作面的瓦斯地质信息，其核心功能是矿井煤层瓦斯基本参数的管理与维护、瓦斯赋存特征的智能预测、煤层瓦斯地质图的自动生成与动态更新。防突动态管理及分析系统可对矿井日常防突工作进行精细化管理，其核心功能是井下日常预测指标实测数据和井下实际施工的防突措施信息的管理、矿井工作面防突措施的智能化设计等。采掘进度管理系统为预警工作面空间位置分析提供基础数据。瓦斯涌出动态分析系统可对矿井监控系统的瓦斯浓度监测数据进行综合分析，为突出预警提供瓦斯涌出动态指标信息。突出预警信息管理平台可实现工作面突出危险性的实时、智能及超前性的综合预警，并可对预警信息进行管理与发布。

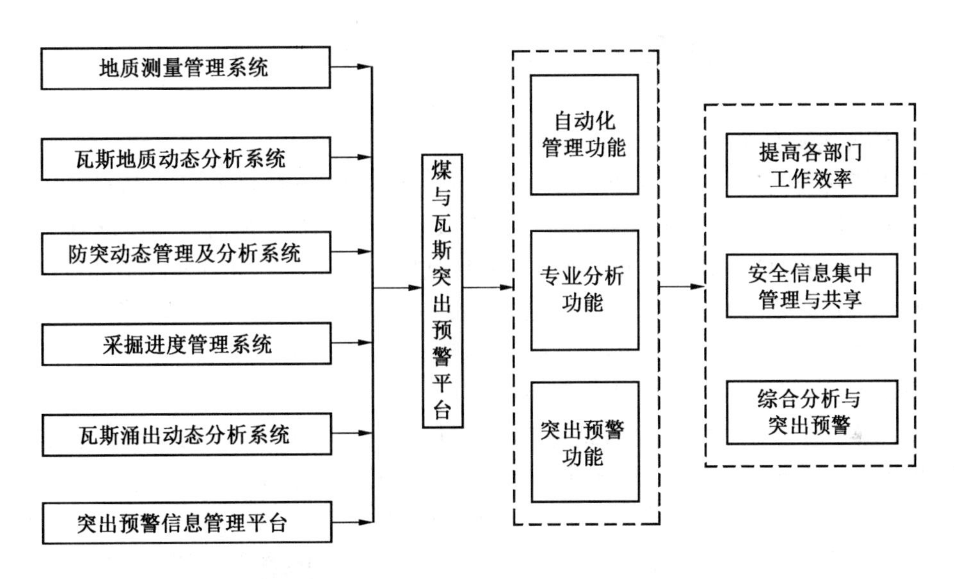

图 3-25 瓦斯突出综合预警系统结构及其功能

3.1.3 矿山事故信息收集与处理装备

1. 煤矿信息全面感知与智慧决策系统

煤矿信息全面感知与智慧决策系统由胶囊网络层、数据传输层和云服务层构成组成，如图 3-26 所示。人员位置与行为感知胶囊感知人体血氧浓度、心率、体温等生理特征信息及人员位置、姿态变化等运动状态信息；设备状态感知胶囊感知设备运行电气参数、温度与振动、工况等信息；环境感知胶囊感知煤矿基本地质条件、瓦斯浓度、温湿度等信息。各感知胶囊间通过动态路由算法进行信息传递，形成煤矿区域胶囊网络。数据传输层采用无线传感器网络与有线网络结合的方法来实现煤矿井下数据可靠传输。其中，无线传感器网络采用低功耗广域网传输机制来进行部署。云服务层主要实现系统的感知信息整合，通过基于随机森林的智慧决策机制为煤矿生产提供高效、可靠的决策。

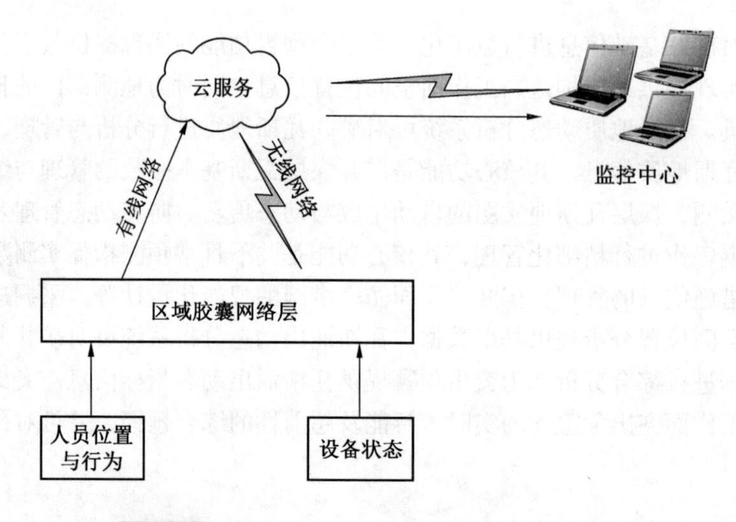

图3-26 煤矿信息全面感知与智慧决策系统简图

2. 煤矿智能安全监控系统

煤矿智能安全监控系统采用 WebAccess 单元、SQLServer 数据库单元和视频监控单元等软件在 Windows7/XP 操作平台上进行设计开发。煤矿智能安全监控系统软件设计开发过程中，所选取的 SQLServer 数据库单元、视频监控单元和相关组态软件 WebAccess 均可利用 ODBC、OCX 等相关控件来实现系统内的设备通信和相关逻辑控制功能。并结合组态软件的开发功能设计出上位操作界面，确保煤矿作业生产过程中实现生产全程管理、视频监控、报表生成、事故预警、智能决策等功能。

首先，煤矿作业现场的实时信息可借助数据采集模块来获取，利用后台数据处理功能，实现煤矿生产作业过程监控和环境安全的评估与检测；其次，通过监控节点、工程节点和上位机客户端之间进行通信，实现和 SQLServer 数据库单元之间的数据连接，以此实现数据有效的存储和共享；再次，利用一体化摄像机设备和视频服务器将采集的视频信号进行有效编码和压缩并传到网络，其后端网络视频服务器可根据内嵌的视频图像信息对上传的视频信号进行智能化处理分析，并在进行相关智能识别决策后，将识别的图像信息转换成网络数据上传给交换机，以此达到对煤矿作业现场实时智能安全监控的目标。煤矿智能化安全监控系统建立在 WebAccess 网际组态单元基础上，利用 B/S 模式实现远程智能监控管理。

3. 智能煤矿安全监测系统

智能煤矿安全监测系统利用 ZigBee 无线传感器技术实现信息采集点与井下分控中心的数据连接如图 3-27 所示。根据矿井环境的不同和应用形式的差异，系统将每个环境传感器整合成传感器节点，用于信息数据的采集和传输。井下分控中心通过传感器节点对矿井内环境数据信息进行采集、传送和基础处理。分控中心将井下生产的特殊情况以及采集分析的数据信息传输至地面总控中心。

智能煤矿安全检测系统硬件有主控系统 MCU、传感器模量转换、电源模块、存储模块、无线收发器、瓦斯传感器、CO 传感器、稳定传感器等多模块组成。其中，电池模块

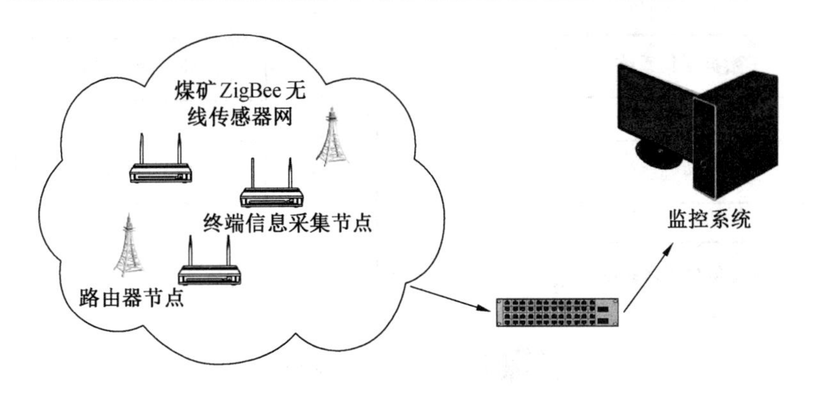

图3-27 智能煤矿监测系统

用于系统的供电；各种传感器用于采集和获取观测点的数据；ZigBee网络实现了数据的传输、远程控制和安全预警。ZigBee协议栈是ZigBee模块的重要通信协议，选取16位或32位高性能处理芯片以满足系统高性能需求。智能检测系统井下分控传感器单元由模块定义单元、系统参数初始化设置和模块功能3部分组成。为了确定传感器节点软件内核的规模和性质，模块定义单元按照实际应用需要将模块定义为RFD或FFD。系统参数初始化设置用于设置传感器的传输协议栈。系统参数初始化设置时，第一步需要定义系统时钟，定义MCU、定义节点属性、工作频率、网络地址、网络参数等。定义好模块属性和系统参数后，模块实现部分将以上定义的配置与网络互联进行判断，从而运行传感器主程序进行信息采集和数据处理。基于ZigBee的物联网煤矿智能安全检测系统可以及时发现煤矿安全隐患，极大地降低煤矿井下生产过程中可能出现的安全问题，有助于提高煤矿企业的安全管理水平。使用ZigBee技术的物联网智能检测系统可以覆盖整个矿区，对各项安全监控指标进行实时监控，实现了煤矿地面总控中心、安全管理机构和井下作业面的多部门、多层次的网络化管理。煤矿资源作为国家能源体系中的重要组成部分，在设计智能安全检测系统时，还设置了多信息加密机制，在提高检测系统安全稳定性的同时保护国家的能源信息安全。

4. 煤矿安全风险预警系统

煤矿安全风险预警需要将安全风险预警的软件设备和硬件设备、煤矿基础空间数据、多学科交叉的理论与技术进行有效的集成，是一个涉及网络通信与传输、软件、信息共享、硬件、数据存储等多项技术的复杂的系统性过程。

由于煤矿井下温度高、存在易燃易爆有害气体等恶劣作业环境及狭长的巷道不利于无线信号的传输，对电子产品的技术性有着严格限制，该系统运用煤矿井下无线信息通信技术并针对煤矿井下环境和条件对电子产品的限制而设计，由数据采集、数据传输、安全信息管理、风险预测信息和救援决策信息子系统组成，如图3-28所示。

煤矿安全风险预警系统依托于物联网技术，具有信息化的特征，开发过程中还用到了虚拟仿真技术，并且实现了三维可视化效果。该系统包括在线监测、风险预警和事故救援决策3个子系统。其中，在线监测系统实时收集煤矿井下各种信息数据，可作为预警系统的数据支撑；预警系统和监测系统又能通过自身的运转为事故救援决策系统提供大量数据

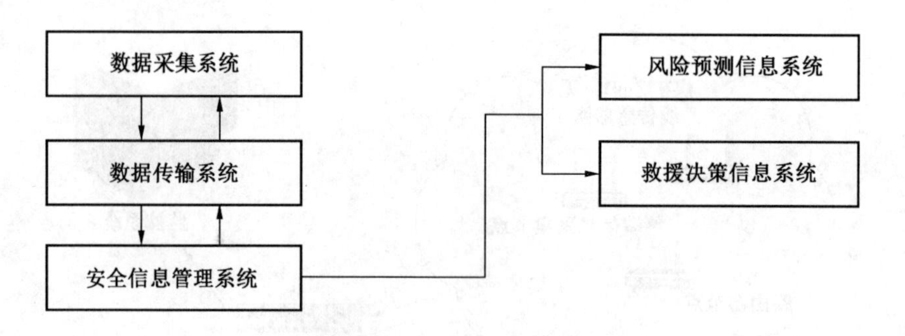

图3-28 信息监测系统结构

支持。这几大系统既可以独立运行，又可共享数据资源，联合工作。事故救援决策系统在分析过程中，首先根据采集的数据建立三维矿山模型；随后利用模型对事故进行模拟，有效利用监测数据，实时掌握井下人员分布和灾害扩散情况；接着和事故处置知识库相结合，有助于决策人员采用特定算法确定井下各人员的动态逃生线路。事故救援决策系统可用于应急救援演练和事故发生，并且还可升级，操作性和实用性大大加强。煤矿安全风险预警平台主要基于物联网技术，依托矿山安全地理信息系统建立三维矿山巷道模型。三维环境下的实时监测数据包括人员位置、风量、空气质量、有毒气体含量等，在采集后均可上传至总数据库，实现信息共享。系统的交互功能方便操作人员对煤矿的井下环境进行三维建模，对任意区域的数据均可迅速查阅。决策系统是建立在信息交互的环境之下。系统的沙盘模式主要用来模拟事故发生时的状态，如火灾发生时模拟烟雾的扩散方向，再结合其他的监测数据（如人员位置），可计算出井下受困人员的安全逃生路线，对于塌方、停电等情况也可提供最短路径，为决策者提供战略决策参考。

5. 煤矿安全生产专家系统

煤矿安全生产专家系统主要由基于物联网的煤矿安全生产系统和专家系统两部分构成。

1）基于物联网的煤矿安全生产系统

基于物联网的煤矿安全生产系统应由4个子系统组成：安全监控子系统，主要负责信号的采集；报警输入输出子系统，主要负责在专家系统的诊断结果出来后完成相应的报警工作；监控记录与回放子系统，在事故发生后可及时地调用监控，作为救援工作的依据；广播子系统，在紧急情况下可发挥重要作用。

基于物联网的煤矿安全生产监控系统的原理如图3-29所示。多个类型的传感器负责实时采集信息，在完成信息采集工作后数据信息通过数据传输单元实时传输至数据处理单元，在数据处理单元对数据进行处理，并将处理前后的数据进行保存，以备后续需要。在处理数据信息时以建立的专家系统为依据对数据进行分析与处理，并给出预警信息，工作人员在系统给出预警判断后采取措施防止事故的发生。数据显示单元将监测的数据实时显示在客户端。数据监控系统如图3-29所示。

2）专家系统

专家系统是一个计算机程序，将该领域内的知识存储在数据库中建立相应的知识库，

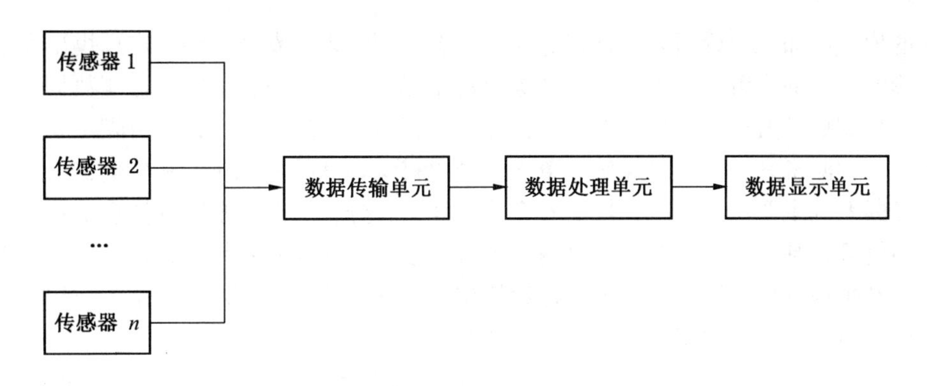

图 3-29 数据监控系统

模仿人的思想对数据进行处理并完成推理与解释工作，使得专家系统朝着智能化发展。知识库的建立需要大量的知识与数据，而大数据挖掘可以获取大量的知识。专家系统的基本结构如图 3-30 所示。专家系统由不同的模块组成：①数据库服务器，主要是负责用来存储知识，按照一定的规则对导入的信息进行查询与其他操作；②数据采集服务器，主要负责对井上井下的各个监控地点进行图像与声音信号的采集；③分析管理服务器，主要负责对采集到的信息以专家知识为依据进行分析做出相应决策。

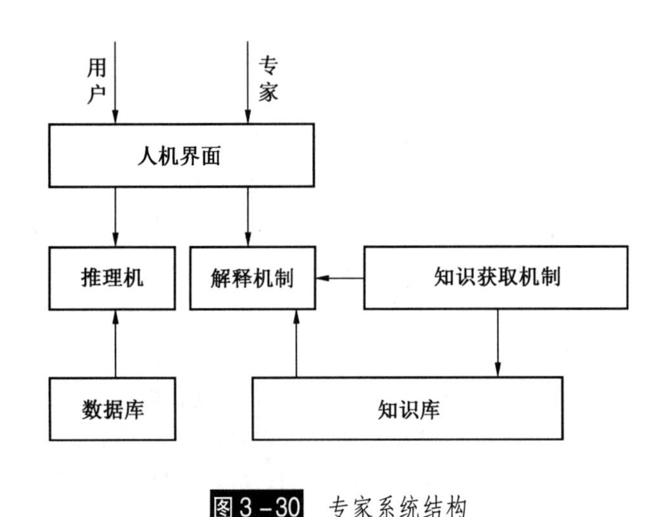

图 3-30 专家系统结构

3.1.4 矿山事故评估体系装备

1. *煤矿安全动态诊断系统*

煤矿安全动态诊断系统，是以云计算、物联网、数据挖掘技术为支撑，以行业、集团、矿井制定的各类安全生产规程和规范为依据，结合综合自动化、在线监测（水、火、瓦斯、顶板等）以及煤矿安全生产日常获取的动态数据和历史数据，基于动态三维地质模型和虚拟矿井平台，对煤矿安全生产的各类信息进行展示、分析、推理，挖掘历史数据中蕴含的模式和知识，诊断并概括现势安全状态，预测未来安全形势，实现煤矿安全生产的动态诊断和辅助决策。利用煤矿安全综合数据库中的基础数据、实时监测数据以及事务性数据，根据煤矿安全动态诊断专家知识库进行评估、推理和演绎，分析煤矿安全生产现状与趋势、预测未来，并针对煤矿应急现象做出科学合理的响应对策和处理措施。煤矿安全动态诊断系统主要功能包括：煤矿安全状况评估打分，煤矿安全问题推理解释，诊断任务配置与管理，基于三维虚拟矿井可视化平台对接入的在线监测数据、业务管理数据以及评估打分和推理分析结果进行显示。建设煤矿安全动态诊断系统，目标是各类用户可以从不同角度和范围对煤矿的安全状况进行评估和分析。

（1）系统功能结构。煤矿安全动态诊断系统具有向各类用户提供三维虚拟矿井平台访问、在线和业务管理数据接入与查询展示、煤矿安全状况评估打分、煤矿安全问题推理分析以及诊断任务管理配置5大功能。

（2）煤矿安全动态诊断系统从逻辑上分为前端表现层、中间应用逻辑层和后台数据源层。其中，前端表现层是客户端应用程序，即煤矿安全动态诊断系统，中间应用逻辑层包括一系列功能组件，后端数据源层包括综合数据库、煤矿安全专家知识库以及数据访问层。根据三层体系结构，煤矿安全动态诊断系统需要建立2个数据库、3个前端用户应用系统、1个云计算平台。其中，2个数据库分别是煤矿安全综合数据库和煤矿安全知识库。煤矿安全综合数据库用于管理和维护煤矿各类诊断对象的内容和状态，煤矿安全知识库则管理和维护诊断的知识和规则。

2. *煤矿事故风险分级管控系统*

为实现煤矿风险分级管控信息化管理，实现按区域、工序对全矿范围内的危险源进行辨识，按照年度辨识加专项辨识的“1+4模式”（年度辨识、采区采面设计前、系统工艺等重大变化前、启封火区等高危作业前、出现事故和重大隐患后专项辨识）进行风险辨识。实现按照预先危险性分析（PHA）、危险与可操作性研究（HAZOP）、作业条件危险性评价法（LEC）、风险矩阵评价法、故障模式与影响评价法（FMEA）、改进的作业条件危险性评价法（MES）等方法进行风险评估，并按照年度重大风险管控、月度、每旬加现场检查的工作模式进行风险管控。在管控的过程中，定期对重大风险进行检查，根据风险动态变化情况及时完善具体的管控措施，将风险控制在隐患之前。系统主要包括移动端和PC端2部分，系统按照面向对象的思路进行设计，结合私有云、智慧矿山、物联网以及WebGIS等技术，实现基于B/S+C/S模式的、SpringMVC架构的安全风险分级管控系统，系统部署在煤矿私有云中，为煤矿各级用户提供煤矿安全风险分级管控、隐患排查治理相关的云计算与云存储服务，实现对矿各级用户进行风险分级管控。

系统主要分为展示层、应用层、数据层、服务层以及支撑层。展示层主要为各级、各端用户提供系统访问和操作页面，将系统请求后的反馈结果展示给用户。应用层、服务层以及数据层都在煤矿私有云端，应用层提供云端应用，根据展示层发送的请求选择具体的应用，向服务层调用对应的服务；服务层为系统应用提供GPS服务、RFID服务、WebGIS服务、云计算规则、接口服务、数据共享和交换以及ETL服务，经过不同的服务模型处理，向数据层请求数据，最终将处理结果反馈给展示层；数据层分为结构化数据和非结构化数据，结构化数据就是对系统所必需的业务数据、基础数据和共享数据进行存储和维护，非结构化数据主要存储分布式数据，利用分布式文件系统进行相关文件管理。支撑层则为整个系统运行提供网络资源、服务器资源、操作系统，同时提供与智慧矿山系统相关的外部系统，这些系统与安全风险分级管控系统实现接口对接，完成数据交互。

3. *煤矿安全风险智能分级管控与信息预警系统*

该系统是一种基于改进粒子群算法（Particle Swarm Optimization，PSO）和改进卷积神经网络（Convolutional Neural Network，CNN）的系统。该系统具有对安全风险精确评估、隐患数据以各种统计图显示、根据安全风险等级显示预警并提供合适的应对条例等功能，解决了对煤矿安全风险等级评估不精确而导致的应对措施不到位的问题，同时现代化、智能化显示数据以及安全条例，为工作人员提供了极大的方便，在解决煤矿安全隐患方面起到了重要作用。

煤矿安全风险智能分级管控与信息预警系统分为数据采集层、智能模型层、数据处理层、风险预警层 4 个部分。

1）数据采集层

数据采集层是由人工汇总记录安全隐患信息经过安全风险评估方案得到最初的数据，然后将这些初始数据导入到煤矿安全风险智能分级管控与信息预警系统的数据库。

2）智能模型层

智能模型层主要由概念模型、物理模型和逻辑模型组成。应用设计模块将概念模型实例化，并将物理模型和逻辑模型结合起来，通过构建智能数据筛选模型和智能风险分级模型，解决煤矿安全风险分级不精确这一问题。概念模型是对现实中用到的数据进行抽象化，在设计阶段了解和描述数据。该模型具有较强的语义表达能力，能够方便直接表达应用中的各种语义知识，易于用户理解，使应用设计模块更加符合要求。物理模型是包含初始的隐患评估值和安全条例的数据库。逻辑模型是煤矿安全风险智能分级管控与信息预警系统的核心模型，通过改进的粒子群算法和 CNN 算法来实现安全风险智能分级的功能。应用设计模块将 3 个模型连接起来，建立一个具有定义数据、算法设计、计算数据等的数据运行环境。

3）数据处理层

数据处理层是将智能模型层中构建的模型加以运用，由人工录入矿区、时间、工作人员等相关的隐患信息，采用煤矿安全风险方案计算出风险评估值，将这些评估值记为初始数据导入到数据库。初始数据通过上一层的基于改进 PSO 的智能数据筛选模型，剔除掉不合理的数据。调用基于改进 CNN 算法的智能风险分级模型，经过计算数据得到高精确度的风险评估值。同时将计算后对应的风险等级、该风险等级对应的安全条例和隐患信息的统计图等显示出来，供工作人员查看，为接下来安全隐患的处理提供了方便。

4）风险预警层

风险预警层将经过上面智能模型层处理后的相关数据进行分类、统计，以可视化的形式呈现，方便分析得到的安全隐患信息。工作人员在前台系统输入日期、矿别等关键词，检索存储安全隐患数据的数据库，可以查询相关数据信息。该系统的前台功能有以下几点：首先，通过设定的风险阈值来判断处理后的数据所处的风险等级（本系统划分了四个等级：红、橙、黄、蓝），如果是红色和橙色风险级别，指示灯则一直快速闪烁，提醒工作人员及早处理该安全隐患事件；黄色风险级别，指示灯慢速闪烁；蓝色风险级别，指示灯正常显示，以此增大预警信息的区分梯度和传递速度。其次，通过智能模型决策之后的整体安全风险数据信息采用扇形图、折线图等各种图表格式展示出来，将大量的描述数据化繁为简，可以清晰地看出煤矿安全隐患问题的变化趋势。最后，根据相关的安全风险分级反馈，给出应对各级安全隐患的条例。工作人员依据煤矿安全隐患信息的情况和安全条例的建议做出整改措施，以此达到迅速整改安全隐患的目的，并极大改善煤矿井下工作人员的安全环境。

3.2 救援个体防护体系装备

矿山救护队是处理矿井5大灾害的专业性队伍，所从事的是在急、难、险、重等危险环境下的救护工作，因此矿山救护队员的个体防护装备主要包括参加抢险救灾工作时佩戴的隔绝式氧气呼吸器、隔热防护装备和自救防护装备。本节介绍了矿井灾害发生时常用的呼吸器材、隔热防护装备和自救防护装备，以及其结构特点、工作原理、适用条件等。

3.2.1 呼吸器材装备

目前用于矿井的呼吸器材主要指氧气呼吸器。氧气呼吸器是矿山救护人员必不可少的基本救护装备，它保证矿山救护人员免遭外界有毒有害气体的侵害、维持正常的呼吸循环、在灾区中执行抢险救护工作。在一定的意义上说，氧气呼吸器就是救护工作人员的生命。

3.2.1.1 矿山救援呼吸器

1. 矿山救援呼吸器主要分类

目前我国矿山救护队使用的有负压氧气呼吸器和正压氧气呼吸器。

负压氧气呼吸器按使用用途可分为救护工作型、抢救型和逃生型3种类型。其中救护工作型有AHG-4型、AHG-4A型和AHY6型3种型号的氧气呼吸器；抢救型有AHG-2和AHG-1型2种型号的氧气呼吸器；逃生型有过滤式、化学氧式和压缩氧式3种自救氧气呼吸器。

正压呼吸器按氧气储存容器可分为呼吸仓式和气囊式2大类，共有10种型号。其中，呼吸仓式呼吸器有BIOPAK240、HAY-240、HYZ4、ZYHS-240 4种型号；储气囊式呼吸器有BG4、HY240、PB4、KF-1、HYZ4G、HYZ4T-G 6种型号。BIOPAK240型和BG4型正压氧气呼吸器是我国20世纪90年代从美国和德国引进，并推广使用的正压氧气呼吸器，其他品牌是国内生产厂家研究、借鉴这2种正压氧气呼吸器的基础上制造的。

2. 矿山救援呼吸器的工作原理

1）负压氧气呼吸器的工作原理

呼气时，呼吸器内部的氧气压力大于外部环境的大气压力；吸气时则小于大气压力。因此，为了保证安全救灾，对它的气密性要求非常严格。

如图3-31所示，AHY-6型负压呼吸器的工作方式：人体呼出的约含4% CO_2 的空气，经颜面部分连接盒—呼气阀—清净罐进入到气囊，空气在流经装有 Ca（OH）$_2$ 吸收剂的清净罐时 CO_2 被吸收。吸气时，空气从气囊出来，经过冷却器—吸气阀—吸气软管—连接盒和颜面部分进入人的肺部；呼吸时，借助呼吸阀使气体总是沿着闭合回路的同一方向流动，流动方向如箭头所示。

2）正压呼吸器的工作原理

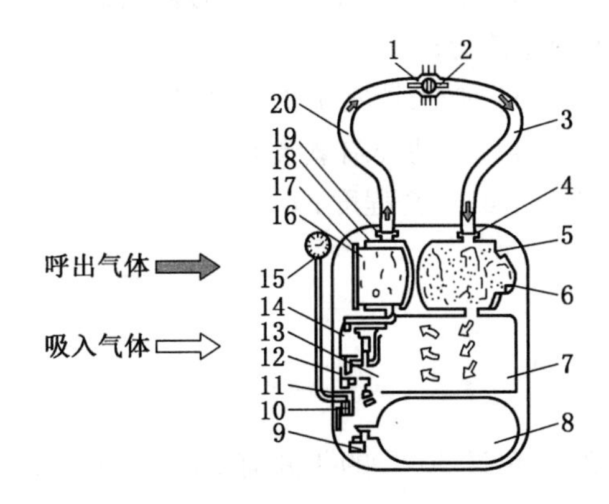

1—呼气软管；2—排唾液泵；3—呼气软管；4—呼气阀；5—清净罐；6—排气阀；7—气囊；8—氧气瓶；9—氧气瓶开关；10—压力表开关；11—压力表；12—手动补给阀；13—减压器；14—自动肺；15—压力表；16—密封盖；17—冷却元件；18—冷却器；19—吸气阀；20—吸气软管

图 3－31 负压呼吸器作用原理

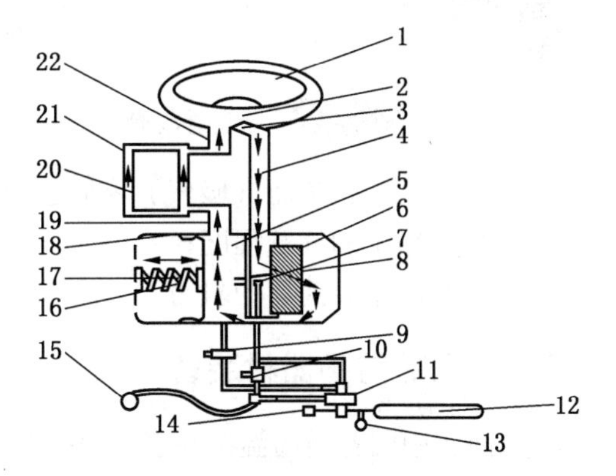

1—面罩；2—吸气阀；3—呼气阀；4—呼气软管；5—呼吸仓；6—清净罐；7—定量供氧装置；8—自动补给阀；9—手动补给阀；10—警报器；11—减压器；12—氧气瓶；13—气瓶压力表；14—气瓶开关；15—肩挂压力表；16—排气阀；17—加载弹簧；18—膜片；19—连接软管；20—冷却芯；21—冷却罐；22—吸气软管

图 3－32 BIOPAK 240 正压氧气呼吸器结构及工作原理示意图

如图 3－32 所示，打开氧气瓶，高压氧气通过减压器将 20692.03 kPa 的氧气压力减压至 1843.650 kPa，减压后氧气通过供氧管流入流量限制器（定量孔），并以一定流量进入呼吸仓，通过吸收剂盒，再由呼吸腔的边缘进入下呼吸仓，通过连接管流入冷却罐，被冷却后的气体通过吸气软管进入面罩。呼气时，气体通过呼气软管进入呼吸仓，与定量孔供给的氧气混合后经过清净罐除去 CO_2 后，再由呼吸腔边缘进入下呼吸仓，形成封闭式的循环系统。

在抢险救灾中人的作功量变化范围较大，因此呼吸量也随着变化。科学实验数据表明：一般休息时呼吸量为 10 L/min，极强负荷劳动时可达 50 L/min，极限短时间如 3 ~ 5 min可达 75 L/min。为此正压系统的设计必须保证在 50 L/min 以下时为正压值。标准规定：呼吸量为 50 L/min、频率为 25 次/min，正向呼气压力不许大于 700 Pa，吸气压力不许低于零；当呼吸量 40 L/min、频率 24 次/min，呼气压力值不大于 890 Pa，吸气压力值不许低于零。

3.2.1.2 氧气呼吸器校验仪

氧气呼吸器校验仪（图 3－33）用于检查呼吸器系列产品的整机与组件，使其达到完

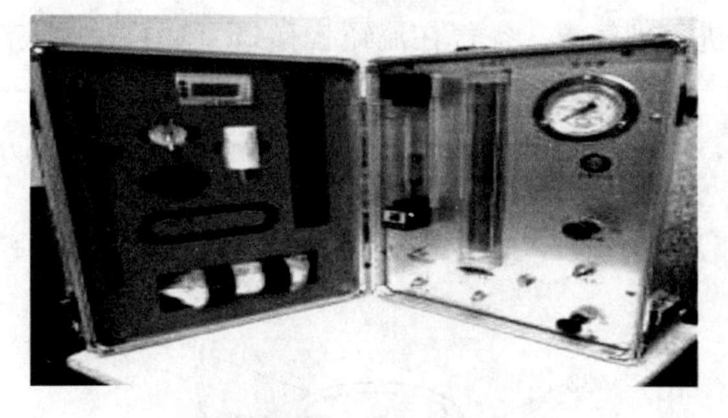

图3-33 呼吸器校验仪

好，从而保证救护人员佩戴的安全。氧气呼吸器校验仪可检查呼吸器的整机及其组件的以下性能：

（1）呼吸器在正、负压情况下的气密程度；

（2）自动排气阀和自动补给阀的启闭动作压力；

（3）呼吸器定量供氧流量；

（4）自动补给氧气流量；

（5）呼气阀在负压（吸气）和正压（呼气）情况下的气密程度；

（6）清净罐的气密程度；

（7）清净罐装药后的阻力。

3.2.2 隔热防护器材装备

目前，中国各类高温矿井多达60多个，其中温度超过30 ℃的矿井有38个。随着浅部煤炭资源日趋减少，未来的开采主体将转向深部煤炭资源。高温热害已成为矿井第6大灾害，严重制约深部煤炭资源的合理有效化开采。长期处于高温环境使人容易产生疲劳、精神不振，影响作业效率，同时体内水盐代谢紊乱，一些生理系统会因高温大量失水，危害作业人员的身心健康和人身安全。根据《矿井降温技术规范（MT/T 1136—2011）》第6.9条规定："在热害矿井等级为二~三级的作业环境，短时作业的人员，可穿着冷却服进行个体防护"。以下主要介绍矿用冷却防护服。

1. 按服装结构分类

1）局部性冷却服

局部性冷却服是根据人体不同部位产热量、散热量差异而设计的。研究表明，身体基础代谢主要集中在头部和躯干，人体工作时，不同部位的出汗、散热强度不同，躯干部位的基础代谢最大，热容量最高。因此，在当前局部冷却服的研究中，针对头部设计的降温帽、针对躯干设计的降温上衣或背心占了很大比例。早期美国海军服装和织物研究所研制的适用于潜艇人员穿着的被动式降温背心，其降温原理是通过预先置于服装内侧的冷冻凝胶，将人体产生的热量带走，达到降低体温的目的。背心的冷冻凝胶由淀粉、水、酒精、活化剂等一系列原料按一定比例混合而成，-22~-18 ℃时为胶状液体，热容量较大，柔软、贴身。还有一种无须另设电源的降温服，其主要实现方法：首先设置冷源，在冷源与降温服之间布置导热介质流道，在导热介质流道与冷源之间设置温差发电片，一面朝向冷源，一面朝向导热介质流道；在导热介质流道中设置泵或风扇，导热介质可通过泵或直流风扇输送，泵或风扇通过导线与温差发电片连接，同时泵或风扇推动导热介质的能量由温差发电片提供。此装置利用冷源与导热介质之间的温差作为推动导热介质流动的能量，对于使用者无须另设电源，非常方便。局部性冷却服因其结构简单、适宜穿戴、降温效果良好、实用性强等特点，普遍应用于生产与生活各个领域。

2）全身性冷却服

全身性冷却服的优点是可以对躯干、四肢等部位全面降温，使人体整体处于较舒适状态。全身性冷却服一般适用于特殊作业或特殊环境，如航天航空工作人员、极端高热需要全身保护的环境、有毒有害气体的环境等。按人体造型特点在服装内设置有若干块带S形排列和螺旋形盘绕的液流管道的恒温板，采用双室双四通结构的分配器，将胸与左臂、背与右臂、两腿部安放的恒温板管道串接呈3个支回路，恒温源、分配器、恒温板之间均用软管连接，构成闭路循环系统，当恒温液体在闭路管道中循环流动时，服装内的温度保持平衡。但是，全身性冷却服也存在缺点，如消防、井下采矿、轧钢等工作范围大、强度大的高温作业人员使用时，会降低其工作效率、工作方便性、着装舒适性。

2. 按降温介质分类

1）气体冷却服

气体冷却服属于主动式降温。首先由制冷装置将空气冷却，经过净化后再通过管道或服装夹层将冷气排入服装内，流动的冷空气对人体进行散热降温，使得人体微气候区处于相对舒适的状态。其散热原理是加速汗液的蒸发，增强空气对流，从而达到降温目的。

按照散热方式的不同，气体冷却服分为蒸发型气体冷却服和对流型气体冷却服。蒸发型气体冷却服对通风温度没有要求，主要利用水气压梯度促进汗液蒸发散热。

气体冷却服具有气源丰富、降温时间长、降温效果良好等优点。但气体冷却服也有自身的局限性：一方面，服装夹层充满空气影响作业人员的灵活性、可操作性，从而影响井下作业效率；另一方面井下装置设备对防爆要求非常高，气体冷却服及其附属装备存在这方面的危险性。因此，若要在井下推广气体冷却服，还需进行大量深入的研究工作。

2）液体冷却服

液体冷却服同气体冷却服一样，属于主动式降温，通常在服装内部布置管路，然后将低温液体输入管路中，循环流动带走人体的热量，达到对衣内微环境降温的目的。液体冷却服的冷却介质主要有水、冰水混合物、相变乳状液及微胶囊乳状液等。液体冷却服一般由基础服装部分和预冷装置组成。

3）相变冷却服

相变冷却服属于被动式降温，通常将相变材料置于服装内，通过材料相态的变化吸收人体的热量，实现对人体降温。以固－液相变材料为例，当穿着相变材料冷却服时，相变材料周围的温度（包括人体温度和外界温度）高于材料的相变温度时，相变材料融化从固态变为液态吸收热量，为人体降温；相反，当液态的相变材料周围温度低于其相变温度时，材料从液态变为固态放出热量，以保持人体正常体温，为人体提供舒适的“衣内微气候”环境，使人体始终处于舒适状态。因此，相变冷却服既可起到制冷作用，又能起到保暖作用。应用于冷却服的相变材料有冰、干冰、石蜡、水凝胶、吸水树脂等，其中以冰、水凝胶和石蜡的应用较为广泛。

相变冷却服具有成本低、结构简单、穿戴方便、制冷效果好等优点，同时相变材料种类多，包括有机相变材料、无机相变材料以及有机－无机混合相变材料，可以应用到工业、制冷、采矿冶金等各个领域，成为国内外学者研究的热点。此外，相变微胶囊在个体防护服中应用的研究也日趋增多，它是一种具有核壳结构的复合相变材料，而核壳结构就是应用微胶囊技术在固－液相变材料微粒表面包覆一层性能稳定的膜而制成的，微胶囊的储热、传热应用范围广，同时极大地提高了储热率和传热率。

3.2.3 自救防护装备

救援个体的自救防护装备主要有井下的避难硐室、压风自救装置和自救器。一旦井下发生火灾、瓦斯、煤尘爆炸、煤与瓦斯突出等事故时，井下人员可以第一时间使用自救防护装备进行自救。

3.2.3.1 自救器

1. 自救器的概念、作用、分类

概念：自救器是一种轻便、体积小、便于携带、戴用迅速、作用时间短的个人呼吸保护装置。

作用：当井下发生火灾、爆炸、煤与瓦斯突出事故时，供人员佩戴，可有效防止中毒或窒息。

分类：根据气体是否与外界隔绝分为过滤式自救器和隔离式自救器，隔离式自救器又可分为化学氧自救器和压缩氧自救器，如图 3－34 所示。

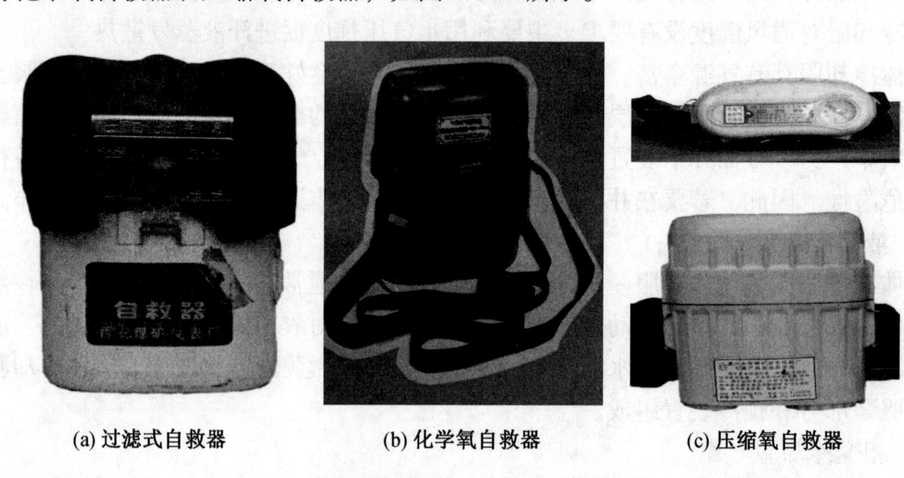

(a) 过滤式自救器　(b) 化学氧自救器　(c) 压缩氧自救器

图 3－34　3 种不同的自救器

2. 不同自救器的特性

不同自救器的特性见表 3－1。

表 3－1　自救器的种类及特性

种类	名称	防护的毒气	供氧特点	适用范围	有效使用时间及次数
过滤式自救器	CO 过滤式自救器	一氧化碳（CO）	不供给氧气，人呼吸的氧气是外界空气中的氧气	O_2 浓度≥18% CO 浓度≤1.5%	30 min 一次性
隔离式自救器	化学氧自救器	不限	自救器本身供给氧气	灾区空气中缺氧或有毒有害气体时	30 min 一次性
	压缩氧自救器				2 h 重复使用

3. 自救器的性质及适用条件

1）自救器的性质

（1）化学氧自救器：是利用生氧药剂（超氧化钾）生氧供人呼吸的。它适用于各种环境，并且也是只能使用一次。

（2）过滤式自救器：利用自救器中的化学药剂（霍加拉特），就是 CO 触媒剂，把空气中的 CO 过滤并转换为无毒的 CO_2。

（3）压缩氧自救器：是靠其本身自带的氧气瓶和清净罐内氢氧化钙过滤的气体向佩戴者供氧呼吸的，适用于各种环境，并且使用后进行换药充氧，检查合格后可再次使用。

2）自救器的适用条件

（1）过滤式自救器：主要用于瓦斯矿井及井下空气中含有一氧化碳的环境中。

（2）化学氧自救器：主要用于煤与瓦斯突出的矿井及高瓦斯矿井的掘进工作面，以及低瓦斯矿井中流动性大、可能会遇到各种威胁的人员（如测风员、探水员、瓦斯检察员等）。

（3）压缩氧自救器：用于井下各种有害气体及缺氧的环境中。主要供救护队员使用。

4. ZY45 型压缩氧自救器

ZY45 型压缩氧自救器是一种隔绝式再生式闭路呼吸保护装置，如图 3－35 所示。该型号自救器可供煤矿井下作业人员在发生瓦斯、火灾、爆炸等灾害事故时使用，在救护人员呼吸器发生故障时，佩戴迅速撤离灾区使用，可供化工部门、石油开采部门以及其他部门在有毒有害气体或缺氧环境中使用。

图 3－35 ZY45 型压缩氧自救器

（1）型号含义：Z 为自救器；Y 为氧气；45 为使用时间 45 min。

（2）主要技术参数见表 3－2。

表 3－2 ZY45 型压缩氧自救器主要技术参数

项 目	技术参数
使用时间/min	45
氧气瓶充填压力/MPa	20
氧气瓶储氧量/L	≥80
供氧方式	定量供氧≥1.2 L/min；手动供氧≥60 L/min
安全阀开启压力/MPa	≤1
自动排气压力/Pa	150～300
CO_2 吸收剂质量/g	≥420

表3-2（续）

项　目	技术参数
气囊容积/L	>4
产品质量/kg	（包括 CO_2 吸收剂）1.9
外形尺寸(长×宽×高)/(mm×mm×mm)	168×76×196

3.2.3.2　避难硐室

矿工自救中，设置避难硐室是十分必要的。由于自救器有效时间较短，当佩戴自救器后，在其有效作用时间内不能到达安全地点，撤退路线无法通过；若有自救器而有害气体含量又较高时，避难硐室可以发挥作用。

1. 避难硐室的分类

避难硐室有2种：一种是预先设置的避难硐室，另一种是当事故出现后因地制宜构筑临时性的避难硐室。

1）预先设置避难硐室

又称永久避难硐室，设置于交通路线附近。如中央避难硐室，可设在井底车场附近，与井下保健站硐室结合在一起。采区避难硐室，用设于采区安全出口的路线上，距离人员集中工作地点不超过500 m，其容积应能容纳一个工作班的采区全体人员。在有煤与瓦斯突出危险的矿井的掘进工作面附近，也应设置避难硐室，各硐室中应装备有一定数量的自救器。避难硐室必须构筑严密，以免有害气体侵入，使避难人员受害。永久避难硐室有过滤和制氧装置，有的能造成封闭式小循环，以及必要的救护器材。

2）临时避难硐室

临时避难硐室是利用工作地点的临时巷道、硐室或两道风门之间的巷道，在事故发生后临时修建的。临时避难硐室机动灵活，修筑方便，正确地选择修建临时避难硐室的地点，往往能对受难人员发挥很好的救护作用。

在进入临时避难硐室前，应在硐室外留有衣物、矿灯等明显标志，以便救护队发现。待避时，应保持安静，避免不必要的体力消耗和空气消耗，借以延长避灾时间。硐室内除留有一盏灯照明外，其余矿灯应全部关闭。在硐室内可间断地敲打铁器、岩石等，发出呼救信号。全体避难人员要坚定信心，相信在各级领导和职工的努力下，一定会安全脱险。

2. 安全避难硐室拖撬组件

安全避难硐室拖撬组件包括：

（1）拖撬最大规格总重5.5 t，可为35人提供96 h的给养和所需空气；

（2）两端有牵引环扣，方便拖拉移动；

（3）氧气供应系统，压缩医用氧；

（4）凯泰二氧化碳环保洗涤幕帘，消除二氧化碳聚集；

（5）高品质绝缘材料以保证隔绝外界高温；

（6）安全气密式防爆通道门，内置气隔间，配有空气洗涤净化设备，可去除有害气体；

（7）本质安全监测仪和探测仪（检测一氧化碳、二氧化碳、氧气、瓦斯浓度和空气质量），所有仪表配置警报器，并能够从内部安全区域测试舱体内外部的各项指标；

（8）温度传感器，测量矿井温度；

（9）应急照明；

（10）医疗急救用品，包括担架；

（11）通信设备接口，以实现与地面的联系；

（12）最新的矿图；

（13）本质安全发光灯；

（14）食物、水；

（15）化学处理卫生间、个人卫生用品和药品供应；

（16）泡沫灭火器，装置于安全和受保护区域，用于灭火。

3. 避难硐室配套装备

（1）避难硐室装有加厚钢制防爆门，超强抗超压，可以承受高达 0.10 MPa 的压力，能够在井下紧急事件中保护避难硐室，并经由气密舱进入主室。

（2）可充气式气密舱，装置于避难硐室内紧凑的钢制储存架（宽 1.6 m × 高 0.8 m × 纵深 0.6 m），气密舱位于避难硐室内。展开后的充气气密舱长 2 m × 宽 0.9 m × 高 0.9 m，钢制气密舱体积大小一样，都配备有空气过滤系统进行一氧化碳和瓦斯等有毒有害气体的洗涤过滤，并供应可呼吸的新鲜空气。

（3）闭式循环自给式自救器供给和维持 1 h、2 h、4 h 或 8 h 呼吸，为矿工在缺氧和有毒有害气体（如一氧化碳和瓦斯）情况下提供保护，并可保护眼部部位。同时，自救器可放置于救生舱或避难硐室内，可使用自救器搜寻逃生路径，若所有逃生路径受阻，则自救器仍然可提供充裕的时间和保护，供避难人员返回救生舱或避难硐室。

3.2.3.3 压风自救装置

压风自救装置主要用于煤与瓦斯突出的煤矿井下救护防护，它安装在井下硐室或采煤工作面的机巷风巷掘进头的适当位置或人员流动较多的地方，具有减压、流量调节、消声、泄水、防尘等功能。结构轻巧、使用方便、快捷，当煤矿井下瓦斯超标时，通过该装置向工作人员提供新鲜空气，达到安全避灾的作用。

1. 压风自救装置的组成结构

矿用压风自救装置包括箱体，箱体上设有压风接头，其内设有多组分别与压风管相连的呼吸器，每组呼吸器的支管上均设有手动进气阀，如图 3－36 所示。

图 3－36 压风自救装置

2. 压风自救装置的作用

当作业场所发生有害气体突然涌出、冒顶和坍塌等危险情况时，现场人员来不及撤离，可就近利用压风自救装置实行自救。打开门盖，取出呼吸面罩带上，扭开进气阀，通过供气量调节装置对压风管路提供的压风根据需要进行调节，再通过气动减压阀，进行减压和消除噪声，然后由积水杯将不清洁的压风变成清洁的呼吸空气，供给现场人员呼吸，达到稳定情绪、实现现场自救目的。该装置结构紧凑，使用方便，具有广泛的实用性。

3. 压风自救装置的工作原理

压风自救装置由管道、开闭阀、连接管、减压组及防护套5部分组成。当煤矿井下发生瓦斯浓度超标或超标征兆时，扳动开闭阀体的把手以使气路通畅，功能装置迅速完成泄水、过滤、减压和消声等动作，此时防护套内充满新鲜空气供避灾人员救生呼吸。防护套内的空气压力为0.05 ~0.1 MPa，防护套外有毒气体的压力低于套内压力，因此外部有害气体不会进入防护套内对避灾人员造成危害。

3.3 矿山事故地面指挥与通信装备

地面指挥作为最接近现场的指挥机构，所做出的决策和方案可以直接影响到救援的成败，为保证地面指挥所做出决策和方案的速度与准确性，除了提高指挥人员的素质，先进的设备也是重要的一环。先进的指挥系统不仅可以让指挥人员对灾区状态、被困人员有更加全面的了解，辅助指挥人员做出科学的决策；而且利用先进的设备处理信息可以大大提高工作效率，进一步缩短决策时间，减少人员伤亡和财产损失。通信设备作为联系指挥部与井下救援人员的纽带，可以实时地将井下灾区的视频音频信息、环境信息、遇险人员状况传输给指挥人员，同时将指挥人员的决策和方案实时地传输给救援人员，方便救援人员根据现场情况灵活地调整救援方案，不仅保证救援效率，也是对救援人员生命的负责。

3.3.1 控制中心与现场指挥装备

3.3.1.1 控制中心

事故控制中心是事故现场指挥部及其工作人员的工作区域，也是应急战术策略的制定中心，通过对事故的评价、设计战术和对策、调用应急资源、确保应急对策的实施、保持与应急运作中心管理者的联系来完成对事故的现场应急行动。

事故控制中心的地位和作用是举足轻重的，它的运转有效性直接关系到整个事故现场应急救援行动的成败，因此必须重视它的建设和完善。

控制中心具有以下主要特征：可移动性强；配备有先进的通信工具、监视系统以及事故记录设备；拥有充足的动力供应；有明显的标志；装备有事故现场应急所需的参考资料；处于事故现场的缓冲区内，并保证所处位置易于发布指挥命令且不会受到事故的影响。

3.3.1.2 现场指挥装备

1. ZJC3B 车载矿山救灾指挥系统

ZJC3B 车载矿山救灾指挥系统将现有实用技术加以改进、创新、提高. 它是一种集车载束管监测、工业电视监视、救灾通信及救灾装备等多项高新技术于一体的综合集成式系统。它具有“机动灵活、反应迅速”的特点，既能集成使用，又可各单元独立使用，可防止灾害发生后灾情的进一步扩大，减少灾害损失，保证救灾人员安全。该系统是在车载束管式矿井安全监测系统的基础上发展起来的，在开滦区域救护大队、平顶山区域救护大队、芙蓉区域救护大队、国家煤矿救援中心、鹤岗区域救护大队、峰峰矿务局救护大队等约一年的实战应用中，参加了多次抢险救灾任务，在实战应用中都取得了良好的效果。

2. 矿山救援可视化指挥系统及装置

矿山救援可视化指挥系统及装置是利用一对电话线进行双向对称数字信号传输，提供一种可实时监视和直接联络事故现场的先进技术手段；涉及了将灾害现场视频/音频信号传送至地面指挥部和各级救援指挥中心，地面指挥部和各级救援中心根据灾区情况向救护队员发送救援指令；同时通过互联网，业内专家可直接了解救灾现场的实际，参与救灾决策，实现救灾决策专家化的网络系统。该系统及装置有如下几个主要特点：

（1）首次在煤矿井下采用“即铺即用”的 SDSL 宽带组网技术，性能稳定，简单易行，是多媒体技术的新应用；

（2）大功率本质安全型锂电源研制技术；

（3）研制了一套隔爆兼本安型数字信息终端，可以提供 VCR 质量电视的视频质量、电话语音质量（3.4 kHz）和足够的存储空间。

该系统及装置现已经在宁煤集团有限责任公司白芨沟矿灾区使用，为白芨沟矿的抢险救援提供了先进的技术手段，大大缩短了救灾时间。该装置又先后用于大同煤矿集团有限公司、龙口煤电有限公司、中国神华能源神东分公司救护消防大队等地并获得了很好的评价。

3. 煤矿应急救援指挥与管理信息系统

煤矿应急救援指挥与管理信息系统包括 3 个子系统：调度室应急救援指挥信息系统、指挥机构应急救援子系统和相关单位应急救援子系统。它是集煤矿事故的应急响应、救灾、预案演练和应急管理于一体的智能化系统，具有事故应急救援调度指挥、预案模拟演练和应急资源查询管理的功能。它是通过基于煤矿事故预案、利用计算机网络技术和数据库技术开发建立的应急救援调度指挥信息系统，实现了事故响应、救灾和应急管理的自动处理功能和在事故救援过程中的信息共享，从而提高了矿井灾害事故应急处理能力，保障了应急响应及时和抢救工作迅速有效，减少和降低了事故发生时所造成的人身伤害和财产损失。

4. PED 应急指挥系统

PED（Personal Emergency Device）应急指挥系统，是当时世界上唯一一套可实现超低频信号穿透岩层进行传输并汉显的无线急救通信系统。它主要由系统主机、射机、环型天线、天线保护装置及接收机组成。在矿井发生突变或其他紧急情况时，该系统可以使井下所有人员在最短的时间内收到紧急警报，采取应急措施或迅速撤离，最大限度地减少伤亡，保障井下人员的生命安全。实践证明，该系统能够适应煤矿井下噪声、灰尘、照明、电源供应等特殊环境，可以将信息迅速的传达给井下每一个人。

5. RIMtech 井下救援无线通信系统

RIMtech 井下救援无线通信系统是主要应用于矿山救护通信的新型科技产品。其特点是安设布置快速，携带管理使用方便，通信清晰效果佳。该通信系统可以使救护队指战员随时用手机将侦查工作和救灾工作情况汇报到井下基地和地面指挥部，指挥部和基地随时可以向井下某地点和灾区内的救护人员下达救灾指令。该系统最常用的布置方式是用指挥台指挥，指挥台设置在井上（如指挥车或办公室内），基台设置在井口附近有信号载体的位置。基台与指挥台用双绞线相连，因此它们之间的距离基本没有限制。基台与手持机之间的无线通信满足了井下救援通信对于移动性的要求；而指挥台与基台之间无线通信又使它可以充分利用井下的线路资源，以满足长距离的要求。基台与手持机之间的通信距离为3000～4000 m，手持机之间的通信距离为1000～2000 m。这种无线加有线的3单元结构十分有利于灵活、快速地布置通信系统，可适应种不同的井下救援环境。

6. RB2000井下无线通信系统

RB2000井下无线通信系统是一套工作于中频频段、单工制式的矿井救灾通信设备。它是借助于井下现有电缆、管道等金属导体来传到电磁波，需要和正压呼吸器配套使用。该系统由基地台和移动台组成，基地台设置于基地指挥部，装备8m环形天线，救护队员使用移动台，中频感应操作配置自动调谐器，可在井下恶劣环境中锁定最佳的通信波段，输出高强度信号，确保达到理想的通信效果。另一个是救援指示器，其是一个可视频音频系统，帮助井下人员在危急情况下从工作面快速撤离到最近的救援舱。当井下发生危急情况时，指挥基地发出救援指示信息，蜂鸣器发出报警信号，伴随响亮的蜂鸣声，指示器巨大的发光二极管显示出双色号码：绿色指引通向安全舱的通道，红色指示出存在危险的通道。该警报器装有备用电池，确保在供电电缆断裂或能量耗尽的情况下指示器能够持续运转24 h，视听警报器用3条硬橡胶绝缘的电缆芯线相互连接并自动同步。

7. 矿山应急救援一体化指挥系统

矿山应急救援一体化指挥决策信息系统结构包括事故救援现场子系统、井下指挥基地子系统、地面指挥基地子系统、远程指挥中心子系统、移动指挥中心子系统和地面公网/专网6个部分。

（1）事故救援现场子系统包括信息采集终端、通信终端和无线/有线通信传输中继设备，主要完成现场环境、人员、设备信息的采集，与井下指挥基地子系统的通信；完成事故救援现场区域的环境参数、语音、图像与人员生命体征的信息采集、实时显示和数据传输。

（2）井下指挥基地子系统主要采集用于井下指挥基地的语音、图像、人员和环境监测数据，集中显示各事故救援现场子系统的检测数据，实现事故救援现场子系统的数据汇总、指挥现场快速响应和综合决策、地面指挥中心和远程指挥中心的联动。

（3）地面指挥基地系统（地面抢险指挥部）包括信息采集与传输显示设备、基于公网/专网的有线、无线和卫星通信设备、数据存储、分析设备、企业级应急指挥平台等，主要实现事故救援现场子系统和井下指挥基地子系统的数据汇总，属地管理为主的综合决策指挥，与井下指挥基地子系统、远程指挥中心、专家辅助决策指挥系统和救援人员与物资调度系统联动。

（4）远程指挥中心主要实现地面指挥基地子系统、事故救援现场子系统、井下指挥基地子系统和区域应急指挥协调中心的数据汇总，跨区域的综合决策指挥和联动，实现地面抢险指挥部、区域专家辅助决策指挥系统和区域救援人员与物资调度系统的协调。

（5）移动指挥中心主要实现地面指挥基地子系统、事故救援现场子系统和井下指挥基地子系统的数据汇总，跨区域的综合决策指挥和联动，实现远程指挥中心、地面抢险指挥部、区域专家辅助决策指挥系统和区域救援人员与物资调度系统的协调。

（6）地面公网/专网主要体现“平战结合”的通信系统，在平时作为常规通信手段，在应急救援时，将常规通信系统与临时组建的应急救援通信系统结合，实现完整的应急信息传递和现场数据传输。

3.3.2 主要信息处理设备

1. 基于GIS煤矿事故应急救援系统

通过对救援系统的研究分析得出影响因数，从而根据煤矿灾害应急救援系统需求和开发目标进行分析，此系统包括6大功能模块。系统采用客户服务器结构，GIS应用程序在客户机上运行，把数据存放在服务器上，客户机与服务器通过网络以TCP/IP协议连接通信。采用模块化设计，以简单、易用、实用、可靠和方便的原则，采用在技术上比较成熟的C/S结构，有利于以后系统改造和升级。组件式地理信息系统（GIS）在可视化开发环境（如VB），将GIS控件嵌入用户应用程序中，实现一般GIS功能，在同一环境下利用开发语言实现专业应用功能。该模式可缩短程序开发周期，程序易于移植、便于维护，是目前GIS开发的主流。组件式GIS是把GIS的各大功能模块划分为几个控件，每个控件完成不同的功能。各个GIS控件之间，以及GIS控件与其他非GIS控件之间，都可以很方便地通过可视化的软件开发工具集成起来。SuperMap全组件式GIS软件具有以上功能和优点。

利用GIS的图形信息处理能力，实现了煤矿矿井电子地图的可视化和远程救助功能，并将图中地物的空间数据和属性数据进行有效的结合；通过对瓦斯（煤尘）、水灾、火灾和顶板事故等矿井灾害的发生规律和应急救援技术的研究，建立了顶板事故信息数据库、矿井水灾信息数据库、火灾信息数据库、瓦斯信息数据库以及救灾和人员逃生数据库等；实现了井下重大危险源分布在地图上的显示功能，并能动态模拟各区域相应灾害的避灾路线、影响范围及灾害处理措施，引导人员及时逃生，同时指导救援人员及时展开救援工作；研制出具有动态管理与显示，显示效果比较明显，并且显示出比较全面的相关信息，为制定相关的灾害预防和控制措施提供科学的决策依据。

2. 基于计算机网络技术和数据库技术的数据处理系统

系统平台是基于Browser/Server（B/S）3层体系结构，即客户层、中间层和数据源层。后台数据库采用MS SQL Server进行组织管理；前台开发语言使用VBScript、JAVAScript和HTML；服务器端使用InterDev来开发ASP应用程序；使用VC++开发GIS服务器组件授予的密码结束事故救援，系统自动恢复到“生产一切正常”的状态。根据预案中应急救援机构的不同职能，系统包括3个子系统，分别为调度室应急救援指挥信息系统、指挥机构应急救援子系统和相关单位应急救援子系统。调度室应急救援指挥信息系统负责整个系统的事故上报、预案启动，以及在实施应急救援系统的过程中查看各个应急救援机构执行救援预案的反馈信息，同时还负责监控各个应急救援机构的应急救援责任人是否在岗，以及救援物资和救护装备的库存和有效期情况；指挥机构应急救援子系统负责授权启动预案，确定事故的现场总指挥；相关单位（机电科、通风段、救护队等科室）的应急救援子系统是执行系统所提供的救援措施，并自动把执行救援措施的信息反馈到调度室应急救援指挥信息系统，同时进行责任人的登记，提取消防材料和救护装备。

基于技术和功能将整个系统划分成数据存储层、业务逻辑层、展现层、集成 Web 服务层和集成通信接口层 5 个层次。数据存储层应用于存储系统所有数据的物理存储，包括基础数据、空间数据、预案库、实例库、案例库和知识库，这些数据格式可能是关系型数据库、还可能是各种格式的数据文件，如 XML 文件、Office 文件以及图纸文件等；业务逻辑层是整个煤矿应急管理信息系统的核心部分，如前所述，将煤矿应急管理信息系统按功能分为应急监视系统、应急决策支持系统、应急指挥调度系统和应急执行系统 4 个部分；展现层是用户界面的集成。应急管理集成信息系统的界面开发将结合使用 C/S 和 B/S 架构，其中应急监视系统和应急决策支持两个系统涉及大量的基础数据，为确保数据安全性和反应速度，可以采用 C/S 架构实现，应急指挥调度和应急执行系统均针对具体突发事件的总体指挥和具体执行，涉及来自不同地点的人员和角色，需要采用 B/S 系统实现；集成 Web 服务层是应急管理系统与其他应用系统的交互平台，应急管理集成信息系统通过它从外部系统获得消息和数据，外部系统也通过它来访问应急管理系统的核心功能；集成通信接口的目标是集成井下监控技术、计算机电话技术（CTI）、移动通讯访问技术、互联网通信技术和全球定位系统（GPS）空间信息技术等，实现统一的报警接入和位置定位。

3. *矿山救援一体化信息处理软件*

一体化信息服务器软件模块用于维护系统网络，将各子系统平台统一管理，与终端应用设备进行直接数据交流，实现指挥信息的传递与存储管理，包括一个系统配置信息库和一个指挥信息数据库。系统配置信息库存储各子系统的设备配置信息，服务器启动后读出相关数据，创建服务器数据采集任务，进行设备状态检测、手机注册拨号及通话管理，获取视频数据，生成一系列指挥信息，存储于指挥信息数据库中。服务器设计有一个通信接口，该接口实现与系统网络各类设备的通信，客户端通过该接口从指挥信息数据库中获取各类数据。

4. *煤矿应急管理集成信息系统*

煤矿应急管理集成信息系统应急预警包含两部分：实时数据的应急预警和历史数据联合分析预警。实时数据应急预警可依据数据服务提供的数据，进行分析判断，如果达到了敏感范围，立即进行预警提醒。比如当矿井中可燃混合气体主要成分（瓦斯、氢气、一氧化碳、乙烯、乙炔等）、助燃气（氧气）等通过环境参数监测获得实时数据，通过动态爆炸三角形等算法进行实时的动态变化趋势加以分析，其比例已达到危险范围，应急预警模块及时地进行预警提醒，并通过多种方式（如程控电话、手机短信、E－mail 等方式）通知给相关人员，进行预防措施，有效避免突发事件的发生。基于历史数据分析的预警，除了对实时数据的敏感数据的分析、预警之外，应用数据挖掘技术，对历史数据进行分析。数据挖掘是指从数据库的大量数据中揭示出隐含的、先前未知的并有潜在价值的信息的非平凡过程。通过数据挖掘技术的关联分析，将历史数据中 2 个或多个采集获得的历史数据进行关联挖掘，分析环境变化趋势，预测预警可能出现的突发事件，方便相关人员及时采取措施加以预防，排除事故隐患。发起预警流程，并进行跟踪流程，支持预警流程处理各个环节的数字签名，多种方式的数据输出。

5. 应急救援信息处理系统

应急救援信息处理系统主要包括应急决策、应急指挥调度及应急执行3个功能。

1）应急决策

基于案例推理（Case-BasedReasoning，CBR）是国际人工智能利用的一个研究热点。应急管理集成信息系统的应急决策部分主要对突发事件进行分析，基于案例推理CBR、规则推理RBR等技术，在应急预案管理中寻找与当前突发事件类似的案例应急预案，加以分析和改正，借助于专家干预，生成基于当前突发事件的应急计划，提供应急组织机构、成员，以便及时通知相关人员加入应急组织。

2）应急指挥调度

应急管理信息系统通过信息技术，自动生成可供参考的突发事件应急救援路线和紧急避险路线；支持可视化指挥调度，辅助应急指挥调度，了解井下实际情况，分配应急任务，调配应急物资，结合语音指挥调度功能发布应急救援路线，方便应急救援人员及时到达事件发生区域排除隐患，帮助受困人员及时远离危险区域，降低可能发生的事故的损失程度，并支持双向信息通信功能，方便井下人员与指挥调度人员随时随地沟通，有效地解决了传统的井下固定电话必须到达特定地点后才能进行联系的缺点。突发事件应急管理的独特性、一次性和易变性，与项目管理的特征相似，在一定程度上可以借鉴项目管理的理论，但是传统的项目管理技术预留大量的安全事件，传统的项目网络计划技术（如CPM和PERT）已不能作为应急处理的工具，本系统基于关键链技术进行应急指挥调度，在基于关键链技术生成的应急预案的基础上，以时间最短作为优化目标，建立应急计划的优化调度模型，加强应急计划执行过程的监控，发现问题及时调整。

3）应急执行

应急执行用来执行应急决策生成的应急计划。在本系统中应急执行动态监控应急过程、应急计划执行状况，发现应急计划执行不力，及时调整，并将应急执行的结果进行反馈。

6. 基于多Agent的应急救援决策支持系统平台

矿山应急救援方案决策支持系统是一个复杂的群体决策系统，随着数据的变化、积累以及决策环境的变化，系统决策的相应部件在逐步增加，同时导致系统的协调控制性也变得越复杂。为更好、更准地实现矿井应急救援隐患识别、决策与分析，构建基于多Agent构件的矿山应急救援指挥管理平台十分必要，它为应用过程中不断集成新方法、新工具或调整思路提供了基本框架。该系统平台具有灵活的决策支持和体系结构两大特色功能。

1）灵活的决策支持系统平台

决策支持系统平台的灵活性与敏捷性主要体现是系统应用软件随需求与环境变化重构与应用的能力。在矿山应急救援决策过程中，矿井重大危险源隐患识别、决策分析中，决策任务随业务（或环境）变化，决策模型可以发生变化，同时应用的决策资源也随着环境的变化而不断调整。例如，瓦斯灾害有瓦斯突出造成的灾害，也有瓦斯积聚造成的灾害，不同条件的灾害选择的评判预警模型变量可能不一致。为此，一个好的应急救援决策支持系统应用平台，必然要反映这些变化，随时调整自身结构以适应环境变化，Agent构件及其连接件的灵活应用可以满足上述相关要求。决策支持系统结构框架中的 Agent 构件库包含了所有基本构件及其复合构件，它们依据煤矿空间数据库（含属性数据、模型库、方法库、评价指标体系库等）以及构件间的中间连接件形成了决策任务平台，其实就是决策组件（由粒度更小的构件组成）以及相关组件连接件；它们依据煤矿空间数据库以及组件间的中间连接件并应用相关的决策模型实现决策支持任务工作，即形成决策支持系统。不论是决策任务平台还是决策支持系统都离不开煤矿空间数据库的支持，充分印证矿山应急救援决策支持系统是一个基于数据驱动的复杂群体决策系统。

2）基于多 Agent 构件的决策支持系统体系结构

矿山应急救援决策支持系统的适应性依赖于系统的体系结构。随着软件复杂性的增加，系统构建模型正由“软件 = 实现 + 功能 + 预先确定的环境”向“软件 = 实现 + 功能 + 动态变化环境”转变。构件技术的引入解决了决策支持系统业务过程和相关模型动态调整引发的环境变化问题，而基于构件的决策支持系统软件体系结构实现了动态决策模型与构件系统的结合，为高层构件重构奠定了基础，同时不同的构件中包含了不同层面的 Agent。在系统的每一个层面都建立了通信指标集和通信总线，实现内部的集成性；中间件完成了软件系统和系统平台的交互连接，系统级的可配置实现则是在决策模型、业务规则与构件连接规则的约束下，通过从业务到过程，从过程到系统的分层次集成，实现功能上的灵活性；构件技术则是实现构筑上的灵活性，Agent 技术是实现系统协作应用上的智能性与动态快速响应性。基于上述研究，可以给出一个灵活、智能协作的矿山应急救援决策支持系统体系结构。控制 Agent、决策 Agent、功能 Agent、路由 Agent 与界面 Agent 及其构件应用于体系结构的不同层面。数据获取层主要是数据获取 Agent 构件，它们是功能 Agent 的一种形式，而且不同的数据源具有不同的数据获取 Agent 构件；控制 Agent 构件主要集中在服务器端的控制中心，同时数据库中心还有数据存储 Agent 构件等。所有 Agent 构件的配置与重构均统一来源于构件库，中间连接件来源于连接件库。

7. 煤矿综合信息智能分析系统

煤矿综合信息智能分析系统包括井上系统和井下系统 2 个部分。其中井上系统包括信息服务器、交换机、井上无线 AP、井上手持 PDA、监控室计算机、各科室计算机；井下系统包括井下环网、井下无线 AP、井下无线 PDA。煤矿综合信息智能分析系统采用 B/S 模式，其中综合信息智能分析系统的主程序安装在信息服务器中，承担数据信息的智能处理和数据存储任务，监控室或者其他矿领导及科室计算机中无需安装客户端程序，通过调取信息服务器数据及 ASP 网页编程实现井下数据信息的显示，这样节省了客户端维护成本。通过主程序把应急信息和智能分析得出的决策发给有关领导或负责人，同时也可以通过计算机或 PDA 向井下发布决策。系统具体工作流程如图 3－37 所示。

3.3.3 救护固定与移动通信设备

1. 有线通信装备

有线应急救援通信设备是在信号的传输过程中依靠线路进行传输。传输线有双绞电话线、同轴线缆、网线、光纤等。按在其上传输的数据又可分为单纯音频传输和多媒体信息同时采集传输装置。音频通信系统：目前使用的有 PXS 型声能电话机和 KJT－75 型救灾通

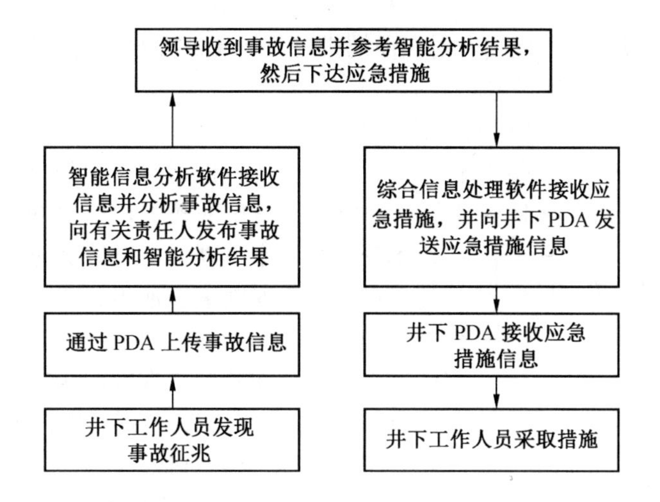

图 3 – 37 煤矿综合信息智能分析系统工作流程

信设备。PXS – 1 型声能电话机为矿用防爆型设备，有效通话距离 2 ~ 4 km，该机由发话器、受话器、声频发电机、扩大器等组成。在抢险救灾时，进入灾区的人员可选用发话器、受话器全装在面罩中，扩大器固定在腰间的安装方式。KJT – 75 型救灾通信设备有主机、副机和袖珍发射机供进入灾区的救护队员使用。救护队员通过副机扬声器收听主机传来的话音，使用袖珍发射机向主机发话。救护队员随身携带缠制好的放线包，救灾作业时边放线边随时和基地的主机保持井下联系（主、副机间的通信距离为 2 km）。通信导线兼做救护队员的探险绳，基地通信主机可同时对三路救灾队员实现救灾指挥。多媒体通信系统：目前使用较为广泛的有 KTE5 型矿山救援可视化指挥装置。KTE5 型矿山救援可视化指挥装置具有传输语音和视频的便携式本安型矿井应急救援通信装置，其主要采用计算机通信网络技术和对称数字用户线 SDSL（Symmetrical Digital Subscriber Line）宽带接入技术，用一对矿用双绞电话线为传输介质，利用局域网传送音频和视频，进行实时的信息交互实现“即铺即用”的应急多媒体通信服务。

2. 无线通信装置

目前使用的有 SC2000 灾区电话和 KTW2 型矿用救灾无线电通信装置。SC2000 灾区电话工作于损耗较小的低频（100 kHz ~ 100 MHz，救灾通信系统的工作频率为 340 kHz）。这些频率信号能被简单、低成本的长线天线系统传输，甚至还可以在大多数矿井巷道中所存在的管道和电缆中传输。无线感应信号通过便携手机上的环形天线（称为子弹带天线）、基站侧的环形天线和生命线与管道、电缆之间的耦合而建立。如果巷道内无管道和电缆存在，则手机彼此之间的通信距离仅为 50 m。在一个断面较小的巷道中，通信距离为 500 ~ 800 m。KTW2 型矿用救灾无线电通信装置为第三代矿用专用救护无线电通信设备，主要用于矿山救护队，也可以用于井口运输、机巷检修设备调试时联络使用。装置由 KTW2. 1 型便携机、KTW2. 2 型井下基地站、KTW2. 3 型井下指挥机、KTW2. 4 型井上指挥机等组成。井上下指挥机、井下基地站、便携机组成一个有线/无线通信系统，井上指挥机、井下基地站之间采用两芯电缆连接，井下基地站、便携机之间为无线通信方式。井上、井下指挥机话音信号通过井下基地站发射，便携机接收；便携机发射通过井下基地站接收，向井下、井上指挥机传送话音信号。

3. 有线/无线自适应应急救援通信设备

有线/无线自适应应急救援通信设备，在信号传输的过程中可根据实际情况切换有线传输和无线传输，可以更好地保证信息的传输，适用的救灾环境更加广泛。KTW185 - L 矿用本安型无线中继器，由有线数据传输模块、无线数据传输模块和本安镍氢电池组构成，设备为本质安全型设计，如图 3 - 38 所示。主要功能：信号转发、接力。当救灾现场与地面救援指挥部的距离较大，超过系统设备的有效传输距离时，可根据具体情况增加中继器。

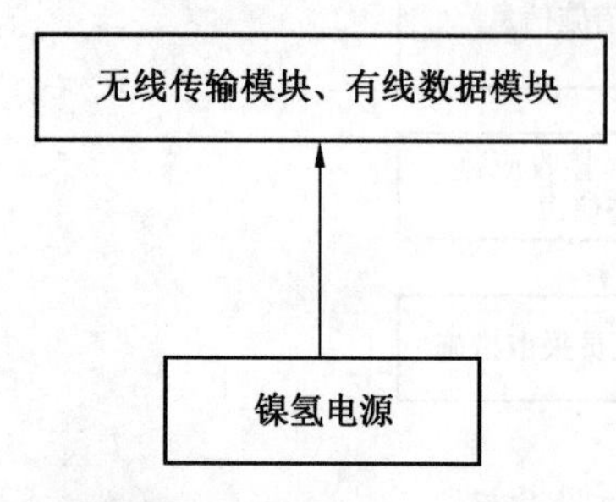

图 3 - 38 KTW185 - L 矿用本安型无线中继器结构示意图

4. TTW 煤矿应急通信系统

常用的煤矿应急通信系统有现场总线和工业以太网。现场总线是应用在生产现场的一种分层通信网络，用于连接现场的智能设备（如传感器、执行器等）、控制器（如 PLC、调节器等）、人机接口等设备，实现控制中心与现场、现场设备之间的数值、状态、事件、控制命令等数据的传输。与传统的直接使用通信线缆连接设备的方案相比，现场总线的信息传输质量更高，传输的数据量更大，能够大幅节省电缆和减少安装费用，添加或删除现场设备更加容易。在煤矿通信网络中，现场总线通常被用作骨干网络的分支，而骨干网络则采用既能满足现场需求，又与办公网络一脉相承的工业以太网。要将以太网用于煤矿领域，重点是解决以太网的不确定性和非实时性问题。以太网的 MAC（Media Access Control）层采用了 CSMA/CD（Carrier Sense Multiple Access with Collision Detection）协议，其发前侦听机制虽可降低冲突发生概率，但难以做到完全避免。一旦检测到冲突，网络中所有站点必须随机退避一段时间后方可尝试再次发送。数据在传输过程中是否会发生冲突无法预测，发生冲突后等待多长时间才能重发无法预知，数据最终能否传输成功没有保证。因此，以太网的数据传输不但是非实时的，而且具有相当大的不确定性，这对需要实时监控的煤矿生产和应急救援而言是致命的。针对这一问题，工业以太网多从抑制冲突、降低冲突概率，或以确定方式解决冲突等方面入手加以解决。很多现场总线协议不能提供额外时间保证，即使能提供也很有限。为了保证调度的可靠性，《煤矿安全规程》规定：矿用有线调度通信系统必须专线专用，不能接入骨干网络；矿井安全监控系统不能和图像监视系统共用同一芯光纤。

5. TTA 煤矿应急通信系统

矿井无线通信系统具有不同于地面系统的一些特殊要求，比如设备必须防爆、抗衰落、抗干扰能力强，体积不能太大、发射功率要小，并且要具有较强的防尘、防水、防潮、防腐、耐机械冲击等性能。目前，可用于煤矿的无线通信技术较多，如蜂窝通信（井下小灵通/3G/4G/5G）、Wi - Fi、无线传感器网络（WSN，Wireless Sensor Networks）、可见光通信（VLC，Visible Light Communication）、RFID（Radio Frequency Identification）、UWB（Ultra Wide Band）等。

1）矿用 Wi - Fi

矿用 Wi – Fi 基于 IEEE802.11 系列标准，传输速率较高，已成为井下主流无线网络技术的有力竞争者。最新的 Wi – Fi6 增强了稠密和拥挤（大量用户同时访问）情况下的性能，能量效率和频谱利用率更高。IEEE802.11 通过点协调功能（PCF，Point Coordination Function）管理信道接入，处理对传输时间要求严格的数据的冲突和退避。混合式协调功能（HCF，Hybrid Coordination Function）对 PCF 进行了扩展，以支持参数化数据流，这与实际的传输调度更为接近。矿用 Wi – Fi 无线通信系统结构简单，支持 TCP/IP 协议，扩展性好，方便与基于工业以太网的骨干网络互连互通，从而实现数据、语音和图像的综合传输。同时，矿用 Wi – Fi 系统也支持 Mesh 网络技术，能够开发出强插、强接、群呼、录音、脱网通信等功能，并可通过网关实现与调度通信系统的无缝连接，实现矿井的移动语音调度。此外，通过对调度平台、AP（Access Point）、终端设备的集成优化，可在一定程度上克服跨 AP 通话时可能出现的无线信道带宽不稳定、语音通话时延较大、断话等方面的缺陷。当井下 AP 与地面交换机之间的连接线缆中断时，基站服务区内的移动电话仍然可以通话，因此抗故障能力强。为了让 Wi – Fi 组网更加灵活，Wi – Fi 联盟在 2010 年发布了 Wi – FiDirect，该网络中没有处于主导地位的 AP，各个移动站处于平等地位，相互之间可以自组成网，特别适合应用在无法部署线缆的灾害救援场景中。

2）矿用 WSN

矿用 WSN 的核心功能是实现数据的采集，并具有一定数据转发能力，但是大量数据的传输仍然需要借助有线网络或 Wi – Fi 等无线网络，WSN 节点一般部署于无线网络与有线网络接口的周围。矿用 WSN 节点可分成传感节点、路由节点和协作节点 3 种类型，其中，传感节点负责采集感兴趣的矿井现场数据，并将感知结果转发给路由节点；路由节点将数据传输给无线网络和有线网络接口网关；协作节点通过协同的方式为别的节点提供数据转发服务，它可以是路由节点，也可以是传感节点。为了满足矿井 WSN 节点的感知需求，WSN 节点宜采用 MEMS（Micro – Electro Mechanical System）等新兴技术，克服传统催化式矿用传感器的缺陷，如催化中毒导致感知结果误差严重、耗电过快导致监测空洞等问题。为了保证数据的可靠传输，WSN 节点应具有较强自适应组网能力和重构能力，以适应煤矿巷道通信信道复杂多变的特点，并提高应急情况下网损毁后的快速自愈能力。

3）矿用 UWB

UWB 的强穿透力对于救灾救援信号的传输十分有利。由于 UWB 采用了持续时间极短、占空比极低的窄脉冲信号，因此通过多径信道后的直射波、反射波或折射波不易重叠，接收机在接收时容易分辨出不同路径的信号，有助于降低煤矿巷道中强多径效应的影响。UWB 信号占用的频段极宽（3.1 ~ 10.6 GHz），与现有无线通信系统所使用的频带存在重叠，因此必须限制其发送功率，以免对现有的无线通信系统造成干扰。在矿井中，可将 UWB 作为 WSN 的物理层技术，从而充分利用 WSN 和 UWB 的优势。因此，结合 WSN 和 UWB 的优势，构建基于 UWB 的矿用 WSN，可以显著提高 WSN 的感知能力、通信距离和覆盖范围，增强网络通信容量、传输速率和可靠性，提高测距和定位精度。基于 UWB 的 WSN 已在矿井多媒体信息传输、移动目标定位等方面得到了广泛应用，并在矿井灾后塌方体成像、塌方体下生命特征检测等方面取得一定研究成果，但仍然需要针对煤矿巷道特点，大力研究普适性强的煤矿巷道 UWB 信号信道传输模型、适合于矿井环境的 UWB

调制方法、UWB 信号压缩感知方法，以及 UWB 与其他无线技术融合使用方法等关键技术。

4）矿用 VLC

LED（Light Emitting Diode）灯具有光转化效率高、寿命长、发热率低等特点，并且可以快速切换光强，其速度极快以致肉眼无法察觉，因此可以用于调制并传输数据。以煤矿工作面为例，在液压支架顶部安装 LED 照明灯具，这些灯具兼做传输语音、视频、数据等信息的光源基站，而位于巷道内的矿工是煤矿 VLC 系统的移动节点。因此，煤矿工作面 VLC 系统真正的可见光通信部分其实是移动节点与照明灯基站部分，它们之间实现了双向无线移动通信，而综保电力载波与井下环网交换机或分支交换机连接，将煤矿工作面的数据经由有线骨干网络传输到地面，如图 3－39 所示。然而，在发生矿井事故时，照明灯基站由于供电中断而无法继续工作，因此应大力研究 LED 光源部署优化技术、LED 灯之间的无线自组网技术和煤矿 VLC 系统多用户技术，实现救援人员、被困人员等对象之间的自组成网。

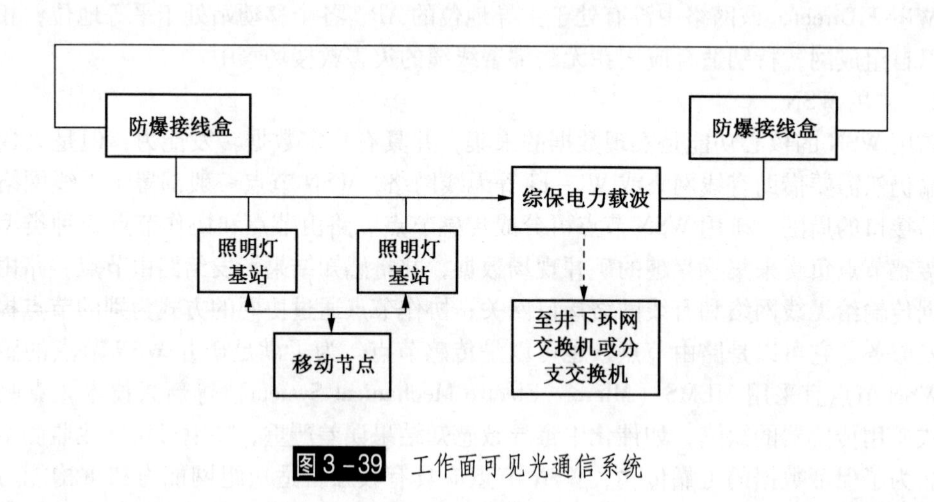

图 3－39 工作面可见光通信系统

5）TTE 煤矿应急通信系统

TTE 通信是一种有力的矿井事故应急救援通信手段，以大地作为媒介传播极低频信号，主要有磁感应、地电极和弹性波 3 种传输方式，其中，磁感应方式使用得最普遍，弹性波和地电极方式在低频段依赖于地层传播，因此受地层特性影响很大，应用于中间煤层和采空层时会严重影响信号强度。磁感应方式则是通过天线辐射进行低频电磁波传输，由于不同地层和空气介质的磁导率基本相同，不存在层面反射问题，通信过程受到大地介质和地层结构影响较小。另外，地电极和磁感应 2 种方式是近场通信，不存在多径效应，而弹性波方式存在多径效应和衰落现象。从能量利用效率的角度而言，地电极方式在低频段的能量效率要显著高于磁感应方式，而弹性波方式的能量效率最差。为了实现矿井磁感应 TTE 通信，需在地面和井下分别架设闭合线圈天线作为发射装置和接收装置，通过改变发射线圈中的电流产生时变电场，引起接收线圈所包围的有效面积的磁通量变化，从而在接收线圈导体中产生感应电动势。为了提高发射线圈的磁场强度，要求发射回路和接收回路中的电容、线圈电感和工作频率满足共振条件。这种通信方式的最大缺陷是发射天线太大，给在空间有限的煤矿巷道中部署和使用带来了很大不便。位于煤矿井下的透地通信设备可以放置于矿工腰间，由电池供电。该设备可以作为一个信标，当灾害导致顶板垮落使某个区域无法到达时，用以辅助确定受困矿工位置并与其通信。地面的敏感接收装置接收受困矿工发出的周期性窄带信令脉冲，并对信号源进行定位，从而确定受困矿工位置。一旦确定位置，就在受困矿工上方的地面部署一个大尺寸的发射装置，建立地面与受困矿工的直接语音通信，若采用基于振动的弹性波方式，则可用多个子阵列（而不是由多个单独的地震检波器）组成的一个阵列来接收振动信号，因为子阵列方式的 SNR（Signal Tonoise Ratio）更高。在发生矿难时，若某矿工的所有可能逃生路径都被切断，则该矿工按照如下方式与地面建立联系：

（1）戴上有害气体防护面罩，在受困位置等待地面信号；

（2）地面人员引爆 3 个射孔弹；

（3）当矿工听到 3 次射孔弹声音之后，就用硬物敲打矿井较硬的区域若干次；

（4）如果听到来自地面的声音回应，便可确定自己的敲击信号已被地面收到，若没有接收到地面的响应，需每隔一段时间（比如 15 min）重复敲击动作。

6）TTW－TTA 混合技术

某些矿井通信技术不是单纯采用 TTW 或 TTA，而是结合二者的优势，如具有代表性的中频感应通信和漏泄通信。中频感应通信利用矿井巷道敷设的导线、金属管道等导体对电磁波的导航作用传输信息，这对于矿井应急通信具有一定吸引力，因为矿井巷道中广泛存在金属导线和金属管道；漏泄通信通过在同轴电缆上开孔或开槽的方式，使信号在沿着同轴电缆传播的同时，也能向电缆周围产生漏泄场强而实现无线通信功能。由于篇幅所限，这里仅介绍漏泄通信方式。

漏泄通信主要由漏泄电缆、功分器、双向中继器等组成，其中，漏泄电缆（图 3－40）是其核心组成部分。漏泄电缆是一种具有规律性开槽或开孔结构的同轴电缆，兼具信号传输线和发射天线的特性。按照开孔形式的不同，可将漏泄电缆分成耦合型和辐射型 2 种，前者只适合短距离通信，后者一般应用于煤矿的漏泄通信。当电磁波沿着电缆传输时，从开孔辐射到周围空间，通过而产生漏泄场，使移动终端获取信号能量，实现与地面基站的通信。同时，也可将井下信号耦合到漏泄电缆中，将其传输到地面或井下其他地方，从而实现双向通信。漏泄通信不受环境影响，组网能力强、可靠性高、传输距离远，可以覆盖到包括竖井井筒、斜井巷道在内的需要无线通信的矿井区域，用于传递语音数据、打点信号等。针对传统的漏泄通信系统存在的无线覆盖面积不大、传输带宽不高的问题，人们提出了改进型的方法和产品。一种方法是利用漏泄波导代替漏泄电缆，因为漏泄波导工作在 2～6 GHz 频段，其衰减仅为漏泄电缆的 1/2 左右，所以中继器的部署密度可从 600 m 提高到 1500 m，覆盖优势明显；此外，漏泄波导所能提供的带宽也远远大于传统的漏泄电缆，并且结构更加稳定，在矿难时不易断裂，抗毁能力更强。另一种方法是在线缆中集成微型基站，将射频单元、基带处理单元、天馈系统及传输线、电源线等全部汇集到一条线缆内，根据集成的微型基站的不同，该漏泄通信可以与 WSN 或 Wi－Fi 兼容，从而扩大漏泄电缆的覆盖范围和传输带宽。

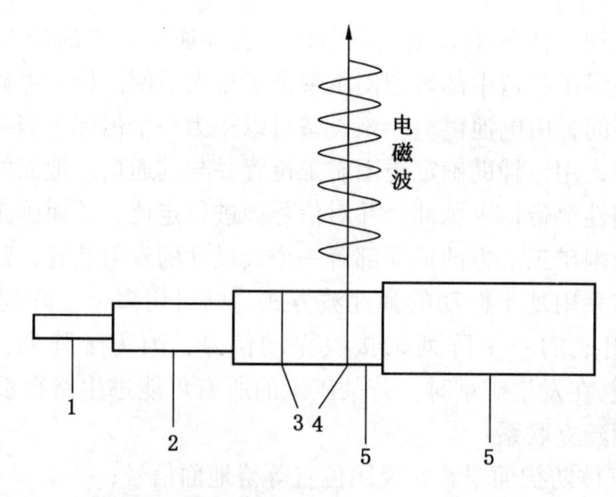

1—内导体；2—绝缘体；3—槽孔；4—外导体；5—护套

图3-40 泄漏电缆原理示意图

3.3.4 录音设备

1. 录音安全帽

录音安全帽主要包括帽壳、帽衬、帽带、矿灯、录音开关、麦克风、音频放大器、微型录音器、锂电池和USB接口。录音开关、麦克风和USB接口、瓦斯报警器安装于帽壳外部；音频放大器、微型录音器、锂电池安装于帽壳和帽衬之间的内部区域。当煤矿井下有事故发生时，煤矿工人能够将所观察到的事故现象通过语音实现存储，并且回到井上后能够实现将该语音导出到其他设备，利于事故原因的查明，适于广泛推广应用。

2. 矿用录音电路

矿用录音电路主要包括电源转换模块、单片机、音频监测模块、录音模块、存储卡和实时时钟。电源转换模块与外部电源相连接并输出直流电源为各个模块供电；单片机分别与录音模块、音频监测模块、存储卡及实时时钟相连接；音频监测模块与录音模块相连接，该录音模块与通信系统中的音频线路相连接；录音模块由单片机控制进行音频采集，并将音频数据保存在存储卡中。本电路安装在煤矿井下通信控制系统中，通过监测通信系统内音频线上的信号，进行沿线语音数据的采集和数据编码，将编码文件存储至内部存储卡上，从而实现对沿线语音的实时记录功能，具有存储量大、录音时间长、功耗低、可靠性强、成本低廉等特点。

3. 防爆本安型音频记录仪

防爆本安型录音笔主要用于矿井音频信息的采集与播放，适用于矿井灾害发生时的音频信息记录及事故调查取证。代表性产品有YLY2.8矿用防爆录音笔。他是一款Exia I本安型设备，采用先进的S麦克风系统、智能及数字降噪技术，具有独特的二位可调节高灵敏度低噪麦克风，可定向采集0度或分向采集120度内的音源；录音时间长、语音清晰、体积小、重量轻、便于携带。

4. 矿用直通电话系统

一套直通电话系统（图3-41）有1~2部调度总机可安装在调度中心供调度员使用，

其余分机可安装在变电所、风机房等重要岗位要害地点。当这些岗位有重大情况需要紧急汇报时，提起电话无须拨号调度总机即可振铃通话，真正做到反映迅速、汇报及时，抢得先机。岗位电话提机免拨号直呼调度中心，调度中心可以呼叫全体岗位电话或单独呼叫某一岗位。全部通话内容可以全程录音，以备查询。

5. 基于PC机的语音记录设备

语音记录设备主要由PC机和电话语音卡构成，电话语音卡通过对并联电话的语音信号进行实时压缩，再通过ISA或PCI总线将压缩完的语音数据记录在机硬盘上。这种电话语音记录设备功能较多，记录时间也较长。

图3-41 矿用录音电话

6. 基于IDE硬盘的大容量语音记录设备

当前，语音低比特率压缩处理技术发展飞速，这为大容量的语音应用提供了更加灵活的技术手段。例如，码激励线性预测语音编码（CELP)、多带激励线性预测语音编码(MBELP)，在码率为4800 B/s（每秒600个字节）和2400 B/s（每秒300个字节）的情况下，可以获得和普通市内电话和长途电话大致相同的话音质量。近年来作为数据存储介质的硬盘，单碟硬盘容量越来越大、接口智能化程度越来越高、控制方便，更加受到人们的重视。这也为开发超大存储容量、可脱离主机系统、性能可靠的大容量语音记录仪提供技术保证。

7. IP电话录音系统

IP电话录音系统的主要功能是监控单位内部的IP电话，如图3-42所示。单位内部的IP电话所在的PC端通过交换机连接到一起，载有录音系统的PC端监听交换机的某一端口，这个端口镜像所有其他端口的数据流量，所以录音系统能将同一时间所发生的不同通话进行单独的录音。每个通话产生两份录音文件，分别为通话双方的声音，并通过混音播放这两份录音文件来模拟当时的会话过程。系统使用WinPcap技术来捕获和过滤数据包，在成功地捕获数据包的基础之上，研究SIP协议的组成以及如何对其进行解析，并用解析的数据来分析通话的产生与结束，从而为每个通话对象的RTP数据包还原为PCM语音文件打下了基础。

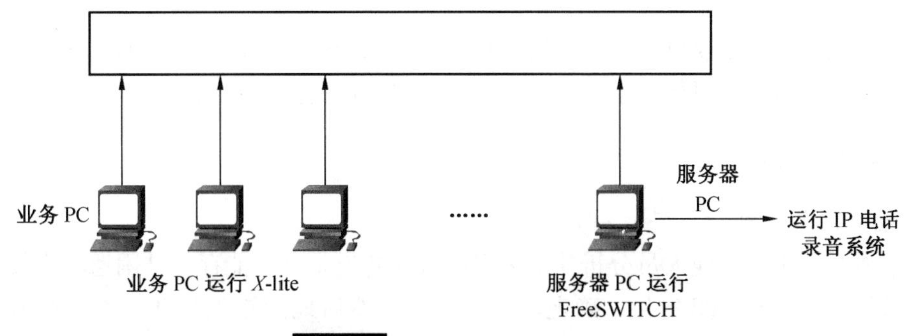

图3-42 IP电话录音原理简图

8. 电话录音与语音回放系统

为及时查询和发现事件或事故原因，避免有些事情说不清而造成不必要的麻烦甚至法律争端，往往需要记录并保存电话的通话内容。电话录音和话音回放系统如图 3-43 所示，其包括电话录音软件和话音回放软件 2 部分。电话录音软件实现系统时间设定、IP 地址显示、IP 地址设置、电话录音和话音数据导出功能；话音回放软件实现系统时间下发、电话录音软件的 IP 地址显示和设置、话音数据导入、话音回放和历史话音数据删除功能。该系统支持多路话音数据混音播放和通过拖动播放进度条的滑块进行混音播放功能，采用 Socket UDP 技术进行网络数据通信，利用线程池技术实现多任务并发处理，利用低级音频函数实现混音播放，通过 OCI 技术访问 Oracle 数据库。

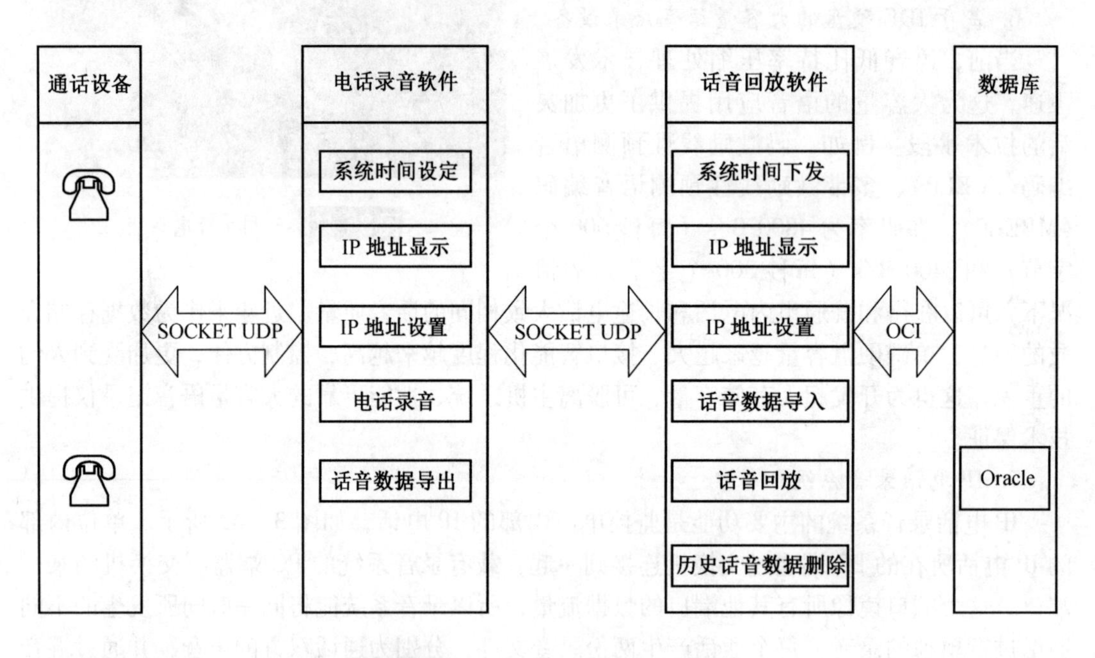

图 3-43 电话录音和话音回放系统

3.4 矿山事故救援装备

先进的救援装备不仅可以有效地提高救援人的工作效率，保证救援的成功，而且还可帮助救援人员规避许多可能发生的危险，保障救援人员的生命安全。

3.4.1 检侦仪器

1. 生命信息探测

在事故救援中，专业人员分析井下灾害区域内巷道是否可能存在被困遇险人员，利用煤矿巷道图纸，结合 GPS 定位，确定若干打钻点，然后地面施工打钻，再对打透地点供氧并逐步搜寻井下被困人员。由于人为凭借经验分析巷道的方法准确性较低，且打钻地点较多，会延误最佳的救援时间，所以精确的人员定位技术是地面钻孔救援探测工作的核心。目前，主要应用的井下人员定位技术有射频识别（RFID）、ZigBee 技术、UWB 超宽带技术、Wi－Fi、蓝牙技术等。井下人员定位技术及比较见表 3－3。

表 3－3　井下人员定位技术比较

	RFID	ZigBee	UWB	Wi－Fi	蓝牙
功耗	低	低	低	高	较高
芯片价格/美元	6	4	20	24	5
通信距离/km	0～10	10～75	0～10	0～300	0～10
接入点	32	65000	依标准	32	7
国际标准	ISO	IEEE802. 15. 4	待定	IEEE802. 11	IEEE802. 15. lx
传输速度	1000 KB/s	10～250 KB/s	50～480 MB/s	10～110 MB/s	1 MB/s
安全性	中	中	高	低	高
复杂性	简单	较简单	很复杂	复杂	很复杂

1）基于 RFID 的射频识别技术

该技术是目前一种主要的井下人员定位系统，具有成本较低、信号穿透性强、使用方便快捷、使用寿命长等特点。非常适合应用于煤矿井下人员识别定位，受到业界科研人员的广泛关注和研究。该技术的基本原理是井下主要区域安装的射频读卡器读取进入其识别的区域之内的电子标签，电子标签安装在矿工的衣帽表面，以此来完成井下人员的定位工作。

2）基于 ZigBee 的网络技术

基于 ZigBee 的网络技术是一种低功耗无线定位和数据传输技术，是另一种应用在煤矿井下的人员定位系统技术。该技术具有小型、低功耗、可定位的功能。由表 3－3 可知，相对于现有的各种井下无线定位技术，ZigBee 技术功耗和成本最低，低复杂度和高容量等的特点决定目前主流的矿用井下无线定位技术，并且有着比 RFID 精准的定位性，很符合井下对于人员定位方面的要求。

3）基于 UWB 的定位技术

基于 UWB 的定位技术方法的测量距离主要应用 TOA（信号到达时间）、TDOA（信号到达时间差）方法。UWB 定位技术传输速率高、抗干扰能力强，并且该技术定位精度可达厘米级，定位相当准确。但由于以电磁波的方式传输数据，需要较高精度的硬件设备，导致相应的成本也较高。

4）基于 Wi－Fi 技术的井下人员定位系统

基于 Wi－Fi 技术的井下人员定位系统通过应用井下以太网，建立若干基站，实现井下井上信息传输功能。该技术的最大技术优势就是具有较快的信息传输速度，还具有较长的有效距离，与其他设备兼容性好。但在井下发生灾害事故后，巷道内的网络系统会受到大范围的破坏，实际起到的作用就比较小。另外，还可借助地音仪、探测定位仪等监测井压变化判断塌方、冒顶位置，配合以大地音频、三维地震等技术作为地下人员位置信息探查的辅助手段。

5）光学生命信息探测技术

光学生命信息探测技术是通过小直径钻孔将视频/音频传感器送到预定位置进行探测，提取井下巷道的图像信息判断有无被困矿工和环境信息。可见光生命信息探测装置井下部分由 CCD 图像传感器、LED 照明灯、耳麦及信号传输模块等集成在一起。国家矿山救援西安研究中心的科研团队成功研发了基于光学的 KTE5 型矿山救援可视化生命信息探测系统。该系统成功应用于山东平邑石膏矿坍塌救援、陕西大佛寺瓦斯爆炸事故救援、内蒙古骆驼山矿透水事故救援及王家岭煤矿透水事故救援等，救出了数名被困矿工。

6）红外生命信息探测技术

红外生命信息探测技术属于无源生命探测。自然界中的物体，只要其温度超过 273 K（绝对零度）都会产生红外辐射。研究表明：人体辐射所产生的红外波集中在 9.40 度，长波红外（8 ~ 14 波红）占人体辐射全部能力的 46%，故多采用长波红外探测生命信息。利用人体与周围环境红外辐射特性的差异性原理，把人体目标与周围环境分开。红外生命信息探测装置按结构形式可分为主动式红外成像探测、被动式红外成像探测、非成像红外探测。按波长可分为近红外探测、中红外探测、远红外探测及极远红外探测。目前，在非矿山领域以外的红外生命信息探测仪是采用被动式远红外成像技术，温度精度达到 0.1 K，分辨率可达 1024 可达长波。红外生命信息探测技术在全黑、淋雨（水下）、浓烟等环境下，仍可进行人体目标的探测。

7）声波振动生命信息探测技术

声波振动生命信息探测系统由声波传感器模块、数据采集模块、数据传输模块及终端处理器组成。它通过采集被困矿工的走动、呼喊、敲打等方式产生微弱振动信号，通过对信号处理分析可确定被困矿工的位置。该技术起源于法国一款利用测声定位技术的耳机，并在多次生命信息探测中发挥了重大作用。成都理工大学的科研人员成功研发了声波振动生命探测仪，并在实际应用中取得良好的表现。

8）雷达生命信息探测技术

雷达生命信息探测技术是目前研究时间最长、理论最成熟的一种生命探测技术。信号可穿透混凝土墙体，且传感器无须接触人体，在远距离即可探测到人体的生命特征信号（呼吸、心跳、脉搏、皮肤微动等）。常用的雷达生命信息探测技术分为连续波雷达（CW，Continuous Wave）生命信息探测和超宽带雷达（UWB，Ultra Wide Band）生命信息探测。按发射信号的形式 CW 可分为 3 种：非调制单频雷达、多频连续波雷达和调频连续波雷达。目前，在生命信息探测领域应用的 CW 雷达主要是非调制单频和调频连续波雷达。

9）气体生命信息探测技术

由于人的呼吸会产生一定量的二氧化碳，采用现代高精度的 TDLAS 激光红外痕量气体传感器检测一定范围内气体的变化，对探测到的气体信息进行分析，若一定时间内该区域气体浓度上升到预定值，则可判断该区域有人的概率很大。该技术集气体传感器和激光红外传感器技术于一身，是激光红外技术在气体探测方面的重要运用。该技术灵敏度高、气体分辨能力强、测试速度快，对环境的干湿度等干扰有较强的抵抗力。

2. 井下环境检测仪器

灾区侦测是矿山救援的首要环节，主要任务是侦测灾区情况，包括巷道损坏程度、环境温度、气体成分及浓度、抢救遇险人员、标识遇难人员，为判定事故性质、危害程度、次生事故发生可能性、制订救援方案、调集救援队伍及装备提供科学依据。

1）气体检测设备

灾区的气体检测共有2种形式：一种是采用便携式气体检测仪进行灾区现场检测，主要检测 CO、O_2、CH_4、CO_2、C_2H_4 等气体浓度，目的是判定灾区是否存在爆炸危险及事故类别；另一种是采集气体，利用气体分析化验车或实验室的气相色谱仪进行化验分析，主要检测 H_2S、N_xO_y、SO_2 及火灾标志性气体。便携式气体检测仪原理可分为光学式、催化燃烧式、热导式、电化学式等，见表3－4。

表3－4 各类便携式气体检测仪

类别	主要检测气体种类	原理	特点
光干涉式	CH_4、CO_2	光的干涉原理	测量范围大，稳定可靠，但易受其他气体、温度和气压的影响
热催化式	可燃气体	不同气体与氧气反应，放出不同反应热	灵敏度高、响应时间短，但测量范围小，易受其他高浓度气体影响
热导式	高浓度瓦斯	热导式气敏材料对不同可燃性气体的导热系数与空气的差异	测量范围大，不易受高浓度瓦斯影响，使用寿命长，但受 CO_2、H_2O、温度等影响大
红外吸收式	多种气体	不同气体对红外辐射有不同的吸收光谱，特征光谱吸收强度与该气体的浓度相关	选择性好，不易受有害气体影响，响应速度快、稳定性好，寿命长、精度高，应用范围广
电化学式	CO、O_2	电化学原理	电流小，稳定性好

2）红外测温仪

目前国内外使用的红外线温度测定仪大都是运用微处理电子技术集光、机、电于一体的智能式非接触测温仪表。矿山救护队员携带其进入灾区，可迅速检测灾区的环境温度，并根据探测距离，对火源点、火势等做出正确判断。

3）超前侦测系统

超前侦测系统包括环境超前观测子系统和环境超前检测子系统。环境超前观测子系统由便携强光灯、本安夜视仪组成，对前方100 m内的微光或无光巷道进行超前观测及预判；环境超前检测子系统由充气装置、发射装置、环境检测探头、接收仪组成，对灾区前方50 m外的环境参数进行超前检测。矿山救援超前侦测系统经过模块化及便携式设计便于救援人员携带及使用，保证了该系统的实用性，提高救援效率。救援中，救援人员先使用强光灯、夜视仪对前方环境进行预判并确定未完全堵塞，适于检测探头发射，开启探头电源，将其通过发射装置推送至前方进行环境参数超前检测，打开接收仪电源，实时接收探头回传数据，作为下一步救援行动的指导依据。

3. 救灾机器人

救灾机器人是代替救援人员进入现场、避免救援人员伤亡的侦测设备之一。目前国内已经研制出轮式、履带式和蛇形机器人等多种矿用救灾机器人。机器人搭载有气体、温度、风速、风压等传感器，还配置有摄像头，能将灾区的图像及各种环境参数通过救灾通信指挥系统传送到各级指挥机构。但由于煤矿灾区情况复杂，对机器人的越障能力、动力保障、防爆方式等有严格的要求。

煤矿探测机器人技术实现了矿井救援工作的智能化、自主化，具有极大的发展潜力，其构架一般包括运动平台和延伸机构。运动平台是机器人的运动驱动机构；延伸机构是机器人的执行机构（机械臂等）；再配以机器人设备内部的多个传感器，达到机器人的运动化、智能化，就可以在地面或基站的远程监控下自主地进行救援探测工作。它可以在井下采集瓦斯、温度、煤尘、塌方、水位等信息，传到地面监控点，为救援工作提供实时灾情，也可以深入到人体无法进入的区域，去探测该区域是否存在有活体被困人员并将位置信息传输出去。

3.4.2 灭火装置

火灾是煤矿主要灾害之一，其危害性大，救援难度也大。处置火灾事故的主要措施就是灭火，不同的灭火方式需使用不同的灭火设备。

1. 灭火器

灭火器主要有泡沫灭火器和干粉灭火器 2 种。

1）泡沫灭火器

泡沫灭火器内有 2 个容器，分别盛放 2 种液体。它们是硫酸铝和碳酸氢钠溶液，2 种溶液互不接触，不发生任何化学反应（平时千万不能碰倒泡沫灭火器）。当需要泡沫灭火器时，把灭火器倒立，2 种溶液混合在一起，就会产生大量的二氧化碳气体；除了 2 种反应物外，灭火器中还加入了一些发泡剂，打开开关，泡沫从灭火器中喷出，覆盖在燃烧物品上，使燃着的物质与空气隔离，并降低温度，达到灭火的目的。

2）干粉灭火器

干粉灭火剂是用于灭火的干燥且易于流动的微细粉末，由具有灭火效能的无机盐和少量的添加剂经干燥、粉碎、混合而成微细固体粉末组成。除扑救金属火灾的专用干粉化学灭火剂外，干粉灭火剂一般分为 BC 干粉灭火剂（碳酸氢钠等）和 ABC 干粉灭火剂（磷酸铵盐等）2 大类：BC 干粉灭火剂是靠干粉中的无机盐的挥发性分解物，与燃烧过程中燃料所产生的自由基或活性基团发生化学抑制和负催化作用，使燃烧的链反应中断而灭火；ABC 干粉灭火剂是靠干粉的粉末落在可燃物表面外，发生化学反应，并在高温作用下形成一层玻璃状覆盖层，从而隔绝氧，进而窒息灭火。另外，还有部分稀释氧和冷却作用。

2. 高倍数泡沫灭火装置

高倍数泡沫灭火装置主要由供风系统、发泡系统和供液系统 3 大部分组成。其原理是利用高倍数起泡剂、水、空气和供风系统的有机配合，通过筛网形成大量高倍数泡沫，充满火区巷道，使燃烧物与空气隔绝。同时，泡沫遇高温蒸发能吸热降温，并能稀释空气中的氧浓度，利于灭火。高倍数泡沫灭火枪灭火速度快、效果好，可在远离火源百米以外的安全地点操作，并且火区恢复生产容易。目前主要有200型和400型2种型号，发泡量分别为240～260 m^3/min和480～510 m^3/min；风压分别为900～1100 Pa和1100～1764 Pa；泡沫倍数700～900倍。但由于发泡量和风压有限，泡沫发射装置距火源的总空间不应大于500～1000 m^3。

3. 惰性气灭火装置

惰性气体较难与其他物质发生反应，是较好的阻燃剂，并且可以排挤空气，降低氧气含量，冷却火源，增加火区内的气压，减少新鲜空气漏入火区；同时，惰性气体可渗入煤、岩石孔隙内，阻止可燃物氧化，将其熄灭。惰性气灭火装置灭火快，对设备损坏小；但气体消耗量大，成本较高。目前，煤矿井下防灭火中广泛应用的惰气有燃气、N_2、CO_2特性，见表3－5。

表3－5 惰性气体灭火装置特点表

类别	产气原理	产生气体	适用范围
燃油惰气灭火装置	煤油燃烧	CO_2、N_2、CO、H_2O	出气温度高，产生气体中混有CO
N_2灭火装置	深冷空气	N_2（100%）	N_2易向火区顶部扩散。适用于防火，不适合灭火
	膜分离	N_2（95%），空气	
	吸附分离	N_2（95%），空气	
CO_2发生器	化学反应	CO_2	安全有效，产气流量小

4. 注浆灭火

注浆灭火就是将水与不燃性的固体材料按适当的配比，制成一定浓度的浆液，利用输浆管道送至发生火灾的地点以扑灭火灾。浆液充填于碎煤或岩石缝隙之间，沉淀的固体物质可以充填裂缝并包裹浮煤，起到隔氧堵漏的作用；同时，浆体对已经自燃的煤炭有冷却散热的作用。

根据所使用的防灭火材料不同注浆防灭火一般可以分为3类：以黄泥和粉煤灰为主的传统式灌浆；以胶体防灭火材料为主的注胶防灭火；以注泡沫为主的注阻化泡沫防灭火。不同注浆材料特点比较见表3－6。

表3－6 不同注浆材料特点比较

材料分类	应用范围	主要优点	主要缺点
黄泥、粉煤灰	地面火区治理和井下采空区注浆防灭火	成本低廉，材料普遍，注浆工艺简单	灌浆效率低，容易拉钩，容易溃浆，功能单一
胶体材料	地面火区和踩空区等地点大面积防灭火治理、井下局部地点防灭火	集堆积、充填、降温、堵漏、附壁、阻化于一体，且防灭火有效时间长	成本较高，部分材料需要专用的设备和特殊工艺

表3-6（续）

材料分类	应用范围	主要优点	主要缺点
泡沫材料	煤易自燃区域、高冒区域、采空区内部，外因火灾的治理	覆盖面积和堆积体积大，附着力强，易向高处堆积运移，灭火速度快，阻化煤体不易复燃	成本较高，需要专用设备和特殊工艺；灭火效果好，不加阻化剂防火时有效时间较短

5. 均压灭火

均压灭火法是指利用矿井通风中的风压调节技术降低漏风通道两端的风压差，减少漏风量，抑制火灾的措施。风窗调节法使用条件是工作面风量有富裕，允许适当降低它们的风量。当低风压工作面允许减少风量时，可在其回风道设风窗；当低风压工作面不允许减少风量时，可在高风压工作面的2~3段进风巷道设置风窗。用风窗调压时，须严格掌握调压幅度，避免调压过大，造成对漏风带的漏风方向逆转。

6. 干冰灭火技术

在常温常压下，干冰通过吸收周围的热量直接升华；1 kg干冰升华成气态CO_2时，至少需要吸收573.6 kJ的热量，其体积会增大约为原来的750倍。堆置在采空区进风侧的干冰将迅速气化，吸收流动空气中大量的热。干冰升华成气态CO_2后进入采空区深部，可快速降低高温点范围内的原有氧气的浓度，促使煤的氧化反应因持续供氧条件的破坏而终止。相对于N_2来说，CO_2抑爆的临界氧气浓度（14.6%）要高，且火区熄灭的临界氧气浓度（11.5%）也要高。这表明CO_2的抑爆、阻燃性能明显优于N_2。气态CO_2进入采空区高温点后，不但会不断降低可燃可爆气体和氧气浓度，而且同时还不断增加该空间内混合气体的惰性，从而使采空区气体失去可爆性、可燃性。与CO_2直注技术相比，无须配套钻机和注液系统，成本较低。同时，干冰具有运输方便安全、工艺简单、成本低廉等，因此，干冰防灭火具有冷却降温、绝氧窒息、抑爆阻燃、成本低廉、易于操作的特点。

7. 粉煤灰固化泡沫防灭火技术

粉煤灰固化泡沫是以粉煤灰和水泥为基材，添加一定的复合添加剂，通过物理机械的发泡方式，形成水、气、固三相泡沫状态的粉煤灰固态物质，发泡倍数2~8倍可调节，形成了具有抗压能力的轻质固态材料。注入采空区或高冒区的泡沫体在一定时间内具有流动性，可进入包括松动圈在内的所有空间和缝隙，在一定时间内产生凝固并逐渐固化，可以有效充填整个漏风空间和松动圈缝隙；由于矿用固化泡沫固化前流动性较好，不需要很高压力就可实现有效扩散，使接顶时只需要0.2~0.5 MPa充填压力就可以实现有效接顶和扩散，因此充填设备功率较小，成本低，作业安全简便。该技术目前已在铁法煤业集团、兖州矿业集团等矿区得到初步的应用。

8. 稠化剂砂浆防灭火技术

我国西北地区如新疆、内蒙古和宁夏等地表缺土少水，无粉煤灰资源，采用常规的黄泥（粉煤灰）注浆防灭火技术面临困难。该地区地表砂源丰富，山砂可以作为注浆防灭火材料。单纯的注砂很容易沉淀到管底造成堵管现象，且对管道的磨损也相当严重。为防止堵管，一般水砂比达10:1以上，需水量大；同时砂浆在井下的脱水量也大，恶化井下的工作环境，还影响煤质，山砂对管道的磨损也相当严重。此外，砂子一旦脱水，会严重影响井下环境，且砂子对煤体的包裹效果就差，影响防灭火效果。将悬砂稠化剂和添加的山砂充分混合，使山砂完全悬浮在液体中，形成山砂稠化剂溶液，然后经输送管道将其均匀喷洒覆盖在煤层上，防灭火效果显著，在砂源丰富的矿区具有广泛的适用性。

3.4.3 拆卸与顶撑设备

1. 拆卸装备

（1）液压剪切器主要由剪切刀片、中心锁轴锁头、双向液压锁、手控双向阀及手轮、工作油缸、油缸盖、高压软管及操作手柄等部件构成，如图3－44所示。机动泵或手动泵作为动力源，产生较大推力，拖过软管、手动双向阀作用于工作油缸，产生较大推力。主要用于发生事故时，剪断直径较小的障碍物，救援被夹持或困于危险环境的受害者。使用时如果发生故障应立刻停机并锁上机器，迅速检查故障原因，排除故障后方可继续使用，运行过程中如需要调整设备，必须保证周围无人，使用前与使用完毕后都需要进行检查。

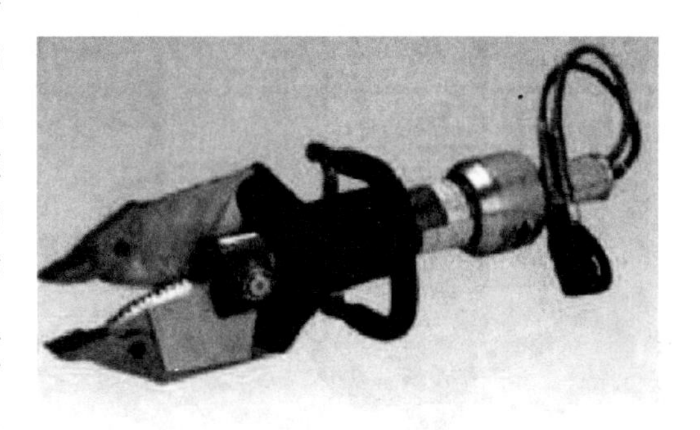

图3－44 液压剪切器

（2）液压扩张装置主要由扩张头、扩张臂、中心锁轴、双向液压锁、手控双向阀及手轮、工作油缸、油缸盖、高压软管及操作手柄等部件构成，如图3－45所示。液压扩张装置属于液压驱动的大型破拆器具，发生事故时用于支起重物、分离障碍物结构，具有扩张支撑和牵拉等功能。使用前检查设备，特别注意设备的最大扩张距离，使用过程中两个钳头始终保持垂直，当达到最大扩张距离时，不得对扩张器进行加压，运行过程中不得随意拆解设备。

图3－45 液压扩张装置

（3）气动切割装置主要由枪筒组件、手柄组件量、防护弱簧和空气呼吸器或其他起源动力装置组成，如图3－46所示。由高压气体作为动力源，辅助切割，能够快速完成较薄金属物切割，具有结构简单、维修方便等特点。每次使用应放入少量润滑油，不易切割较厚的金属物，发现接头有问题时应先停机放气后，再进行检查更换，使用完毕应先关闭机器，然后使用切割刀空载进行放气，完成后再进行拆解包装。

（4）开缝器主要由开缝臂、泄压阀、控制手柄等组成，如图3－47所示。由液压泵提供动力实现小缝隙的强力扩张，在救援被困的人或物时，可根据需要使用液压开缝器，对救援部位实施开缝作业，打开一条抢险救援通道，以方便救援人员使用其他救援工具。在液压泵处于工作状态时，禁止分解，使用时尽量增加开缝器钳头承重部位面积，但是不能让防护套部分承重。

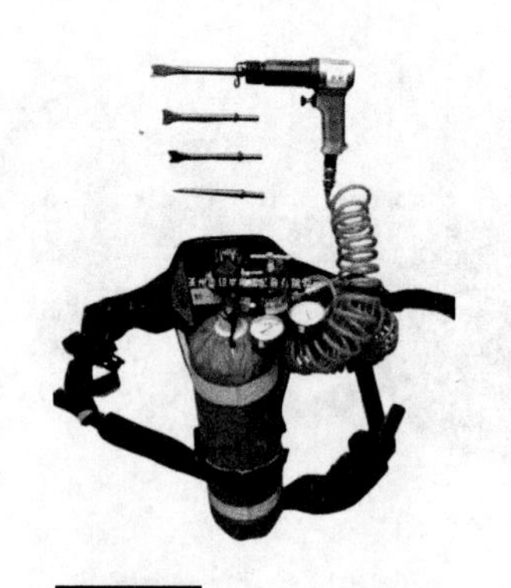

图3－46　气动切割装置

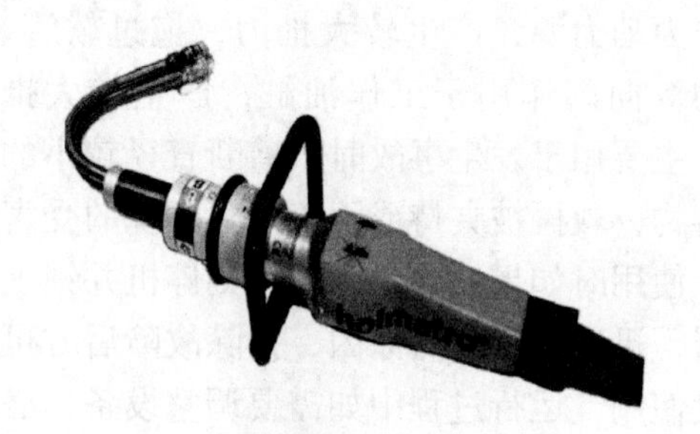

图3－47　开缝器

（5）凿岩机是将电能转化为机械能，实现开凿目的。主要由尖凿、中平凿、大平凿、半圆凿、小沟凿、大沟凿、标准产型构成，主要用于对救援过程中遇到的如水泥、煤、岩等非金属障碍物的开凿工作。但禁止在雨中和潮湿环境中使用，必须在规定电压范围内使用，使用前需检查凿头是否安装牢固，禁止用电源线提拉工具。

（6）液压切割机主要由液压泵、液压胶管、切割机组成，用于切割救援过程中遇到的各类水泥、煤块等非金属障碍物，便于救护人员进行分割处理，加快救援的速度。使用时应注意：在安装新盘片或锯片受损达50%时，应适当调整锯片与传动盘之间的距离，工作过程中禁止分解装备，不要连接超过两节软管（18 m/节），锯片只能进行切割，禁止挤压弯曲。

（7）液压钻孔装置主要由液压泵、压力调节阀、液压胶管、液压钻孔机组成，用于水泥、煤体等非金属障碍物的钻孔工作。在使用过程中如果出现钻头卡在孔中，可松开调整开关，调整钻头的轴向压力。

（8）切割链锯主要由链锯主机、导向板、链条组成，用于对较为坚固的聚合物、铁、石头等进行切割。其中气动链条锯可直接用井下压风系统作为气源，具有轻便、清洁、高效等特点。禁止将链锯基座颠倒使用，必须在通风良好处使用，禁止切割延伸的铁管，使用完成后至少带水旋转15 s。

（9）组合撬棍主要由凿头、套管安全锁扣组成（图3－48），用于人工凿破、凿岩、切割、破拆。使用前必须检查连接部分是否牢固，安全锁扣是否拧紧。

2. 顶撑装备

（1）液压顶撑杆主要由固定支撑、移动支撑、双向液压锁、手控双向阀、工作油缸、油缸盖、高压软管及操作手柄等部件构成，如图 3－49 所示，用于支起重物。使用前检查工具外观，查看把手是否牢固，处于工作状态时不能进行液压胶管、液压工具的连接。在泄压位置时才能更换工具，撑开时，避免尖锐物体划伤液压柱塞。支撑力和支撑距离较大，同时对支撑对象的空间也有一定的要求。

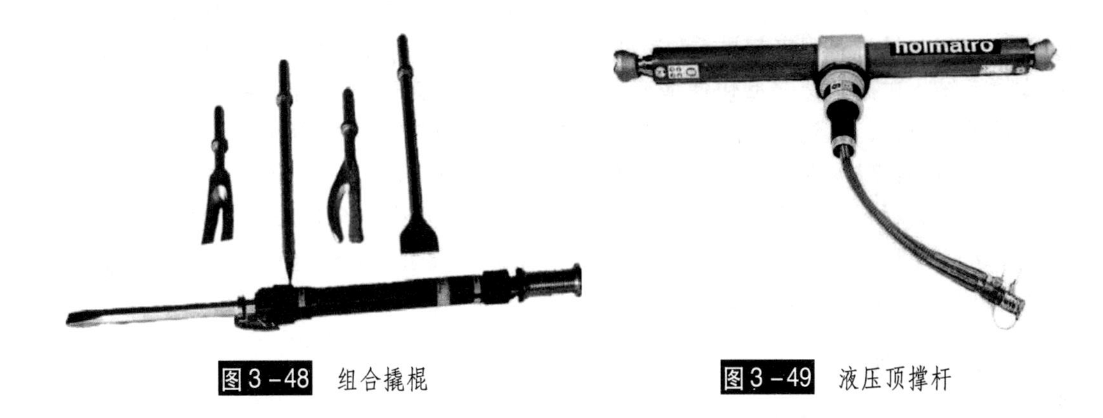

图 3－48 组合撬棍　　图 3－49 液压顶撑杆

（2）边缘抬升器（图 3－50）由手动液压泵提供动力，通过液压胶管与边缘抬升器的连接传递液压动力，抬升物体及其边缘。使用时应注意虽然止推环具有缓冲作用，但应避免使用千斤顶达到最大行程，减少液压柱塞的磨损。

（3）起重气垫（图 3－51）主要由高压气瓶、气管、止回阀、减压表、控制器与气垫构成，具有方便携带、升举速度快、安全性高、升举力强等特点，常用于抢救重物压陷的人员和狭窄空间的救援。使用时避免起点被锋利物体划伤；注意气垫的受力点防止侧滑脱落，工作中禁止拔插连接插头，气瓶压力不足时，将止回阀和气瓶关闭后，才能更换气瓶。气垫层叠使用不得超过 2 个，应先给上层气垫充气，承载力以最小的为准。

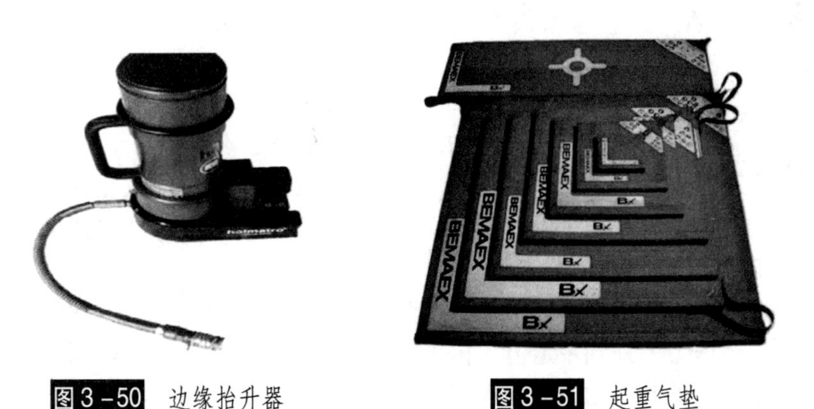

图 3－50 边缘抬升器　　图 3－51 起重气垫

（4）矿用救援轻型快速成套支护装备主要由液压支柱、延长柱、手动支柱、支撑头等构成。该装备利用手动液压泵提供支撑动力源，可在任意倾斜角度下快速支护，在支撑高度为 2 m 的情况下（支撑力不小于 100 kN），可支撑 60 m^2 安全区域或搭建 30 m 双排支撑安全通道，便于救援人员和设备安全快速通过。该装备通过各种可相互连接的轻质部件以及不同的组合形式，满足救援现场各种撑顶长度及支撑方式的需要。根据冒顶引起垮塌程度的不同，可采用单根支撑系统或三脚架支撑系统组合的支护方式。单根支撑系统是使用中最常用的支柱连接方式，主要由液压支柱、手动支柱、一根或多根延长柱、各种支撑头组成。各部分可单独使用，也可组合使用，各三脚架支撑系统主要由三脚架支柱、三脚架架头、旋转支撑头、固定链、起吊设备组成，主要是通过相关组件形成稳定的三脚架结构，下方配置起吊设备用来起吊重物，上方具有快速接头，可通过连接支柱等设备形成稳定的支撑系统。矿用救援轻型快速成套支护装备采用了高强度铝合金材质和轻型塑料材质，从而减轻重量，达到便携的目的。其主要材料采用矿用抗冲击火花的高强度铝合金材质2A12、6061和7A04以及阻燃抗静电轻型塑料材质PVC和PA66等，并进行相应阻燃抗静电处理，其材料性能满足《煤矿用金属材料摩擦火花安全性试验方法和判定规则(GB/T 13813—2008)》和《煤矿井下用聚合物制品阻燃抗静电性通用实验方法和判定规则（MT 113—1995)》标准的要求。

3.4.4 封堵装备

1. 快速密闭气囊工作原理

在快速封闭的井下巷道地点，用注氮系统或压缩空气，将快速密闭气囊吹胀，使快速密闭气囊紧贴巷道四周，进而快速封闭巷道，如图3－52所示。该方法具有阻燃、耐磨、耐老化、柔软可任意折叠、涂层不脱落、耐高低温的特点，重量轻、操作简单，使用范围广不受巷道断面、几何形状、支架类型的限制，阻燃抗静电、抗冲击，可实现快速密闭。

图3－52 封堵气囊墙

2. 快速注浆封堵设备

快速注浆封堵设备主要由注浆机和快速发泡材料组成。其中，快速发泡材料由树脂和催化剂组成，发泡率可达25倍以上，抗静电、具有较好的韧性，不燃烧也不延燃，承压能力强，使用简单、快捷高效。可用于永久密闭、采空区填充，在一定范围内构筑密封墙和防火墙，工作面下隅角密闭和有害气体的快速堵截。

3. 撑伞密闭气囊

耐高温快速密闭由气囊体、裙边及增稳牵引绳系构成。在充气动力的作用下，撑伞密闭气囊体膨胀，当压力上升到一定值，撑伞密闭气囊体紧贴矿井巷道四周，与封闭主体共同隔断风流，由于井下巷道的断面不规则，粗糙不平而导致漏风，在撑伞裙边的作用下漏风量会进一步减小。撑伞密闭气囊体与降落伞共同牵引绳确保封闭可靠支撑。

4. 罗克休泡沫密闭墙

罗克休泡沫材料是由树脂和催化剂2种成分组成，具有高膨胀性，泡沫反应迅速，可用于高冒充填、加固破碎程度较高的地层、堵裂裂隙、密封空气和瓦斯、防灭火构筑防火墙以及加固煤岩地层。罗克休泡沫具有较好的抗压强度，可用于矿井封闭、自燃危险区域垮落填充、封堵裂隙、加固煤岩地层等。罗克休泡沫膨胀率高，填充量较少，反应快，常温下反应时间 20 ~ 30 s，在 10 ~ 15 ℃环境下，3 ~ 5 min 内膨胀完毕，而且 20 min 之内可硬化，节省了防漏的支架，降低了劳动强度和工作量，抗压强度能承受煤岩层的活动。

5. 粉煤灰加高水凝胶材料

利用火力发电厂排出的粉煤灰资源，结合高水凝胶材料，以及利用粉煤灰为原料制成的轻质承重免烧自养砌块代替传统的砖块进行密闭作业，不仅有利于环境保护，而且经济效益非常明显，取得了良好效果。根据煤矿密闭巷道的断面特点，能做成不同大小的轻质承重砌块。该轻质承重砌块外表比较光滑，气孔呈闭口形状，内部为蜂窝形状，单位体积的密度较小，有韧性和弹性，方便施工和运输。

6. 聚氨酯泡沫喷涂层密闭

聚氨酯泡沫材料喷洒到简易封闭墙表面固化后形成聚氨酯泡沫塑料层，从而达到堵漏风、隔离有毒有害气体的封闭方法。当矿井下发生火灾后，首先迅速砌成简易的单墙密闭；随后，把聚氨酯泡沫塑料的各成分以一定的比例经喷枪将药剂均匀的喷涂到单墙表面，即可在短时间内发泡、固化、成型，并牢固的粘结在墙表面。

7. 远程控制快速隔离密闭装置

远程控制快速隔离密闭装置主要由密闭门、门框、锁紧机构和控制机构组成，能够实现手动控制、电控气动和远程控制门体的开闭。密闭装置具有很好的抗冲击能力和密封性能，最高能够抵抗 0.6 MPa 的抗冲击力，可以配合煤矿现有的灾害环境监测系统和大流量惰气治灾系统进行灾害的治理。快速密闭门主要由可拆卸门框、门扇、锁紧结构、手动控制机构、气缸执行机构、电控箱、气控箱等几个部分组成。密闭门平时处于常开状态，常开时门扇下面设置垫块防止门体下沉，关闭时一共分为 2 个动作即关闭和锁紧。密闭门的控制系统优先级为手动控制，其次为电控气动，密闭系统执行开启或关闭动作，达到限定位置锁紧后，电磁阀会自动发出指令对气缸执行机构进行泄压，气缸处于泄压状态。其中，电控气动控制方式是密闭门通过控制主机控制电磁阀和执行缸实现密闭门的开闭功能，停电时也可通过气动控制系统、手动机构进行开关密闭门。操作简单方便，可以远程控制，保障人员安全。

3.4.5 其他救援装备工具

1. 定向钻孔设备

定向钻主要为液压动力型钻头，能调整钻头角度，依照设定好的钻孔路线，一边喷射水流，一边将钻头钻进煤层，导向仪可精准定位钻头的角度和深度，导向仪能够利用非对称钻头斜面反力调整钻头方向，钻头按照预定轨迹钻进时，当钻头一端钻出后，需要更换扩孔钻头钻进。一旦钻头顺利钻至预定位置，及时回拉钻头，循环往复数次后钻孔达到需求直径，再铺设相应管线。选用适配钻机的不同钻杆类型与钻头类型就可以钻进不同长度、不同直径的钻孔，钻机配备了结构紧凑的液压驱动单元，并配有必要的驱动元件、电源线和监测仪器等，该钻机控制系统易于操作，能够通过自动钻进模式进行自动控制，管理钻机钻进。

2. 救援钻机装备

美国雪姆T系列快速钻机性能强劲，非常适于煤矿灾害应急救援。其主要特点是：速度快，车载钻机运行速度为100 km/h，抵达事故地点后只需准备1~2 h就能工作；钻进高效，钻进速度是传统钻机的5倍以上；成井直径大，最小直径为190~216 mm，一般为311~500 mm。德国宝峨公司研发的RBT100型车载钻机，提升力达100 t，最大加压力20 t，可钻出直径1.5 m、深达3000 m的钻孔。能进行正循环、泥浆气举反循环钻进、潜孔锤钻进、潜孔锤反循环钻进、绳索取心钻进等各种工艺。先使用较小的钻头，快速形成导向孔，准确透巷后，向被困人员通风供氧、输送食物和饮水，延长被困人员生存时间，然后用较大钻头扩孔至1.5 m，下放小型提升舱救出被困人员。该公司生产的ABS800钻机专门用于水平钻进，能够用于矿山和隧道抢险救援等水平钻孔。最大推进力为1265 kN，最大扭矩达27.8 kN·m，最大钻孔直径1020 m。钻机工作前，先在钻机后部设置好支撑面，提供钻机推进时必需的反力；然后开启螺旋钻杆和大直径钢护筒，沿导向钻杆方向钻出要求的救生通道。也可采用电子测量仪控制导向钻杆的钻进，保证钻孔准确到达目标位置。日本矿研KZ-1500车载抢险钻机，配备高性能动力头，可套管钻进，最大钻深1500 m，可形成内径不小于600 mm的贯通通道，顺利救出被困人员。

3. 矿用救生舱与大功率潜水电泵

矿井救生舱大致可以分为永久性和临时性2种。永久性救生舱直接建造在煤矿井下特定区域，最大限度保障人员安全；临时性救生舱一般靠近煤矿工作面，与工作面一起移动，固定式和移动式均为一个密封且坚固可靠的长筒型金属舱体，当煤矿井下发生瓦斯爆炸、冒顶和火灾等事故，井下遇险人员不能立即逃生脱险的紧急情况下，可快速进入其中等待救援。德国里茨公司在潜水电泵行业处于世界领先地位，生产的HDM潜水电泵产品可靠性强、寿命长、使用成本低。其研制的无轴向力和双吸结构泵能够大大提高泵的效率，在大负载情况下提升流量值，水泵和电机效率分别超过85%和90%。

4. 快速垂直钻进及救生胶囊成套救援技术

智利2010年矿难中使用的垂直钻机配有钻机钻进轨迹跟踪系统，引导钻头按照预定目标前进并精准钻进位置，地面透巷中靶准确率为百分之百。救生舱胶囊形体与子弹相似，长约2.6 m，高约2 m，直径约72 cm，质量251 kg，内装备供氧、通讯和逃生设备。整个救生舱外部用铁丝网包围，由顶层、救生舱和底板3部分构成，每次可运载1人升降。

3.4.6 井下医疗救护装备

1. 口对口呼吸罩

口对口呼吸罩由低阻力单向阀门和防水过滤器组成，如图3-53所示。主要用于心肺复苏时口对口呼吸时，阻挡液体和分泌物，防止抢救过程中发生交叉感染。而且透明外壳便于观察患者呕吐物血污和自然呼吸情况。使用时应注意单次吹气量不要过大，吹气周期应占呼吸周期的1/3。

2. 急救毯

急救毯主要由PET+反光涂层或锡箔纸、铝膜组成，如图3-54所示。不仅可以隔热防冷，而且急救毯韧性好、轻便、柔软、可塑性强，可在关键时刻作为担架搬运伤员，其本身的反光功能也可以提供预警和帮助救援人员寻找目标。

图3-53 口对口呼吸罩

图3-54 急救毯

3. 手动吸痰器

手动吸痰器主要由防逆流装置、活塞吸筒、吸管和储液瓶组成，用于痰液堵塞所致窒息等。将吸痰管对接后直接手动将堵塞痰液吸出，防止伤员因痰液堵塞呼吸道窒息死亡。使用前检查吸管与吸筒是否连接正确，防倒吸装置是否完好。

4. 卡扣式止血带

卡扣式止血带主要由卡扣、松紧带、封头组成，用于加压包扎临时止血。使用时应注意使用时间越短越好，一般不应超过 1 h，最长不能超过 3 h，如果必须延长使用，必须每隔 1 h 放松 1 ~2 min，放松期间在伤口近心处进行局部加压止血。使用时必须在伤者体表做出明显标志，注明伤情和使用原因、时间。使用时需要进行衬垫，防止损伤皮肤，衬垫不能有褶皱。松紧度要合适，以出血停止、远端触摸不到脉搏为原则，既要止血，也要尽量避免软组织挫伤。使用部位应在伤口近心端，并尽可能靠近伤口，上肢为上臂上 1/3，下肢为股中、下 1/3 交界处。解除时，要在输液、输血和准备好有效的止血手段后缓慢松开止血带。

5. 医用绷带

医用绷带用于包扎伤口及骨折固定夹板，也可用于肢体驱血消肿、解除肿痛。使用时应注意伤者体位要适当，患肢搁置适应位置，使患者于包扎过程中能保持肢体舒适，减少病人痛苦。患肢包扎须在功能位置，包者通常站在患者的前面，以便观察患者面部表情；一般应自内而外，并自远心端向躯干包扎。包扎开始时，须作两环形包扎，以固定绷带；包扎时要掌握绷带卷，避免落下，绷带卷且须平贴于包扎部位；包扎时每周的压力要均等，且不可太轻，以免脱落；亦不可太紧，以免发生循环障碍。除急性出血、开放性创伤或骨折病人外，包扎前必须使局部清洁干燥，戒指、金链镯及手表项链等于包扎前除去。

6. 三角巾

三角巾是一种便捷好用的包扎材料，同时还可作为固定夹板、敷料和代替止血带使用，而且还适合对肩部、胸部、腹股沟部和臀部等不易包扎的部位进行固定。使用三角巾的目的是保护伤口，减少感染，压迫止血，固定骨折，减少疼痛。

7. 止血垫

止血垫由医用胶带、内置棉芯和隔离层组成，用于伤口压迫止血，吸收流出的血液及伤口中渗出液，具有良好的吸收性、舒缓性和衬垫性，外部的聚乙烯隔离层还可以防止止血垫与伤口粘连。

8. 一次性速冷袋

一次性速冷袋由制冷剂与塑料袋构成，主要用于帮助控制及减轻因轻微扭伤、撞伤、拉伤、烧伤等引起的瘀肿，疼痛，并迅速消除因发烧、头痛、牙痛、蚊虫咬伤等引起的疼痛及不适。使用时为防止温度过低，最好用毛巾或棉布包裹。

9. 烧伤杀菌敷料

烧伤杀菌敷料是一种清创、冲洗、湿润急慢性伤口、溃疡、切口、擦伤与烧伤的超氧化溶液。它不仅是可以安全迅速地杀灭细菌、芽孢、真菌和病毒，控制感染，而且还可以间接增加创面周围血液循环，促进创面愈合的功效。

10. 卷式夹板

夹板由高分子聚合材料制成，柔中带有强度，可随意塑造成型，配合绷带一起使用，可用于上肢骨折、下肢骨折以及额部、手指、肩关节脱臼紧急固定使用。注意裁剪过后会漏出里面的铝板，易划伤皮肤，应将剪过的部位卷起来使用。

3.5 煤矿救护车辆与地面辅助装备

煤矿应急救援车主要服务于钻孔型及专用管路型永久避难硐室，当井下发生事故、六大系统遭到破坏时，应急救援车可以迅速赶到事故矿井现场，及时通过对接系统及钻孔与井下避难硐室实现对接，进行直接通信、监测监控、人员定位、数据传输、向井下供给流食、供电、供风等工作，为避险人员的生存提供保障。

3.5.1 应急救援车

1. 结构组成

应急救援车由空压机组、发电机组、变压器、操作台、监控机、流食输送装置、接口箱及附属设施组成。

（1）根据井下避难硐室中的用电功率及应急车自身用电量选取发电机，发电机组容量为 30 kW，输出电压为 AC380 V，能满足该矿避难硐室的需要。

（2）变压器将发电机发出的电力转换为 AC660 V、AC380 V、AC220 V 和 AC127 V，统一连接到控制台，再通过接口箱的接口与井下连接，从而满足井下各系统及地面各救援装备的用电需求。

（3）控制台上设置有观测井下各种检测参数的仪表面板及发电机控制面板，还设置有电话交换机，使得救援车上电话与井下避难硐室电话能及时接通。

（4）监控机包括监测监控分站及视频接口，监测监控数据和视频的内容在控制台上的显示器显示。

（5）流食输送装置由水箱、真空吸水泵等组成。

（6）接口箱由 660 V 电力快速接口、信号快速接口及视频光纤快速接口组成。

（7）附属设施包括荧光声能电话、微型红外光纤摄像头及配套的韧性线缆，以及移动控制室的吊臂。在控制室安装有储物箱柜，可分别存放各矿所需装备。

2. *布局结构*

应急救援专用车集成了供电保障系统、供风系统、供水系统、监测监控通信系统等，并通过对接系统实现钻孔与井下避难硐室互接。在井下系统遭到破坏时，为避难硐室提供动力、通信、食品等。该车利用隔断将车厢分为控制室和设备工作室 2 部分。控制室放置操作台，用于控制车上的电器输入（出）、实现人员定位和监测监控功能。

3. *应急救援车功能*

1）电话通信

应急救援车通过车上直通电话与井下避难硐室内的通信设备进行无缝连接，与受困人员进行联络，及时了解井下人员的状况。使用方法如下：

（1）呼叫分机：拿起电话，即可向分机呼叫，分机响铃，分机摘机后双方可实现通话，通话完毕双方挂机；

（2）接收分机呼叫：当分机摘机，即向本机呼叫，本话机响铃，摘机后双方实现通话，通话完毕双方挂机。

2）视频传输

视频传输光纤通过光端机将视频信号输送至监控机，可及时了解避难硐室内的情况。视频采用四路外置式视频采集卡，通过光纤传输信号。使用方法如下：

（1）将视频采集卡插入主机箱 USB 接口；

（2）打开相对应的检测软件即可。

3）监测监控

救援车上配置与各个矿对应的监测监控数据接口，需要时同监控机接驳，利用相应的软件，即可实现避难硐室监测监控数据的上传。

4）人员定位

救援车上配置与各个矿对应的人员定位数据接口，需要时同监控机接驳，利用相应的软件，即可实现避难硐室人员定位数据的上传。

5）空气输送

由空压机 LGCY－32/10 向井下避难硐室内受困人员提供新鲜空气，驱动方式为柴油驱动。

6）电力系统

车载平台可为井下固定救生舱、避难硐室紧急提供 AC660 V、AC380 V、AC220 V 和 AC127 V 电源。

AC660 V 由工作变压器提供，通过操作控制箱控制，经过接口箱进行输送；AC380 V 由 STC 直接提供，控制箱输送到接口箱；AC220 V 由工作变压器提供，漏电控制器保护后，控制箱内输出到插排和输出端口直接输送：AC127 V 由工作变压器提供，经过控制箱接输入、输出端输送。

7）提供营养液

车内设有特殊的营养液输送系统，能为井下避难硐室内被困人员提供充分的营养液体，以保证受困人员的生活需求。主要通过流食输送装置完成，工作电源为 AC220 V。

4. 应急救援车对接操作、注意事项及维护

应急救援车通过钻孔与避难硐室对接，操作钻孔对接设施系统包括压风管接口（法兰盘）、水管和信号线集成箱，连接时用插头快接，即插即用。应急救援车启动前，应先连接车上的地线，防止发生漏电事故。救援车与钻孔对接系统的具体连接方法如下：

（1）井下供电线路连接。应急救援车上的三相交流柴油发电机（功率 32 kW）发电后经过车载变压器（额定容量 30 kV·A）输出到控制台，再到车上的电源接口箱，通过带插头的供电线路与钻孔处的电源接口相连接，启动救援车发电机实现向井下供电。

（2）井上下电话通信连接。用电话信号线，一端连接钻孔处集成信号箱中的电话信号线接口，另一端连接应急救援车接口箱的电话输入口，启动发动机实现井上电话通过程控交换机提供的信号通话。

（3）井下视频显示。应急救援车车载电脑装有视频显示软件，在矿井实地试验时现场主要使用光纤和信号线传输信号。使用光纤传输信号：钻孔处安置光端输出口，通过视频传输信号线连接光端机，经接口转换器连接至电脑，启动电脑和视频软件显示井下视频信号；使用数据信号线传输信号：钻孔处安置视频信号输出端，通过视频传输信号线连接，经接口转换器连接至电脑，启动电脑和视频软件显示井下视频信号。

（4）监测监控显示连接。钻孔处安置数据集成信号箱，连接监测监控信号输出端，通过数据传输信号线连接救援车信号箱相应的接口，经监测监控信号转换接口连接至电脑，启动电脑和监测监控软件，显示井下监测监控传感器传来的监测数据。

（5）人员定位显示。钻孔处安置数据集成信号箱，连接人员定位信号输出端，通过数据传输信号线连接救援车信号箱相应的接口，经人员定位信号转换接口连接至电脑，启动电脑和人员定位软件，显示井下监测基站传来的人员定位数据信息。

（6）井下压水（流食）。应急救援车自带容量为 320 L 的水箱，并配有抽水泵和压水泵用于上水和压水。在车上安置 3 个水口：上水口、出水口和溢水口。通过水管一端连接应急车上的出水口，另一端连接钻孔处的水管接口，通过通信电话，通知避难硐室内人员打开水阀门，接着打开车上水箱阀门，插电使用压水泵实现井下供水。

（7）井下压风。用压风管一端与钻孔处的风管连接，另一端连接压风机的出风口。压风设备供电后利用自身内部压力产生压力风流，通过压风管路向井下避难硐室输送地面新鲜空气。

3.5.2 指挥车辆装备

作为矿山应急救援的车载式平台，救援指挥车载设备必须满足快速准确分析井下可燃气体的成分和浓度、发生燃烧或爆炸后灾害区域气体主要成分的需要，包括燃烧或爆炸后形成的燃烧爆炸产物组分、有毒有害气体浓度以及氧气浓度、氮气浓度，并对气体分析结果进行准确性分析和判断，为应急救援提供准确可靠的气体分析结论，作为应急救援指挥的决策依据。

1. 矿山救援指挥车功能

矿山救援指挥车能为事故救援指挥提供快速、准确的事故现场气样和有毒有害气体成分分析；可准确判识可燃混合气体爆炸危险性；具备救灾通信、灾区动态监视图像、语音、数据传输等事故救援指挥功能；可搭载其他常备的救援指挥设备、仪器和工具；可作为临时办公和休息场所；对仪器和设备能有效地减震和抗震保护。

2. 矿山救援指挥车基本组成

矿山救援指挥车主要由车体、气体分析系统、通信信息可视化系统、救灾专家决策系统、车载式发电机和其他救援指挥专用设备组成，如图3-55所示。

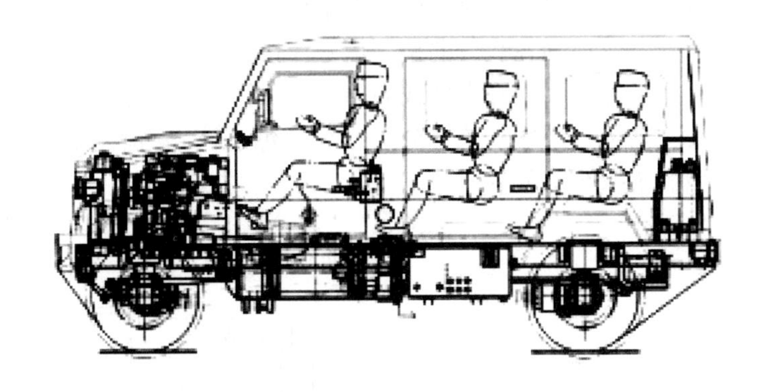

图3-55 矿用防爆指挥车

3. 气体分析系统

根据对井下可燃物质及主要燃烧爆炸产物进行的统计和分析，选择救援指挥车配置的气体分析设备及其测量范围，确定标准气浓度范围。煤矿井下发生火灾或爆炸后，事故区域气样成分分析见表3-7。为实现井下可燃物质及主要燃烧爆炸产物的快速、准确分析，选择气相色谱仪和红外线分析仪、氧分析仪共同组成气体分析系统。

表3-7 井下可燃物质及主要燃烧爆炸产物

编号	可燃物质	燃烧爆炸产物	备注
1	煤、煤尘	CO、CO_2、烟雾（粒子），其他气体、高温和高压	常量气体
2	CO	CO_2、烟雾（粒子），高温和高压	常量气体
3	H_2	H_2O，高温和高压	常量气体
4	CH_4	CO、CO_2、H_2O、烟雾（粒子），高温和高压	常量气体
5	油类	CO、CO_2、烟雾（粒子），NO_X、混合气体，高温	常量气体
6	木材	CO、CO_2、烟雾（粒子）、混合气体，高温	常量气体
7	矿用炸药	CO、CO_2、烟雾（粒子），NO_X、混合气体，高温和高压	常量气体

矿山救援指挥车气体分析系统由美国Varian公司仪器制造技术生产的SP3400型气相色谱仪和德国Maihak公司技术生产的QGS-08C红外线分析仪、DHY-102C型氧分析仪

组成。气体分析系统重复性对比测试结果符合 AQ/T1019－2006《矿自然发火标志气体色谱分析及指标优选方法》的相关要求。

1）SP3400 气相色谱仪

气相色谱仪是指用气体作为流动相的色谱分析仪器。其原理主要是利用物质的沸点、极性及吸附性质的差异实现混合物的分离。待分析样品在气化室气化后被惰性气体（载气，亦称流动相）带入色谱柱内，柱内含有液体或固体固定相，样品中各组分都倾向于在流动相和固定相之间形成分配或吸附平衡。随着载气的流动，样品组分在运动中进行反复多次的分配或吸附/解吸，在载气中分配浓度大的组分先流出色谱柱，而在固定相中分配浓度大的组分后流出。通过对欲检测混合物中组分有不同保留性能的色谱柱，使各组分分离，依次导入检测器，以得到各组分的检测信号。按照导入检测器的先后次序，经过对比，可以区别出是什么组分，根据峰高度或峰面积可以计算出各组分含量。

气相色谱仪由载气系统、进样系统、分离系统（色谱柱）、检测系统以及数据处理系统 5 大基本构成，如图 3－56 所示。

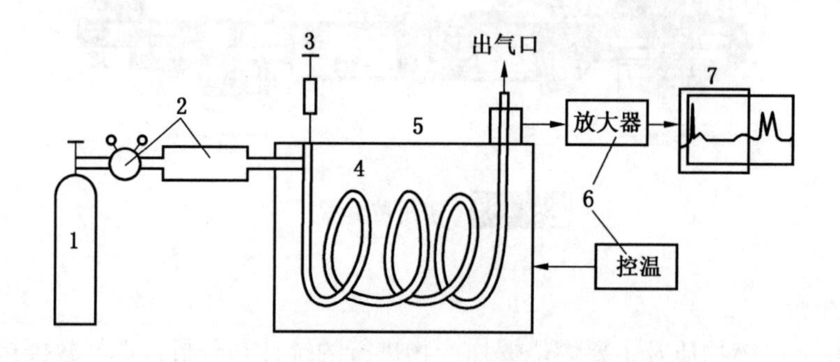

1—气瓶；2—压力与流程控制；3—样品输入；4—色谱柱；
5—检测器；6—电子部件（放大器、温度控制器）；7—记录仪

图 3－56 气相色谱仪基本流程示意图

气相色谱仪主要具有以下特点：

（1）自诊断系统：可连续监测仪器工作状态，根据故障信息提示使操作者自行维护仪器。

（2）保护功能：具有过温保护、探头开路或短路提示、TCD 热丝保护、FID 熄火提示、FPD 漏光保护、密码锁定键盘等功能，多种保护功能可保障仪器长期正常运转。

（3）操作简便、自动化程度高：人机对话形式输入各种参数，有提示功能；可存储 4 种分析方法：一是可自动链接；二是可接自动进样器；三是运行中可随时更改各种参数；四是可自动循环最多达 99 次，特别适用于无人值守情况下仪器正常工作。

（4）多种进样单元可选：主要有填充柱柱头进样器；填充柱快速汽化进样器；自动、手动气体进样阀；顶空进样器；热解析进样器；毛细管分流/不分流进样器，可同时安装 3 个进样器或 2 个毛细管分流/不分流进样器，实现双毛细系统。

（5）多种检测器可选：有热导检测器 TCD；氢火焰离子化检测器 FID；电子捕获检测

器 ECD；火焰光度检测器 FPD；热离子检测器 TSD，最多可同时安装二个热导检测器或 3 个不同的检测器。

2）QGS－08C 红外线分析仪

（1）红外线气体分析仪的基本原理是基于某些气体对红外线的选择性吸收，红外线分析仪常用的红外线波长为 2～12 μm。简单说就是将待测气体连续不断地通过一定长度和容积的容器，从容器可以透光的两个端面中的一个端面一侧入射一束红外光；然后，在另一个端面测定红外线的辐射强度；依据红外线的吸收与吸光物质的浓度成正比就可知道被测气体的浓度。

（2）红外线气体分析仪的特点如下：

①能测量多种气体，除了单原子的惰性气体和具有对称结构无极性的双子分子气体外，CO、CO_2、NO、NO_2、NH_3 等无机物，CH_4、C_2H_4 等烷烃、烯烃和其他烃类，以及有机物都可用红外分析器进行测量；

②测量范围宽，可分析气体的上限达 100%，下限达几个 10^{-6}的浓度，进行精细化处理后，还可以进行痕量分析；

③灵敏度高，具有很高的监测灵敏度，气体浓度有微小变化都能分辨出来；

④测量精度高，与其他分析手段相比，它的精度较高且稳定性好；

⑤反应快响应时间一般在 10 s 以内；

⑥有良好的选择性，红外分析器有很高的选择性系数，它特别适合于对多组分混合气体中某一待分析组分的测量，而且当混合气体中一种或几种组分的浓度发生变化时，并不影响对待分析组分的测量。

（3）红外线分析仪一般由气路和电路两部分组成。气路和电路的核心部分联系部件是发送器。发送器是红外分析仪的“心脏”，它将被测组分浓度的变化转为某种电参数的变化，并通过相应的电路转换成电压或电流输出。发送器由光学系统和检测器 2 部分组成，主要构成部件有红外辐射光源、气室、滤光元件和检测器等。

测量室和参比室通过切光板以一定周期同时或交替开闭光路。在测量室中导入被测气体后，具有被测气体特有波长的光被吸收，从而使透过测量室这一光路进入红外线接收气室的光通量减少。气体浓度越高，进入红外线接收气室的光通量就越少；而透过参比室的光通量是一定的，进入红外线接收气室的光通量也一定。因此，被测气体浓度越高，透过测量室和参比室的光通量差值就越大。这个光通量差值是以一定周期振动的振幅投射到红外线接收气室的。接收气室用几微米厚的金属薄膜分隔为两半部，室内封有浓度较大的被测组分气体，在吸收波长范围内能将射入的红外线全部吸收，从而使脉动的光通量变为温度的周期变化，再根据气态方程使温度的变化转换为压力的变化，然后用电容式传感器来检测，经过放大处理后指示出被测气体浓度。具体结构如图 3－57 所示。

3）氧气检测仪

煤矿氧气检测仪是新一代智能型检测仪，可连续检测存在易燃、易爆可燃性气体混合物环境中的气体浓度。具有声光报警、电压显示、欠压报警、零点自动跟踪、调校、使用方便等特点。当仪器用于测量空气中的氧气时，电化学传感器以扩散方式直接与环境中的气体反应，产生线性变化的电压信号。信号经线性放大器放大后输入单机内的 A/D 转换

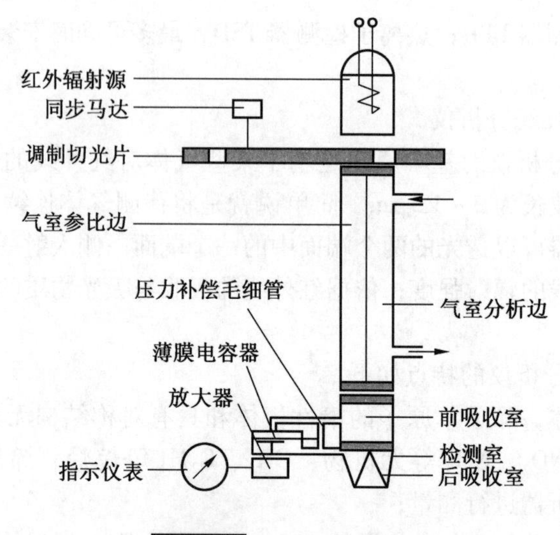

图 3-57 红外线分析器

器转换为数字信号，经过微处理数据处理，由数码管显示出氧气浓度，当氧气浓度低于设定的报警点后，仪器发出声光报警信号。仪器具有电池欠压报警和自动关机功能。

结构特征：检测仪探头主要由激光管、光学镜头、水平及垂直微调机构、安装杆附件组成，直流电源由本质安全型镍氢电池组组成。

工作原理：检测仪由直流电源驱动低功耗半导体激光器发出激光束，通用光学系统汇聚，使其成为准直性良好的激光束，通过调节水平和垂直微调，起到准直指向的作用。测量原理如图 3-58 所示。

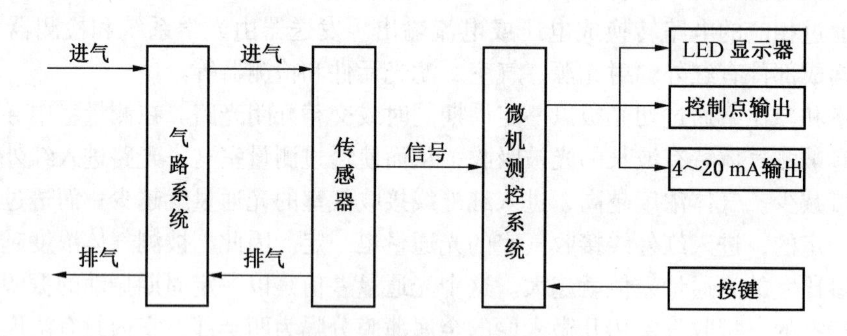

图 3-58 氧气检测仪测量原理

4. 救灾决策专家系统

救灾决策专家系统由 KF232-4 型数据转换装置和救灾决策专家系统软件组成。KF232-4 型数据转换装置主要用作救灾决策专家系统软件自动获取红外气体分析仪和氧分析仪的数据。救灾决策专家系统软件功能模块包括：①气体分析及数据管理模块；②单一可燃气体爆炸性分析模块；③多组分可燃混合气体爆炸性分析模块；④注氮、通风抑爆多组分可燃混合气体爆炸专家分析模块；⑤救灾辅助决策信息管理软件。KJC 矿山救援指挥车救灾决策专家系统软件功能流程简图如图 3－59 所示。

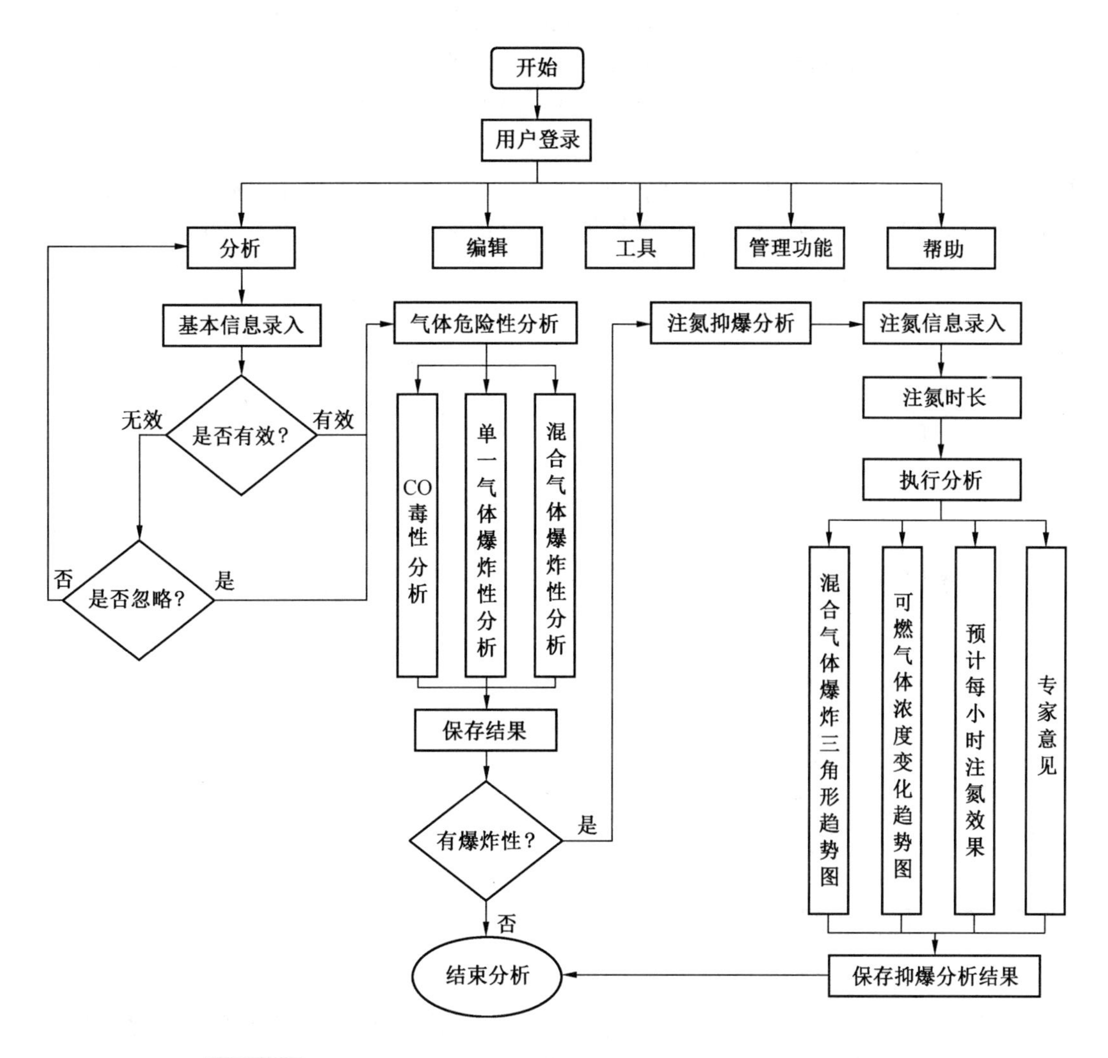

图 3－59 KJC 矿山救援指挥车救灾决策专家系统软件功能流程简图

5. 救灾通讯和可视化信息系统

矿山救援可视化指挥系统是基于现代通信网络技术的基础上开发出来的，服务与矿山救援工作的一种应急救援通信装备。在事故状态下，它能够完成灾区救护队员与井下救护基地、地面指挥中心以及国家救援指挥中心之间的临时抢险救灾通信。由于井下应急救援有一定的特殊性，需要克服高温、浓烟、瓦斯和 CO 严重超限、井下光线不足、巷道狭窄、通风状况差等困难。因此，矿山救援可视化指挥系统构成了自身的专业特征，是通信技术应用领域新的科学分支中的一部分。

6. 矿山救援指挥车功能流程

矿井发生灾害事故后，救援指挥车接到命令，可在较短时间内迅速到达事故矿井，作为移动式气体分析车和应急事故救援指挥车使用。采用气体分析系统对井下事故现场气样进行准确分析，首先采用 QGS－08C 红外线分析仪和 DHY－102C 型氧分析仪快速分析混合气体中 CH_4、CO、CO_2 和 O_2 的浓度，在必要情况下，采用 SP3400 气相色谱仪对气样中多种气体组分进行分析和气样分析对比。采用专家系统软件对事故现场气样分析数据进行分析，判识混合气体爆炸危险性和有毒有害气体危害性，进行通风和注氮抑爆参数计算等。利用 KTN101 救灾指挥信息系统进行救灾通讯、灾区动态监视，利用工业电视系统可显示救援过程中井口等关键部位图像，可将救灾现场的实时状况和相关数据接入局域网或通过互联网实现远程管理。KJC 矿山救援指挥车功能流程和关系如图 3－60 所示。

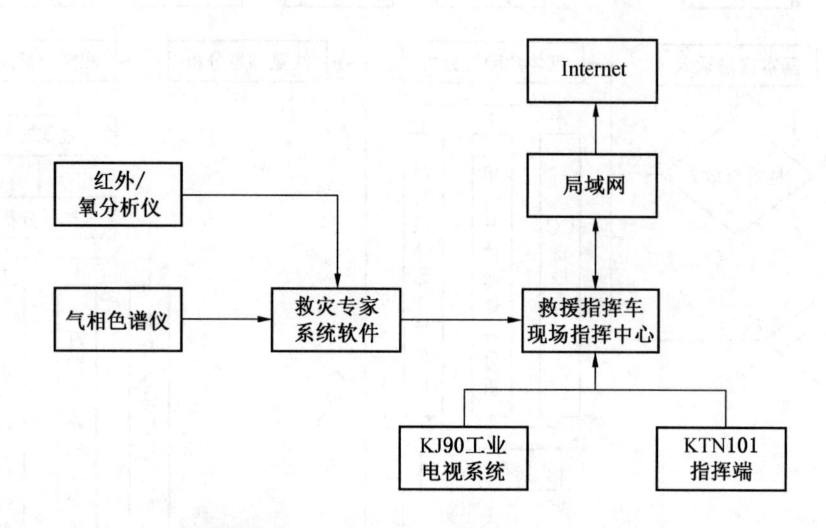

图 3－60 KJC 矿山救援指挥车功能流程和关系

3.5.3 气体化验车辆装备

1. 便携式气体分析化验设备

在煤矿发生事故后，为了分析现场的气体浓度，需要救护队员携带球胆到事故现场采样，危险、费时，而且分析时间长。若发生次生事故，将对救援人员造成巨大伤害，不利于快速决策指挥。便携式气体分析化验设备用采样自动抽气泵远程自动采取井下气样，不需要救援人员人工采样，可非接触检测井下气体浓度，进行快速分析，便于救援时的决策指挥，采样距离可达数千米。

2. 适用场所

可燃、可爆、有毒、有害的井下场所。

3. 产品特点

实现远程自动采取井下气样，避免人工到事故现场取样，避免次生事故发生；同时，重量轻，体积小，携带方便。远程自动采取井下气样，距离到达数千米，分析气样成分快速简捷，不需要长时间等待，使指挥人员迅速知道井下事故现场的危险气体的含量。

4. 主要技术指标

(1) 检测气体种类：一氧化碳（CO）、瓦斯（CH_4）、氧气（O_2）、二氧化碳

（CO_2）、硫化氢（H_2S）；

（2）检测气体浓度：一氧化碳 $0 \sim 5000 \times 10^{-6}$、瓦斯 0～100%、氧气 0～25%、二氧化碳 0～4%、硫化氢 $0 \sim 200 \times 10^{-6}$；

（3）启动时间：从开机到稳定小于 10 s；

（4）分析时间：一次进样，可在 3 s 内完成分析数据；

（5）供电方式：锂电供电，容量 2A h；

（6）从井下采样时间（2 km）：15 min；

（7）工作时间：充满电 24 h；

（8）工作站及显示：带液晶显示屏，可远程操作；

（9）标准采样距离：2 km；

（10）采样距离：5 km。

3.5.4 其他车辆装备

1. 车载矿山救灾束管监测系统

矿井火灾束管监测是一种有效的煤矿火灾气体监测的专用技术。按使用形式可分为井上束管监测系统和井下束管监测系统 2 种；按使用分析仪器可分为矿用传感器型束管监测系统、分析仪型束管监测系统和气相色谱仪型束管监测系统 3 种形式。矿井火灾束管监测系统在技术上相对成熟，已在我国煤矿中得到广泛应用。

1）系统主要性能及技术指标

系统安装在机动车上，当灾害发生时，迅速移动至井口，将专用管缆敷设至灾害现场，进行连续监测。系统可实现自动采样和连续监测，具有实时数据查询、趋势数据查询、实时曲线、趋势曲线显示、打印等功能，并进行爆炸危险性判别及灾害预测。系统使用先进的车载束管取样技术、气体分析技术，确保了数据的可靠性和精度，为防止灾害发生后灾情的进一步扩大、减少灾害损失、保证救灾人员安全具有十分重要的意义，并为救灾指挥决策者提供科学的依据。可监测气体组分：CO、CH_4、CO_2、O_2、C_2H_4、C_2H_2、C_2H_6、N_2 等。

2）车载矿山救灾束管监测系统软件特点

（1）方便灵活的气样采集控制定义。软件可以方便地定义气体取气路数。

（2）动态爆炸三角形显示。每一次采集完成，根据各种气体的组成成分动态绘制爆炸三角形图。

（3）采集数据的统计分析报表和采样气体变化趋势功能。分类显示各种气体在每一次采集的比例值，根据一段时间内采集值绘制某种气体的变化趋势，并可做到多个气体组分的同屏分析。

（4）矿井可燃气体爆炸性及火灾危险程度的智能识别。矿井可燃气体的组分比例不同，其爆炸危害性也不同。通过分析矿井可燃气体的组分构成及比例，发生发展态势或熄灭程序做出初步的预测。

2. YRH250 红外热像仪

YRH250 红外热像仪适用于检查矿山井下隐性火区分布、火源的位置；检查顶板垮落和采区透水；排查采掘工作面盲炮；检查采煤机组、液压支架、水泵通风机、防爆电机及动力设备的温升情况；排查中央及采区变电所、变压器的接头、开关等事故隐患；浓烟黑暗等环境下矿难救援；检测地面变电所的接头、线排、开关及变压器的温度等。

YRH250 矿用本质安全型红外热成像仪是集红外光电子技术红外物理学、图像处理技术、微型计算机技术及矿山防爆技术为一体的高性能矿用安全检测仪器，如图 3－61 所示。具有结构简单、操作方便、快速检测、准确测温、双屏显示、高低温捕捉、自动关机、激光定位、USB 下载功能、智能化的电源系统等特点。

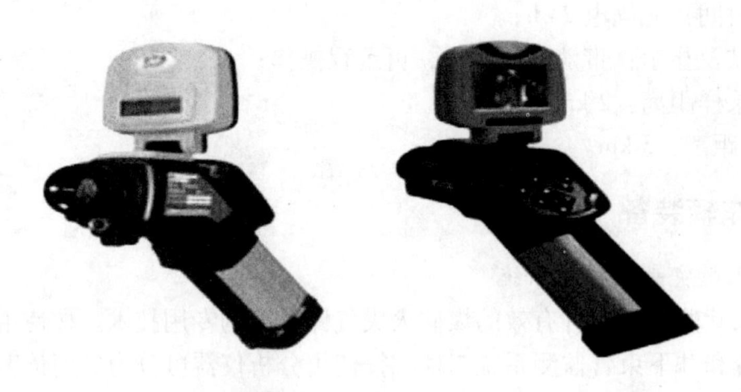

图 3－61 矿用红外热成像仪

YRH250 矿用本质安全型红外热成像仪以液晶显示屏显示图像；测温范围：0～250 ℃，精度：+2 ℃或者温度读数的 +2%；内置存储器 128 MB、1000 幅图像；本安型锂离子可充电电池，连续工作约 2.5 h，智能充电器；工作环境温度：－20～50 ℃；工作环境湿度：≤95%（非冷凝）；储存环境温度：－40～70 ℃。

3.5.5 地面辅助装备

1. KTE5 型矿山救援可视化指挥装置

KTE5 型矿山救援可视化指挥装置采用“即铺即用”的宽带组网技术和视音频信号的采集、压缩、合成技术，利用一对电话线进行双向对称数字信号传输，提供一种可实时监视和直接联络井下事故现场的先进技术手段，实现了矿山救援的可视化。该装置由救护队员随身携带，在不影响救护队员正常工作的情况下，将井下事故现场图像实时传输到井下救护基地及地面指挥中心；井下灾区的救护队员、井下救援基地和地面指挥中心之间可实时信息沟通；救援全过程的图像、语音资料可完整存贮并回放，为今后进行事故原因分析、总结抢险过程的经验教训提供基础资料；通过互联网，国家矿山救援指挥中心及业内专家可直接了解灾区救援情况。

1）系统组成

KTE5 型矿山救援可视化指挥装置由 KTE5.1 转换器、KTE5.2 基地台、KTE5.3 中继器、地面移动控制台（含 KTE5.4 地面数据交换隔离器）、KTE5.5A 本安型计算机、KBA－H矿用本安红外摄像仪及笔记本电脑 7 部分组成，如图 3－62 所示。

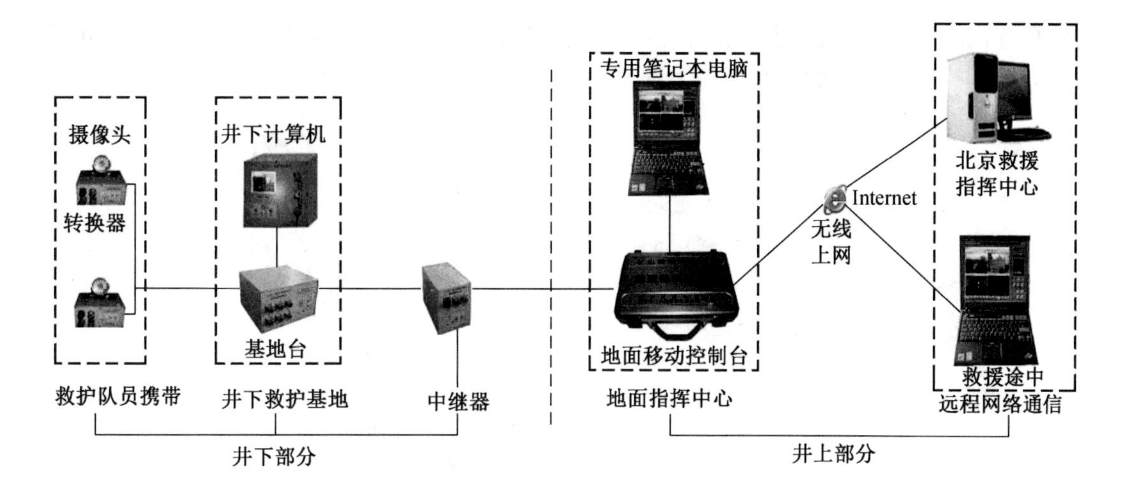

图3-62 KTE5型矿山救援可视化指挥装置框图

2）主要功能

（1）视频、语音实时传输。

（2）基地设备与前端设备自成系统，独立运行；随后继续从基地向地面铺设线路，连通整个系统。

（3）事故现场视频、语音资料实时记录。

（4）事故现场图像多点监视。基地2画面展示，地面3画面展示，语音双向。

（5）上网功能。内置网卡提供互联网连接，实时远程网络通信。

3）装置特点

（1）快速组网，操作简便。井下救援基地与灾区之间使用快速布线盘，救护队员仅需要简单地将装置连接到线上启动电源开关即可。

（2）便携式。体积小、质量轻，救护队员携带的设备总重量仅为2.9 kg。

（3）图像质量高。本安红外摄像头能在全黑环境下自动捕获现场图像，视频最大帧率为25帧/s。

（4）信号传输距离远。在0.5 mm线径、8 km距离内可提供1.5 Mb/s的对称速率；距离超过8 km，可增加中继器，每增加一个中继器，传输距离增加4 km。

（5）在矿井各种系统瘫痪状态下依靠自备可充式锂电源自成系统，可连续工作6 h以上。

2. *矿山救护队救援车辆定位管理系统*

矿山救护队救援车辆定位管理系统是以计算机网络系统为基础，能够使救护队准确定位事故位置、有效提高救护队在第一时间到达救援现场的快速反应能力、全面掌握救援车辆运行状况，为矿山救援提供了强有力的应急保障支持。以有线和无线GPRS通信系统为纽带，集成GIS地理信息系统、大型数据库系统，在监控中心电子地图上可以实时地显示救援车辆的当前精确位置以及运行轨迹，从而方便地实现对救援车辆的调度、监控、指挥等功能，同时也可以通过GPRS无线通信网络向指定的车载台发送控制指令，实现对车辆的信息查询服务和远程控制。系统主要分为智能车载移动单元、GSM/GPRS 数字通讯网络、监控指挥中心及辅助子系统三大部分，其系统原理如图 3－63 所示。

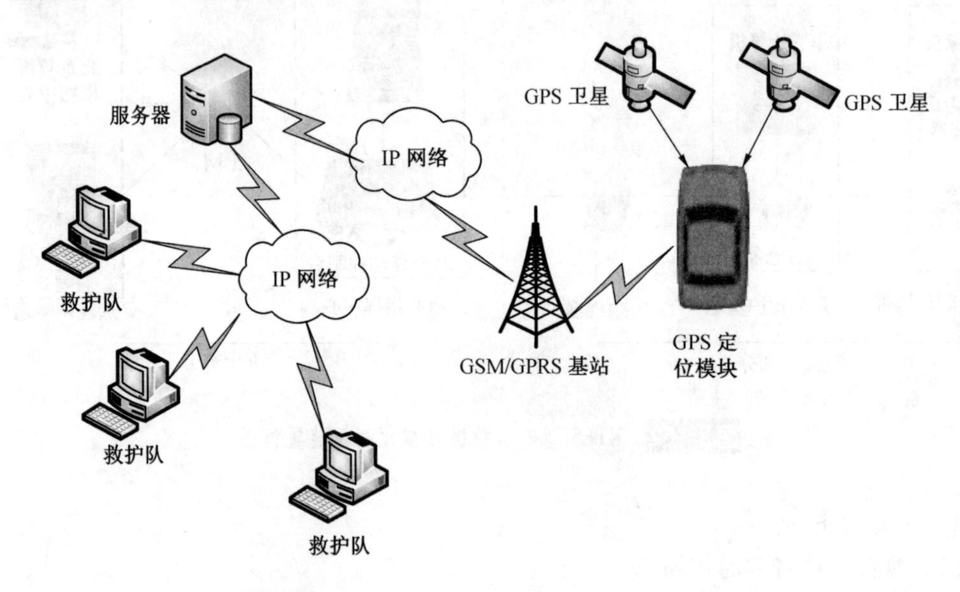

图 3－63 矿山救护队救援车辆定位管理系统原理

【本章重点】

1. 矿山安全避险六大系统包括：监测监控系统、井下人员定位系统、井下紧急避险系统、矿井压风自救系统、矿井供水施救系统和矿井通信联络系统。煤矿井下五大灾害是水灾、火灾（内因和外因）、瓦斯事故、粉尘事故、顶板事故。

2. 矿山事故预警系统是能够监测、诊断、预控矿山安全事故的管理系统。预警机制是指由能灵敏、准确地昭示风险前兆，并能及时提供警示的机构、制度、网络、举措等构成的预警系统，其作用在于超前反馈、及时布置、防风险于未然。

3. 矿山救护队是处理矿井五大灾害的专业性队伍，所从事的是在急、难、险、重等危险环境下的救护工作。矿山救护队员的个体防护装备主要包括参加抢险救灾工作时佩戴的隔绝式氧气呼吸器、隔热防护装备和自救防护装备。

4. 事故控制中心是事故现场指挥部及其工作人员的工作区域，也是应急战术策略的制定中心，通过对事故的评价、设计战术和对策、调用应急资源、确保应急对策的实施、保持与应急运作中心管理者的联系来完成对事故的现场应急行动。

5. 矿山救援可视化指挥系统及装置矿山救援可视化指挥系统是利用一对电话线进行双向对称数字信号传输，提供一种可实时监视和直接联络事故现场的先进技术手段；涉及了将灾害现场视频/音频信号传送至地面指挥部和各级救援指挥中心，地面指挥部和各级救援中心根据灾区情况向救护队员发送救援指令；同时通过互联网，业内专家可直接了解救灾现场的实际，参与救灾决策，实现救灾决策专家化的网络系统。

6. 灾区侦测是矿山救援的首要环节，主要任务是侦测灾区情况，包括巷道损坏程度、环境温度、气体成分及浓度、抢救遇险人员、标识遇难人员，为判定事故性质、危害程度、次生事故发生可能性、制订救援方案、调集救援队伍及装备提供科学依据。

7. 煤矿应急救援车主要服务于钻孔型及专用管路型永久避难硐室，当井下发生事故，六大系统遭到破坏时，应急救援车可以迅速赶到事故矿井现场，及时通过对接系统及钻孔与井下避难硐室实现对接，进行直接通信、监测监控、人员定位、数据传输、向井下供给流食、供电、供风等工作，为避险人员的生存提供保障。

【本章习题】

1. 请说出矿山事故预警体系硬件装备的种类与功能。
2. 简述矿山事故评估体系的构成与主要装备。
3. 请叙述救援个体防护体系装备的构成与各部分的功能作用。
4. 结合课本论述矿山地面指挥系统与通信装备的发展。
5. 请说出矿山事故救援装备的使用范围、操作方法与注意事项。
6. 阐述煤矿救护车辆的种类、功能、内部装备。

4 水域事故应急救援装备

水域救援指在海洋、江河或湖泊开发、航运、水上水下施工作业、水产养殖与捕捞等水上活动、飞行物航行以及岸边人员作业与娱乐过程中，由于人员疏忽及某些不可抗力造成的意外损失、灾祸以及水患致灾而实施的应急救援行动。人类依水而息，两三千年前，就有利用动物内脏、木料、葫芦瓜、绳子等制作的渡河、救生装备，如羊皮筏子等。民国时期，由于连年战乱等原因，水上救生得不到政府重视导致以红船为杲料的救生工作逐渐衰落，只有红十字会兼顾一些救生工作，我国救生工作进入停滞期。到 1950 年，上海市首先颁布了第一部游泳池管理规则，第一次在法律上规定游泳池开放要安排救生员。1998 年，为适应国际救生事业的发展，我国成立了中国游泳协会救生委员会并制定了救生、培训、管理等办法，通过与港、澳、台及其他发达国家交流学习，结合我国已有救援装备，逐步形成了相对完善的水上救生装备体系。到 2010 年前后，随着 4G/5G 网络、数据链、人工智能等新兴技术的开发应用，以及我国 2013 年对海上执法、救援力量的整合，逐步形成相互协助、优势互补的系列化水域救援产品。2019 年，国务院办公厅发布的关于加强水上搜救工作的通知中明确指出，水上搜救是国家突发事件应急体系的重要组成部分，注重装备研发配备和技术应用，加强深远海救助打捞关键技术及装备研发应用，提升深远海和夜航搜救能力；加强内陆湖泊、水库等水域救援和深水救捞装备建设，实现深潜装备轻型化远程投送，提升长江等内河应急搜救能力。我国应急技术与装备正在向着专业化、体系化、高度信息化、智能化快速发展。水域救援具有突发性强、救援难度大、危险系数高、要求迅速救援反应等特点，由于水域救援环境复杂，河流、湖泊、海洋、水库、山涧乃至山洪等自然灾害均需要配备不同的救援技术装备，如水库、湖泊、海洋等宽广水域事故中，直升机等空中平台是最快、也是最有效的侦搜、救援装备，但在山涧等狭窄环境下却无法利用，因此不同水域事故对救援装备的选择也是千差万别的。本章通过对水域救援技术装备历史发展的介绍，依据“事故发生—报警—侦搜—佩戴防护装备—救援—救援后”事故救援时间顺序和设备重要程度的原则，对现有水域救援装备体系进行梳理，将其按照水域事故通讯报警装备、水域事故个体防护装备、水域事故抢险救援装备以及水域救援平台装备分类并展开介绍。

4.1 水域事故通讯报警装备

水域事故突发性强，现实生活中，除海啸、山洪、泥石流等自然灾害可以通过气象、上游观察等方式进行一定程度预警外，通常只能是潜在危险区预设常态防护与救援力量，因此面对突然发生的水域事故，及时、有效地报警与通讯就显得尤为重要。

4.1.1 中远程通讯报警装备

有别于相对封闭、信息畅通的城市环境，水域事故通常发生在开阔、人迹稀少的水面附近，因此远距离传输联络是水域事故报警通讯的关键。在内河、湖泊等发生水域事故时，无线电台、手机、卫星电话、北斗导航终端是首选通讯与报警装备，而在中远海水域事故中，受制于信号传输，卫星电话、无线电台、北斗导航终端是其优选报警装备。

4.1.1.1 海事卫星电话

卫星电话是基于卫星通信系统传输信息的通话器，用于填补现有通信（有线通信、无线通信）终端无法覆盖的区域，借助卫星中继通讯，卫星电话具有全天候通讯、覆盖范围广、通信能力强等优点。随着1957年人类第一颗人造卫星的成功发射，卫星电话应用而生；2016年8月6日，我国天通一号卫星成功发射升空，开启了我国卫星通讯的商业化服务；2020年1月10日，我国自主研发建设的第一个卫星移动通讯系统（天通系统）正式面向全社会投入服务。

根据卫星通讯系统应用领域，可将其分为海事卫星移动系统（MMSS）、航空卫星移动系统（AMSS）和陆地卫星移动系统（LMSS），其中，海事卫星移动系统主要用于改善海上救援工作，提高船舶使用的效率和管理水平，增强海上通信业务和无线定位能力。海事卫星电话包括：终端、海事天线（有源）、手柄电话、电源、USB及安装附件等，如图4－1所示。

4.1.1.2 海事电台

海事电台是大中型船舶必备的通讯设备，根据应用条件可分为话音传输对讲电台与数据传输的数传电台（MDS）。话音传输对讲电台主要用于近距离或近岸通讯使用；数传电台则是利用超短波无线信道实现远程数据的传输，实际上，多数数传电台同时也保留有通话功能，可以数话兼容。由于数传电台使用环境可能十分恶劣，因此数传电台在技术指标与可靠性方面的要求比对讲电台更为严格。

无线数传电台作为一种通讯媒介，具有数据传输实时可靠、成本低、绕射能力强、组网结构灵活、覆盖方位远等特点。在中远海水域，为提高通讯距离，主要使用中高频、甚高频海事电台。概括而言，数传电台由主机、接收部分和发射部分组成，频率稳定性、灵敏度、载波抑制、边带抑制、杂波抑制等参数是评估该设备优良的核心指标（图4－2）。依据2019年6月1日施行的水上无线电行政许可相关规定，我国所有船舶制式无线电台均需申请执照，执照有效期3年。

4.1.1.3 北斗导航终端

中国北斗卫星导航系统（BDS）作为我国自主研发的导航卫星定位系统，是继美国全

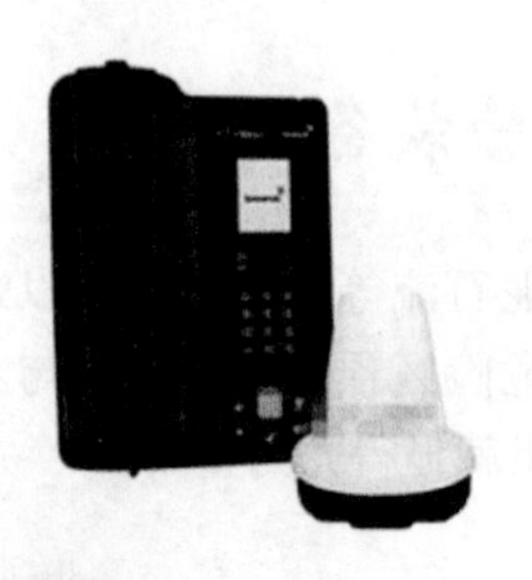

图4-1 海事卫星电话示意图

图4-2 海事电台示意图

球定位系统（GPS）、俄罗斯格洛纳斯卫星导航系统（GLONASS）之后第三个成熟的卫星导航系统，是联合国卫星导航委员会认定的4大供应商之一。该系统于2020年6月23日最后一颗卫星发射并完成全部卫星组网，标志着北斗卫星导航系统全球无源定位服务的形成。与其他三大导航系统相比，北斗卫星导航系统除具有定位功能外，还具备短报文通信功能，随着我国北斗导航系统的不断推广应用，在水域事故、特别是中远海事故中，北斗导航终端也是一款理想的通讯与报警装备。

目前主流市场上，北斗船载定位监控系统主要包括：双向定位功能、导航功能、北斗通信功能（短报文通信）、北斗信息服务功能、北斗报警功能、电子海图显示功能、轨迹查询功能及扩展功能等（图4-3）。通过系统集成优化，已经实现了船舶之间、船舶与岸上指挥中心、船舶与陆地移动通讯间的通信，此外，以高度自动化、智能化服务为目标，在配置油量传感器、温压传感器条件下，还可实现油箱油量自动化监测、船舶安全性监测等，有效提高的船舶航行的安全性，一定程度上具备的预警功能。

4.1.1.4 水域定位报警装置

水域定位报警装置是一种基于无线电信号传输的水域灾难实时报警设备，该系列装备包括黑匣子、水位定位报警器、潜水应急救生盒等，主要应用于飞行器与水面、水下航行器。

黑匣子（图4-4）是飞行器必备的信息记录装备，其核心功能是飞行数据记录与保存，当飞机失事时，黑匣子内紧急定位发射机可自动向四面八方发射出特定频率（如37.5 kHz）的无线电信号（类似心跳般规律），以此达到辅助定位与报警功能，但其定位精度取决于黑匣子与飞机分离距离。

水位定位报警器主要由定位锚、锚链、浮标、无线电报警装置等组成，安置在飞行器或船只上，发生水域事故时，航行器的强烈震动使水位定位报警器自动弹出或受控状态下弹出，同时，无线电报警装置开始发送预先设置的求救信号，落水后，定位锚将浮标固定在失事水域以便于搜救人员查找。潜水应急救援盒由外壳体、定位轴、浮标、信号发射装置、声光闪示器等组成，是水位定位报警器的水下升级产品。该设备可用于沉船救生、渔民出航、海军装备等，其小型化后，也可用于游泳者、旅游者携带。

4.1.2 近距离通讯报警装备

当水域事故遇险人员无法使用现代化通讯装备情况下，在保持遇险人员体能前提下，

图4－3 北斗导航终端示意图

图4－4 飞行器用黑匣子实物

传统响应装备就成为其联络救援的关键。传统报警装备主要是指通过声音、光、气压等方式提醒和引起周围人员注意的技术产品，在水域事故中，常用的个体报警装备包括信号枪、哨子、染色剂、灯光、烟火信号等。

4.1.2.1 信号枪

信号枪作为军事上的辅助装备，将信号枪与信号弹或照明弹相结合，即可用于水域事故报警联络及区域定位，由于其结构简单、操作方便、可以重复使用且具有较长的使用寿命，一直是世界各国广泛使用的产品。连续使用信号发射装置主要分为信号手枪、钢笔式信号枪、防暴枪、榴弹发射器以及其他各种信号弹或照明弹专用发射器；发射装置与弹合一的一次性信号与照明系统中，通常采用手持发射的信号火箭或照明火箭（图4－5）。

图4－5 信号枪实物

在水域事故中，主要通过信号枪发射的信号弹与照明弹产生的强光以引起附近人员的注意，发射的弹药既有单星与多星、带降落伞与不带降落伞的区别，其发出的强光也有红、黄、绿、白等多种颜色，持续发光时间也各有不同。信号枪口径多在20～40 mm，标准口径为26.5 mm、37/38 mm和40 mm 3种，发射口径越大，其发光强度越大、射高更远、发光持续时间更长，但弹药成本也越高。水域事故中应用的信号枪虽然经过一定改造，但仍然具有一定的危险性，使用前必须了解操作规程，以避免造成附带伤害。

4.1.2.2 哨子

哨子是指能发出尖锐声音的器物，其主要通过气流变化与腔体壁摩擦发声或者气流带动腔体内核与腔体壁碰撞发声，形制、规格极其多样，广泛应用于日常生活中。因为滚珠在水中浸泡后很难发出声音，滚珠容易被尘土、水、口水卡住，用力吹亦会将滚珠卡在哨子里，因此水域事故及救援过程中应以无滚珠哨子为宜（图4－6）。

在水域事故中，特别是内河、湖泊发生的事故，当遇险人员被困孤岛、救生艇、狭小空间等距离陆地距离较近时，通过哨子发声引起陆上或安全区域人员注意，从而达到报警

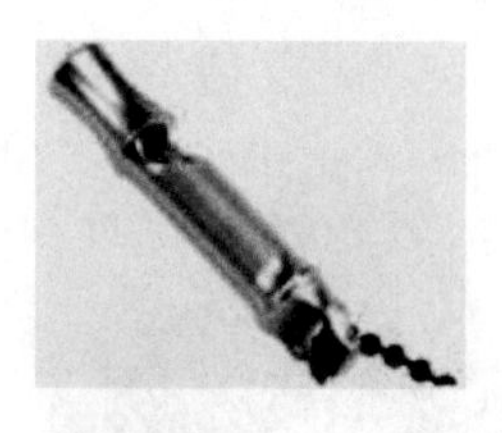

图4-6 哨子实物

目的。

4.1.2.3 染色剂

染色剂来源于化工及物理化学生物实验等领域，在水域事故中，主要通过改变遇险人员周围水体颜色，与其他水体形成明显色差，以达到使救援人员尽快发现遇险人员的目的。在宽广水面上或水下作业被困时，遇险人员发现救援舰艇或飞机而救援人员未发现遇险人员时，遇险人员通过释放染色剂可以起到短时间定位和报警的效能。

4.1.2.4 灯光报警器

灯光报警器是通过发出灯光信号以引起周围注意的报警装备，其通常与声音报警器合二为一，也称为声光报警器，广泛应用于石油、化工、油库、消防等领域。根据灯光报警器在水域事故中的应用场景，分为连续稳定光照报警系统和闪光式报警系统。连续稳定光照报警系统包括远距离探照灯等，主要利用稳定、长距离探测光照达到报警目的；闪光式报警系统以闪光报警器为核心产物，主要通过光强度变化或光颜色变化以引起救援人员注意（图4-7）。

水上船体发生翻沉事故时，特别是在内河与湖泊夜间水域事故中，灯光报警器是非常好用的报警装备。

4.1.2.5 其他报警方式

除上述报警装备外，还可通过烟火信号、特制语言信号等方式求救报警。烟火信号是通过燃烧方式释放大量烟雾以引起救援人员注意的报警方式，主要用于被困孤岛人员的报警求助。通过烟雾引起周围船舶、飞机等人员注意，也可以在空旷区域摆放不同形状（如SOS）符号，利用火焰、颜色以提高遇险人员被发现概率（图4-8）。

图4-7 闪光报警器实物

图4-8 孤岛求援报警方法

4.2 水域事故个体防护装备

水下救援环境复杂多变，救援队伍在抗洪抢险和水上事故处置中，由于个人防护装备问题而导致的人员伤亡事故时有发生，因此专业高效的个人防护装备是保障水域救援人员安全、高效开展救援工作的重要基础和必要条件。水域救援中，对救援人员的防护主要从防撞、节省体力、保持生命体征等方面入手，即头部防撞、辅助浮力与体温保持。因此，水域救援人员的常规个体防护装备主要包括防护头盔、救生衣（浮力背心）、水域防护服、潜水救援辅助防护装备、冰面救援辅助防护装备、救援鞋、救援手套及牛尾绳等。

4.2.1 防护头盔

防护头盔是水域救援必备个体防护装备，主要用于水流湍急、水下暗礁丛生环境下，如泥石流、山洪、河流中上游等。当救援人员脱离指挥中心（岸上或船舶）保护控制（防护绳索断裂等）时，救援人员随水流运动环境下，头部极易碰撞到河岸与水下坚硬岩石，导致救援人员昏厥或失血错过抢救时间。因此，防护头盔的核心作用在于保护救援人员头部安全。

根据水域环境特征，要求防护头盔具有质量小、密度低、抗撞击强度大等特点，因而水域救援中防护头盔通常以强化聚合物制成，内有泡棉满足抗撞击要求外，还可达到一定的撞击缓冲效果，质轻舒适（浮力大于自重）。同时，水域救援防护头盔顶部及侧面开孔以达到透气与排水效果，采用无帽檐形式设计以避免妨碍视线和增加阻力（图4-9）。

图4-9 水域救援防护头盔

4.2.2 救生衣（PFD）

救生衣（Personal Floation Device），也称浮力背心，为个人必备之浮力装备，是救援人员的辅助防护装备，也是遇险人员自救所必备。专业救生衣的功能主要是为水下人员提供辅助浮力，降低水下人员的体能消耗，其需要具备常态时浮力能保证单人作业、救援时最大浮力可同时承载2个成年人的复合浮力配置方式。根据使用对象差异，分为保护型（标准浮力救生衣、充气救生衣等）和救援作业型（白水救生衣或快速解脱逃离救生衣，救援作业专用，不可用于被救人员）；根据使用环境差异，水域专业救生衣可分为激流救生衣、大浮力救生衣、急流救生衣等（图4-10）；根据使用原理差异，水域专用救生衣又可分为固体充填与应急气体充填救生衣。

常规固体充填式救生衣主要有救生衣内充填的固体浮力块辅助人员浮在水面，模块化浮力背心是较为理想的选择，激流救生衣、急流救生衣均属此类。模块化浮力背心的背部中央有扣环便于携带绳索救援，前部的快卸装置可在遇到紧急情况时快速解开扣环，摆脱绳索。

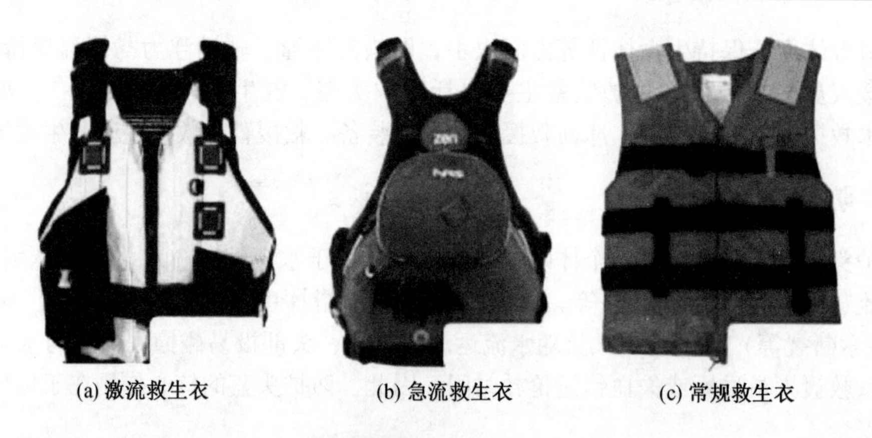

(a) 激流救生衣　(b) 急流救生衣　(c) 常规救生衣

图 4-10 救生衣实物

应急气体充填式救生衣是指通过物理或化学原理使气体快速充满救生衣气囊，从而发挥其助浮功能的救生装备。应急气体充填式救生衣具有尺寸小巧、便于携带等优点，已形成系列产品，主要包括救生背包、救生马甲、救生腰带、救生臂环、速浮手环等（图 4-11），所使用气体为 CO_2 或空气。水中遇到紧急情况时，按下装备启动装置按钮，可直接释放压缩气瓶中的气体或使不同物质接触反应产生气体，数秒内快速将气囊充满；当启动装置失效时，也可通过配置的单向气嘴进行人工补充气体，实现双保险效果，为救援人员和遇险人员的安全提供更多时间与机会。

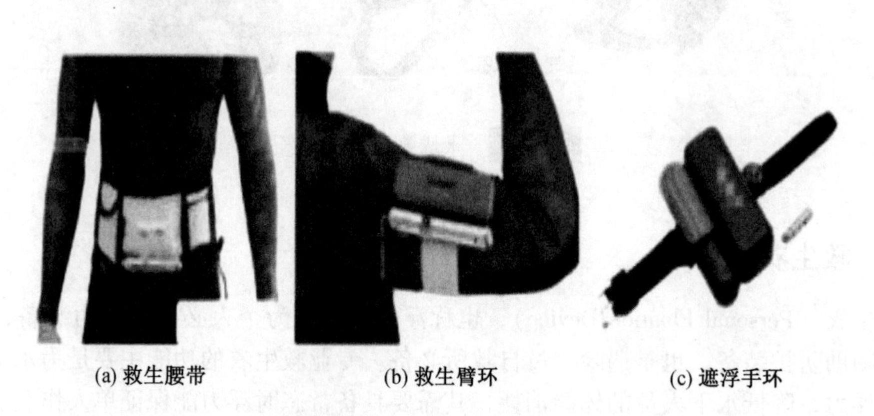

(a) 救生腰带　(b) 救生臂环　(c) 遮浮手环

图 4-11 充气式救生装备实物图

由于救援人员随身需要携带救援工具，因此在水域救援中，救援人员使用固体充填式救生衣，在湖泊等水流缓慢、无尖锐物体在附近时，遇险人员可使用应急气体充填式救生衣。此外，所有救生衣均配备有夜光条，以便于夜间救援和目标搜索。

4.2.3 水域救援服

水域事故救援中，水域救援服是保持救援人员体温、防止救援人员因低温出现疲劳、抽筋、失温等现象的重要举措，是提高救援能力和保障救援人员安全的关键保障。该类装备用于保护救援人员的躯干、颈部、手臂及腿部，根据结构与应用环境可分为湿式救援服、干式救援服和冷水救援服（图4－12），主要应用于水温较低、水下救援时间长的水域事故场景中。

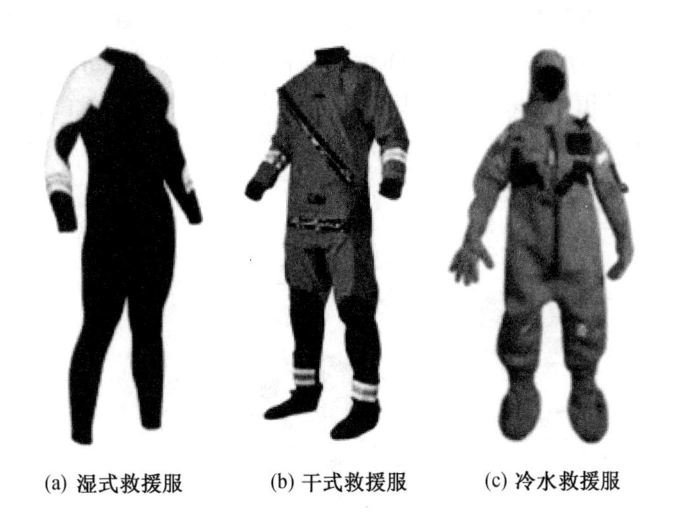

(a) 湿式救援服　(b) 干式救援服　(c) 冷水救援服

图4－12　水域救援服实物

湿式救援服通常采用1.5～10 mm氯丁橡胶材质制作，以确保救援服与身体的贴合并保持良好的机动性。水域救援过程中，该装备的主要功能在于防止救援人员身体被礁石割伤、水母等生物伤害，同时具有通风透气、排汗等功能。救援服内衬钛涂层的设计与贴合的结构使水无法在防护服内流动，湿式救援服具有一定的体温保持效果，但湿式救援服无密封结构，水可从领口、袖口、下摆等位置流入救援服内与人体皮肤接触，导致其体温保持效果有限。因此，湿式救援服适用于夏季水温条件下的水域救援及作业，一般水温20 ℃以上为宜。

相比于湿式救援服，干式救援服在领口、袖口等部位采用了密封设计，具有一定的耐静水压性能，防止水流入防护服，以使身体保持干燥状态。因此，干式救援服的主要功能是对水下救援人员的体温保持，兼顾防礁石、水下生物性伤害功能。通过内穿保暖内衣、保温毯等措施可以提高其体温保持效果。该装备适用于春、秋季节低水温条件下的水域救援及水下作业，一般水温使用下限为5 ℃，温度再低，其体温保持效果急速变差。由于干式救援服使用时需要充气，因此使用干式潜水衣必须经过特别的训练。此外，在污染水域救援时，优先选用干式救援服。

冷水防护服采用阻燃氯丁（二烯）橡胶材质，配备面部防水罩和可拆卸式内部浮力衬垫，通过聚氨酯涂层尼龙焊接，从而达到全密封体温保持状态。该装备防水效果更佳，臀部、肘部等活动部位均进行了强化保护处理，是普通干式救援服基础上的升级产品，适用于冬天等冰水条件下的水域救援。此外，通过配备橡胶鞋底、定制袖口（容纳冰锥）及局部加厚设计以达到防风保护功能，该装备也可用于冰面及风雪条件下的野外救援。

与救生衣类似，通常在水域防护服肩部和手臂部位加贴反光装饰，便于在低光照条件下目标搜寻与定位。

4.2.4 潜水救援辅助防护装备

潜水救援是水域救援的重要组成部分，借助潜艇等大型设备，人类已经可以在万米海底活动，但在依靠潜水服时，受制于人体承受极限，通常要求潜水深度不超过 60 m。潜水救援与其他水上环境相比，潜水救援中，除需要配备防护服外，个体防护装备还包括潜水面镜系统、水下呼吸装置、充气式背心、潜水手套、脚蹼以及水深指示器等，如图 4-13 所示。

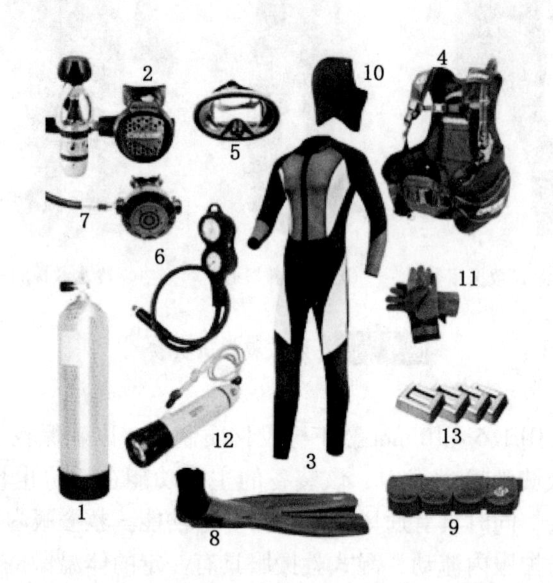

1—气瓶；2—呼吸器；3—潜水衣；4—气瓶背拖；5—面镜；6—三联表；7—备用呼吸器；
8—潜水靴 + 脚蹼；9—腰带；10—帽子；11—手套；12—手电；13—潜水铅

图 4-13 潜水救援个体防护装备

4.2.4.1 潜水面镜系统

潜水面镜系统包括面镜与水下照明系统组成。面镜为塑料框架与透明有机玻璃材质，通过与面镜框架两端连接的高弹性带使面镜紧贴救援人员头部，防止水汽渗入。根据携带方式不同，水下照明系统可分为 2 种：一种是灯光可插在面镜框架上，腾出双手作业或救援，便于在海水中观察，通常与头部摄像头配合使用；另一种水下照明系统为拿在手上的微型手电灯，手电灯的尾端有连接带，可挂在潜水员手脖子上、固定在救援人员手臂或随手携带使用。

4.2.4.2 水下呼吸装置

呼吸装置是潜水救援与作业必备的防护装备，由口鼻半面罩/咬嘴呼吸器、连接软管、气瓶（氧气或压缩空气）、减压器、残压表等组成，用于为水下救援人员提供氧气。为尽可能延长水下作业时间，在容积受限条件下，提高气瓶压力成为必然举措，常用水下空气气瓶最大压力 20 MPa 左右（与环境温度有关），然而，人体肺部无法承受如此大压力，因此减压器功能为将气瓶高压降至1 atm，以供救援人员使用。

此外，在水深较浅、需要长时间水下作业的环境，利用压缩空气机等设备，可从水面救援船舶或岸边直接将空气通过软管连接至水下呼吸装置的连接软管，无须携带气瓶降低救援人员负重，提高水下救援机动性，加之水下工作时间的有效延长大大提高了救援效率。与携带气瓶水下救援相比，水面供气方式主要受限于水深、水底结构等条件。

4.2.4.3 充气式背心

可充气式背心由聚氨酯涂胶布热合而成，气囊通过刚性支架与气瓶固定，气囊通过开关实现自动充、卸气。在潜水救援人员完成作业或氧气不足时，可利用充气式背心自动充气，辅助救援人员快速上浮；需要下沉时，通过开关释放背心气囊内气体既可。该装备多用于应急条件下快速上浮，但不适用于长时间、深水作业环境。

4.2.4.4 潜水手套与脚蹼

潜水手套由高强度、高弹性、不透水织物缝制而成，具有保暖、防止意外刺伤手部等功能。脚蹼是为潜水员提供辅助移动动力的装备，由高强度塑料制成，长度0.5～0.6 m、宽约0.2 m。根据形制可分为套脚与无跟2种类型：套脚型脚蹼多用于温暖水域或浮潜活动中；无跟脚蹼需要与潜水靴一起使用，多用于低温水域或深潜行动。

4.2.4.5 水深指示器

水深指示器是利用压力测量潜水员深度的辅助设备，协助潜水救援人员明确下潜深度，以确保潜水人员安全。该装备安装在橡胶套中，具有防水功能，通过仪表显示下潜深度。

4.2.4.6 推行器

潜水救援中，当救援人员遇到水下生物袭击等危险必须快速撤离时，推行器就是其必要的辅助防护装备。通过推行器提供的辅助动力，使救援人员在水下获得一定的潜行速度和机动性，该装备已形成系列化、多样式产品，下潜深度大于50 m，最大速度达到6 km/h左右，可捆绑在救援人员腰部、背部或由双手控制在身体下部等使用。

图4－14 潜水用推行器

4.2.5 水面救援辅助防护装备

在急流、泥石流等救援中，救援人员通常需要在崎岖不平的河床行走，因此穿戴防滑、贴脚、穿着牢固的水域救援鞋是非常有必要的。水域救援鞋采用双层结构设计，内胆贴合脚部不进水，同时，鞋带系扣不外漏，防止钩挂其他物体，该装备主要用于保护救援人员脚部及脚踝，如图4－15所示。

水域救援手套通常采用复合面料制成，用于对救援人员手部及手腕提供专业防滑，该装备在确保救援人员手部操作灵活性的前提下，具备耐磨、耐撕及防水等性能（图4－16）。

泥枪是一种标枪的改进装备，由标枪、调节器、输送管、气源、手提袋等组成，以启动发射方式为主，工作压力为0.8MPa，主要用于解救被陷入泥潭的动物或人。泥枪利用水或空气，可以克服泥潭的吸附力，能快速安全地解救动物，最大限度降低其痛苦；不使用时，泥枪拆卸打包放入小型手提袋，易于储存和运送。

此外，水域救援专用牛尾绳（图4-17），配合登山扣，将水域救援人员与岸上固定物体或车辆连接，防止救援人员被急流冲走。该装备内置弹性，与救生衣上快速释放挽具配合使用，具有良好的抗拉伸效果，常应用于山洪、泥石流、急流、激流等水流速度大的环境，也应用于水下环境复杂、暗流丛生的水域救援中。

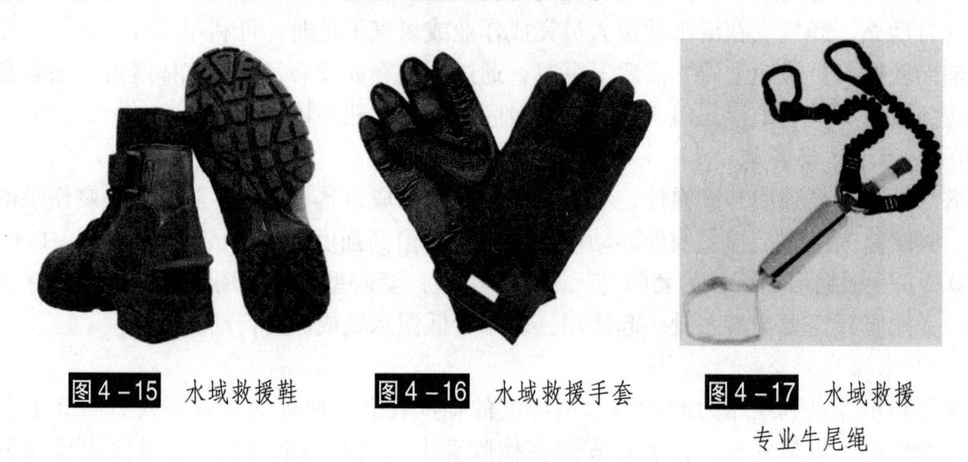

图4-15 水域救援鞋　　图4-16 水域救援手套　　图4-17 水域救援专业牛尾绳

4.3 水域事故抢险救援装备

水域事故发生后，遇险人员基于随身个体防护装备实施的自救以及及时有效的报警能为自己提供更大的生存机会，但在绝大多数水域事故中，特别是海域、水上灾害等事故中，他人施救显得更为重要。对于专业救援队伍而言，在接到报警后，需要根据线索和装备进行现场侦搜以确定遇险人员的确切位置，在保证自身安全情况下，利用破拆、浮力救生装备以及依靠现代化技术形成的其他救生装备针对性开展人员与财产抢救。在施救过程中，对受伤或不能自主呼吸遇险人员采取专业、简易抢救，以最快形式将遇险人员带至安全地带并接受医疗救治。故而，根据救援流程和装备特点，可将现场救援装备体系划分为搜索侦查装备、水下破拆装备、抛投救生装备、医疗救护装备及拦阻救援等其他救生装备。

4.3.1 搜索侦查装备

水域事故通常发生在活动水体水域，同时多伴随大风大浪、急流、洋流等，水域环境瞬息万变，遇险人员即使准确发出求救定位信息，但由于时间差的存在，救援力量到达现场时遇险人员一般都漂离定位水域。因此，强大的水上侦搜能力是成功救援的坚实保障。水域事故侦搜中，各类水域侦搜装备通常都组合使用，最短时间发现并实施救援，从而为遇险人员争取最大生存概率。

4.3.1.1 空天侦搜系统装备

空天侦搜系统装备指以飞行器或航天器为平台，搭载视频、红外等侦搜装置的远距离、大范围侦搜系统，搭载平台主要有载人飞机、无人机、飞艇、热气球、卫星、空间站等。相比水面船只、飞行器及航天器，具有速度快、响应及时、侦搜范围大等特点，因此空天侦搜系统装备特别适用于水域遇险事故。

大型飞行器飞行高度达到万米以上，巡航速度 1000 km/h 甚至更高，航程 3000 ~ 12000 km，航天器速度较飞行器更快。因此，大型固定翼载人飞机、大型无人机、卫星、空间站适合中远海水域侦搜，如图 4 – 18 所示，搭载于大型水面船舶的旋翼载人飞机也适用于远海侦搜。

(a) 固定翼载人侦搜平台

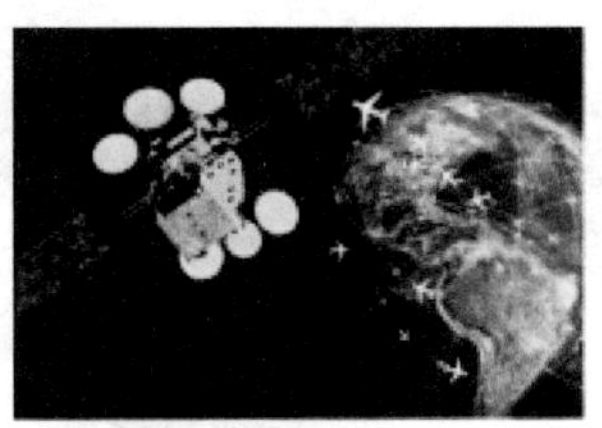
(b) 卫星侦搜平台

(c) 固定翼无人侦搜平台

图 4 – 18 大型水上侦搜平台

小型固定翼载人飞机、旋翼飞机、中型无人机（主要为固定翼）、飞艇、热气球等平台飞行速度 100 ~ 400 km/h、航程 300 ~ 1000 km（携带副油箱条件下可达 2000 km），适合中近海水域侦搜。小型无人机（一般为旋翼无人机）、小型飞机等航行速度 30 ~ 80 km/h，侦搜飞行速度 30 ~ 50 km/h，航程 10 ~ 100 km，由于小型无人机等具有重量轻、便于携带、环境适应性强等特点，因此该类系统适用于陆地河流、湖泊、山涧等环境下的快速响应与侦搜，如图 4 – 19 所示。

(a) 旋翼载人侦搜平台

(b) 中型无人侦搜平台

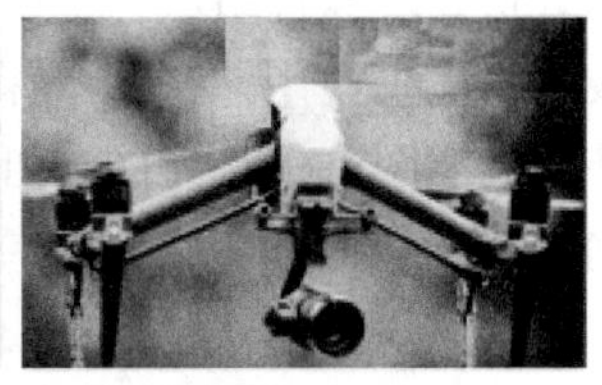
(c) 旋翼无人侦搜平台

图 4 – 19 中小型水上侦搜平台

4.3.1.2 望远镜

水域遇险侦搜中，受水流、气流等影响，落水人员位置并不固定，人眼受可视距离限制，不能达到远距离侦搜的目标。望远镜（图 4 – 20）具有的高清晰放大功能，可以辅助救援人员查找和发现远距离遇险人员或船只，是救援人员侦查搜索遇险人员最常用的装备。水域救援中，通常使用立体感强的双筒望远镜，物镜 50 mm，最大放大倍数 10 倍，最优放大倍数 7 ~ 8 倍，在雾气较大、亮度小的环境，需要选用相对亮度大的望远镜，以提高聚光能力，成像相对清晰明亮。

4.3.1.3 远距离搜救视频系统

远距离搜救视频系统（图4－21）由图像采集终端、数据传输电缆、便携式监视端及探杆组成。该设备采用防水设计，在图像采集终端配备摄像头与光源，主要用于水底、水下管道、涵道、井底、船底、冰下面、山间峡谷间隙等狭小空间和大型车辆车顶、树梢、集装箱码头等高处高空的视频探测与搜索，也可用于修饰管道检查及矿山救援等。

图4－20 望远镜

图4－21 远距离搜救视频系统

远距离搜救视频系统需要配合远距离救援伸缩杆使用，工作深度0～10 m，工作时间6～12 h，探测最远距离10～20 m，采用中空、可漂浮、玻璃纤维材质可伸缩探杆，改进后可集成语音系统，用于发现目标后了解遇险人员状况。

4.3.1.4 水下搜救声呐

水下搜救声呐，又称水下搜救侧扫声呐，由声呐单元、固定连接电缆、水上控制部分和分析处理软件组成，如图4－22所示，属主动式扫描声呐。该装备声呐单元固定在船体或水下拖曳使用，探测水深0.6～40 m，平面扫描半径60～300 m，扫描分辨率10 cm，支持光栅海图和矢量海图，可实现在浑浊水域、复杂地形、复杂水压区域的水下人员快速准确搜救。

(a) 水下搜救声呐系统

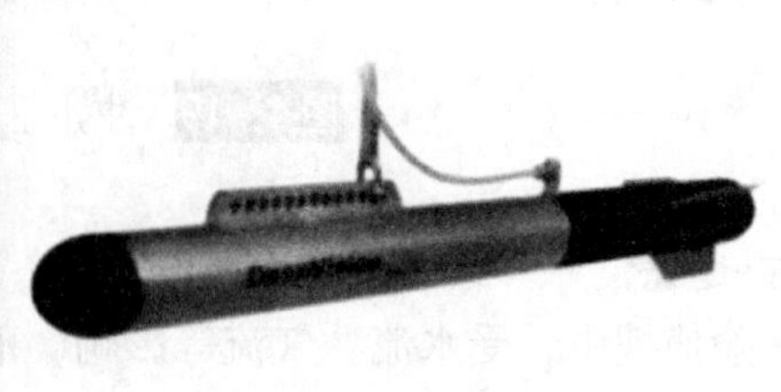

(b) 侧扫声呐

图4－22 水下搜救声呐系统

通过使用遥控船加声呐探测器方案，支持全系列包括量子雷达、声呐、红外热成像仪、音频集成、仪表、摄像机和自动舵，采用陀螺稳定声呐技术与宽频声呐芯片以实现不同频率的传输形成声呐图像，提供逼真的3D声呐图像，可实现较大水域面积内实现对水下区域遇险人员的快速搜救定位，进而实现快速救援。

4.3.1.5 水上侦察机器人

水上侦察机器人（图4－23）主要有远距离控制系统、无人船艇、高清可视摄像头、红外摄像头等组成。其中，远距离控制系统采用GPS或北斗定位系统，无人船艇多采用全电动、螺旋桨推进方式，高清可视摄像头可实现360度自控旋转。在进行特定改装后，可与水下搜救声呐配合使用，声呐与船体控制单元连接，以实现远距离实时控制与信息互通。

图4－23 水上侦察机器人

该产品可根据任务差异进行搭载装备组合和平台定制，航行速度2～5 m/s，续航时间6 h以上，通讯距离2 km，可适用于河、湖泊、港口及近海浅水环境，对清澈水域、浑浊水域、化工污染水域、核辐射水域等在内的危险环境进行侦查与环境监测。

4.3.1.6 水下搜救侦察机器人

水下搜救侦察机器人（图4－24）是微型潜艇、高清摄像与远距离传输技术发展的结合体，能够替代救援人员进入水下进行长时间侦察工作，在江、河、湖、深水码头、发电站、水库等区域对落（溺）水人员、沉船、落水车辆和物品进行定位搜寻并辅助打捞工作。

图4－24 水下搜救侦察机器人

该产品动力充沛，水下最大行进速度2 m/s，连续工作时间达到6 h以上，1080 P低照度摄像头可以使救援人员清晰地看到水下环境；基于多矢量布置推进器以及合理的重心设计，以确保机器人具备优良的机动性能。该类机器人通过与高清成像声呐、机械手、高照明灯和更强大动力配合，辅助以北斗、陀螺等精确制导及远距离控制技术，使其具备强大的搜索作业能力。

4.3.1.7 照明装备

在黑暗环境救援时，当其他侦搜装备无法运抵或无法及时运到救援现场时，人工搜索是最古老、最直接也是最无奈的侦察方式，此时照明装备的使用尤为关键。在古代，黑暗环境救援照明装备以火把为主；在当代，探照灯、手电筒、闪光器、照明弹等是更为常用的侦搜装备，需要注意对探照灯、手电筒等装备电力持久性与防水性能的要求。图4－25所示为水域搜救照明装备。

最新的水域巡逻探照灯采用高光效、大功率LED及专业配光设计，可显示剩余电量及低电量示警；灯具尾部设计高穿透性、高可视性能的方位灯，在作业现场能够清晰地显示持灯人员的相互方位；采用专业密封设计，防护等级达到消防照明装备最高防护等级IP66/IP68，可在各种水域救援环境中使用。

移动照明月球灯（图4－26）由发电机组与照明系统组成。灯头360°旋转无死角照明，照明半径250～280 m，照明范围3800～4500 m^2，通过气动无极升降球形灯位置，升降高度4.2 m，抗风等级6级，连续工作时间大于12 h，主要用于河道、水库、中小型湖泊沿岸救援。

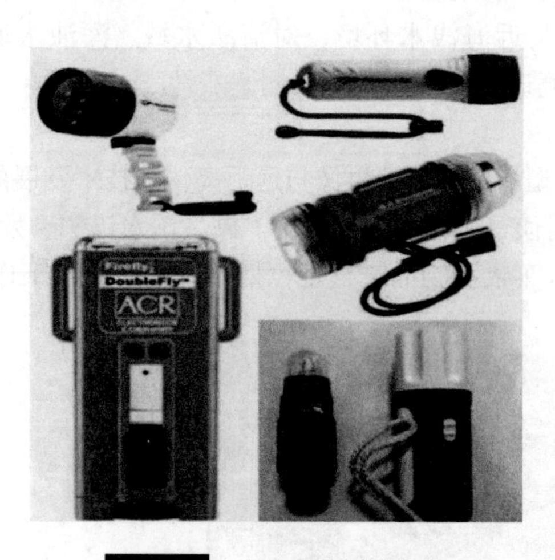

图4－25 水域搜救照明装备

图4－26 移动照明球形灯

4.3.1.8 其他侦搜装备

除上述水域救援专用侦察、搜索装备外，视频红外测温仪、红外线热测温仪、视频生命探测仪等也可用于河流、湖泊、封闭水体、狭小空间等环境下的水域救援。该类装备探测半径5～40 m，明显低于其他水域专用侦察装备，同时，视频红外测温仪、红外线热测温仪等在黑暗环境、水温较高、遇险人员落水早期效果明显，随着遇险人员在水中浸泡时间加长，遇险人员体温下降，该类装备效能会急速下降。由于视频生命探测仪等装备也常用于自然灾害应急救援、城市消防等领域，故在此不做赘述。

4.3.2 水下破拆装备

沉船事故、水流冲击导致的建筑物垮塌及水下作业过程中，落石、船体等重物封闭通道或压在遇险人员身上导致其无法逃离时，需要对金属、混凝土、坚硬岩石等进行破拆以实施营救，此时水下破拆装备就显得极为重要。与城市消防、自然灾害应急救援中破拆装备相比，水下救援破拆装备最大的区别在于防水密封性的要求。

4.3.2.1 常规水下破拆工具组

水下破拆工具组（图4-27）已形成系列化产品，包括水下切割机（圆盘锯）、水下扩张器、水下剪切器、混凝土击碎器、干/湿法水下焊接等装备，其配件有SOS信号灯、电源装置、液压动力泵、水下动力连接软管等。水下破拆工具组主要用于市政工程及沉船沉物的救捞作业、翻船救援、电站/水库闸门检修、桥梁/沉井/围堰施工、水上/水下钢构安装施工、水下管线铺设、水下清淤堵、水下混凝土浇筑修复等领域，满足潜水下深60 m作业需求。

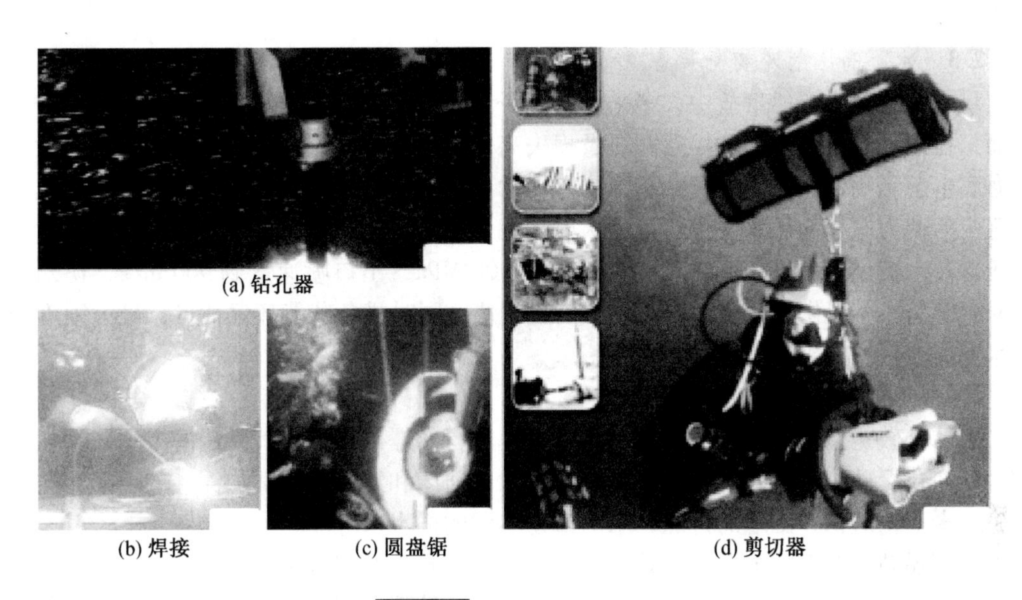
(a) 钻孔器
(b) 焊接
(c) 圆盘锯
(d) 剪切器

图4-27 水下破拆工具组

1. 水下切割机

水下切割机指通过防水电机带动锯齿盘运动以切割物体的装备，主要用于对金属、混凝土、岩石等坚硬物的切割。锯齿盘分为圆形和椭圆形，切割速度1~300 mm/min，最大切割厚度300 mm，单次工作时间1~1.5 h。

2. 水下扩张器

水下扩张器是利用液压实现扩张、撕裂和牵拉功能的水下救援装备，该装备采用高强度轻质合金钢制造，最大臂开度300 mm，最大扩张力86 kN，最大操作深度80 m，配备有浮体且间距可调；双向液压锁和自动复位控制阀组合，具有自锁功能，操作安全性高，可进行高负荷的救援操作且维护简便。

3. 水下剪切器

剪切器是通过液压进行金属类管柱截断的工具，水下剪切器最大开度140 mm，最大剪切力400 kN，最大剪切管柱直径25 mm，最大作业深度80 m，配备两组浮力装置且与剪切器间距可调。水下救援中，主要用于对钢筋类物体进行破拆、清理救援通道等。

4. 水下动力装置

水下破拆工具组使用的动力装置为电源装置和液压动力泵，具有良好的气密性和抗腐蚀能力，单次作业时间1~2 h，可在水中进行带压接驳。

需要强调的是，所有水下破拆工具均可用于路上破拆，受制于水下工作环境与配重，一般水下破拆工具的性能低于陆上同类装备。

4.3.2.2 燃气式水下破拆装置

常规水下破拆装备多以电力带动液压为动力源，受制于安全电压和温度变化，存在设备功率不足等问题。以燃气为动力源，燃气速率可通过调节阀精确控制，从而达到破拆动力的无极调整，利用燃气发电机构为液压箱提供电力，带动与液压箱连接的破拆装置工作。

4.3.2.3 水下高压射流切割装备

目前，翻船或沉船事故中，多采用等离子或火焰等热切割及爆炸切割方式进行破拆，然而，在水下进行热切割时，存在热量损失高、效率低等缺点，水下爆炸切割危险性高且对海底生态影响较大，因而，基于高压射流的冷态切割方式得以应用。水下高压射流切割装置包括动力源、高压水发生装置、水射流动作控制系统、供沙装置等，该装置通过喷射高压含沙水流进行水下切割，切割压力高于100 MPa，出口喷速达到900 m/s，切割厚度10 mm以上，小型化装备便于携带、切割速度快，同时具备节能环保特点，最大限度减小对水下周围环境的破坏与影响。

4.3.2.4 水下爆破装备

水下爆破是指在水中、水底或临时介质中进行的爆破作业，其常用的方法包括裸露爆破法、钻孔爆破法以及硐室爆破法等，主要用于河床和港口的扩宽加深、巷道疏浚与清除暗礁，水下构筑物、围堰的拆除，水下修建隧洞的进水口等。

水下爆破装置在陆上爆破基础上增加了防水功能，由防水雷体、炸药、导线或导索、雷管等组成，为开展水下定向爆破，常需要与水下钻孔机配套使用。由于水下环境复杂多变，缺乏成熟的水下爆破参数计算方法，目前还主要依靠经验和现场爆破试验以确定炸药量等参数，同时受制于水压影响，水下爆破威力随深度增加逐渐变差。

4.3.3 抛投救生装备

当过急水流、地形狭窄等客观因素限制导致救援人员无法靠近遇险人员或遇险人员距岸边较近无须救援人员入水施救时，抛投式救生装备就成为救援首选装备。抛投式救生装备指救援人员采取非接触式救援遇险人员时所使用的辅助救生装备，主要包括救生套圈、抛绳套装及救援杆等。

4.3.3.1 救生套圈

救生套圈（图4-28）是指用于救援落水人员的带有绳索的环形浮力装备。该装备在开启状态下直径约50 cm，重量1.6 kg左右，表面采用带有涂层的杜邦功能性面料，内部充填闭孔高密度聚乙烯发泡料以提供主要浮力，此外，该装备配备带有尼龙织带的热锻造D形环，可承受2720 kg的拉力（符合MIL-SPEC-22046-7要求），可满足单人或多人复杂条件下的救援需求。

发现遇险人员后，救援人员将救生套圈抛至遇险人员附近，被救者抓住套圈后将其套在腋下，在遇险人员自重影响下，当救援者拉动套圈时，连接环释放，套圈收紧并牢牢套住被救者，而后，救援人员通过连接绳索将遇险人员带至安全区域。由于该装备具备良好的浮力与抗拉能力，可适用于各种复杂的水域环境，因而被广泛应用于直升机水上救援、陆地和水上交通工具水上救援等。此外，作为辅助救援设备，由帆布、塑料、软木、泡沫塑料或其他比重较小的轻型材料制成的常规救生圈价格低廉、使用方便，被广泛存放于船舶、河道、湖泊、景区等水上及岸边设施，水域事故中被用于辅助人体救援，如图4－29所示。

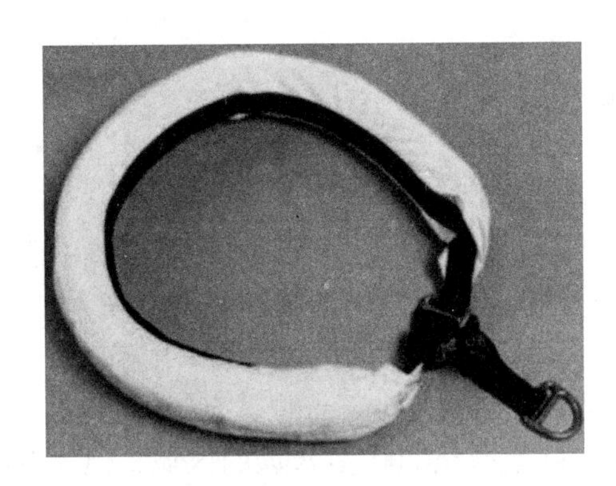

图4－28 救生套圈

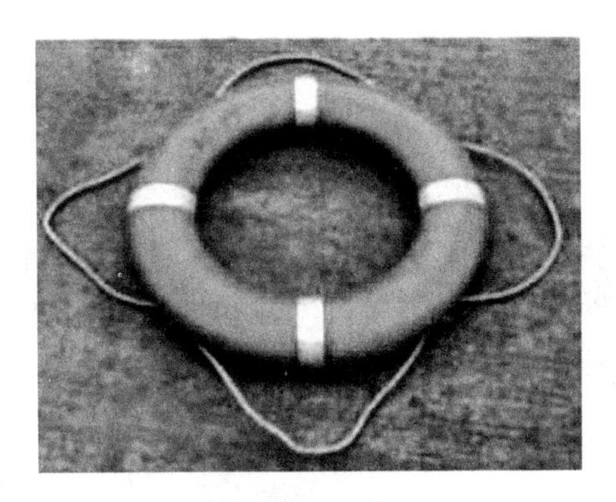

图4－29 救生圈

4.3.3.2 救援漂浮棒

救援漂浮棒，也称抛掷型自动充气救生圈或救生浮漂，如图4－30所示，是通过遇水自动充气方式提供浮力的抛投救生装备，分为单人救生漂浮棒和双人救生漂浮棒，提供浮力大于14 kg，人工抛出距离大于30 m，用于快速提供浮力、稳定落入水中的多名被救者。漂浮棒使用前装入防水袋中，长度35.6 cm，重量小于0.45 kg，携带与使用极其方便。发生水域事故时，救援人员将漂浮棒从防水袋中取出并抛至遇险人员附近，漂浮棒遇水后数秒内完成自动充气，变为一个带有把手的U型救生圈；遇险人员抓住U型救生圈后，利用其提供的辅助浮力使被救人员头部保持在水面之上，以便施救人员有时间将被救者转移到安全的地方。

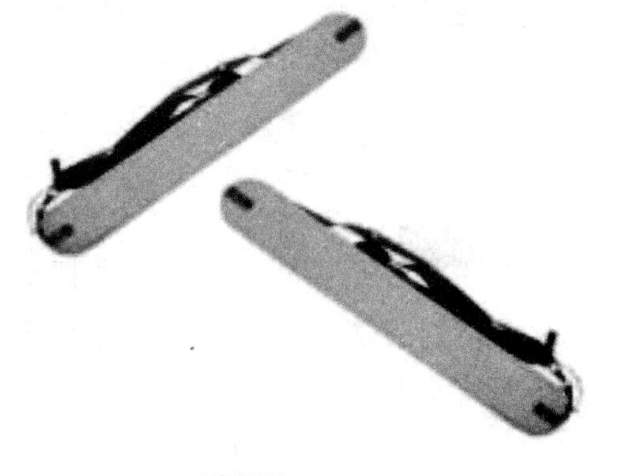

图4－30 救援漂浮棒

4.3.3.3 抛绳包

抛绳包外观为包状，其底部有重物并且包裹浮水材质，易识别、结实，绳包内通常收纳15～30 m长的漂浮绳，用来快速拉回被救者，如图4－31所示。当被救人员距离岸边不远时，在使用漂浮棒将被救者支撑起来后马上将抛绳包扔在遇险人员前面，等被救者抓住漂浮绳后将其拉回。

图4-31 抛绳包

4.3.3.4 抛绳枪

抛绳枪，又称抛投器或救援气动抛投器，是以压缩空气或火药为动力向目标抛投绳索及救生圈的一种装备，，如图4-32所示。但受制于火药使用的限制和气动发射成本低、发射噪声小、安全性高等特点，水域救援等民用领域中使用的抛绳枪均采用气动方式。气动抛绳枪主要包括发射枪、气瓶或空压机、抛头、绳索（6/8 mm）、充气管和救生圈等，高抛80 m，可将目标抛至200多米远的区域，但实际操作中，为克服风力、天气等自然环境对飞行过程的影响，抛头带有尾翼。与登山、城市消防抛绳枪使用的钢制锚钩抛投相比，水域救援中抛绳枪的抛头功能仅为定位和稳定，并不需要固定功能，因而需要采用专用钝式抛头。抛绳可与救援漂浮棒或救生圈连用，抛绳枪将带有救生装置的绳索发射至目标区域后，救生装置遇水自动膨胀变为U型或环形救生圈，同时，抛绳漂浮于水面。

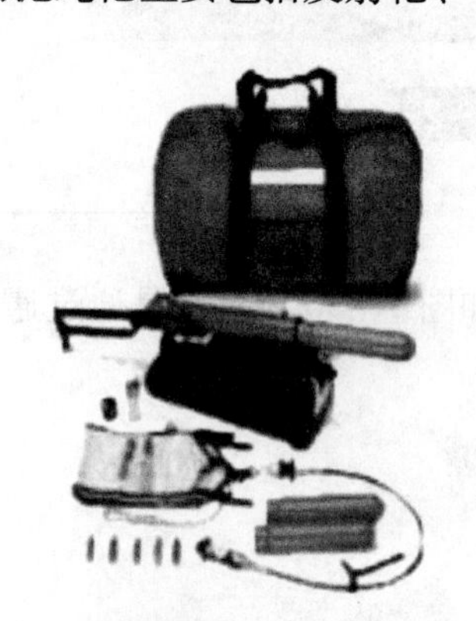

图4-32 抛绳枪

4.3.3.5 水面救援拖板

水面救援拖板，长1.7 m、宽0.84 m、重18 kg，用于单人救援及伤员运输，板体为聚丙烯材料填充，板体扶手为聚乙烯材料制成，拖板底部及上表面为ABS塑料。扶手贯穿全拖板，表面防滑。该设备主要用于水上、冰面、山间峡谷等水域的救援，水面救援时由船拖行到遇难者身旁，遇难者可抓住救援拖板的扶手或趴在漂浮板上并被迅速带离危险水域，也可和水上摩托艇等机动器材配合使用，通过牵引漂浮板，同时救起更多落水人员。

4.3.3.6 水上救援伸缩杆

水上救援伸缩杆为安装有绳套的碳纤维材质伸缩探杆，主要由浮力圈、浮力球、挂钩、爪钩、弹性捕捉器、D形扣、身体套索等组成，如图4-33所示。其折叠长2.6 m、伸开长17 m、重量5.5 kg，可浮于水面，主要用于河水、湿地和冰面环境下的救援。水上救援伸缩杆采用高模碳纤维材质，杆中间安装了安全绳，能够达到200 kg的高强度抗张力水平，同时，采用玻璃纤维材质基座，防导电性能达到20 kV，此外，模块化组装模式与多级调节结构使该设备可根据应用不同调节夹具扭矩。在洪灾遇险地带、泥潭沼泽、山涧峡谷、码头船上、冬季冰面等条件发现遇险人员时，救援人员在保证自身安全距离前提下，将救援伸缩杆探至遇险人员附近，遇险人员抓住救援杆或利用救援杆端部绳套套住遇险人员后，拉动伸缩杆使绳套套紧遇险人员，再缓缓将遇险人员拉向安全区域，该设备也可用于捕捞落水动物等。与其他抛投设备相比，水上救援伸缩杆具有配置丰富、便携轻巧、不占空间、使用简单、无维护、安全性高等优点。

图4-33 多功能水上救援升缩杆

4.3.4 其他救生装备

随着我国科学技术的不断发展和军工技术民用化的推进，近年来水域事故抢险救援装备体系得到了极大的丰富，如水下救生器的设计来源于潜艇逃生舱，水上及水下救援机器人的发展则依赖于远程控制与数据安全传输。本小节在侦搜、破拆、抛投装备介绍基础上，结合当下最新技术发展趋势，采取由简到复原则，对水域救生装备进行补充介绍，主要包括：救援刀、激流救生网、救生浮桥、水下救生器及救援机器人等。

4.3.4.1 救援刀

救援刀，又称潜水刀，是一种可折叠、带有锯齿边的钢制长条形刀具，长度20～30 cm，刀刃长10～20 cm，带有卡扣和硬质塑料刀鞘或折叠槽，单刃带有锯齿，锯齿长度2～10 cm，便于切割物体，手柄带有护口以防掉落。如图4－34所示。未使用时，救援刀固定在浮力背心专用口袋避免意外展开伤人或丢失；救援过程中，遇到危险或被水下水藻等缠住身体时，展开救援刀，使用刀刃或锯齿侧进行自卫或救援。

4.3.4.2 激流救援网

激流救援网，又称打捞网，长度5.0 m、高1.22 m（可定制），采用聚酯纤维材质，配备直径11 mm、破断强度高于30 kN（CE认证）、长度20 m的静力绳。如图4－35所示。该装备具有抗拉强度高、耐磨性好、耐腐性好等特点，采用双带叠合双环形缝合技术，使网带结合位置更有力、牢固，非常适用于洪水汛期或流速大的河流中上游区域的应急救援。

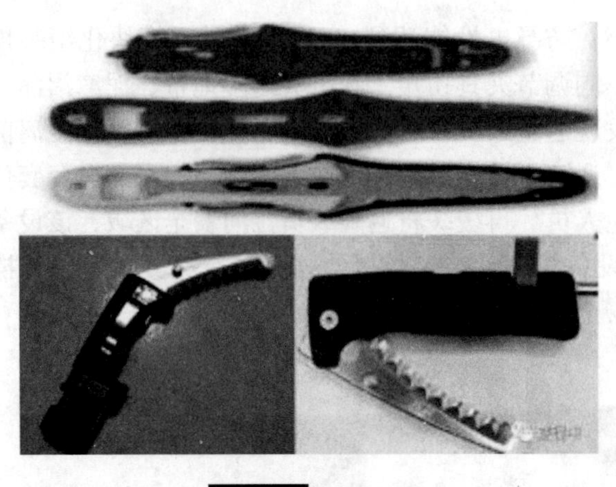

图4-34 救援刀

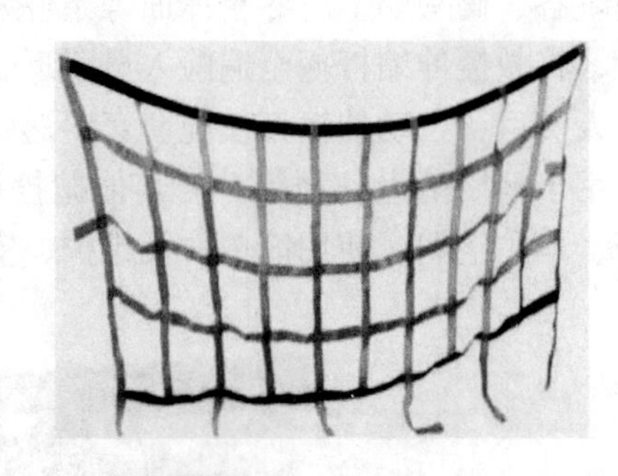

图4-35 激流救援网

在峡谷、河岸松软等救援人员无法抵达的危险河段发生人员遇险事故时，救援人员可将激流救援网两端绑在河流两岸固定物上，网面垂直并斜45°横穿水面，遇险人员漂流至网面附近时主动抓住网面并沿静力绳向下游方向将遇险人员拉至岸上。在大坝或桥梁附近，也可将激流网挂在桥下或垂在大坝下部，帮助遇险人员自救或协助救援。

4.3.4.3 救生浮桥

在水域救援领域，救生浮桥是一种可以移动的充气式救援浮桥，如图4-36所示，主要应用于冰面、静水或弱水流环境下的水面、沼泽或其他类似不稳定地面环境下的搜索救援。该装备长3~15 m、宽1.4~1.6 m、高0.1~0.2 m，工作压力0.5~0.8 MPa，单次作业空气需求量900~3360 L，充气时间18~45 s，自重27~66 kg，承重大于480 kg，可在-40~70 ℃环境下正常使用。救生浮桥地面增设有耐磨材料，正面为可快速拆卸与更换的防滑材料，浮桥两侧设置反光条，使其在黑暗条件下便于识别，防止救援船只等碰撞造成附带伤亡。

图4-36 救生浮桥

根据使用环境需求，救生浮桥具备良好的气密性、耐腐蚀与老化和防紫外线等特点，同时，充、排气阀带有自锁功能，以确保设备的安全性。使用时，通过空压机进行充气展开，前端为原型设计以减小水中行进阻力，采用前后、横向搭接方式，迅速在水面、冰面、泥地、湿地或沼泽区搭建起救援平台或浮动码头。需要更换位置时，通过浮桥牵引钩环在其他机动船艇或路上车辆拖拽前行，非常适合人员及物资的快速转运。

4.3.4.4 充气软管救生套组

充气软管救生套组由充气管、快速接头、计量器、安全阀、气瓶调压器、带气流截止阀的手持控制器、输送管、带锁销的连接器关闭装置、充气盖/接头抛物线连接点、坚固手提箱等组成，标准状态下配备6.8 L碳纤维气瓶、救援套组箱各一个，20 m带有收尾接头的救援充气管等。该装备充气后浮力600 N，可在黑暗条件下使用，具有小体积存放、应急状态下快速展开、多功能组合等优点，是水上救援提供的前线第一反应方案，适用于遇险人员意识清醒、能自救状态下的水域救援。

发生水域事故时，救援人员快速打开压缩工具包，利用连接器将拿出的充气管首尾相连成需要的长度（首根充气管另一端头配充气盖）后，向充气管内注入气体即可使用。根据救援现场情况，该系统可进行线性救援、横跨救援和拦截救援等。线性救援是指从陆上安全位置向遇险人员伸出充气管，在遇险人员抓住充气管后将人员救至安全地点的救援方法，该方法与救援伸缩杆类似，但充气软管救生套组具有更远的救援距离；横跨救援是指将充气软管选择一个角度横跨水流为遇险人员提供漂浮救生索并将其拉至安全区域的救援方法，其横跨角度朝着安全地带形成一条可靠、易控制的路径，其主要应用于流动水域，功能类似于带有绳索的救生圈等。当水流过急导致充气管在水中无法控制时，可将充气管连接器扔到对岸形成漂浮在水面的拦阻索，从而实现在快速水流状态下拦截遇险人员的功能，即拦截救援。

4.3.4.5 胶囊式水下救生器

胶囊式水下救生器是一种用于水下救援的特种设备，其包括胶囊式壳体及拉把、锁紧装置及密封圈、安全牵引索、供氧装置、人体固定装置及安全头盔等。该装备主要用于水下载人潜水器等事故救援，具有安全、快速、方便、可重复使用等特点。使用时，救援人员通过钢索将胶囊式水下救生器牵引至遇险人员附近，将伤员转至救生器并为其提供氧气后，救援人员再通过钢索将其带至安全区域（图4－37）。

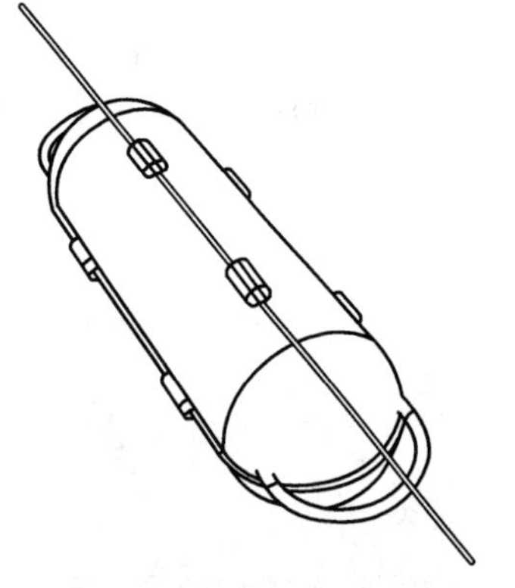

图4－37 胶囊式水下救生器

4.3.4.6 水面救援机器人

水面救援机器人是小型船艇、监测监控系统和远距离传输系统结合的产物，是实现智能化救援的必备实体。该装备主要包括远距离控制系统、无人船艇、高清可视摄像头、红外摄像头等，装载机械控制手臂后还能实现自动救援，但现阶段尚无法实现智能化。水面救援机器人远距离控制系统采用GPS或北斗定位系统，无人船艇多采用全电动、螺旋桨推进方式，高清可视摄像头可实现360°自控旋转。在进行特定改装后，可与水下搜救声呐配合使用，声呐与船体控制单元连接，以实现远距离实时控制与信息互通（图4－38）。

4.3.4.7 潜水救援机器人

相比于水面救援机器人，水下救援机器人的行进载体为微型潜艇，同时，受制于水下工作环境，水下救援机器人远距离传输系统必须具备水下实时传输功能。该装备配备有高清摄像、微型声呐等监测装备，用于水下侦搜，同时，机械手臂可进行物体挪移、拆卸或辅助救援等；此外，水下救援机器人可长时间水下工作，因此，其能够替代救援人员进入水下进行长时间侦察工作，在江、河、湖、深水码头、发电站、水库等区域对落（溺）水人员、沉船、落水车辆和物品进行定位搜寻并辅助打捞工作（图4－39）。

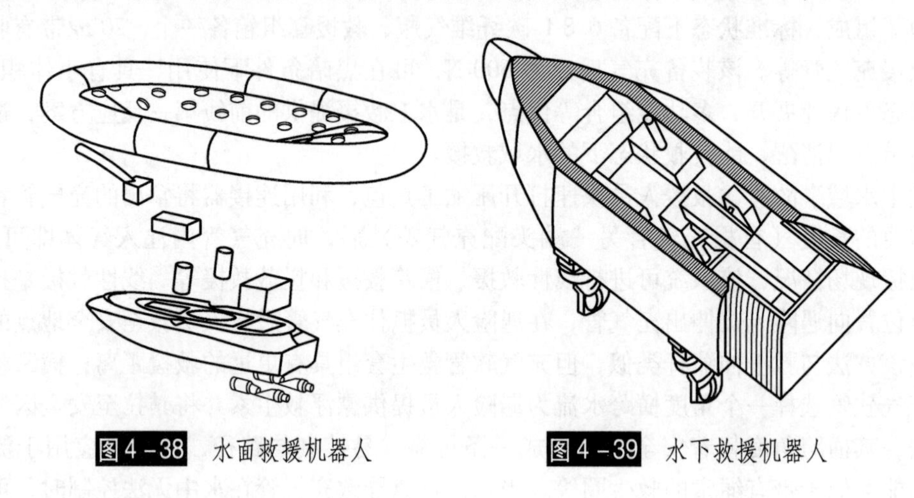

图4－38 水面救援机器人　　图4－39 水下救援机器人

4.3.5 医疗救护装备

应急救援的核心在于保护人民生命财产安全，因此，遇险人员被救出前后的应急医疗救护就显得异常重要。近年来，随着我国在水域救援经验的积累和科学技术的不断进步，水域救援医疗救护装备专业化程度越来越高。本小节中，重点介绍水域救援中遇险人员被救离危险水域前的应急医疗救护装备，离开危险区域后的救护装备与陆上救援相同，而医疗船等装备作为救援辅助装备阐述。

4.3.5.1 水陆两用担架

在激流、山涧、洪水等环境下发生水域事故时，被困人员可能存在因磕碰导致的身体局部组织或骨骼受损而无法行动，此时，担架就成为专用伤员必备的设备。由于山涧、洪水等环境下路上交通不便或被毁，救援人员使用陆上或水上担架均无法有效完成伤员转运任务，因此在常规担架基础上水陆两用担架应运而生。结合原有的救援担架与创新科技，水陆两用救援担架的设计充分体现了安全、高效、人性化的宗旨，图4－40所示为水陆两用担架。

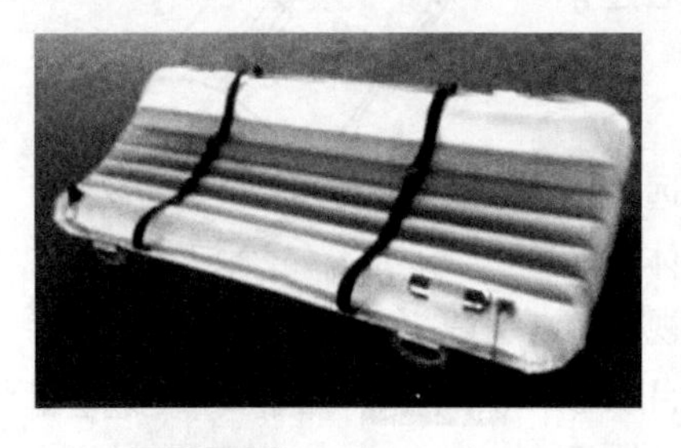

图4－40 水陆两用担架

水陆两用担架是基于水域救援现场需求的集成产品，其基本模型为具有一定漂浮能力和防水功能的担架，具有折叠功能，拆卸方便以利于存放。该装备长1.9 m、宽0.7 m，担架承受能力大于300 kg，担架浮力高于160 kg，充气气压15 kPa，使用时不得与明火接近或与尖锐物体接触。经过升级改造后，通过共用发动机，合理设计螺旋桨与轮胎制动方式的自动切换，实现产品的高效集成与快速行进功能。在陆地行进时，类似简易汽车运动，进入水域后，轮胎自动合入单价底部凹槽以减少阻力和吃水深度，同时，小型船用螺旋桨推出工作，为担架在水面行进提供持续动力，方便救援人员快速、高效救援和节省救援人员体力消耗。此外，通过增加可拆卸遮阳棚等方式，使水陆两用担架具备防晒、御寒等功能。

4.3.5.2 吊装担架

吊装担架，又称篮式担架，是一种带有吊环与固定带的具有一定浮力的担架，如图4-41所示，主要用于水域事故中的空中救援。该装备长2.16 m、宽0.61 m，采用铝合金框架和高强度聚乙烯外壳，可承受重量大于300 kg，担架底部配有防水泡沫床垫使担架漂浮于水面，具有防腐和防水渗透功能。救援直升机到达救援现场后，利用吊索通过吊环将吊装担架下放至遇险人员附近，遇险人员自己抓住并爬入担架或由救援人员抬入担架后，利用固定带将伤员固定好，吊索拉起并转运伤员，担架脱离水面时，担架底部的排水孔打开排出由于海浪或操作过程中带入担架的水。

4.3.5.3 水上专用急救箱

水域事故发生后，急救箱既是救援人员用于现场伤员伤口紧急处理的必备装备，也是遇险人员自救的关键手段。水上专用急救箱含水域救援便携防水医疗包1套，采用便携式设计，丢入水中1 h内不进水。医疗包内主要包括：野外急救指南和紧急情况求生指导手册各1本，敷料镊、蝴蝶型创可贴、安息香酊各1个，小剂量抗生素1袋，消毒湿巾与无菌无纺布敷料各1套，医用手套1双，手掌消毒液1瓶，垃圾处理袋1卷，3×3英寸敷料1套，压缩绷带1卷，普通创可贴和关节创可贴各1包，脱脂棉球1袋，布洛芬颗粒1盒，抗组胺剂1瓶，蚊虫叮咬缓解片1盒，安全别针1盒，防风火柴1盒，医用胶带1卷。

4.3.5.4 简易呼吸器

简易呼吸器，也称复苏球、气囊、皮球，由面罩、单向阀、球体、储气安全阀、氧气储气袋、氧气导管等组成，如图4-42所示。具有携带便捷、方便使用、并发症少、不依赖空气通气等特点，适用于心肺复苏及需人工呼吸急救的场合，是水域救援的重要医护装备。为保证施救过程的卫生，该装备采用一次性的硅胶材质制作，但单个病人可以重复使用，重复使用前需要对呼吸器各配件进行消毒处理。该装备使用时，面罩一定要紧扣伤员鼻部以防漏气，当伤员可自主呼吸时，人工辅助呼吸节奏要与伤员呼吸保持同步，使伤员自行完成呼气动作。

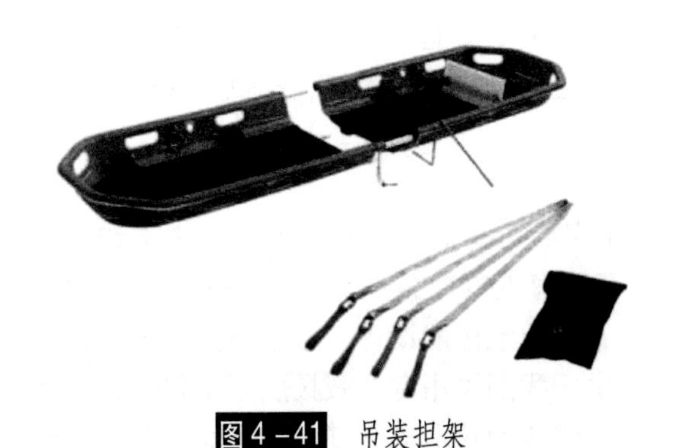

图4-41 吊装担架

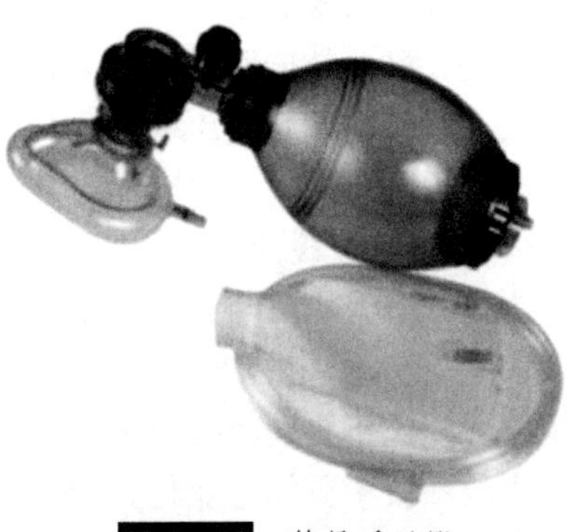

图4-42 简易呼吸器

4.4 水域救援平台装备

在离岸水域事故或泥石流、山洪等自然灾害引发的水上事故中，救援人员需要利用大型、专业、系统化装备辅助救援，此时，运载与动力辅助平台就成为救援工作顺利开展的必要前提。在现有水域救援装备体系中，其运载与动力辅助平台包括车辆平台、船艇平台（或舰艇平台）和飞行器平台，船艇装备是湖泊、中远海等远岸救援最重要的平台，空中装备是所有复杂环境救援的必要补充和关键手段，车辆平台则主要用于洪水等近岸水域事故救援。除运载平台外，动力源、电力保障等设备也是水域救援必要的辅助装备，由于该类装备不直接参与现场救援，故将其作为辅助设备并入平台装备体系。

4.4.1 水域救援船艇平台装备

在海域救援中，由于其范围广、搜寻难度大、救援难度高，可能事故对周围海域环境等影响较大，常需要海军、海警等带有军事背景的装备参与救援，故将船艇平台也称作舰艇平台。按照水域灾害特征分类，水域救援船艇平台可分为水面平台和水下平台；依据我国对船艇划分标准，水域救援船艇平台可分为舰、船、艇、舟等平台装备。本节按照救援平台大小和功能对其进行归类介绍。

4.4.1.1 救援舰

我国海军编制中，将排水量大于500 t的作战船只称为舰。由于作战舰只设计中考虑更多复杂、极端环境下的使用以及高航速等特点，在常规救援力量不足时，是十分重要的补充和临时救援平台。2006年印尼海啸发生时，美国曾派出包括航空母舰、两栖攻击舰、医护舰等在内的20多搜舰艇用于人道救灾（遇险人员打捞、救治、临时安顿等）。日常海上事故中，驱逐舰、护卫舰、补给舰、登陆舰、两栖舰等几乎所有种类军用舰只每年都会参与到海上事故搜救、救援。

上述各平台主要用于协助水面及附近救援，而在水下救援中，专用水下救援舰是其核心平台。水下救援舰也称潜艇救援舰（图4-43），是为水下潜水器事故救援提供撤离设备、对潜水器进行维修的一种军用特殊舰种。除了救援舰常见的直升机起降平台、绞车、救生艇等设备，潜艇救援舰还通常配备有探测声呐、救生潜艇、潜水救生钟、减压舱、压缩空气系统和氦氮氧系统。在执行潜艇援救任务方面，对在一定水深下由于故障而失去动力的潜艇，潜艇救援舰可以深潜救援艇、救生钟营救失事潜艇人员；可向失事潜艇提供高压空气，以排出潜艇的压载水使其上浮；必要时，还能打捞失事潜艇，提供无人舰载机的起飞和降落。

4.4.1.2 专业救援船

为提升海上执法与救援效率，我国于2013年完成对海监、渔政、海事、边防和海关5个部门的整合，正式成立海警局，借此东风，我国海上专业救援船进入快速、系统化发展道路。相比于协助救援舰和其他大型执法船只，专业救援船设计以水上救援为核心，在水域事故救援中更加专业化、合理化、高效化。由于我国民用专业救援船起步较晚、数量少，同时，为实现资源的合理利用，现阶段仍采用改装和建造双重并进的局面，并逐步形

图4－43　潜艇救援舰

成专业设计建造为主、改装为辅的发展模式。

2017年3月，我国最新专业救援船“南海救102”投入使用，该船长127 m、宽16 m，满载排水量7300 t，巡航速度14 kn，续航力16000 n mile，可搭载中型直升机，具备6000 m深海扫描定位、拖曳设备、无缆水下机器人操控等功能，是我国第一艘同时具备空中、水面和水下综合搜寻能力的海上专业救援船，如图4－44所示。“南海救102”专业救援船除开展人员救援外，还可对遇险船只实施排水、堵漏、空气潜水、拖带等救助作业，具备一级对外消防灭火作业能力，该船配备系柱最大拖力1700 kN，能够对10万吨级船舶进行拖带作业；其次，该船配备DP－2动力定位、减摇鳍和减摇水舱，在12级风条件下能出动、9级风条件下能实施有效救助，正常可救助200人，并且可对伤病员进行简易的药物、器械和手术治疗；此外，“南海救102”救援船集成了计算机网络、数字会议、卫星宽带、卫星判决、视频监控、微波传输、水上通信、光电跟踪、雾视仪等系统，实现了先进、可靠、多重保障的信息传递、感知能力，为水域救援提供了更高的部署、指挥保障条件。

图4－44　“南海救102”专业救援船

随着科学技术的进步，无线通信、数据链、物联网等技术在水域救援领域的应用，无人操控救援船等装备已进入开发中，为专业化、精细化水域救援的需求提供更多选择。

4.4.1.3 专业医疗船

专业医疗船是海上浮动的医院，是为了减少战争人员伤亡而设计、改装的专业化船只，在重大自然灾害救援中可起到至关重要的作用，美、中、俄等国家均配备有自己的专业医疗船。美国专业医疗船“仁慈号”由游轮改造，排水量近 7×10^4 t，最大可承载 1300 人，船上医生有 200 人左右，是目前世界上吨位最大的医疗船。俄罗斯“额尔齐斯河”医疗船最大排水量为 11300 t，航速不到 20 kn，船员 207 人，是俄罗斯最先进的几艘医疗船之一。

基于中国辽阔的海域需求，第一代医疗船“南康”级 20 世纪 80 年代列装，由“琼沙”级运输舰改装而成。21 世纪初，我国通过对多用途训练舰安装医疗组件、漆成带有红十字标识等改装出我国第二代医疗船，目前，加拿大和德国都拥有类似的医疗船。鉴于中国海上人道主义救助和灾害救援能力发展需求，2008 年，我国专门为海上救护“量身定做”了新型大型医疗船——“和平方舟”号（图 4 - 45）。该船船体采用军用船只建造标准，长 178 m、宽 25 m、吃水 11 m，标准排水量 13749 t、满载排水量 14219 t，总功率 150000 马力，最大航速 20 kn，续航能力 5000 n mile 并配备有直升机。“和平方舟”号医疗船相当于陆上三甲医院，医疗设施完备、装备先进，包括电脑断层扫描室、数字 X 线摄影室、特诊室、特检室、口腔诊疗室、眼耳鼻喉诊室、药房、血库、制氧站、中心负荷吸引真空系统和压缩空气系统等医疗系统共 217 种、2406（台）套，配备设有多个手术室和护士站，重症监护病房 20 张床、重伤病房 109 张床、烧伤病房 67 张床、普通病房 94 张床、隔离病房 10 张床等各类型床位约 300 张，船上设有远程医疗会诊系统，配有伤员专用电梯 3 部和完备的日常生活设施。

图 4 - 45 “和平方舟”号专业医疗船

4.4.1.4 橡皮救援艇

橡皮救援艇采用厚度 0.9 mmPVC 双面涂层优质气密布材料手工粘接和多气室安全结构设计，适用于在水流湍急、水底地形复杂或者水道狭窄以及不适宜使用动力船的水域，主要用于江河、湖泊等较平稳水流中运载人员和物资，如图 4 - 46 所示。以 750 型救援艇为例，该艇长 7.7 m、宽 2.8 m，配有 5 个气室，发动机重 400 kg、最大功率 300 马力，最高航速 36 kn，最大载重/人数为 1820 kg/16 人。根据动力配备，橡皮救援艇可分为无动力和有动力 2 种类型，由于采用橡胶等低密度、大浮力材质，该装备运输方便灵活、吃水浅、耐撞，在激流区、村庄搜救救援中效能突出。使用后及时清洁保养、清除杂物，避免尖锐物和坚硬物碰撞船体，造成破损。

4.4.1.5 摩托救援艇

摩托救援艇主要由船体、内置式汽油机、柴油机或涡轮喷气发动机、操控系统等组成，主要用于急湍和危险水流快速实施救援，如图4－47所示。该装备虽然单次救援能力小，但其速度快（最大速度170 km/h）、体积小、地形适应性好等特点，使其特别适用于江河人员落水事故中的快速救援。该装备使用时，需严格遵守其使用和操作要求，传动装置必须进行经常性的保养，保证油电的待命状态，使用中要避免强烈碰撞破坏船体。

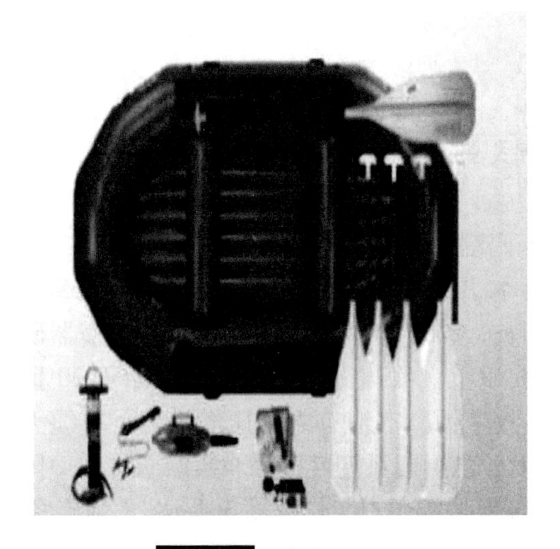

图4－46 橡皮救援艇

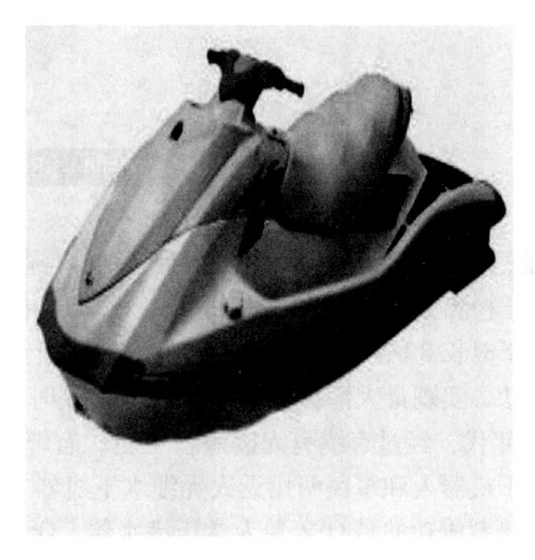

图4－47 摩托救援艇

4.4.1.6 冲锋舟

冲锋舟是用于水上执法、搜救的小型装备，可分为玻璃钢质冲锋舟、橡皮质充气冲锋舟和海帕伦材质冲锋舟。玻璃钢质冲锋舟由高强度玻璃钢模压成型，具有强度高、运载量大、速度快等特点，使用后及时清洁保养，清除杂物，避免强烈碰撞破坏船体，适用于湍急洪水、江河上运载人员和物资等抢险救援。橡皮质充气冲锋舟长4.3 m、宽2 m，配备5个气室，气囊直径0.5 m，最大承载量950 kg，采用专用汽艇布料0.9 T1000D/PVC，气密性、耐磨性良好，具有方便、可靠等优点，运载量较玻璃钢质冲锋舟小，适用于休闲娱乐、钓鱼、抗洪抢险救生等，如图4－48所示。海帕伦材质冲锋舟主要用于武装人员执行任务使用。

4.4.1.7 深潜救生器

现阶段，下潜深度超过1000 m的深潜器全世界仅有12艘，而拥有6000 m以上深度载人潜水器的国家为中国、美国、日本、法国和俄罗斯。20世纪60年代，受美苏争霸影响，深潜器得到了快速发展机会。1960年，美国建造的“的里雅斯特”号深潜器创造了下潜10916 m的世界纪录，水下作业时间20 min；1985年，法国“鹦鹉螺”号深潜器下潜深度6000 m，累计下潜1500余次，主要用于深海海底生态等调查和沉船、有害废料等

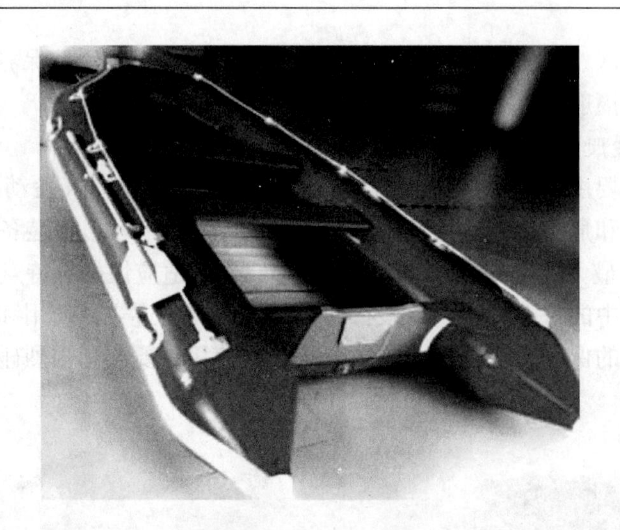

图4-48 充气式冲锋舟

搜索任务；1987年，俄国“和平一号”深潜器下潜深度6000 m，水下作业时间17~20 h，用于检测深海环境参数和海底地貌；1989年，日本“深海6500”号深潜器下潜深度6527 m，水下时长8 h，用于海洋斜坡和大断层进行了调查；2009年，我国“蛟龙号”深潜器研制成功，实现最大潜深7062 m，水下作业时间9 h以上。我国专业救生艇研发始于20世纪70年代，经过有缆有人援潜救生艇、有缆有人救生钟、有缆有人常压潜水器、有缆无人水下机器人和军民两用无人无缆水下机器人研发，已形成系列性深潜救援装备。如中国率先研制成功的是QSZ单人常压潜水器。QSZ内部保持常压，工作深度300 m，巡航半径50 m。该潜水器带有中继站，潜水员操作机械夹持器可以完成简单的水下作业任务。该潜水器只有一名操作人员，在工作深度超过300 m时，会因为海水压力的存在，造成潜水员作业时容易疲劳。

除国产深潜救生器外，我国还引进了英国产的LR7救生潜艇（图4-49），该艇长25英尺（约7.6 m），配备有水下摄像机、高频主动声呐和一个机械手，可在300 m深度潜航12 h以上。艇内设有横向连接的3个球形舱室，前舱为驾驶室，中舱和后舱用于救生。执行任务时，首先通过艇首的球形透明罩确定失事潜艇方位，然后借助艇体下方的裙罩与后者对接，失事艇上人员即可安全转移至救生艇内。根据设计指标，LR7可在恶劣海况下对各种型号的核潜艇及常规潜艇实施救援，每次最多能搭载18名遇险者。

4.4.2 水域救援飞行平台装备

相比于水面舰艇平台，飞行平台具有速度快、搜寻范围大等优点，因此在水上救援、特别是海上救援中，飞行器是必不可少的救援利器。目前，除侦搜装备外，可用于水上救援的飞行器主要包括直升机、水陆两栖飞机和地效飞行器等。

4.4.2.1 直升飞机

直升飞机是人类最早的飞行设想之一，根据旋翼数量和布局方式可分为单旋翼带尾桨式直升机、双旋翼共轴式直升机、双旋翼纵列式直升机和双旋翼横列式直升机。1907年，

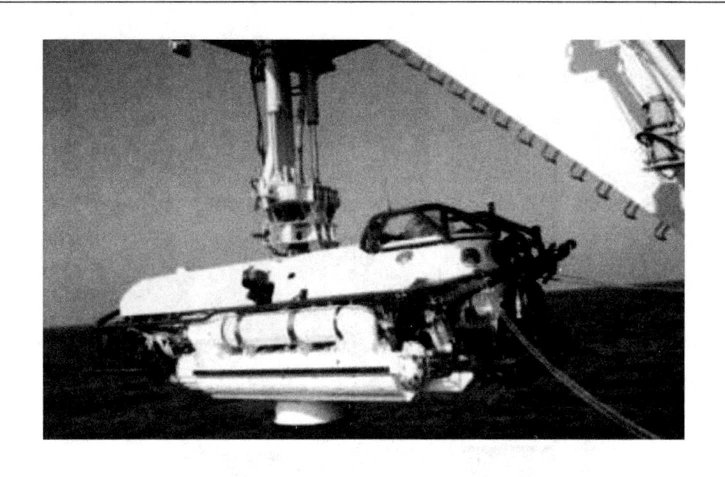

图4-49 LR7救生潜艇

法国科努研发首款直升机试飞，但未能解决平衡与操纵问题；到1936年，德国福盖-艾切基利斯研制并试飞成功世界公认的第一架架使正常操纵杆载人直升机；1946年3月，美国贝尔47型直升机首次获得商用直升机适航证，直升机从此进入实用阶段。我国第一架多用途小型直升飞机于1958年12月试飞，被命名“直5”；经过60多年发展，我国已研发出“直8”“直9”“延安2号”“武直10”以及“直20”等多种直升机，具备了轻、中型全吨位、多功能直升飞机系列产品。

在应急救援方面，我国立足于自主研发，结合国外引进，已形成了轻、中、重型救援直升机全覆盖，拥有包括直9、米格26等各类紧急救援直升机300余架，正在进行最后阶段试飞的“直20”因载重合适，将成为我国重要的水上救援力量。2013年12月，“直20”在东北某机场首飞成功，填补了国内10 t级中型通用直升飞机的空白，因其吨位、外形与美国黑鹰直升机接近，被称作“中国黑鹰”。“直20”飞机长15.7 m，最大飞行速度300 km/h左右，最大航程800 km以上，空重9200 kg左右，有效核载12人以上，采用5片桨叶螺旋桨和涡轴系列国产发动机，如图4-50所示。

4.4.2.2 水陆两栖飞机

水陆两栖飞机指适用于水上、空中不同环境的能够在水面起飞、降落和停泊的飞机，是水域救援、山林火灾救援的重要空中平台装备。该装备最快飞行速度175 kn，最低飞行高度300 m左右，小型飞行器有2个螺旋桨，大型飞行器拥有4~6个螺旋桨，截至目前，全世界仅俄、日、中拥有大型水陆两栖飞行器。

AG600水陆两栖飞机是为满足中国森林灭火和水上救援的迫切需要而研制的大型特种用途民用飞机，是中国大飞机三剑客之一，AG600与“运-20”运输机、C919客机为我国自主研制的“三个大飞机”，它也是当今世界上在研的最大一款水陆两栖飞机。该装备2009年立项，2016年总装下线并于2017年4月完成首次滑行，同年12月在广东珠海成功首飞；至2019年3月，已陆续投产4架测试飞机；2020年7月26日，AG600“鲲龙”水陆两栖飞机在山东青岛附近海域海上首飞成功，标志着我国大型水陆两栖飞机的研发基本成功。如图4-51所示，AG600水陆两栖飞机长36.3 m、翼展38.8 m，低空巡航

图4-50 “直20”中型通用直升机

图4-51 AG600“鲲龙”水陆两栖飞机

速度460 km/h，最大航程4000 km，最大起飞重量53.5 t，配备4台涡桨发动机；在长1500 m、宽200 m、深2.5 m的水域上即可自由起降20 s内即可一次汲水12 t，水上应急救援一次可救护50名遇险人员。

4.4.2.3 地效飞行器

地效飞行器，也称地效翼船，是一种利用翼地效应飞行，介于飞机、舰船和气垫船之间的一种新型高速飞行器。该装备在地效区飞行，兼顾飞机高速功能和船艇高载重比运输效率，无须跑道等综合设施，被公认为是21世纪重要的运载工具之一。由于无须跑道、航站楼等基础设施，地效翼船综合投资少，同时，其受地形约束小，可自由起降和停放于海面、冰面、沙漠、草原、沼泽等各类地形。该装备飞行速度是船舶的10～15倍、快艇类的3～5倍，有效载重可达到自重50%（飞机有效载重占比低于20%），具备快速、高效运行的效能。

"地面效应"原理在19世纪被揭示，但直到1932年，芬兰工程师才造出世界第一艘由船舶牵引在水面滑行的试验性地效飞行器，同年，德国一次飞机事故中也首次利用地面效应飞行避免了坠机事故。二次世界大战后，以苏联为代表的几个国家在地面效应理论和应用研究方面取得了重大突破，解决了飞行器纵向稳定性问题和找到了利用冲压技术提高升力与推理的方法，飞行速度较原先提高7倍以上，同时，运载速度也大幅提升；20世纪80年代，苏联实验型地效飞行器极限起飞重量达到1000 t，被西方国家称为"里海怪物"。近年来，美、英、日等国在该领域也取得了阶段性成果。我国于1998年初出版《地效翼船检测指南》，1998年上半年"信天翁"天型12座掠海地效翼艇进行海上试航，下半年DXF100型15座地效翼飞行器在漳河水库掠航演示；同年12月，"天鹅"号（751型）15座动力气垫地效翼船（艇）在上海验收。该阶段，我国研发的地效飞行器载重12～20人、自重4～8 t，但各飞行器采用不同的气动布局，我国在该领域的研发进入井喷时期。到现阶段，我国已开发出核载40人、载重4 t的成熟产品，更高载重的地效翼船也在研发中。

地效飞行器在军事上拥有独特优越性，但其快速、高效以及起降对地形等基础设施的低要求优点，使其在水域救援中拥有一席之地。例如，俄罗斯在建的"里海怪物"海上救护地效飞行器，装有全套医疗设备，如手术室、康复室及烧伤中心，可设150张病床，载500名轻伤员，或承载700～800人等待援助。此外，地效飞行器还可用于海上搜索，由于离水面近且飞行速度高，其搜索效率远远超过其他任何海上飞行器（图4－52）。

图4－52 "里海怪物"地效飞行器

4.4.3 水域救援车辆平台装备

在江河、湖泊、水库等近岸救援中，应急预案、装备提前预置是确保救援成功的重要保障。提前预置的水上救援装备是水域救援的核心，空中救援平台是其有效补充和危险区域的快速救援，但受地形、大气环境限制，大型救援装备的转运就必须依靠车辆平台装备。目前，水上救援装备转运及辅助救援平台装备主要包括船艇转运车辆和全地形救援车辆等。

4.4.3.1 船艇转运车辆

船艇是水域救援最重要的平台装备，但当船艇建造基地与相关水域不连通或存在特定地形无法通过巷道运输救援船艇时，需要专用车辆装备协助运输，为此，根据专用船艇类型、大小以及运输便利性等条件，研制了如折叠简易运输支架、船艇专用移动拖车等多种承载能力、多款式、成系列车辆产品，并能根据实际需要进行定制加工。

我国生产的15 t船舶平板拖车（图4-53）车体长9.0 m、宽2.5 m、平台高0.96 m，载重15 t、自重3 t，采用带有板簧的橡胶轮胎，具有良好的承载、缓冲和减震性能；轮轴自动摆动调节式，凸凹地面保证板面水平且轮胎受力均衡；双簧缓冲式牵引机构，在车辆起步或急刹车有缓冲作用，避免货物受损；牵引笼关上下可调节固定，不同吨位的牵引头或叉车牵引时只需简单调节；平台上配置活动卡扣，便于固定船舶；配置万向联接器与180°回转架，实现最小转弯半径，可原地180°转弯。

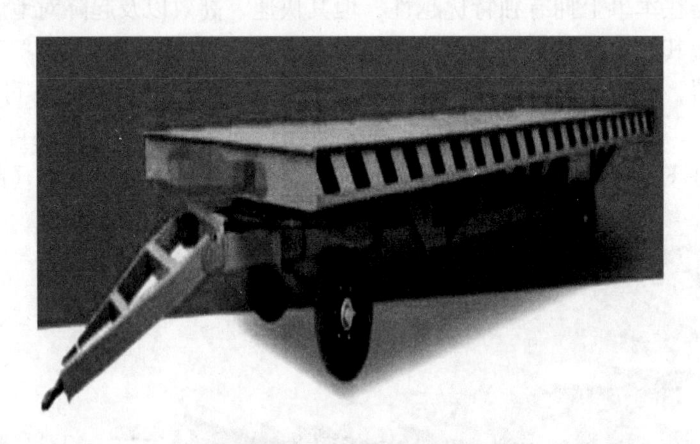

图4-53 15 t船舶平板拖车

在小型舟艇运输中，可直接通过可折叠简易运输支架满足短距离运输需求，如图4-54所示。其核心是将舟艇安置并固定于支架上，利用支架轮胎和其他动力装置将其拖运至目标区域。可折叠简易运输支架由伸缩主杆、带铰接的带轮支杆、张合式船体支撑杆、牵引连接固定架等组成。使用时，通过铰链将各支撑杆打开，通过张合式船体支撑杆控制支架合理宽度，各支撑杆上带有活动卡扣，用于便捷固定舟艇；固定好船艇后，将牵引固定架挂钩与其他带动力车辆连接，即可将其运输至目标区域；完成运输后，将支架重新折叠复位，以达到减小存放空间的目的。

4.4.3.2 全地形救援车辆

在河流上游区域发生的水域事故或由山洪等自然灾害引发的水域事故中，常因道路中断、无通行道路导致救援装备无法到达救援现场，在山涧等区域空中救援力量也因地形、环境限制而无法抵达，此时，全地形救援车辆可将救援装备较快速地运抵事故区域并将被

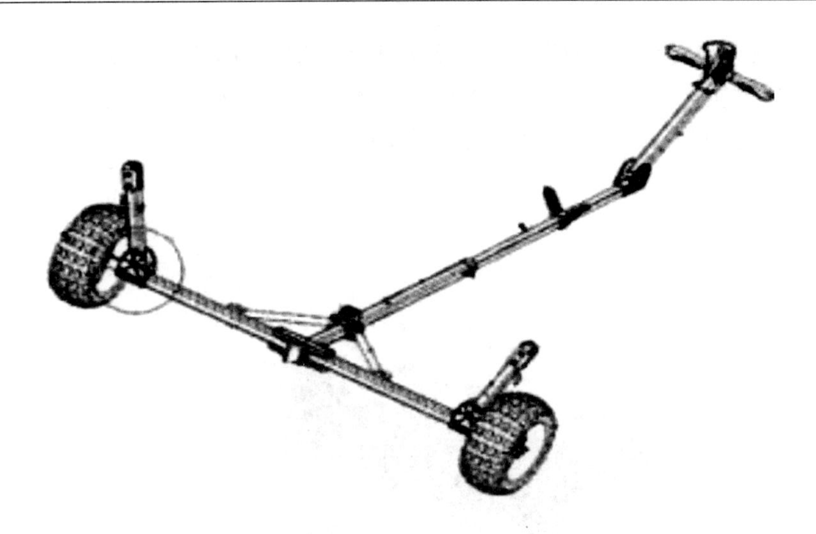

图4-54 可折叠简易运输支架

救人员转用出来交由医疗组救治。根据全地形救援车辆运动方式可分为履带式全地形救援车和轮式全地形救援车，而轮式全地形救援车又可依据轮胎数量分为4、6、8轮驱动全地形救援车。

履带式全地形救援车（图4-55）可以在雪地、沼泽，或没有路的状况等任何地方和任何条件下使用，轻型履带车甚至可顺利克服各种水上障碍。该装备在载重吨位上不亚于大部分重型越野车，但其越野速度低于轮式全地形车，适用于河、湖、沼泽、隆起的地面、森林、多丘陵地带、松软的深雪地面、沙土、泥炭沼泽等环境，是水域救援重要的车辆平台装备。

图4-55 履带式全地形救援车

8轮驱动全地形救援车具备8轮驱动功能，引擎30马力，陆上负载能力500 kg以上，最大核载6人；水上最大牵引力800 kg，承载能力450 kg，最大核载4人；采用三重微分传输装置实现独立转向制动，具备寒冷、高海拔等极端环境下工作能力（工作温度 -40 ~ +40 ℃），采用钢质框架和高分子聚乙烯材质车体，保证车体强度同时降低自重。该装备复杂地形最大速度 32 km/h，水上行进速度 5 km/h。

图 4-56　8 轮驱动全地形车辆

4.4.4　其他辅助平台装备

除运载平台外，水域救援中，还需要备用动力装置、供气系统以及油水分离装置等，为水上救援提供安全与动力保障。

4.4.4.1　备用动力装置

水域救援中，冲锋舟、救援艇、摩托艇等装备均需要配备动力装置，而在水深较浅或河道复杂区域，常因水下石头等异物伤及驱动叶片，也可能因高频率使用导致动力装置被烧等。因此，为确保救援工作最大效率开展，需要在水面或陆地平台上配备一定数量的冲锋舟驱动马达备用，基本达到“一用一备”。

冲锋舟驱动马达（图 4-57）为冲锋舟、橡皮艇提供动力，主要由二冲程 2 气门发动机、船尾板、传动装置、驱动装置组成，根据型号不同，功率 10 ~ 60 马力。激流水域（水域较浅）的环境中，一般在橡皮艇上安装小巧、轻便、方便驾驶员采取各种规避动作的 30 马力的马达；在复杂水域环境（水域内多障碍物，水深较浅）时，在马达螺旋桨处安装防护罩，可以有效保护螺旋桨。在开阔水域一般使用冲锋舟，可配备 40 马力以上马达。

图 4-57　冲锋舟驱动马达

4.4.4.2　供气系统

水域事故中，大多数遇险人员因呛水导致窒息而亡，为保障救援人员水下工作安全、呼吸装置换气以及对被救人员进行有效救治，特别是在大型水域事故中，需要配备合适的供气系统。目前，较为成熟的供气系统主要采用汽油机驱动或电力驱动 2 种方式，如图4 -58 所示。

(a) 汽油水驱动

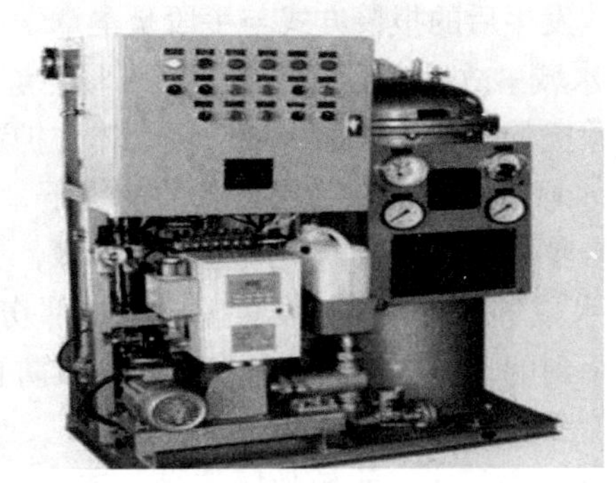
(b) 电力水驱动

图4 -58 水面供气系统

汽油机驱动水面供气系统主要由汽油机、电机、压缩机、连接管、高压储罐、安全阀等组成。使用时，通过汽油机工作产生动力并由电机转换为电能驱动空气压缩机工作，空气压缩机将空气通过连接管压入高压储罐并形成一定压力；高压储罐和空气压缩机均配备有安全阀，当压力高于承受压力时自动泄压；高压储罐配有出口减压阀和控制阀，可将出口连接软管将空气输送至水下救援人员使用，也可为救援人员更换呼吸器内空气，在遇险人员被救后，还可通过该装置协助救治。在大型船舶平台或陆地有稳定电力供应时，直接通过电力驱动空气压缩机制备高压气源，从而省去汽油机配重及油料消耗。

4.4.4.3 油水分离系统

在沉船事故或其他水域救援中，可能会产生油料泄漏导致附近水域污染，为避免由此引发的二次灾害或环境问题，需要对污染区域进行及时处理。然而，海上救援时，救援平台空间有限，很难将产生的污染物带回陆地再处理，此时，通过油水分离系统对污染水体进行一定程度的处理，减小污染物占用空间，将分离后的污染物再带回陆地处理。

根据国际海事组织 IMO. MEPC. 107（49）决议的要求，油水分离后出水含油量不大于 15×10^{-6}的要求，油水分离装置属于海上环境保护高端技术产品，可对船舶上各种燃料油、密度极高的残余渣油以及氧化铁、表面活性剂等组成的乳化液混合物的舱底水进行有效处理。该装置由一级分离器、二级纤维滤器、三级超滤膜、电控箱、油分浓度计、气动阀、压力控制器、温度控制器、电加热器、定量泵等组成，操作方便，可靠性高，符合无人值班机舱要求。定量泵不直接吸入含油污水，因此避免了原污水的乳化，使分离装置有较高的分离效果；分离装置中的第一级聚结分离元件能自动反冲洗，不会堵塞，长期使用不需要更换；有良好的排油自动控制及安全保证措施，根据油污水性质能自动控制一、二级处理排放或转入三级处理，处理不合格时自动关闭排放水出口，不合格处理水返回机舱。

【本章重点】

1. 及时有效报警是救援成功的前提，水域事故发生时通常不易被发现，因此，掌握水域事故发生后的报警方式与手段是本章学习的一大重点。

2. 水域事故发生后，快速准确自救能够极大延长遇险人员的生存时间，可有效增加被成功救援的概率，掌握水域救援个体防护装备的使用技巧与方法。

3. 水域事故中，在确保自救的前提下，互助救援是更高的期许与责任，掌握水域事故现场自救与互救装备的使用方法与步骤，更有利于遇险人员成功被施救。

4. 水域事故中，极易发生磕碰等外部伤害，掌握水上活动需要配备的个体防护装备与可能用到的现场医疗救治装备，可有效防止伤口感染与恶化，对提高孤岛、河流等水域事故遇险人员生还帮助极大。

5. 水下救援中，水域救援侦察、破拆、抛投及救援机器人等装备是及时发现并快速救援的关键装备，相关专业施救人员准确掌握设备的特征、用途以确保救援时间最短化、救援成功最大化。

6. 水域救援中各类后勤服务、辅助平台是救援一线指挥部与距离现场最近的装备中转站，了解相关平台技术特征与应用场景等，有利于加深对水域救援装备体系的理解。

【本章习题】

1. 孤岛遇险报警方式有哪几种？请评述。
2. 请详述近岸水上救援方法及现场施救流程。
3. 潜水救援需要的防护装备有哪些？请详述。
4. 冷水和冰面救援个体防护必备装备有哪些？其功能用途是什么？请评述。
5. 海上救援侦搜手段有哪些？请详述。
6. 河流救援时，非接触救援手段有哪些？如何正确使用各装备？请详述。
7. 出野外时，必须配备的自救装备有哪些？各装备用途是什么？请详述。
8. 请评述我国水上救援平台现状及发展趋势。

5

森林防灭火应急救援装备

森林防灭火应急救援装备是指用于森林防灭火和应急救援的工具、器材、服装、技术力量等，如监测预警设施、通信器材、组织指挥软件、灭火机具、灭火辅助工具、防护装备、专用车辆、航空灭火装备、野炊宿营装备等各种各样的物资装备与技术装备。森林防灭火应急救援装备作为森林消防及应急救援人员的作战武器，对森林消防救援的成败起着举足轻重的作用。森林防灭火应急救援装备的水平，往往决定林火扑救的成败。先进的消防救援装备可以及时控制林火，实现“初始出击”，将火扑灭在最小阶段。但是我国森林防灭火应急救援装备业起步晚、起点低、规模小、发展缓慢，其产业规模、技术水平目前仍处在较低阶段，还远不能满足森林消防救援的现实需求。

森林防灭火应急救援装备种类繁多，功能不一，适用性差异大，本章主要按其具体功能、适用性、使用状态，将森林防灭火应急救援装备划分为森林火灾监测与预警装备、野外通信装备、个体防护装备、灭火装备、救援及辅助车辆装备等，并对各装备的功能、配备与使用等进行了较为全面的阐述。

5.1 森林火灾监测与预警装备

林火监测、预警装备是及时发现火情、科学扑救森林火灾的重要工具和手段，是森林防火和救援工作中非常重要的保障。近年来，世界上新的林火监测技术和装备发展相当迅速，如红外线监测、电视监测、地波雷达监测、雷击火监测、微波监测和卫星监测等。这些新技术和装备的应用，大大提高了林火监测的及时性和准确性。随着社会的发展及科学技术的进步，气象科学、遥感技术、电子计算机、激光、通信和航空航天技术的蓬勃发展，化学和生物技术的不断革新，为森林防火提供了先进的手段和技术装备条件，加上现代科学管理的渗透，林火预警、响应机制的建立使林火管理的模式发生了根本性的变化，从被动防火转变为主动防火。

本节先介绍了林火监测和预警的历史沿革、发展现状和体系构成，又根据空间位置将林火监测预警装备分为地面监测预警装备、近地面监测预警装备、空天监测预警装备 3 个层次。针对不同的监测预警装备介绍了其原理、使用场景及应用现状，并对监测预警效果的优缺点进行了分析。

5.1.1 森林火灾监测、预警体系

5.1.1.1 历史沿革与发展现状

森林火灾监测和预警体系的发展是跟随人类社会减灾管理的历史发展演变而来的。减灾管理经历了盲目减灾、被动减灾、单灾种减灾、综合减灾和减灾风险管理等几个阶段。

林火预测预报技术的出现早于森林火灾监测、预警体系的建立，林火预测预报从出现至今仅有百年历史，在世界各国发展很快。1914 年，美国就开始研制火险等级，在沙俄时期曾采用桧柏枝条和木柱体的方法来预估林火的发生；1928 年，加拿大莱特（Wright）利用空气中的相对湿度来进行火险预报，以相对湿度 50% 为界限，小于 50% 就有发生林火的可能；1936 年，美国吉思鲍恩（Gisborne）提出多因子预报方法；20 世纪 40 年代，日本昌山久尚提出实效湿度法。以上方法均属于火险天气预报范畴，将火险等级划分为不燃、难燃、可燃、易燃、强烈燃烧 5 级。20 世纪 70 年代，美国和加拿大首先形成了国家级火险预报系统。加拿大采用从卫星上发射电磁射线检测林区温度的方法，当检测出某一林区局部温度上升到 150 ~ 200 ℃、红外线波长达 3.7 μm 时，便是火灾前兆，立即测定具体温度，采取措施及时防火；美国利用“大地”卫星在离地面大约 705km 的轨道上绕地球运转，探测地面上的高温地区、浓烟地带以及火灾遗址。此外，德国目前投入使用的 FIRE - WATCH 森林火灾自动预警系统是一种应用可见光数码摄像技术的森林火灾自动预警系统，它能够及时识别与定位森林火灾，是当前全欧洲最新的技术。

我国到了 20 世纪 70 年代和 80 年代，全国已研制的火险天气预报方法就有 10 多种，并且研制出多种火险尺。火险天气预报方法和火险尺预报的精度准确率都在 80% 以上，有的还达到 90% 以上。从 20 世纪 80 年代开始，我国研制了许多林火预测预报自动化仪器设备。20 世纪 90 年代，计算机技术取得了重大进展，计算机性能及运算速度大幅度提高，存储容量增大，使得 GIS 技术日益普及。连同网络和多媒体技术的普及、通信技术的发展、卫星技术在林火监测中的应用等使林火预测预报的水平发生了根本的变化，从而使林火测报向前迈进了很大的一步，主要体现在实时预报系统和基于 GIS 平台的预报系统 2 类林火预测预报系统的出现。目前，我国已在北京、哈尔滨、昆明、乌鲁木齐建成 4 个卫星林火监测中心，每年接收处理 FY3、EOS - MODIS、NOAA 等系列卫星过境轨道 1.3 万多条，监测发现热点上万个。

5.1.1.2 森林火灾监测、预警体系的构成

森林火灾监测、预警体系包括林火监测、森林火险区划、林火预报、森林火险预警和森林火险预警响应五方面。监测是获取灾害信息的基本手段，对自然变异和人类活动的监测是减灾的先导性措施，灾害预报预警都必须在监测的基础上进行，同时灾害监测还可以为防灾减灾对策措施提供依据。森林火险区划是指根据时间和空间上相对稳定的森林火险指标，按照统一的自然、行政或经济界限，将不同的林区、地区按照一定的规律划分为不同的等级。森林火险区划是森林防火管理的一项重要基础性工作，承担着确定森林防火工作重点和布局的任务。林火预报是指通过测定和计算某些自然和人为因素来预估林火发生的可能性、林火发生后的火行为指标和森林火灾控制的难易程度。林火预报为森林火险预

警、响应和应急处置提供技术依据。森林火险预警是指森林防火系统严密监控森林火险要素的变化动态，通过科学分析，一旦发现规定的警戒性危险程度征兆时，立刻向相关方面发布警示信号和防御指南。火险预警是监测和预报工作的进一步延伸，对日常防火工作具有很强的现实指导意义。森林火险预警响应是指森林防火管理机构及其工作人员、林区群众根据森林火险等级预警信息，做出的森林火险应对、森林火灾预防等一系列行动的总和。在监测、预警系统组成的林火预防体系中，严密监测、科学区划是基础，准确预报是前提，迅速预警和落实响应是手段，这5个方面构成一个完整的有机整体，规范着林火预防工作向科学化方向发展。

近年来，世界上新的林火监测技术发展相当迅速，如红外线监测、电视监测、地波雷达监测、雷击火监测、微波监测和卫星监测等。这些新技术的应用，大大提高了林火监测的及时性和准确性。随着社会的发展及科学技术的进步，气象科学、遥感技术、计算机、激光通信和航空航天技术的蓬勃发展，化学和生物技术的不断革新，加上现代科学管理的渗透，为森林防火提供了先进的手段和技术条件。现阶段，提升监测水平、优化监测手段，提高协同作战能力是实现“预防为主、积极消灭”战略方针的有效途径，是当前和今后一段时期内需要面临的重要课题之一。

1. 我国现有监测方式

目前，世界上许多国家在林火监测上主要还是采取传统的地面巡护、瞭望塔监测和空中巡护3种方式。由于莽莽林海，只靠巡护员监测火情是不够的，瞭望塔监测又受到多条件的限制，而靠飞机巡逻观察不仅耗资大，速度也不是最快的，因此随着科学的发展，林火监测的手段和能力也在不断丰富、完善。如今，我国林火监测手段按空间位置可划分为卫星监测、航空巡护、近地面监测和地面巡护4个层次。卫星林火监测是以卫星作为空间平台，通过其搭载的扫描辐射计探测地球表面物体的辐射值，依据林火温度远高于其背景地表温度这一特性完成林区热点监测。航空巡护主要通过航空护林飞机或无人驾驶飞机沿护林航线在火险等级较高的重点林区上空通过目视或借助设备监测火情的一种方法，包括飞机巡护和无人机巡护2种方式。近地面监测主要有瞭望观察和视频监控2种形式，其中瞭望观察是经济水平相对落后的火灾发生地区所采用的监测方法，是我国林火监测体系中不可或缺的重要组成部分。地面巡护是由护林员、森林防火专业人员在各自防火检查区内，根据森林火险等级预报，针对重点区域进行不同时段、不同空间密度的巡逻，检查监督来往行人遵守防火制度情况，宣传教育群众控制人为火源，检查生产用火和生活用火情况等。

2. 三维立体林火监测网

目前，我国在森林防火工作中已初步实现了高空有卫星、空中有飞机、近地面有瞭望塔和视频监控、地面有巡护人员的立体监测手段，从而构成了三维的立体林火监测网，能够及时发现火情，准确确定起火点位置和探测林火发生发展的全过程，是保证迅速控制并扑灭森林火灾的基础。其中，卫星监测和近地面监测是目前我国林火监测的基本方式。

5.1.2　森林火灾地面巡护监测

地面巡护监测是指森林防火专业人员，如护林员、森林警察等，步行或乘坐交通工具

（马匹、摩托车、汽车、汽艇等）按一定的路线在林区巡查森林，检查、监督防火制度的实施，控制人为火源，如果发现火情，还要积极采取扑救措施。地面巡护是控制人为火发生的重要手段之一，适用于对人工林、森林公园、风景林、游憩林和铁路、公路两侧的森林进行火情监测。

1. 地面巡护的任务

（1）通过宣传教育，达到控制火源、消除火灾隐患的目的。地面巡护的首要任务是向群众宣传，严格控制人为火源，在巡护时要做到：严格控制非法入山人员，特别是盲目流动人口。必要时采用搜山的方式，对林内可疑人员应责令其离开；检查和监督来往行人是否遵守防火法令；入山人员必须持有入山许可证；防火期内对野外吸烟、上坟烧纸、烧荒等野外弄火人员，视情节轻重，给予批评教育、罚款处理；检查林内居民和行人林内防火制度遵守执行情况，制止不合理用火和各种危害森林的行为；严防人为故意纵火行为。

（2）及时发现火情，及时报告，积极组织扑救。巡护时，发现火情应立即扑救。如蔓延过大，要尽快确定火灾的位置、种类、大小，及时报告森林防火部门，并组织群众迅速奔赴火场进行扑救。要随时报告火场的变化和火势的发展趋势，如果火场面积较大不能扑灭，应想办法控制火势，立即请求指挥部派人进行支援。

（3）配合瞭望塔进行全面监护。深入瞭望塔（台）观测的死角地区进行巡逻，弥补瞭望观测的不足。

2. 地面巡护形式

（1）护林员。《中华人民共和国森林法》规定："护林员可以由县级人民政府委任。护林员的主要职责是巡护森林，制止破坏森林资源的行为。"护林员要履行地面巡护的任务。在防火戒严期内，重点地段和区域内，每 35 km 应安排 1 人进行巡护。护林员应携带手斧、铁锹等轻便的灭火工具，还应携带对讲机以便保持通信联络。

（2）森林警察。在防火季节中，森林警察派出小分队进入森林火险较高的地区驻点执勤。在交通要道上设立检查站，在高火险天气，对重点路段要增设临时岗卡，严加防范。在公路网密度大、交通方便的地方，乘摩托车、汽车巡护；在没有公路的地块，可骑马巡逻；在风景林和天然公园内，因游人多，可采用步行巡逻。各森林警察驻点小分队在其管辖范围内，要建立警民联防责任制，明确各自的巡护范围和职责，互相支援，主动配合，严格控制火源。

（3）摩托巡护队。摩托巡护队是由专业扑火队员组成，在护林防火指挥部直接领导和指挥下，承担巡护和扑救双重任务。摩托巡护队下设若干小分队，每个小分队配备有摩托车、化学灭火器、扑火机具和对讲机。摩托巡护队常布置在较高火险和边远地区，白天巡逻，晚上集中待命。一有火情，可及时出动，将火扑灭。

（4）水上巡逻队。在水路较多的地方，可乘摩托艇或汽艇沿河岸或水库岸边巡逻。装备轻便消防水泵、油锯、喷水灭火器、其他灭火工具、对讲机及电台等。防火巡护队伍的组织形式要根据各地区的实际情况选用一种或几种。事实证明，凡是地面巡护组织实施好的地区，都对控制野外火源起到决定性的作用，减少森林火灾的发生。

3. 地面巡护的优势和不足

地面巡护是林区火情监测中最为原始的监测手段，最大的优点是具有较强的针对性。

护林员可以在防火期或火灾敏感区域及时阻止进山人员，减少人为引起的森林火灾，并可及时发现火情和扑灭火源。

地面巡护的不足之处主要表现为以下几个方面：首先，受人为因素影响较大，一些意识淡薄、责任心不强的护林员有时未按规定的时限对区域进行检查，或常常因巡视不到位无法保证戒严期阻止所有人员进入林区，从而导致森林火灾的发生；其次，在确定火灾位置上常因地形地势崎岖、森林茂密而出现较大位置偏差，并且在地域偏远、交通不便的林区无法开展地面巡逻工作；最后，地面巡逻工作量较大，人员处于森林底层，视线遮挡重，观察范围有限，效率低下。

5.1.3 森林火灾近地面监测装备

近地面监测主要包括瞭望塔（台）和视频监测等手段，而这些监测手段又常常是相互配合，紧密联系的，它们之间是一个有机的整体，为森林火灾的预防和扑救提供更为完善和细致的观测。目前，我国共有瞭望塔 9312 座，视频监控系统 3998 套，还有近 4000 个火险要素和可燃物因子监测站，近地面火情监测覆盖率达到 68.1%。

5.1.3.1 瞭望塔监测

森林火灾对森林、生态环境和人类生命财产带来一定的危害和损失。如果发现及时，扑救迅速，就能减少危害和损失。如果贻误扑救时机，林火会迅速蔓延成灾，就会加大对森林、环境的危害程度。为此，及时发现火情，准确确定起火点地理位置（地理坐标），就能够实现“打早、打小、打了”。瞭望定位在林火扑救中非常重要。

图 5-1 森林防火瞭望塔

1. 监测任务

瞭望观察是瞭望员在塔台上通过肉眼或望远镜进行环绕查看，用定位仪确定方位，在地形图上定位火场地理坐标、森林资源分布以及林相情况。瞭望观察必须配备相应的仪器设备，如瞭望观测设备、气象观测设备、定位设备、通信设备、电源设备、林区地形图及办公用品等。瞭望员置身于山中，对林内可燃物状况和气候变化引起的火险等级波动了如指掌，可随时向指挥中心提供第一手资料；还可监测林业生产性用火、非生产性用火、野外违章用火和农事用火等威胁森林资源安全的林区用火。瞭望监测是我国林区主要的林火监测手段。瞭望塔的首要任务就是在第一时间发现火情并向森林防火指挥部报告，随时监测火势蔓延、发展和变化，为在最短的时间扑灭森林火灾提供准确而翔实的火场信息，为有火不成灾提供保障；其次，瞭望员还应了解山上森林和植被干燥程度、上山人员活动等情况，为制订当前乃至今后一段时期的森林防火工作方案提供科学依据；第三，瞭望塔除了监测森林火灾和火险以外，还担负着林区用火的监测，如林业生产性用火和非生产性用火、野外违章用火、农事用火等威胁森林资源安全的用火，同时，瞭望台对监测林区居民用火也有一定作用。

2. 瞭望塔地点的选择

瞭望塔应设在经营活动的制高点和林场、居民点附近。在一些无人活动的地区，则不必设立瞭望塔。在人口密集的地区，也不必建立瞭望塔，因为任何一地发生火灾，居民点都能及时发现。瞭望塔选址方法有以下几种：

（1）地形模型法。利用地形模型，在假定的观测点位置上设置光源，此时阴影地段是盲区，在它们的周围画上线，然后把光源移到另一点，以选择盲区面积最小的为最佳观测点。这种选择方法，需要有精确的地形模型。

（2）地形圈选点法。利用大比例尺地形图在预选的山顶上，作 8 个方位 4 条线，然后根据等高线绘制 4 个剖面图，测定其盲区。比较各预选点的盲区，以盲区最少者为最佳方案。

（3）实地踏查法。对各预选点进行实地观测，然后确定。该方法一般是根据主观印象确定，缺乏依据。此外，观测点的选择还可以利用航空相片和计算机将平面地形图制成立体地形图，通过立体地形图选择瞭望塔。在选择瞭望塔时，还应该考虑观测员的劳动和生活条件，如当河流、小溪泛滥或冰雪天气时，观测员能否到达瞭望塔，生活是否方便等。

3. 瞭望设备

瞭望塔应具有生活设备、观察设备、定位设备、通信设备等，以及太阳能电源、超短波无线电台、充气帐篷、充气睡垫、风力发电机组、综合气象箱、太阳能电视机、收录机等附属设备。

（1）望远镜是瞭望塔必不可少的观察设备，一般有 6 倍或 8 倍的望远镜即可，高倍的望远镜往往清晰度较差。观察室里最好能配备一台立体望远镜，它不仅可以测定火灾的方位，还可以测定火灾的距离。

图 5-2 望远镜

（2）罗盘仪也是瞭望塔不可缺少的仪器，用它可测定火灾的方位。由于确定火灾地点最常用的方法是通过两个或三个瞭望塔，用罗盘仪观测磁方位角，相互告知对方或指挥部，然后在地图上将各台观测到的方位角绘出，其交点即火灾发生地点。

图5-3 罗盘仪

（3）图面资料也是瞭望塔不可缺少的，至少应该有被观察地区的平面行政图、森林植被火险等级图、防火设施和扑火人员的配置图等，以便确定火灾的地点及需要重点观察部位。发现火灾后立刻估计火灾发展的动向并报告指挥部，通知有关防火单位。

（4）闭路电视系统安装在瞭望塔内，可使观察员不需爬高就能观察到20 km^2 以内的地区。电视装置上安装有可换镜头，其中包括望远镜头，可使被观察的物体放大。观察仪装有水平（按圆周）和垂直变换观察方向的遥控装置，操作人员既能做圆周观察，又能对个别地段进行仔细观察。

（5）地面红外探火仪。在瞭望塔上应用地面红外探火仪，林火发生时红外线能透过烟雾或云雾，用锑化铟感应元件接收到。利用这个原理，可发现初期森林火灾，可透过烟雾探测到火点、火线和火场状况，可监测火烧迹地的余火，估计火场的面积。地面红外探火仪在地势平坦地区使用效果较好，但在山地使用效果不是很理想，往往瞭望塔瞭望人员先发现林火烟柱，但由于红外线对烟雾不敏感，红外线探火仪没有发出报警。

4. 瞭望经验

瞭望工作一般根据火险性季节和天气而定，一般进入森林防火期就要开始瞭望工作。在我国东北地区除了冰雪覆盖的季节外，应有一定数量的长期瞭望塔，南方也应有一定数量的常年瞭望塔。雨雪天气可以不进行瞭望，一般天气应在8：00～21：00进行观测；在火险天气等级很高的日子里，应坚持24 h瞭望，特别要注意10：00～16：00的瞭望。经过多年的瞭望工作实践，各地总结出一系列瞭望经验。

（1）观正反。即注意观察正面山火和反面山火不同的情况，反面山火只能凭烟的状况去判断。

（2）察浓淡。即观察烟的浓淡，一般用火烟色较淡，失火时烟色较浓

（3）识粗细。即识别烟团的粗细，生产用火烟团较细，失火时烟团较粗。

（4）区急缓。即区别烟团上升的急缓，生产用火烟团袅袅上升，失火时烟团直冲。未扑灭的山火烟团上冲，扑灭了的山火，烟团保持相对静止状态。

（5）看动静。即观察烟团的动静，近处山火，烟团冲动，能见热气流影响烟团摆动的状况。远处山火，烟团凝聚。

（6）别远近。即区别山火的远近，近处山火烟色明朗，远处山火烟色迷蒙。

（7）分季节。即不同的季节烟色变化不同，冬季山上结了霜，下了雪，柴草的含水量要比秋天多，所以冬天生产用火与森林失火的烟色相似。

（8）析雨晴。分析区别雨天和晴天的烟色。一般天气久晴，烟色清淡，久雨初晴，烟色较浓。另外，天空中云色的浓淡也影响烟色，不同的燃烧物烟色也不一样。例如，烧荒茅山，烟呈青色，失火转黑色；烧杂山，烟呈淡黑色，失火转黄色；松林起火，烟呈浓黄色；杉林起火，烟呈灰黑色；灌木林起火，烟呈深黄色；茅草山起火，烟呈淡灰色。此

外，一天内不同的时间，烟色也有变化，太阳光照射到烟团上的角度不同，烟色也发生变化。晚上生产用火，红光低而宽；晚上失火，红光宽而高。太阳下山时，红光布西边，好似山火燃烧，其实是夕阳反射。

5. 瞭望塔监测优势与不足

瞭望监测是经济水平相对落后地区所采用的监测方法，是我国林火监测体系中不可或缺的重要组成部分。它能够随时查看火势蔓延、发展及变化情况，为在最短时间扑灭森林火灾提供准确、翔实的火场信息。与其他手段相比存在以下不足：一是受地形、地势的限制存在监测死角和空白，很难实现林区全覆盖；二是瞭望塔在前期建造和后期管护及人员培训需投入大量的人力、物力及财力；三是与国外发达国家还存在一定差距，我国瞭望观测科技水平还不高，自动化和网络化程度有待提升。

5.1.3.2 视频监测

视频监测技术是利用计算机技术、视频图像处理技术以及模式识别和人工智能知识对摄像机获取的图像序列进行自动分析，对被监控场景中的运动目标进行检测、跟踪和识别，描述和判别被监视目标的行为，并在有异常现象发生的情况下能够及时地做出反应的智能监视技术。近年来，视频监控也由模拟信号向数字化和网络化转变，可见光和热红外仪器的配合使用，则实现了全天候的监控能力。

1. 林火视频监控系统的构成

视频监控涉及多专业、多学科的交叉，是一个集通信、视频处理、电子技术、计算机技术、信息处理、能源建设、系统防护、气象预报、钢结构及基础等综合技术的工程。视频监控系统主要由前端信息采集部分、传输部分、监控中心部分、供电、安全措施等部分构成。将视频监控应用于林火管理，便形成了林火视频监控系统，其主要作用在于快速处理警情和及时防范火警。一旦遇有火灾报警，可以为指挥中心提供准确的时间、地点、灾情及详细的图像信息，便于中心及时做出相应的决策。

1）前端图像和信息采集部分

图像和信息采集部分是整个体系的前端，主要包括摄像机、镜头、云台、野外防护罩、控制解码器、视频编码器等设备组成。视频信息采集主要完成对林区视频图像的采集和所观测图像位置坐标信息的采集，摄像机、镜头是整个森林资源远程视频监测系统的最前端，也是系统的眼睛，摄像机的选用直接关系到采集图像的效果。由于森林防火山地情况复杂、背光及夜间的需要，采用低照度日夜转换夜视摄像机，配备长焦镜头，完成图像的采集功能，摄像机和长焦镜头的性能直接影响整个系统的图像质量。镜头的选择坚持实用性原则，镜头镀有滤光膜，可见光透过率增加 20%，红外透过率增加 100%，达到低照度环境下能得到清晰图像效果。云台系统采用的云台为数字云台，除具备普通云台所有的功能（左、右、仰、俯、自动扫描、方位仰角同时旋转），还能在所有自动扫描过程中动态反馈当前角度。野外防护罩具有自动恒温装置，具有防晒、防雨、防冻、防雾、防腐蚀的特点，可在恶劣的环境下工作，完全适用于室外安装环境。控制解码器充分考虑控制的灵活性，一旦出现火情，不管客户端是否出于何种状态，高级别客户端都可以灵活切换，获得相应的控制权，同级别客户端之间能有相应的信息提示“××客户端请求控制，是否释放控制权”。灵活控制是森林防火监测系统的关键，通过控制解码器，可以实现云台水平、俯仰角数据采集读取及传送，实现云台自动巡航扫描和对镜头的相应控制。视频编码设备将模拟视频按照 MPEG4 标准将视频编码转换成适合在网上传输的视频流信号（TCP/P），支持 NSC 或 PAL 视频制式。信息压缩编码设备可通过相应的管理软件对其进行本地或远端管理，可选择 UNicast（单点传输）或 multicast（多点传输）方式。可以通过 5 类线、光纤或无线媒介在 10/100 Base－T 网络上以每秒 25（PAL）或 30（N1SC）帧画面传送 4CF 高质量 MPEG4 图像。

2）无线传输部分

图像传输有光纤和微波 2 种方式。光纤作为传输载体，具有传输容量大、传输信号稳定、不容易被雷击等优点，但由于是有线传输，在森林防火的施工中铺设光缆，施工难度大，施工周期长且容易遭到破坏，一般用在传输距离较近的监控点；微波具有施工方便、安装灵活、造价低等优点。尤其在森林监控中，大多数监控点位于山顶，克服了微波视距传输受地球曲率影响的缺点，在远距离的森林防火监控中被广泛地使用。传统的模拟微波由于占用频谱宽，易受到干扰，且传输的模拟图像不利于后续的监控中心操作与处理，在森林防火中的应用很少。数字扩频微波传输容量大、传输性能稳定、不易受到干扰，数字化线路的传输适合现代安防技术网络化、数字化的发展趋势，尤其是 2.4 G 和 5.8 G 开放波段的数字扩频微波设备，频率无须申请即可使用。因此，在森林防火监控系统中，远距离的监控点的传输方式以开放波段的数字扩频微波为主。

3）监控中心部分

监控中心是整体体系中的核心枢纽，设置在森林防火扑救指挥中心大楼中。例如，监控中心房间可以划分为监测操作区和指挥会议区。监控中心通过无线微波系统接收来自不同方向基站的实时图像，经网络交换机与 2 台计算机、1 台服务器相连接。计算机与服务器之间通过网络交换机实现互访功能；计算机及服务器与投影机之间通过 VGA 电缆与中央控制系统的 VGA 矩阵切换器连接，实现任意台计算机显示的 D V 接口信息在 DNP 投影屏之间的任意显示功能。中央控制系统包括控制 8 路 AV、8 路 VGA 信号的输入，2 路 AV、2 路 VGA 信号输出等功能。

4）基站铁塔和供电部分

监测基站铁塔为前端基站设备的运行提供必要的保障，为了使设备正常运行，在基础建设本着牢固可靠、坚固耐用的原则，铁塔设计遵循《高耸结构设计规范》（GB 501352006），满足微波 5.8 G 通信要求。所建铁塔高度适当考虑树木的生长余量，原则为 10～15 年之内，保证树木的生长不会遮挡塔上的天线和摄像机。

5）防雷安全部分

系统中所使用的设备都是精密的电子设备，为防止设备在使用过程中遭到雷电的高电压、大电流破坏，由闪电产生的强大静电场、磁场干扰以及雷电波、侵入的电位反击对设备的破坏。监测系统的可靠性与否又依赖于电源，需要采取有效的防雷安全措施系统。从内部防雷和外部防雷来考虑：外部防雷主要是直击雷的防护和接地系统；内部防雷主要从电源防雷、信号防雷和等电位连接来进行设计。

2. 视频监测的特点

林业行业的视频监控系统具备以下 5 个特点：

(1) 监控范围大。摄像头需安装在森林制高点，以便视野宽、无障碍、监控面大，为节省成本，还需要尽量少设监控点，并尽可能使得每个监控点监控覆盖的森林面积最大。

(2) 监控设备维护困难。由于整个监控前端设备地处山区，维护极为不便，所以要求监控中心要能随时掌握前端设备的工作状态，这为整个系统维护工作带来了难度。

(3) 全天候监控。监控点要全天候工作，这就需要选择摄像机时应选用红外敏感型彩色转黑白摄像机；镜头应选用日夜两用型镜头，并且 3 km 外能看清人物活动；云台要求选用螺杆传动的室外一体化云台，为了减少远距离图像的抖动，摄像机的安装也要确保牢固稳定。

(4) 无线传输。由于森林防火监控自身的特点，主要传输方式不可能采用有线或光缆。因此，应首先考虑无线微波传输方式。

(5) 注意设备防雷、防盗等安全措施。由于设备大部分在野外工作，一方面要求避雷接地安全可靠；另一方面要求设备具有良好的防盗功能。

3. 视频监测的优势与不足

目前，我国监测林火的主要措施是建立远程视频监控系统，该系统可以对林区进行 24 h 不间断监控，以林火发现及时、火点定位精确、指挥保障有力等优越性被基层防火部门所青睐。但也存在瓶颈问题：一是传统的视频监控系统的理论监测半径大约数十千米，受地形的影响，监测林火范围有限；二是监控设备大部分架设在地处偏远的重点林区，信息传输体系建设成本高、维护难度大；三是视频监控空间规划布局难度较大，有时无法避免重复监测或存在监测空白。

5.1.3.3 其他近地面监测

1. 地面红外监测

地面红外监测通常是把红外线监测器放置在瞭望塔制高点上，向四周监测确定林火发生位置。这种监测方法能够大大减轻瞭望员的工作强度，不仅能及时准确地发现林火、火灾分布和蔓延速度，还能配合自动摄像机拍下火场实像。意大利研制出的一种森林火灾红外线监测器，能感知 120 km^2 范围内因火灾引起的温度变化，发出火灾警报。利用这些设备，美国、加拿大、德国和西班牙等一些国家，设置了无人瞭望塔，使这些瞭望塔与指挥中心的计算机终端连接，随时把监测到的火情传输到指挥中心，德国的林火监测塔已被自动监测系统所取代。红外监测装置不仅可以被安装在瞭望塔上监测火情，还可以用于监测余火。如在加拿大，防火部门利用红外线扫描设备监测林火已基本上得到普及。他们使用的地面红外线探火仪主要是手提式 AGA110 型，用于探寻火烧迹地边缘的隐火或地下火的火场边界。该仪器由检波器和显示器组成，体积小、重量轻、携带方便，每充电一次可用 2 h，能监测 10 hm^2 的火场边界线。扫描作业通常由 2 人进行，1 人扫描，1 人清理监测到的余火。近几年，俄罗斯研制出“泰加”火源监测器，能发现肉眼看不见的火源；英国一家公司最近也研制成一种电池火苗监测器，如果火场中还有未被消灭的着火点，它在屏幕上就会显示为白色的光点。

2. 地面电视监测

电视探火仪是利用电视技术监测林火位置的一种专用仪器。把专用的电视摄像机安装在瞭望塔或制高点上对四周景物进行摄影，并与地面监控中心联网，可以随时把拍摄到的火情传递到监控中心的电视屏上。这种方法，早在20世纪60年代，欧洲有些国家就开始应用。近年来，波兰林区已经全部使用闭路电视观察火情，俄罗斯也在大力发展这一技术，其监测水平达到在半径小于10 km范围，从林冠到地面的森林，在2 min内就可完成详细的检查。

3. 地波雷达监测

地波雷达监测林火是利用可燃物燃烧产生的火焰的电离特性，用高频地波雷达（图5-4）监测林火的新方法。这种方法具有超视距性能、监测面积大（监测半径可达150 km）、昼夜全区域监测的优点，在有烟雾的情况下能准确进行火焰定位，可设置在瞭望台或飞机上，进行全天候监测。

4. 雷电监测系统

20世纪70年代，美国和加拿大先后利用雷电监测系统进行雷击火监测，取得了较好的效果，其中美国的西部地区和阿拉斯加地区，以及加拿大安大略省的主要林区、西北地区、魁北克省和大西洋沿岸诸省都已建立起比较完善的雷电监测网络。雷电监测系统的主要作用并不在于直接监测雷击火的发生位置，而是通过确定雷电的位置和触及地面的次数，作为火险天气的预测、火灾发生的预测以及帮助林火管理人员在制订防火扑火方案和制定航空巡护航线时的重要气象依据。该系统主要由雷电定位仪、雷电位置接收分析机和雷电位置显示器3个部分组成（图5-5）。雷电监测系统的工作程序：先由各野外无人雷电定位仪站将接收到的雷电信号输送到终端雷电位置接收分析机，然后再由雷电位置显示器显示在荧光屏上，显示着地理区划图。一旦有雷击发生，在地理区划图的相应位置上便闪现出“+”字亮点；每隔2 h，所显示的“+”亮点变换一种颜色，以表示雷击所发生的时间历史。这样，工作人员就可以由显示屏上所获得的2 h、4 h、6 h至24 h的雷击分布图，再结合所掌握的森林可燃物干燥条件和24 h的降水量来预测预报雷击火可能发生的次数和位置，从而采取切实可行的防火措施。

图5-4 高频地波雷达

图5-5 雷电监测系统

5.1.4 森林火灾空中监测装备

人工巡护与瞭望塔监测相结合的地面林火监测在一定程度上实现了林火的快速发现与

预警，然而两者仅满足局部区域小范围的林火监测，对于更高层次、大地域范围的林火监测需要采用更高层次的林火监测方式。飞机由于具有广阔的视野，且速度快、受地形限制小，因此成了林火监测的重要力量之一。航空巡护是指利用机载林火监测设备，如摄像头、红外线探测仪等对林区进行空中巡护。针对航空巡护中传统飞机和无人机2种不同的载体。

5.1.4.1 飞机巡护

1. 飞行巡护区域

由于飞机飞行成本高昂，飞行巡护区域一般是人烟稀少的雷击区和高火险地区。在选择飞行巡护区域时，要了解每个地区的火灾历史、可燃物类型、火灾危险程度、现有的监测能力等，并可据此绘制火险图，再根据火险图确定飞机巡护区域。当然，在经济较发达的地区，也有利用飞机对境内全部林区进行监测的，但总的来说，火灾经常发生、火险等级较高、森林价值比较高的地段，是飞机巡护的重点地段。

2. 巡护航线与时间选择

巡护航线是指巡护飞机在一定区域上空的飞行路线。应根据当地森林火灾特点和火险情况，机动灵活地选择最佳航线，以提高火情发现率。选择航线的依据有两点：一是抓住关键地段和重点火险区，使航线在火险较大的地域通过；二是尽可能增加巡护面积，巡护面积的大小，主要取决于航线的长度、形状和飞行高度及能见度。对某一地点看护时间的长短，则主要取决于飞机的巡航速度和能见度，于林区内某点A，从飞机看得见前方点A到飞机飞越该点后即将看不到点A的这段时间，为飞机对点A的监护时间，在天气晴朗时，一架时速150 km/h，飞行高度1500 m的飞机监护一点的时间约为40 min。飞行巡护的时间应根据林火发生发展的规律，选择最佳时机，适时进行安排：一是加强12：00～15：00的巡护飞行，减少上午9：00前和傍晚17：00以后的巡护飞行；二是加强高温、干旱、高火险天气的巡护飞行，减少低火险（火险等级二级以下）天气的巡护飞行；三是加强关键时期（节假日）戒严期的巡护飞行，减少雨后无巡护价值的飞行；四是加强重火灾区、重点保护区的巡护飞行，减少一般火灾区和非重点保护区的巡护飞行。

3. 火场监测与观察

目前，飞机巡护的监测方式主要有自动监测和人工监测2种，前者使用机载自动摄像机和传感器获取图像或热点信息，后者则主要由机载监测人员使用望远镜进行监测。火情的发现和观察方法包括林火发现判定、判定火场概略位置、改变航向，并确定火场准确位置、高空观察、低空观察、火场面积测算等程序。

4. 常用机型

在飞机巡护中，多使用改装后的民用或退役军用飞机，既有直升飞机，也有固定翼飞机。由于直升飞机具有机动灵活、垂直起降、野外着陆、抗风力标准高等性能，因此在飞机巡护中多使用直升飞机。同时，可根据飞机载重量、最大航程、耗油量、巡航时速等性能的区别来选择不同机型执行不同的任务。如M－26直升机（图5－6）除可用于巡护外，在扑火中每次可将15 t水吊到火场上空灭火，每次洒水可形成宽50 m、长300 m的洒水带。其货舱可运载全副武装的扑火队员80名、担架60幅。不过这架“世界之最”直升机每飞行1 h要消耗掉接近2.8 t汽油。我国用于航空护林的飞机及性能数据见表5－1。

图5-6 M-26直升机

表5-1 我国航空护林飞机及性能数据表

参数名称	固定翼飞机		直升飞机					
	Y-5	M-18	M-8	M-171	Z-7	Z-8	M-26	AS-350
最大时速 $(km \cdot h^{-1})$	256	257	230	220~230	324		295	287
巡航时速 $(km \cdot h^{-1})$	160	225	210	250~260	160	200	220	
飞机空重/kg	3320	2900	7250	7240	1975	7400	28600	1130
最大载重/kg	1240或111人	1500	4000或24人	4000或27人	1700或10人	4000或24人	21000或100人	800
平均耗油量	118 $(kg \cdot h^{-1})$	160 $(L \cdot h^{-1})$	750 $(L \cdot h^{-1})$	800 $(L \cdot h^{-1})$	1 $(kg \cdot km^{-1})$	750	2800 $(kg \cdot h^{-1})$	132 $(kg \cdot h^{-1})$
最大起飞全重/kg	5250	4700	12000	13000	4000	13000	56000	2100
最大航程/km	1376	680	标550 辅360	610	标860 辅170	780	800 1920	620
续航时间/h	8	2	标3:00 辅1:10	—	标3:20 辅0:40	4	2.5~8	3
实用升限/m	4500	4000	4000	6000	6000	4000	4600	6000
最大携油量	900 kg	720 L	标2785 L 辅1870 L	—	标1140 L 辅180 L	—	20000 kg	432 kg

5.1.4.2 无人机巡护

1. 无人机概述

1）概念与发展

无人驾驶飞行器（Unmanned Aerial Vehicles，UAV）是指机上无人驾驶、通过无线电遥控或自动程序控制飞行、具有一定的任务执行能力并可重复使用的飞行器，简称无人机。无人机常被称为无人机系统（Unmanned Aerial Systems），一般来说，一个无人机系统由飞行器、任务设备、弹射装置、地面操控人员和地面测控站5部分组成。

无人机在军事上主要用于以下几个方面：无人靶机，用于试验“空空导弹”和“防空导弹”的攻击能力；无人侦察机，分为战术无人侦察机和战略无人侦察机；电子通信无人机，分为电子侦查无人机、电子干扰无人机和通信中继无人机；无人作战机，分为无人察打一体机、无人战斗机和无人轰炸机。在民用无人机方面，1980年陕西省科学技术委员会委托西北工业大学研发了一种多用途无人驾驶飞机D-4，主要用于航空测绘和航空物理探矿，并于1995年投入小批量生产。D-4开创了中国无人机军用转民用的先河，是真正意义上的第一款中国民用无人机型号。经过几十年的发展，民用无人机已经活跃在资源调查与勘探、灾害监测与救援、电力巡线、交通管理、桥梁检测、自动化农业、环境监测、野生动植物研究、媒体内容获取、物流和数据采集等多个领域（图5-7），并为这些领域注入了新的活力。

2）分类

经过百年来的发展，无人机的种类很多，包括固定翼型、旋翼型、扑翼型、飞艇以及各种组合型无人机；无人机的大小范围也很广，小到手掌大小的微型无人机，大到翼展50 m以上的大型无人机；不同无人机的飞行速度低至空中悬停，高至8000 km/h以上，可在低空、高空、临近空间乃至太空航行。

3）特点

与传统飞机相比，无人机具有如下特点：设备少，负重低；飞行成本低；无飞行员生命安全问题；更高的机动性；隐蔽性好；使用维护方便；起飞、着陆容易。

2. 无人机监测设备的任务

无人机没有驾驶员和观察员，依靠携带的任务设备完成任务目标。在执行监测任务时，无人机获取图像、气象等信息都要依靠所携带的传感器，广泛运用于农业监测、牧场管理、森林防火、海事监管、气象观测等领域。在林火监测中，图像采集设备是森林防火无人机最重要的任务设备，其安装在稳定云台上，由云台对设备进行稳定控制和摄像角度控制。一般来说，林火监测中的图像采集分为可见光图像采集和热成像图像采集2种。

1）可见光图像采集

可见光图像采集设备类似于人类视觉系统中的眼睛，大多采用光敏元件，将入射光量转化为电压信号作为输出，主要分为电荷耦合器件（CCD）和互补金属氧化物半导体（CMOS）2种类型。其中，CCD的分辨率取决于基板上的势阱数目，势阱里的电荷被转换成输出信号即电压，电压与势阱中的电荷成正比，因此也与成像场景中的对应像素点的亮度成正比。CMOS就像内存，投射在二维晶格特定势阱里的电荷与像素点的亮度成正比，这些电荷像计算机内存数据一样被读出。

2）热成像图像采集

茂密枝叶掩盖下的林火或者地下火，不能被可见光图像采集系统拍摄到，但可通过热成像图像采集设备读取其温度信息，从而实现对这些林火的检测。利用这类设备能够收集并探测由目标发射出的红外辐射，并形成与景物温度分布相对应的热图像。热图像再现了景物各部分温度和辐射发射率的差异，能够显示出景物的特征。红外热成像系统，也称红外热像仪，就是利用光电变换作用，将接收的红外辐射能量变为电信号，放大、处理后形成图像。

(a) D-4无人机 (b) 农用无人机

(c) “MK-Ⅲ”无人机 (d) 遥感无人机 (e) 电力巡线无人机

(f) 四旋翼无人机 (g) 载人无人机 (h) 航拍无人机

(i) 送货无人机 (j) 太阳能无人机 (k) 达咖无人机飞控车

图5-7 不同领域典型无人机

3. 监测机型选择

一般来说，用于林火监测的无人机主要是小型无人机，包括固定翼小型无人机和多旋翼小型无人机。固定翼小型无人机的特点是飞行速度快，具有一定的负载能力和抗风能力，适用于对森林进行远距离、大范围的巡护监测。并且，固定翼无人机的成本较低，在关掉或失去动力后可以进行滑翔。但固定翼无人机无法实现定点悬停。相较于固定翼，多旋翼小型无人机的有效载荷较大，而且可以实现定点悬停。但其缺点也很明显：关掉或失去动力后不能滑翔，容易发生坠机；多旋翼小型无人机的飞行距离较短，不适用于大范围的森林巡护监测，仅可用于对重点区域的侦查。常用的多旋翼小型无人机有四旋翼、六旋翼和八旋翼等。根据森林防火的任务需求和不同无人机的特点，可分别选用固定翼小型无人机和多旋翼小型无人机。当然，这2种无人机也可以配合使用，如先使用固定翼无人机对森林进行大范围巡视，记录可疑火点区域位置，然后使用多旋翼无人机在上述疑点区域上空定点悬停，拍摄高清视频图像以供进一步的林火识别分析。

4. 无人机巡护案例

2016年12月9日，4架多旋翼无人机被贵州省首次投入到在贵阳市白云区都溪林场举办的2016年森林防火应急演练之中，并取得成功。贵阳市森林公安局介绍无人机在林火监测中的应用时提到：通过无人机操作可以快速定位火点、确定火情，可与互联网、卫星等通信手段相配合，实现多媒体通信保障；可在第一时间确定火源位置、火势强度及火场周边情况，帮助森林防火指挥人员和扑救人员迅速掌握火场态势，制订科学扑火方案，及时组织扑救，做到打早、打小、打了；同时，无人机也开始在武警森林部队普及开来，在2017年1月，某部队举办无人机培训班，来自基层部队的数百名战士学习了无人机的组装、操控和火场应用，并在随后举办的实战化灭火演练中利用无人机大显神威，体现了我国由人力型灭火向科技型灭火、由地面单一作战向地空协同作战的灭火作战新模式的转变。

5.1.4.3 卫星监测

相对于航空巡护和其他林火监测方式，卫星监测为大地域范围的林火监测提供了更便捷的手段。1987年5月，发生在我国东北大兴安岭的特大森林火灾，在火灾发生期间通过连续接收过境的气象卫星和陆地卫星图像，每天获得火区范围、火势变化、火头位置移动、新火点出现以及扑火措施效果等方面的信息。火灾后的几年中，林业部门利用陆地卫星图像还进行了火烧迹地恢复的遥感调查，实现了森林火灾早期预警、灾中的动态监测灾后损失评估以及后期的生态恢复调查的遥感动态观测（图5-8）。

图5-8 森林火灾卫星遥感监测

1. 卫星监测林火技术

卫星监测林火是林业发达国家目前主要采用的方式之一。早在20世纪70年代，美国和加拿大已利用卫星遥感开发出森林火险预报系统。物体的温度高低与其发出的红外波长有密切的关系，当林火发生时，其高温辐射的波长主要集中在3.7 μm左右，与周围植被具有明显的差异，卫星监测林火则是依据林火的热辐射光谱和林区背景光谱的差别原理进行预测预报，通过遥感结合全球定位系统和区域森林资源地理信息系统，可快速、大范围地掌握林火发生和发展动态，确定林火边界，估算过火面积；并可根据地形和林火扑救方案模型，快速模拟、选定最佳方案指挥林火扑救，同时估测森林火灾损失等。具有热红外波段的卫星影像能检测到地表热异常变化。一般来说，波长越短，其对高温的灵敏度越高，如中红外波段；火点具有特殊的光谱特征和辐亮度，可提取热源点与背景的亮温及其差值等可用于火点的识别与判断的信息，从而进行林火的监测。在利用计算机自动识别火点算法中，首先排除常规火源（如炼钢厂），排除水域，排除人为用火（如燃烧农田废弃物等），再利用阈值，结合森林分布图、林相图或植被分布图等背景数据库进行判断，是否有林火发生。国家林业局林火卫星监测系统利用地理信息系统技术及必要的人工干预，建立了快速的林火定位系统，从对地面的植被识别、云系判别入手，提高了对林火探测的精度。目前用于我国日常林火监测业务中的卫星数据主要是美国的NOAA/AVHRR、EOS/MODIS和我国的风云（FY）系列等中低分辨率的卫星数据，同时，中巴资源卫星、环境与灾害监测小卫星等中高分辨率的国产卫星数据也开始在应用。在我国的东北、西南、西北林区县级以上的森防部门大多已经设立了卫星林火监测接收站或终端站，形成了以国家林业局卫星林火监测处为中心，遍布全国各林区的137个卫星监测终端站的卫星林火监测网。

1）NOAA/AVHRR

NOAA卫星为美国国家海洋大气局发射的气象观测卫星（图5-9），自20世纪70年代初第1颗NOAA卫星发射以来，共经历了5代，目前使用较多的为第5代NOAA卫星。林火监测的信息源主要来自AVHRR（甚高分辨率数字化云图），它具有较高的空间分辨能力，1天内有4次对同一地区进行扫描，星下点分辨率为1.1 km，投影宽度达2700 km，因其通道波长主要集中于红外波段，对地面温度分辨率也非常高。由于其时效性强、范围广、价格低，在林火卫星监测中应用较为广泛。AVHRR有3个通道分别位于中红外和热红外区，第3通道波长范围为3.55~3.93 μm，对林火有极敏感的反应。根据AVHRR 5个通道的特性，利用AVHRR进行林火监测的主要有邻近像元法、阈值法、亮温结合NDVI法，或综合以上方法进行监测，对近实时的林火监测有效率在80%以上，同时在林火持续、蔓延监测林火面积和火灾损失等方面为森林火灾实时监测提供了完善的服务。AVHRR时效性强、价格低廉以及研究应用技术成熟等使其在国内外林火监测中占据非常重要的地位，但也具有不足之处，如T3饱和度低，阈值地域性较强，容易受云、阴雨天气影响等。

2）EOS/MODIS

EOS卫星为美国1999年发射的极轨双星系统，每天对同一地点扫描2次，MODIS中高温目标有较强反应的为CH7通道（2.10~2.13 μm）和CH20~CH25通道（3.66~

4.54 μm)，星下点分辨率为0.5 km或1.0 km，在对温度均具有较高敏感性的多通道中，正确地选取通道有利于解决火点、火势、蔓延趋势等问题。在近红外波段中，CH7能较好地判别出火点，但还需要中红外波段辅助确定；在中红外波段中，CH21在大多数波段饱和情况下具有较高的敏感性；在远红外波段中，CH31较CH32识别能力强，在火点判别中，需根据区域性进行调整，方可准确监测火点。在利用MODIS卫星林火监测中，可采用高分辨率的可见光波段，如CH1、CH2结合红外波段以及常用的CH21等，制成林火监测图可直观地反映火点位置及火点周围情况，为林火提供高效的管理。由于较高的时空分辨率及数量多的高温敏感通道，其火点判别能力和定位精度较NOAA/AVHRR等其他气象卫星高，在林火监测应用中具有较NOAA/AVHRE更加广泛的前景，如林火类型识别、火头和火烧迹地识别、林火植被种类识别等定性或定量分析。

图5-9 NOAA卫星

3）风云（FY）系列卫星

1988年以来，我国已成功发射4代风云系列气象卫星。其中，风云一号、三号为极轨卫星，风云二号、四号为地球静止轨道卫星。风云一号共发射A、B、C和D4颗卫星，风云FY-1D自2002年发射后，至今仍在服役。风云三号作为我国第二代极轨气象卫星，2008年首发的风云FY-3A搭载MERSI传感器，并被纳入国际新一代极轨气象卫星网络。风云FY-3于2013年9月23日发射升空，与风云FY-3B共同观测。风云二号共成功发射七颗卫星，处于距地面35786 km的地球静止轨道上，其运行周期与地球自转周期一致。2016年12月11日，我国第二代地球静止轨道卫星风云四号成功发射，该卫星搭载了10通道二维扫描成像仪、干涉型大气垂直探测器、闪电成像仪、CCD相机、地球辐射收支仪，其探测水平已经处于世界领先地位。

以FY-1C为例，其星下点分辨率为1.1 km，每天定时2次实时发送云图，其多通道扫描辐射仪中第3通道T3（3.55~3.93 μm）为林火监测的主要来源，而T1、T2、T4、T5的结合在森林植被、温度变化上的敏感也为林火监测、损失和扑救工作提供了较丰富、直观的指导性作用。除了FY-1C外，FY-2C及FY-3A也为林火监测研究提供了一定的数据基础。FY－2C 为静止气象卫星，星下点空间分辨率为 5.0 km，每小时观测 1 次，观测范围比极轨卫星广，第 2 通道 T2（3.50～4.00 μm）为林火监测的主要通道，通过与其他红外通道亮温差异比较，结合可见光波段判断火点，影响 FY－2C 火点识别的因素主要为云反射、低植被覆盖率和裸露地表的干扰。FY－3A 中的可见光红外扫描辐射计（VIRR），星下分辨率为 1.0 km，特设了 T3（3.55～3.93 μm），结合 T1～T4 可见红外波段，对云、水识别和耀斑剔除，较好地应用于林火监测，在对热异常点的识别能力上 VIRR 要优于 MODIS 卫星。根据 FY－3A 分辨率光谱成像仪（MERSI 第 5 通道 T5（10.00～12.50 μm）和 VR 红外通道对亮温反应的一致性和线性相关，MERSI 数据在林火监测中的应用效果良好。我国风云系列卫星技术也越来越成熟，这也使林火等环境灾害监测更精确、更直观。

4）环境减灾（HJ）卫星

2008 年 9 月，我国发射了环境减灾一号卫星（HJ）A、B 星，其中 HJ－1B 卫星搭载的可见/红外遥感仪对地空间分辨率为 150 m，回访周期 4 d，第 3 通道 T3（3.50～3.90 μm）对地表高温具有较高的敏感性，与 T4 结合用于火点监测，在 2009 年的我国黑龙江和澳大利亚森林火灾中，HJ 卫星发挥了较好的林火监测效果。由于 HJ－1B 卫星红外成像空间分辨率较其他卫星红外成像的分辨率高，且 HJ 卫星的高分辨率的多光谱和高光谱成像仪为精准、实时的森林火险监测和评价系统提供了优越的基础，如在提取火点、过火面积、烟雾监测、火险评估、扑火指挥等方面具有更广阔的研究和应用前景。

5）吉林林业一号卫星

2017 年 1 月 9 日 11 分 12 秒，我国首颗林业卫星“吉林林业一号”卫星在中国酒泉卫星发射基地成功发射，这颗卫星的成功发射，不仅填补了吉林林业的空白，也填补了我国林业的空白。“吉林林业一号”卫星是聚焦林业各方面需求，专为林业遥感设计的卫星，为森林资源调查、森林火灾预警与防控、野生动植物保护、荒漠化与沙化防治、病虫害预警与防治等工作提供更加精确、时空分辨率更高、覆盖能力更强、响应更加及时的卫星数据服务。其主要技术指标见表 5－2。

表 5－2 “吉林林业一号”卫星主要技术参数

参数	指标	参数	指标
地面像元分辨率	优于 1 m	人轨质量	≤轨质量分辨
成像画幅	11 km×4.5 km	长期功耗	≤期功耗
成像模式	凝视视频	测控标准	USB 测控体制
机动过程平稳度	0.003°/3（3σ）	数传	X 频段，350 Mbps
机动过程指向精度	0.1°（3σ）	设计寿命	3 年
发射状态包络尺寸	1085 mm×553 mm×1340 mm	—	—

2. 全国卫星林火监测信息网

遥感技术因其广域性、及时性和准确性，尤其对可燃物空间分布的全面掌握，被广泛应用于林火监测的各个阶段。全球火灾严重的国家均对其有着深入持续的研究。美国和加拿大是开展应用卫星遥感技术监测林火最早、取得研究成果最多的国家。我国科学家对利用卫星监测林火技术也进行了深入研究，但与发达国家相比还存在一定差距。随着我国航天技术的不断发展和遥感影像信息提取技术的深入研究，卫星林火监测将会朝着越来越及时、精确和实用的方向发展，为森林资源的保护做出重要贡献。应用气象卫星进行林火监测具有监测范围广、准确度高等优点，既可用于宏观的林火早期发现，也可用于对重大森林火灾的发展蔓延情况进行连续的跟踪监测、制作林火态势图、过火面积的概略统计、火灾损失的初步估算、地面植被的恢复情况监测、森林火险等级预报和森林资源的宏观监测等工作。目前，我国在建的全国卫星林火监测信息网，包括基本可覆盖全国的 3 个卫星监测中心，30 个省（自治区、直辖市）和 100 个重点地（市）防火办公室及森林警察总队、航空护林中心（总站）的 137 个远程终端。国家森林防火指挥部办公室和全国各省、自治区、直辖市及重点地市防火指挥部的远程终端均可直接调用监测图像等林火信息。卫星监测林火弥补了航空巡护、近地面监测和地面巡护等方式存在的死角与不足，是目前林火监测无可取代的信息源。利用 NOAA、MODIS 和 FY 等航天卫星数据开展林火监测，其优势在于时间分辨率高、一景图像覆盖范围广，能较好地反映较大区域的状况，基本可每天实现对全国林区火情的监测，是国家森林防火指挥部掌握全国火情的重要支撑手段。但这些卫星数据的空间分辨率不高，利用这些卫星的热红外通道数据进行林火监测，还会受到高温饱和、强反射面等的干扰；另外，同一卫星对于林区同一点每天只能扫描 1 ~ 2 次，且每次时间一般不超过 30 s，监测时间受到限制，往往是火情发展到相当程度才发现，容易错过最佳灭火时机；并且由于云的干扰，实际中并不是每次都能获取到覆盖火场的有效影像数据。这些因素导致了在火灾扑救指挥中，指挥员因缺乏对火场状况信息的及时了解，带来延误扑火战机或做出不恰当的指挥决策等的后果。

5.2 野外通讯与防护装备

森林消防工作的高危性、分散性、长期性决定了森林火场及野外的通讯装备、消防人员的防护装备在整个森林火灾消防救援过程中的重要性。许多国家对森林消防野外通讯、防护装备的研制给予了高度的重视，并已研制出一些有效的灭火装备，这些设备在森林灭火中起到了重要作用。

5.2.1 野外通讯装备

火场通信在森林消防工作中具有重要作用，要对火场实施全面指挥，必须保持不间断的通信联络，火场通信已经成为森林消防建设的重中之重。

通信设备按通信手段不同可分为有线电通信设备和无线电通信设备两大类。有线电通信设备有电话机、交换机和传真机等，平时应用较多，操作使用比较简单；无线电通信是利用电磁波在空间的传播来传递信息的，能够在复杂多变的火场保障不间断的指挥，是火场主要通信手段，应用最广泛的是对讲机和电台。它们是一种双向无线通信工具，分为手持机、车载台、中继台、移动台等，由于体积小、重量轻、信号强、移动灵活、操作简便，在森林防火中应用非常广泛。

5.2.1.1 对讲机

无线对讲机是森林防火中保证及时通信、准确调度和保持紧密联系的工具（图5－10）。对讲机的“自动联系”功能可为各对讲机之间自动保持联系，一旦超出通信范围，对讲机还能自动发出声音提醒工作人员以免失去联系，在森林防火工作中起重要作用。对讲机为正在执行任务的扑火队员等单独工作环境下的使用者提供安全保障。对讲机要求方便易用，音质洪亮清晰，通话距离远（开阔地可达6 km），性能稳定可靠，并且具有防水、防尘、抗震、抗摔等性能。机身外壳采用PC + ABS材料，防火耐热性能好。

5.2.1.2 移动电话（手机）

移动电话（手机）是人们常用的通信设备，是森林消防联络最有效的通信工具。森林消防队员通过移动电话可及时报告火场的实时情况，森林防火指挥部通过移动电话调动与指挥森林消防队伍的扑火。将来使用的移动电话还带有GPS系统和影像拍摄系统，在指挥系统中显示携带移动电话队员的位置情况，还可将火场的现场影像互相传送，对及时了解火场的变化，灵活运用扑火战术起到重要作用。

5.2.1.3 卫星电话

卫星电话指通过卫星接通的船与岸、船与船之间的电话业务。森林火灾的发生地多属于山高路远、交通困难和通讯联络不畅的地方，因此，利用卫星电话可达到森林扑火前指与指挥部之间的信息联络，卫星电话可进行通话、数据传输和传真（图5－11）。卫星电话通过国际公用电话网和卫星网连通实现。卫星网路由卫星、卫星地球站、基站以及终端设备组成，卫星电话业务的资费由公用电话网和卫星网两部分费用组成。森林火灾的发生地多在山高路远、交通与通讯不便的地区，在移动电话信号系统没有覆盖到的地方，只有通过卫星电话进行沟通。其先进的技术完全可以实现森林防火指挥协调中心提供现场情况、传输图片和视频图像、进行视频电话等。卫星电话为海上、空中和陆地用户提供了全球、全时、全天候的移动卫星通信服务，也为抢险救灾等紧急通信发挥重要的、不可替代的作用，不仅有效地保障森林消防队伍的安全，成为全球遇险与安全系统的一部分，而且作为公众通信的补充，充分展示其高效、灵活、优质的通信能力，是交通信息化基础网络

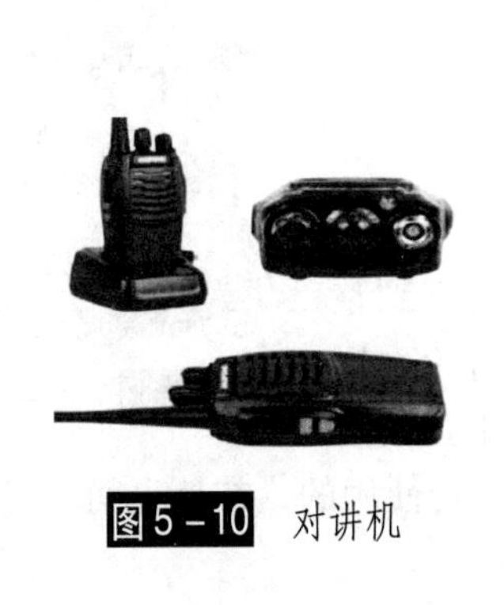

图5－10 对讲机

图5－11 卫星电话

的重要组成部分。目前主要应用有卫星火情自动测报系统、移动卫星车辆监控系统等。

近年来，随着通信科技的发展，数字语音图像传输技术也在森林防火领域得到广泛应用，这种信息系统与通信系统相结合，形成了以语音和图像要素为主体的火场通信系统，可以提供实时的图像、视频、语音、数据等现场信息，供指挥员分析火场情况，实现了森林防火组织指挥可视化，提高了森林火灾应急指挥能力，是未来火场通信的发展方向。

5.2.2 个体防护装备

森林消防是一项高危作业，森林消防员在林火扑救中既要保证自身安全，又要保持旺盛的战斗力，防护装具就显得尤为重要，防护装具代表着一个国家森林消防的发展水平。

个人防护装具是用来保护扑火队员避免高温、火焰和浓烟等对人体伤害，进行自我防护的专用装备。森林消防人员着装包括头盔（带护肩、面罩）、防毒口罩、阻燃衣裤、阻燃防滑鞋、阻燃手套等组成。

图5－12 扑火防护服

1. 扑火防护服

扑火防护服（图5－12）是橘黄色纯棉并涂有化学阻燃涂料的特殊服装，它在1000 ℃的火苗上烧碳化而不燃。防护服材料采用芳纶作为面料，里料为晴氯纶，具有阻燃性，通过添加手衬里（温区使用）和内胆（寒区使用）2种款式增强隔热功能。袖口、裤脚采用纯棉螺纹织物，防止炭火、灰尘等异物侵入，避免肢体灼伤，服装上设计了多个立体式大兜，便于携带通信器材和日用物资。上衣前胸镶有阻燃反光带，后背热压有反光性能的标志，便于夜间观察着装者的位置。

2. 防护内衣

扑火人员在扑火时除穿森林消防服装外，还必须穿全棉内衣内裤，不能只穿单层服装。防护内衣采用莫代尔面料，领口为圆形半高领，领口、袖口、裤脚均为加有氨纶的螺纹织物，具有保暖、防尘、隔热、吸汗、透气、舒适、易洗涤等功能。

3. 防护头盔

防护头盔（图5－13）的主体材料为阻燃ABS，具有很好的抗撞击强度和阻燃性能。头盔可防止头部毛发被火烧焦或山上滚石、倒木砸伤；适用于消防队工作与防火现场用以保护重物对头部的冲击。

图5－13 防护头盔

4. 防护护肩

头盔四周加有披肩，与扑火服连成一体，对扑火队员起到整体保护，可防止颈部、脸部被火烧伤。防护披肩面料为芳纶，里料为晴氯纶，用于扑火时对颚部和颈部进行保护，具有很强的阻燃和防尘性能，披肩是与头盔通过呢绒搭扣粘合在一起组合使用的，在扑火间歇可将呢绒搭扣反向粘合于后颈部，起到通风作用。

5. 防护面罩

防护头盔内还配有面罩，可以防火、防尘对面部的伤害。面罩内层为阻燃隔热无纺布，外层为耐高温阻燃丝，采用松紧带套于耳部固定，扑火时对口、鼻进行保护，使用前将门罩用清水润湿，当火场环境充满浓烟、火焰灼热难耐以及紧急避险时使用。

6. 防护口罩

双头（口罩、毛巾）口罩与毛巾在扑救山火时是不可缺少的保护用具，口罩内层为阻燃隔热无纺布，外层为耐高温阻燃丝，采用松紧带套于耳部固定，扑火时对口、鼻进行保护。在扑救山火前必须用清水润湿口罩（毛巾），当火场环境充满浓烟、火焰灼热难耐以及紧急避险时使用。遇到浓烟或热浪（热辐射、热对流）时将口鼻捂住，可以防止口鼻吸入浓烟或有毒气体，避免一氧化碳中毒，同时可以防止热浪吸入口腔灼伤呼吸道产生水肿，导致大量分泌黏液，窒息而亡（图 5 – 14）。

7. 防护眼镜

防护眼镜采用阻燃材料制作，双层镜片结构，具有阻燃、隔热、耐高温性能。高温环境中不燃烧、不熔滴，镜片防雾、抗冲击，防紫外线伤害，镜框柔软与面部贴合紧密，扑火时对眼部进行保护（图 5 – 15）。

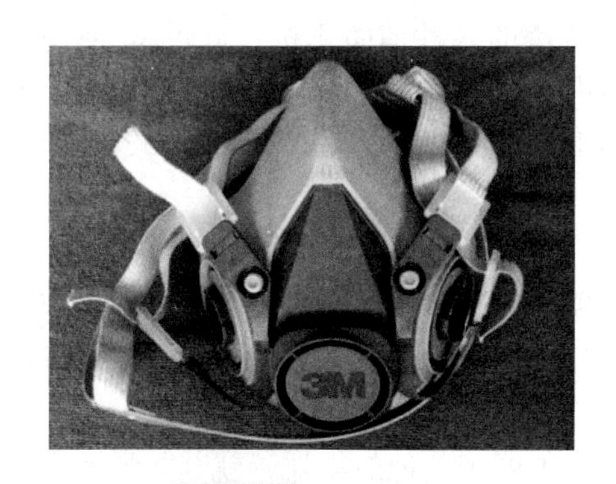

图 5 – 14　防护口罩

图 5 – 15　防护眼镜

8. 消防手套

消防手套可防止高温石头、炭火烧伤、灼伤手部。手套抓握部位采用纯皮制作，耐磨性强。手背夹层中添加隔热棉，增加舒适性和透气性，同时具有阻燃、隔热、防尘功能，还可以防止火场杂物及机具对手部的物理伤害，扑火时对手部、腕部及小臂起到保护作用（图 5 – 16）。

9. 阻燃防护鞋（靴）

防护鞋（靴）（图 5 – 17）为半高腰运动鞋样式，面料采用阻燃纤维与芳纶混纺的耐高温材料，具有遇明火不燃烧、不回缩、不熔滴的性能，长时间作业温度为 280 ℃，可承受瞬间高温为 800 ~ 1000 ℃，强度高，耐磨性好。鞋（靴）底前后部模压铸成相对称的防滑网，鞋（靴）底部采用 65 号钢板，防穿刺性好。鞋（靴）帮采用防水面料、兼有透气性。靴帮高 300 mm，既可保暖又可防止沙尘进入，抗曲折，折 100°不变形。

10. 救生呼吸器

救生呼吸器是在扑火紧急避险时，防治有毒、有害气体吸入体内，高温气体灼伤呼吸道及缺氧导致窒息而研制的个人救生器材。采用化学生氧和结构紧凑的往复式呼吸系统，隔绝外界大气，供救生者使用。

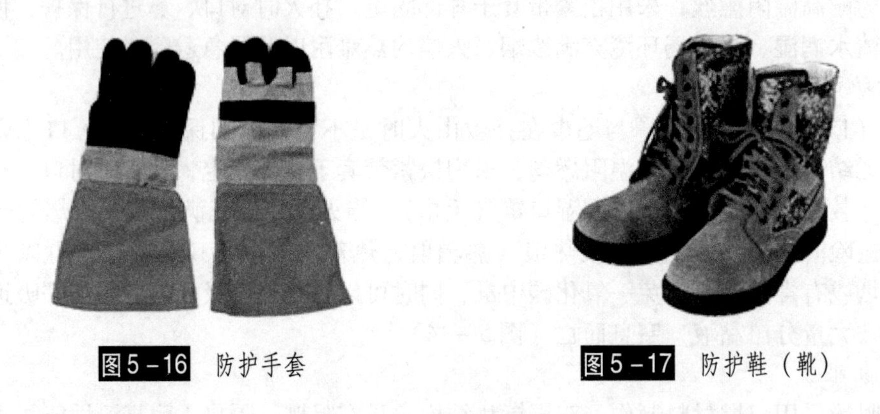

图5-16 防护手套

图5-17 防护鞋（靴）

5.3 灭火救援装备

森林灭火救援装备是指用于扑救森林火灾及救援的各种消防飞机、近距离/便携式灭火装备、火场救援和医疗救治装备的统称。森林火场扑救装备在森林灭火战斗和抢险救援中发挥着举足轻重的作用，是灭火救援战斗力的重要组成部分。

5.3.1 远程灭火装备

航空灭火具有速度快、载量大、功能多、效果好等诸多优势，已经成为发达国家主要的灭火手段。近年来，航空灭火在我国的应用也日益广泛，尤其在森林灭火中取得了广泛应用。

飞机是多种航空器的一种，其采取的推进方式不同于其他航空器，就其数量而言，在各种航空器中名列前茅。飞机机体的结构由发动机、机身、机翼、尾翼和起落架5部分组成。在这5个部分中，发动机是飞机的主要部件，机身是飞机的主要骨架。航空消防的核心装备是消防飞机，现代消防飞机按其飞行原理可分为固定翼飞机和直升机2大类。

5.3.1.1 森林消防直升机

消防直升机一般是利用已有成熟的军用或民用直升机改装而成。直升机具有垂直起降、空中悬停等独特性能，在很多方面更适合消防任务的需要。如在森林灭火中，直升机功能齐全、作业准确，动用直升机比使用固定翼灭火飞机更为经济有效。在城市和建筑火灾扑救中，消防直升机的作用则是无法替代的。在国外，由于直升机的空中飞行机动性好，可以执行森林灭火、高层建筑火灾、船舶和机场的火灾扑救与救生、空中交通指挥和警务执法、处理突发事件、通信联络、搜索与救援等多种任务。发达国家大多使用消防直升机进行森林防火灭火，从数据来看，美国每年用于森林防火灭火飞机1000多架，加拿大500多架，俄罗斯800多架。国外研制了不同的专用灭火装备，用于扑灭森林、船舶、大型化工企业等大型火灾。当前国外消防直升机不仅大批用于城市和高层建筑消防救援，有的国家（如日本等）还研制开发出了用于扑灭高楼火灾的专用灭火直升机和用于高层建筑火灾时营救被困人员的紧急救援特种直升机，因此消防直升机具有广阔的发展前景。

从目前世界范围来看，直升机在森林灭火中的应用主要有：空中灭火、应急救援、空中运输、侦察指挥等。其中，进行空中灭火时一般利用专用装备（如吊桶）或者专用灭火系统进行灭火，如图 5 - 18 所示。

图 5 - 18 直升机灭火

直升机应用于消防主要任务是承担消防灭火与抢险救援，因此其专用的消防装备主要包括灭火装备和救援装备。灭火装备有灭火吊桶（图 5 - 19）、单缸灭火系统和脉冲灭火系统，它们主要是盛水或盛混有添加剂的混合液，用于扑灭山林、野外和空旷区域的火灾。主要性能指标如下：

脉冲炮：2 × 18 L/min；装载能力：2 × 155 L；空载质批：350 kg；尺寸：2960 mm × 400 mm × 200 mm（长 × 宽 × 高）；喷射速度：120 m/s（炮口）；阀门开启/关闭时间：20 ms；最大喷射射程：60 m；有效喷射射程：40 m；喷射宽度：7 m。

图 5 - 19 直升机专用灭火吊桶

1）AS350Bl“松鼠”（水炸弹）灭火型直升机

该机是在AS350“松鼠”型直升机的基础上研制出的灭火改型机，由欧洲直升机公司在法国生产，1986年开始出厂。该直升机采用滑橇式起落架，装一台阿赫那-10型涡轮轴发动机，功率为510 kW。该直升机除1名驾驶员外可乘坐5人，也可以改装成两个担架的救护机，并备有一个可装800 kg水的水箱，进行空中投水灭火；主旋翼直径12.94 m，机身长10.93 m，全高3.14 m，空重1108 kg，最大起飞质量2200 kg，最大燃油质证730 L，最大速度272 km/h，最大巡航速度230 km/h，悬停高度2870 m，实用升限4500 m，航程655 km，滑橇起落架间距2.10 m，灭火剂装载量800 kg，如图5-20所示。

图5-20 AS350Bl“松鼠”（水炸弹）灭火型直升机

该机是一种多用途小型消防直升机，除灭火外还可承担侦察、巡逻及空中联络等任务。该机特点是机体轻小、灵活方便、反应敏捷，适用于森林火情的监视和向火灾现场运送救火人员，是初期火灾扑救和控制的有力手段。

2）S-64“空中吊车”（Skycrane）直升机

图5-21 S-64“空中吊车”直升机

该机是美国西科斯基公司研制的大型起重直升机，于1964年投产。其最大特点是机身在驾驶舱以后部分采用可卸吊舱，可充分发挥其装运大型货物和起重吊运的能力，同时也为其执行消防任务提供良好的平台，如图5-21所示。

该机主旋翼直径21.95 m，机长26.97 m，机高7.75 m，装2台T-73-P-l涡轮轴发动机，单台起飞功率4500轴马力。全机空重8724 kg，最大起飞质量19050 kg，曾运载重达7937 kg的压路机和9072 kg的装甲车，最大平飞时速203k m，悬停高度3230 m（有地效）、2100 m（无地效），航程370 km。

美国曾使用该直升机携带装有灭火剂的吊桶进行森林火灾扑救。日本也选中该直升机为平台，委托制造该机的美国公司改装生产了S-64灭火型直升机。这是一种既可执行森林灭火，又能扑救城市高层建筑火灾并实施超高层建筑被困人员紧急救援的多用途消防直升机。该直升机全长27.2 m，高7.8 m，基本空重10200 kg，满载质量21360 kg，可乘3人，其中1人面向后坐在后排，负责外挂荷载的起吊和落降。

该机配备的灭火设施有：机身中下部安装的一个容量为9500 L的可拆卸水箱，水箱内部还设有一个容量290 L的辅助灭火剂储箱，内装A类灭火剂（用于一般火灾扑救的泡沫液原液），配备的比例混合器可自动调整泡沫灭火液的浓度；机体下部设有取水吸管，可在45～60 s时间内从不小于0.5 m深的水源中吸满水箱。

直升机灭火时投放灭火剂的流量可在4～33 L/s分8个档次调节。当遇有强烈火灾时，可保证在3 s内将9500 L水或灭火剂全部投放出来。在机身左前下方位置，正前向安装一座长5 m、出口直径50 mm的固定式航空水炮，每分钟可射水或灭火剂1100 L，射程达55 m，可持续喷射8 min。

日本还以S-64型直升机为平台开发出一种独特的紧急救助装置——直升机悬挂救生吊舱系统，专门用于救助高层建筑火灾时的被困人员。该装置系统使用时是通过悬挂钢索将一个金属制围笼式救生吊舱挂载在S-64型直升机腹部，用直升机将此救生吊舱从空中吊运至起火建筑物，以解救超高层建筑火灾中被困在高楼层内的人员。

为使救生吊舱准确地与施救部位对接，在救生吊舱后部装有一台小型螺旋桨发动机，吊舱内设一名操作员，通过操纵螺旋桨推进装置实现救生吊舱的空中精确位移和对接定位，以供逃生者安全方便地进入吊舱。这种救助装置一次可救出50～70人，是一种有效的超高层建筑人员救援系统。它的出现无疑为高层建筑消防扑救提供了新的手段。

3）AS332“超美洲豹”灭火型直升机

该机装2台涡轮轴发动机，单台最大功率为1755轴马力；驾驶舱可乘3人，标准型主座舱内可容纳20名士兵或17名乘客，或6副担架和6名医护人员。直升机的主要性能数据：旋翼直径15 m，机长18.46 m，机高4.92 m，空重3850 kg（AS332B标准型）、3940 kg（AS332B加长型），最大起飞质量7800 kg，航程625 km，实用升限2300 m，最大巡航速度291 km/h，经济巡航速度260 km/h。AS332灭火型直升机以AS332LI型直升机机体为平台，对除机身结构以外的机体配置进行了大量改动设计，使其具备了空中灭火能力，如图5-22所示。

该机灭火系统的主要配置如下：

（1）水箱。容量为1200 L，上部水箱为1000 L，下部水箱为200 L。

（2）航空水枪。在直升机机体两侧前下部各设置一支航空水枪，口径为18 mm，有效射水距离40 m，射水压力8 kg/cm^2，水枪流量10 L/s。航空水枪性能：构造为两段伸缩式（收缩时长4.5 m，伸张开时长7.2 m），水平展开范围（水平射界）100°，水平转动角速度5.5°/s，上下俯仰范围（俯仰射界）15°，俯仰转动角速度1.7°/s，水平转动和上下俯仰以电动机驱动。

水枪射流由油液压系统驱动（油压泵输出压力为210 kg/cm^2），有油压系统2套，设在水箱位置。该机在各种作业状态时的最大速度：不展开航空水枪时为185 km/h，一侧水枪展开时为130 km/h，自给式取水系统放下时为130 km/h，航空水枪射水时为37 km/h。

该机的消防装备由可拆卸装备部分和固定装备部分2部分组成。可拆卸部分包括上部水箱、航空水枪、支架、自给取水装置、控制系统、地上给水配管。固定装备部分包括下部水箱、放水管、油压系统、电源系统、指示系统。电源系统设40 kVA发电机2台，为机体、电动油压系统及灭火系统控制装置等提供电力。控制系统位于机舱后部，是用来控制灭火系统的装置，有操作台、距离测定装置、瞄准系统等。指示系统设有显示器，在主控制板中央，设置水枪收纳/使用状态显示灯、距离显示器及灭火剂投放开闭状态显示标志等。地上给水配管供直升机在地面补给消防用水使用，设在机体下面两侧，口径65 mm，通过接口可与75 mm供水管连接。

2001年6月，日本东京消防厅航空队最新装备的一架中型消防直升机举行了入役仪式。该机也是由AS332改装而成，是一架可执行救护、救援和灭火的多用途直升机，其机体内配有高规格急救担架装置（EMS），装有卫星电话系统、各种医疗器械夜间飞行导航和监视系统、GPS系统等先进设备。机身下部能搭载一个可拆卸的灭火装备（被称为airattacker），其内部可容纳2700 kg灭火用水，可通过最下部的放水口从空中投水灭火。

4）米-26（T）型重型消防直升机

该机是俄罗斯在米-26型重型直升机基础上改装研制的重型消防直升机。米-26直升机具有超常的载重和输送能力，因此在其基础上改装的米-26（T）灭火直升机能够载运大量水或化学灭火剂进行空对地强力灭火，也可将大2消防队员及装备器材空运到交通不便的地区执行任务。米-26（T）载有特殊的水容器（VSU-15型），是直升机实施灭火的主要装备，如图5-23所示。

图5-22 AS332“超美洲豹”灭火型直升机

图5-23 米-26（T）型重型消防直升机

这种容器设计使直升机能够在空中悬停状态下从湖泊、河流中吸水进行重新装填，以节省时间，使直升机能够更快地穿梭往返于水源地和火场之间，增强灭火效率。机组人员可以容易地操控水容器进行重新装填。当火灾被控制后，VSU-15型水容器可以从直升机上快速卸除，这样直升机即可运送消防人员和装备。VSU-15型水容器的主要性能：最大容量15 m^3，最小容量8 m^3，吊索长度6500 mm，水容器高度3000 mm，水容器桶口直径3100 mm，汲水圆桶直径600 mm，汲水时间10 s，汲水速度1 m^3/h。VSU-15型水容器装置自重 250 kg，直升机吊挂 VSU－15 型水容器汲水时的速度为 0～120 km/h，吊挂满载的 VSU－15 型水容器时的飞行速度为 0～180 km/h，吊挂空载的 vsu－15 型水容器时的飞行速度为 0～200 km/h。载有吊挂 VSU－15 型水容器的米－26（T）重型灭火直升机的其他标准配置包括：外挂吊索，用于吊载 VSU－15 型水容器，控制水的投放和重新装填；卫星导航系统、热成像装置；用于和地面消防救援队伍通信联络的无线电装置。俄罗斯正在致力于进一步改进和完善该型直升机的重新汲水装置，以便更有效地应付紧急救援任务。

5.3.1.2 森林消防固定翼飞机

固定翼消防飞机飞行速度快、航程远、载重量大，一般用于森林、草原等野外火灾扑救。这类飞机多数是由运输机、轰炸机、反潜机、农用机等机型改装而成，如我国 1989 年研制成功的大型灭火机，就是由反潜/轰炸型水上飞机 SH－5 改装而成的。还有的消防飞机是专门研制的，如目前世界上许多国家都有装备的著名的加拿大 CL－215（图 5－24a）、CL－415（图 5－24b）系列固定翼灭火机。

1）CL－215 型灭火飞机

该机是由加拿大庞巴迪宇航公司（前身为加拿大飞机有限公司）研制的双发水陆两栖固定冀灭火飞机，是世界著名的森林灭火机。该机操纵和维护简便，能在简易机场、湖泊和海湾上起降。1969 年获得加拿大和美国型号合格证，1981 年 12 月开始交付使用以来，已生产 100 余架，出口法国、西班牙、意大利、南斯拉夫、希腊和泰国等国家，除灭火外，还可用于巡逻、搜索、救援和客运等其他通用航空任务。

(a) CL-215型灭火飞机

(b) CL-415型灭火飞机

图 5－24 固定翼灭火机

CL－215 是其装配活塞式发动机的型号，其改装涡桨发动机的型号为 CL－215T 和 CL－415。主要参数和性能数据：翼展 28.5 m，机长 19.8 m，机高 9.0 m，翼弦 3.54 m，机翼面积 100.3 m，最大起飞质量 19749 kg（陆上）/17116 kg（水上），标准飞机空重 11158 kg，有效载重 5357 kg，水箱容量 2×2673 kg，发动机 PWACPW－120，2X2000 轴马力，内部油箱容量 4821 kg，最大巡航速度 352 km/h，经济巡航速度 306 km/h，起飞滑跑距离 777 m（陆上）、774 m（水上），着陆滑跑距离 768 m（陆上）、835 m（水上），爬升率 305 m/min，实用升限 6100 m，最大航程 2200 km。CL－215 采用全金属船身式结构，其船身可保证飞机在水面上起降。它还装有前三点式起落架以便在陆上机场起降。该机机身内有2个水箱，装水方式既可在地面机场装载（90 min即可注满），也可由飞机从水面掠过时吸水。从水面吸水是利用两个可收放的吸水管。

当飞机以110 km时速从水面掠过时，利用水的动压把水箱吸满只需10 s，掠水飞行距离为1222 m，吸满后飞机即可离水爬升飞赴火场。飞机的有利投水高度为35～40 m，一次投水约3 s时间，可覆盖120×25 m^2 的区域。一架飞机每天可作业100多次，可提供50万L水进行灭火，必要时每天最多可吸水160次，注水量可达87万L。

通过试验证明，该机在空中喷洒泡沫灭火剂，还能扑灭燃油引起的火灾。CL－215、CL－215T及其最新型号CL－415是目前世界上最优秀的灭火飞机，至今仍在生产。我国西安飞机制造公司自1980年开始起为这两种飞机生产副翼、应急离机舱口和浮筒吊架等部件。

2）SH－5型灭火型水上飞机

该机是我国自主设计和研制的第一代大型水上灭火飞机，由哈尔滨飞机公司和水上飞机设计所联合研制的SH－5型飞机改装设计而成（图5－25）。SH－5（也称PS－5）型飞机是我国自行研制和生产的第一代大型水上反潜轰炸机，1968年开始研制并交付使用。灭火型的SH－5于1989年改装研制成功，该机型具有低速低空性能好、装水速度快、载重量大、续航时间长的特点。

图5－25 SH－5型灭火型水上飞机

3）“农场主”型飞机

该机是由英国诺曼飞机公司研制设计的农业飞机，20世纪70年代末开始研制，1987年交付使用。该机装一台PT6A－34AG涡桨发动机，功率559 kW；翼展16.23 m，机长11.02 m，机高4.12 m；标准空重2266 kg，最大荷载2032 kg，最大起飞和着陆质量4535 kg；最大平飞速度265 km/h，实用升限5550 m，航程1853 km。

该机有农用、灭火及控制污染等多种用途。该机在机体设计上的一个明显特点是：由钛合金制成的农药药箱（或水箱）是机身结构的一个组成部分，外廓与机身蒙皮吻合。发动机安装在药箱前面，两侧安装机翼。在作为灭火机使用时，可以独特的方式在水面吸水。吸水时，飞机在离水面约3 m的高度飞行，同时安装在后机身带有吸水管的可收放吊架的一端向下旋转降落，最大可向下旋转45°，使吊架末端和吸水管插入水中，然后靠气动压力吸水，1 min即可吸满。

该机装有2台PT－6涡桨发动机，药箱（水箱）的最大荷载为2032 kg。该机是一种小型多用途消防飞机，特点是以农用机为平台，一机多用、简单实用，可大大节省投资，运营成本低。

我国航空护林飞机所使用的固定翼飞机，主要是运－5型飞机（图5－26），其结构简单，单发动机，载量小，抗风力差，在安排任务进行飞行时，必须根据运－5飞机的特点和主要性能，机动灵活组织飞行，既确保安全，又确保护林任务的完成。大兴安岭已有很好的应用经验和基地建设经验。

图5-26 运-5型飞机

5.3.2 近距离/便携式灭火装备

5.3.2.1 扑火手工具

虽然森林消防正向着机械化方向发展，但由于扑火手工具的便携性和通用性，在扑救森林火灾中仍然无法被替代，尤其在扑救地下火和清理火场时，它们的作用更加显著。

扑火手工具是扑救森林火灾中最常使用的工具，是无动力、不需要能源的通用工具的总称。常用扑火手工具有长把斧、短把斧、尖镐斧、双刃斧、弯把斧、长把锹、粗齿耙、镰刀、细齿耙、一（二、三）号扑火工具等（图5－27），在此选择主要工具进行介绍。

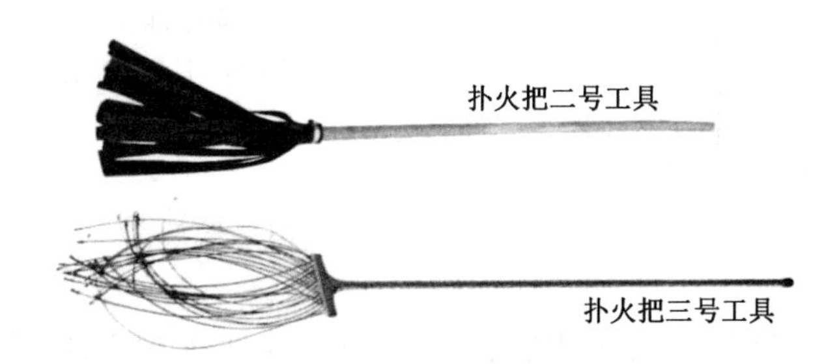

图5－27 二、三号扑火工具

（1）斧子有双刃斧和单刃斧，也有大斧和小斧之分，常用于设防火隔离带、开辟行进路线、清理火场、修建直升机临时降落点、清理宿营地等。

（2）铁锹是一种铲土工具，常用于土埋法灭火、扑救地下火、清理火场、开设防火隔离带等。

（3）铁镐有尖嘴镐、扁平镐等，常用于清理火场、开设防火隔离带、开设宿营地等。

（4）砍刀用于开辟行进道路，也可用于割取树枝，清理灌木丛、杂草等。

（5）手锯用于锯断、清理火线上或火线附近正在燃烧的立木、倒木等粗大可燃物。

（6）灭火耙用来将正在燃烧的可燃物搂进火烧迹地内，也是开设隔离带的常用工具。

（7）一号扑火工具是指用树枝或把树条子捆成扫把进行灭火。

（8）二号扑火工具是指把废旧轮胎剪切成长80～100 cm，宽2～3 cm，厚0.12～0.15 cm的条20～30根，用铆钉或铁丝固定在长1.5 m、粗3 cm的木棒上制成的扑火工具。经改良的 HLG－1 二号工具采用 5 条规格 4 cm×0.5 cm 橡胶合成条组合；工具头部有橡胶条，在扑火时起到缓冲作用；工具杆为 ϕ2.5 cm×1.5 cm 的铁管制成。

(9) 三号扑火工具是指在 HLG－1 号扑火工具的基础改进成 HLG－2 的扑火工具。工具杆为 ϕ2.5 cm×1.5 cm 的镀锌管制成，工具头部改为钢网。

扑打林火时将二、三号工具斜向火焰，使其成 45°角，轻举重压，一打一拖，这样容易将火扑灭；且忌使扑火工具与火焰成 90°角，直上直下猛起猛落的打法，以免助燃或使火星四溅，造成新的火点。扑打时最好是 3～4 人组成一个小组，轮流沿火场两翼进行扑打。在火势弱时，可单人单独扑打一点；火势强时，扑火小组同时扑打一点，同起同落，打灭后一同前进。扑打时，要沿火线逐段扑打，不可脱离火线去打内线火。对阳坡陡坡的上山火，切忌迎着火头扑打，以免造成伤亡。

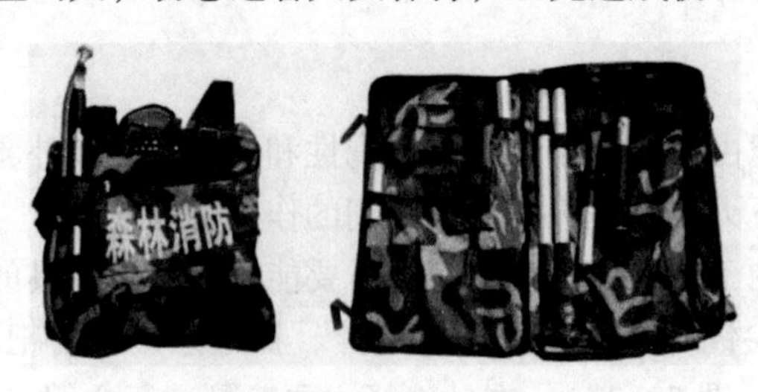

图 5－28 扑火组合工具

(10) 扑火组合工具是便于携带、使用和保存的扑火工具，森林消防人员将多种工具如砍刀、斧头、锯、锹、拍子、耙子和活动手柄组成组合工具，置于设计好的工具包中（图 5－28）。该工具具有灵活性好，活动手柄可与锹、拍子、耙子任意组合，装卸方便；适用广泛，6 种工具相互配合，可有多种用途（如清障、扑火等）；具有携带方便、体积小、重量轻等特点。扑火组合工具包外形尺寸：长 720 mm，宽 340 mm，重约 6 kg。有的组合工具包中还配有水箱、水枪、三号扑火工具，可存放有日常用品和临时治伤药品，是扑火队员优选装备。

另外，扑火手持工具还有铁铲、镰刀、多用防火锹、镐等。

5.3.2.2 灭火水枪

灭火水枪也称灭火手泵，主要由胶囊（或塑料桶）和水枪 2 部分组成。胶囊或塑料桶是盛装水或化学灭火液体的容器，配有背带，可背负。

1. HLSB 往复式灭火水枪

水枪自重小于 0.5 kg，整套全重 2.2 kg，最佳灭火距离 2.5～6 m，最远射程 11～13 m，胶水袋一次可装水 22 kg。盛水胶布袋内有拉筋，袋口设有防溢装置，装满水后呈方形，像战士行军背包一样。

最新加工的出水阀外圆加一道槽，嵌有“O”形胶圈，避免和外管内壁碰撞，用来配合其他工具扑火。如用它把树枝、二号工具喷湿，可增大灭火效果，如加个开关和风力灭火机配合灭火，功率增加好几倍。在胶袋内按比例加入灭火剂，灭火效果更为理想。功能相同的有 YL102 背式灭火水枪。

2. 背负式灭火水枪

背负式灭火水枪由一个水箱及胶管、气压筒、阻燃背包、灭火液、行李包等组成（图 5－29）。外包装的紧扣件是根据人体肌肉组织、骨骼而设计，使用时一定要将所有紧扣件紧扣好，防止因在爬山时箱体左右摇晃而扭伤，可以集中多支水枪对准火头喷洒水，打压火头，降低火的燃烧烈度和温度，增加空气和燃烧载体的湿度。

（1）性能参数：体积（长×高×厚）为 300 mm×80 mm×20 mm；装水量为 15 kg；射程为 13 m。

（2）使用场合：扑打火头火，救援被困人员，清理火场。

5.3.2.3 背负式灭火器灭火器

背负式灭火器是一种干粉灭火器，与家用灭火器不同，灭火器装在特制的袋子中，背在身体前后，携带方便（图 5-30）。背负式灭火器具有粉尘重、射程远等特点，是森林消防的理想器材。

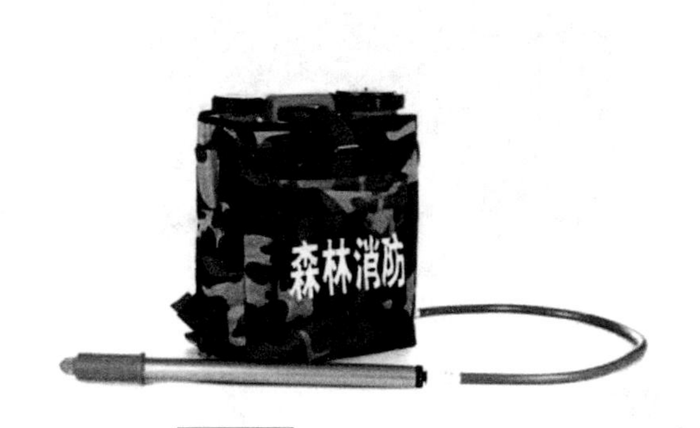

图 5-29 背负式灭火水枪

图 5-30 背负式灭火器

1）性能参数

重量：8 kg；射程：10～13 m；灭火面积：20～25 m^2。

2）使用方法

（1）倒转摇晃；

（2）拉出锁针；

（3）一只手握喷管，对准燃烧物，另一手压下控制压把，向火焰根部喷射灭火剂。

3）背负式灭火器使用场合

打火头火，在火场救援被困人员，清理现场。

4）注意事项

（1）尽量站在上风方向使用；

（2）使用时应戴好防毒面罩；

（3）灭火器一经开启，必须重新充装，且充装前应进行水压实验；

（4）筒体发现有大量面积明显锈蚀，不得继续使用；

（5）必须经常检查，如发现表针低于绿色区域要重新充装。

5.3.2.4 灭火弹

1. XH-01 型灭火弹

XH-01 型灭火弹是一种装填磷酸二铁盐等灭火材料的手投灭火器（图 5-31a），适用于扑救可燃液体、固体、电器设备和森林等火灾。该弹引信采用针刺点火方式，弹体内的火药燃烧产生爆炸气体将弹体爆开，利用冲击波效应和灭火剂分散灭火，其结构简单，操作容易，携带方便，使用安全可靠，灭火效果好。

性能参数：弹重为550 g；弹体材料为阻燃塑料；延期时间为2.8～3.8 s；正常作用率为95%；储存有效期3年；安全半径1 m。

2. 灭火枪弹

灭火枪弹如图5－31所示。

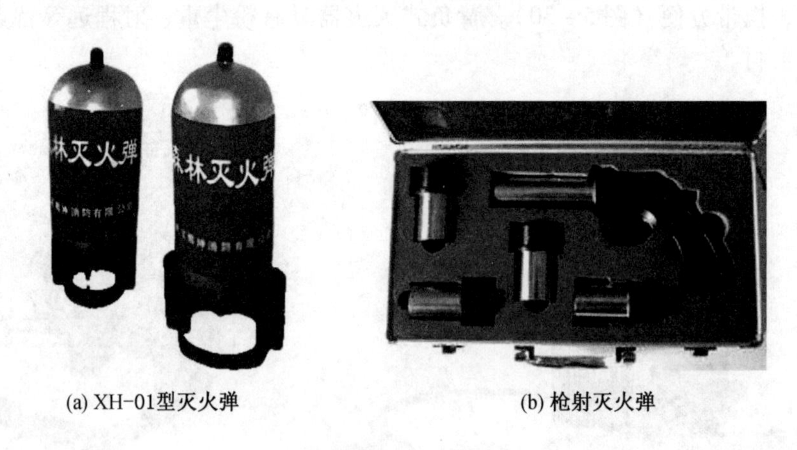

(a) XH-01型灭火弹　　(b) 枪射灭火弹

图5－31 灭火弹

（1）性能参数：弹重为120 g；有效距离为80～120 m；弹体材料为阻燃塑料；延期时间为2.0～3.0 s；正常作用率为95%；储存有效期3年。

（2）使用方法：采用国际上通用的38 mm防暴枪发射，射程在80～120 m。

①准备：检查枪支各部件是否完好、灵活可靠；从包装箱中取出装弹的铝塑袋，沿切口处撕开，拿出灭火弹。

②枪射：用手按下锁定钩，打开枪筒，将一枚38 mm灭火弹放入枪膛；然后合上枪管，锁定钩锁紧枪管；再立起瞄准标尺，瞄准目标，以合适的角度，对准目标方向射击。发射完成后，打开枪管，取出发射筒，准备下一发的使用。

（3）安全守则：

①安全距离不小于0.5 m，使用时要在安全距离之外。

②发射时有较大的初速，不能对人员直接射击，否则会造成伤害或引起死亡。

③储存有效期3年，保管时应注意通风，保证库房的温度、湿度在合适的范围。超过储存期或储存条件不符合要求的灭火弹不能使用。

④只能在法律允许的范围内使用。

⑤使用者需经过弹药使用操作的专门训练。

⑥不能将灭火弹放在雨中或放在太阳下曝晒。

⑦如果灭火弹出现瞎火，有2种情况：第1种是防暴枪扳机扣动，但弹未发射出去，出现时应将防暴枪的保险销扳到安全位置（绿色点处），将弹取出，由专业人员拆掉压盖，取出发射药盒（内装黑火药）和弹丸，拧下弹丸的尾翼，用非金属物体刺破发射药盒的胶纸，倒出黑火药并平铺地上，人员在3 m之外间接用火将所有的部件焚烧销毁；第

2 种是弹丸发射出去但瞎火，这种情况至少 30 min 后，人员才可以接触弹丸，在 3 m 之外间接用火将所有的部件焚烧销毁。

（4）枪支维护：防暴枪使用完后，枪膛中会附有大量的火药残渣，用洗洁液进行冲洗，再擦拭干，并涂上适量的润滑油。

3. 灭火炮

灭火炮是近年来兴起的新型灭火装备，可将灭火弹从较远距离投送至火场，避免近距离作业带来的人身安全问题。比较典型的有 SLM－60 型单兵肩抗式灭火炮、PZ120 支架式气动灭火炮、俄罗斯 GAZ－5903 灭火炮、CMH－1 型远距智能森林灭火弹炮系统等。灭火炮主要是采用火药燃气驱动弹丸发射或者采用火箭发动机作为发射动力源，将装有灭火剂的灭火弹远距离投射到火区，灭火弹遇火后自动引爆，将灭火剂喷洒到可燃物表面达到灭火目的，是一种安全、可靠、高效的灭火装备。

灭火炮有多重型号，现以 PZ120 支架式气动灭火炮、俄罗斯 GAZ－5903 灭火炮为例进行介绍。山西沙科威消防装备有限公司研制的泰宇 PZ120 支架式气动灭火炮（图 5－32a）主要利用高压气体作动力源，发射灭火弹使之直接投向火场，从而达到灭火目的。其灭火炮具有机动灵活的特点，可单兵肩负使用、带支架使用、车载发射，也可集群作战。主要用于森林、草原、高层建筑、危险物品和特殊死角火灾的远距离扑救。该炮最大工作压力 2.0 MPa，最大射程 210 m，最大灭火面积可达 13 m^2。PZ120 支架式气动灭火炮在射击精度上不是很高，射程有限。

俄罗斯 GAZ－5903 灭火炮（图 5－32b）由轻型柴油动力装甲车 BTR—80 发展而来，这种灭火车适用于扑灭爆炸性危险品的 A、B、C 类火灾，可以火药爆燃做功为动力发射干粉灭火弹，最大特点是拥有 22 个发射筒，可携带 44 枚灭火弹，射程 50～300 m，并且越野能力强，适用于森林、油罐等火灾扑救场合，最大特点是采用固体灭火弹，摆脱了液体的限制能达到很大的射程，灭火弹在火点引爆能够定点灭火，缺点是以火药为发射动力源时灭火弹在炮口处获得的初速度不能进行调控。

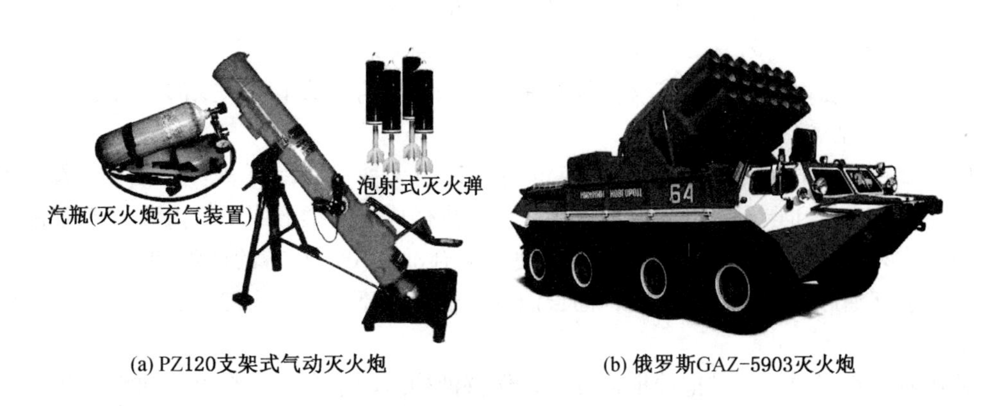

(a) PZ120支架式气动灭火炮　　(b) 俄罗斯GAZ-5903灭火炮

图 5－32　灭火炮

4. MFS－1.5 kg 手投式灭火弹

MFS－1.5 kg 手投式灭火弹无雷管、无炸药、无拉火管。主要原料：全硅化磷酸二氢

图5-33 MFS-1.5 kg 手投式灭火弹

氨。使用、运输安全方便，灭火迅速，灭火效率（图5-33）。

（1）使用方法：

①撕开塑料包装袋后取出导火索。

②用火点燃灭火弹的导火索后，用力将灭火弹投向目标。

（2）安全守则：

①不能直接对人员投掷，否则会造成严重的伤害。

②爆点1 m范围内有可能对人员产生伤害。

③灭火弹出现瞎火时，至少20 min后，人员才能接触灭火弹，由专业人员在3 m之外间接用火焚烧销毁。

④灭火弹保质期3年，储存期间避免日晒或雨淋，撕开铝塑包装袋的灭火弹应尽快使用，不能长期储存。

5. 自引式森林灭火弹

自引式森林灭火弹用非炸药类物质作为爆破源，这种类型的灭火弹没有导爆装置，利用林火自行引燃爆炸灭火，其引芯为新型材料，在水中等隔氧条件下能正常燃烧，保证了引芯引燃。这种灭火弹的外形为方形设计，使其不易在山坡斜面上滚动。使用时，灭火人员可以依火情火势，事先将这种灭火弹挂在预见火线的树上，只有明火条件下才能将其引燃，从而达到爆炸灭火的目的。

6. 灭火弹的运输和储存

灭火弹是火工品，其运输是一项具有危险性的工作，应按照火工品的要求和规定来执行，在运输时必须采取安全技术措施，以保证运输的安全，防止事故发生。公路运输时，应采用安全可靠的车辆，不允许使用翻斗车、挂车和三轮汽车。运输车辆载重不得超过额定数量，装载高度不超过车厢栏板高度。

严禁与易燃易爆物品混合堆放，严禁重压堆放。灭火弹储存有效期3年，超过储存期或储存条件不符合要求的灭火弹不能使用。

保管时应注意通风，不日晒雨淋，保证库房的阴凉、干燥。

5.3.2.5 点火器

点火器主要在以火攻火、点火自救时使用，是专业消防队不可缺少的工具之一。

1. DH-2型滴油式点火器

DH-2型滴油式点火器能够提供稳定而持久的火种。其由可背负的油桶、输油管、手把开关、点火杆和点火头组成。点火头是薄铁皮做成的圆锥形罩子，内添耐高温的玻璃纤维布或临时放些棉线团、布做芯子。可使用混合油，70%左右的柴油加30%左右的汽油。油桶装好油后，打开油门开关，油自油桶经输油管流入点火头渗透芯子，用火柴即可点燃。

使用时注意事项：平时把油桶盖拧紧，保持油桶封闭不会使油渗出；油路所有金属连接处都有垫片，使用前一定要检查有无漏油的地方，以确保使用安全；在使用时可把盖拧松；不用时喷嘴可放容器内，便于携带和保存。

2. HLDH-2点火器

HLDH-2点火器（图5-34）采用纯汽油，使用前先把燃油从油桶上的油嘴加入，使用时靠油的自重流淌，油流成串滴下，点火杆头上有火，形成带火的油滴滴落下去，引燃可燃物，形成点火作业。

使用方法：用点火器点燃可燃植物体，点火法有梯形法、超前法、梳形法 3 种。

安全守则：持点火器的人员 5～10 人，站成一排，由最里（安全性相对差的地理位置）到外依次点燃，点火时身后必须有 3～10 m 的安全隔离带。

图 5－34 HLDH－2 点火器

5.3.2.6 风力灭火机

风力灭火机主要由汽油机、离心式风机叶轮和多功能附件组成。离心式风机叶轮直接与汽油机输出轴联结，叶轮旋转时产生高速气流。风力灭火机的原理是利用风力灭火机产生的强风，把可燃物燃烧释放的热量吹走，稀释可燃性气体浓度，使火熄灭的一种灭火法。风力灭火机只能用于灭明火，不能灭暗火，否则愈吹愈旺。

1. 6MF－30 型多功能风力灭火机

6MF－30 型便携式风力灭火机是一种可用于风力灭火、又可换装成油锯使用的新型多用途动力机具（图 5－35）。主要技术参数见表 5－3。作为风力灭火机轻巧、灵便、风速高、风量大、操作简便，可以有效地扑灭中、低强度的森林和草原火灾，是森林和草原防火的必备工具；更换少量零件后可作为油锯使用，适用于伐木、打枝等综合作业。

(a) 6MF-30型便携式

(b) 作业现场

图 5－35 风力灭火机

1 台风力灭火机相当于 25～30 名灭火人员用手工工具的灭火效能。风力灭火机具有重量轻、体积小、功率大、在各种条件下都能用的特点。当前世界上各种灭火工具和机械器材的实际使用都受交通、地形、水源等条件的限制，只能在特定条件下使用；而风力灭火机不受这些限制，只需 3～5 个人组成一组，背 1～2 台风力灭火机，提上燃油筒和灭余火的工具，就能迅速有效地扑灭林火。

使用风力灭火机灭火需要合理地组织和一定的操作技术。在扑火战斗中，一般火焰高度在 50 cm 以下时，可采用单机灭火；当火焰高 1 m 左右时，可采用两机编组灭火；当火焰高度在 1.5 m、可燃物反比不均匀时，可采用三机编组灭火。双机灭火时，第 1 台位于火线外侧，距火焰 1.5 m 左右，用强风压迫火焰上部，使火焰降低并侧向火烧迹地内侧，第 1 台后 0.5 m 处，用强风切割火焰底部灭火；三机灭火时，采取两上一下配合灭火，第 1 台强风压迫火焰中、上部，压低火势，迫使火焰侧向火烧迹地内侧，第 2 台横扫火焰下部和可燃物上部，灭掉部分明火，第 3 台切割火焰底部，直吹燃烧物，熄灭明火。四机灭火时，由于火焰高，火势强，1 台强风压迫火焰上部，1 台强风吹火焰的中上部，二者配合压低火势，另外 2 台切割火焰底部和直吹燃烧物而灭火。

表 5-3 6MF-30 型多功能风力灭火机主要技术参数

型号	6MF-30 型
型式	便携式
整机净重量/kg	9.5
风速/($m \cdot s^{-1}$)	距风机中心 2.5 m 处≥30
发动机功率/kW	4.5
标定转速/($r \cdot min^{-1}$)	7000
外形尺寸/(mm×mm×mm)	1040×310×410
油箱容量/L	1±0.1
一次加油连续工作时间/min	25

2. 风力灭火机的使用技术

根据森林消防队伍实践经验，风力灭火机主要在扑打弱的明火、清理火线和以火攻火开隔离带中使用，基本使用技术可概括为割、压、顶、挑、扫、散 6 个字。

(1)“割”是用强风切割火焰底部，使燃烧物质与火焰断绝，并使部分明火熄灭，同时将未燃尽的小体积燃烧物吹进火烧地内。

(2)“压”是在火焰高度超过 1 m 时，采用双机或多机配合灭火，用其中 1 台在前压迫火焰上部，使其降低并使火锋倒向火烧迹地内，为切割火线的灭火机创造灭火条件。

(3)“顶”是火焰高超过 1.5 m，需用多机配合灭火，除用 1 台机压迫火焰上部外，加用 1 台机顶吹火焰中部，与第 1 台机配合，将火焰压低，并使火锋倒向火烧迹地，其中第 2 台灭火使用“顶”吹技术灭火。

(4)“挑”是在死地被物较厚地段灭火，当副机手用长钩或带叉长棍挑动死地被物时，主机手将灭火机由后至前呈下弧形推动，用强风将火焰和已活动的小体积燃烧物吹进火烧迹地内。

(5)“扫”是用风力灭火机清理火场时，用强风（如扫帚一样）将未燃尽物质斜向扫进火烧迹地内部，防止复燃。

(6)“散”是指四机或五机配合灭强火时，由于温度高，灭火队员难以进行连续逼近灭火作业，则用 1 台灭火机直接向主机手上身和头部吹风散热降温以改善作业环境。

3. 风力灭火机使用的安全守则

(1) 要根据火场可燃物分布状况和火焰高度以及燃烧发展情况合理编组。

（2）使用灭火机时，要掌握好灭火角度，并使用最大风速；否则，不但不能灭火，反而助燃。

（3）风力灭火机火场工作连续 4 h 后，要休机 5 ~ 10 min 凉机降温。

（4）风力灭火机编组使用时，要注意轮换加油，避免燃油同时用尽。

（5）火场加油位置要选择在火烧迹地外侧的安全地段，禁止在火烧迹地内加油，严禁在加油地原地启动。

（6）有漏油、渗油的灭火机要停止使用。

（7）发现异常噪声或故障时，要停机检修，排除故障后方可继续使用。

（8）使用风力灭火机的“四不打”：一是火焰高度超过 2.5 m 的火线不打；二是 1 m 高以上灌丛段（指草丛或林缘地区）火不打；三是草高超过 1.5 m 的沟塘火不打；四是迎面火的火焰高度超过 1.5 m 时，一般情况下不打。

上述条件下扑火太危险，遇上述条件应改变策略，如暂避火锋，待火焰降低时冲上去扑灭；待火烧过不能扑打地段后，再扑打；迎面火焰高，可使用交叉法扑灭。

5.3.2.7 油锯

油锯主要用于开防火线，砍伐树木隔离可燃物达到间接灭火的目的。油锯从构造上分为高把油锯和短把油锯，森林防火中使用短把油锯居多，在此，以短把油锯为例进行介绍（图 5 - 36）。短把油锯由曲轴腔、燃油腔、机油腔、空气滤盒和消音器盒 5 个腔组成。气缸为铝合金压铸，缸内壁镀硬铬，曲轴为组合式，连杆大头轴承为带保持架的滚针轴承。点火系统采用可控硅无触点磁电机，泵膜式化油器保证油锯在任何翻滚位置都可正常工作。离合器的离合块由轻合金铸成，工作可靠，前后手把都有减振装置，机器装有主、副两个消音器，消声效果较好。

图 5 - 36 油锯

5.3.2.8 割灌机

割灌机通常应用于清理林缘轻型地表可燃物，由发动机、机架、软轴、硬轴、减速箱和割刀等组成（图 5 - 37）。2GB - 2A 型背负式割灌机是西北林业机械厂研制的一种便携式机械，发动机采用镁合金压铸，重量轻，结构紧凑，性能先进，操作方便。

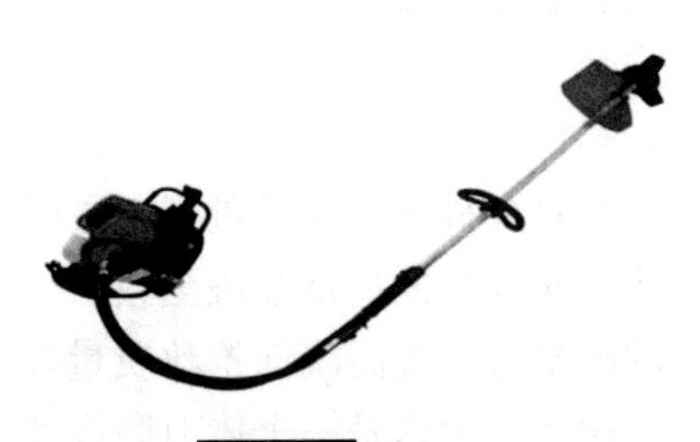

图 5 - 37 割灌机

根据草、灌的疏密粗细不同，适当调整油门手柄，一般开到 1/2 或 1/3 处；双手自然握紧手把，掌握好留茬高度，双脚叉开身体慢慢左右摆动，割幅一般在1.5~2 m范围内。

5.3.3 火场救援与医疗救治装备

森林扑火工作危险性大，伤病现象时有发生。由于紧张战斗，长途跋涉，饮食不定，高温作业，容易产生一氧化碳中毒、热痉挛、热虚脱、脱水虚脱、中暑、外伤出血、骨折、烧伤、毒蛇咬伤、感冒和患胃肠炎、腹泻等疾病。因此，扑火队要携带常用药、外伤绷带和消炎止痛药品，并在火场配备火场救援装备与医疗救治装备，同时派医疗巡回就医，对不能参加扑火的伤病员要及时撤离火场送医院就医。

5.3.3.1 应急救援包

应急救援包，也称急救包，是装有食品、急救药品、医疗用品及救援用品等的小包。根据不同的环境和不同的使用对象，可以分为不同的类别。如按使用对象不同可分为家用急救包、户外急救包、车用急救包、礼品急救包、灾害救援急救包等。急救包可用于自救互救，能够有效地减少损失，挽救生命。

1. 标准警用急救包

警用急救包是公安部规定的单警装备必配项目，材料为黑色牛皮（阻燃牛津布）。标准警用急救包内有炸伤急救包、三角巾急救包、剪刀、镊子、消毒液、药布、绷带、创可贴、硝酸甘油等多种急救药品，用于紧急救护，装有止血药物、止血绷带、硝酸甘油等急救用品与药物。警用急救包是需紧急临时救护的一种简易、便携式急救装备，包内配置云南白药三合一创可贴、硝酸甘油、弹性绷带、眼用手术剪刀、医用橡皮胶带、云南白药胶痰、清凉油。

2. 森林消防应急包

图5-38 森林消防应急包

森林消防应急包（图5-38）专为森林消防行业设计，单兵携带方便。其主要作用是为在发生灾害和遇险时能够及时实施救援和自救，大大减少由于在灾害和遇险现场没有专业工具而耽误和失掉施救机会的现象发生。森林消防应急包内配置82型三角巾1包、创可贴4贴、藿香正气滴丸2包、季德胜蛇药片1包、对乙酰氨基酚片1盒、刮脸刀片1片、别针1个、剪刀1把、镊子1把、烧伤止痛药膏1支、薄荷桉油含片1瓶、连蒲双清片1瓶、饮水消毒丸1瓶、风油精1瓶、9 cm×15 cm碳纤维辅料片1片、医用纱布敷料5片、7 cm×500 cm绷带卷1包、0.75 m×1 m脱脂纱布1包、卡式止血带1盒、24 cm×18 cm急救烧伤敷料1包、酒精消毒棉片1包、碘伏消毒棉片1包。

5.3.3.2 担架

在对森林火灾伤员进行急救时，专业急救人员除在现场采取相应的急救措施外，还应尽快把病人从发病现场搬至救护车，送到医院内，这个搬运过程中必须使用担架，选择合适的担架对于提高院前抢救质量和水平也是至关重要的。

搬运、护送是一个体力搬运和交通运输问题，似乎与医疗急救无密切的关系，但搬运不当可以使危重病人在现场的抢救前功尽弃。不少已被初步救治处理较好的病人，往往在运送途中病情加重恶化；有些病人，因搬运困难现场耗时过多，而延误最佳抢救时间。于是，无论怎样进步，病人从发病现场的“点”到现代化的救护车、艇、飞机，乃至安全到达医院的运载过程中，都存在现场“第一目击者”或急救人员运用适合的担架方便快捷地搬运病人的问题，万万不可轻视搬运、护送中的每一个细节。人们现已逐步认识到救护搬运是现场急救的重要内容，是连接病人能否获得全面有效救治过程的一个“链”。

担架是运送病人最常用的工具，担架的种类很多，目前常见的有帆布（软）担架、铲式担架、折叠担架椅、吊装担架、充气式担架、带轮式担架、救护车担架及自动上车担架等。用于救援中的担架，除了方便携带、坚固耐用，还要求具有多功能性，以达到一装多用的目的。

1. 帆布（软）担架

帆布（软）担架（图5-39a）较灵活，仅适用于一些神志清楚的轻症患者，而相当大比例的重症、外伤骨折尤其脊柱伤病人不适用，病人窝在担架中间，对昏迷或呼吸困难病人不利于保持气道通畅，而且承重性差，适用范围较小。

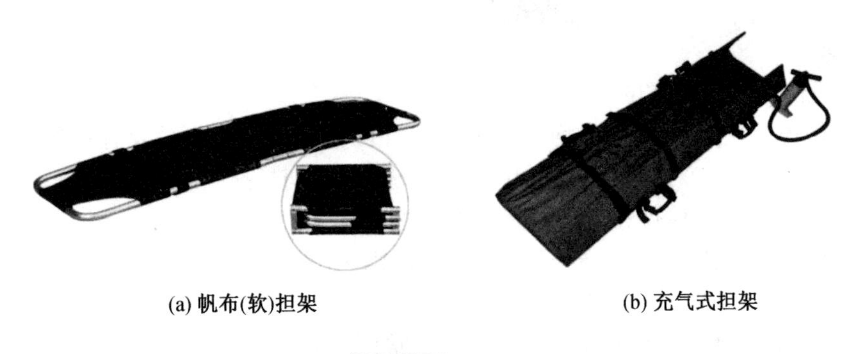

(a) 帆布(软)担架　(b) 充气式担架

图5-39 担架

2. 充气式担架

充气式担架（图5-39b）主要技术特点是在气囊垫上面设有横或竖气囊脊，气囊垫一面和两侧设有吊带环，通过吊带环设有环形吊带并与抬扛相组成。充气式担架体积小，重量轻，携带方便，可以折叠使用，减震效果非常明显，可使伤病员以坐、躺姿势被转移，变手抬式担架为肩扛担架，有利于远距离转运伤病员。

3. 便携式多功能担架

1）主要功能

便携式多功能担架（图5-40）以实现担架功能、背包功能和帐篷功能为主，辅助实现其他的救护功能。当救援人员需要随身携带担架时，可将其折叠成背包背在背上，背包内可放置急需的药品和物资。另外，考虑到震区的大部分房屋已被震塌或变成危房无法居住，而灾民又急需安置的情况，在已有功能基础上又增加了帐篷功能，用于灾民的临时安置。因此，该类担架除了具有一般担架运送伤病员的基本功能外，还具有以下几项独特的功能：

（1）具有折叠功能，便于单人携带；

(2) 折叠后的担架可做背包，内部可存放救援物资，如急救药品、水、食物等；

(3) 担架的骨架具有伸缩功能，展开变形后成为一顶帐篷，可作为受灾地人员的临时安置点；

(4) 备有简易输液架；

(5) 装有可伸缩支撑架，当需要在受灾地进行紧急手术时，可作为简易手术台。

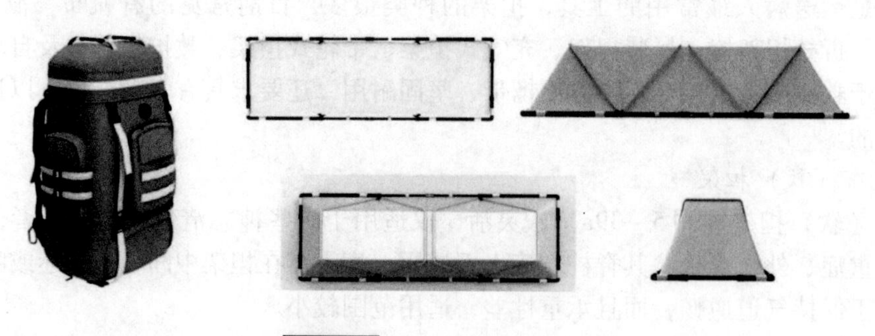

图5-40 便携式多功能担架

2) 搬运伤员采用的体位

(1) 仰卧位。对所有重伤员均可以采用仰卧位，可以避免颈部及脊椎的过度弯曲而防止椎体错位的发生；对腹壁缺损的开放伤的伤员，当伤员喊叫屏气时，肠管会脱出，让伤员采取仰卧屈曲下肢体位，可防止腹腔脏器脱出。

(2) 侧卧位。在排除颈部损伤后，对有意识障碍的伤员可采用侧卧位，以防止伤员在呕吐时食物吸入气管。伤员侧卧时，可在其颈部垫一枕头，保持中立位。

(3) 半卧位。对于仅有胸部损伤的伤员，常因疼痛、血气胸而致严重呼吸困难。在除外合并胸椎、腰椎损伤及休克时，可以采用半卧位，以利于伤员呼吸。

(4) 俯卧位。对胸壁广泛损伤，出现反常呼吸而严重缺氧的伤员，可以采用俯卧位，以压迫、限制反常呼吸。

(5) 座位。适用于胸腔积液、心衰病人。

3) 搬运伤员的注意事项：

(1) 搬运伤员之前要检查伤员的生命体征和受伤部位，重点检查伤员的头部、脊柱、胸部有无外伤，特别是颈椎是否受到损伤。

(2) 必须妥善处理好伤员。首先要保持伤员的呼吸道的通畅，然后对伤员的受伤部位要按照技术操作规范进行止血、包扎、固定，处理得当后才能搬动。

(3) 在人员、担架等未准备妥当时，切忌搬运。搬运体重过重和神志不清的伤员时，要考虑全面，防止搬运途中发生坠落、摔伤等意外。

(4) 在搬运过程中要随时观察伤员的病情变化，重点观察呼吸、神志等，注意保暖，但不要将头面部包盖太严，以免影响呼吸。一旦在途中发生紧急情况，如窒息、呼吸停止、抽搐时，应停止搬运，立即进行急救处理。

(5) 在特殊的现场，应按特殊的方法进行搬运。火灾现场，在浓烟中搬运伤员应弯腰或匍匐前进；在有毒气泄漏的现场，搬运者应先用湿毛巾掩住口鼻或使用防毒面具，以免被毒气熏倒。

(6) 搬运脊柱、脊髓损伤的伤员时，放在硬板担架上后，必须将其身体与担架一起用三角巾或其他布类条带固定牢固，尤其颈椎损伤者，头颈部两侧必须放置沙袋、枕头、衣物等进行固定，限制颈椎各方向的活动，然后用三角巾等将前额连同担架一起固定，再将全身用三角巾等与担架固定在一起。

4) 上下担架的方法

(1) 搬运者3人并排单腿跪在伤员身体一侧，同时分别把手臂伸入到伤员的肩背部、腹臀部、双下肢的下面，然后同时起立，始终使伤员的身体保持水平位置，不得使身体扭曲。3人同时迈步，并同时将伤员放在硬板担架上。发生或怀疑颈椎损伤者应再有1人专门负责牵引、固定头颈部，不得使伤员头颈部前屈后伸、左右摇摆或旋转。4人动作必须一致，同时平托起伤员，再同时放在硬板担架上。起立、行走、放下等搬运过程，要由1位医务人员指挥号令，统一动作。

(2) 搬运者亦可分别单腿跪在伤员两侧，一侧1人负责平托伤员的腰臀部，另一侧2人分别负责肩背部及双下肢，仍要使伤员身体始终保持水平位置，不得使身体扭曲。

4. 负气压式气垫担架

负气压式气垫担架（图5-41）采用真空成型原理，适合人体生理骨骼肢体各部分要求，能避免在转送伤者过程中因骨折部位移动而加重伤势，能有效防止因现场处理不当及运送过程中造成二次损伤，对防止骨折断端刺伤肌肉、神经、血管或器脏而引起疼痛、出血，甚至休克的发生起到重要的保护作用。该担架体积小、重量轻、携带方便、坚固耐用，充气后还可用水上救生器材，具有操作简便、使用快捷、保护性强、可进行X射线成像检查等特点，是应急救援人员理想的急救用具。

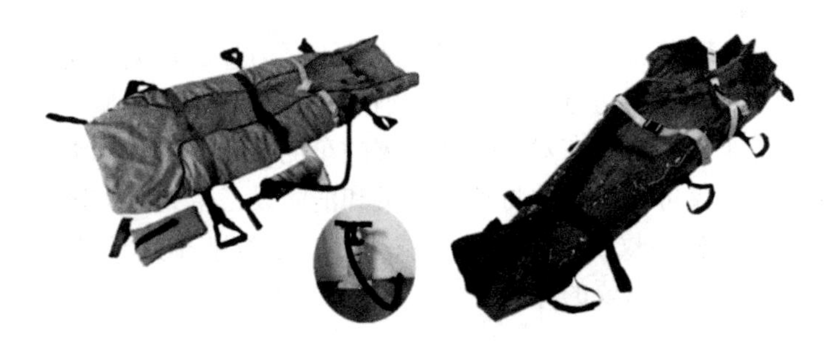

图5-41 负气压式气垫担架

1) 使用方法

(1) 颈托、颈部护板的使用方法。如伤员颈部受伤可选取普通颈托，将颈托顶端托住下颌，环绕颈部拉紧后贴上魔术贴即可；对于护板，将其环绕于颈部贴紧，用专用气筒抽出空气，硬固即可。

(2) 躯体夹板（气垫）使用方法。如伤员的腰椎、骨盆、肋骨等部位骨伤、骨折，应将伤员平卧于气垫上，将固定带、肩吊带固定好，用专用气筒抽出气垫内空气，待气垫硬固后拧紧阀门。

（3）短（长）臂夹板（气垫）的使用方法。如伤员的臂部骨折、骨伤，应选用短、长臂夹板气垫缠绕于受伤部位，将固定带穿过扣环并拉紧，用专用气筒抽出气垫内空气，气垫硬固后拧紧阀门。

（4）弯曲夹板（气垫）使用方法。如伤员的臂骨折、骨伤，应选用弯曲夹板气垫敷于受伤部位，将固定带穿过扣环并拉紧，小臂向胸部上扶并套上吊带用气筒抽出气垫内空气，气垫硬固后拧紧阀门。

（5）全（大）腿气垫夹板使用方法。如伤员的股骨、腿部骨折、骨伤，应选取全大腿夹板气垫缠绕受伤部位，将固定带穿过扣环并拉紧，接上气筒进行抽气，气垫硬固后拧紧阀门。

（6）气垫担架的使用方法。将伤员轻轻抬放于气垫担架上平卧，将固定带穿过扣环并拉紧，接上专用气筒抽出担架内空气，气垫硬固后拧紧阀门，便可转移运送伤员。

（7）专用气筒的使用方法。将气筒的一端连接抽气口，另一端连接固定气垫上气阀的气嘴，用脚踩住底座方环，用手抓住手柄上下抽动，抽去空气，使固定气垫处在真空状态。

2）使用注意事项

（1）防止尖利物品扎伤固定气垫表面；

（2）阀门不要随便拧动；

（3）使用时应防止漏气，如发现气垫变软，应立即抽出空气；

（4）可多次使用，再次使用前必须消毒，以防止交叉感染。

5.4 救援及辅助车辆装备

森林救援及辅助车辆装备是中大型火灾作战的中坚力量。根据其功能定位不同，大致可以分为森林消防车、林用消防越野车、森林消防特种车、工程机械车、通讯指挥车、综合保障车、炊事车等车辆装备。在对抗森林火灾的车辆装备中，森林消防车辆装备起到了非常重要的作用，它不仅可以及时地将消防人员和消防设备带到受灾区域，还能够在短时间内快速地将救援队员和扑救设备运抵林火发生地，通过随车的扑救设备对火场进行扑救，同时对林火救援提供了重要的保障。

5.4.1 常规灭火车辆装备

5.4.1.1 森林消防车概述

森林消防车是森林消防的重要装备之一，它可以将消防人员和消防器材迅速带到火灾现场，并利用车载的灭火装置来扑灭或控制森林火灾。由于运载的需要和森林地形的复杂性，运载能力和越野通过性能是衡量森林消防车的重要指标。森林消防车根据底盘和行走方式不同主要分为轮式和履带式，其主要功能包括运送消防员、开设隔离带以及利用车辆的水源水泵进行林区灭火。近年来，森林消防车在林区灭火中不断投入使用，在开设防火隔离带、运送消防员、减轻火灾损失、保障消防员的人身安全等方面发挥了至关重要的作用。

1. 国外森林消防车

国外森林消防车发展较先进的主要集中在欧洲、加拿大和美国等国家和地区，主要特点是大功率和集成化，价格极其昂贵。德国梅赛德斯－奔驰公司研制开发的 Unimog 系列森林消防车有着大功率的发动机，在极端地形中可以提供高的离地间隙，从而保证车辆超强的通过性能，此外还配有高压雾化喷射、防护格栅以及树枝防护架等自我保护系统，自我保护系统的配置有助于车辆穿过火墙。车辆配备 6000 L 容量的水或泡沫液罐，高、中、低压泵，水龙带卷轴，存放铁铲、斧头及其他工具的储物箱，以及用于扑救草地和地面火灾的地面喷射器等。芬兰西苏（SISU）公司制造的 NA140 双体铰接式两栖运输车，该车多采用轻质材料（铝合金车架、玻璃钢车厢、橡胶履带等），平均接地压强很小（9～14 kPa），加之其选用大功率的柴油发动机，所以具有良好的通过性和越野性能，特别适合在没有道路的山区、林区、沼泽地等场合使用，可用于向火场运输消防装备和消防人员。奥地利斯太尔—戴姆勒－普赫公司生产的 Pinzgauer 系列越野车，采用中央管状车架保护传动装置，车头前端安装有钢制护板。发动机安装在车厢内，动力由驱动系统从管外走进管内，除了方便维修外，还可以最大限度增加车底净高，增强通行性。车桥与车轮间采用低一级齿轮设计，使离地间距高达 335 mm。中央脊梁独立悬挂全动驱动，其出众的底盘结构既可以用作森林消防运输车，也可以用作越野消防作战车。捷克太脱拉（Tatra）公司研制生产的太脱拉越野消防车与 Pinzgauer 森林消防车同样都采用中央脊梁独立悬挂全动驱动，越野性能非常优越，有 4 轮驱动和 6 轮驱动，最大功率可达 325 kW。美国 AMC 公司在悍马越野车底盘基础上改装形成森林消防车，该消防车充分继承了悍马的越野性能，保证了消防车在林地和沼泽的通过性。车上配备有泡沫灭火系统和 300 加仑（约 1136 L）的水箱。美国北极星工业（PolarisIndustriesIne）利用研制生产的 ATV 全地形车，其底盘加装配套的气罐驱动式高压喷雾系统配合高效环保的灭火剂及其他配套装备对各类火源进行扑灭。美国研制出一种自动化程度高的奥什科什·不死鸟森林消防车。该车装配高分辨率的摄像机和红外扫描系统，能够透过烟雾精确找到火源位置；轮胎内空气压力可以根据地形条件自动调节大小，而且轮胎可根据不同地势上升或下降 40 cm 适应不同地形条件，能力强，通过性强，可爬 60°陡坡。该车可自载 10 t 水，在 8 个大胶轮驱动下快速地在崎岖不平的火场中穿行，但是造价昂贵，成本高。

2. 国内森林消防车

我国由部队研制的 531 森林消防车以 531 装甲车为主体，采用加拿大产的 MARK3 型 5 马力自带动力的水泵及水枪为吸喷水系统，最大扬程为 30 m，可直接扑打树冠火。北京林业大学研制了 CGL25/5 型轮式森林消防车，该车采用 6 轮驱动，具有较好的越野性能，车上除消防泵外，还配备有手抬机动泵和小型灭火机具，可用于我国低山和丘陵地区扑救中等强度以下的森林火灾和建立林火控制线。哈尔滨林业机械研究所设计出了 SX2 型多功能消防车，SX2 型消防车在国产底盘的基础上安装了消防设备，采用六轮驱动，其最大爬坡角达到了 25°，最高车速达到了接近 40 km/h。湖南江麓机电科技（集团）有限公司在对我国南北森林地区的地形地貌、森林火灾火情、灭火理念和方法，以及现有的森林消防装备进行充分调查研究的基础上研制了 SXD09 多功能履带式森林消防车，该车采用了军用履带装甲车辆的技术和成熟可靠的零部性，具备各种森林灭火装置和手段。水灭火消防装置为基本配性，除此之外，还可根据灭火作业的需要在车上临时安装推土铲、耕翻犁、灭火炮（弹）和风力灭火机等装置。该消防车具有快速的机动性能、强大的运载能力、破障开路能力、救援牵引能力，同时还具有全道路通过能力和水上浮渡功能。哈尔滨第一机械集团有限公司研制了第一辆蟒式全地形森林消防车，该车性能极其优越，可以在没有任何道路的情况下，自由穿行于丘陵、沼泽、森林等地带，对林区内任何位置发生的火情，均可起到快速运兵，控制火势的作用。随车配置扑火指挥导航仪和 GPS 导航跟踪系统等装备，取水灭火装备能以林区内自然水源取水灭天，并且可以进行隔离带碾压，喷淋阻隔林火蔓延。

国内研制的几款履带式森林消防车大多是在军用履带式装甲输送车的基础上改装而来，主要以运输消防人员和器材为主，行进速度相对较慢，载水量不足，不能适应快速灭火和用水灭火的要求。国内轮式森林消防车大多在城市消防车的基础上改装而来，其野外通过性差，功能比较单一，而多功能轮式森林消防车的开发研究将是未来森林消防车研制的方向。

5.4.1.2　典型森林消防车

1. J－50 机载型森林消防车

J－50 机载型森林消防车由 J－50 整车体、特制水箱和灭火水泵 3 部分组合而成，可分可组，一车多用。充分发挥机械效益，减少设备投资，制作简单，成本低，易操作，灭火效果好，易于推广使用。灭火时可以不同方法接近火线，有驾驶员、水泵手、灭火手就可以操作。各林场经营所都可以利用现有 J－50 拖拉机进行组装，是有效的大型灭火机械。J－50 机载型森林消防车的人员和灭火机具的配备：司机 1 名，负责森林消防车的驾驶及维修保养；水泵手 1 名，负责灭火水泵的使用及维护保养；灭火手 2 名，负责使用水枪灭火；水带手 3 名，负责放收和保养水带；并配有风力灭火机 3 台，灭火水枪 6 部（用于森林消防车不能接近火线地段时灭火使用），小油锯 1 台，弯把锯、大斧、小斧各 1 把，索带 4 根（用于清理路障和火场），消防车配备的水箱可载水 2.5 t。

2. 六驱越野型森林水罐消防车

六驱越野型森林水罐消防车（图 5－42）采用通过性能优良的六驱越野型沙漠车底盘，针对山地崎岖、林区坡陡、沙漠戈壁、雨雪泥泞路况差等森林消防地理的特殊性，充分满足越野、四驱、稳定、罐体储水量大的用车要求，车身更高，机动性能强劲，动力充足，视野开阔，越野性能好，是森林消防、石油、矿区、地质勘探必备的精良消防装备。六驱越野型森林水罐消防车按照灭火性质、功能及用途可分为六驱越野型森林水罐消防车、六驱越野型森林泡沫消防车、六驱越野型森林干粉消防车、六驱越野型森林干粉泡沫联用消防车、六驱越野型森林消防洒水车。

六驱越野型森林水罐消防车采用六轮驱动，动力性更强大，主要适用于山区道路行驶，通过性强、越野能力好，提高了在湿滑冰雪路面和凹凸不平路面的通过性，爬坡能力强，转弯力升高，提高湿滑路面与变换车道时的性能，整车的启动和加速性能好，车轮抗外界扰动的能力得到增强，方向稳定性优越。六驱越野型森林水罐消防车驾驶室为全钢框架焊接结构，乘员室前部与驾驶室连通，双排四开门；罐体形式为内藏式，材料采用优质碳钢（Q235A），板材厚度 4 mm，碳钢罐经高科技防腐处理，经久耐用；器材厢门采用铝合金帘子门，滚筒、滑槽导向，启闭轻便、噪声小；器材厢两侧及后部翻板式踏板，采用气弹簧、门止限位装置双重固定，安全性能可靠；除原车设备外，驾驶室内加装有取力器控制指示灯、100 W 警报器、LED 警灯、标志灯、示廓灯开关及后部照明灯等。

图5－42 六驱越野型森林水罐消防车

5.4.2 特种车辆装备

履带式森林消防车是一种适合于在林区各种复杂地形条件下进行森林灭火、运输消防人员、器械和物资的专用车辆。履带可提升消防车的爬坡能力，同时能使消防车更好地通过软地面、沼泽、湾沟等复杂地形，主要用于武警森林消防救援队伍，是名副其实的森林守卫者。

1. SXD－09 多功能履带式森林消防车

SXD－09 多功能履带式森林消防车是武警森林指挥部在对我国南北森林地区的地形地貌、森林火灾火情、灭火理念和方法，以及现有的森林消防装备进行充分调查研究的基础上研制而成的森林专用消防车辆。该车主要用于在森林火灾发生时，将消防人员和消防器材与物资快速安全地通过非道路地区送达火灾地点，进行灭火作业。

SXD－09 多功能履带式森林消防车采用了军用履带装甲车辆的技术和成熟可靠的零部件，如图5－43 所示，具有全道路通过能力和水上浮渡功能、快速的机动性能、强大的运载能力、破障开路能力、牵引救援能力等，具备多种森林灭火装置和手段，水灭火消防装置为基本配置。除此之外，还可根据灭火作业的需要在车上临时安装推土铲、耕翻犁、灭火炮（弹）和风力灭火机等装置。

该车具有高通过性、高机动性、破障开路能力强、体积小、重量轻等特点，适用于东北林区机械化灭火作战。水箱容积3.1 t，车载水泵最大射程40 m，最高时速55 km/h，最大爬坡度32°，翻越0.7 m 高的断崖（垂直墙），跨越1.65 m 壕沟。在林间行驶时，具有很强的破障开路能力，能够直接撞断25 cm 左右的乔木，劈开并压平浓密的灌木荆棘丛，为人员和其他车辆迅速开辟通道。该车为全密封结构，具有在江河、湖泊中航行和转向的性能，水中行驶速度4 km/h。水灭火系统为该车的基本配置，由水箱、消防泵、水炮和水带组成。车上配有多功能水炮，可随时根据灭火的需要进行直流、水雾和开花喷射。水泵具有自吸水功能，通过阀门的简单转换，水泵可将外界水源的水吸入水箱，灌满一箱水(3 t) 的时间约4 min。水泵还可以吸取外界水之后直流进行喷射灭火。各种工况的转换简单，易于操作。其技术参数见表5-4。

图5-43 SXD-09多功能履带式森林消防车

表5-4 SXD-09多功能履带式森林消防车技术参数

底盘基本参数		机动性能		其他参数	
全车自重	7.9 t	档位	五前一倒挡	水箱容积	3.1 m^3
最大运载量	4 t	最大行驶速度	55 km/h	消防泵功率	10~18 kW
车长	(5500±20)mm	静水中行驶速度	4 km/h	水泵流量	2~12 L/s
车宽	2850 mm	通过垂直坡度	≤垂直坡度	水泵扬程	50~72 m
车高	1950 mm（不含围栏）	通过侧面坡度	≤侧面坡度	直流水枪射程	≥流水枪射程
车围栏高	480 mm	越壕宽	≤壕宽程	自吸深度	7 m
额定载员	(2+8) 人	翻越垂直墙	≤垂直墙程	自行装满水时间	6 min
履带宽	390 mm或450 mm	储备行程	≥储备行程时	适应海拔	≤最高海拔
车底距地高	450 mm	能撞倒（撞断）直径25 cm的乔木			

2. “蟒”式全地形双节履带车

“蟒”式全地形双节履带车（图5-44）的特点是在风、沙、雨、雪等极其恶劣的气候条件下，在没有任何道路的情况下，自由穿行于水上、雪地、沙漠、沼泽、丘陵、森林、海岸和湖泊等地带，完成抢险、运输、消防、医疗救护、工程作业、通信指挥等任务。蟒式全地形双节履带车的双节车都具有驱动能力，使其在恶劣路面具有极强的机动性与通过性，可以越过1.5 m高的垂直墙，4 m宽的壕沟，爬坡能力达到了30°，而接地压力只有0.03 MPa。该车有较宽的四条履带，使其有较小的接地比压，针对沼泽泥地、雪地、沙漠、河流等地理环境设计的特殊结构的履带板，能够自由穿梭行走于上述区域。其固有的碾压功能对于一些小型火苗或者火场障碍物具有一定抗性。

该车独特的铰接机构可使双节车实现俯仰、蛇形扭动等动作，以实现类似于蛇类动物的爬行方式通过障碍物，提高其跨壕沟、越障等越野能力。它可通过铰接与控制装置和其他行走传统机构的配合，“蟒”式车可以像蟒蛇一样左右、上下扭转车身，配合履带接地，可灵活的通过车和船都无法通过的泥泞区域，可自由从水中爬到岸上，被称为当今世界上最好的越野工具车辆。“蟒”式全地形双节履带车具有超强的爬坡能力，当车辆在沼泽地中发生了淤陷，双节车有4条可以输出动力的履带，车身可以左右上下扭动，具有很好的自身脱困的能力。如果在硬路面上遇到较大的沟壑或者大型突出物，双节车因为车比较长，越壕能力具备先天优势，加之车身可以扭动，这就像蛇可以绕过障碍物一样；其次，蟒式全地形双节履带车具有一定的喷水自保装置，如遇危及自身的明火，会先行扑灭。全车采用模块化结构设计，可使后撤打在大型机械设备、救援设备等模块。该车可以根据需要在抢险救灾、医疗救护、指挥通讯、森林消防等专业模块作业，如今正被更多的应用于消防领域。

图5-44 “蟒”式全地形双节履带车

3. “531”消防车

“531”消防车（图5-45）是531履带式装甲运输车，其由操纵部分、传动部分、发动机部分、乘载室和行动部分等组成。具有较高的行驶速度和较强的越野能力，在丘陵地区和水网地区均有良好的通过性能，可穿越草塘及缓坡山林地，撞倒直径为30 cm的树木。最大爬坡能力32°~35°，最大侧倾角度为25°~309°，水深1.5 m以上，流速在1 m/s以内，车辆可浮渡。

图5-45 “531”消防车

履带式装甲运输车在没有公路及复杂地形条件下，可将扑火队员直接运送到火线。安装的水喷射系统或风机后可直接拦截火头、碾压火线、铺设水管实施灭火。可用于观察、巡视火场和调整兵力及运送给养。不受风雨、能见度低等天气的影响，在夜间均能完成灭火任务，是对常规灭火的补充和完善。

“531”消防车技术指标：

（1）“351”森林消防车加满水后行走时的稳定性良好；

（2）载水量2 t；

（3）改装后的“531”森林消防车对原车性能没有大的影响；

（4）最小吸水时间5~6 min；

（5）最大喷水距离25~30 m。1~2级风时，顺风32 m，逆风20 m，侧风30 m；

（6）喷水用10 mm喷嘴喷水，2 t水可喷15 min左右，用6 mm喷嘴喷水，2 t水可喷25 min左右；

（7）最佳喷水距离为8～15 m；

（8）灭火效能：低强度火线1000 m以上，中强度火线500 m以上，高强度火线300 m以上，一般次生林火400 m以上。

5.4.3 工程机械车辆装备

5.4.3.1 防火推土机

森林消防推土机主要被用于森林火灾早期扑救，作为一种大型的森林消防工具，被许多先进国家广泛的使用。防火推土机由履带式拖拉机和前置推土铲组成（图5－46），其主要作用是在消防队员无法通过的灌木丛中开辟出防火通道，推倒树干和残干，推走倒木和树桩，清除地面可燃物，是建立防火线和防火隔离带的有效工具。此外，推土机与其他扑救力量协同可参与直接灭火和间接灭火战斗，在火势大、范围小的火场，其战术思路为推土机面对火场中心，将可燃物由外向里推向火场，将明火压灭。如此沿火场一周后，形成包围火场的生土带，明火被碾压灭后，形成阻隔系统，这样林火就不再蔓延。在火势强度不高、移动速度慢、范围大的火场，推土机可距离火场1～3 m处，背对火场中心将可燃物由内向外推离火场，形成一条平行隔离带，从而起到林火阻隔作用。在火势强度高、移动速度快的火场，采用间接灭火的方式，推土机在火头两翼快速建立控制线，或者在火头前方数百米处建立控制线，然后在控制线的一侧向火头方向烧逆风火，当火头与逆风火相遇时，因逆风火已经将火头与控制线之间的可燃物烧除，形成较宽的阻隔带，林火就可能熄灭。

图5－46 防火推土车

目前，一些发达国家，特别是美国西部使用推土机、空中扑救力量和地面扑火队等联合作战的经验，被各国广泛应用，推土机在森林火灾扑救作业和开设防火线作业中起到了不可替代的作用，效果也非常显著美国的卡特彼勒、日本的小松、德国的利勃海尔集团等公司在推土机技术开发方面处于领先地位。

5.4.3.2 森林浮桥车

浮桥车在欧洲、美国和日本等发达国家比较常见，我国林区尤其是北方林区需求较大，但市场还未有相应车型。这种车的优点很多，在非工作时，可将浮桥折叠收起，如图

5－47所示。在工作时，采用自卸吊车放下浮桥，浮桥通过钢丝绳串联，铺于水面之上，形成宽度为3 m的浮桥，每辆浮桥车可完成长度16.5 m浮桥的架设，可在林区河流快速架设浮桥，满足不大于10 t车辆的通过。该浮桥车能协助林区进行紧急灾情救援，具有林区桥梁抢修、物资运送等多种用途。

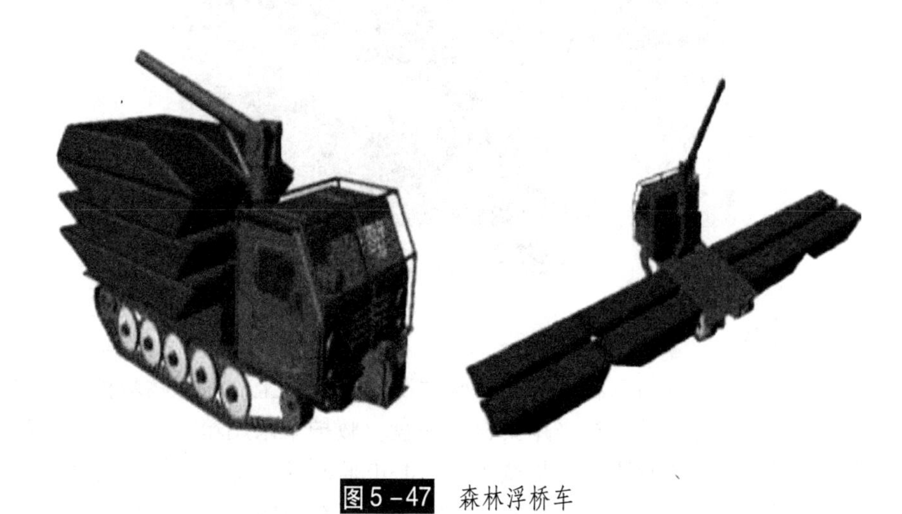

图5－47 森林浮桥车

5.4.4 其他车辆装备

森林消防救援及辅助车辆装备除包括上述常见的灭火车辆装备、特种车辆装备和工程车辆装备外，还包括通讯指挥车、运输车（运兵车）、炊事车、综合保障车等车辆装备，这些车辆装备在森林消防灭火和救援中也都发挥着十分重要的作用。鉴于本书第2章中以对相应各个装备进行了详细介绍，在此仅针对森林消防中的相关车辆装备进行简要介绍，详细内容详见第2章相应内容。

5.4.4.1 森林运兵车

运兵车是运送消防官兵的作业车辆，除了具有运兵作用外，还有运送物资的功能。运兵车主要以全地形车为主，全地形车是采用轮式车辆的传动、履带车辆的行走、铰接车辆的转向的特种车辆，其凭借履带与地面形成的极低接地比压和多自由度的铰接装置实现全地形越野通过性。林业运兵车不同于其他林业车辆，对安全性要求更高。目前的林业运兵车主要是由民用运输车底盘改装而成，只能在林区良好道路上行驶，越野道路无法通行。越野道路运兵一般采用全地形车，其主要应用于军事和森林扑火运兵，结构趋向于多节式铰接转向发展，无论是爬坡能力还是速度都优于集材车和消防车（图5－48）。发达国家的全地形车发展较成熟，形成了覆盖各种功率的林业运兵车辆体系。我国对于全地形运兵车的研制仍处于发展中阶段，大多数车型由国外引进，如中国兵器工业集团有限公司引进俄罗斯技术研制的重型蟒式全地形车载重可达30 t，可有效提高林业车辆的载重能力。未来运兵车的研究方向应为创新车型，提高安全性、车辆的自救及其与林区通信的能力，以及在减轻自重的前提下提高载重能力和灵活性。

图5－48 全地形运兵车

5.4.4.2 森林救护车

在森林火灾救援中，针对森林火灾的特殊情况进行救援工作的森林救护车，能极大地降低森林火灾的损失。森林救护车采用集材车底盘，救护车采用箱式结构，内部配置氧气瓶、便携式吸引器、便携式呼吸机、折叠担架、心电监测仪、电除颤器、无线电对讲机及行动电话、便携式急救箱，如图5－49所示。该救护车对林区地形适应性强，救援设施齐全，适用于火灾救护和林区突发情况的救援和急救。

5.4.4.3 森林通讯指挥车

森林通讯指挥车采用履带式底盘，上装采用箱式结构，内部空间大，可容纳10人（一个班组）。配套设备包括调音器、功放器、超级计算机、图像传输设备、无线电台、卫星电话、定位系统和监控系统等。车厢上部装置可升降式车载激光雷达和可升降式监控器，可在信号盲区接收到卫星信号，保障通讯信号畅通。该指挥车对林区地形适应性强，指挥系统功能强大，可作为扑灭大型林火、林区踏察和救援的指挥车辆（图5－50）。

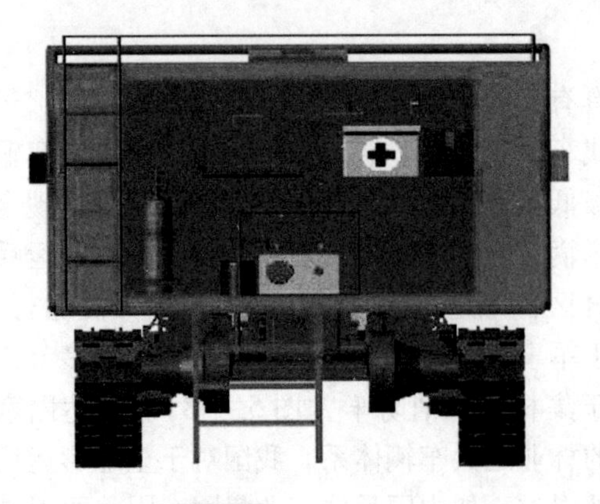

图5－49 森林救护车

图5－50 森林通讯指挥车

5.4.4.4 森林炊事车

森林炊事车（图5－51）应用于后勤应急炊事保障，车厢板侧面可以折叠敞开，增大了有效工作面积。车顶配有通风窗，保证车内通风。炊事车可配置发电系统，保证野外动力供应。履带式炊事车可进行蒸、炖、炒等炊事工作，车厢前部配置组合蒸锅、高效加压煎锅、冷藏冰箱，车体中部安装大型灶台，能同时进行多种炊事活动，车体后部负责清洗工作，装有洗碗台，消毒柜。该炊事车林区地形适应性强，车内炊事设备齐全，适用于林区踏察和野外工程作业时提供上百人的主副食和开水服务。

5.4.4.5 森林宿营车

随着营林和木材生产等林区作业的不断发展，林区作业人员的生活也应得到改善。森林宿营车（图5－52）可以极大提高林区作业人员的生活条件。宿营车上装采用双侧扩展大板厢式结构，车厢收拢外形为标准运兵车车厢。车厢采用机械压簧扩展方式，扩展顶板为软棚顶，扩展底板为可折叠板，底部由多个辅助支撑座进行支撑，内侧设置可折叠骨架。车头位置安装电动绞盘，可在恶劣环境中进行自救和施救。该车还可装备便携式发电机、开水器、工具箱等常用的生活和工作设备。该宿营车集人员输送和休息为一体，可满足一个班组（10人）的运送和宿营要求。

图5－51 森林炊事车

图5－52 森林宿营车

5.4.5 保障辅助类装备

在森林防灭火应急救援过程中，除了上述章节所叙述的装备外，还有一些保障辅助类装备。保障辅助类装备是指虽然不直接用于森林火灾救援行动，但是救援中不可缺少的能够协助其他救援装备共同完成救援任务，或者为救援行动提供某种便利条件的装备，如宿营装备、野炊装备以及发电与照明装备等。这些装备在森林火灾应急救援过程中也起到了十分重要的作用。

鉴于第2章已对后勤保障及辅助类装备进行了详细介绍，本章对该部分不再赘述，详见2.5节。

【本章重点】

1. 森林火灾监测、预警体系的构成：森林火灾监测、预警体系包括林火监测、森林火险区划、林火预报、森林火险预警和森林火险预警响应五方面；严密监测、科学区划是基础，准确预报是前提，迅速预警和落实响应是手段，这 5 个方面构成一个完整的有机整体，规范着林火预防工作向科学化方向发展。

2. 森林火灾地面巡护监测是林区火情监测中最为原始的监测手段，最大的优点是具有较强的针对性，它是控制人为火发生的重要手段之一，适用于对人工林、森林公园、风景林、游憩林和铁路、公路两侧的森林进行火情监测。

3. 森林火灾空天监测装备主要包括航空巡护和卫星监测。航空巡护指利用机载（传统飞机和无人机）林火监测设备，如摄像头、红外线探测仪等对林区进行空中巡护。相对于航空巡护，卫星监测为大地域范围的林火监测提供了更便捷的手段。

4. 森林灭火救援装备，是指用于扑救森林火灾及救援的各种消防飞机、近距离/便携式灭火装备、火场救援和医疗救治装备的统称。森林火场扑救装备在森林灭火战斗和抢险救援中发挥着举足轻重的作用，是灭火救援战斗力的重要组成部分。

5. 森林救援及辅助车辆装备是中大型火灾作战的中坚力量。根据其功能定位不同，大致可以分为森林消防车、林用消防越野车、森林消防特种车、工程机械车、通讯指挥车、综合保障车、炊事车等车辆装备。

【本章习题】

1. 简述我国森林火灾监测与预警的体系构成。
2. 简述我国林火监测与预警的发展历程。
3. 国外森林火灾应急管理经验对我们的启示有哪些？
4. 查阅资料，总结我国森林防火目前面临的主要问题。
5. 简述我国林火监测体系的构成。
6. 瞭望塔的设置原则有哪些？
7. 地面巡护的优缺点各有哪些？
8. 简述视频监测相比于地面巡护的优势与不足。
9. 简述卫星监测的原理。
10. 我国用于林火监测的卫星有哪些？
11. 森林灭火救援装备分为哪几类？简述其各自的适用条件和优缺点。
12. 试列举几种常见的森林消防车辆装备，并说明其主要功能和适用条件。

6

核生化事故应急救援装备

核生化事故是指由大规模使用核生化武器或非固定战场的核生化武器的扩散、核生化废物污染、核生化恐怖事件和各种突发公共卫生事件引发的对人员或集体造成伤害的事件。当今世界，和平与发展已成为主流，但引发战争的诸多因素并没有消除，且恐怖袭击事件频发，未来核生化武器一旦在战争中使用，将会造成灾难性后果。除此之外，随着核工业、生物技术和化工技术的高速发展，由设备故障、操作失误等引起的工业安全事故，以及传染病疫情、实验室生物安全和生物技术谬用引发的生物安全事故也在逐年增加。1986 年苏联的切尔诺贝利核电站事故导致 28 人死于急性放射病，134 人被确诊患有急性放射病。1984 年发生在印度博帕尔农药厂的毒气泄漏事件导致 2.5 万人直接死亡，55 万人间接死亡，20 多万人永久残废。1984 年发生在墨西哥国家石油公司的储油设施爆炸事故，造成 542 人死亡，7000 多人受伤，35 万人无家可归，受灾面积达 $27 \times 10^4 m^2$。2015 年天津港瑞海公司危险品仓库爆炸事故，导致 165 人遇难，直接经济损失达 68.66 亿元。2020 年，全世界正在经历第二次世界大战以来最为严重的全球公共卫生突发事件——新冠肺炎疫情。截至 2020 年 9 月 12 日全国累计确诊病例 9 万余人，累计死亡 4740 人。

从化工工业普遍使用的危险化学品，到新型生物技术和核与辐射技术的广泛应用，其安全与应急问题都面临着巨大的挑战，需要从安全战略、安全防护、应急救援体系、技术和装备等各个环节加强建设和管理。核生化事故突发性强，蔓延速度快，危害范围广，杀伤能力强，一旦发生很可能造成大量人员伤亡，因此科学高效展开快速应急处置十分重要。核生化事故应急救援是在保证救援人员有效防护的条件下，进行现场侦检、化验分析、现场洗消、人员搜救，以及现场有毒有害物质清理整治等工作。核生化事故应急救援作为高效处理核生化事故的拳头力量，是维护国家和人民安全稳定的有力保障。本章将就核生化事故应急救援过程中涉及的预警与侦检装备、救护员个体防护装备、事故现场救援装备、医疗救援装备以及救援车辆进行重点介绍。

6.1　核生化事故预警及侦检装备

预警和侦检装备主要用于危险源判别，为早期抵御风险、迅速处理事故灾害建立基础是核生化事故应急救援工作的主要任务之一。本节将就核生化事故预警与监测装备的工作原理、性能特点及其适用范围进行介绍。

6.1.1　核事故预警及侦检装备

核事故预警和侦检主要是指核事故发生时和发生后，通过有效监测手段和装备，对放射物种类、能量分布、辐射水平、污染范围以及人员受照射剂量等数据进行测量，并及时提供给应急指挥部门，为核事故分级、剂量评价、事故后果评估以及防护行动决策提供依据。在事故早期，应急监测主要任务是尽可能多地获取空中放射性气体、气溶胶的浓度，以及核素的种类；在事故中后期，重点在早期监测的基础上开始对地面、水源进行更加详细的监测，对于环境中的放射性污染水平加以量化确定，以便为恢复行动决策及潜在的长期照射预测提供依据。

6.1.1.1　核放射探测仪

核放射探测仪是利用核辐射在气体、液体或固体中引起的电离效应、发光现象等物理或化学变化进行探测。核放射探测仪能够快速准确地搜索并确定 γ 或 β 射线污染源的位置，并可自动发出声光报警，显示所检测射线的强度。

核放射探测仪由灵敏介质和结构 2 部分组成（图 6－1），通过射线与灵敏介质相互作用对辐射源类型和强度进行测定。射线的能量损失转化为介质原子或分子的电离和激发效应以及其他能被电子仪器记录的次级效应，并经探测器转化为光信号或电信号（如电流，电压的变化），这些信号能够直接或间接地反映核辐射种类、强度、能量或核寿命等信息。

(a) 结构外形

(b) Digilerter50核放射探测仪

图 6－1　核放射探测仪

按照探测仪工作原理，可将核放射探测仪分为气体探测仪、闪烁体探测仪和半导体探测仪 3 类。气体探测仪利用射线在气体中的电离效应探测核辐射；闪烁体探测仪利用射线在闪烁体中的发光效应探测核辐射；半导体探测仪利用射线在闪烁体中产生电子孔穴来探测核辐射。

按照辐射探测仪的用途，可将核放射探测仪分为个人剂量率仪、污染监测仪、全身污染监测仪和中子探测仪4类。

1. 个人剂量率仪

救援人员的辐射防护有两个方面：一方面是对外照射损伤的防护，另一方面是防止放射性物质吸入或放射性物质污染皮肤造成内照射或皮肤损伤。对外照射损伤的防护目前没有特别好的防护措施，人员不可能穿着厚重的、高原子序数材料的防护服进行救援，只能通过仪器对事发现场的辐射水平进行检测，了解外照射辐射水平，并采取适当措施避开高辐射区域，以及尽量缩短停留时间，从而将救援人员的受照射剂量控制在尽可能低的水平。

个人剂量率仪能够探测贯穿辐射和β离子辐射形成的外照射，能够测量γ和X射线的剂量率。在辐射防护中，关心的是辐射对人体组织和器官的作用效果。用剂量率仪测量的是周围环境当量剂量，是有效剂量的一个合理近似值，用剂量率仪测量的周围环境当量乘以在辐射场中暴露的时间即可获得人员受到的总辐射剂量。

剂量率仪的使用温度范围为－10～50 ℃；测量范围约为0.001～50 mR/h；0～50000 CPM；α射线的最低可检测辐射能为2.5 MeV，β射线的最低可检测辐射能50 keV，γ和X射线的最低可检测辐射能为10 keV；最大误差为±15%。

2. 污染监测仪

对不同的放射性元素，污染监测仪的探测效率在0～30%范围内不等，因此无法通过一种污染监测仪完成对环境物体表面和空气污染的全面监测。常用的污染监测仪有表面污染监测仪和空气污染监测仪2种。

表面污染监测仪用于探测物体表面是否受到低水平放射性污染，特别是对于α核素污染的监测因为即使α核素污染水平很低，当其进入人体内也会造成严重的内照射剂量。表面核污染包括固定污染和活动污染（可去除）2部分，当活动污染物通过某种途径进入人体后会对人体造成内照射危害，因此明确活动污染的剂量非常重要。表面污染监测仪探测到的是测量区域的总污染水平，包括固定污染和活动污染2部分。

空气污染监测仪用于测量空气受核污染情况，对空气中放射性污染物进行检测，并评估其潜在危害。空气中放射性污染物呈3种不同形态分布：

（1）颗粒物，如含放射性核素的烟尘、灰尘；

（2）气体，含放射性核素的气体；

（3）蒸汽，含放射性核素的小液滴，或常温下在空气中呈固态或液态的放射性核素。

空气中的放射性污染物既可以通过呼吸进入人体产生内照射，又能够附着于云层中产生严重的外照射剂量。因此，空气中的放射性污染即需要考虑外照射危害，又要考虑内照射危害，对其危害量化与评估就要比表面污染更加复杂。

无论是表面污染监测仪还是空气污染监测仪，在使用之前必须使用标准待测放射性元素对仪器进行标定。

3. 全身污染监测仪

全身污染监测仪通常应用于核电站，是核电站控制区出入（KZC）系统的重要组成部分，是 KZC 系统的最后一道屏障，对于防止污染扩散到厂外和控制工作人员全身表面污染水平起着至关重要的作用。

全身污染监测仪主要是由电源、流气式正比计数管、核电子线路、工业控制计算机、机械传动和自动化控制 6 部分组成。主要安装于核设施的卫生出入口，大修人员专用通道出入口及废物管理通道出入口等，用于对现场工作人员退出控制区时，快速进行全身 β、γ 表面污染检测。目前秦山第二核电厂 1 号和 2 号机组使用了国产 XH－3001 型闸门式全身污染监测仪，其主要作用是检查人员的全身表面污染，控制其污染水平；通过及时分析数据，发现事故苗头；隔离控制区，避免控制区的污染扩散和避免放射源未经许可带出控制区。

国产 XH－3001 型闸门式全身污染监测仪是由西安核仪器厂（262 厂）首次研制成功的，该监测仪（图 6－2）是基于大面积流气式正比计数管进行监测的，通过 15 个监测道对人体表面进行污染监测，计数管送来的信号经过道盒甄别、放大、成形后，送到计算机计数口进行数据处理，与预设的报警阈值进行比较，是否超出正常水平。该仪器软件是在 Windows2000 平台上运行的，采用面向对象程序设计语言 Delphi5. 0 设计的，可移植性强。

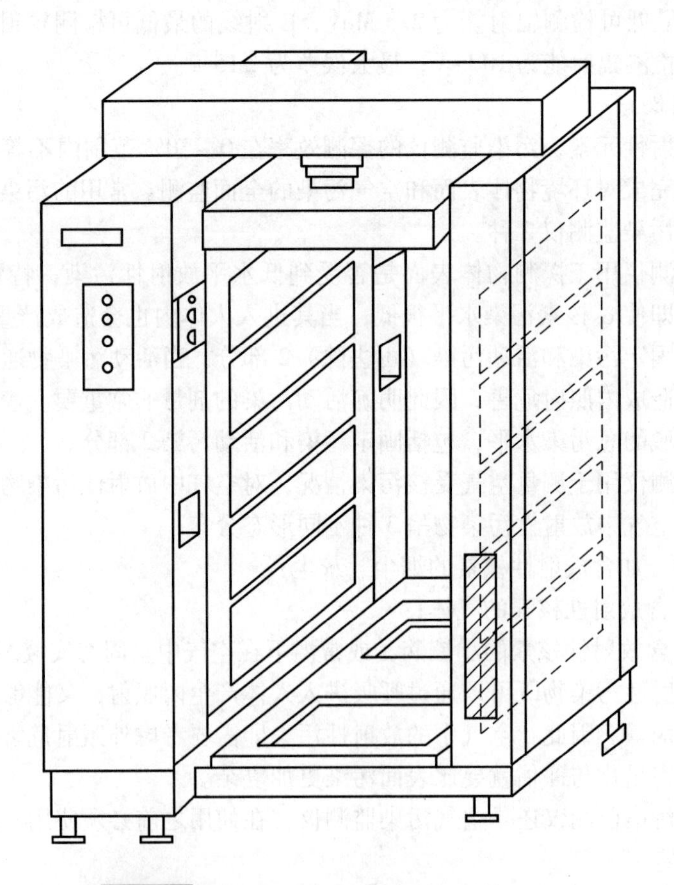

图 6－2　XH－3001 型闸门式全身污染监测仪

4. 中子探测仪

中子是一种不带电的粒子。中子探测器的工作原理：中子与原子核相互作用时放出带电粒子，带电粒子在气体中运动时产生气体电离，通过测量气体电离量来确定中子注量率水平。另外，中子探测能域宽阔，包括了 9 个数量级（$10^{-2} \sim 10^{7}$ eV），而且中子探测的效率与中子的能量之间存在着复杂的相互依赖关系，因此中子的测探具有很大的特殊性。中子探测的基本方法包括核反应法、核反冲法、核裂变法和核激活法。

（1）核反应法是设法使中子与探测介质的原子核发生核反应，产生出带电粒子，然后通过测量带电粒子的数目来间接测量中子。因此，这种方法多用于测量热中子（热中子的反应截面最大）。在核反应中最常用的材料有 10B、6Li、3He。

（2）核反冲法是让中子与轻核发生弹性散射，中子将部分能量转移给靶核，形成带电的反冲核，然后再加以测量。该方法用于快中子的测量。

（3）核裂变法是利用中子与重核发生俘获反应，使重核发生裂变产生裂变碎片，通过测量裂变碎片来测量中子。慢中子和快中子都能使重核发生裂变，重核发生裂变时，每次裂变反应会放出 150～170MeV 的能量，生成两块质量相近的裂变碎片，每块裂变碎片的能量达到 40～110MeV。因此该方法可用于探测各种能量的中子。裂变法最大的优点是可通过信号幅度甄别排除其他射线的干扰。

（4）核激活法。中子被稳定的原子核吸收后会形成放射性原子核，这种现象称为“活化”或“激活"。通过测量被活化的原子核发射的粒子即可知道中子的注量率，达到探测中子的目的。所用的核素称为激活探测器，这种基于中子激活而探测中子的原理称为核激活法。核激活法探测中子的最大特点是只能测定中子束流的积分效应，而不能探测单次中子俘获事件。基于核激活法的中子探测器主要用于高中子注量率、并伴有强 γ 辐射的场合下进行中子探测，如反应堆堆芯中子注量率的测定。

6.1.1.2 智能化核应急监测装备

由于核事故所造成的强辐射环境，应急人员有时无法直接进入现场。采用智能化核应急监测装备获取核应急状态的辐射场分布数据，可以更加高效地实现核事故的处理和救援。国外研发了不少核环境下履行应急监测任务的机器人，并进行了相关演示验证，取得了显著的应用成果。例如，美国 iRobot 公司开发研制了 PackBot 系列机器人，通过对电子设备（如控制器、通信设备及线路）的抗辐射改造和防护技术改造，满足强剂量环境下的防护工作要求。在 2011 年 3 月日本福岛核电站核事故发生之后不久，美国便向日本派遣了 iRobot 公司的 PackBot。PackBot 是一种轻型机器人，质量不超过 30 kg，其底座的体积基本与一个手提箱相当。这种机器人可以在核事故现场的废墟残骸中自由穿梭行动，并通过几百米长的光纤实时传回现场视频图像和环境数据，包括应急辐射水平、现场氧含量、温湿度以及化学危险物质含量等。

6.1.2 生物监测监控装备

对于控制生物战剂和病原微生物造成的感染性疾病等生物事故，最重要的环节就是病原微生物的检测和诊断，如何准确、快捷地确认与检测病原体，对生物事故的应急救援至关重要。

生物快速检测技术包括生化方法、免疫学方法（荧光抗体技术、酶免疫技术）、分子生物学方法（核酸杂交法、体外扩增（PCR）及其衍生技术、基于16SrRNA与Gya B的检测技术）、分子生物学与免疫学相结合的方法（免疫PCR、PCR－ELISA）、生物传感器技术、生物芯片、蛋白质指纹图谱技术。生物快速侦检仪通过搭载上述一种或几种检测技术，实现生物快速检测，包括移动式生物快速侦检仪、便携式生物安全柜和联合生物战剂点探测系统等。

6.1.2.1 移动式生物快速侦检仪

移动式生物快速侦检仪主要用于对生物污染事故现场的快速侦查和检测，可检测的病原体有炭疽、菌麻毒素、鼠疫、天花、葡萄球菌肠毒素、肉毒杆菌和兔热病等生物危险品（图6－3）。该仪器的性能和特点如下：

（1）定性检测（阳性或阴性）可显示、打印和传输数据；

（2）操作温度为4～40 ℃，贮存温度为－29～60 ℃；

（3）报警为音频报警。

图6－3 移动式生物快速侦检仪

图6－4 联合生物战剂点探测系统

6.1.2.2 联合生物战剂点探测系统

联合生物战剂点探测系统是一种自动化联合生物战剂探测系统，通过快速全自动探测，识别高度危险的生物战剂，并发出警报，同时隔离样品，为人员提供保护（图6－4）。

联合生物战剂点探测系统由通用生物套件构成，可安装在拖车上，便于携带，可用于支援露天基地和半固定阵地。系统能同时识别10种不同的生物战剂，还能采集液体样品进行确认分析和识别。该系统具有民用和军用全球定位功能，气象和网络调制解调设备可通过网络传输探测数据。

6.1.3 危险化学品预警及侦检装备

在化学恐怖事件和化学危险品事故中，判定事故区域是否遭受化学毒物的袭击、确定沾染毒物的种类、概略判定染毒浓度和染毒密度、检测毒物云团的传播和滞留情况并向指挥中心报告相关数据是化学侦察的主要任务。完成该任务的关键在很大程度上依赖于化学侦察设备的先进与完备。

6.1.3.1 预警装备

预警装备是一类自动检测、快速发现空气染毒情况，并发出光、声警报信号的化学侦察器材。目前，预警装备大都能检测出毒物的概略浓度。预警装备由于可从多种原理和多种实用目的进行设计、研制，因而种类很多。按监测距离的远近和地域的大小，可分为点源毒剂报警器和遥测毒剂报警器。点源毒剂报警器监测报警器所在点的染毒情况；遥测毒剂报警器主要监测报警器所在点至一定距离或一定地域内的染毒情况。目前常用的毒剂报警器主要有以下几类：

（1）比色法毒剂报警器。比色法毒剂报警器是利用载于特定载体上的特定化学试剂或酶，与毒剂反应可以产生特定颜色的新化合物制成的毒剂报警器。该类报警器通过检测待检物质与特定化学试剂或酶反应颜色改变与否，判断毒剂的有无和种类，通过颜色变化的深浅确定毒剂的概略浓度。

（2）荧光法毒剂报警器。荧光法毒剂报警器是利用载于特定载体上的特定化学试剂，与毒剂反应可以生成发出特定荧光的新化合物制成的毒剂报警器。该类报警器通过检测待检物质与化学试剂反应是否产生具有特定波长的荧光物质，判断毒剂有无和种类，通过荧光的强弱确定毒剂的概略浓度。

（3）酶法含磷毒剂报警器。酶法含磷毒剂报警器是利用特定的酶对含磷毒剂识别的高度专一性的原理制成的毒剂报警器，用于监测空气中的神经性毒剂。该类毒剂能抑制胆碱酯酶生物活性，导致酶水解底物的速率发生改变，引起化学显示剂、荧光剂、电流电位值或溶液酸碱度等发生变化，经变换器转变后给予显示。

（4）电化学法毒剂报警器。电化学法毒剂报警器是利用毒剂的氧化还原性质，或毒剂与特种试剂反应生成物的氧化还原性质制成的毒剂报警器，如含磷毒剂报警器、光气报警器、氢氰酸报警器等。该类报警器按工作原理分为极谱式、库伦式和原电池式等。通常由进气系统、电化学池、电子放大系统、自诊断系统、光声信号报警系统、电源及电缆等组成。毒剂在该仪器的电化学池内可进行能量转换，由化学能变为电能，产生的电参量变化通过电路放大，发出光、声报警信号。

（5）离子化毒剂报警器。离子化毒剂报警器是以离子化法为工作原理制成的毒剂报警器。根据技术途径的不同，分为碱焰、火焰光度、电子俘获、离子复合、离子迁移、动态棚等种类。一般采用放射源电离源（如镍-63、氢-3、银-241），也可采用电晕放点、光致电离或场致电离等方法。

（6）声表面波毒剂报警器。声表面波毒剂报警器是利用载有功能膜的声表面波器件，在振动时遇到毒剂，其声表面波的振动频率和相位发生改变的原理研制的毒剂报警器。

（7）红外光谱毒剂报警器。红外光谱毒剂报警器是利用不同结构的化合物分子在吸收红外光时，分子转动和分子中原子发生振动所需能量不同的原理制成的毒剂报警器。毒剂蒸气对红外谱线可以选择性吸收（当毒剂云团红外辐射强度低于背景辐射强度时，表现为特征吸收，反之，则表现为加强），根据吸收与否与吸收强度测定大气的成分和浓度。

6.1.3.2 侦检装备

1. 侦毒纸

侦毒纸是一种用于侦检空气、地面及物体表面染毒情况的试纸，包括毒剂蒸气侦毒纸和毒剂液滴侦毒纸。侦检原理一般为2种：一是利用毒剂与显色试剂的特征化学反应，使侦毒纸发生颜色变化，以发现和区分毒剂种类；二是利用毒剂对染料的特性溶解作用，使侦毒纸出现色斑以发现和区分毒剂种类。通常在侦毒纸背面涂胶，使用时可将侦毒纸粘贴在服装、装具、兵器等各种物体上。

2. 侦毒包

侦毒包是指用于侦检空气染毒的采用软包装的简易化学侦察器材。由侦毒片、胶囊式抽气装置、试剂瓶、辅助件及软性包装组成。使用时将侦毒片暴露于染毒空气中，通过自身吸附作用或抽气装置抽气，使侦毒片与毒剂反应显色。软性包装壳折叠成包，便于携带和使用。FZD05A 型侦毒包如图 6－5 所示。

图 6－5 FZD05A 型侦毒包

6.1.3.3 军事毒剂侦检仪

军事毒剂侦检仪是一种便携式装备，用以侦检军事毒剂，如沙林（GB）、索曼（GD）、芥子气（HD）和维埃克斯（VX）等，广泛应用于鉴别化学灾害事故或恐怖袭击现场的污染情况以及人员进出避难所、警戒区、洗消作业区是否安全。军事毒剂侦检仪通常是利用显色反应或焰色反应来鉴别毒剂的种类和概略浓度。

显色反应军事毒剂侦检仪通常由侦毒管、抽气装置和辅助件 3 部分组成。侦毒管是与毒剂进行化学反应显示颜色变化的部件，由空白或浸渍有试剂的填料（硅胶或聚丙烯纤维）、试剂瓶、六角形聚乙烯塑料柱或八角形玻璃柱，以及两端封闭的玻璃管、标志色环组成。使用时，抽取一定量的染毒空气，使吸附于填料上的毒剂蒸气与安瓶中或填料上的试剂反应生色。根据反应颜色判别毒剂种类，根据颜色的深浅判定毒剂的概略浓度。

我国应急救援队伍配备的军事毒剂侦检仪属于焰色反应毒剂侦检仪（图6-6），主要由侦检仪、氢气罐、电池报警器及取样器等组件构成，采用焰色反应原理，鉴别各类军事毒剂。

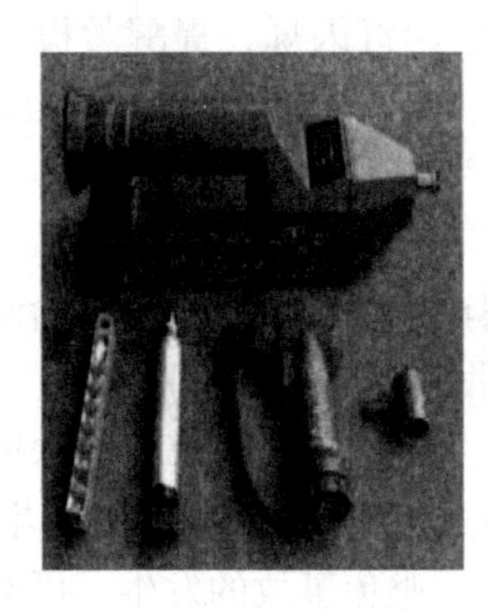
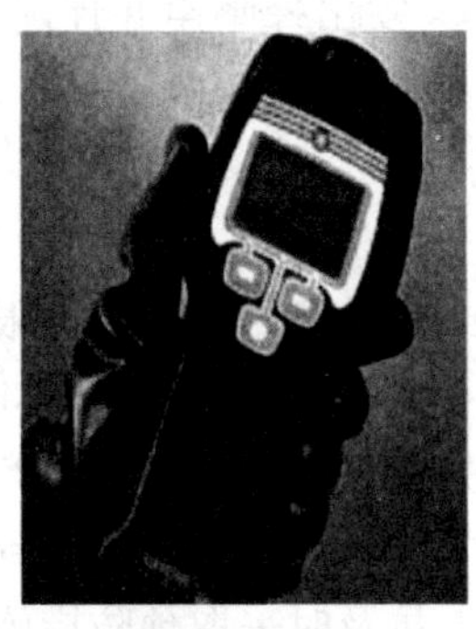
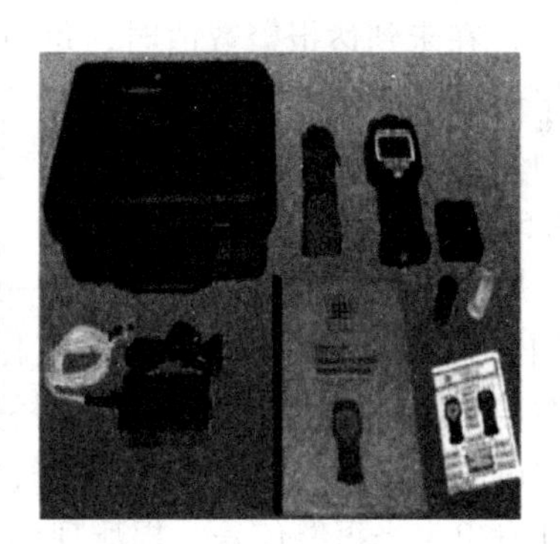

图6-6 军事毒剂侦检仪

该类仪器的性能和特点如下：

（1）在使用过程中要注意该仪器只能定性，不能定量，所以操作过程中切勿盲目对污染物的含量下结论。

（2）灵敏度。对蒸气形态毒剂如GA、GB、GD、VX神经性毒剂为10 μg/m³；对HD糜烂性毒剂为420 μg/m³；对液体形态毒剂，如对VX神经性毒剂取样浓度而言，最初侦检浓度可达20 μg/m³。

（3）感应时间。对GA、GB、GD、VX、HD战剂而言，浓度10 μg/m³仅需1 s，不被大气环境变化干扰侦检值及灵敏度。

6.1.3.4 有毒气体探测仪

有毒气体探测仪是一种智能型检测仪器，可以检测一类或多类气体，如有毒气体（如CO，H_2S，HCL等），可燃气体（甲烷、丙烷、丁烷、煤气等）、有机挥发性气体和氧气等（图6-7）。该探测仪通常采用预标定的电化学传感器或催化燃烧传感器进行探测，方便携带，主要用于在火灾、化学事故等现场对有毒气体、可燃气体、氧气和有机挥发性气体等的浓度测量，能够自动辨识探测气体种类，并提供精确可靠的测量结果。

(a) 外形

(b) 四合一有毒气体探测仪

图6-7 有毒气体探测仪

该类仪器的性能和特点如下：

（1）可以对有毒气体、可燃气体、有机挥发性气体和氧气同时进行检测，检测数值在达到危险值时自动报警。

（2）无法接近的区域可以通过安装气泵和注气盖后进行测量。

（3）在未到达报警数值时，每 30 s 发出蜂鸣声并伴随指示灯闪烁，提醒救援人员仪器工作正常。

（4）有一定的防水、防爆能力。

6.1.3.5 可燃气体检测仪

可燃气体检测仪是一种可对单一或多种可燃气爆炸下限浓度的百分含量进行检测的仪器（图 6-8）。可燃气体检测仪的工作原理是将扩散气体收集到传感器上，产生无焰燃烧，燃烧产生的热使电阻增大，电桥失去平衡，电桥失衡产生的电压与可燃气体浓度成正比，即可测定可燃气体浓度。当空气中可燃性气体浓度达到或超过报警设定值时，检测仪能自动发出声光报警信号，提醒现场人员及时采取预防措施，避免事故的发生。可燃气体检测仪是由多种复合防爆材料制成，具有强吸和扩散 2 种探测模式。

(a) SK6300-Ex便携式

(b) 外形

图 6-8 可燃气体检测仪

该仪器的性能和特点如下：

（1）测量对象为甲烷、乙烷、氢气等可燃气体。

（2）测量响应时间和报警响应时间均小于 15 s。

（3）可燃气体在空气中的混合比的报警上限为 15% ~60%（连续可调），下限为0 ~25%（连续可调）；在超限报警及下限报警时，蜂鸣器断续发声，报警液晶屏闪烁；上限报警时，蜂鸣器连续发声，报警 LED 点亮。

6.1.3.6 便携危险化学品检测片

便携危险化学品检测片用于各种火场和有毒有害气体泄漏现场。在使用时佩戴于手腕上，通过检测片的颜色变化探测周围环境中的有毒化学气体或蒸气，特点是不需要电源，不需校正和样品，抗干扰能力强，可在极端高温和低温环境下使用，如不慎落入水中，只需擦干表面水分即可正常使用。使用者只需要根据不同现场环境，选取不同的检测片即可便捷地实现对危险化学品的监测，常见的检测片有酸性、碱性、氢气、氨气、光气、硫化氢、二氧化硫和磷化氢（图6－9）。

该仪器使用的检测片保质期为室温下2年，其中磷化氢只有6个月。使用时间为24 h，使用温度为－30～50 ℃，相对湿度为20%～100%。

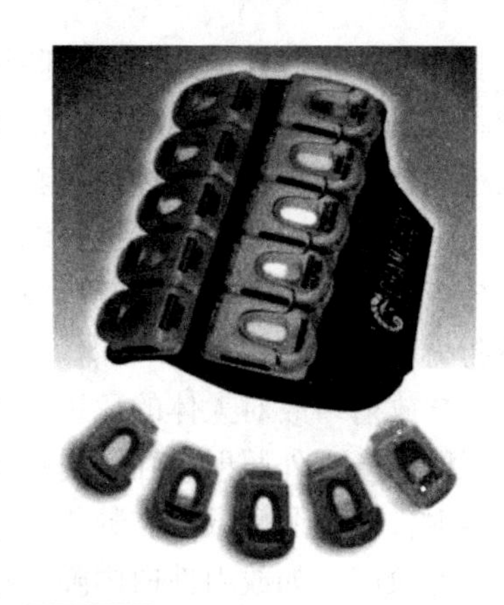

图6－9 便携危险化学品检测片

6.1.3.7 水质分析仪

水质分析仪不仅适用于各种野外环境的水质测试，也适用于突发事件的快速水质检测及实验室内常规水质参数的测量（图6－10），具有方便携带，使用简单的特点。在真实的救援中可以对地表水、地下水、各种废水、饮用水及处理过的小固体颗粒内的化学物质进行定性分析。

水质分析仪通过特殊催化剂，利用化学反应变色原理使被测原液颜色发生变化，通过光谱分析仪的偏光原理进行分析。主要由光谱分析仪主机、特定元素催化剂和加热器组成。

使用过程中在采集水样时要在多个地点进行，保证样品的代表性和典型性。进行分析前还应对水样进行预处理，使测试结果不超过测量范围的50%，如超出此范围则需用蒸馏水对测试样品进行稀释，从而确保测量精度，避免较大测量误差的出现。

6.1.3.8 电子酸碱检测仪

电子酸碱测试仪主要用于各种污水和化学物质等的pH值的测量（图6－11）。电子酸碱测试仪使用电位法测量pH值，可以较为准确地测量液体的pH值或者MV值。电子酸碱检测仪由酸碱测试仪主机、缓冲液、探测电极等组成，通常在环境温度为0～50 ℃下工作，pH值测量范围为0～14，分辨率可达0.1，精度为±0.2。

图6－10 水质分析仪

图6－11 电子酸碱检测仪

6.2 个体防护装备

通常在事故发生后，救援人员面临的是一个能量失控的环境，特别是核生化事故现场，情况更加复杂，如果不采取有效防护，极易对救援人员造成二次伤亡。因此，个体防护装备既是救援人员的第一道防线，又是最后一道防线，它贯穿于应急救援的整个过程。随着救援作业领域的不断扩大，根据不同的救援作业环境和任务类型，个体防护装备的研发越来越有针对性。通过采用新型复合材料，将防护装备向轻质化、智能化方向发展，实现防护装备多功能集成，提高综合防护能力，为救援人员提供更加全面和可靠的保护。针对核生化事故现场救援作业环境和事故危害特点，本章将主要介绍核生化事故救援人员个体防护装备。

核放射事故对人体的危害，一是造成放射性物质的释放，使污染区人员受到较高剂量的照射，产生外照射急性放射病；二是放射性物质在人体内长期滞留，可对人体造成持续性照射，在受照后数月到数年，甚至隔代产生远期效应，表现为随机性致癌、遗传效应和确定性效应，如放射性白内障、慢性放射性皮炎、生殖力减弱、寿命缩短等。

生物战剂包括立克次氏体、病毒、毒素、衣原体、真菌和细菌等。致病微生物一旦进入机体（人、牲畜等）便能大量繁殖，导致破坏机体功能、发病甚至死亡，根据生物战剂对人类的危害程度分为致死性战剂和失能性战剂2类。致死性战剂病死率在10%以上，有时甚至达到50%～90%，如炭疽杆菌、霍乱弧菌、野兔热杆菌、伤寒杆菌、天花杆菌、黄热病毒和马脑炎病毒等；失能性战剂病死率在10%以下，如布鲁士杆菌等。

化学品的健康危害主要包括急性毒性、皮肤腐蚀、严重眼、呼吸或皮肤过敏、生殖细胞致突变性、致癌性和吸入危险等，其危害程度可使人致残甚至危及生命。因此，无论从事哪种救援工作，做好施救人员的个人防护都是十分必要的。

6.2.1 呼吸防护装备

放射性核素在空气中易形成放射性气溶胶，可根据气溶胶粒子大小，选择相应孔径滤膜的呼吸器。对于空气中同时存在有毒气体和放射性污染浓度较高的现场，则需要使用空气呼吸器保障人员安全。

6.2.1.1 防毒面具

防毒面具是核生化呼吸防护的主要装备。防毒面具的发展最早可追溯至16世纪，当时只是将细布蘸了水来掩盖水手的嘴和鼻子，保护免受毒粉武器的伤害。此后，防毒面具逐渐增加了过滤功能和通话等功能。加拿大Carleton背带式核生化防护呼吸系统可在尘土飞扬或沙漠地区使用，还可安装一个快速连接的预滤器附件，使用者可利用5档控制开关选择舒适的气流量，正压气流提高了佩戴者的舒适性。美国研制的硅胶防生化面罩，上有向内翻转的圆形面部密封框和双筒刚性透镜眼窗，它由一个滤毒罐、一根饮水管和一个清理透镜的装置组成。

图6－12 过滤式防毒面具

防毒面具是一种过滤式防护装备（图6－12），是利用过滤罐或过滤元件中吸附剂的吸附、吸收、催化作用和过滤层的过滤作用，将外界染毒空气进行净化而作为人员呼吸气源的呼吸道装备，一般由面罩、过滤罐、导气管、防护面具袋以及功能部件和其他附件组成。其工作原理是利用面罩与人员面部周边形成密封，使人员的眼睛、鼻子、嘴巴和面部与周围染毒环境隔离，同时依靠过滤罐来净化染毒空气，提供人员呼吸所用的洁净空气。

防毒面具按面罩结构分为全脸式、单眼窗、和双眼窗面罩；按滤毒罐（盒）可分为大型滤毒罐、中型滤毒罐和轻便型滤毒罐（盒）。大型滤毒罐一般用于浓度特别大、使用时间较长的场所；中型滤毒罐主要是指军用式防毒面具，为在毒剂浓度较大的场所作业或作业区执行任务的人员提供呼吸防护的装备；轻便型滤毒罐一般用于毒剂浓度较小的场合使用，滤毒罐直接装配于面罩。大中型滤毒罐一般配备导气管与面罩连接使用，使用时滤毒罐要有专用面具袋佩装。防毒面具不用于氧气浓度低于 17% 的环境和一氧化碳浓度过大的环境。氧气浓度较低可配备补氧装置，一氧化碳浓度较大要采用防一氧化碳专用滤毒罐。

6.2.1.2 呼吸器

呼吸器为隔绝式防护面具，是使人员呼吸器官、眼睛和面部完全与外界污染空气隔离，依靠面具本身提供的氧气（空气）来满足人员呼吸需要的一类防护面具，主要由面罩、供气系统和背具构成。呼吸器按供气系统的供气原理可分为储气式、储氧式和生氧式 3 种。

1. 储气式呼吸器

储气式呼吸器又称为空气呼吸器，是以压缩空气为供气源的开路式呼吸器，由面罩组件、供气阀组件、减压器组件、高压气瓶和瓶阀组件、背架组件等组成。储气式呼吸器根据供气方式的不同分为动力式和定量式。动力式是根据人员的呼吸需要供给所需的空气，定量式是使用过程中按一定的供气速率向佩戴者供给所需的空气。

储气式呼吸器的工作原理：压缩空气由高压气瓶经高压快速接头进入减压器，减压器将输入压力转为中压后经中压快速接头输入供气阀。当人员佩戴面罩后（图 6 – 13），吸气时，在负压作用下供气阀将洁净空气以一定的流量送入人员肺部；当呼气时，供气阀停止供气，呼出气体经面罩上的呼气活门排出。这样形成了一个完整的呼吸过程。

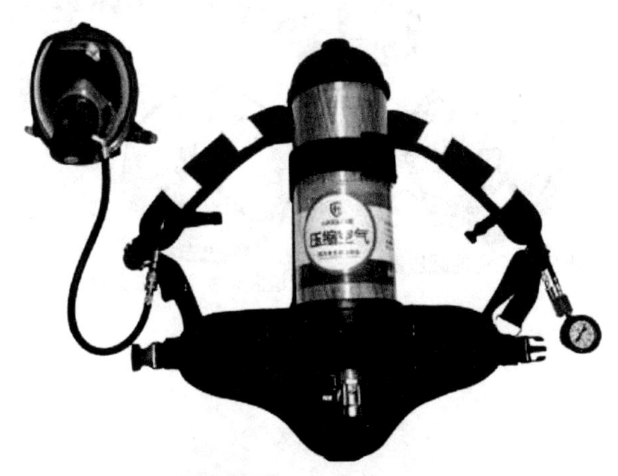

图 6 – 13 储气式呼吸器

2. 储氧式呼吸器

储氧式呼吸器又称氧气呼吸器。根据结构的不同，氧气呼吸器分为开路式和闭路式2种。

开路式氧气呼吸器与空气呼吸器结构基本相同，所不同的是高压气瓶中存储的是压缩氧气。使用时，高压气瓶中的压缩氧气经减压后进入面罩内供人员呼吸，呼出的气体经呼气阀直接排入大气中。开路式氧气呼吸器不适用于有火焰的场合，如发生火灾的地方。

闭路式氧气呼吸器（图6－14），也称隔绝式正压氧呼吸器，由高压氧气瓶、吸收二氧化碳的清净罐、气囊、面罩、导气管和减压器等组成。使用时，高压氧气经减压阀减压后，进入气囊，补充人员呼吸所消耗掉的氧气；同时，呼出的气体不排入大气中，而是经面罩的呼气阀进入清净罐，由清净罐将二氧化碳吸收后，进入气囊，与气囊中的氧气混合，组成含氧空气，经冷却罐冷却、降温，经面罩的吸气阀、导气管进入面罩，供给人员呼吸，形成一个完整的呼吸循环过程。使用过程中，依次反复呼吸循环，直至氧气耗尽或任务完成为止。

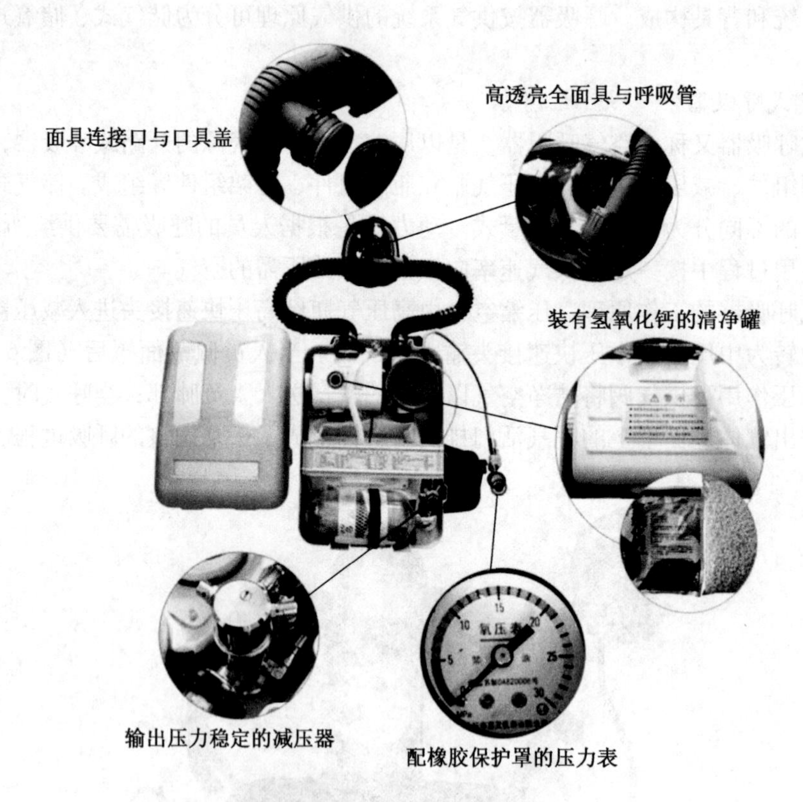

图6－14　闭路式氧气呼吸器

3. 生氧式呼吸器

生氧式呼吸器又称生氧式防护面具，由面罩、供气系统和背具组成，为一种闭路循环式生氧呼吸器，利用人员出气与含有大量氧的生氧药剂进行反应生成氧气，并滤除呼出气中的二氧化碳后供人员呼吸使用。这种呼吸器使用比较简单，不需要复杂的气体填充装置和准备工作。中国新型生氧式呼吸器如图6－15所示，其供气系统由生氧系统（生氧罐、启动装置和应急装置）、降温系统（冷却管、降温增湿器）、储气装置（储气囊及排气阀）和保护外壳组成。

生氧罐是呼吸器的重要部件，内装生氧剂。一般常见的生氧剂为超氧化钾，超氧化钠、过氧化钾和过氧化钠，其生氧和脱除 CO_2 的化学反应为放热反应。启动装置是为解决佩戴初期因生氧剂活性不足，放氧量少，不能满足佩戴人员呼吸需求而设置的，尤其是温度在－20 ℃以下的低温环境中，使用初期放氧速度更慢。为了保证人员在佩戴初期顺利呼吸，启动装置采用高压储气式装置，高压密封处为金属刚性连接，可保证不漏气。储气容器里存储20 MPa的高压氧气，释氧量可达9 L以上，释出的氧气进入储气囊。启动装置的开启按钮安装在外壳的侧面，并有防止误启动装置。应急装置与启动装置的结构相同，在使用后期生氧不足时，可采用应急装置供人员及时撤离作业场所。

6.2.2 躯体防护装备

6.2.2.1 防护服

第一代防护服诞生于“一战”期间，用于保护士兵免受化学武器的伤害。当时的防毒衣是以不透气的油布或橡胶布制成，虽然隔绝式防毒衣有良好的防毒性能，可对液滴、蒸汽、气溶胶毒剂进行有效防护，但因阻止了空气和水蒸气的透过，几乎没有散热透湿作用，使着装人员很快因过热而丧失作战能力。随后许多国家纷纷致力于透气式防毒材料的研究，目的就在于改善防护服的生理性功能，解决散热透湿和对毒剂的防护问题，防护服的发展基本上也是围绕防护材料的发展进行的。

防护服种类繁多，结构各异，按照防护原理可分为隔绝式、透气式、半透气式和选择性透气式四大类。

1. 隔绝式防护服

隔绝式防护服（图6－16）采用阻隔毒剂、生物战剂或有毒化学品的防护原理，使毒剂或有毒化学品不能接触人员的身体皮肤而达到防护的目的。隔绝式防护服通常采用连体式全密封结构，由带大视窗的连体头罩、化学防护服、内置正压式消防空气呼吸器背囊、化学防护靴、化学防护手套、密封拉链、超压排气阀和通风系统等组成，同正压式消防空气呼吸器、救援人员呼救器及通信器材等设备配合使用。

隔绝式防护服采用丁基胶或氯化丁基胶的双面涂层胶布制成，对液态、蒸气状和气溶胶形式的生化毒剂均有良好的防护效果，并具有良好的耐寒、抗老化、耐洗消等性能。但是这类材料同时也阻止了湿蒸汽和热量的传递，导致热应激显著增加；同样，在寒冷气候条件下穿着，人员也会出现体温降低的问题，因此穿着人员往往不得不配套使用微气候冷却和加热系统。

近年来隔绝式防护材料得到了快速的发展，越来越多性能优异的多层复合膜材料用于制造隔绝式防护服。瑞士研制的Rolamit材料是一种多用途的层压膜材料，厚度100 μm，重量在100～150 g/m^2 之间，对芥子气防护时间为24 h，具有良好的机械性能和耐破损、耐穿刺性能。在一次苛刻的材料使用测试中，受试人员穿着由三层Rolamit膜材料制备的靴套在沙砾路面上急行军，45 min 后靴套依然完好无损。

图6-15 中国新型生氧式呼吸器

图6-16 巴固公司生产的重型隔绝式防毒衣

杜邦的 Tyvek®和 Tychem®系列都具有良好的阻隔性能，被广泛地用作防护服材料。杜邦的 Tychem® TK 产品宣称其抗毒剂穿透时间大于 12 h，可检测的透过浓度小于 0.0002 $\mu gcm^{-2}min^{-1}$（DN6 方法）。Tyvek® F 对芥子气防护时间为 48 h，对沙林和路易斯气防护时间为 28 h。虽然 Tyvek® F 防毒衣提供了完全的化学阻隔，但它同时带来了较高的生理负荷（图6-17）。

图6-17 连体式隔绝防护服

2. 透气式防护服

透气式防护服通常是由外层织物、吸附层（如浸渍了活性炭的泡沫塑料层或无纺布）

和内层织物构成，能使空气和水蒸气透过，而阻挡雾滴状和蒸汽状毒剂渗透，避免与皮肤接触引起人员中毒，又能使人体产生的热量和水蒸气散发，达到防毒、透气、散热的目的；另外，还具有伪装、防雨、阻燃、防光辐射等功能。透气式防护服也可作为普通军服或作战服穿着。透气式防毒服和半透气式防毒服由于其透气性好，穿着舒适，即为人员提供足够的防护，又兼顾了穿着的舒适性。透气式防护服分为化学吸收型和物理吸附型2类：

（1）化学吸收型。在20世纪20年代末由美国首先研制，是依靠织物上浸渍的化学活性剂与毒剂产生化学反应生成无毒物质，阻止毒剂透过。如氯酰类的浸渍剂能与芥子气等糜烂性毒剂迅速发生化学反应，使其变成无毒化合物，在第二次世界大战期间曾被军队大量装备。化学吸收型防护服对毒剂的吸附有较强的选择性，比如对含磷毒剂的防护效果较差。同时，化学浸渍剂长期储存时药性不稳定，对织物有腐蚀性，穿着舒适性差，因而逐步被物理吸附型防护服所取代。

（2）物理吸附型。20世纪60年代，英国最早解决了载炭透气式防护服的生产和使用问题，并装备部队。这种物理吸附型防护服是借助于活性炭层对毒剂的吸附作用，并采用多层结构的方法来达到防毒的目的，防护性能较好，是现在主要使用的透气式防护服，包括载炭透气防护服和活性炭纤维防护服。

①载炭透气式防护服是利用载炭材料制成的防护服。按防毒原理，载炭透气防护服可分为“铺展－防油－吸附型”和“防油－吸附型”两大类。

铺展－防油－吸附型由内外两层织物制成。外层织物通常为化纤、纯棉，或化纤和棉质混纺织物，具有铺展作用，同时进行阻燃和迷彩印花处理，使之具有阻燃和迷彩伪装功能，当遇到毒剂液滴时，在毛细管引力的作用下，液滴很快铺展，增大蒸发面积，加速毒剂蒸发，加快自行消毒和提高阻挡毒剂液滴挤压穿透织物的能力，以减轻单位面积内层织物上吸附毒剂蒸气的负荷；内层织物以棉织绒布、无纺织布或薄层泡沫塑料等高孔隙度的织物为基布，在与外层接触的一面进行防油处理（通常采用含氟聚合物作为处理剂），使之具有防油功能，可阻止液态毒剂渗透，内层的另一面用黏结剂固定活性炭粉，以吸附透过织物气体中的毒剂蒸气和外层表面上液态毒剂蒸发出来的毒剂蒸气，从而达到防护的目的。

防油－吸附型由内外两层材料制成。外层表面经防油处理，具有防油功能，但无铺展作用，为提高对毒剂液滴的耐压防渗透能力，内层通常采用孔隙体积比较大的材料制成，粘有活性炭粉，以吸附透过的毒剂。

采用LANX Type 1织物制作的化学防护服（图6－18）具有良好的吸附性、耐久性、透气性和舒适性，还具有阻燃等性能。LANX织物采用聚合物基活性炭（PEAC）吸附技术，炭颗粒具有严格的均一的尺寸和化学防护性能。织物的外层由尼龙、棉或混纺材料构成，具有防护有害气体、液体和阻燃功能。

②采用活性炭纤维（ACF）制作的透气式防护服，重量轻、效率高，经过浸渍处理，还可以在此材料上负载催化剂、化学吸收剂和杀菌剂等，使其具有更全面的防护性能。活性炭纤维是以无纺布形式存在的高性能的活性炭材料，由PAN纤维经炭化、活化等热处理过程而制备。由于ACF在吸附和解吸过程中具有较低的扩散阻力，它比粉末或颗粒状

活性炭（GAC）具有更高的吸附容量和更快的吸附或解吸速度。相对颗粒活性炭来说，活性炭纤维增加了吸附容量、降低了热阻、增强了耐酸性和本体耐受性。ACF 对液化气、甲醛、乙醇和苯等有机蒸气的吸附能力比 GAC 高 7～8 倍，ACF 对无机气体（比如 NO、NO_2、SO_2、H_2S、HF 和 HCl）和水溶液中的物质（比如染料、化学需氧 BOD、生物需氧 COD、油类、金属离子和贵金属离子）也具有较强的吸附性能，ACF 对细菌的吸附性能也具有突出的优势。

(a) 防毒内衣　　(b) 防毒伪装外套

图 6－18　LANX 织物防护服

3. 半透气式防护服

半透气式防护服采用如高尔泰克斯膜之类的半透气材料，可使湿蒸气透过，从而有效减少蓄积在防护服内的热量，降低体感温度，同时阻止液体和气溶胶透过，达到防护目的。半透气材料虽然比透气材料的防护能力有所提高，但是有毒的化学蒸气仍可透过，因此也需要吸附材料来吸收有毒的化学蒸气。

4. 选择性透气式防护服

选择性透气式防护服是采用选择性透气材料制成，其综合了不透气和半透气防护服的性能，在允许湿蒸汽透过的同时阻止有毒化学蒸气的穿透。选择性透气材料是一种无孔的溶解扩散膜，可将渗入的物质融入膜中，通过膜扩散，并在另一面释放出。因此，与半透气材料不同，选择性透气材料不用活性炭等吸附层也可以阻止毒气蒸气的透过。

6.2.2.2　防爆服

防爆服又称为防爆盔甲服，主要用于有可能发生爆炸的环境中，如战争、消防救援、煤矿救援等高危环境中，更广泛地用于防暴和大规模暴乱的镇压等领域。防爆服（图 6－19）由有领防护外套、防护裤、胸甲、腹甲、头盔、排气扇、内置整体式无线电耳机和麦克风等部分组成。防爆头盔的面罩是整块的防弹玻璃，为佩戴者的面部和颈部提供防护，并配有耳塞保护排爆人员听力免受损伤。防爆头盔内部的无线电耳机和麦克风便于排爆人员与外界进行通讯联络。

图6－19 防爆服

防爆服中含有多种高性能纤维，防爆服的外层材料采用高强涂层面料，环保无毒；其各防护层部件的耐高温性能、耐刺穿性能、抗冲击性、能量吸收性能以及阻燃性能均要满足相关规范标准。国际上比较通用的防爆服结构分为防冲击外层、防弹防刺层、阻燃层、防水透气层、隔热层5层。

防冲击外层要能够作为防爆服坚固的外层抵挡超压冲击波的能量，同时也要能抵御飞射的爆炸物碎片。防冲击外层材料主要采用超高分子量聚乙烯纤维，其具有良好的耐冲击性、柔软弯曲性以及耐磨性能，吸收能量较强，是目前世界上强度最高的高性能纤维材料，能达到优质钢的15倍，在防爆服中具有轻柔、防破甲和穿甲的性能。防冲击外层虽然能抵挡部分超压冲击波的能量，但是超压冲击波还是会穿透坚固的外层，进而接触到里面的防弹防刺层。防弹防刺层可以阻挡贯穿了外层装甲的碎片，起到防弹防刺的效果。这层材料主要采用芳纶纤维，它的强度比碳纤维高，质量比玻璃纤维、碳纤维都轻，热膨胀系数低，抗疲劳性好，且密度是钢丝的1/5，强度是钢丝的5倍，能在－192～182 ℃的范围内保持稳定的尺寸和性能，不会燃烧不会熔融，这种材料具有较高的应变速率敏感性，即其可以随着冲击速度的增加而变得更坚硬。

阻燃层使用的芳砜纶纤维，即聚砜基酰胺纤维，是一种耐高温纤维，由对苯二甲酰氯和二氨基二苯砜及二氨基二苯砜为主要原料聚合后，溶解于二甲基乙酰胺中，然后经湿纺工艺或干纺工艺加工而成，具有优异的耐热特性，在防爆服中起到了较好阻燃效果。

防水透气层是为了防止爆炸现场腐蚀性液体或热气的进入，通常为涂层或防水面料。由于爆炸现场温度高，人体排汗量多，如果防爆服不透气就会使人体感到闷热、窒息，严重影响战斗力。目前解决该问题的方法是采用复合微孔四氟乙烯膜的阻燃布，微孔四氟乙烯膜本身是耐高温的，能阻挡水的通过而又畅通地排出汗蒸气。

此外，由于爆炸现场的温度较高，防爆服还应具有良好的隔热性能。PBO纤维的热分解温度可达650 ℃，是热稳定性最高的纤维，对于高能量、高温度有很好的防御作用。

6.2.2.3 核沾染防护服

核沾染防护服（图6－20）是救援人员在处置核放射事故时穿着的用于保护自身安全的防护服。核沾染防护服面料由内、外两层构成。外层使用塑料涂覆织物材料，具有阻燃、防水、抗拉抗撕裂及防紫外线等性能；内层使用活性炭填充的聚氨酯压缩泡沫，用于吸附各种有害物质。在核放射性区域使用时，根据现场放射强度大小，规定使用时间，防核防化服在污染区域使用后将不能再次使用。核沾染防护服可套在内衣外面穿着，也可以直接穿着。

6.2.2.4 防静电服

防静电服（图6－21）是救援人员在易燃易爆事故现场进行抢险救援作业时穿着的防止静电积聚放电的防护服装。在易燃易爆的环境下，特别是在各类可燃物、易燃物已经与空气充分混合的现场，防静电服能够防止衣服静电积聚，避免静电放电火花引发的爆炸和火灾危险。防静电服一般不允许使用金属附件，该装备的性能和特点如下：

（1）防静电服的带电电荷量≤0.6 μC/件；

（2）耐洗涤时间：A 级≥33 h，B 级≥16.5 h；

（3）接缝断裂强力≥98 N。

图6－20 核沾染防护服

图6－21 防静电服

6.2.2.5 防化手套

防化手套（图6－22）是消防员在处置化学品事故时穿戴的用于手部和腕部防护的防护手套，但不适用于高温和处理坚硬物品作业，也不适用于电气、电磁以及核辐射等危险场所作业。

防化手套可分为分指式、连指式2种款式，有单层、双层或多层复合结构。材料一般有橡胶（如氯丁胶、丁腈胶等）、乳胶、聚氨酯、PVC 和 PVA 等。双层结构的防化手套一般是以针织棉毛布为衬里，外表面涂覆聚氯乙烯，或以针织布、帆布为基础，上面涂敷 PVC 制成；另外，还有全棉针织内衬，外覆氯丁橡胶或丁腈橡胶涂层。多层复合结构的手套是由多层平膜叠压而成，具有广泛的抗化学品特性。

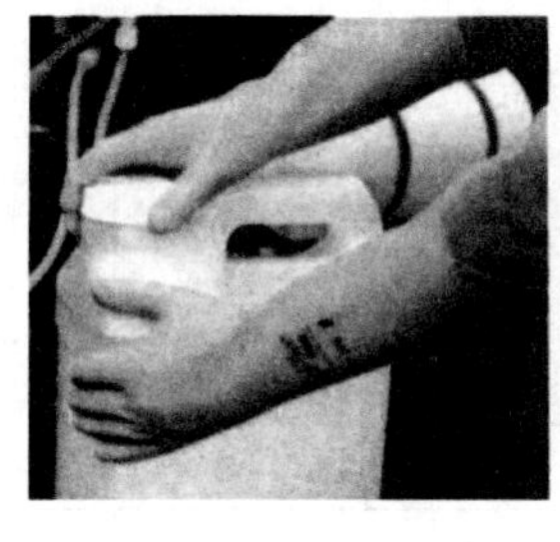

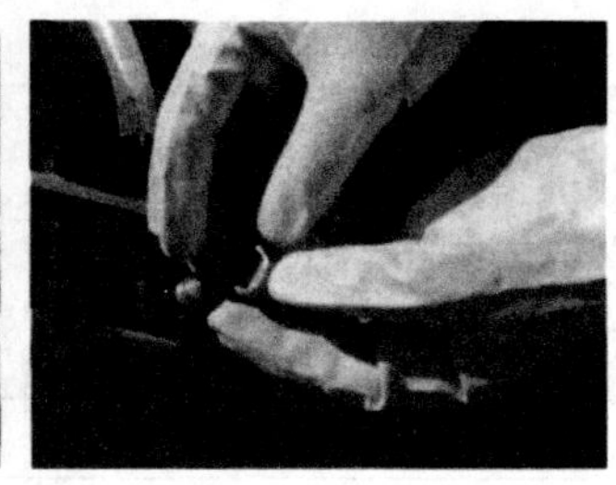

图6-22 防化手套

当消防员穿戴防化手套在事故现场处置化学品时，手套表面材料阻止化学气体或化学液体向手部皮肤的渗透，使消防员免受化学品的烧伤和灼伤，为消防员提供手部保护。按照《消防员化学防护服装（GA 770—2008）》标准要求，防化手套具有一系列性能要求，包括：

（1）耐磨性能。手套组合材料经用粒度为100目的砂纸，在9 kPa压力下，2000次循环摩擦后，不被磨穿。

（2）耐撕破性能。手套组合材料的撕破强力不小于30 N。

（3）抗机械刺穿性能。手套组合材料的刺穿力不小于22 N。

（4）手套面料和接缝部位抗化学品渗透时间。抗化学品渗透时间不小于60 min。

（5）耐热老化性能。经125 ℃、24 h后，不黏不脆。

（6）耐寒性。在（-25±1）℃温度下冷冻5 min后，无裂纹。

（7）灵巧性能。30 s内能3次拾取直径11 mm、长40 mm不锈钢棒。

手套使用前应仔细检查，观察其表面是否有破损，向手套内吹气，用手捏紧手套口，观察是否漏气，如果有漏气则不能使用。橡胶、塑料等材质手套用后应冲洗干净、晾干，保存时避免高温，并在手套上撒上滑石粉以防粘连。接触强氧化酸（如硝酸）因强氧化作用会造成手套发脆、变色、缩短寿命。高浓度的强氧化酸甚至会引起烧损，应注意观察。乳胶手套只适用于弱酸、浓度不高的硫酸、盐酸和各种盐类，不得接触强氧化酸。化学防护手套具体防化性能见表6-1。

表6-1 化学防护手套防化性能

分类	材质	PVC厚手套	天然橡胶	氯丁橡胶	聚氨酯	丁腈橡胶	氯磺化聚乙烯	PVA
	品名	747		850/950	U-1500	275	H-37/H-65	554
酸类	氢氟酸	×	×	×	×	×	●	×
	王水	×	×	×	×	×	●	×
	盐酸30%	●	▲	●	×	○	●	×
	硝酸20%	●	○	●	×	○	●	×

表6-1（续）

分类	材质	PVC厚手套	天然橡胶	氯丁橡胶	聚氨酯	丁腈橡胶	氯磺化聚乙烯	PVA
	品名	747		850/950	U-1500	275	H-37/H-65	554
酸类	硝酸40%	●	×	●	×	▲	●	×
	硫酸15%	●	○	●	○	○	●	×
	硫酸80%	○	×	○	×	▲	●	×
	二氧化铬20%	●	×	●	×	▲	●	×
	醋酸20%	●	○	●	○	○	●	×
盐类	氯化镁20%	●	●	●	●	●	●	×
	碳酸氢	●	●	●	●	●	●	●
	醋酸钙	●	●	●	●	●	●	●
	氯化钙	●	●	●	●	●	●	○
碱类	氨水28%	●	●	●	●	●	●	×
	氢氧化钠20%	●	○	●	○	●	●	×
醇类	甲醇	×	●	●	●	●	●	×
	丙三醇（甘油）	●	●	●	●	●	●	▲
脂类	醋酸乙酯	×	▲	▲	○	×	×	○
	醋酸戊酯	×	×	○	●	×	×	○
酮类	丙酮	×	○	○	▲	×	×	▲
	丁酮	×	○	○	▲	×	×	▲
碳氢化合物	A重油	●	×	○	●	●	×	●
	机油	●	×	●	●	●	○	●
	苯	×	×	×	○	▲	×	●
	甲苯	×	×	▲	●	▲	×	●
	二甲苯	×	×	▲	●	▲	×	●
	汽油	×	×	▲	●	●	○	●
	煤油	○	×	○	●	●	○	●
	轻油	○	×	○	●	●	○	●
	ASTM NO.3油	○	×	○	●	○	○	●
其他	四氯化碳	×	×	×	●	○	×	●
	三氯乙烯	×	×	×	○	▲	×	●
	甲酚	×	×	○	×	▲	▲	▲
	乙醛40%	○	○	○	○	▲	▲	×
	硝基（代）苯	×	×	×	×	×	×	●
	ABS洗剂	●	●	●	●	●	●	×

表6-1（续）

分类	材质	PVC厚手套	天然橡胶	氯丁橡胶	聚氨酯	丁腈橡胶	氯磺化聚乙烯	PVA
	品名	747		850/950	U-1500	275	H-37/H-65	554
其他	清洁溶剂	×	×	▲	●	○	×	●
	喷漆稀释剂	×	×	×	▲	▲	×	○
	涂料稀释剂	×	×	×	○	▲	×	●
	农药	●	○	●	●	●	●	×
	胶印油墨	●	×	●	●	●	●	●

注："●"表示完全或无异常；"○"表示若干影响使用无问题；"▲"表示根据条件可使用；"×"表示不适合使用。

6.2.3 其他防护装备

6.2.3.1 救援车滤毒通风装置

在应对核生化恐怖袭击以及各种公共卫生事件中，各种指挥车、救援车、方舱医院以及临时帐篷都可能在核生化污染环境中进行指挥和救援。滤毒通风装置是安装于密闭工事和车辆、帐篷、舰艇、飞机中的一种集体防护装备，能够为舱室内部人员提供安全的作业环境，使车内人员在不穿戴个人防护装备的情况下，免受核化生污染物的污染。

滤毒通风装置的总体结构为长方形机壳，内部包括过滤净化单元和送风动力单元2部分。过滤净化单元包括滤毒器、预滤器和油网滤尘器；送风动力单元包括离心式通风机、密闭阀门、通风管道以及空气流量计等。其结构如图6-23所示。

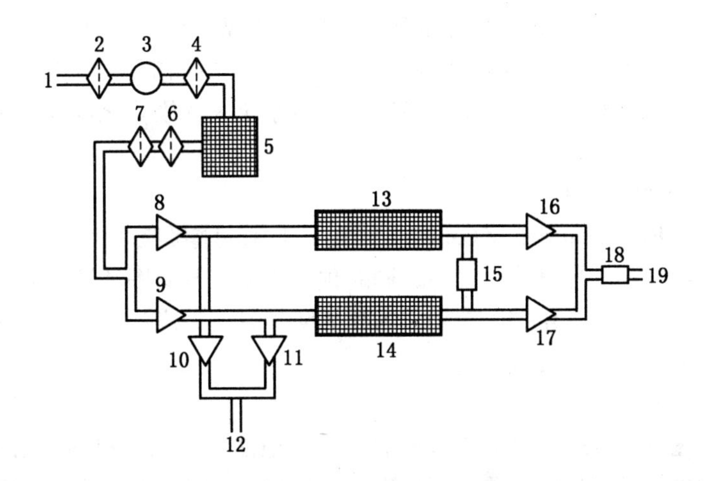

1—空气入口；2—初级过滤器；3—压缩机；4—气水分离器；5—冷冻干燥机；6—二级过滤器；7—三级过滤器；8~11、16、17—单向阀；12—废气出口；13、14—过滤吸收器；15—双向阀；18—流量调节阀；19—洁净空气出口

图6-23 救援车滤毒通风装置结构示意图

滤毒通风装置工作时，污染空气通过入口 1 经初级过滤器 2 过滤除去大颗粒污染物，经过压缩机 3 加压，然后通过气水分离器 4 将经过加压的空气进行气水分离，除去其中水蒸气，再送入到冷冻干燥机 5 进行低温及干燥处理，由冷冻干燥机出来的气体，依次经过二级过滤器 6 和三级过滤器 7 除去 0.01 μm 以上粒径的颗粒，此时过滤吸收器 14 在线工作，而过滤吸收器 13 进行再生，单向阀 9 打开，单向阀 8 关闭，由三级过滤器 7 出来的空气流经单向阀 9，经过过滤吸收器 14 可滤除经过的污染气体中的有毒物质，有毒物质被吸附到过滤吸收器 14 的分子筛中，经过过滤净化的空气大部分流经单向阀 17，再通过流量调节阀 18，最终经洁净空气出口 19 送入到人员所需空间；经过过滤吸收器 14 过滤净化的一小部分洁净空气通过双向阀 15，流经滤吸收器 13，通过过滤吸收器 13 的洁净空气可将吸附到过滤吸收器 13 分子筛中的有毒物质去除掉，随着气体从过滤吸收器 13 中排出而将有毒物质带出，从而达到过滤吸收器 13 的自净，最终达到再生的目的，通过过滤吸收器 13 的气体流经单向阀排出。上述过程完成一个工作循环，继而由过滤吸收器 13 在线工作，由过滤吸收器 14 进行再生，交替工作，周而复始，从而实现可再生滤毒通风装置对污染空气的过滤净化。

目前，我军现有卫生装备的滤毒通风装置均是采用单向活性炭过滤器，这种过滤器长时间（24 h 或 48 h）在核化生条件下工作后必须由 1 名乘员下车更换，在这种情况下车内被污染的概率大幅度上升。为了能够为人员持续提供安全空气，以美国和英国为代表开展了大量可再生滤毒通风技术研究。可再生滤毒通风装置可对过滤净化器进行再生，循环使用，解决了防毒时间受吸附容量限制的问题，明显减少当前活性炭基的核化生系统再补给、替换和处理过滤器的后续保障需求，增加了防护时间，提高了防护效果，避免了定时更换，可极大降低使用和维修成本。

美国 Aircontrol Technologies 公司研制了一种可再生核化生过滤系统采用变压技术实现对空气的过滤净化。美国颇尔公司开发的核生化变压吸附系统，主要通过高压吸附、低压解吸再生的技术途径，不断重复吸附和解吸过程，实现对空气中有毒有害气体的分离净化。英国陆军装甲车上配备的英国 Domnick Hunter 公司研制的再生“三防”系统，通过应用变压吸附技术实现对有毒气体的过滤净化，该系统采用模块化设计，能够满足不同车辆和乘员的需求。

6.2.3.2 便携式生物安全柜

生物安全柜（Biological Safety Cabinet，BSC）是避免操作者在生物检测过程中暴露于试验产生的泄漏物和感染性气溶胶当中，同时预防实验室及周围环境和大气受到污染，在操作危险病原菌的实验中，生物安全柜作为首要防护设备被广泛使用。现有的生物安全柜依照安全标准分为Ⅰ、Ⅱ、Ⅲ级。

1. Ⅰ级生物安全柜

Ⅰ级 BSC（图 6－24）是化学通风柜的修正，柜体为不锈钢材质，由玻璃观察面板、通风管道、排水管、照明灯以及前端开口组成。外界空气由前开口进入柜内，气流经过工作台表面，随后由排气管排出。气体流动过程中，可将工作面产生的气溶胶迅速带离操作者，由此起到对实验者的保护作用。但是，由于房间内空气未经灭菌而直接接触标本，无法为实验样品提供有效保护。

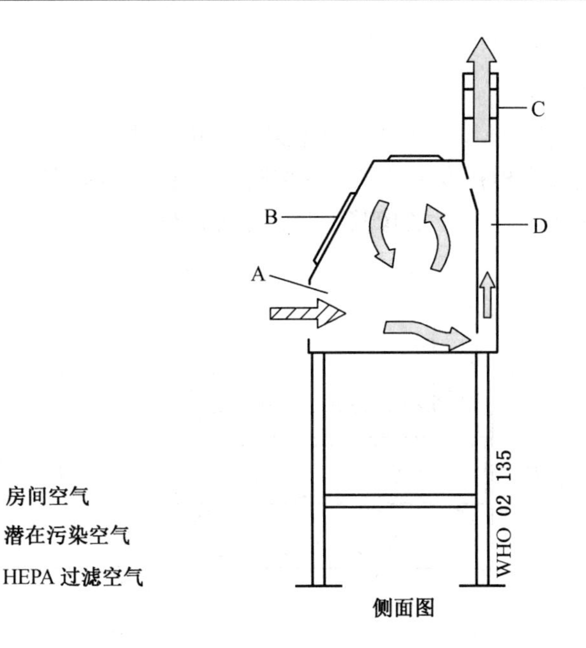

A—前端开口；B—玻璃观察面板；C—HEPA 过滤器；D—通风管道

图6－24 Ⅰ级生物安全柜原理图

2. Ⅱ级生物安全柜

为了达到保护实验操作人员的目的，Ⅱ级生物安全柜（图6－25）诞生。Ⅱ级生物安全柜外界空气经前开口进入进气栅格，由风机送至柜顶部的高效过滤器后，垂直向下流入工作界面，随后气流携气溶胶颗粒再经过HEPA过滤循环，整个工作环境保持负压。其不仅能提供对操作者的个体防护，而且能避免房间空气对操作台面及实验样本的污染。Ⅱ级生物安全柜可分为A1、A2、B1和B2 4个级别。Ⅱ级B型安全柜均与排气系统无缝对接，安全柜排气导管与排风机相连接，其备有应急后备电源，在断电突发状况下仍可使安全柜保持负压状态，以防止危险气体泄漏从而进入实验室，其前窗气流流速不小于0.5 m/s。B1型生物安全柜经由HEPA过滤70%气体，滤除气溶胶及化学废气、污物，随后由排气口排出至大气，剩余30%气体亦由HEPA过滤，通过通气口向内循环至实验操作区以重复利用。B2型BSC为100%全排型安全柜，气流不再重复利用，可提供两方面的安全控制，在实验中添加挥发性试剂以及挥发性核放射物时，操作者可得到安全

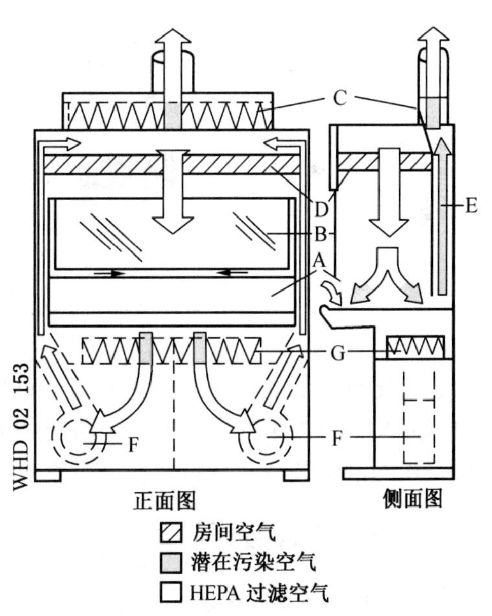

A—前端开口；B—玻璃观察窗；C—排风过滤器；
D—供风过滤器；E—通风管道；F—风机

图6－25 Ⅱ级生物安全柜结构示意图

保障。

3. Ⅲ级生物安全柜

Ⅲ级生物安全柜的操作环境处于全密封系统中（图6－26），入风和出风气流完全经HEPA过滤。生物安全柜在专属排风系统控制下，始终使内部保持于负压状态。实验者需将手伸入严密连接在安全柜上的橡胶手套，才可进行操作。

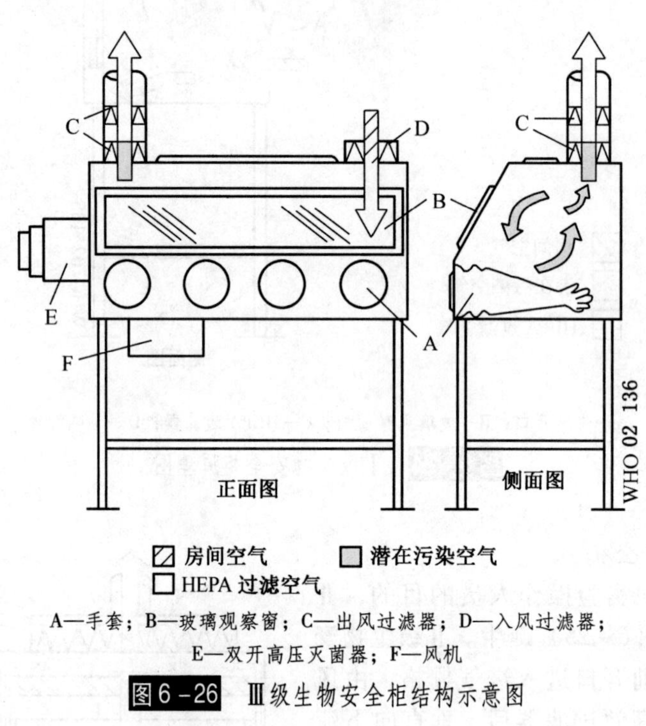

A—手套；B—玻璃观察窗；C—出风过滤器；D—入风过滤器；
E—双开高压灭菌器；F—风机

图6－26　Ⅲ级生物安全柜结构示意图

6.3　核生化事故现场救援装备

核生化事故现场救援的主要内容是对受污染人员和设备进行洗消，为伤员后续医疗救治争取时间；对污染物进行输转，防止污染影响持续扩大。本节将就核生化事故救援过程中所采用的洗消装备、输转装备进行重点介绍。

6.3.1　洗消装备与药剂

6.3.1.1　核污染洗消装备

对于放射性物质的消除，不可能像对毒剂消毒那样，破坏毒剂的结构，而只能将放射性物质通过一定的措施转移。通常对放射性的消除分干法和湿法。干法主要是用力学原理去除放射性污染，如通过清扫、吹脱和真空吸脱等方法；湿法则是利用液体介质与放射性污染物之间的物理和化学作用消除污染，如表面活性剂溶液洗涤、络合剂络合等。

1. 喷洒车

喷洒车主要用来对装备、工事等实施消毒。对坚硬地面实施消除，还可用来运输和分装液体。喷洒车消除放射性沾染时，可用水冲洗或将洗涤剂、络合剂与水调制成一定浓度的洗消液，籍其润湿、洗涤、泡沫和乳化络合作用使放射性沾染离开被沾染表面，从而达到消除的目的。

2. 淋浴车

淋浴车是用来对人员进行洗消的技术车辆，它用于在野战条件下对遭受核化袭击的人员实施消除和对消毒灭菌后的人员进行卫生处理。国内的淋浴车分轿车式和帐篷式。为确保冬季作业时更衣间内温度要求，在脱衣间和穿衣间内各设置暖风机、淋浴设备、水囊、附件等。淋浴采用常压喷淋，每小时可处理 48 ~ 60 人。国外还有多种拖车式洗消装置、洗消方舱、便携式洗消装备等。

6.3.1.2 生物污染洗消装备

生物洗消装备一般都具备化学灭菌、热蒸汽灭菌、热空气灭菌的功能。

1. 煮沸装备

煮沸装备主要可用于服装类物件的杀菌。煮沸是湿热消毒中最简单易行的方法，是通过水的传导作用，将热能作用于微生物，起到杀灭细菌的作用，消毒时间一般为水沸腾后维持 5 ~ 15 min。水沸腾 5 min 足够杀死细菌繁殖体、结核杆菌、真菌和一般病毒，但对芽孢的杀灭作用不可靠。

2. 医用高压蒸汽消毒装备

医用高压蒸汽消毒装备能有效杀灭生物细菌病毒，主要用于服装、物品的生物污染去除。压力蒸汽灭菌是一种可靠、经济、快速、不遗留毒性和使用安全的灭菌方法，使用范围广。此种方法除具有蒸汽的特点外，还有较高的压力，因此穿透力比流通蒸汽强，温度高。压力蒸汽灭菌器有手提式、立式、卧式和自动程序控制式等，其使用方法各异；常用温度有 115 ℃、121 ℃、126 ℃。

3. 紫外杀菌灯

紫外杀菌灯中的紫外线属于广谱杀菌射线，能杀灭各种微生物，凡受微生物污染的物体表面、水、空气均可应用紫外线消毒。

4. 臭氧发生装置

臭氧是一种广谱杀菌剂，可杀灭细菌繁殖体和芽孢、病毒、真菌等，并可破坏肉毒杆菌毒素。臭氧在水中杀菌迅速，较氯快。

5. 液体喷洒车辆与压力喷射罐类装备

该类设备主要用于布酒化学消毒剂。一般来讲，氯化氧化消毒剂能用于大多数病毒与细菌污染的去除，主要药剂有次氯酸钙、漂粉精、过氧乙酸等。如需大面积灭菌，可按 0.5% 的比例调制次氯酸钙溶液，通过对低矮设施表面布洒消毒液来去除生物污染。

6.3.1.3 化学污染洗消装备

化学污染洗消主要是利用消毒剂与毒剂发生化学反应，使其失去毒性成为无毒或低毒物质的技术。化学污染消除的主要设备如下：

1. 喷洒车

喷洒车主要用于大面积化学污染的洗消也对设施、低矮的建筑物消毒。使用时利用自身的吸粉和水力循环系统调制三合二或次氯酸钙水溶液，通过前后喷头进行地域布洒消毒，也可利用喷枪对设施或建筑物表面进行消毒。

2. 公众洗消站

公众洗消站主要对受到有毒有害物质污染的人体进行喷淋洗消，也可做临时会议室、指挥部、紧急救护场所等地方使用（图6－27）。

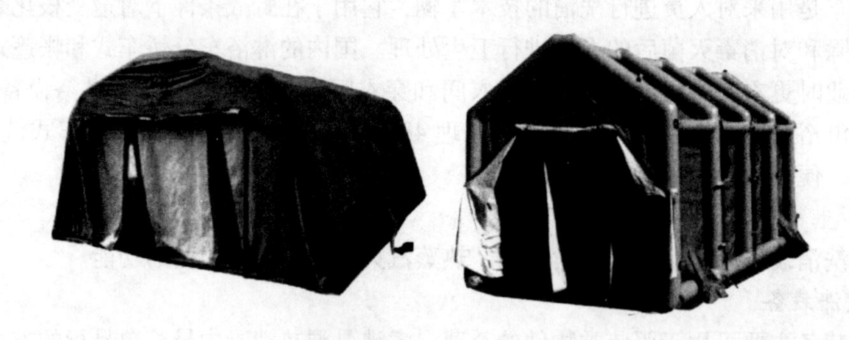

图6－27 公众洗消站

公众洗消站配有电动充排气泵、洗消供水泵、洗消排污泵、洗消水加热器、暖风发生器、温控仪、洗消喷淋器、洗消液均混罐、洗消喷枪、移动式高压洗消泵（含喷枪）、密闭式公众洗消帐篷、洗消废水回收袋等设备。

公众洗消站结构设计简单，可在180 s内完成安装；顶部设有通气孔，保持空气流通；可连续使用48 h，不需再充气，不受气候条件限制。

以我国消防队伍配备的某型公众洗消站为例，其使用面积分为16 m^2、20 m^2、36 m^2和51 m^2 4种规格，操作压力0.02 MPa，重量分别为75 kg、100 kg、140 kg、170 kg。

洗消站在使用前需对其进行充气安装，首先将帐篷在平地上铺设，使用供气器材（电动充气泵、充气软管箱、空气送风机、送风软管，分流器、恒温器、45 m卷线盘一盘）逐个给帐篷的气柱充气；充完一根气柱后用撑杆固定，使帐篷成型；再将洗消用具（6个喷淋头、更衣间、喷淋槽、洗消蓬）和供水器材（4000 L水袋、水加热器、排污泵、15 L均混桶及相应的连接用软管）与帐篷连接即可完成安装（图6－28）。使用后需要先使用中性的皂液对帐篷进行从里到外的清洁，晾干水分后再放气、打包。

3. 单人洗消帐篷

单人洗消帐篷配有电动充气、排气泵或气瓶充气装置、照明系统、2个以上喷淋和供水管路、集水盘等（图6－29）。单人洗消帐篷采用聚酯材料、正反面加聚氯乙烯涂层制成；水管及喷头与帐篷整体连接，充气后即可直接洗消；用电动气泵或者气瓶进行充气。

以我国消防队伍配备的某型单人洗消帐篷为例，其重量为4 kg，展开尺寸为2400 mm × 2200 mm × 400 mm。个人洗消帐篷同公众洗消站一样也采用充气方式进行安装。

4. 生化洗消装置

生化洗消装置可以洗消放射、生物及化学物质，如芥子气、VX、索曼、炭疽热等，不需要任何外部燃油或电作动力（图6－30）。生化洗消装置中的洗消剂可以溶解生物及化学2类物质，无毒、无腐蚀性，为水溶制剂，能够快速溶解稀释，可根据需要制成泡沫、液体覆盖或水雾形式满足不同装置的需求。该类洗消装置适用于快速反应救援，且能迅速起作用。

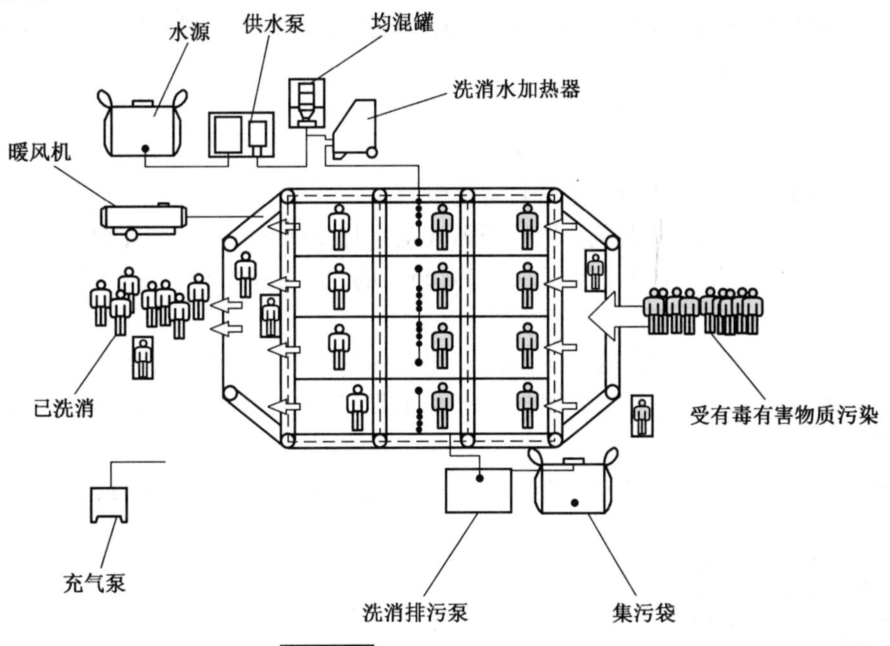

图6-28 公众洗消站使用方法

图6-29 单人洗消帐篷

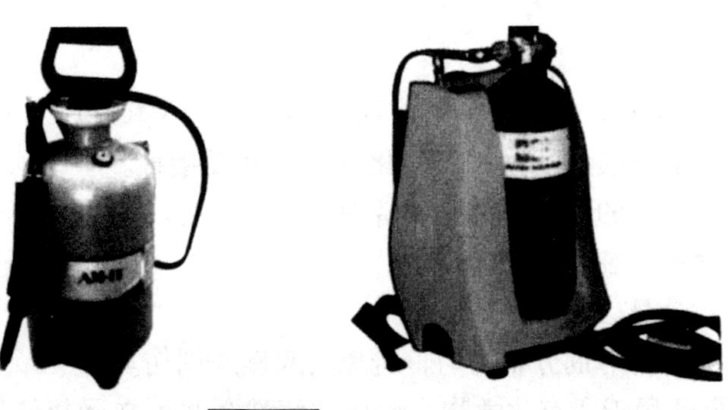

图6-30 生化洗消装置

1）技术参数

以我国消防队伍配备的某型生化洗消装置为例，其技术性能参数如下：

（1）钢瓶容积：6 L；钢瓶压力：30 MPa；水流量约4 L/min时，喷沫量为8 m^2/min。

（2）工作压力：0.8 MPa。

（3）最大进气压：1.6 MPa。

2）使用方法

（1）两人操作，穿着内置式全密封防化服。

（2）以配制炭疽洗消液为例，取贮液桶（空）加200 mL的B1添加剂、500 mL的T2添加剂和250 mL的T1添加剂，然后加入17.25 L的水，无须搅拌，将主机软管插入桶内即可完成调配任务。

（3）打开主机上气瓶保护套保险装置，将6 L/30 MPa气瓶与主机连接，锁定保险，检查主机各接口、阀门是否插入好用，打开气瓶调节压力，打开每个环球阀门检查软管接口是否漏气，工作压力是否正常。

（4）迅速取出泡沫枪与主机上软管连接，并拖上洗消现场，打开泡沫枪开关，即会喷出泡沫。

5. 强酸、碱洗消器

强酸、碱洗消器用于身体大面积沾染化学有害物质时的应急处置。利用压缩空气为动力和便携式压力喷洒装置，将特殊的净化药液形成雾状喷射，可直接对人体表面进行清洗（图6-31）。

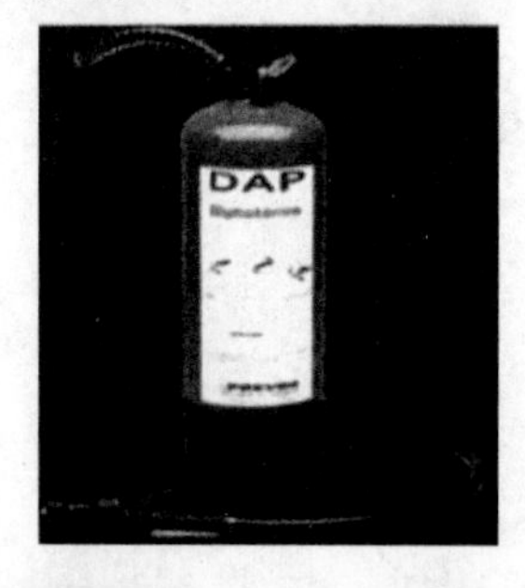

图6-31 强酸、碱洗消器

主动清洗技术可对98%硫酸等高浓度化学腐蚀剂的喷溅进行有效清洗，1 min内开始清洗即可保证有效，避免灼伤，不留疤痕，确保化学喷溅事故不再发展成灾难。可用独立的袋装药液充装后再次使用操作，使用简单，用洗消罐清洗前，必须脱掉全身衣物，否则衣物内残存的化学品会继续腐蚀人体，造成严重后果。

1）技术参数

以我国消防队伍配备的某型强酸、碱洗消器为例，其技术性能参数如下：

（1）时效为1～5年。

（2）容量：5 L。

（3）成分为Diphoterine（敌腐特灵）、Hexafluorine（六氟灵）。

（4）自然保护溶剂与喷射气体（二氧化碳）之间无接触。

（5）维修：可用独立的袋装药液充装替换后再次使用。

（6）安装：可固定或装在车里。

（7）适用范围：全身。

（8）雾状微粒喷射，溶剂分布均匀，避免引起额外创伤。

强酸、碱洗消器适用于所有化学物品灼伤的清洗，并可在严禁使用水的环境中使用。使用方法同灭火器类似，拔下细铁丝，按下把手，用喷头对准伤口即可（图6-32）。

2）使用方法及注意事项

在强、减洗消最重要的是处理及时，尽可能在短时间内对灼伤位置进行处理，使用过程中需要注意如下事项：

（1）洗消前不要用水洗，因为水只能清洗表面，而不能捕获进入皮肤内的化学物质，且用水洗会耽误救援时间，影响敌腐特灵冲洗的效果。

（2）对氯氟酸不起作用。

（3）严禁阳光照射或在 50 ℃以上的地方储存。

图 6－32　强酸、碱洗消器的使用方法

6. 强酸、碱清洗剂

强酸、碱清洗剂用于身体局部沾染化学有害物质时的应急处置，如脸部和手部。分为小型喷雾剂（Mini DAP）和微型喷雾剂（Micro DAP）2 种（图 6－33）。

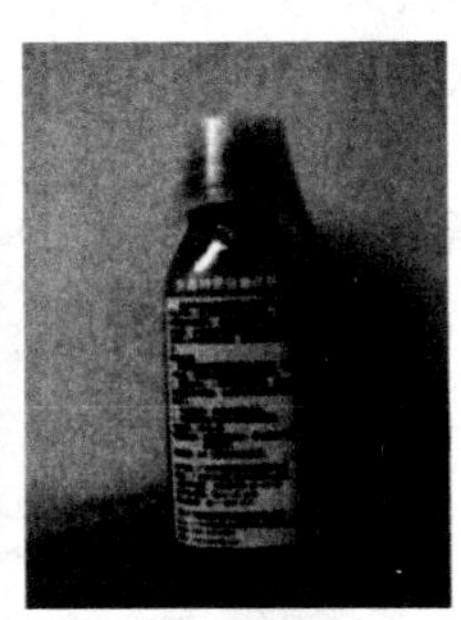
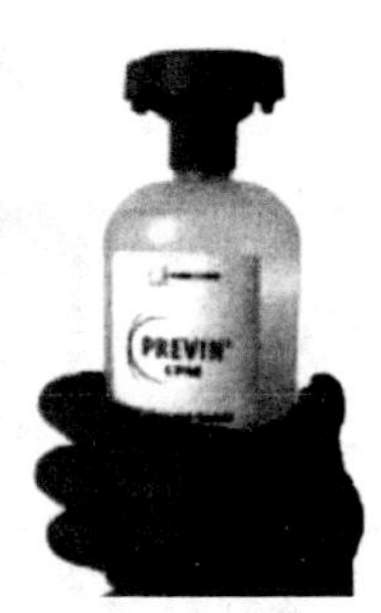

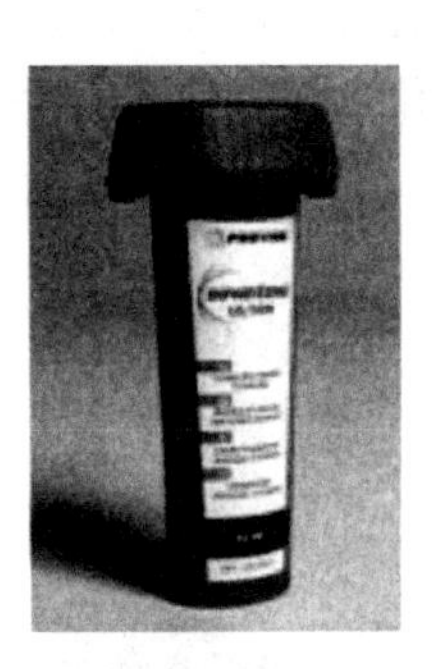

图 6－33　强酸、碱清洗剂

强酸、碱清洗剂的主要成分敌腐特灵是适用于所有化学物对人体侵害的多用途洗消溶剂，它的化学分子结构经过改变后具有极强的吸收性能，它能同侵入人体的化学物质立即结合，挟裹着它们从人体中排出，是水所无法比拟的，并具有高效，快速的特点。它是一种酸碱两性的整合剂，由获得专利的特殊化学溶液组成，用于处置强酸和化学品灼伤的伤口创面。使用方法如图 6－34 所示。

1）技术参数

以我国消防队伍配备的某型强酸、碱清洗剂为例，其技术性能参数如下：

（1）容量：100 mL、200 mL。

（2）成分：Diphoterine（敌腐特灵）、Hexafluorine（六氟灵）。

（3）自然保护溶剂与喷射气体（二氧化碳）之间无接触。

2）使用方法及注意事项

此洗消剂 100 mL 适用于 4.5% 的任意化学品体表面积溅触清洗（约脸部大小的面积）；200 mL 适用于 9% 的任意化学品体表面积溅触清洗（约整只手臂或腿部大小的面积）。

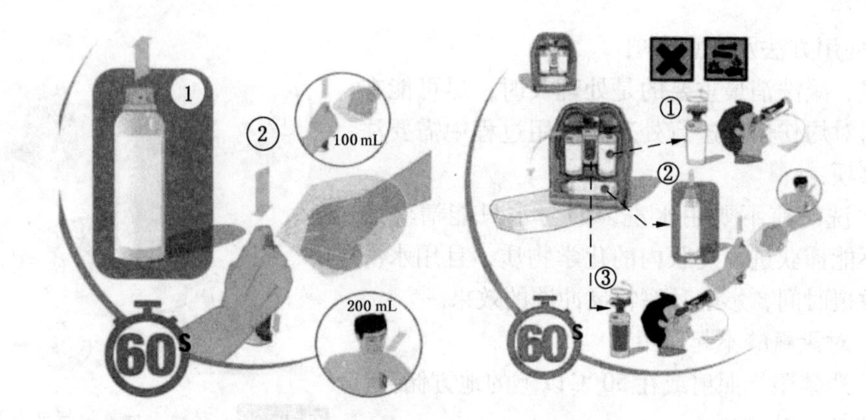

图 6－34 强酸、碱清洗剂使用方法

7. 洗消粉

洗消粉（图 6－35）用于城市水处理和公共场所防止霉菌危害，特别是洪涝灾害大面积消毒和饮用水使用时杀灭细菌、真菌、大肠杆菌等各种微生物和病毒。

图 6－35 洗消粉

1）技术参数

以我国消防队伍配备的某型洗消粉为例，其技术性能参数如下：

（1）消毒时间：30～60 min。

（2）混合比：一般传染病源消毒为 1∶500，重度污染为 1∶200。

2）使用方法

（1）医务人员和食品从业人员的手消毒、餐具和食品加工器械的消毒，用本品 5 g 加水 10 kg，浸泡 5 min。

（2）对于环境、物品的喷洒、擦洗，用本品 5 g 加水 5 kg。

（3）衣服、被单等物品的消毒，用本品 5 g 加水 10 kg，浸泡 10 min。

8. 暖风发生器

暖风发生器用于向洗消站（帐篷）内输送暖风或自然风，实现空气流通，并通过恒温器保持适宜的室内温度（图 6－36）。暖风发生器采用高压喷雾方式进行点火，通过光电火焰监视器进行安全监控。使用时，将暖风发生器的送风软管连接好，并置于帐篷内，连接时要用铁钉座固定，然后安装排烟管道，打开电源开关，根据需要启动开关按钮，调节适量的风量和温度。

图 6-36 暖风发生器

以我国消防队伍配备的某型暖风发生器为例，其技术性能参数如下：

（1）热输出：122645 kJ/h。

（2）燃料为煤油或柴油。

（3）电源为 220 V/50 Hz。

（4）抽压力为 0.7 MPa。

（5）油箱容量：54 L。

（6）净重：37 kg。

（7）燃料消耗：3.4 L/h。

（8）外形尺寸：780 mm × 865 mm × 512 mm。

（9）热风喷出量：16 m^3/min。

6.3.2 输转装备

6.3.2.1 手动隔膜抽吸泵

手动隔膜抽吸泵用于罐体、水井或水池的快速排水，采用耐腐蚀材料制成，可以对多数危险物质和生化洗消废液排污，一般由泵体、传动杆、吸液管、出液管、吸附器和吸液器等组成（图 6-37）。

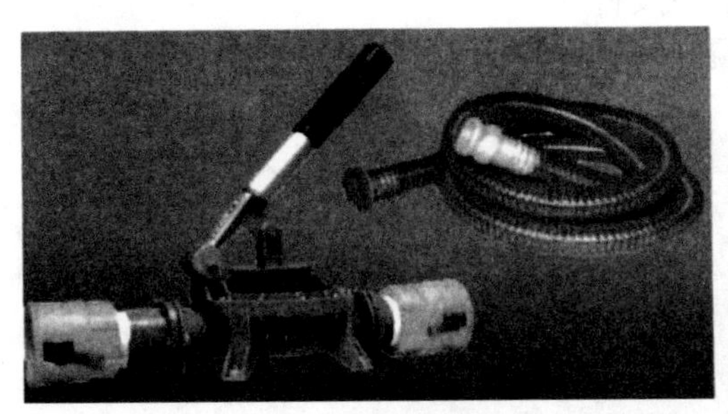

图 6-37 手动隔膜抽吸泵

图6-38 手动隔膜抽吸泵使用场景

泵体、橡胶管接口由不锈钢制成，隔膜及活门由氯丁橡胶或特殊弹性塑料制成，可抗碳氢化合物。通过手动隔膜抽吸泵将危险物质和生化洗消废液吸入到收集袋中，每分钟可抽吸 100 L 液体，最大吸入颗粒直径 8 mm，抽吸和排出高度为 5 m。传动杆每摇动 1 次，可抽吸 4 L。

手动隔膜抽吸泵用于输转罐体、水井或水池内的有毒、有害液体，如油类和酸性液体等。在污染源外先将吸液管和吸附器及排液管连接好，再将手动隔膜抽吸泵抬至污染区域，手持吸附器的人员仔细对流淌屯集的污染液体进行吸附，负责排液管的人员应做好收集密封工作（图6-38）。

6.3.2.2 防爆输转泵

防爆输转泵以消防高压水源为动力源，用于收集事故引起污染液体的特种设备（图6-39），适用于消防救援、石油工业、印染工业、电站、水港及船舶、加油站及罐车。

(a) 实物

(b) 使用场景

图6-39 防爆输转泵

防爆输转泵内带驱动装置，安全防爆，外壳 PUR 涂层保护。高压水流注入泵体内，带动水轮机工作形成负压，从而抽吸各种液体，特别是易燃易爆液体，如燃油、机油、废水、泥浆、易燃化工危险液体和放射性废料等。

以我国消防队伍配备的某型防爆输转泵为例，其技术性能参数如下：

（1）泵程流量：300 L/min。

（2）泵压：0.2 MPa。

（3）流量范围：4 ~ 22 m^3/h。

（4）操作温度：≤80 ℃。

（5）最大吸入颗粒：5 mm。

（6）电机功率：2.7 kW。

（7）接入电源为 6 A/400 V 三相交流电。

（8）在 7.5 m 高程抽吸时间为 5 s。

6.3.2.3 有害液体抽吸泵

有害液体抽吸泵主要由电机、泵体、带自动调节开关的抽吸泵抽吸口、连接器、4 m长连接管和5 m长延长管组成（图6－40a）。

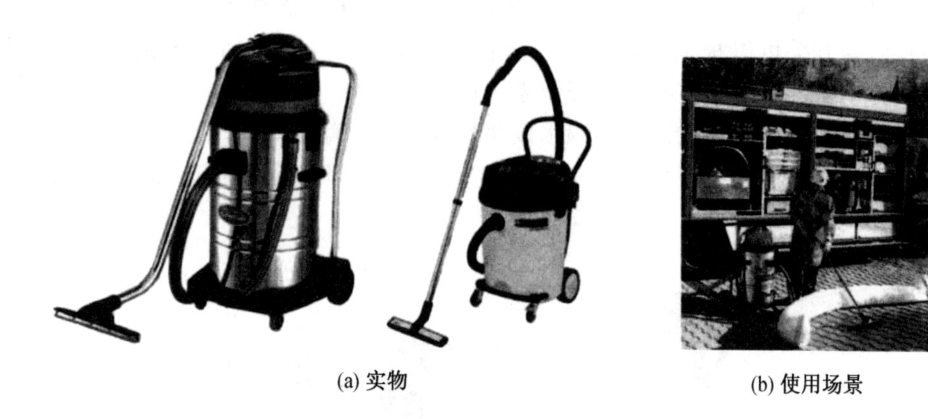

(a) 实物　　(b) 使用场景

图6－40 有害液体抽吸泵

2个电机专为抽吸大量液体设计，当抽吸到淤泥时，该泵会自动换挡，可无间断地快速高效地工作，直到抽吸到地表干涸为止。

1）技术参数

以我国消防队伍配备的某型有害液体抽吸泵为例，其技术性能参数如下：

（1）空气流量：5800 L/min；

（2）吸力：0.025 MPa；

（3）功率：2×1.5 kW；

（4）接入电源：230 V/50～60 Hz；

（5）吸尘箱容量64 L。

有害液体抽吸泵主要用于在危险化学品泄漏事故中输转有毒液体，如油类、酸性、碱性液体、放射性废料等，也可输送黏性极大的液体和直径小于8 mm的固体粒状物。

2）使用方法

（1）将液体抽吸泵置于危险区与安全区的交界处。

（2）在污染源外先将吸液管和排液管与泵体紧密连接。

（3）出液软管的一头接在有害液体抽吸泵的出口处，另一头放入有毒物质密封桶内。

（4）板动抽吸泵电源开关即可工作（图6－40b）。

6.3.2.4 排污泵

排污泵是一种泵与电机连体，可同时潜入液下工作的泵类产品，用于吸排污水（图6－41）。

排污泵采用独特的单叶片或双叶片叶轮结构，大大提高了污物通过能力，能有效地通过为泵口径5倍的纤维物质和直径约为泵口径50%的固体颗粒。机械密封采用新型硬质耐腐的碳化钨材料，同时将密封改进为双端面密封，使其长期处于油室内运行，可使泵安全连续运行 8000 h 以上。整体结构紧凑、体积小、噪声小、节能效果显著，检修方便，无须建泵房，潜入水中即可工作。排污泵通过合理设计保证了非常高的工作效率，如撕裂机构能够把纤维状物质撕裂、切断，然后顺利排放，无须在泵上加滤网；采用最新材料的机械密封，可以使泵安全连续运行在 8000 h 以上；能够在全扬程范围内使用，保证电机不会过载；浮球开关可以根据所需的水位变化，自动控制泵的启动与停止，不需专人看管；双导轨自动安装系统给安装、维修带来了极大的方便，人可不必为此而进出污水坑；配备全自动保护控制箱对泵的漏电、漏水以及过载等进行有效保护，提高了泵的安全性与可靠性。因此，排污泵适用于提升含有纤维状污物、淤泥和一定粒径的固体颗粒等的污水和废水。

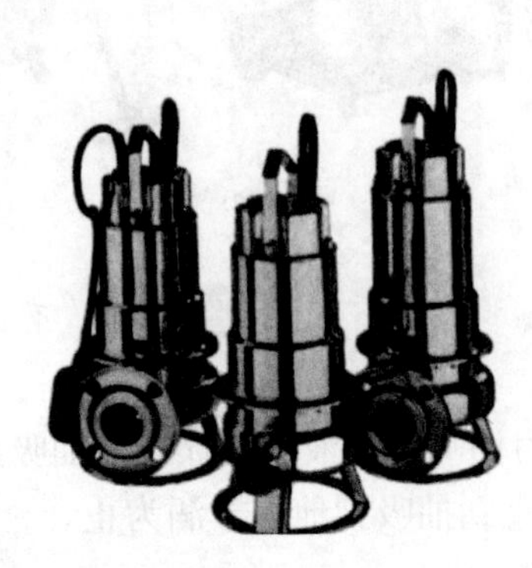

图 6－41 排污泵

1）技术参数

以我国消防队伍配备的某型排污泵为例，其技术性能参数如下：

（1）流量：15～145 m^3/h；

（2）扬程：4～10 m；

（3）电机功率：1.1～7.5 kW；

（4）转速：2850～14500 r/min；

（5）允许通过颗粒最大直径：30 mm；

（6）压力控制范围：0.1～0.18 MPa。

2）维护保养及注意事项

（1）必须选用严格按照国际标准 ISO 9906 或国内现行有关标准制造生产，并经过检测综合性能测试认定合格的潜水排污泵品牌。

（2）根据需要提升排出的污（废）水水量、水质及污水池（集水井）设置位置，合理确定潜水排污泵需要的流量和扬程，确定泵的规格。

（3）根据污（废）水特性，决定选用泵的种类。如根据是否需要采用切割研磨来选用漩涡式叶轮还是流道式叶轮，是单流道还是双流道（同样条件下，单流道比双流道的抗堵塞性能要好）。

（4）选用时应了解潜水排污泵在正常使用条件下的平均无故障工作时间、机械密封寿命、轴承额定寿命、电机设计寿命、电机绝缘等级、电机应该能承受每小时起停次数等。

（5）潜水排污泵应有漏电保护装置和过热或过载保护装置，有密封泄漏监控装置和可靠的接地装置。

（6）潜水排污泵若用于抽升腐蚀性废水时，泵体应选用不锈钢等耐腐蚀材质。

（7）地下室使用的潜水排污泵宜设双电源。

（8）当有潜水排污泵可供选择时，宜针对其主要部件材质、加工精度、设备外观、过流部件必备功能（大通道、防缠绕、抗堵塞等）及附加功能（长纤维切割撕裂、自动搅匀防止污物沉淀板结等）无故障使用年限、售后服务、报价等诸方面进行综合比较，择优采用。

6.3.2.5 有毒物质密封桶

有毒物质密封桶用于收集并转运有毒物体和污染严重的土壤等，常配合输转泵使用（图6－42）。

图6－42 有毒物质密封桶

有毒物质密封桶由高密度聚乙烯材质制成，带旋盖，在上端预留了观察和取样窗，便于及时对转运物体进行观察和取样，有较强的抗化学性能。

以我国消防队伍配备的某型有毒物质密封桶为例，其技术性能参数见表6－2。

表6－2 有毒物质密封桶其技术性能参数

容量/L	顶部直径/cm	底部直径/cm	高度/cm	重量/kg
136.50	55	43	71	8
250.25	63	50.8	95	11

有毒物质密封桶用于运输、转运和临时存储损坏或泄漏的物质，包括危险物质、腐蚀性物质如酸、碱以及污染过的土壤。打开上盖，将需回收的物质装入桶内，盖好盖子

图6-43 有毒物质密封桶使用场景

（图6-43）。

用于处理放射性废液的装置根据实际救援情况其材料和容量也有较大区别，大型核电站应急救援过程中产生的放射性废液量非常大，因此对废液处理设备容量提出了很高的要求。如日本福岛核事故中利用大型钢制浮体储存高辐射积水和液体放射性废物。该钢制浮体（长、宽、高）分别为136 m、46 m、3 m，浮体内部空间可存放约 1×10^4 t 水。另外，日本还采购了俄罗斯的“铃兰”浮动装置用于液体放射性废物处理，以及由美国提供的5个大型不锈钢水箱、1台挂有防护箱的拖车，配合完成废液的转移和储存。

6.3.2.6 围油栏

围油栏由聚乙烯制成，抗化学腐蚀，每段配有注水接口和充气接口各1个，主要由裙体、浮子、配重体、承力件和固锚座等组成（图6-44）。充气式橡胶围油栏采用两层高强度纤维布做骨架，外覆优质合成橡胶，耐油、耐磨、耐海水腐蚀、耐紫外线老化。气室之间设有弹性支撑杆，保证了围油栏的水上、水下高度，具有较好的挺性，有防止越波、溢漏现象发生。围油栏以完全对称的方式作业，两面均可围油，使用方便。张紧的拉力配重链在围油栏“凹形”滞油时可保证有效吃水，同时由于栏体与链条不同的拉伸率，拉力配重链成为防止栏体被破坏的屏障。除此之外，还可选择具有阻燃特点的橡胶围油栏，用于高防火等级场合。

图6-44 围油栏

使用方法如下：

（1）连接。将每节20 m长的围油栏连接到所需长度，连接时可采用结绳和夹板等方法，并提前在准备用锚的位置设置挂锚座。

（2）下水。用吊车或人工缓慢将连接好的围油栏向水中铺放，为避免围油栏与岸壁船舷发生摩擦，可放置垫物如篷布、织物等。

（3）布防。将下水后的围油栏用拖船拖至已设定好的位置，先与码头岸壁的装置连接后根据海上水文状况将围油栏围成指定形状，并配上合理重量的锚或浮动桩加以固定，形成有效围控。

（4）回收。工作结束后驾工作船先解除围油栏同岸壁的连接，起锚后将围油栏拖至指定位置锚泊或上船上岸。整个施放和回收过程亦可采用收放卷扬车协同完成，更安全、轻便、省时、省力。收放卷扬车可以固定在码头上，亦可以安置在船上。

6.3.2.7 吸附袋

吸附袋为便携式包装，可做成条状、枕头状、片状及卷状，可重复使用，外层布选用高质量的聚丙烯无纺布，内部填充物以100%聚丙烯为原材料。我国消防队伍配备的某型吸附袋其尺寸为50 mm×500 mm，吸附量为143 L/箱。

吸附袋用于在小范围内吸附酸、碱和其他腐蚀性液体，也可用于控制和吸收石油烃类等化学物质泄漏。吸附带可围成圆形进行吸附，吸附时不能将吸附垫直接置于泄漏物表面，应将吸附垫围于泄漏物周围，吸附垫吸附完后，放置到密封桶内（图6-45）。

图6-45 吸附袋的使用场景

6.3.2.8 集污袋

集污袋通常与单人洗消帐篷或公众洗消帐篷配套使用，用来收集洗消污水，也可在当火灾、水灾，暴风雨、管道破裂等事故发生时，用于快速、安全地收集，盛装以及抽吸受污染的消防水、化学物质、油料和污水等危险液体。集污袋上配有1个进水阀和1个出水阀（图6-46）。

图6-46 集污袋

聚酯织料正反面加聚氯乙烯涂层，耐久性强，重量轻，转运简易快速，可折叠，使用寿命长，维护简单，占据空间小，无须支撑架自行竖立，能够抵抗温度变化，使用寿命长。

以我国消防队伍配备的某型集污袋为例，其技术性能参数见表6-3。

表6-3 集污袋技术性能参数

型号	容积/m^3	尺寸/(m×m×m)	包装尺寸/m^3	重量/kg
ZR1000	1	2×1.40×0.55	0.04	17.63
ZR3000	3	2.4×2.10×0.9	0.13	31.98

表6-3（续）

型号	容积/m^3	尺寸/（m×m×m）	包装尺寸/m^3	重量/kg
ZR5000	5	2.75×2.55×1	0.20	43.8
ZR10000	10	3.75×3.55×1	0.40	70.36

6.4 核生化事故现场医疗救援装备

为做好核生化“三防”医学救援工作，国家卫计委依托国家疾控中心和省（直辖市）疾控中心分别组建了2支核与辐射国家医学救援队和3支中毒国家医学救援队，专门用于处置“三防”事件（防核、防化、防生），通过构建完整的核生化医学救援装备体系，形成功能完备、系统配套的核生化应急救援装置，实现对核生化事故伤员的诊断、急救和治疗。

核生化事故医学应急救援系统总体发展趋势：辐射监测设备向数字化、多功能、便携式与车载式等方向发展；受照人员生物学剂量分析技术向快速、自动化等方向发展；新的辐射损伤生物剂量计的研究向基因和蛋白质领域深入；指挥通信系统的信息化、网络化以及GPS卫星定位系统的应用实现了前方与后方之间远程会诊、医疗视频信息双向传输；前沿诊治装备向小型化、信息化发展，最终使得核事故医学应急救援更加高效、快捷和有序，实现全程“无缝隙”卫勤保障，提高了救治效率，挽救了更多伤员生命。

核生化事件对人的损伤主要是烧伤、冲击伤、急性放射病、皮肤放射损伤、体内放射性污染、急性中毒、皮肤等黏膜组织腐蚀等。核生化医疗救援包括一级救治（现场急救）、二级救治（放舱医院危重症伤员救治）和医疗后送服务。其中一级救治包括撤离伤员并对其进行必要的医学处理，就地抢救危重伤员；初步估计人员受照剂量，并对伤员进行分布诊断；对人员进行体表污染检查和初步去污处理；初步判定人员体内是否受到放射性核素污染；最后按照伤情等级分别将伤员后送到不同医疗单位进行进一步治疗。本章将主要对现场医疗救援装备进行介绍。

6.4.1 放射性事故医疗救护装备

6.4.1.1 伤口放射性测量仪

伤口放射性测量仪采用灵敏的半导体+GM探测器，配探头罩可用于人体伤口表面低水平α辐射污染检测，还可测量人体伤口受到核素污染后的外照射γ剂量率水平。具有良好的探测效率、较高的可靠性和方便的操作特性。该仪器采用单片机控制，可连续进行测量数据的记录存储，并由计算机通讯获取。该设备可用于核应急（可作为军工核应急箱配套产品）、核医学、核电站、核燃料生产、运输、储存和商检等诸多领域。仪器控制功能有本底测量定时选择、污染测量定时选择、报警阈值设置、数据通信选择、声光报警等。具体技术指标如下：

（1）探测器：半导体探测器+GM探测器；

（2）配套：直径20 mm、50 mm的2种探头；

（3）测量效率：（2π，90Sr-90Y）≥30%，（2π，241Am）≥15%；

（4）本底计数率：（β）≤2 cps；（α）≤0.05 cps；

（5）数据显示单位：uSv/h、mSv/h、cps、Bq/cm^2（单位随探头自动转换）；

（6）探头端口边缘至灵敏窗最小距离：4.5 mm，配置探头罩保护探测器；

（7）探头窗铝膜质量厚度：＜1.1 mg/cm^2；

（8）计数量程：计数率 0.1～99999 cpm；

（9）自动识别外接探头，支持热插拔；

（10）外壳防护等级：IP 67；

（11）主机内置 GM 计数管，其γ辐射测量范围：0.01 μSv/h～100 mSv/h，相对误差：≤±10%；

（12）报警设置：α为1～200 cpm，连续可调；

（13）内置可充电锂电池，1次充电可持续工作时间≥10天；

（14）工作环境特性：温度 -20～50 ℃，相对湿度 RH≤95%（@35 ℃）；

（15）尺寸/重量：主机：240 mm×119 mm×58 mm；探头：ϕ33 mm×150 mm。

6.4.1.2 核急救药箱

核急救药箱主要包括辐射损伤预防药物、阻止放射性核素吸收药物、促进放射性核素排除药物及辐射事故早期救治药物，具体如下：

1. 急性放射损伤防治药

银耳孢糖胶囊：具有升高白细胞，抗放射损伤和改善机体免疫功能的作用。对于急性放射损伤具有较好的防护效果，并可以治疗放射损伤导致的白细胞低下症。

2. 阻止放射性核素吸收的药物

（1）碘化钾片：碘化钾中的稳定性碘可在体内阻止放射性碘进入甲状腺，从而减少放射性碘在甲状腺内蓄积量，降低了甲状腺的受照剂量，对于早期落下灰中放射性碘在甲状腺内沉积具有明显的防护效果，一般可减少甲状腺内放射性活度85%以上。在吸入放射性碘前6 h之内或稍短时间内服用，防护效果可接近100%；吸入放射性碘同时服用，防护效果接近90%；吸入放射性碘6 h后服用，防护效果则降至50%；而在12 h后再服用则几乎没有作用。

（2）磷酸铝凝胶：磷酸铝凝胶为一常用制酸收敛药，用于胃及十二指肠溃疡，用作放射性锶阻吸收药，其阻吸收效果高且稳定。动物实验表明，磷酸铝凝胶可使85Sr在体内的蓄积降低70%，而海藻酸钠和磷酸铝使85Sr在体内的蓄积降低50%，不吸收的85Sr由粪便排出。磷酸铝具有两性的特点，在胃肠道内壁形成一层保护膜，阻止对85Sr的吸收，铝盐并有很强的吸附85Sr的作用，用作放射性锶的阻吸收药。

（3）复合大豆蛋白粉（褐藻酸钠型）：与摄入的放射性锶作用，同时对于γ射线导致的口腔黏膜损伤有一定的保护作用。主要用于意外的大量摄入放射性锶、钡、镭核素时，或在放射性锶等核素严重污染的环境内停留或工作时服用。

（4）复合大豆蛋白粉（果胶型）：果胶能吸附胆汁及胆汁中的重金属并阻断重金属的肝肠循环，能直接吸附吸入的放射性核素铯；果胶不能被消化液所消化，更利于把放射性核素排出体外。

3. 促进放射性核素排除药物

依地酸钙钠注射液可选择性与进入体内稀土、超铀及超钚等放射性核素结合，形成解离度小、溶解度高、扩散力强的络合物，经尿排出，从而减少体内有关放射性核素的沉积量，减轻损伤。主要用于上述放射性核素内污染的加速排除。

4. 可选配药剂

（1）二甲基硅油气雾剂可用于治疗急性肺水肿；

（2）丙酮基口服液可用于肼类中毒急救；

（3）甲基肼沾污皮肤洗消液可用于甲基肼沾染皮肤洗消；

（4）肼沾染皮肤洗消液可用于肼沾染皮肤洗消；

（5）碳酸氢钠粉剂可用于眼部洗消；

（6）硼酸粉可用于眼部洗消。

6.4.1.3 放射性损伤急救箱

放射性损伤急救箱通常由洗消设备、急救器材和急救药品组成。洗消设备包括洗消装置主机、洗消管、喷头、洗消刷、洗消药剂，用于放射性损伤急救前的洗消处理，减少放射性核素对人体的伤害；洗消装置通常具有废液自动回收功能，防止洗消液造成二次污染。急救器材包括伤口放射性测量仪、表面污染测量仪、丁烷气罐、雾化吸入器、一次性洗手刷、中号洗耳球、采尿袋、采便袋、污物袋、大收容袋、鼻拭子、一次性敷料镊、不干胶标签、手术乳胶手套、便携式防爆应急灯等。急救药品包括用于急性放射病早期治疗的注射液、甾体雌激素片“523、408”片，用于治疗水肿和肾石症的氢氯噻嗪片，用于加速放射性核素排出的促排灵注射液等，通常这些专用药剂可满足 20 名伤员的洗消和急救需求。

上述装置、器材和药品装在专用应急箱内，专用应急箱箱体采用高强度聚乙烯材料，具有抗强冲击、耐高低温、缓冲减震、密封防水、防尘抗腐、漂浮救生，可适用于空投、海运、高低温环境、雨雪天气和潮湿环境中（图 6－47）。

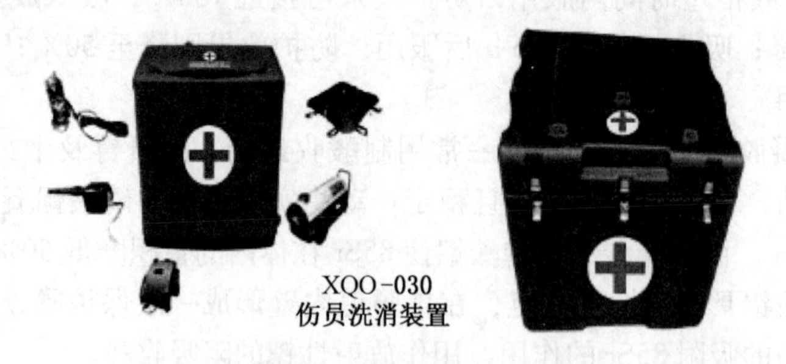

图 6－47 放射性损伤急救箱

6.4.2 负压担架

生物战剂可通过呼吸道、消化道、皮肤和黏膜侵入人体，并对人体产生危害。负压担架可以在人口密集区域，在移动中阻断传染病源，对传染性、疑似传染性病员及时处置，对于防控生物战剂引发的传播感染是非常有效的措施。

6.4.2.1　工作原理

负压隔离担架由隔离舱体、担架结构、负压生成装置、空气净化装置、相关安全防护装置组成。舱体为密闭结构，由负压生成装置在隔离舱内形成微负压，隔离舱的进排气口配有高效过滤空气净化系统，通过过滤净化装置保证隔离舱内病员产生的污染气体不会向舱外渗漏，并且病人可以得到新鲜空气。病人进入负压隔离担架后，由于病情反应、生理活动等原因，需要医护人员及时对病人进行处理，因此隔离舱维护结构使用的是透明PVC材料，同时在一侧设置了4支活动范围较大的防感染手套，医护人员可以从隔离舱外观察病人的生命体征和进行初步救护，担架设置了手抬把和滚轮，人抬、推拉、放在急救车均可。

6.4.2.2　技术参数

（1）材料：隔离舱为厚度0.35 cm透明PVC围护结构形成，高强度合金铝管支架；

（2）排风高效过滤器尺寸：200 mm×200 mm×45 mm，过滤效率为99.99%；

（3）风速：排风速度为0.45 m/s ±20%；

（4）压力：舱内微负压为−5～−10 Pa；

（5）负压维持时间：≥6 h；

（6）温度：环境温度；

（7）重量：40 kg；

（8）电压：220 V AC/15 A/50 Hz；

（9）车载供电：12 V DC/4 A；

（10）外形规格：2050 mm×650 mm×750 mm（$W \times D \times H$）。

6.4.2.3　适用场所

（1）在海关、车站、机场、港口等人员聚集的公共场所，或战争状态下发现具有传染性患者及疑患者后，负压隔离担架可作为紧急隔离设备，简便快捷地让病人或疑似患者进入担架内，并将其迅速移置相对安全处，达到“封闭”传染源、及时有效将传染性患者与易感人群完全隔离的目的。

（2）需要将流动场所发现的感染患者紧急送往医疗机构或车站、机场、港口时，负压隔离担架可作为密闭式交通工具，机动便利地进行短途运送，或放在急救车运输装备上运送传染病员。避免对护送人员及途中接触人员产生病菌传播传染，保护其他人群不受传染。

（3）在暂时无条件将传染病员或疑似病员送往医院和处置场所的情况下，负压隔离担架可作为暂时滞留空间，为其提供暂时的滞留隔离平台，等待下一步的处置，亦可将载人的担架直接安置在车船、飞机上，做隔离装置使用。负压隔离担架自带的充电电源，可保证担架隔离舱在6 h内正常过滤换气及舱内病员的生理活动，还可用舱壁上的安全护理手套，做必要处置。

6.4.3　危险化学品救护装备

目前，全球化学品的产量超过4亿t，登记在册的化学物超过2600万种，其中，作为商品上市的有10万余种，经常使用的有7万多种，现在全世界每年新出现的化学品有

1000 多种。化学品的生产、储存和转运过程中，由于设备的跑、冒、滴、漏或爆炸等意外事故，导致生产工人在短时间内接触较高浓度的毒物，引起的急性中毒称生产性化学品中毒。

大部分急性中毒事故发生时，毒性危险化学品大多是通过呼吸系统或皮肤进入体内，刺激呼吸系统，引发炎症、喉头水肿、肺水肿等，使中毒者出现明显缺氧、发绀，甚至引发喉头痉挛，急性呼吸衰竭，导致死亡。对于上述急性中毒事故，除了对中毒者进行支持性治疗以外（如雾化支气管解痉、气管切开术、注射呼吸兴奋剂），还可以通过特效解毒剂针对不同化学品中毒进行解毒治疗。常见特效解毒剂及用途见表6-4。

表6-4 常见特效解毒剂及用途

解毒剂名称	适应证	用量	不良反应及注意事项
双复磷	能通过血脑屏障，对消除中枢神经系统症状较明显	肌内注射或静脉注射，按中毒程度不同，肌注0.125～0.5 g，2～3 h可重复注射，重度中毒静脉注射，0.5～0.75 g，0.5 h后可注射0.5 g	注射过快会出现全身发热
纳洛酮	阿片碱类解毒剂	肌内注射或静脉注射，0.4～0.8 mg/次	
硫酸钠	急性钡中毒	洗胃后将10%硫酸钠150～300 mL内服或灌入胃内，1 h后重复1次，中毒严重者可用10%硫酸钠10 mL缓慢静脉注射或1%～2%硫酸钠50～100 mL缓慢静脉注射，连续2～3日	须同时纠正低血钾
半胱氨酸（L-半胱氨酸）	放射性核素反应	肌内注射，0.1～0.2 g/次，1～2次/日	
巯基氨（盐酸半胱氨，β-巯基乙氨）	用于急性四乙铅中毒，解除症状效果好，但排铅不明显，也可用于放射性核素、氟乙酰胺、溴甲烷、对乙酰氨基酚等中毒	静脉注射其盐酸盐注射液0.1～0.2 g，每日1～2次，症状改善后减量，也可加入5%～10%葡萄糖液中静滴，治疗慢性中毒，每次肌注0.2 g每日1次，共10～20 d为一疗程；治疗放射病每次服水杨酸盐0.2～0.3 g，3次/日，5～7 d为一个疗程，必要时可重复，2～3 d无效者停用	注射过速，可出现呼吸抑制，注射时宜平卧，肝、肾功能不良者忌用
二乙基二硫代氨基甲酸钠	治疗急性羰基镍中毒有显著疗效	口服3～4次/d，0.5 g/次，疗程视病情而定	与等量碳酸氢钠同服
去铁氨	铁中毒的有效解毒剂，也用于含铁血黄素沉着症驱铁用，静注计量同肌注，但注射速度保持在每小时15 mg/kg	肌内注射，开始1.0 g，以后每4 h一次，0.5 g/次，2次注射后，每4～12 h一次肌注，1日总量不超过6.0 g	注射局部有疼痛，并可有腹泻、视力模糊、腹部不适、腿肌震颤等
亚甲蓝（美兰）	用于治疗苯胺、硝基苯、三硝基甲苯、亚硝酸钠、硝酸甘油、硝酸根、苯醌，及间二苯二酚等中毒引起的高铁血红蛋白症	静脉注射，60～100 mg，用于25%葡萄糖液20～40 mL稀释后缓慢注射，如效果不显著，可在30～60 min后重复一次	静脉注射过量时可引起恶心、腹泻、眩晕、头痛及神志不清等反应

表6-4（续）

解毒剂名称	适应证	用量	不良反应及注意事项
羰乙基乙烯二胺三乙酸	增加体内铜铁的排泄，用于治疗肝豆状核变性和硫酸亚铁过量中毒	每日总量<3 g，分3次口服	剂量过大时常有乏力、恶心、呕吐、头昏、头痛等症状
亚硝酸钠	氰氢酸及氰化物中毒	静脉注射，3%溶液10～20 mL（6～12 mg/kg）缓慢静脉注射（按2 mL/min的速度推入）	静脉注射过快，可引起血压骤降
硫代硫酸钠三乙酸	用于氰化物中毒有特效，也可用于慢性砷、汞中毒，但疗效不显著	静脉注射12.5～25 g（25%～50%溶液50 mL）缓慢注射，一般紧接着亚硝酸钠注射后用	静脉注射过快，可引起血压骤降
解氟灵（乙酰胺）	氟乙酰胺中毒	肌内注射，2.5～5.0 g/次，2～4次/d，或0.1～0.3 g/（kg·d），分2～4次注射，一般连续注射2～5 d	局部注射有疼痛，本品与解痉药及半胱氨酸合用，疗效更好
纳洛芬（烯丙吗啡）	急性吗啡中毒幻视等	静脉注射或肌内注射，5～10 mg，必要时隔10～15 min重复应用，总量不超过40 mg	—
依地酸二钠钙（乙二胺四乙酸钙二钠，EDTA-C丙烯腈∂_2）	对铅中毒有特效，对钴、铜、铬、镉、锰、镍也有效，用于放射性核素（如镭、钚、铀、钍等）反应也有效	静脉滴注，1 g/d。肌内注射，0.25～0.5 g/次，2次/日，3～4 d为一疗程，间隔3～4 d可重复应用	短暂头晕、恶心、关节酸痛及乏力反应，大剂量有肾小管损害，个别有过敏反应
二乙烯三胺五乙酸二钠钙（五醋酸铵，喷替酸钙钠）	对铅、铁、锌、铬、钴等有效，对钇、铈、钚、铀、锶、钍、钪、镅等放射性核素也有效	肌内注射，0.25～0.5 g/次，2次/d，每3 d为一疗程，静脉滴注，0.5～1.0 g/d，剂量可逐日增大，每3 d为一疗程	副作用同EDTA-C丙烯腈∂_2，但较重，剂量过大，可引起腹泻
二巯基丙醇（BAL）	对急性砷、汞中毒有显效，对锑、金、铋、铬、镍、镉、铜、铀中毒也有效	肌内注射，第1 d：2.5～3 mg/kg，每4～6 h/次；第2～3 d，每6～12 h/次，共10～14 d	有血压升高、心悸、恶心、呕吐、流涎、腹痛、视力模糊、手麻等副反应，对肝、肾功能有损害
二巯基丙磺酸钠（DMPS-Na）	对砷、铬、铋及^{210}钋中毒也有效，疗效较BAL为好	5%溶液2～3 mL，以后每次1～2.5 mL，每4～6 h一次，1～2 d后2.5 mL/次，1～2次/d，共一周左右	有恶心、心动过速、头晕等，很快消失，个别有过敏反应
青霉胺	对铜、汞、铅等重金属有较强络合作用，但不及EDTA-C丙烯腈∂_2及巯基丙磺酸钠	口服0.2～0.3 g/次，3次/d，3 d为一疗程，间歇3～4 d后可重复治疗，共1～3个疗程	可有恶心、呕吐、腹痛、腹泻等副作用，个别有发热、皮疹、血细胞减少等副作用，长期服用有视神经炎及肾病综合征，用前做青霉素过敏试验

6.5 救援车辆装备

核生化救援车辆装备在核生化事故处置中具有重要作用。根据其功能定位不同，大致可以分为化学事故抢险救援消防车、防化洗消消防车、核生化侦检消防车、医疗救援车、工程机械车、通讯指挥车、综合保障车等车辆装备。在处置核生化事件中，上述车辆可以搭载多种处置装备，集多种处置方式于一体，并迅速抵达现场开展救援工作，且能够为侦检、洗消和输转设备提供动力及满足要求的工作场所，是核生化救援工作高效、有序开展的有力保障。

6.5.1 现场救援车辆装备

6.5.1.1 化学事故抢险救援消防车

化学事故抢险救援消防车是处置化学灾害事故的特种消防车，具有侦检、防护、警戒、堵漏、洗消、输转、破拆、照明、发电等功能（图 6－48）。

图 6－48 化学事故抢险救援消防车

化学事故抢险救援消防车一般由底盘、乘员室、随车化救器材箱和附加电气装置等组成。车顶两侧设置有顶箱，器材箱内配置需要的化救装备。附加电气装置是指除原车电气系统外增装的电器设备，包括警灯、微电脑警报器和各种照明灯及电气控制开关等。

以我国消防队伍配备的 JDX5140TXFHJ120 型化学事故抢险救援消防车为例，其技术性能参数见表 6－5。

适用于化学灾害事故现场的侦检、防护、堵漏、输转、洗消、照明、发电等抢险救援作业。

维护保养及注意事项如下：

（1）车辆应保持清洁、干燥，寒冷季节应适当保温。

（2）保持车辆有足够燃料、润滑油、冷却水和液压油，并定期添加更换。

（3）定期检查电路、气路、油路等系统是否正常。

表6－5 JDX5140TXFHJ120型化学事故抢险救援消防车技术性能参数

项目		性能参数
整车性能	发动机功率/kW	256
	外形尺寸（长×宽×高）/(mm×mm×mm)	8630×2475×3400
	满载质量/kg	16000
随车吊	起吊质量/kg	3200
	最大起升高度/m	7
	最大工作幅度/m	5
	回转速率/(r·min^{-1})	3
主照明灯	举升离地高度/m	7.6
	功率/W	1500
绞盘牵引力/N		54000
发动机功率/kW		10

（4）定期检查电气控制箱，各种仪表、信号、照明灯的开关等是否完好，工作正常。

（5）定期试车，检查发动机、油泵、牵引装置、升降灯、发电机、随车起重机等运转是否正常。

（6）定期检查气路、液压管路的密封性。

（7）定期检查抢险器材是否完好齐全，如有损坏，应及时修复或更换。

（8）车辆使用后应冲洗干净，车辆外表用清洁柔软的纱布擦干，保持外观整洁。

6.5.1.2 防化洗消消防车

防化洗消消防车是装备水泵、水加热装置和冲洗、中和、消毒的药剂，对被化学品、毒剂等污染的人员、地面、建筑、设备、车辆等实施冲洗和消毒的特种消防车（图6－49）。

图6－49 防化洗消消防车

防化洗消消防车一般由底盘、乘员室、锅炉、洗消器材、洗消剂、水泵及管路系统、附加电气装置等组成。

利用防化洗消消防车上泵管路系统的吸粉吸液装置、消毒剂搅拌装置、道路喷洒洗消装置、喷刷洗消装置等，对被化学品、毒剂等污染的人员、装备、地面、建筑等实施消毒及洗消。

以我国消防队伍配备的 MG5160TXFFHX40 型防化洗消消防车为例，其基本技术性能参数见表 6－6。

表 6－6 MG5160TXFFHX40 型防化洗消消防车基本技术性能参数

项目		性能参数
整车性能	乘员数/人	2＋4
	发电机功率/kW	191
	轴距/mm	5550
	最高车速/($km \cdot h^{-1}$)	110
	外形尺寸(长×宽×高)/(mm×mm×mm)	9385×2500×3500
防化洗消系统	容积/L	4000
	燃烧器型号	B40
	电压/V	220

维护保养及注意事项如下：

（1）按一般规定保养车辆底盘。

（2）定期试车，检查发动机、取力器、水泵、引水器运转是否正常。

（3）寒冷季节，水泵、水环引水器、出水球阀、管路中的余水应放尽，以免冻裂；高压卷盘、洗消卷盘内的积水可用压缩空气吹尽，水泵小水箱中添加防冻剂。

（4）车辆使用后应冲洗干净。管路中需用水泵引清水循环运转、将水泵及管路内残存的消毒液等冲洗掉，再放净余水；车辆外表用清洁柔软的纱布擦干，保持外观干净整洁。

（5）严禁在无水状态下超时运行，一般连续运行时间不得超过 1 min。

（6）水泵一般不允许在出水阀关闭的情况下运转，但在调制消毒液和搅拌洗消作业时，不允许开出水阀，但此时一定要打开注水球阀。

（7）锅炉使用一段时间后应进行清洗，根据使用情况定期（一般为 1 年）清洗滤油网、更换油嘴、清除火花塞的积炭，经常检查吸油管密封情况；长期保存不用，需打开锅炉下部放余水的堵头放尽余水，打开注水口使内部干燥，然后关闭放余水的口及注水口。

6.5.1.3 核生化侦检消防车

核生化侦检消防车是一种专门用于核、生物及化学污染和危害的侦检、洗消的特种消防车辆，具有防辐射功能，主要用于检测核辐射、生物细菌、化学有害物质等（图 6－50）。

核生化侦检消防车主要分为驾驶室、检验室和器材室，每室被彻底隔离成各自独立的功能间。车厢内部均采用易清洗、耐消毒的内饰材料，既可作为运输车辆使用，又可作为现场实验室使用。检验室一般设有检测分析、防护装备、洗消 3 个分区，配备有核辐射检测装置、生物检测装置、活性炭空气过滤装置、化学检测装置、气象数据系统、音频、视频及数据传输系统、洗消系统、空调系统、通信及照明设备、备用空气呼吸系统和保持正压的空气过滤换气系统等，可以进入核、生、化污染现场进行侦检。

图6-50 核生化侦检消防车

核生化侦检消防车主要用于消防救援队伍执行核事故、生物及化学和反恐救援现场的核生化侦检、勘测，可保证在30 min内对现场炭疽等各种生物污染与事故做出侦检鉴定，可对目前存在的几乎所有化学物品进行已知和未知条件下的检测和识别。

6.5.2 运输与保障车辆装备

6.5.2.1 供气消防车

供气消防车主要是用于给空气呼吸器气瓶及气动工具供气的后援保障车辆。供气消防车一般配置防爆充气箱，可安全快速地对空气瓶进行补气（图6-51），适用于重特大火灾和重大灾害处置现场的供气保障。

图6-51 供气消防车

供气消防车一般由底盘、空气压缩机系统、发电机、控制系统、照明系统等组成。空气压缩机系统由空气压缩机、干式滤清器、仪表控制系统、自动保护装置、气管路系统、油水分离系统、高压储气瓶组、冷冻干燥装置、油水过滤器等组成；发电机组采用交流发电机，通过底盘发动机的功率输出装置驱动，也可以用独立发动机驱动，用于向空气压缩机驱动电机供电；控制系统包括空气压缩机系统的控制系统、发电机控制系统及充气控制系统。

以我国消防队伍配备的常见供气消防车为例，其技术性能参数见表6－7。

表6－7　供气消防车技术性能参数

项　目		性能参数
整车性能	轴距/mm	5000
	发动机功率/kW	132
	外形尺寸(长×宽×高)/(mm×mm×mm)	8600×2300×3000
	最高车速/(km·h^{-1})	90
发电机组及发动机组	发电机电功率/kW	120
	额定电压/V，频率/Hz	400/230，5
	发动机型号	TD720GE
	发动机功率/kW	136
	故障保护系统	自动关机、低油压、高水温、超速
	发电机保护系统	空气断路器过载与短路保护
空气压缩系统	排气压力/MPa	30
	吸气压力/MPa	0.1
	排气量/（m^3·min^{-1}）	≥1.1
	高压容器容积/L，单个数量/个	600/12
	充气阀及数量	环状阀12只，另配2只直充
	转速/(r·min^{-1})	980
	安全阀开启压力/MPa	一级：0.8±0.1；二级：3±0.3
	油气分离器	FBA型螺旋式一、二、三、四级

1. 使用方法

（1）启动控制。按发电机组启动按钮，启动供电系统，运转正常后，启动压缩机组，当压缩机运转正常后，开始累计工作计时。

（2）正常停机。正常运行时，按停机按钮即可正常停机。正常停机时压缩机先排污、放空，延迟一段时间后，可关闭发电机组。

（3）紧急停机。在特殊情况下，按紧急停机按钮，切断断路器开关，切断电控柜内总电源，紧急停机按钮右旋复位。

（4）故障停机。当压缩机发生故障时，机组将立即停机，并报警。

（5）压缩机操作。压缩机组正常工作并运转一定时间后，逐渐关闭吹洗阀，使压力缓缓上升到额定工作压力，观察各级压力分配是否正常；要注意查看各级压力表读数，如压力有不符，应停车检查及消除故障；当上述各项调整和检查满足要求时，可正式使用。当向气瓶组充气时，打开充气阀，根据需要打开全部或部分气瓶组的气瓶阀，充气至33 MPa后，关闭所打开的气瓶阀和充气阀。

2. 维护保养及注意事项

（1）车辆应保持清洁、干燥，寒冷季节应适当保温。

（2）保持车辆有足够的燃料、润滑油、冷却液和液压油，并定期进行添加和更换。

（3）定期检查电路、气路、油路等系统是否正常。

（4）定期对风扇、冷却器进行维护保养。

（5）对压缩机组进行技术保养，包括每日技术保养、一级技术保养和二级技术保养。

（6）定期检查电气控制箱，各种仪表、信号、照明灯的开关等是否完好，工作正常。

（7）定期试车、检查发动机等运转是否正常。

图6－52 供液消防车

（8）定期检查气路的密封性。

（9）车辆使用后应冲洗干净，车辆外表保持外观整洁。

6.5.2.2 供液消防车

供液消防车主要是用于运输各种类型泡沫液的后援保障车辆（图6－52）。供液消防车主要由底盘、乘员室、容罐、自吸式消防泵及管路、附加电气装置等组成。

自吸式消防泵采用轴向回液的泵体结构。泵体由吸入室、储液室、涡卷室、回液孔、气液分离室等组成。泵正常启动后，叶轮将吸入室所存的液体及吸入管路中的空气一起吸入，并在泵体内得以完全混合，在离心力的作用下，液体夹带着气体向涡卷室外缘流动，在叶轮的外缘上形成有一定厚度的白色泡沫带及高速旋转液环，气液混合体通过扩散管进入气液分离室，此时，由于流速突然降低，较轻的气体从混合气液中被分离出来，气体通过泵体出液口继续上升排出。脱气后的液体回到储液室，并由回流孔再次进入叶轮，与叶轮内部从吸入管路中吸入的气体再次混合，在高速旋转的叶轮作用下，又流向叶轮外缘。随着这个过程周而复始地进行下去，吸入管路中的空气不断减少，直到吸尽气体，完成自吸过程，泵便投入正常作业。自吸式消防泵结构简单可靠，正常情况下，一般不需要经常拆开保养。

使用方法及注意事项如下：

（1）注意自吸式消防泵启动、操作及停止等操作方式。

（2）启动自吸泵，注意泵轴的转向是否正确，转动时有无不正常的声响和振动。

（3）注意压力表及真空表读数，启动后当压力表及真空表的读数经过一段时间的波动而指示稳定后，说明泵内已经上液，可以进入正常输液作业。

（4）在泵进入正常输液作业前即自吸过程中，应特别注意泵内水温升高的情况，如果这个过程过长，泵内水温过高，则停泵检查其原因。

（5）如果泵内液体温度过高而引起自吸困难，那么可以暂时停机，利用吐出管路中的液体倒流回泵内或在泵体上的加储液口处直接向泵内补充液体，使泵内液体降温，然后启动即可。

6.5.3 医疗救援车辆

大型医疗救护车主要用于陆路医疗救援后送和对伤员进行紧急救治。医疗救护车将医疗救援、生化检验、紧急手术、医疗指挥与通信等功能模块融为一体，并向大规模、多功能兼容发展。

我军研制的野战巡回医疗车将驾驶区、生化检验区、药材调剂区、操作控制区、放射区及发电区融为一体；野战医疗方舱医院由 15 台医疗方舱、1 顶病房帐篷、1 顶门诊帐篷和 1 台远程会诊车构成，具备伤员分类后送、紧急救命手术、早期外科处置、早期专科治疗、危重急救护理、X 线诊断、临床检验、卫生器材灭菌、战救药材供应、卫勤作业指挥、远程会诊等功能。尽管我国在医疗车领域的发展相对成熟、成果丰富，但就车载设备的电磁兼容性、运行稳定性及辐射安全性而言，与国外仍有一定差距。美军用于伊拉克战场的 MaxxPro 型救护车（图 6－53），内部载有多参数监控设备、氧气瓶、呼吸机、心脏起搏器、输液设备以及远程通信设备等，用于伤病人员的紧急救治与异地转运。英国陆军的 Land Rover 130 型战地救护车同样具有车载救护设备与远程通信模块，可用于战时医疗紧急救援与伤员批量后送（图 6－54）。

图 6－53　美军 MaxxPro 型救护车

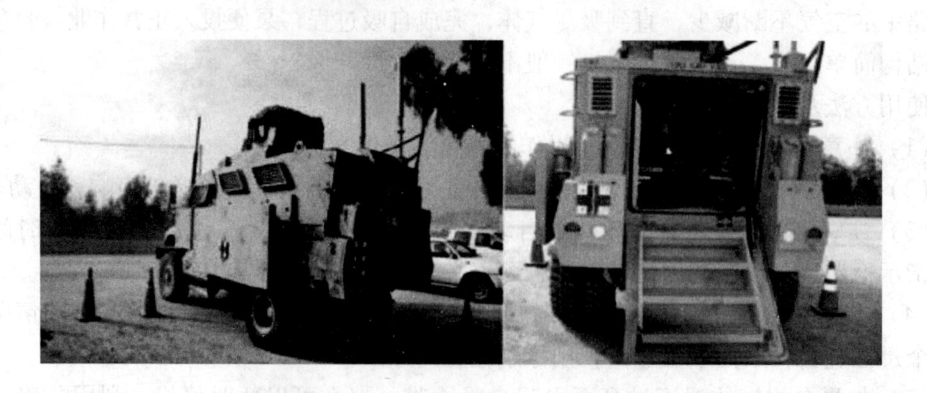

图 6－54　英军 Land Rover 130 型战地救护车

【本章重点】

1. 核生化事故是指由大规模使用核生化武器或非固定战场的核生化武器的扩散、核生化废物污染、核生化恐怖事件和各种突发公共卫生事件引发的对人员或集体造成伤害的事件。核生化事故应急救援是在保证救援人员有效防护的条件下，进行现场侦检、化验分析、现场洗消、人员搜救以及现场有毒有害物质清理整治等工作。掌握核生化事故应急救援的原则和主要工作内容。

2. 核生化个体防护装备是在核生化事故发生时，救援人员的第一道防线，也是最后一道防线。主要包括呼吸防护装备（防毒面具、呼吸器）、躯体防护装备（防护服、防爆服、核沾染防护服、防静电服、防化手套）和其他防护装置（救援车滤毒通风装置、便携式生物安全柜）等。熟悉核生化个体防护装备的功能及使用方法。

3. 核生化事故现场救援的主要内容是对受污染人员和设备进行洗消，为伤员后续医疗救治争取时间，对污染物进行输转，防止污染影响持续扩大。熟悉核生化洗消装备、现场救援装备的基本功能、使用方法和注意事项。

4. 核生化事故突发性强，蔓延速度快，危害范围广，杀伤能力强，一旦发生很可能造成大量人员伤亡，要求能够根据事故危害特点选择合理的个体防护装备、洗消装备和基本的医疗救援装备。

【本章习题】

1. 简述危化品事故的种类。
2. 简述核事故探测的种类和方法。
3. 简述洗消装备的功能和使用方法。
4. 简述各类防护服的使用和保存方法。

参考文献

[1] 陈建光. 当前城市消防预警系统的设计与实现 [J]. 电子世界, 2015 (20): 136-137.

[2] 中华人民共和国公安部. 火灾自动报警系统设计规范 (GB 50116—2013) [S]. 北京: 中国计划出版社, 2013.

[3] 夏宁. 消防联动控制系统概述 [C] //中国消防协会电气防火专业委员会会议. 北京: 中国消防协会, 2009.

[4] 杨艺, 青宏虹. 城市消防预警系统的系统构成 [J]. 重庆工商大学学报 (自然科学版), 2005 (4): 368-372.

[5] 康青春. 消防应急救援工作实务指南 [M]. 北京: 中国人民公安大学出版社, 2011.

[6] 救护车 (QC/T 457—2013) [S].

[7] 陈晓东. 救援装备 [M]. 北京: 科学出版社, 2014.

[8] 夏海林, 黄新志. 生物安全基础 [M]. 成都: 西南交通大学出版社, 2012.

[9] 王仕国. 消防应急救援概论 [M]. 济南: 山东大学出版社, 2010.

[10] 闵永林. 2016 消防与应急救援国际学术研讨会论文集 [M]. 上海: 上海科学技术出版社, 2017.

[11] 张宏宇, 王永西. 危险化学品事故消防应急救援 [M]. 北京: 化学工业出版社, 2019.

[12] 吴宗之, 刘茂. 重大事故应急救援系统及预案导论 [M]. 北京: 冶金工业出版社, 2003.

[13] 赵正宏, 杨红卫. 应急救援装备 [M]. 北京: 中国石化出版社, 2008.

[14] 国网湖北省电力有限公司应急培训基地. 电网企业应急救援装备使用手册 [M]. 北京: 中国电力出版社, 2019.

[15] 国网浙江省电力公司培训中心. 电网企业应急救援装备使用技术 [M]. 北京: 中国电力出版社, 2016.

[16] 刘立文, 黄长富. 突发灾害事故应急救援 [M]. 北京: 中国人民公安大学出版社, 2013.

[17] 谢苗荣. 灾害与紧急医学救援 [M]. 北京: 北京科学技术出版社, 2008.

[18] 侯世科, 樊毫军. 整合救援医学 [M]. 北京: 人民卫生出版社, 2018.

[19] 郑静晨, 侯世科, 樊毫军. 灾害救援医学手册 [M]. 北京: 科学出版社, 2009.

[20] 应急救援系列丛书编委会. 应急救援装备选择与使用 [M]. 北京: 中国石化出版社, 2008

[21] 邹德均, 周诗建, 宫良伟. 风险矩阵评估法在矿井安全生产中的应用 [J]. 煤矿安全, 2017, 48 (2): 234-236.

[22] 苏亚松, 张长鲁, 贺一恒. 基于 AHP 和模糊数学的区域煤矿安全风险评价 [J]. 煤炭技术,

2019，38（9）：124－127.
[23] 孙林辉，尚康，袁晓芳．基于 LEC 法的煤矿掘进作业岗位安全风险评价研究［J］．煤矿安全，2019，50（12）：248－252.
[24] 王景春，张法．基于熵权二维云模型的煤矿瓦斯爆炸评价研究［J］．煤矿机械，2017，38（9）：166－168.
[25] 贺耀宜，王海波．基于物联网的可融合性煤矿监控系统研究［J］．工矿自动化，2019，45（8）：13－18.
[26] 丁恩杰，赵志凯．煤矿物联网研究现状及发展趋势［J］．工矿自动化，2015，41（5）：1－5.
[27] 郑万波，吴燕清，邓楠，等．矿井灾区应急指挥无人侦测装置研究［J］．能源与环保，2017，39（12）：1－3，13.
[28] 董腾，王海桥，张永青，等．矿井防爆门、盖自动封堵装置研发［J］．中国安全生产科学技术，2012，8（5）：184－187.
[29] 孙继平，钱晓红．煤矿事故与应急救援技术装备［J］．工矿自动化，2016，42（10）：1－5.
[30] 康敬欣，张田．嵌入式 Linux 下音频采集与远程回放的实现［J］．电子设计工程，2017，25（13）：130－134.
[31] 杜云峰．ZHJ 型矿井防灭火地面注浆系统［J］．煤矿安全，2017，48（3）：92－94＋98.
[32] 赵春瑞．矿用新型胶体防灭火材料的制备及其性能实验研究［D］．大原：太原理工大学，2016.
[33] 郑学召．矿井救援无线多媒体通信关键技术研究［D］．西安：西安科技大学，2013.
[34] 丁维国．煤矿火区远程控制快速隔离密闭装置［J］．煤矿安全，2019，50（5）：100－102.
[35] 任志勇．煤矿用防爆指挥车的设计与开发［J］．煤矿机械，2015，36（2）：44－47.
[36] 付文俊，陈昊旻．矿山抢险救灾指挥车系统的设计与应用［J］．煤矿安全，2006，37（12）：39－41.
[37] 叶正亮，王正辉，王长元，等．KJC 矿山救援指挥车的研制［J］．矿业安全与环保，2007，34（6）：31－33.
[38] 王理，王峰，张军杰，等．车载矿山应急救援指挥辅助决策系统［J］．煤矿安全，2009，40（6）：68－70.
[39] 王理，梁明辉，张军杰，等．车载矿山救灾束管监测系统［J］．煤矿安全，2007（10）：43－44.
[40] 李文峰，纪俊江，杨建翔，等．矿山救护队救援车辆定位管理系统［J］．煤矿安全，2011，42（2）：81－83.
[41] 许琦．水上救生技术［M］．北京：北京体育大学出版社，2006.
[42] 国家体育总局职业技能鉴定指导中心，中国救生协会组．游泳救生员：游泳池救生［M］．北京：高等教育出版社，2010.
[43] 陈小林．国内外自然水域游泳救生员培训管理比较研究［J］．牡丹江师范学院学报：自然科学版，2013（4）：39－40.
[44] 佚名．中国救生协会章程［J］．游泳，2005（1）：21－24.
[45] 方千华，梅雪雄．我国水上救生发展的历史回顾与现状分析［J］．福建体育科技，2004（5）：9－11.
[46] 沈迦南．浅谈直升机远海搜救［J］．中国水运，2017，17（8）：48，150.
[47] 蔡创，刘元东，许光祥，等．船载便携式水位突变预警仪研制［J］．长江科学院院报，2015，32（11）：136－140.
[48] 木．新加坡建成世界首个互联网水域入港轮船可用宽频网络通讯［J］．珠江水运，2008（4）．
[49] 陈一凡．浅谈基于水下搜寻设备的内河水域应急救助抢险作业流程［J］．珠江水运，2019（24）：

56 - 57.

[50] 杨应荣．航行于遮蔽海区的海船能否按照 A1 海区配备无线电通讯设备［J］．中国水运，2018，18（12）：80 - 81.

[51] 田雨．VHF 通讯与航行安全［J］．航海技术，1991（3）：69 - 70.

[52] 李新年，高华，江飞，等．一种充气滑水橇的救援装置：中国，CN209096976U［P］．2019 - 07 - 12.

[53] 张堃，渠伟，高华，等．一种呼吸器用全面罩：中国，CN108031023A［P］．2018 - 05 - 15.

[54] 高华，张堃，渠伟，等．用于氧气呼吸器的烘干装置：中国，CN110953849A［P］．2020 - 04 - 03.

[55] 渠伟，张堃，李新年，等．一种应急救援人员现场监测指挥系统：中国，CN107995609A［P］．2018 - 05 - 04.

[56] 詹姆斯·雷蒂，黄孟南．水下闭式循环呼吸器［J］．舰船特辅机电设备，1977（6）：38 - 48.

[57] 黄小军．船舶水下救生设备应用与人员训练［J］．世界海运，2014，37（10）：39 - 41.

图书在版编目（CIP）数据

应急救援装备/李雨成主编. --北京：应急管理出版社，2021
普通高等学校应急管理系列教材
ISBN 978-7-5020-8832-3

Ⅰ.①应… Ⅱ.①李… Ⅲ.①突发事件—救援—装备—高等学校—教材 Ⅳ.①X928.04

中国版本图书馆 CIP 数据核字（2021）第 143422 号

应急救援装备（普通高等学校应急管理系列教材）

主　　编 李雨成
责任编辑 罗秀全　籍　磊
责任校对 李新荣
封面设计 罗针盘

出版发行 应急管理出版社（北京市朝阳区芍药居 35 号　100029）
电　　话 010-84657898（总编室）　010-84657880（读者服务部）
网　　址 www.cciph.com.cn
印　　刷 北京玥实印刷有限公司
经　　销 全国新华书店

开　　本 787mm×1092mm 1/16　**印张** 25 3/4　**字数** 602 千字
版　　次 2021 年 8 月第 1 版　2021 年 8 月第 1 次印刷
社内编号 20210085　**定价** 68.00 元